Fachrechnen für Metallberufe

Von Studiendirektor Dr. Dieter Ollesky, Hamburg
mit 596 Bildern, 93 Tabellen, 318 Beispielen
und 907 Aufgaben

Springer Fachmedien Wiesbaden GmbH 1998

Die Deutsche Bibliothek – CIP-Einheitsaufnahme

Ollesky, Dieter:
Fachrechnen für Metallberufe : mit 93 Tabellen, 318 Beispielen und
907 Aufgaben / von Dieter Ollesky. - Stuttgart ; Leipzig : Teubner,
1998

  ISBN 978-3-519-06724-5   ISBN 978-3-322-90572-7 (eBook)
  DOI 10.1007/978-3-322-90572-7

© Springer Fachmedien Wiesbaden 1998
Ursprünglich erschienen bei B.G. Teubner Stuttgart · Leipzig 1998.
Satz: Typo Tec, Ulm

Umschlaggestaltung: Peter Pfitz, Stuttgart

Vorwort

Dieses Buch soll helfen, fachliche Probleme zu verstehen, indem sie analysiert und ihnen zugeordnete Aufgaben anschaulich gelöst werden. Die Auszubildenden erarbeiten sich so eine solide Grundlage für handwerkgerechtes Handeln. Damit wird ein Teil betrieblicher Forderung erfüllt, dem Qualitätsanspruch der ISO 9000 zu entsprechen.

Die Inhalte sind entsprechend der Neuordnung der Berufsausbildung ausgewählt und aufbereitet. Handlungsorientiertes Lernen wird gefördert. Das technische Problem ist didaktisch so reduziert, dass sein wesentlicher Inhalt erkannt und fachgerecht bearbeitet werden kann. Die Zahl der Aufgaben wurde so gewählt, dass übermäßige Wiederholungen nicht zur Lernunlust führen. Der Verfasser hofft, auf diese Weise die zum Lernen erforderliche Motivation der Auszubildenden zu fördern und zu erhalten.

Das Buch wurde auf der Grundlage der neuen Rechtschreibregeln verfasst.

Der Autor weiß aus seiner langjährigen Unterrichtstätigkeit an der Berufsschule, dass die Kenntnisse der Schulmathematik immer wieder aufgefrischt werden müssen. Deshalb sind auch die Grundlagen technischen Rechnens aufgenommen worden. Besonderes Gewicht wurde auf Kenntnisse des Buchstabenrechnens gelegt. Hier liegen erfahrungsgemäß viele Hemmschwellen, es ist jedoch andererseits Voraussetzung für fachgerechtes Anwenden von Formeln. Fehlende Mathematikgrundlagen führen immer wieder zu ablehnender Haltung gegenüber dem „Fachrechnen" und sind häufige Fehlerquellen bei der Lösung technischer Aufgaben. Deshalb wurde besonderer Wert darauf gelegt, die mathematischen Grundlagen in einer Form zu vermitteln, die der Lernsituation des Berufsschülers gerecht wird und unangemessene, ihn überfordernde theoretische Überlegungen vermeidet. Auch hier wird der Gedanke des handlungsorientierten Lernens einbezogen. Aufgaben sind teilweise bewusst so formuliert, dass der Lernende angehalten ist, technische Probleme zu diskutieren und ergänzende Informationen aus dem Fach- oder Tabellenbuch hinzuzuziehen.

Verlag und Autor hoffen, dass mit diesem Ansatz ein Weg beschritten wird, der dem Auszubildenden hilft, seine Lehre mit Erfolg abzuschließen.

Und noch ein Wort an den Auszubildenden: Fachmathematik *erscheint* nur schwer. Sie bildet ein in sich logisch aufgebautes System. Möge dieses Buch dazu beitragen, Sie intensiv auf die Gesellen- oder Facharbeiterprüfung vorzubereiten, die Lehrabschlussprüfung gut zu bestehen und ein tüchtiger Fachmann zu werden.

Kein Werk ist vollkommen. Deshalb werden Anregungen dankbar entgegen genommen, die dazu beitragen können, dieses Buch für den Lernenden noch hilfreicher zu gestalten.

Hamburg, im Frühjahr 1998 — Dieter Ollesky

Inhaltsverzeichnis

Begriffsklärung

Bevor wir lernen, mit allgemeinen Zahlen umzugehen, wollen wir die Bedeutung einiger Begriffe in Erinnerung rufen. Sie gehören zu den Grundbegriffen im Sprachgebrauch der Fachmathematik. Sollte ihre Bedeutung vergessen worden sein, empfiehlt der Verfasser, sie sich noch einmal genau einzuprägen. Denn obwohl sie an einigen Stellen im Text erneut erklärt werden, kann es Schwierigkeiten bereiten, die Erklärungen zum Lösen verschiedener Aufgaben zu verstehen.

Grundbegriffe der Fachmathematik

Operanden sind Rechenzeichen. Zu ihnen zählen das Plus (+), das Minus (–), der Punkt (·) als Malzeichen, der Doppelpunkt (:) als Anweisung zu teilen.

Eine hochgestellte Zahl (^{2}) gibt an, wievielmal eine Zahl mit sich selbst multipliziert werden muss.

Das Wurzelzeichen ($\sqrt{}$) fordert auf, aus einer Zahl die Wurzel zu ziehen.

Addition. Addieren heißt, zwei oder mehrere Zahlen, die *Summanden*, zusammenzählen. Das Ergebnis einer Addition nennt man *Summe*.

Beispiel 5 + 3 = 8
Summand plus Summand gleich Summe

Subtraktion. Subtrahieren heißt, zwei oder mehrere Zahlen voneinander abzuziehen. Die Zahl, von der abgezogen wird, ist der *Minuend*. Die Zahl, die abgezogen wird, ist der *Subtrahend*. Das Ergebnis einer Subtraktion nennt man *Differenz*.

Beispiel 10 – 3 = 7
Minuend minus Subtrahend gleich Differenz

> Ist der Subtrahend größer als der Minuend, erhält man ein negatives Ergebnis.

Multiplikation. Multiplizieren heißt, zwei oder mehrere Zahlen, die *Faktoren*, miteinander malnehmen. Das Ergebnis einer Multiplikation ist das *Produkt*. Die Reihenfolge der Faktoren in einer Multiplikationsaufgabe darf vertauscht werden.

Beispiel 4 · 6 = 24
1. Faktor mal 2. Faktor gleich Produkt
Multiplikand mal Multiplikator gleich Produkt

> Eine Zahl mit 0 mulitpliziert, ergibt immer 0.

Division. Dividieren heißt, zwei oder mehrere Zahlen zu teilen. Die Zahl, die geteilt wird, ist der *Dividend*; die Zahl, durch die geteilt wird, der *Divisor*. Das Ergebnis einer Division heißt *Quotient*.

Beispiel 16 : 4 = 4
Dividend geteilt durch Divisor gleich Quotient

> Eine Zahl, eine Klammer, eine Wurzel durch sich selbst geteilt, ergibt immer 1. Eine Zahl durch 0 geteilt, ergibt ∞ (unendlich). Kommt in unseren Rechnungen aber nicht vor.

Potenzieren heißt, die *Basis* (eine Grundzahl), so oft mit sich selbst malnehmen, wie der *Exponent* (die Hochzahl), angibt.

Beispiel $2^4 \rightarrow$ Exponent (Hochzahl) $= 2 \cdot 2 \cdot 2 \cdot 2$
$\rightarrow$ Basis (Grundzahl) $= 16$

> Eine Basis mit dem Exponenten 0 ergibt immer 1.
>
> Jede Zahl hat den Exponenten 1, der normalerweise nicht mitgeschrieben wird.

Radizieren heißt die Zahl zu finden, die sovielmal, wie der *Wurzelexponent* angibt, mit sich selbst multipliziert die Zahl unter der Wurzel, den *Radikanden*, ergibt.

> Eine Wurzel kann als gebrochener Exponent geschieben werden.
>
> $\sqrt{36}$ ist dasselbe wie $36^{\frac{1}{2}}$

1 Rechnen mit allgemeinen Zahlen

Wir gehen davon aus, Rechnen mit Zahlen bereitet keine allzu großen Probleme. Nicht selten hat der Berufsschüler aber Schwierigkeiten, mit Buchstaben zu arbeiten. Dabei ist Rechnen mit allgemeinen Zahlen einfach und trägt dazu bei, Lösungen von Aufgaben zu vereinfachen und Fehler zu vermeiden. Man muss nur über die allgemeine Zahl Bescheid wissen und die wichtigsten Rechenregeln kennen. Diese kurze Vorrede sollten wir uns einprägen und zu Herzen nehmen, wenn man vor einer Aufgabe am liebsten kapitulieren möchte.

1.1 Begriff der allgemeinen Zahl

Allgemeine Zahlen werden auch Buchstabengrößen genannt. Wir verstehen darunter die Kleinbuchstaben des Alphabets. Die ersten Buchstaben des Alphabets (*a, b, c* usw.) verwendet man üblicherweise für bekannte, die letzten (*x, y, z*) für unbekannte Werte. In einer Rechnung hat dieselbe Buchstabengröße immer denselben Wert.

> Kleinbuchstaben des Alphabets werden als allgemeine Zahlen bezeichnet.

Die Ziffern z.B. 1, 2, 3 usw. nennt man auch *bestimmte Zahlen*. Steht eine bestimmte Zahl vor einer allgemeinen Zahl, bezeichnet man sie als *Vorzahl*. Sie ist dann Bestandteil der Buchstabengröße.

> Vorzahlen sind bestimmte Zahlen, die vor einer allgemeinen Zahl stehen.

Eine Zahl kann *positiv* oder *negativ* sein. Das gilt auch für allgemeine Zahlen.

Kennzeichnend ist das Vorzeichen. Eine positive Zahl erhält das + (plus), eine negative das – (minus). Wie der Begriff Vorzeichen sagt, steht es vor der Zahl und gehört somit immer zur nachfolgenden Zahl.

> Das Vorzeichen ist immer Bestandteil der folgenden Zahl. Es gehört zu ihr!

Beispiel   – 3 *a*
Buchstabengröße
Vorzahl
Vorzeichen

Lautet die Vorzahl 1, wird sie nicht mitgeschrieben. *b* heißt also 1*b*. Ebenso schreibt man das positive Vorzeichen nicht, wenn die Zahl am Anfang einer Rechnung steht. *c* heißt also „plus ein *c*". Entsprechendes gilt für andere Buchstabengrößen.

> Beim Rechnen mit allgemeinen Zahlen wird die Vorzahl 1 nicht geschrieben. Steht das + am Anfang einer Rechnung, schreibt man es ebenfalls nicht mit.

Buchstabengrößen können auch aus zwei verschiedenen Buchstaben zusammengesetzt werden, z.B. *d c*. Man liest dann *d c* oder ausnahmsweise auch *d mal c*. Das Malzeichen, der Punkt zwischen den Buchstaben, wird nicht mitgeschrieben. Steht vor einer solchen Buchstabengröße eine Vorzahl, z.B. 3 *ab*, liest man „drei *a b*", in Ausnahmefällen auch schon einmal „*drei mal a b*" oder „*drei mal a mal b*". Das Malzeichen wird auch hier nicht mitgeschrieben.

Aufgaben

Schreiben Sie als allgemeine Zahlen

1. drei *y*
2. minus *c*
3. plus sieben *c*
4. minus drei mal *d* mal *x*
5. *a* mal *b*
6. plus vier *xy*

1.2 Addition und Subtraktion allgemeiner Zahlen

Addieren heißt *zusammenzählen*, subtrahieren *abziehen*. Addition bzw. Subtraktion sind die entsprechenden Hauptwörter. Das Ergebnis einer Addition heißt *Summe*, das einer Subtraktion *Differenz*. Ausschlaggebend für die Rechenoperation ist das Vorzeichen. Gerechnet wird mit den Vorzahlen gleicher Buchstabengrößen. Das Ergebnis sollte in alphabetischer Reihenfolge sortiert aufgeschrieben werden.

> Allgemeine Zahlen werden addiert (subtrahiert), indem man die Vorzahlen gleicher Buchstabengrößen addiert (subtrahiert).

Beispiele

$$3a + 2a = \mathbf{5a}$$
$$7b - 3b = \mathbf{4b}$$
$$a + 3a = \mathbf{4a}$$
$$3a + 2b = \mathbf{3a + 2b}$$
$$2a + 3c + a - 2c = \mathbf{3a + c}$$
$$3ab + 2d - 2ab + 4ad - 5c + 4d + ad =$$
$$= \mathbf{ab + 5ad - 5c + 6d}$$

Aufgaben

1. $7a + 6a - 9a =$
2. $3x - 4x - 7x + 5x =$
3. $2a + 4c - 3d + 8a - 5d =$
4. $3a + 4b + 5ab + 10b =$
5. $16x + 7n - 9x + 12 + 8n =$

6. $2{,}4a - 3ab + 1{,}6a + 3ab - 5c =$
7. $10a + 14b - 8a - 10b + 6c =$
8. $5xy - 5x + 2y - 5xy =$
9. $0{,}3b + 2{,}6a - 0{,}7b - 1{,}6a =$
10. $4{,}5cd - 6{,}2d + 5c + 5{,}7d - 5c =$

1.3 Multiplikation und Division allgemeiner Zahlen

Multiplizieren heißt *malnehmen*, dividieren heißt *teilen*. Entsprechend spricht man von Multiplikation oder Division. Als Rechenzeichen werden für die Multiplikation der Punkt ($\cdot$) (nicht das x!), für die Division der Doppelpunkt (:) oder der Bruchstrich verwendet. Das Ergebnis einer Multiplikation heißt *Produkt*, das einer Division *Quotient*.

Will man allgemeine Zahlen multiplizieren, werden alle Vorzahlen und Buchstabengrößen miteinander malgenommen.

Beispiele

1. $3a \cdot 5b = 3 \cdot a \cdot 5 \cdot b = \mathbf{15ab}$
2. $2x \cdot 4y \cdot y = 2 \cdot x \cdot 4 \cdot y \cdot y = \mathbf{8xy^2}$

> Allgemeine Zahlen werden multipliziert, indem man Vorzahlen und Buchstabengrößen miteinander malnimmt.

Im 2. Beispiel wird ein Zahlenwert mit sich selbst mal genommen. Wir müssen darauf achten, dass in diesem Falle das Ergebnis y^2 lautet und nicht, wie vielfach vermutet, $2y$. Wir müssen hier sorgfältig unterscheiden zwischen *Multiplizieren* und *Potenzieren*.

Beim Multiplizieren handelt es sich um eine verkürzte Addition, beim Potenzieren dagegen um eine verkürzte Multiplikation.

> $5c$ ist die verkürzte Schreibweise von $c + c + c + c + c$.
> c^5 ist die verkürzte Schreibweise von $c \cdot c \cdot c \cdot c \cdot c$.

Beim Multiplizieren muss besonders auf das Vorzeichen geachtet werden. Multipliziert man Zahlen mit gleichen Vorzeichen, erhält man immer ein positives Ergebnis, multipliziert man Zahlen mit ungleichen Vorzeichen, ergibt das ein negatives Ergebnis. Um zu verdeutlichen, dass das Vorzeichen auch zur nachfolgenden allgemeinen Zahl gehört, ist es üblich, in der Rechnung eine Klammer zu setzen.

Beispiele

1. $4 \cdot 3b = \underline{\underline{\mathbf{12}b}}$

2. $4 \cdot (-3b) = \underline{\underline{\mathbf{-12}b}}$

3. $(-4) \cdot (-3b) = \underline{\underline{\mathbf{12}b}}$

4. $3a \cdot 5c = \underline{\underline{\mathbf{15}ac}}$

5. $(-3a) \cdot 5c = \underline{\underline{\mathbf{-15}ac}}$

6. $(-3a) \cdot (-5c) = \underline{\underline{\mathbf{15}ac}}$

> plus mal plus ergibt plus;
> minus mal minus ergibt plus.
>
> plus mal minus ergibt minus,
> minus mal plus ergibt minus.

Aufgaben

1. $4c \cdot 5a =$
2. $7a \cdot 6b \cdot 4c =$
3. $2ab \cdot 5c \cdot 16x =$
4. $11ab \cdot 5ab \cdot 8c \cdot 6d =$
5. $0{,}5x \cdot 0{,}25y =$
6. $(-6c) \cdot 3b =$

7. $(-5x) \cdot (-3x) =$
8. $8 \cdot (-3a) \cdot 5 \cdot 6c =$
9. $7 \cdot (-4) \cdot 5c \cdot d =$
10. $(-x) \cdot (-y) \cdot (-z) =$
11. $8a \cdot (-2a) \cdot 5 =$
12. $(-a) \cdot (-a) \cdot (-1) =$

1.4 Rechnen mit Klammern

Häufig müssen in technischen Rechnungen verschiedene Ausdrücke in Klammern zusammengefasst werden, um zu einer einfachen Lösung zu kommen. Dazu müssen wir grundlegende Kenntnisse im Rechnen mit Klammerausdrücken haben. Dies geschieht mit einfachen Rechenregeln.

Addition und Subtraktion von Klammerausdrücken. Wie oben bereits erwähnt, werden unter bestimmten Voraussetzungen Klammern um allgemeine Zahlen gesetzt. Wenn eine negative Zahl zu einer positiven addiert oder von ihr subtrahiert wird, oder wenn allgemeine Zahlen in bestimmter Weise zusammengefasst werden sollen.

Beispiele

1. $7a + (-3a)$
2. $12a - (-8a)$
3. $(a + b) - (a - b)$

Um diese Beispiele zu lösen, müssen zuerst die Klammern beseitigt werden. Wird die Klammer weggelassen, bestimmt das Vorzeichen der Klammer das bzw. die Vorzeichen in der Klammer. Bei einem + bleiben die Vorzeichen in der Klammer erhalten, bei einem − ändern sie sich. Aus + wird dann −, aus − wird +.

Lösungen

1. $7a + (-3a) = 7a - 3a = \underline{\underline{\mathbf{4a}}}$
2. $12a - (-8a) = 12a + 8a = \underline{\underline{\mathbf{20a}}}$
3. $(a + b) - (a - b) = a + b - a + b = \underline{\underline{\mathbf{2b}}}$

> Werden Klammerausdrücke addiert/subtrahiert, so ist zunächst die Klammer aufzulösen. Dabei gilt:
>
> Steht ein + vor der Klammer, bleiben die Vorzeichen in der Klammer erhalten;
>
> Steht ein − vor der Klammer, ändern sich die Vorzeichen in der Klammer.
> Aus + wird −, aus − wird +.

Auch beim Rechnen mit Klammern gilt: es dürfen nur gleiche Buchstabengrößen addiert bzw. subtrahiert werden.

Aufgaben

1. $25a + (-15a) =$
2. $4c + (3c + 7) =$
3. $25x + (2x - 15y) =$
4. $4a - 3b - (5 + 8a + 3b) =$
5. $2a - (10a + 11b) - (b - 6a) =$

6. $-bc + 7c - 9 - (-3bc - 9 + 3a) + (-13 - 22ab + b) =$
7. $0{,}3a - (0{,}3a + 3b) - 2b =$
8. $5x - 3y - (5x + 3y - 2) + xy =$
9. $-(-3a - 5b) + 2ab =$
10. $(7a - 3b) - (-10ab - 10b) - (-10ab + 3a) =$

Multiplikation von Klammern. Will man die Querschnittsfläche eines Rohres berechnen, benutzt man dazu die Formel für den Kreisring. Sie lautet $A = \pi/4\,(D^2 - d^2)$. Ist die Fläche bekannt und will man einen der Durchmesser D oder d berechnen, so muss auf alle Fälle die Klammer beseitigt werden. Wir sehen also, dass auch hier das Rechnen mit Klammern gekonnt sein muss, um die Aufgabe zu lösen. An zwei einfachen Beispielen wollen wir lernen, wie vorzugehen ist.

Beispiele 1. $3a\,(2 + 3b - c)$
2. $(3a + 7)\,(2 - 3b)$

Im Beispiel 1 wird eine Klammer mit einer Zahl malgenommen, d. h. multipliziert. Wir lösen dieses Beispiel, indem wir jede Zahl in der Klammer mit der Zahl vor der Klammer multiplizieren. Dabei müssen wieder die Vorzeichen beachtet werden.

Lösung zu Beispiel 1

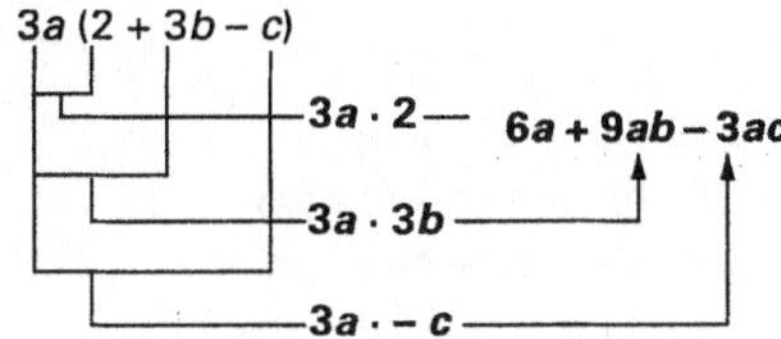

Im Beispiel 2 werden dagegen zwei Klammern multipliziert. Diese Aufgabe lösen wir, indem

jede Zahl in der ersten Klammer mit jeder Zahl in der zweiten Klammer malgenommen wird.

Lösung zu Beispiel 2

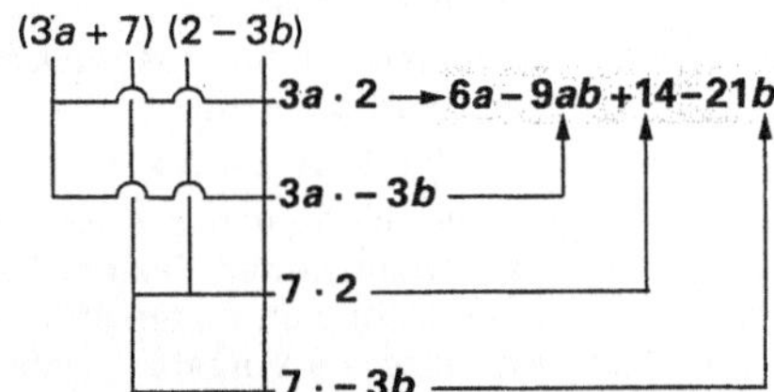

Weil man Faktoren, das sind alle Zahlen in einer Multiplikationsaufgabe, ohne weiteres vertauschen kann, spielt die Reihenfolge der Multiplikation keine Rolle. $3a(2 + 3b - c)$ ist also das gleiche wie $(2 + 3b - c) \cdot 3a$. Man muss aber auf alle Fälle das Vorzeichen mitnehmen. $-2b\,(a + c)$ ist $(a + c) \cdot (-2b)$!

Klammern werden mit einer Zahl multipliziert, indem jede Zahl in der Klammer mit der Zahl vor oder hinter der Klammer multipliziert wird.

Werden zwei oder mehrere Klammern miteinander multipliziert, müssen alle Zahlen der einen Klammer mit den Zahlen der anderen Klammer malgenommen werden.

Aufgaben

1. $a(10 + b) =$
2. $x(y + 1) =$
3. $4x(3x - 2y + 5) =$
4. $(-3a + 2b - 3c) \cdot 2ab =$
5. $(12b - c + 6bc) \cdot (-2) =$
6. $(-x)(a + c - x + y) =$
7. $x + y(2x + y) -$
8. $4a - 4(a + 3b) + 12b =$

9. $(3 + a)(2 - b) =$
10. $(a + b)(a - b) =$
11. $(-b - a)(a + b)(x - y) =$
12. $(-7)(D + d)(4d - 5) =$
13. $4(x + y) - 2(x - y) =$
14. $(2c + 3d)(a - b)(7 + c) =$
15. $8(a - 2b)(b + y) \cdot 3c =$
16. $3(c - 5) - 5(3 + c) =$

Ausklammern gemeinsamer Faktoren. Im vorigen Abschnitt haben wir Klammern durch Multiplikation aufgelöst. Es wurden zwei oder mehrere Faktoren miteinander malgenommen. Beim Ausklammern geht es darum, in den einzelnen Gliedern eines Ausdruckes gemeinsame Faktoren zu erkennen und diese vor eine Klammer zu setzen. Dieses Vorgehen

kann die Lösung einer Aufgabe sehr vereinfachen.

Gemeinsame Faktoren sind Faktoren, die in jedem Glied eines Ausdruckes vorkommen.

Beispiel

Die Aufgabe lautet: Aus dem Ausdruck $3ab + 2ac - a + d$ sollen die gemeinsamen Faktoren ausgeklammert werden. Überlegen wir uns, wie dies zu lösen ist.

Schreiben wir den Ausdruck ausführlich, so erhalten wir

$$3 \cdot a \cdot b + 2 \cdot a \cdot c - a + d$$

In drei Gliedern des Ausdruckes ist als gemeinsamer Faktor die allgemeine Zahl a enthalten. Wir erinnern uns, dass die Vorzahl **1** nicht mitgeschrieben wird. Um nach dem Ausklammern die richtigen Zahlen in der Klammer zu haben, müssen wir beachten, dass $-a$ dem Ausdruck $-1 \cdot a$ entspricht.

Wie wir wissen, ergibt jede Zahl durch sich selbst geteilt **1**. Teilen wir nun $+3ab$ durch a, $+2ac$ durch a und $-a$ durch a, so erhalten wir

$$3 \cdot 1 \cdot b + 2 \cdot 1 \cdot c - 1 + d$$

Den gemeinsamen Faktor, in unserem Beispiel a, setzen wir nun vor die Klammer, die wiederum die Ergebnisse unseres Teilens einschließt. Wir erhalten dann

$$a(3b + 2c - 1) + d.$$

Das ist unser Ergebnis.

Fassen wir den Lösungsgang noch einmal zusammen:

Gegeben ist der Ausdruck

$$3ab + 2ac - a + d$$

1. Schritt: gemeinsamen Faktor aufsuchen (hier a);

2. Schritt: den gemeinsamen Faktor vor eine Klammer setzen;

3. Schritt: alle Ausdrücke, die den gemeinsamen Faktor enthalten, durch diesen teilen.

4. Schritt: die Ergebnisse des Teilens in eine gemeinsame Klammer schreiben.

Aufgaben

1. $ax - bx =$

2. $bc - ac + c =$

3. $3bx - 9x - ax =$

4. $ac - bc - dc + hc =$

5. $b(a + b) + c(a + b) =$

6. $(c + b) \cdot x + (c + b) \cdot y =$

7. $bx - cx + by - cy =$

8. $2ax + bx + cx - 2ay - by - cy =$

1.5   Rechnen mit Brüchen

In technischen Berechnungen sind häufig Aufgaben zu lösen, in denen Brüche vorkommen. Das ist z. B. in der Flächenberechnung der Fall, wo wir $\pi/4$ finden oder beim Rechnen mit Einheiten, wie z. B. m/s^2. Fehler werden nur dann vermieden, wenn man die Grundlagen der Bruchrechnung beherrscht.

Der *Dezimalbruch* ist allgemein bekannt. Wir schreiben ihn, indem wir die Bruchteile durch das Dezimalkomma von den Ganzen trennen.

> Im englischsprachigen Raum wird nicht das Dezimalkomma, sondern der Dezimalpunkt gesetzt. Das ist zu beachten, wenn mit dem Taschenrechner gearbeitet wird oder Programme z. B. für CNC-Maschinen geschrieben werden.
> Der Zahlenwert 25,5 muss dann als 25.5 eingegeben werden.

Rechts des Kommas stehen die Bruchteile in Dezimalstellen. Pro Stelle verringert sich der Wert des Bruches um den Faktor 10. Eine Stelle rechts vom Komma entspricht somit 1/10, zwei Stellen rechts vom Komma 1/100 usw.

Das Rechnen mit Dezimalbrüchen soll als bekannt vorausgesetzt werden. Wir gehen deshalb hier nicht näher darauf ein, sondern konzentrieren uns auf das Rechnen mit *echten* und *unechten* Brüchen. Dort werden am häufigsten Fehler gemacht. Brüche schreiben wir, indem wir den Zähler und den Nenner durch einen Bruchstrich trennen. Der Zähler steht immer über dem Bruchstrich, der Nenner darunter. In einem echten Bruch ist der Zähler immer kleiner als der Nenner, im unechten Bruch ist das umgekehrt.

Eine *gemischte Zahl* ist ein unechter Bruch, bei dem die ganzzahligen Anteile herausgezogen sind. Sie stehen vor dem verbleibenden Rest, einem echten Bruch.

Beispiele

1. $\dfrac{3}{8}$ ⟶ $\overset{\textit{Zähler}}{\textit{Nenner}}$

2. $\dfrac{4}{5}$ ⟶ *echter Bruch*

3. $\dfrac{22}{7}$ ⟶ *unechter Bruch*

4. $3\dfrac{7}{8}$ ⟶ *gemischte Zahl*

Erweitern und Kürzen von Brüchen. In einer Rechnung müssen häufig Brüche verändert werden, um einen vernünftigen Lösungsweg einzuschlagen. Das muss aber so geschehen, dass sich zwar die Zahlen im Zähler und Nenner, nicht aber der Wert des Bruches ändert. Man erreicht dies durch Erweitern oder Kürzen.

Erweitern von Brüchen. Sollen Brüche addiert oder subtrahiert werden, müssen sie zuvor gleichnamig gemacht werden. Gleichnamig heißt, alle Brüche müssen den gleichen Nenner haben. Wir erreichen das durch Erweitern.

> *Erweitern* heißt, Zähler und Nenner eines Bruches mit derselben Zahl multiplizieren.

Beispiele Der Bruch $\dfrac{5}{7}$ soll so erweitert werden, dass der Nenner den Wert von 42 annimmt. Wir suchen zunächst eine Zahl, mit der 7 multipliziert 42 ergibt. Dies ist offensichtlich die **6**, denn $6 \cdot 7 = 42$. Wir müssen nun den Bruch mit $\dfrac{6}{6}$ malnehmen und erhal-

ten als neuen Bruch $\dfrac{30}{42}$. Bei dieser Rechenoperation haben sich nur die Zahlen im Zähler und Nenner des Bruches, nicht aber dessen Wert geändert. Denn $\dfrac{6}{6}$ ist 1, und eine Zahl mit 1 multiplizert verändert ihren Wert nicht!

Somit ist

$$\frac{5 \cdot 6}{7 \cdot 6} = \frac{30}{42}$$

Genauso rechnen wir mit allgemeinen Zahlen. Soll zum Beispiel der Bruch $\dfrac{a}{b}$ mit der allgemeinen Zahl c erweitert werden, müssen wir Zähler und Nenner mit dieser Zahl multiplizieren. Dann ist

$$\frac{a \cdot c}{b \cdot c} = \frac{ac}{bc}$$

Wird ein Bruch erweitert, in dessen Zähler oder Nenner eine Summe oder Differenz steht, müssen wir vor dem Multiplizieren eine Klammer setzen. Das ist in folgendem Beispiel der Fall:

$$\frac{a+b}{2}$$

soll mit c erweitert werden. Dann ergibt das

$$\frac{(a+b) \cdot c}{2 \cdot c}$$

Genauso verfährt man, wenn mit Klammern erweitert werden soll.

Aufgaben

Erweitere

1. $\dfrac{7}{8}$ mit 5

2. $\dfrac{27}{32}$ mit 3

5. $\dfrac{3}{4}$ mit $(a+b)$

6. $\dfrac{2a+3}{2b+1}$ mit 7

3. $\dfrac{2a}{3c}$ mit 4

4. $\dfrac{2a+b}{c}$ mit 5

7. $\dfrac{a+1}{b-1}$ mit -1

8. $\dfrac{7-c}{a+b}$ mit $(a-b)$

Kürzen von Brüchen. Man kürzt Brüche, um Rechnungsgänge zu vereinfachen. So manche Aufgabe des technischen Rechnens können wir im Kopf lösen, wenn bis zum Ende konse-

quent gekürzt wird. Wir kürzen, indem wir Faktoren aufsuchen, die sowohl im Zähler als auch im Nenner eines Bruches enthalten sind. Zähler und Nenner werden dann durch die gleiche Zahl dividiert. Auch beim Kürzen ändert sich zwar der Zahlenwert von Zähler und Nenner, nicht aber der Wert des Bruches! Wir können Kürzen auch als Umkehrung des Erweiterns ansehen.

> *Kürzen* heißt, Zähler und Nenner eines Bruches durch dieselbe Zahl teilen.

Stehen im Zähler oder Nenner eines Bruches Summen oder Differenzen, müssen vor dem Kürzen die gemeinsamen Faktoren ausgeklammert werden.

Beispiele $\frac{21}{56}$ ist ein echter Bruch. Untersuchen wir ihn auf gleiche Faktoren im Zähler und Nenner, stellen wir fest, dass in beiden der Faktor **7** enthalten ist. Denn

$$\frac{21}{56} = \frac{3 \cdot 7}{8 \cdot 7}$$

Wir teilen nun Zähler und Nenner durch dieselbe Zahl, die 7, und erhalten

$$\frac{3}{8} \, .$$

Genauso verfahren wir, wenn Brüche mit allgemeinen Zahlen gekürzt werden sollen. In $\dfrac{a\,(b+c)}{2\,a}$ ist a als gleicher Faktor enthalten. Gekürzt, erhalten wir

$$\frac{\not{a}\,(b+c)}{2\,\not{a}} = \frac{b+c}{2}$$

Befinden sich im Zähler und Nenner Summen oder Differenzen, sollten zunächst die gemeinsamen Faktoren ausgeklammert und erst dann gekürzt werden. In der folgenden Aufgabe ist a im Zähler und im Nenner der gemeinsame Faktor

$$\frac{2a+ab+3ac}{7a-5ab} = \frac{a\,(2+b+3c)}{a\,(7-5b)}$$

$$\frac{\not{a}\,(2+b+3c)}{\not{a}\,(7-5b)} = \frac{2+b+3c}{7-5b}$$

Die Zahl b darf nicht mehr gekürzt werden! Sie ist nicht in jedem Glied der Summe bzw. Differenz enthalten!

Aufgaben

Kürzen Sie

1. $\dfrac{42\,ac}{7\,a}$ 2. $\dfrac{63\,ax}{9\,x}$ 3. $\dfrac{144\,y}{12}$ 7. $\dfrac{18\,ad+9d+3\,dx}{3d}$ 8. $\dfrac{7\,ab}{21\,a-14\,ab}$

4. $\dfrac{5a+5b}{5}$ 5. $\dfrac{bx+cx}{x}$ 6. $\dfrac{27\,c+9}{9}$ 9. $\dfrac{3a}{12\,ab-15\,b}$ 10. $\dfrac{-18a+6a-24y}{12\,ay}$

1.6 Multiplizieren und Dividieren von Brüchen

Multiplizieren von Brüchen. Das Malnehmen von Brüchen bereitet im allgemeinen keine Schwierigkeiten, wenn Sie das Multiplizieren allgemeiner Zahlen begriffen haben. Vor dem Multiplizieren sollte überprüft werden, wieweit die Rechnung durch Kürzen vereinfacht werden kann.

Beispiele   Wir wollen $\dfrac{3}{8}$ mit $\dfrac{2}{7}$ multiplizieren.

Dann schreiben wir

$$\frac{3}{8} \cdot \frac{2}{7} = \frac{3 \cdot 2}{8 \cdot 7} = \frac{6}{56}$$

Das Ergebnis erhalten wir durch Malnehmen der Zahlen im Zähler und im

Nenner. Genauso verfahren wir, wenn mit allgemeinen Zahlen gerechnet wird. Wir üben das im nächsten Beispiel.

$$\frac{3a}{x} \cdot \frac{2b}{y} = \frac{3a \cdot 2b}{x \cdot y} = \frac{6ab}{xy}$$

Stehen Summen und Differenzen im Bruch, müssen zusätzlich die Multiplikationsregeln für Klammerausdrücke angewandt werden. Erinnern wir uns noch einmal:

> Werden zwei oder mehrere Klammern miteinander multipliziert, müssen alle Zahlen der einen Klammer mit den Zahlen der anderen Klammer malgenommen werden.

Beispiele, Forts.

Dazu wieder ein Beispiel. Die Aufgabe lautet:

$$\frac{c-d}{4} \cdot (x-y)$$

Zunächst schreiben wir $(x-y)$ auf einen gemeinsamen Bruchstrich. Wir beachten dabei, dass der Bruchstrich die Funktion einer Klammer hat! Dann ist

$$\frac{(c-d) \cdot (x-y)}{4}$$

Nun multiplizieren wir jedes Glied der einen mit jedem Glied der anderen Klammer. Das Ergebnis lautet

$$\frac{cx - cy - dx + dy}{4}$$

Fassen wir noch einmal die wichtigsten Regeln zum Multiplizieren von Brüchen zusammen.

> Brüche werden multipliziert, indem man alle Zähler und Nenner miteinander malnimmt.
>
> Wird ein Bruch mit einer ganzen Zahl multipliziert, so steht diese im Zähler. Wir nehmen dann nur die Zahlen im Zähler miteinander mal.
>
> Der Bruchstrich hat die Funktion einer Klammer. Werden mehrere Brüche zusammengefasst und Zähler und Nenner auf einen gemeinsamen Bruchstrich geschrieben, so sind Summen und Differenzen in Klammern zu setzen.

Aufgaben

1. $\dfrac{3}{z} \cdot \dfrac{5}{6x}$

2. $\dfrac{4a}{3z} \cdot \dfrac{15dz}{5a}$

3. $\dfrac{4a}{ab} \cdot \dfrac{b}{8}$

4. $21 \cdot \dfrac{2a+b}{14}$

5. $\dfrac{b+c}{3} \cdot \dfrac{b-c}{2}$

6. $\dfrac{3a}{b-c} \cdot \dfrac{b-c}{a(b+c)}$

7. $\dfrac{abc}{z+x} \cdot \dfrac{x+z}{cb} \cdot \dfrac{y}{b}$

8. $\dfrac{225xz}{25by} \cdot \dfrac{80by}{20z}$

Dividieren von Brüchen. Wenn wir beim Dividieren von Brüchen einige Grundregeln beachten, bereitet die Lösung entsprechender Aufgaben keine Probleme. Zunächst merken wir uns, dass der (:) als Anweisung zu teilen, in technischen Berechnungen der Fachmathematik im allgemeinen durch den Bruchstrich (—) ersetzt wird. Wir schreiben also statt $3 : 4$ $\frac{3}{4}$. Der Divisor, das ist die teilende Zahl, steht somit unter dem Bruchstrich. Das gilt immer, auch wenn unter dem Bruchstrich bereits eine Zahl als Nenner vorhanden ist. In dem Falle multiplizieren wir den vorhandenen Nenner mit dem Divisor.

Beispiele 1. $\dfrac{b}{2} : 5 = \dfrac{b}{2 \cdot 5} = \dfrac{b}{10}$

2. $\dfrac{3a}{a+b} : 4 = \dfrac{3a}{4(a+b)}$

3. $\dfrac{a+b}{2} : 2xy = \dfrac{a+b}{2 \cdot 2xy} = \dfrac{a+b}{4xy}$

Anhand dieser Beispiele haben wir gelernt, Brüche durch ganze Zahlen zu teilen. Wir merken uns:

> Bei Divisionsaufgaben mit Brüchen steht der Divisor immer unter dem Bruchstrich.

Das gilt auch, wenn Brüche geteilt werden.

Die Aufgabe $\dfrac{3}{5} : \dfrac{6}{7}$ schreiben wir wie $\dfrac{\frac{3}{5}}{\frac{6}{7}}$. Oder wenn es sich um Brüche mit allgemeinen Zahlen handelt, z.B. $\dfrac{\frac{a}{3}}{\frac{b}{2}}$. Sollen derartige Divisonsaufgaben gelöst werden, multipliziert man den zu teilenden Bruch mit dem Kehrwert des teilenden Bruches. Der Kehrwert entsteht durch Vertauschen von Zähler und Nenner.

Beispiele $\dfrac{3a}{2b}$ wird zu $\dfrac{2b}{3a}$

$\dfrac{(a+b)}{2}$ wird zu $\dfrac{2}{(a+b)}$

cm^2 wird zu $\dfrac{1}{\text{cm}^2}$

> Der Kehrwert eines Bruches wird gebildet, indem der Zähler zum Nenner und Nenner zum Zähler wird. Den Kehrwert nennt man auch *reziproken Wert* eines Bruches.

Mit diesem Wissen können wir nun Brüche teilen. Alles, was wir bisher über das Rechnen mit allgemeinen Zahlen gelernt haben, müssen wir dabei anwenden, so z.B. Kürzen und Ausklammern.

Beispiel

1. $\dfrac{x}{2} : 2 = \dfrac{x \cdot 1}{2 \cdot 2} = \dfrac{x}{4}$

2. $\dfrac{yz}{2b} : 2z = \dfrac{y\cancel{z} \cdot 1}{2b \cdot 2\cancel{z}} = \dfrac{y}{4b}$

Im Beispiel 2. haben wir zunächst $2z$ in den Nenner des Bruches geschrieben. Als ganze Zahl hat $2z$ den Nenner 1, der nun zum Zähler wird. Wir kürzen nun z und erhalten das Ergebnis, nachdem die Zahlen im Nenner multipliziert wurden.

3. $\dfrac{ab+bc}{a} : (a+c) = \dfrac{b\cancel{(a+c)}}{a\cancel{(a+c)}} = \dfrac{b}{a}$

Im Beispiel 3. können wir im Zähler b ausklammern und erhalten so $b(a+c)$. Nachdem $(a+c)$ als Divisor in den Nenner des Bruches geschrieben wurde, kann der Klammerausdruck gekürzt werden. Der verbleibende Bruch ist das Ergebnis.

4. $\dfrac{4(a+b)}{11(a-b)} : \dfrac{2(a+b)}{5(a-b)} =$

$\dfrac{4\cancel{(a+b)} \cdot 5\cancel{(a-b)}}{11\cancel{(a-b)} \cdot 2\cancel{(a+b)}} = \dfrac{\cancel{4}2 \cdot 5}{11 \cdot \cancel{2}} = \dfrac{10}{11}$

Nachdem wir im Beispiel 4. den Kehrwert gebildet haben, können wir die Klammerausdrücke $(a+b)$, $(a-b)$ und die 4 gegen die 2 kürzen. Das Ergebnis erhalten wir nach einer einfachen Multiplikation $(2 \cdot 5)$ im Zähler des Bruches.

Wir vertiefen das Gelernte beim Lösen von Übungsaufgaben.

Aufgaben

1. $\dfrac{9a}{4b} : 3a =$ $\qquad$ 2. $\dfrac{ax}{7} : \dfrac{bx}{7} =$

3. $\dfrac{225\,xyz}{2a} : 15xy =$ $\qquad$ 4. $\dfrac{3x}{4} : \dfrac{1}{3} : \dfrac{x}{5} : 2a =$

5. $\dfrac{6(c+d)}{54(x+y)} : \dfrac{12(c+d)}{27(x-y)} =$ $\qquad$ 6. $\dfrac{x}{a+b} : \dfrac{2x}{3(a+b)} =$

7. $126 : 100\,\dfrac{\text{cm}}{\text{m}} =$ $\qquad$ 8. $125\ \text{cm}^2 : 10000\,\dfrac{\text{cm}^2}{\text{m}^2} =$

1.7 Addieren und Subtrahieren von Brüchen

Um derartige Aufgaben zu lösen, müssen wir zunächst zwischen *gleichnamigen* und *ungleichnamigen* Brüchen unterscheiden.

> *Gleichnamige Brüche* haben den gleichen Nenner, so z.B. $\dfrac{1}{2}$ und $\dfrac{a}{2}$, $\dfrac{b}{a}$ und $\dfrac{x}{a}$ oder $\dfrac{1}{(a+b)}$ und $\dfrac{x}{(a+b)}$;
> *Ungleichnamige Brüche* haben verschiedene Nenner, wie z.B. $\dfrac{a}{2}$, $\dfrac{a}{b}$ und $\dfrac{x}{(y+z)}$.

Gleichnamige Brüche zu addieren oder zu subtrahieren ist relativ einfach. Wir schreiben alle Zähler auf einen Bruchstrich, geben ihnen den gemeinsamen Nenner und addieren bzw. subtrahieren die Zahlen im Zähler. Dabei ist zu beachten, dass der Bruchstrich eine Klammer ersetzt!

Beispiele

1. $\dfrac{4}{a} + \dfrac{2}{a} - \dfrac{5}{a} = \dfrac{4+2-5}{a} = \dfrac{1}{a}$

2. $\dfrac{a+b}{3} + \dfrac{a-b}{3} = \dfrac{(a+b)+(a-b)}{3}$

$= \dfrac{a+b+a-b}{3} = \dfrac{2a}{3}$

Beispiele
Forts.

Wir wollen uns angewöhnen, Zähler dann in Klammern zu setzen, wenn es sich um Summen oder Differenzen handelt. So lassen sich am besten Vorzeichenfehler beim Rechnen vermeiden.

$$3.\quad \frac{2+b}{c} - \frac{2-b+5a}{c}$$

$$= \frac{(2+b) - (2-b+5a)}{c}$$

$$= \frac{2+b-2+b-5a}{c} = \frac{2b-5a}{c}$$

Hier wird der Zähler $2-b+5a$ in Klammern gesetzt. Weil vor der Klammer auf dem gemeinsamen Bruchstrich ein „−" steht, müssen die Vorzeichen in der Klammer nach deren Auflösen umgekehrt werden.

Sollen ungleichnamige Brüche addiert oder subtrahiert werden, müssen sie zunächst gleichnamig gemacht werden. Man sucht dazu den Hauptnenner. Das ist der kleinste gemeinsame Nenner aller Brüche, mit denen wir rechnen. Man nennt den Hauptnenner auch *das kleinste gemeinsame Vielfache* aller Nenner. Das kleinste gemeinsame Vielfache sagt aber, dass die Methode, den Hauptnenner durch Multiplikation aller vorhandenen Nenner zu finden, nicht die einzig richtige sein kann. Das gängige Verfahren ist, die verschiedenen Nenner in ihre Primfaktoren zu zerlegen und die gemeinsam vorhandenen nur einmal zu berücksichtigen.

> Eine Primzahl ist eine Zahl, die nur durch 1 oder sich selbst ohne Rest teilbar ist.

Beispiele
Die Zahlen 4, 12, 16, 24 und 30 sollen die Nenner von Brüchen sein. Um den Hauptnenner zu finden, schreiben wir zunächst die Zahlen untereinander.

```
 4 |
12 |
16 |
24 |
30 |
```

Dann zerlegen wir jede Zahl in ihre Primzahlen. Wir schreiben nun die Primzahlen der jeweiligen Nenner in eine Reihe, gleiche Primzahlen in Spalten untereinander und „ziehen" die Zahlen in die untere Reihe.

```
  4 | 2 · 2
 12 | 2 · 2              · 3
 16 | 2 · 2 · 2 · 2
 24 | 2 · 2 · 2          · 3
 30 |             2 · 3 · 5
    | 2 · 2 · 2 · 2 · 3 · 5
```

Wir multiplizieren jetzt die Primfaktoren der unteren Zeile und erhalten als größtes gemeinsames Vielfaches, den Hauptnenner 240.

```
   4 | 2 · 2
  12 | 2 · 2              · 3
  16 | 2 · 2 · 2 · 2
  24 | 2 · 2 · 2          · 3
  30 |             2 · 3 · 5
 240 | 2 · 2 · 2 · 2 · 3 · 5
```

Rechnen wir mit Buchstabengrößen, wird das gleiche Verfahren angewendet, nur wird jede Buchstabengröße als Primzahl aufgefasst. Nehmen wir an, a, $2a$, $4b$ und $6a^2$ sind Nenner von Brüchen, dann ergibt sich folgendes:

```
    a   | 1                 · a
   2a   | 1 · 2             · a
   4b   | 1 · 2 · 2             · b
  6a²   | 1 · 2     · 3 · a · a
 12a²b  | 1 · 2 · 2 · 3 · a · a · b
```

Wir können nun auch mit ungleichnamigen Brüchen rechnen.

Um eine Bruchrechenaufgabe zu lösen, gehen wir prinzipiell wie folgt vor:

Wir prüfen, ob wir mit ungleichnamigen Brüchen rechnen müssen. Ist das der Fall, suchen wir den Hauptnenner. Nachdem wir ihn festgestellt haben, müssen wir die gegebenen Brüche so erweitern, dass sie alle auf den gleichen Nenner kommen. Dann erst rechnen wir.

Beispiel 1
Die Aufgabe lautet $\dfrac{3}{4} + \dfrac{7}{9} - \dfrac{15}{24}$

Als *1. Schritt* bestimmen wir den Hauptnenner:

```
  4 | 2 · 2
  9 |         3 · 3
 24 | 2 · 2 · 2 · 3
 72 | 2 · 2 · 2 · 3 · 3
```

Im *2. Schritt* schreiben wir die Zähler aller Brüche auf den gemeinsamen Bruchstrich. Weil der Wert des Bruches dabei nicht verändert werden darf, müssen wir ihn erweitern. D. h. Zähler und Nenner mit der Zahl multiplizieren, die als Vielfaches des Nenners den Hauptnenner 72 ergibt.

Beispiel 1
Forts.

Für den 1. Bruch ist das 18, den 2. Bruch 8 und den 3. Bruch 3. Sehr ausführlich niedergeschrieben erhalten wir

$$\frac{3\cdot 18}{4\cdot 18}+\frac{7\cdot 8}{9\cdot 8}-\frac{15\cdot 3}{24\cdot 3}$$

Das ist

$$\frac{54+56-45}{72}=\frac{65}{72}$$

Beispiel 2 Berechne

$$\frac{7y}{10x}-\frac{2y}{15x}-\frac{2}{3}$$

1. Schritt: Hauptnenner aufsuchen

$$\begin{array}{c|cccc}
10x & 2\cdot & & 5\cdot & x \\
15x & & 3\cdot & 5\cdot & x \\
3 & & 3 & & \\
\hline
\mathbf{30x} & 2\cdot & 3\cdot & 5\cdot & x
\end{array}$$

2. Schritt: Erweitern der Brüche

$$\frac{7y\cdot 3}{10x\cdot 3}-\frac{2y\cdot 2}{15x\cdot 2}-\frac{2\cdot 10x}{3\cdot 10x}$$

$$=\frac{21y-4y-20x}{30x}=\frac{17y-20x}{30x}$$

Weil im Ergebnis eine Summe im Zähler steht, darf das x nicht gekürzt werden!

Aufgaben

1. $\dfrac{4a}{b}-\dfrac{2a}{b}=$

2. $\dfrac{12bc}{5b}-\dfrac{10bd}{5b}+\dfrac{11bd}{5b}=$

3. $\dfrac{cx-y}{b+c}+\dfrac{bx+y}{b+c}=$

4. $\dfrac{7a}{8}+\dfrac{11b}{12}=$

5. $\dfrac{a+b}{2}+\dfrac{a-b}{2}=$

6. $\dfrac{7x}{18}-\dfrac{8y}{12}=$

7. $\dfrac{4}{a}+\dfrac{3}{b+c}=$

8. $\dfrac{2a-y}{b+c}-\dfrac{2a+y}{b+c}=$

9. $\dfrac{x}{2}-\dfrac{3a}{4}+\dfrac{5ax}{6}=$

10. $\dfrac{5+2a}{3}+\dfrac{2-b}{6}-\dfrac{2a-3y}{12}=$

11. $\dfrac{nc-nd}{c+a}+\dfrac{ac-ad}{a+c}=$

12. $\dfrac{4cd+x}{3c}-\dfrac{cd+x}{3c}=$

13. $\dfrac{5a+3b}{3x}-\dfrac{8a+6b}{6y}-\dfrac{2a+5b}{3xy}=$

14. $\dfrac{2a-6}{5d}-\dfrac{1}{2}+\dfrac{2a-b}{10d}=$

15. $\dfrac{a-b}{4c}-\dfrac{a+b}{5c}+\dfrac{a+b}{3c}=$

16. $\dfrac{4x-8n}{3x}-\dfrac{x}{18x}+\dfrac{2x-4n}{9x}=$

1.8 Potenzen

Unter einer Potenz versteht man eine verkürzte Multiplikation. So kann man den Ausdruck $a\cdot a\cdot a$ auch schreiben als a^3. Wir bezeichnen a als Grundzahl oder Basis, die ^{3} als Hochzahl oder Exponent. Den Potenzwert (das Ergebnis) errechnen wir, indem wir die Basis a dreimal mit sich selbst malnehmen. Wir müssen dies streng trennen von der Aufgabe $3a$, die angibt, wie oft eine Größe malgenommen wird.

In einer Potenz gibt die Hochzahl an, wie oft die Basis mit sich selbst multipliziert werden muss.

Addition und Subtraktion von Potenzen. Sollen Potenzen addiert oder subtrahiert werden, gelten hier für die gleichen Regeln wie für das Rechnen mit allgemeinen Zahlen.

Beispiel 1 $x^2+3x^2-2x^2=\mathbf{2x^2}$

x^2 ist in jedem Glied des Ausdruckes enthalten. Wir addieren bzw. subtrahieren deshalb die Vorzahlen.

Beispiel 2 $4ax^2-2a^2x+3a^3+3ax^2+3a^2x=$

$3a^3+a^2x+7ax^2$

Wir dürfen nur die Ausdrücke mit gleichen Buchstabengrößen und Potenzen addieren bzw. subtrahieren. Das Ergebnis sollte nach fallenden Potenzen geordnet werden.

Potenzen werden addiert/subtrahiert, indem man die Vorzahlen gleicher Potenzen addiert/subtrahiert.

Aufgaben

1. $a^2 + a^2 + a^2 + a^2 + a^2 =$

2. $4a^2 + 2a^4 + a^2 - 3a^4 =$

3. $6a^2b^2x - 3a^2b^2x^2 - (6a^2b^2x - 4a^2b^2x^2 + x^2) =$

4. $-a^2 + 3a^2b^2 - (b^2 - 2a^2 + 3a^2b^2) =$

5. $6b^4 - (4b^6 + 6b^4) + 4b^6 + b^2 =$

6. $4ab^2 + 4ba^2 + a^2b =$

7. $12a^4b^5 - (3a^4c - 6a^4c) + 5a^4b^5 + 7a^4c =$

Multiplikation von Potenzen. Wir wollen a^2 mit a^3 multiplizieren. Lösen wir die Aufgabe auf, können wir dafür schreiben

$$a \cdot a \cdot a \cdot a \cdot a.$$

Dafür können wir auch a^5 schreiben. Dieses Ergebnis erhalten wir, wenn wir die Exponenten der beiden Potenzen addieren. Dann ist

$$a^2 \cdot a^3 = a^{2+3} = a^5.$$

Dieses Verfahren gilt jedoch nur für Potenzen mit gleicher Basis!

Beispiel $\quad 3a^3 \cdot 4a^2 \cdot a = 3 \cdot 4 \cdot a^{3+2+1} = \mathbf{12a^6}$

In dieser Aufgabe ist der Faktor *a* vorhanden. In der Rechnung wurde er mit dem Exponenten **1** berücksichtigt.

> Wir merken uns:
> Der Wert einer Basis mit dem Exponenten 1 entspricht dem der Basis. Oder: jede Zahl hat den Exponenten 1, der nicht mitgeschrieben wird.
>
> Potenzen mit gleicher Basis werden multipliziert, indem man die Exponenten addiert.

Aufgaben

1. $4a^2b \cdot 2a^3b^7 =$

2. $3a^3 (a^2 + 4) =$

3. $x^{3a} \cdot x^{4a} =$

4. $x^{a+b} \cdot x^{a-b} =$

5. $3x^2 (4x^3 + 6 - 2x^4) =$

6. $a^{6x+4b} \cdot a^{4x-2b} =$

7. $b^{2a} \cdot b^{3a} =$

8. $(a+b)^{3x+y} \cdot (a+b)^{2x-y}$

Division von Potenzen. $\dfrac{a^5}{a^3}$ ist eine Divisionsaufgabe. Die Potenz a^5 soll durch a^3 geteilt werden. Wir können die Aufgabe auch wie folgt schreiben $\dfrac{a \cdot a \cdot a \cdot a \cdot a}{a \cdot a \cdot a}$ und dann kürzen.

Wir erhalten $\dfrac{\cancel{a} \cdot \cancel{a} \cdot \cancel{a} \cdot a \cdot a}{\cancel{a} \cdot \cancel{a} \cdot \cancel{a}}$.

Das Ergebnis lautet a^2. Wir erhalten dieses Ergebnis auch, wenn wir die Exponenten subtrahieren. Es ist dann $a^{5-3} = a^2$.

> Potenzen mit gleicher Basis werden dividiert, indem man die Exponenten subtrahiert.

Beispiel 1 $\quad \dfrac{\mathrm{cm}^2}{\mathrm{cm}} = \mathrm{cm}^{2-1} = \mathrm{cm}^1 = \mathbf{cm}$

Das Beispiel zeigt uns, dass auch Einheiten als Potenzen zu betrachten sind. Wird mit ihnen gerechnet, gelten auch hier die allgemeinen Rechenregeln. Wir werden an späterer Stelle noch darauf zurückkommen.

Beispiel 2 $\quad \dfrac{a^2}{a^5} = a^{2-5} = \underline{\underline{a^{-3}}}$

Wir wollen die Lösung einmal näher betrachten und die Aufgabe auf den Bruchstrich schreiben. Dann ist

$$\frac{a \cdot a}{a \cdot a \cdot a \cdot a \cdot a} = \frac{\cancel{a} \cdot \cancel{a}}{\cancel{a} \cdot \cancel{a} \cdot a \cdot a \cdot a}$$

$$= \frac{1}{a \cdot a \cdot a} = \underline{\underline{\frac{1}{a^3}}}$$

> Bei einer Potenz mit negativem Exponenten handelt es sich um einen Bruch.

Beispiel 2
Forts. In der Praxis finden wir den negativen Exponenten bei der Angabe der Drehfrequenz. 1000 min^{-1} heißt, dass z.B. ein Bohrer mit 1000 Umdrehungen pro Minute läuft.

Beispiel 3 $\dfrac{a^2}{a^2} = a^{2-2} = \underline{\underline{a^0}}$

Wir wissen, dass eine Zahl durch sich selbst geteilt immer 1 ergibt.

$\dfrac{a^2}{a^2}$, zwei gleiche Zahlen, ergibt also 1. Nach den Regeln der Potenzrechnung subtrahieren wir die Exponenten und erhalten so 0.

> Jede Potenz mit dem Exponenten 0 hat den Wert 1.

Aufgaben

1. $\dfrac{x^5}{x^3} =$

2. $\dfrac{x^3}{x^5} =$

3. $\dfrac{4a^2}{8a} =$

4. $\dfrac{3b^4}{9b^2} =$

5. $\dfrac{(a+b)^5}{(a+b)^3} =$

6. $\dfrac{2n^7 x^4}{4n^5 x^2} =$

7. $\dfrac{3bc}{12xy^4} \cdot \dfrac{36xy^4}{9bc} =$

8. $\dfrac{2a^2}{4z} \cdot \dfrac{xyz^4}{8a^3 c} =$

1.9 Rechnen mit Wurzeln

Das Wurzelzeichen ($\sqrt{}$) ist sicherlich bekannt. Genauso wie der $\cdot$, das $+$ oder das $-$ ist das Wurzelzeichen eine Rechenanweisung. Bevor wir diese fachgerecht beschreiben, wollen wir sie uns näher anschauen.

$$\sqrt[3]{27} = 3$$

Wurzelexponent — Wurzelwert (Ergebnis) — Radikand (Basis)

Der *Wurzelexponent* zeigt uns an, wie oft die gesuchte Zahl mit sich selbst multipliziert werden soll, damit das Ergebnis den Radikanden ergibt. Ist der Wurzelexponent 2, d.h. soll die Quadratwurzel berechnet werden, braucht er nicht mitgeschrieben zu werden. Sonst wird er immer angegeben. Soll zum Beispiel die 3. Wurzel gezogen werden, müssen wir als Wurzelexponenten die 3 schreiben, z.B. $\sqrt[3]{}$.

Der *Radikand* wird auch Basis genannt. Es ist die Zahl, aus der die Wurzel gezogen wird.

Der *Wurzelwert* ist das Ergebnis des Wurzelziehens. Potenzieren wir diesen Wert mit dem Wurzelexponenten, so erhalten wir den Radikanden.

Beispiele

1. $\sqrt[2]{9} = 3$, denn $3 \cdot 3 = 3^2 = 9$

2. $\sqrt[3]{8} = 2$, denn $2 \cdot 2 \cdot 2 = 2^3 = 8$

3. $\sqrt[2]{a^2} = a$, denn $a \cdot a = a^2$

4. $\sqrt[3]{b^3} = b$, denn $b \cdot b \cdot b = b^3$

Die Beispiele zeigen uns, dass die Wurzelrechnung die Umkehrung der Potenzrechnung ist.

> Wurzelziehen heißt, eine Zahl zu finden, die mit dem Wurzelexponenten potenziert den Radikanden ergibt.

Wir brauchen die Wurzelrechnung, wenn wir an späterer Stelle Strecken, Flächen oder Körper berechnen. Wir werden die Lösungen mit dem Taschenrechner finden. Der eine oder andere wird aber nun einen Taschenrechner besitzen, mit dem er die 3. Wurzel nicht so ohne weiteres ziehen kann. Er braucht das aber bei der Volumenberechnung. Deshalb müssen wir uns einige Grundregeln für das Rechnen mit Wurzeln einprägen. Außerdem helfen uns Grundkenntnisse der Wurzelrechnung beim Vereinfachen von Formeln.

Wurzeln können als gebrochene Exponenten geschrieben werden.

Beispiele   1. $\sqrt[2]{h} = h^{1/2}$ 2. $\sqrt[3]{a} = a^{1/3}$

3. $\sqrt[2]{h^2} = h^{2/2} = h^1$ 4. $\sqrt[3]{a^3} = a^{3/3} = a^1$

Die Beispiele 3. und 4. bestätigen uns, was wir in der Potenzrechnung gelernt haben. Der Potenzwert einer Basis mit dem Exponenten 1 ist die Basis.

Stehen unter einer Wurzel Produkte oder Brüche, so können die Wurzeln getrennt aus den einzelnen Werten gezogen werden.

Beispiele   1. $\sqrt{36} = \sqrt{4 \cdot 9} = \sqrt{4} \cdot \sqrt{9} = 2 \cdot 3 = \underline{6}$

2. $\sqrt{100\,cm^2} = \sqrt{100} \cdot \sqrt{cm^2} = \underline{\mathbf{10\,cm}}$

3. $\sqrt{\dfrac{a^2}{b^2}} = \dfrac{\sqrt{a^2}}{\sqrt{b^2}} = \underline{\underline{\dfrac{a}{b}}}$

Aus den Beispielen haben wir gelernt, dass man aus einem Produkt oder einem Bruch die Wurzeln getrennt ziehen kann. Sollen Wurzeln multipliziert oder dividiert werden, lassen sich umgekehrt die Radikanden eines gleichen Wurzelexponenten unter ein gemeinsames Wurzelzeichen schreiben.

Beispiele   1. $\sqrt{a} \cdot \sqrt{b} = \sqrt{a \cdot b}$

2. $\sqrt[3]{a^2} \cdot \sqrt[3]{6} = \sqrt[3]{6a^2}$

3. $\sqrt{a} \cdot \sqrt{a} = \sqrt{a^2} = a$

Beispiel 3. zeigt uns, dass eine Quadratwurzel mit sich selbst malgenommen den Radikanden ergibt.

Man kann auch schreiben $(\sqrt{a})^2$.

Wird eine Quadratwurzel quadriert, erhält man als Ergebnis den Radikanten.

Aufgaben

1. $\sqrt{a^2 \cdot b^2} =$

2. $\sqrt{a^2 + b^2} =$

3. $\sqrt{36} \cdot \sqrt{16} =$

4. $\sqrt{36} + \sqrt{16} =$

5. $\sqrt{3x} \cdot \sqrt{12x} =$

6. $(\sqrt{275})^2 =$

7. $\dfrac{\sqrt{4}}{\sqrt{9}} =$

8. $\sqrt{80} + \sqrt{64} =$

9. *Erweitere* mit $\sqrt{2}$: $\dfrac{1}{\sqrt{2}}$; $\dfrac{a}{2} \cdot \sqrt{2}$; $\dfrac{a}{2\sqrt{2}}$

2 Rechnen mit Einheiten

Einheiten sind physikalische Größen. Sie sind aufgrund internationaler Vereinbarungen gesetzlich vorgeschrieben und müssen in der Bundesrepublik verwendet werden. Sie heißen SI-Einheiten, weil sie in einem internationalen Einheitensystem zusammengefasst sind (SI, (franz.) *systèm international d'Unités*). Die Einheiten bauen auf Basiseinheiten auf.

Tabelle **2.1**   SI-Basiseinheiten (Auswahl)

Basisgröße	Name	Zeichen
Länge	Meter	m
Masse	Kilogramm	kg
Zeit	Sekunde	s
elektrische Stromstärke	Ampere	A
Temperatur (thermodyn.)	Kelvin	K

Mit der Festlegung der SI-Einheiten haben sich auch deren Definitionen geändert. Vielleicht erinnern Sie sich noch daran, dass man das Längenmaß *Meter* vom Urmeter herleitete, einem Platin-Iridium-Stab. Das gilt heute nicht mehr. Eine genaue Definition würde den Rahmen dieses Buches sprengen. Wir wollen uns aber folgendes merken:

1 Meter wird seit 1983 von der Lichtgeschwindigkeit her definiert. Es ist die Strecke, die das Licht in etwa 3,3 s im luftleeren Raum zurücklegt.

1 Kilogramm ist die Masse des Internationalen Kilogramm-Prototyps aus Platin-Iridium. Er wird in Paris aufbewahrt.

1 Sekunde ist die etwas mehr als 9-Billionen-fache Schwingungsdauer der Strahlung eines Nuklids des Elements Caesium. Caesium ist ein seltenes Metall, ein Nuklid ist eine bestimmte Variante eines Atoms.

1 Ampere ist eine Stromstärke. Fließt Strom durch zwei im Abstand von einem Meter parallel im Vakuum verlaufende elektrische Leiter und erzeugt dieser eine magnetische Kraft von $2 \cdot 10^{-7}$ Newton, beträgt die Stromstärke 1 Ampere. Ampère war ein französischer Physiker.

1 Kelvin entspricht auf der Temperaturskala 1 °C. Der Skalennullpunkt der Kelvin-Skala liegt bei −273,15 °C. Man bezeichnet ihn als absoluten Nullpunkt. Dort findet keine Molekularbewegung mehr statt; das heißt, alle Stoffe befinden sich im festen Aggregatzustand. Kelvin war ein englischer Physiker.

Um Teile oder ein Vielfaches von SI-Einheiten benennen zu können, hat man Vorsatzzeichen oder Vorsätze eingeführt..

Tabelle **2.2**   Ausgewählte SI-Vorsätze

Bezeichnung	Faktor	Zeichen
Nano	10^{-9}	n
Mikro	10^{-6}	µ
Milli	10^{-3}	m
Zenti	10^{-2}	c
Dezi	10^{-1}	d
Deka	10^{1}	da
Hekto	10^{2}	h
Kilo	10^{3}	k
Mega	10^{6}	M

Sie benennen die Basiseinheit jeweils um Zehnerpotenzen größer oder kleiner. Eine Ausnahme macht das Kilogramm, das bereits als das Tausendfache eines Grammes benannt wird. In diesem Falle setzt man den SI-Vorsatz vor das Gramm.

Beispiele 1. 1 mm = 1 Millimeter = 1/1000 m
$$= 10^{-3} \text{ m}$$

2. 1 km = 1 Kilometer = 1000 m = 10^3 m

3. 1 µm = 1 Mikrometer = 1/1 000 000 m
$$= 10^{-6} \text{ m}$$

Aus den Basiseinheiten werden Einheiten abgeleitet. Sie beziehen sich sowohl auf physikalische als auch technische Größen. Wir werden im Folgenden mit diesen Einheiten rechnen und benötigen sie bei der Lösung aller in diesem Buch gegebenen Aufgaben. Eine Auswahl ist in Tabelle 2.3 auf S. 23 zusammengestellt.

2.1 Umwandeln von Einheiten

In technischen Rechnungen müssen häufig Einheiten umgewandelt werden, um entweder sinnvolle Größen zu erhalten oder um mit gleichen Einheiten zu rechnen. Das Umwandeln an sich ist nicht schwierig. Es werden aber doch immer wieder Fehler gemacht, die das Ergebnis verfälschen. Wir wollen deshalb das Umwandeln von Einheiten üben. Nehmen wir als Beispiel die Basiseinheit für die Länge, das Meter. Wir wollen 4 Meter in Millimeter umwandeln.

Tabelle **2.3** Abgeleitete Einheiten und Formelzeichen

Formelzeichen	Benennung	abgeleitete Einheit	Einheiten-zeichen
α, β, … (alpha, beta)…	Winkel in der Ebene	Grad, Minute	°, ′
l, b, h	Länge, Breite, Höhe	Millimeter	mm
r, d	Radius, Durchmesser	Millimeter	mm
A, S	Fläche, Querschnitt/Oberfläche	Quadratmeter, Quadratmillimeter	m^2 mm^2
V	Volumen	Kubikzentimeter Kubikdezimeter Liter	cm^3 dm^3 l
t	Zeit	Stunde Minute Sekunde	h min s
n	Drehzahl oder Drehfrequenz	Umdrehung durch Minute	min^{-1}, 1/min
v	Geschwindigkeit	Meter durch Sekunde Meter durch Minute Kilometer durch Stunde	m/s m/min km/h
a	Beschleunigung	Meter durch Sekunde^2	m/s^2
g	Erd-, Fallbeschleunigung	Meter durch Sekunde^2	m/s^2
m	Masse	Kilogramm, Tonne	kg, t
ρ (rho)	Dichte	Gramm durch Zentimeter^3 Kilogramm durch Dezi-meter^3 Tonne durch Meter^3	g/cm^3 kg/dm^3 t/m^3
F	Kraft	Newton	N
G, F_G	Gewichtskraft	Newton	N
M	Kraft- oder Drehmoment	Newtonmeter	Nm
p	Druck (hydraul., pneumatisch)	Bar	bar (10 N/cm^2)
σ (sigma)	Zug-, Druckspannung	Newton durch Millimeter^2	N/mm^2
τ (tau)	Schubspannung	Newton durch Millimeter^2	N/mm^2
μ (mü)	Reibungszahl		*dimensionslos*
I	Trägheitsmoment		mm^4, cm^4
W	Widerstandsmoment		mm^2, cm^3
W work	Arbeit	Newtonmeter Wattsekunde Kilowattstunde	Nm Ws kWh
P power	Leistung	Watt Kilowatt	W kW
η (eta)	Wirkungsgrad		*dimensionslos*
R	elektrische Widerstand	Ohm	Ω
I	elektrische Stromstärke	Ampere	A
t, ϑ (theta)	Celsius-Temperatur	Grad Celsius	°C
τ	thermodynamische Temperatur	Kelvin	K
Δt, ΔT, $\Delta\vartheta$	Temperaturdifferenz		K
α, α_l	Längenausdehnungszahl	Länge durch (Länge · Kelvin)	1/K
α_v, γ	Volumenausdehnungszahl	Volumen durch (Volumen · Kelvin)	1/K
c	spezifische Wärmekapazität	Wattstunden durch (Kilogramm · Kelvin)	Wh/kg · K

Weil 1 Meter 1000 Millimeter entspricht, sind wir es gewohnt, den Wert für Meter mit 1000 zu multiplizieren und erhalten so die Länge von 4000 Millimeter.

Das wird in vielen Bereichen so gehandhabt, ist aber nicht korrekt, weil die Einheit unterschlagen wird. 4 Meter · 1000 ergeben nämlich 4000 Meter. Da stimmt doch etwas nicht. Wir wollen uns die Umrechnung einmal näher anschauen.

Die Einheit der Länge ist das Meter. Wie sieht es aber mit dem Faktor 1000 aus?

Es handelt sich hier nicht um eine dimensionslose, d.h. eine Zahl ohne Einheit, sondern eine Größe, die uns zeigt, dass 1000 mm auf 1 m kommen. Anders ausgedrückt: 1000 mm pro 1 m. Wir schreiben das 1000 mm/m. Rechnen wir nun noch einmal richtig, dann erhalten wir

$$\frac{4\,\text{m} \cdot 1000\,\text{mm}}{\text{m}} = \frac{4\,\cancel{\text{m}} \cdot 1000\,\text{mm}}{\cancel{\text{m}}} = \mathbf{4000\ mm}$$

Jetzt stimmt unsere Rechnung. Genauso müssen wir verfahren, wenn wir andere Einheiten umrechnen. Die Rechnung mit den Einheiten ist wichtig und gleichzeitig eine Kontrolle über das Ergebnis.

Beispiel 1 Verwandle 385 Zentimeter [cm] in Meter [m]

Ein Meter hat 100 cm. Somit lautet die Einheit 100 cm/m und der Ansatz

$$\frac{385\,\text{cm}}{100\,\frac{\text{cm}}{\text{m}}} = \frac{385 \cdot \text{cm} \cdot \text{m}}{100\,\text{cm}} =$$

$$= \frac{385 \cdot \cancel{\text{cm}} \cdot \text{m}}{100\,\cancel{\text{cm}}} = \mathbf{3{,}85\ m}$$

zum Rechengang:

Die Einheit cm/m ist ein Bruch. Wir teilen durch einen Bruch, indem wir mit dem Kehrwert multiplizieren. Dann kürzen wir cm gegen cm und erhalten als Einheit m.

Beispiel 2 Verwandle 3 Stunden [h] in Sekunden [s]

Eine Stunde hat 3600 Sekunden. Somit lautet die Einheit 3600 s/h und der Ansatz

$$3\,\text{h} \cdot 3600\,\frac{\text{s}}{\text{h}} = \frac{3\,\text{h} \cdot 3600\,\text{s}}{\text{h}} =$$

$$= \frac{3\,\cancel{\text{h}} \cdot 3600\,\text{s}}{\cancel{\text{h}}} = \mathbf{10800\ s}$$

Beispiel 3 Verwandle 2500 Quadratzentimeter [cm^2] in Quadratmeter [m^2]

Ein Quadratmeter ist 100 cm · 100 cm = 10000 cm^2 groß. Somit lautet die Einheit 10000 cm^2/m^2 und der Ansatz

$$\frac{2500\,\text{cm}^2}{10000\,\frac{\text{cm}^2}{\text{m}^2}} = \frac{2500\,\text{cm}^2 \cdot \text{m}^2}{10000\,\text{cm}^2} =$$

$$= \frac{2500\,\cancel{\text{cm}^2} \cdot \text{m}^2}{10000\,\cancel{\text{cm}^2}} = \mathbf{0{,}25\ m^2}$$

Beispiel 4 Verwandle 1250 Kubikzentimeter [cm^3] in Liter [l]

Ein Liter hat ein Volumen von 10 cm · 10 cm · 10 cm = 1000 cm^3. Somit lautet die Einheit 1000 cm^3/l und der Ansatz

$$\frac{1250\,\text{cm}^3}{1000\,\frac{\text{cm}^3}{\text{l}}} = \frac{1250\,\text{cm}^3 \cdot \text{l}}{1000\,\text{cm}^3} =$$

$$= \frac{1250\,\cancel{\text{cm}^3} \cdot \text{l}}{1000\,\cancel{\text{cm}^3}} = \mathbf{1{,}25\ l}$$

Beispiel 5 Verwandle 50 Kilometer pro Stunde [km/h] in Meter pro Sekunde [m/s]

Ein Kilometer hat 1000 m, eine Stunde 3600 s. Die Einheiten sind demnach 1000 m/km und 3600 s/h und der Ansatz

$$\frac{50\,\text{km}}{\text{h}} \cdot \frac{1000\,\text{m}}{\text{km}} \cdot \frac{1}{3600\,\frac{\text{s}}{\text{h}}} =$$

$$\frac{50\,\cancel{\text{km}}}{\cancel{\text{h}}} \cdot \frac{1000\,\text{m}}{\cancel{\text{km}}} \cdot \frac{1\,\cancel{\text{h}}}{3600\,\text{s}} = \mathbf{13{,}88\ \frac{m}{s}}$$

Beispiel 6 Verwandle 18 · 10^6, das sind 18 000 000 Wattsekunden [Ws] in Kilowattstunden [kWh]

1. Schritt: Wir verwandeln die Wattsekunden in Wattstunden. Weil 1 h 3600 s hat, lautet der Ansatz

$$\frac{18000000\,\text{Ws}}{3600\,\frac{\text{s}}{\text{h}}} = \frac{18000\cancel{000}\,\text{W}\cancel{\text{s}} \cdot \text{h}}{36\cancel{00}\,\cancel{\text{s}}}$$

Die Sekunden können gekürzt werden, gleichzeitig kürzen wir die Zahlen durch 100. Wir erhalten

$$\frac{180000\,\text{Wh}}{36}$$

Beipiel 6
Forts.

2. Schritt: Wir verwandeln die Watt in Kilowatt. Weil 1 kW 1000 W hat, lautet der Ansatz

$$\frac{180000\ \text{Wh}}{36 \cdot 1000\ \dfrac{\text{W}}{\text{kW}}} = \frac{180\cancel{000}\ \cancel{\text{W}}\text{h} \cdot \text{kW}}{36 \cdot 1\cancel{000}\ \cancel{\text{W}}}$$

Wir kürzen mit 1000 und W gegen W und erhalten als Ergebnis

$$\frac{180\ \text{h} \cdot \text{kW}}{36} = \underline{\underline{\textbf{5 kWh}}}$$

Bei den nun folgenden Aufgaben überlegen Sie zunächst, mit welchen Einheiten Sie zu rechnen haben und stellen dann den Ansatz auf. Sie werden u. U. Einheiten antreffen, die Ihnen unbekannt sind. Sie finden diese in Tabelle **2.3**.

Anmerkung: In den folgenden Aufgaben steht die gesuchte Einheit hinter dem Gleichheitszeichen in eckigen Klammern.

Aufgaben

1. 125 mm = [dm]
2. 122 mm = [m]
3. 4250 mm^3 = [dm^3]
4. 0,35 l = [cm^3]
5. 12 dm^2 = [mm^2]
6. 0,1 h = [min]
7. 0,25 min = [s]
8. 287 K = [°C]
9. −5 °C = [K]
10. 1238 cm^2 = [m^2]
11. 0,389 hl = [dm^3]
12. 0,0475 m^2 = [mm^2]
13. 4800 s = [h und min]
14. 25 bar = [N/cm^2]
15. 120 km/h = [m/s]
16. 0,25 kWh = [Ws]
17. 0,0037 mm = [µm]
18. 47 l/min = [m^3/h]
19. 483 ml = [cm^3]
20. 22,16 N/cm^2 = [N/m^2]

3 Umstellen von Formeln

Formeln sind Gleichungen. $A = l \cdot b$ sagt aus, dass der Wert für A so groß ist wie das Produkt aus l mal b. Wir können die beiden Seiten auch vertauschen. $l \cdot b = A$ ist dasselbe. Konkret: ob wir sagen $3 \cdot 7 = 21$ oder $21 = 3 \cdot 7$ ändert nichts an der Richtigkeit der Aussage.

A, l und b bezeichnen wir als Formelzeichen. Sie sind in der DIN 1301 bzw. 1304 enthalten. Zu jeder Formelgröße gehört eine Einheit. Zur Erinnerung schauen Sie sich noch einmal die Tabelle **2.3** im Abschn. *Rechnen mit Einheiten* an. Wenn wir mit Formeln bzw. Gleichungen rechnen, geht es im wesentlichen darum, eine unbekannte Größe zu bestimmen. In einer Gleichung ist das normalerweise das x, die unbekannte Größe in einer Formel.

> Beim Rechnen mit Gleichungen darf der Wert der Gleichung *nicht* geändert werden. Jede Rechenoperation muss auf beiden Seiten der Gleichung ausgeführt werden!

Die jeweilige Rechenoperation schreiben wir rechts neben die Gleichung, getrennt durch einen senkrechten Strich.

Beispiel Die Formel zur Berechnung des Kegelmantels heißt

$M = r \cdot \pi \cdot s \quad | \cdot 12$

Wir multiplizieren die Gleichung mit 12. Es ist

$12 \cdot M = 12 \cdot r \cdot \pi \cdot s \quad | : 6$

Die Gleichung hat sich nicht geändert! Auch dann nicht, wenn wir durch 6 teilen und kürzen.

$$\frac{\cancel{12}\, 2 \cdot M}{\cancel{6}} = \frac{\cancel{12}\, 2 \cdot r \cdot \pi \cdot s}{\cancel{6}} \quad | \, n^2$$

Auch beim Quadrieren bleibt die Gleichung erhalten.

$4M^2 = 4r^2 \cdot \pi^2 \cdot s^2 \quad | : 4$

Nun wollen wir die Gleichung durch 4 teilen.

$$\frac{\cancel{4}M^2}{\cancel{4}} = \frac{\cancel{4}r^2 \cdot \pi^2 \cdot s^2}{\cancel{4}}$$

Wir erhalten

$M^2 = r^2 \cdot \pi^2 \cdot s^2 \quad | \sqrt{}$

Wir ziehen nun aus beiden (!) Seiten die Wurzel.

$$\sqrt{M^2} = \sqrt{r^2 \cdot \pi^2 \cdot s^2}$$

Und erhalten wieder unsere Ausgangsgleichung.

$$\underline{\underline{M = r \cdot \pi \cdot s}}$$

An diesem Beispiel haben wir gelernt, dass wir in einer Gleichung sämtliche Rechenoperationen ausführen können, wenn wir nur darauf achten, dass die Gleichung nicht verändert wird. Das ist dann der Fall, wenn wir auf beiden Seiten, und das ist wichtig (!), immer die gleiche Rechenoperation durchführen. Wenn wir eine Formel nach diesen Regeln umstellen, müssen wir nur zielstrebig vorgehen und mit besonders ausgewählten Größen rechnen. Dazu einige Beispiele.

Beispiel 1 geg.: Kegelmantel M, Radius r
ges.: ist die Seitenlinie s
Die Formel lautet

$M = r \cdot \pi \cdot s \quad | : (r \cdot \pi)$

Wir dividieren durch $r \cdot \pi$ und kürzen.

$$\frac{M}{r \cdot \pi} = \frac{\cancel{r} \cdot \cancel{\pi} \cdot s}{\cancel{r} \cdot \cancel{\pi}}$$

Wir erhalten nach dem Seitentausch

$$\underline{\underline{s = \frac{M}{r \cdot \pi}}}$$

Beispiel 2 Schneidet man ein Rohr quer durch, erhält man als Querschnitt einen Kreisring. Die Formel zur Berechnung lautet

$$A = \frac{\pi}{4} (D^2 - d^2)$$

Gesucht ist der Innendurchmesser des Rohres d.

1. Schritt: Wir teilen beide Seiten der Gleichung durch $\pi/4$, d. h. wir multiplizieren mit dem Kehrwert und kürzen anschließend

$$A = \frac{\pi}{4} (D^2 - d^2) \quad | : \frac{\pi}{4}$$

$$\frac{4 \cdot A}{\pi} = \frac{\cancel{4} \cdot \cancel{\pi} (D^2 - d^2)}{\cancel{\pi} \cdot \cancel{4}}$$

$$\frac{4 \cdot A}{\pi} = (D^2 - d^2)$$

2. Schritt: Weil vor der Klammer ein $+$ steht, kann sie weggelassen werden. Anschließend multiplizieren wir die

**Beispiel 2
Forts.**

Formel mit -1. Dadurch kehren sich die Vorzeichen um. Wir erinnern uns: gleiche Vorzeichen multipliziert ergeben Plus $(+)$, ungleiche Vorzeichen miteinander multipliziert ergeben Minus $(-)$.

$$\frac{4 \cdot A}{\pi} = (D^2 - d^2) \quad | \cdot (-1)$$

$$-\frac{4 \cdot A}{\pi} = -D^2 + d^2$$

3. Schritt: Wir zählen auf beiden Seiten D^2 zu. $+D^2 - D^2$ ergibt 0, wir erhalten

$$-\frac{4 \cdot A}{\pi} = -D^2 + d^2 \quad | + D^2$$

$$+D^2 - \frac{4 \cdot A}{\pi} = +D^2 - D^2 + d^2$$

4. Schritt: Wir vertauschen die Seiten und ziehen aus beiden Seiten die Wurzel. Dabei beachten wir, dass die Wurzel nicht aus einzelnen Gliedern von Summen oder Differenzen gezogen werden darf!

$$d^2 = D^2 - \frac{4 \cdot A}{\pi} \quad | \sqrt{}$$

$$\sqrt{d^2} = \sqrt{D^2 - \frac{4 \cdot A}{\pi}}$$

Wir erhalten als Ergebnis

$$\underline{\underline{d = \sqrt{D^2 - \frac{4 \cdot A}{\pi}}}}$$

Wir haben festgestellt, dass beim Umstellen von Formeln durch mathematisch korrekte Operationen die gesuchte Größe normalerweise auf die linke Seite des Gleichheitszeichens, alle gegebenen Größen auf dessen rechte Seite gebracht werden können. Wem das immer noch Schwierigkeiten bereitet, dem helfen vielleicht die folgenden Hinweise.

Hilfen zum Umstellen von Formeln

Wechselt beim Umstellen einer Formel eine Größe die Seite , so gilt:

1. Was auf einer Seite malnimmt, teilt auf der anderen.
2. Was auf einer Seite teilt, nimmt auf der anderen mal.
3. Beim Seitenwechsel ändert sich das Vorzeichen.
   Aus $+$ wird $-$, aus $-$ wird $+$.
4. Soll eine Wurzel beseitigt werden, müssen beide Seiten der Gleichung quadriert werden.
5. Sollen Quadrierungen beseitigt werden, muss auf beiden Seiten die Wurzel gezogen werden.
6. Müssen dritte Potenzen beseitigt werden, z. B. d^3, ist auf beiden Seiten die dritte Wurzel zu ziehen.

Wir wollen nun Übungsaufgaben rechnen.

Aufgaben

1. geg.: $A = l \cdot h$
   ges.: l, h

2. geg.: $U = 4 \cdot l$
   ges.: l

3. geg.: $A = l^2$
   ges.: l

4. geg.: $U = 2 \cdot (l + h)$
   ges.: l, h

5. geg.: $A = \dfrac{l \cdot h}{2}$
   ges.: l, h

6. geg.: $U = d \cdot \pi$
   ges.: d

7. geg.: $A = \dfrac{d^2 \cdot \pi}{4}$
   ges.: d

8. geg.: $A = \dfrac{l_1 + l_2}{2} \cdot h$
   ges.: l_1, l_2, h

9. geg.: $c^2 = a^2 + b^2$
   ges.: a, b

10. geg.: $F_1 \cdot l_1 = F_2 \cdot l_2$
    ges.: F_1, l_1, F_2, l_2

11. geg.: $V = a^3$
    ges.: a

12. geg.: $V = l \cdot b \cdot h$
    ges.: l, b, h

13. geg.: $V = \dfrac{\pi}{4} \cdot (D^2 - d^2) \cdot h$
    ges: D, d, h

14. geg.: $V = \dfrac{d^3 \cdot \pi}{6}$
    ges.: d

15. geg.: $b = \dfrac{2 \cdot r \cdot \pi \cdot \alpha}{360°}$
    ges.: r, α

16. geg.: $A = \dfrac{\pi \cdot \alpha}{360°} \cdot (R_2^2 - R_1^2)$
    ges.: R_1, R_2, α

17. geg.: $A_0 = d \cdot \pi \left(h + \dfrac{d}{2} \right)$
    ges.: d, h

18. geg.: $V = \dfrac{d^2 \cdot \pi \cdot h}{12}$
    ges.: d, h

4 Zahlentafeln und Diagramme

Zahlentafeln und Diagramme bieten dem Metallhandwerker z.T. große Erleichterung beim Rechnen oder Aufsuchen von Werten. Ein Tabellenbuch mit Zahlentafeln und Diagrammen ist mit Sicherheit in jeder Werkstatt oder auf der Baustelle vorhanden. Wir wollen im folgenden den Aufbau von Zahlentafeln und Diagrammen kennenlernen und deren Anwendung üben. Spezielle Anwendungen werden von Fall zu Fall beim Rechnen von Übungsaufgaben erklärt.

4.1 Rechnen mit ganzen Zahlen

Schauen wir uns einmal die Tabelle **4**.1 an. Sie zeigt den Teil einer Zahlentafel. Die waagerechten Reihen bezeichnen wir als Zeilen, die senkrechten als Spalten. In der Kopfzeile, das ist die oberste Zeile, finden wir die Benennung für die jeweilige Spalte.

$n = d$ steht für eine beliebige Zahl; n^2 für das Quadrat von n oder d; n^3 für die 3. Potenz, die Kubikzahl; $\sqrt{n}$ für die Wurzel aus n und $\sqrt[3]{n}$ für die 3. Wurzel aus n. In den gängigen Tabellenbüchern reichen die Zahlentafeln bis $n = 1000$ und sind noch um die Spalten für den Kreisumfang und die Kreisfläche ergänzt. Wir wollen nun mit Hilfe des oben abgedruckten Teiles einer Zahlentafel einige Beispiele rechnen.

Beispiel 1   Wie groß sind a) die Quadratzahl und b) die Kubikzahl von 17?

Lösung   Wir suchen in der Zahlentafel in der Spalte $n = d$ die Zahl 17 und lesen in dieser Zeile in der Spalte n^2 und n^3 die Ergebnisse ab. Wir erhalten für n^2 289 und für n^3 4913.

Tabelle **4**.1   Beispiel für eine Zahlentafel

$n = d$	n^2	n^3	$\sqrt{n}$	$\sqrt[3]{n}$
1	1	1	1,0000	1,000
2	4	8	1,4142	1,260
3	9	27	1,7321	1,442
4	16	64	2,0000	1,587
5	**25**	**125**	**2,2361**	**1,710**
6	36	216	2,4495	1,817
7	49	343	2,6458	1,913
8	64	512	2,8284	2,000
9	81	729	3,0000	2,080
10	**100**	**1000**	**3,1623**	**2,154**
11	121	1331	3,3166	2,224
12	144	1728	3,4641	2,289
13	169	2197	3,6056	2,351
14	196	2744	3,7417	2,410
15	**225**	**3375**	**3,8730**	**2,466**
16	256	4096	4,0000	2,520
17	289	4913	4,1231	2,571
18	324	5832	4,2426	2,621
19	361	6859	4,3589	2,668
20	**400**	**8000**	**4,4721**	**2,714**

Beispiel 2   Wie groß sind die Werte für $\sqrt{19}$ und $\sqrt[3]{17}$?

Lösung   Wir gehen in Spalte $n = d$ bis 19 und lesen in dieser Zeile in der Spalte $\sqrt{n}$ den Wert 4,3589 ab.

Wir gehen in Spalte $n = d$ bis 17 und lesen in dieser Zeile in der Spalte $\sqrt[3]{n}$ den Wert 2,571 ab.

Dazu einige Aufgaben. Nehmen Sie Ihr Tabellenbuch zur Hand, wir wollen dazu die übliche Zahlenskala bis 1000 benutzen.

Aufgaben

1. Bestimme anhand des Tabellenbuches die Quadrate folgender Zahlen:
   28; 83; 128; 177; 293; 495; 688; 994.

2. Berechne anhand des Tabellenbuches n^3 für
   2; 21; 34; 42; 57; 68; 87; 91.

3. Mit Hilfe der Zahlentafel sind jeweils die $\sqrt{n}$ und $\sqrt[3]{n}$ zu bestimmen.

   $n = 9$; $n = 48$; $n = 117$; $n = 195$; $n = 468$,
   $n = 568$; $n = 635$; $n = 717$; $n = 845$; $n = 974$

4.2   Die Kommaverschiebung

Wenn wir die Kommaverschiebung anwenden, können wir auch mit Dezimalbrüchen und Zahlen über 1000 rechnen.

Beispiele   Wie groß sind $52{,}6^2$ und $52{,}6^3$?

Lösung   Wir verschieben das Komma so, dass wir eine ganze Zahl erhalten. Diese ist 526. Wir suchen nun in der Zahlentafel 526 auf und lesen ab

$$n^2 = 276\,676$$
$$n^3 = 145\,531\,576$$

Diese Werte gelten für 526. Wir benötigen aber den Wert für 52,6 und müssen deshalb das Komma wieder zurück, d.h. nach links schieben, um das richtige Ergebnis zu erhalten. Bei der Quadratzahl sind das 2 Stellen, bei der Kubikzahl 3 Stellen. Dann ist

$$526^2 = 276\,676{,}000$$

2 Stellen nach links

$$52{,}6^2 = 2\,766{,}76$$

und

$$526^3 = 145\,531\,576{,}0000$$

3 Stellen nach links

$$52{,}6^3 = 145\,531{,}576$$

Nach demselben Prinzip arbeiten wir, wenn mehrere Stellen rechts vom Komma stehen. Wollen wir z.B. die Quadrat- und Kubikzahlen von 4,26 ermitteln, gehen wir wie folgt vor:

1. Schritt: Komma um zwei Stellen nach rechts verschieben.

Wert 426

2. Schritt: Werte für 426^2 und 426^3 ablesen.

$$426^2 = 181\,476; \quad 426^3 = 77\,308\,776$$

3. Schritt: bei Quadratzahl Komma um $2 \cdot 2 = 4$ Stellen, bei Kubikzahl um $2 \cdot 3 = 6$ Stellen nach links verschieben.

Ergebnis $4{,}26^2 = 18{,}14176; \ 4{,}26^3 = 77{,}308776$

Warum wir so verfahren können, lässt sich mit der Potenzrechnung erklären. Im 2. Beispiel haben wir das Komma um 2 Stellen nach rechts verschoben. Wir dürfen aber den gegebenen Wert nicht verändern. Deshalb müssen wir $(426 \cdot 10^{-2})^2$ schreiben. Wir erinnern uns, das ist $\dfrac{426}{10^2}$ oder $\dfrac{426}{100}$. Quadrieren wir, ergibt

das $181\,476 \cdot 10^{-4}$, also $\dfrac{181476}{10000}$. Gleiches gilt, wenn wir mit Zahlen über 1000 rechnen. Allerdings müssen dann alle Ziffern nach den ersten drei Zahlen Nullen sein, weil unsere Zahlentafel für unsere Rechnung bis maximal 999 reicht.

Beispiel   Berechne 5380^2.

1. Schritt: 5380 in $538 \cdot 10^1$ umwandeln

2. Schritt: Wert für $538^2 = 289\,444$ ablesen

3. Schritt: Kommastelle bestimmen. $(538 \cdot 10^1)^2 = 289\,444 \cdot 10^2$

Das Komma wird um 2 Stellen nach rechts verschoben.

$$538^2 = 289\,444{,}0000$$

$$5380^2 = 28\,944\,400{,}00$$

Kubikzahlen über 1000 aufzusuchen wollen wir uns ersparen. Die Zahlen würden zu groß werden.

Ähnlich wie Dezimalzahlen berechnet werden, lassen sich auch Wurzeln mit Hilfe der Zahlentafeln ermitteln. Wir wollen uns hier auf das Bestimmen von Quadratwurzeln beschränken.

Beispiel 1   Bestimme die Quadratwurzel von 7,2 mit Hilfe der Zahlentafel aus dem Tabellenbuch.

Lösung   Weil Wurzelziehen die Umkehrung des Quadrierens ist, müssen wir das Komma unter der Wurzel um 2(!) Stellen nach rechts verschieben. Wir erhalten einen Wert, der in der Zahlentafel ohne weiteres abzulesen ist.

Also

$$\sqrt{7{,}2} \cdot \sqrt{10^2} = \sqrt{720}$$

Laut Zahlentafel

$$\sqrt{720} = 26{,}8328$$

Wir müssen nun das Komma um eine Stelle, nämlich $\sqrt{10^2}$ zurücksetzen und erhalten

$$\sqrt{7{,}2} = 2{,}68328$$

Beispiel 2　Bestimme mit der Zahlentafel

$$\sqrt{0,035}$$

1. Schritt: Wir setzen das Komma um 4 Stellen nach rechts und erhalten als Zahl 350.

2. Schritt: Wir lesen aus der Zahlentafel ab.

$$\sqrt{350} = 18,7083 \text{ ab.}$$

3. Schritt: Wir verschieben das Komma um 2 Stellen nach links und erhalten als Ergebnis

$$\sqrt{0,035} = 0,187083$$

Bevor wir Übungsaufgaben rechnen, prägen wir uns noch einmal die wichtigsten Regeln der Kommaverschiebung ein.

Merksätze zur Kommaverschiebung

1. Soll eine Dezimalzahl quadriert werden, verschiebt man das Komma soweit nach rechts, bis eine ganze, in der Zahlentafel vorhandene Zahl gefunden ist. Vom Ergebnis trennt man die doppelte Zahl der verschobenen Kommastellen ab.

2. Soll die Kubikzahl einer Dezimalzahl ermittelt werden, verschiebt man das Komma soweit nach rechts, bis eine ganze, in der Zahlentafel vorhandene Zahl gefunden ist. Vom Ergebnis teilt man das dreifache der verschobenen Kommastellen ab.

3. Soll die Wurzel aus einer Dezimalzahl gezogen werden, verschiebt man das Komma um soviel Zweierstellen nach rechts, bis eine Zahl der Zahlentafel gefunden ist. Vom Ergebnis trennt man die Hälfte der Stellen ab, um die das Komma verschoben wurde.

Aufgaben

1. Berechne mit Hilfe der Zahlentafel aus dem Tabellenbuch
$34,7^2$; $0,425^2$; $48,3^2$; $0,0038^2$; $97,2^2$

2. Bestimme folgende Kubikzahlen mit der Zahlentafel aus dem Tabellenbuch
$0,3^3$; $0,03^3$; $27,6^3$; $3,1^3$; $1,57^3$

3. Berechne mit der Zahlentafel folgende Wurzeln:

$$\sqrt{2,43} \; ; \; \sqrt{1,24} \; ; \; \sqrt{0,73} \; ; \; \sqrt{0,073} \; ; \; \sqrt{9,31}$$

$$\sqrt{0,0469} \; ; \; \sqrt{0,2} \; ; \; \sqrt{0,02} \; ; \; \sqrt{0,002} \; ; \; \sqrt{8,39}$$

4.3　Bestimmen von Zwischenwerten

In unserer Zahlentafel sind nur ganze Zahlen angeführt. Wollen wir Zwischenwerte ermitteln, müssen wir diese berechnen. Man nennt dies Interpolieren.

Beispiel 1　Wie groß ist $328,3^2$? Mit dem Verfahren, Zahlen über 1000 zu quadrieren, kommen wir nicht weiter. Wir müssen einen anderen Weg einschlagen.

Lösung　328,3 liegt zwischen 328 und 329. Diese Werte sind in der Zahlentafel enthalten. Wir lesen die Quadratzahlen ab und erhalten für 328^2 107 584, für 329^2 108 241. Wir berechnen die Tafeldifferenz.

$$329^2 = 108\,241$$
$$-328^2 = 107\,584$$

Tafeldifferenz　　657

Wir berechnen den Anteil, bezogen auf $\dfrac{3}{10}$, das sind $0,3 \cdot 657 = 197,1$, gerundet 197. Diesen Wert addieren wir zu dem von 328^2. Wir erhalten $107\,584 + 197 = 107\,781$. Dann ist

$$328,3^2 = 107\,781$$

Ähnlich verfahren wir, wenn mehrere Stellen rechts vom Komma stehen.

Beispiel 2　Berechne $28,384^2$ mit Hilfe der Zahlentafel.

Lösung
$$29^2 = 841$$
$$-28^2 = 784$$

Tafeldifferenz　　57

$$0,384 \cdot 57 = 21,888 \approx 22$$
$$28,384^2 = 784 + 22 = 806$$

Aufgaben

Berechnen Sie mit Hilfe der Zahlentafel

1. $34{,}25^2 =$
2. $452{,}3^2 =$
3. $12{,}38^2 =$
4. $57{,}673^2 =$

5. $0{,}1653^2 =$
6. $782{,}6^2 =$
7. $0{,}0436^2 =$
8. $0{,}003576^2 =$

4.4 Diagramme

Diagramme sind grafische Darstellungen. Sie veranschaulichen in unterschiedlicher Form verschiedene Größen. In Säulen- oder Stabdiagrammen (Bild **4.1**a) werden die entsprechenden Werte direkt dargestellt, in Kreisdiagrammen (Bild **4.1**b) üblicherweise Prozentanteile, wobei der Vollkreis 100% entspricht. Aus Nomogrammen können wir Zusammenhänge mehrerer veränderlicher Größen (Variablen) ablesen (Bild **4.1**c).

Abhängigkeiten von Größen werden im Koordinatensystem dargestellt. Die senkrechte Achse, die y-Achse, bezeichnen wir als Ordinate, die waagerechte, die x-Achse als Abszisse. Die Pfeile geben die Richtung an, in der sich die auf den Koordinaten eingetragenen Größen verändern. So können wir in Bild **4.2** z.B. ablesen, wieviel eine bestimmte Menge eines Werkstoffes wiegt.

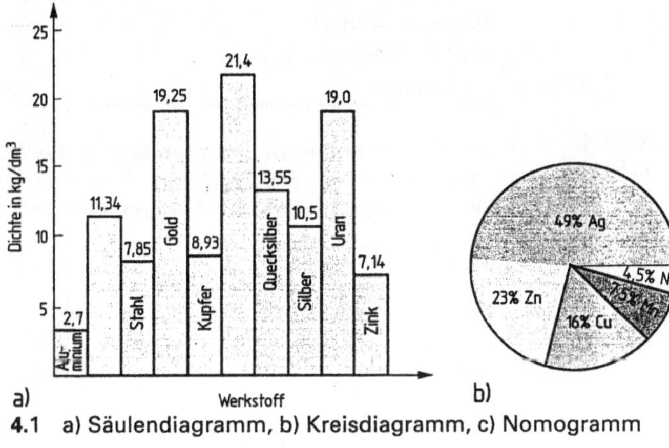

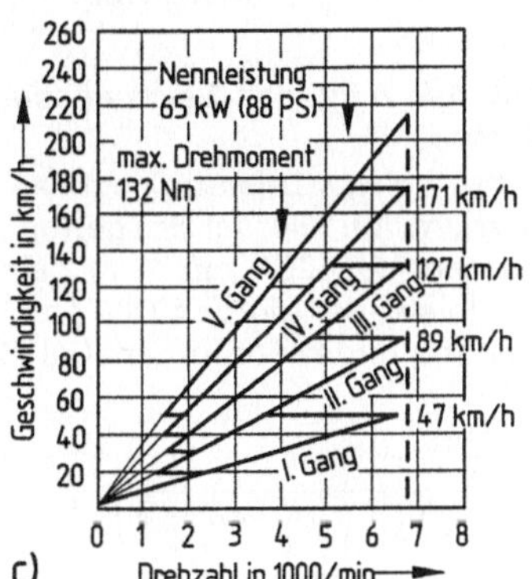

4.1 a) Säulendiagramm, b) Kreisdiagramm, c) Nomogramm

Beispiel Lesen Sie aus Bild **4.2** ab, wie viel $2{,}5\ \mathrm{dm}^3$ des Werkstoffes wiegen.

Lösung Wir suchen auf der x-Achse den Wert 2,5 auf (1). Gehen parallel zur y-Achse soweit nach oben, bis die Werkstofflinie geschnitten wird (2). Gehen nun waagerecht bis zur y-Achse und lesen dort den Wert 6,75 ab (3).

Ergebnis **$2{,}5\ \mathrm{dm}^3$ des Werkstoffes wiegen 6,75 kg.**

Aus Netztafeln können wir eine unbekannte dritte Größe ablesen, wenn zwei bekannte gegeben sind. Wir finden Netztafeln z.B. an Maschinen zum Auffinden zulässiger Drehzahlen.

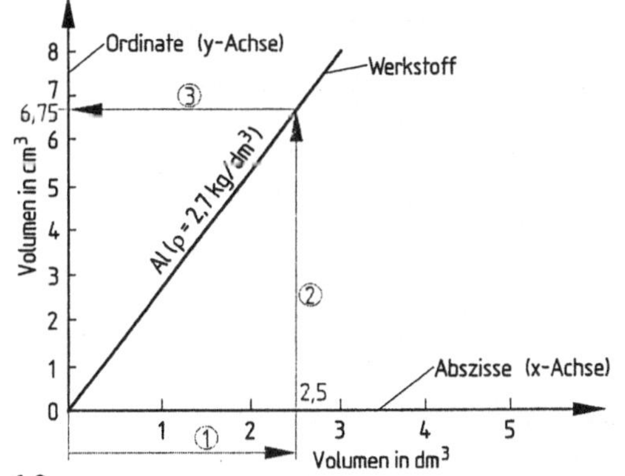

4.2

Aufgaben

1. Bestimmen Sie nach Bild **4**.3
   a) die Masse von 2,5 dm³ PVC, 4,2 dm³ Kupfer, 1,8 dm³ Stahl, 0,5 dm³ Messing, 6,3 dm³ Aluminium; b) das Volumen von 18 kg Stahl, 26 kg Messing, 34 kg Aluminium, 15 kg Kupfer, 65 kg PVC.

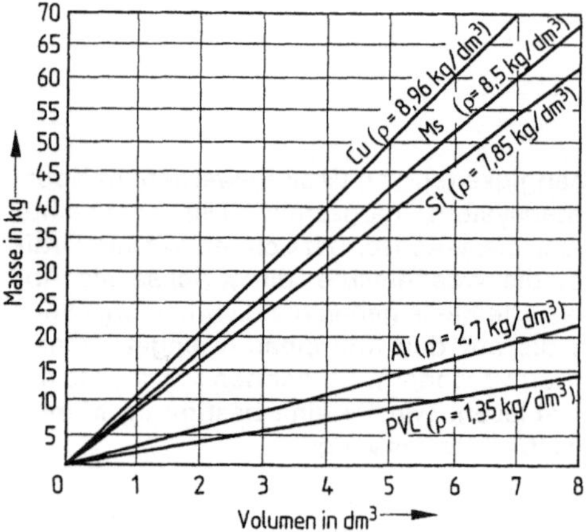

4.3

2. Bild **4**.4 zeigt das Leistungsdiagramm eines Motors.

   a) bei welcher Leistung liegt das höchste Drehmoment? b) Wie viel Nm geringer ist das Drehmoment bei 6000 min⁻¹? c) bei welcher Drehzahl leistet der Motor 40 kW? d) Wie hoch sind Leistung und Drehmoment bei 2000 min⁻¹?

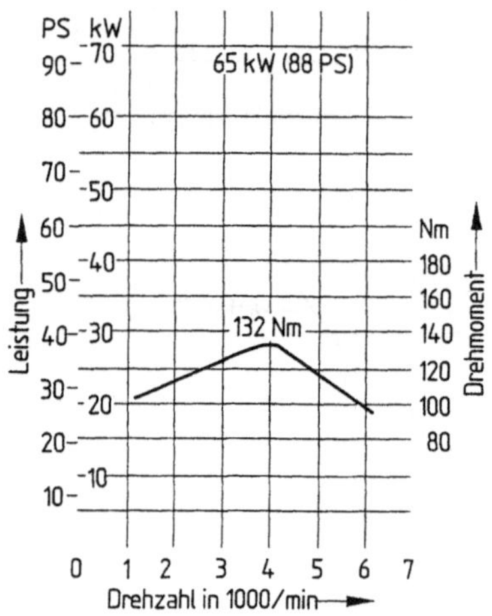

4.4

3. Im folgenden ist die Einwohnerzahl der Bundesländer gerundet in Millionen aufgeführt. Stellen Sie die Daten in einem Säulendiagramm so dar, dass die Gesamtbevölkerung der Bundesrepublik mit angegeben ist.

Bundesland	in Mio
Schleswig-Holstein	2,6
Bayern	11,6
Hamburg	1,7
Saarland	1,1
Niedersachsen	7,4
Berlin	3,4
Bremen	0,7
Brandenburg	2,6
Nordrhein-Westfalen	17,4
Mecklenburg-Vorpommern	1,9
Hessen	5,8
Sachsen	4,7
Rheinland-Pfalz	3,8
Sachsen-Anhalt	2,9
Baden-Württemberg	9,9
Thüringen	2,6

4. In einem definierten Zeitraum betrug die Weltstahlproduktion 769,232 Mio t. Folgende Länder trugen mit folgenden Mengen dazu bei:

Land	in Mio t
Japan	110,331
USA	88,900
BRD	38,434
Frankreich	18,994
Großbritannien	18,740
Spanien	12,935
Türkei	9,322
Australien	6,666
Österreich	4,291

Stellen Sie die Zusammenhänge in einem Säulendiagramm in Abhängigkeit von der Weltproduktion dar.

5 Arbeiten mit dem Taschenrechner

Fachrechenaufgaben ohne Taschenrechner zu lösen, ist heutzutage nahezu undenkbar. Bereits in den allgemeinbildenden Schulen wird mit dem Taschenrechner gearbeitet. Trotz der damit verbundenen Übung werden jedoch immer wieder Fehler gemacht, die zu falschen Ergebnissen führen. Besonders fatal ist dann, wenn man der Maschine bedenkenlos glaubt und kritiklos das Ergebnis hinnimmt. Wir wollen an dieser Stelle nicht die wohl bekannte Bedienung des Taschenrechners lernen, sondern bestimmte Fehlermöglichkeiten aufdekken, die im Umgang mit dem Taschenrechner zu falschen Ergebnissen führen.

Bild **5.1** zeigt die Tastatur eines für den Gebrauch in der Berufsschule geeigneten Taschenrechners. Wir unterscheiden den Ziffernblock, die Rechentasten, Speichertasten und Funktionstasten. Einige der Tasten werden wir nicht benötigen, da mit ihnen Rechenoperationen durchgeführt werden, die über die Anforderungen der Aufgaben des Buches hinausgehen. Einige Tasten und z. T. deren ausgewählte Funktionen wollen wir jedoch erklären (Tab. **5.1**).

Weil sich Taschenrechner in einigen Dingen unterscheiden, soll sich jeder einmal die Tastatur seines Rechners anschauen und sich mit deren Aufbau vertraut machen.

Bevor wir mit einem Rechner arbeiten, müssen wir dessen Rechenverfahren feststellen. Die für die Berufsschule geeigneten Taschenrechner arbeiten im allgemeinen nach dem **A**lgebraischen **O**perations **S**ystem, auch kurz als AOS bezeichnet. Hier wird bei der Eingabe die Regel Punktrechnung geht vor Strichrechnung automatisch berücksichtigt.

Rechner, die nach der umgekehrten polnischen Notation arbeiten, sind zum Lösen unserer Aufgaben ungeeignet, weil sie als besondere wissenschaftliche Rechner zu viele, für die Lösung von Aufgaben in der Berufsschule überflüssige Funktionen enthalten.

Das Prinzip, nach dem ein Rechner arbeitet, ist meist in der Gebrauchsanweisung oder im Prospekt genannt. Um richtig rechnen zu können, müssen wir es kennen.

5.1 Ausgewählte Rechenoperationen

Nachfolgend soll das Rechnen mit ausgewählten Tastenkombinationen erklärt werden. Auf die Betätigung der Zifferntasten wird nicht besonders hingewiesen. Angaben in [] bedeuten, dass diese Taste zu drücken ist. $[x^2]$ oder $[=]$ bedeutet somit, die Taste x^2 oder = zu betätigen.

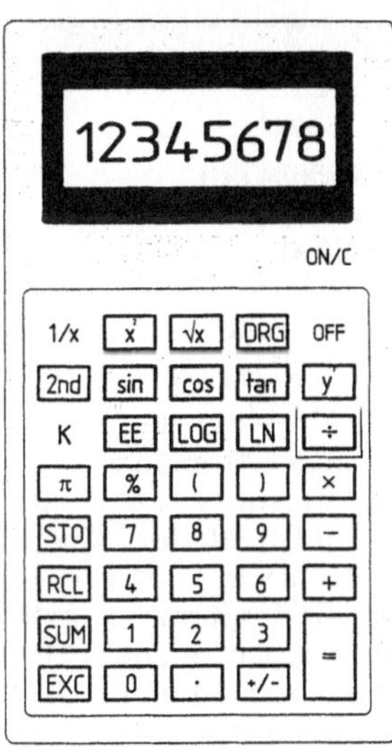

5.1

Tabelle **5.1** Bedeutung ausgewählter Tasten des Taschenrechners

Taste	Funktion	Operation
$1/_x$	Kehrwert	Berechnung des Kehrwertes
x^2	quadrieren	bildet das Quadrat der Anzeige
$\sqrt{x}$	Wurzelziehen	berechnet die Quadratwurzel der Anzeige
y^x	bildet Potenzen	berechnet einen Potenzwert
sin	Winkelfunktion	berechnet Sinuswert eines Winkels
cos	Winkelfunktion	berechnet Cosinuswert eines Winkels
tan	Winkelfunktion	berechnet Tangenswert eines Winkels
2nd	Umkehrfunktion	berechnet Winkel aus Funktionswert
STO	Speicher	speichert Werte (engl. store)
RCL	Speicherrückruf	liest gespeicherte Werte in die Anzeige zurück, um damit weiterzurechnen
SUM	Speicheraddition	addiert den Wert der Anzeige zum Wert des Speichers
π	π-Taste	gibt den Wert für π an

Die 1/x-Taste. Mit dieser Taste lassen sich Rechnungsgänge besonders dann vereinfachen, wenn wir mit Brüchen rechnen und im Nenner Rechenoperationen durchzuführen sind.

Beispiel 1 Die Flächenformel für das Trapez lautet

$$A = \frac{l_1 + l_2}{2} \cdot h$$

Soll h berechnet werden, erhalten wir

$$h = \frac{2A}{l_1 + l_2}$$

Wir müssen durch eine Summe teilen. Wie gehen wir vor?

Angenommen, die Fläche A des Trapezes beträgt 87 cm^2, die Seite l_1 = 12,7 cm und die Seite l_2 = 8,6 cm. Dann ist

$$h = \frac{2 \cdot 87\,\text{cm}^2}{12,7\,\text{cm} + 8,6\,\text{cm}}$$

Dafür können wir auch schreiben

$$h = 2 \cdot 87\,\text{cm}^2 \cdot \frac{1}{12,7\,\text{cm} + 8,6\,\text{cm}}$$

Wir beginnen mit dem Nenner.

1. Schritt: Eingabe → 12.7 [+] 8.6 [=]
Anzeige → 21.3

2. Schritt: Eingabe → [1/x]
Anzeige → 0.0469484

3. Schritt: Eingabe → [x] 2 [x]
Anzeige → 0.0938967
Eingabe → 87 [=]
Anzeige → 8.1690141

Da wir am Beispiel einer Fläche gearbeitet haben, runden wir das Ergebnis auf 8.2.

Beispiel 2 Berechne $\dfrac{827,8}{12,7 \cdot 22,3}$

1. Schritt: Eingabe → 12.7 [x] 22.3 [=]
Anzeige → 283.21

2. Schritt: Eingabe → [1/x]
Anzeige → 0.0035309

3. Schritt: Eingabe → [x] 827.8 [=]
Anzeige → 2.9229194

Unser Ergebnis lautet 2,9229194.

Die Erfahrung hat gezeigt, dass bei Aufgaben, die dem 2. Beispiel gleichen, leicht Fehler bei der Eingabe gemacht werden. 827.8 [:] 12.7 [·] 22.3 ist falsch! Wir teilen durch ein Produkt und müssen deshalb richtig schreiben 827.8 [:] 12.7 [:] 22.3 oder den Nenner, in Klammern ge-

setzt, ausrechnen. Da erscheint doch schon einfacher, mit der 1/x-Taste zu rechnen.

> Die Rechnung mit Brüchen lässt sich vereinfachen, wenn wir erst den Nenner ausrechnen, mit 1/x den reziproken Wert bilden und damit den Zähler multiplizieren.

Die x^2- und $\sqrt{x}$-Tasten. Mit ihnen lassen sich einfach Zahlen quadrieren bzw. Quadratwurzeln ziehen.

Beispiel 1 Wie groß ist das Quadrat von 38,657?

Lösung Eingabe → 38.657 [x^2]
Anzeige → 1494.3636

38,657 quadriert ergibt somit 1494,657.

Beispiel 2 Bestimme die Quadratzahl von 12459!

Lösung Eingabe → 12459 [x^2]
Anzeige → 1.5523 08

12459 quadriert ergibt 155 230 000.

> Bei der Lösung fällt uns die Besonderheit in der Anzeige auf. Wir lesen ab 1.5523 08. Man bezeichnet dies als Exponentialdarstellung. 08 ist ein Exponent zur Basis 10. Unser Ergebnis muß gelesen werden als $1{,}5523 \cdot 10^8$, d.h. wir müssen das Komma um 8 Stellen nach rechts verschieben.

Beispiel 3 Berechne $\dfrac{1}{25634^2}$

Lösung Eingabe → 25634 [x^2]
Anzeige → 6.571 08
Eingabe → [1/x]
Anzeige → 1.5218 −09

Das Ergebnis lautet 0,000 000 001 5218.

> Diesmal erscheint in der Anzeige ein negativer Exponent. Wir erinnern uns: ein negativer Exponent steht für einen Bruch. 10^{-9} ist dasselbe wie $1/10^9$. In diesem Falle müssen wir das Komma um 9 Stellen nach links schieben, um das richtige Ergebnis zu erhalten. Einen negativen Exponenten erhalten wir, wenn wir durch eine große Zahl teilen.

Soll die Quadratwurzel aus einer Zahl gezogen werden, verfahren wir ähnlich wie beim Quadrieren.

Beispiel 1 Wie groß ist $\sqrt{234,87}$?

Lösung Eingabe → 234.87 [$\sqrt{x}$]
Anzeige → 15.325469
Das Ergebnis lautet **15,325469.**

Beispiel 2 Berechne $\sqrt{0,04629}$!

Lösung Eingabe → .04629 [$\sqrt{x}$]
Anzeige → 0.2151511
Das Ergebnis lautet **0,2151511.**

Steht die Wurzel unter dem Bruchstrich, arbeiten wir wieder mit der Taste 1/x.

Beispiel 3 Wie groß ist $\dfrac{27}{\sqrt{32}}$

Lösung *1. Schritt:* Eingabe → 32 [$\sqrt{x}$]
Anzeige → 5.6568542

2. Schritt: Eingabe → [1/x]
Anzeige → 0.1767767

3. Schritt: Eingabe → [x] 27 [=]
Anzeige → 4.7729708

Unser Ergebnis lautet **4,7729708.**

Sollte jemand auf den Gedanken kommen, aus einer negativen Zahl eine Wurzel zu ziehen, erscheint in der Anzeige das Wort *Error.*

> Aus einer negativen Zahl lässt sich keine Wurzel ziehen, denn eine negative Zahl mit sich selbst malgenommen ergibt immer eine positive Zahl!

Aufgaben

Berechnen Sie

1. $\sqrt{235}$
2. $\sqrt{0,738}$
3. $\sqrt{379,45}$
4. $\sqrt{0,00385}$
5. $0,856732$
6. $5467,392$
7. $23,7852$
8. $\dfrac{25}{18+5}$
9. $\dfrac{17}{2,38^2}$
10. $\dfrac{28}{3,2 \cdot 0,63}$
11. $\dfrac{425}{\sqrt{38,2}}$
12. $\dfrac{12}{\sqrt{0,735}}$

Die Taste y^x. Mit der Taste y^x können wir Potenzen ausrechnen, die nicht mit [x^2] zu ermitteln sind.

Beispiel 1 Wie groß ist 2^8?

Lösung Eingabe → 2 [y^x] 8 [=]
Anzeige → 256
Das Ergebnis lautet **256.**

Beispiel 2 Wie groß ist $12,5^3$?
(Dies ist ein Ansatz, wie wir ihn noch bei der Körperberechnung kennenlernen werden.)

Lösung Eingabe → 12.5 [y^x] 3 [=]
Anzeige → 1953.125
Das Ergebnis lautet **1953,125.**

Mit der y^x-Taste können wir auch mit gebrochenen Exponenten rechnen. Erinnern wir uns: Eine Wurzel lässt sich auch als Potenz mit gebrochenem Exponenten darstellen. Und damit gibt uns die y^x-Taste die Möglichkeit, jede Wurzel aus einer Zahl zu ziehen. Für uns ist

das wichtig, weil auf unserem Taschenrechner keine Taste für die 3. Wurzel aus einer Zahl vorhanden ist. Wir müssen diese aber bei Berechnungen z.B. des Würfels und der Kugel ziehen.

Beispiel 1 Berechne die $\sqrt[3]{210}$
Bevor wir die Wurzel errechnen, müssen wir sehen, wie der gebrochene Exponent zu behandeln ist. Wir müssen entweder mit den Klammertasten [(,)] oder dem Speicher arbeiten.

> Mit der Speichertaste [STO] wird der Inhalt der Anzeige solange gespeichert und steht für Rechnungen zur Verfügung, bis ein anderer Wert gespeichert wird.

Wir wollen diese Aufgabe mit Hilfe der Klammertasten lösen. ,

Lösung   Eingabe → 210 [y^x] [(] 1 [:] 3 [)]
              Anzeige → 0.3333333
              Eingabe → [=]
              Anzeige → 5.943922
              Das Ergebnis lautet **5,943922**.

Beispiel 2   Berechne $\sqrt[3]{3572}$!

Lösung   Eingabe → 1 [:] 3 [=]
              Anzeige → 0.3333333
              Eingabe → [STO] 3572 [y^x] [RCL]
              Anzeige → 0.3333333
              Eingabe → [=]
              Anzeige → 15.286351
              Das Ergebnis lautet **15,286351**.

Aufgaben

Berechnen Sie

1. 15^3 2. 2^6

3. 256^3 4. 8^4

5. $\sqrt[3]{278}$ 6. 3^5

7. $\sqrt[3]{1278}$ 8. $\dfrac{283}{\sqrt[3]{356}}$

9. $\sqrt[3]{345 + 24}$ 10. $\dfrac{53}{\sqrt[3]{356}}$

Welche Logik liegt unserer Rechnung zugrunde? Im Beispiel 1 wird mit der Taste [y^x] der in Klammern stehende Bruch ausgerechnet. Mit dem errechneten Wert wird weitergerechnet.

Im Beispiel 2 berechnen wir zunächst den Dezimalbruch des Exponenten. Dieser wird gespeichert. Nach Eingabe des Radikanden und Anweisung, den Potenzwert zu berechnen, rufen wir mit [RCL] den gespeicherten Exponenten ab und erhalten nach Eingabe von [=] das Ergebnis.

DieWinkelfunktionenaufdemTaschenrechner. Als Winkelfunktionen bezeichnen wir Zahlenwerte, die aus Seitenverhältnissen im rechtwinkligen Dreieck berechnet werden. Man bezeichnet sie als Sinus (sin), Cosinus (cos), Tangens (tan) und Cotangens (cot). Mit den Tasten [sin], [cos] und [tan] können wir die Winkelfunktionenaufdem Taschenrechneraufrufen.Wirbenötigensiez.B.zur Berechnung von Stablängen, von Steigungen oder Lochabständen. Selbst wennwirnochnichtwissen,wiewirmitdenWinkelfunktionen zu arbeiten haben, wollen wir hier schon beginnen, die Winkelfunktionen auf dem Taschenrechner aufzurufen. Anwendungen findenSieimFachteildiesesBuches.

Beispiele   Wie groß sind der Sinus, Cosinus und Tangens des Winkels $\alpha = 40°$?

Lösung   **sin α = 40°**
              Eingabe → 40 [sin]
              Anzeige → 0.6427876
              sin 40° = 0,6427876

              cos α = 40°
              Eingabe → 40 [cos]
              Anzeige → 0.7660444
              cos 40° = 0,7660444

              tan α = 40°
              Eingabe → 40 [tan]
              Anzeige → 0.8390996
              tan 40° = 0,8390996

In manchen Rechnungen müssen wir nicht den Winkelfunktionswert, sondern den zu einem Funktionswert gehörenden Winkel aufsuchen. Wir machen das mit der Inverstaste [2nd]. Invers heißt, dass eine Umkehrung gesucht wird.

Beispiele   Welche Winkel gehören zu den Funktionswerten
              sin 0,766044, cos 0,5, tan 2,7474774 ?

Lösung   **sin 0,766044**
              Eingabe → .766044 [2nd] [sin]
              Anzeige → 49.99996
              sin 0,766044 = 50° (gerundet)

Die Anzeige 0.766044 erhalten wir, wenn wir den Sinus für 50° errechnen. Die Abweichung ergibt sich aufgrund von Rundungen, die der Taschenrechner beim Ermitteln des Ergebnisses vornimmt. Ähnliches geschieht bei allen Rechnungen mit dem Taschenrechner.

cos 0,5
Eingabe → .5 [2nd] [cos]
Anzeige → 60
cos 0,5 = 60°

tan 2,7474774
Eingabe → 2.7474774 [2nd] [tan]
Anzeige → 70
tan 2,7474774 = 70°

Aufgaben

1. Bestimme die Sinus-, Cosinus- und Tangenswerte der Winkel auf vier Stellen nach dem Komma

   $\alpha = 25°$ $\alpha = 18°$ $\alpha = 45°$ $\alpha = 60°$
   $\alpha = 38,6°$ $\alpha = 27,85°$ $\alpha = 65,3°$ $\alpha = 17,4°$

2. Welche Winkel gehören zu folgenden Winkelfunktionen? Runden Sie das Ergebnis gegebenenfalls.

$\sin \alpha = 0{,}2079117$ $\sin \alpha = 0{,}8290376$
$\tan \alpha = 11{,}430052$ $\tan \alpha = 0{,}2679492$
$\sin \alpha = 0{,}3907311$ $\cos \alpha = 0{,}7071068$
$\sin \alpha = 0{,}4035453$ $\tan \alpha = 0{,}0349208$
$\cos \alpha = 0{,}5562956$ $\tan \alpha = 13{,}299574$

Sie haben die für unsere Rechnungen wichtigsten Anwendungen auf dem Taschenrechner noch einmal kennengelernt. Wir wollen es dabei bewenden lassen und zwei weitere Grundlagen des Fachrechnens, die Dreisatz- und Prozentrechnung wiederholen. Vorher aber noch einige Hinweise zur sinnvollen Bestimmung von Rechenergebnissen.

6 Das Runden

Das Rechnen mit dem Taschenrechner verführt dazu, die Ergebnisse so zu übernehmen, wie sie angezeigt werden. Dann sind für eine Arbeitsleistung auf einmal 365,789342 DM zu bezahlen. Genauso unsinnig wäre es, die Länge eines Trägers auf 10,342789 m oder die Masse einer Last auf 2,87943612 t bestimmen zu wollen. Wir müssen uns deshalb vor einer Rechnung überlegen, welche Stellenzahl in einem Ergebnis vernünftig ist, um die Rechengenauigkeit zu bestimmen. Diese ist zum Beispiel von der Anzeigegenauigkeit eines Messzeuges oder den Einheiten abhängig, mit denen gerechnet wird.

> Rechne nur so genau wie nötig, aber nicht so genau wie möglich!

Gerundet wird, indem man zur Rundestelle den halben Stellenwert der Rundestelle addiert und die hinter der Rundestelle stehenden Ziffern streicht. Die Rundestelle einer Zahl ist die Stelle, an der nach dem Runden die letzte Ziffer der Zahl steht.

Beispiel 1 Auf dem Taschenrechner wird das Ergebnis einer Kostenrechnung als 5678,6342 angezeigt. Wir runden sinnvollerweise auf volle DM.

Lösung In unserem Beispiel ist die Rundestelle die 8.

1. Schritt: Wir addieren zur Rundestelle die halbe Einerstelle.

$$5678,6342$$
$$+ \quad 0,5$$
$$5679,1342$$

2. Schritt: Wir streichen die Stellen rechts von der Rundestelle.

5679,1342

Unser Ergebnis lautet 5679. Weil es sich um DM handelt, schreiben wir

5679,00 DM

Beispiel 2 Mit dem Taschenrechner wird eine Strecke berechnet. Die Anzeige lautet 2,3716946. Die Einheit ist Meter. Gerundet werden soll auf 2 Stellen nach dem Komma.

Lösung Die Rundestelle ist die 7.

1. Schritt: Wir addieren zur Rundestelle die Hälfte des folgenden Stellenwertes.

$$2,3716946$$
$$+ 0,005$$
$$2,3766946$$

2. Schritt: Wir streichen alle Ziffern rechts von der Rundestelle.

Unser Ergebnis lautet **2,37 m.**

Aufgaben

1. Runde auf zwei Stellen hinter dem Komma auf bzw. ab:

   a) 0,3536 b) 23,45867 c) 1289,49823
   d) 0,01638 e) 17,9631 f) 56398,027
   g) 0,1949 h) 1,4729

2. Wandeln Sie nachstehende Längenangaben in ganzzahlige Dezimalzahlen um:

   a) $\dfrac{38}{8}$ mm b) $\dfrac{25}{4}$ cm c) $\dfrac{17}{3}$ m d) $\dfrac{800}{30}$ km

7 Dreisatzrechnung

Mit der Dreisatzrechnung bestimmt man unbekannte Werte, indem man als 1. Satz den Behauptungssatz aufstellt und über einen 2. Satz, den Mittelsatz zum 3. Satz, dem Schlusssatz, geführt wird. Wir sprechen deshalb auch von Schlussrechnung und unterscheiden den einfachen und den zusammengesetzten Dreisatz.

7.1 Der einfache Dreisatz

Beispiel 1 Ein Dieselmotor treibt eine Pumpe an. Er verbraucht innerhalb von 4 Stunden 4,5 l Dieselöl. Wie groß ist der Verbrauch nach 7,5 Stunden Betriebszeit?

Lösung Wir stellen zunächst den Behauptungssatz auf:

1. Satz:

in 4 Stunden [h] → 4,5 l Verbrauch

Als nächsten Schritt schließen wir auf die kleinste Einheit und überlegen, wie viel der Motor in einer Betriebsstunde verbraucht. Wir stellen den Mittelsatz auf.

2. Satz:

$$\text{in 1 Stunde} \rightarrow \frac{4,5\,l}{4\,h}$$

Abschließend berechnen wir im 3. Satz den Verbrauch für die gesuchte Einheit.

3. Satz:

$$\text{in 7,5 Stunden} \rightarrow \frac{4,5\,l \cdot 7,5\,h}{4\,h} = \underline{\underline{8,4375\,l}}$$

Beispiel 2 Ein Wassertank wird mit 6 Pumpen in 3,5 Stunden leergepumpt. Wie lange dauert das, wenn 4 Pumpen verwendet werden?

Lösung Wir verkürzen unsere Überlegungen und stellen gleich die 3 Sätze auf.

1. Satz: 6 Pumpen → 3,5 Stunden

2. Satz: 1 Pumpe → 3,5 h · 6

$$\textbf{3. Satz: } 4\,\text{Pumpen} \rightarrow \frac{3,5\,h \cdot 6}{4} = \underline{\underline{5,25\,h}}$$

Hinweise zum Lösen von Dreisatzaufgaben. Wenn wir uns die beiden Aufgabenbeispiele anschauen, stellen wir fest, dass im 1. Beispiel bei längerem Betrieb mehr Kraftstoff verbraucht wird, im 2. Beispiel beim Betrieb von nur 4 Pumpen die Zeit zum Entleeren des Tanks verlängert wird. Im ersten Falle sprechen wir von einem direkten Verhältnis, im zweiten Falle von einem umgekehrten Verhältnis. Diese Erkenntnisse können wir nutzen, um die Lösungen von Dreisatzaufgaben zu überprüfen, indem wir das erwartete Ergebnis schätzen.

> Liegt in einer Dreisatzaufgabe ein direktes Verhältnis vor, gilt
> **Je mehr, desto mehr.**
> Liegt in einer Dreisatzaufgabe ein umgekehrtes Verhältnis vor, gilt
> **Je weniger, desto mehr.**

Lesen Sie hierzu auch Abschnitt 9.

Aufgaben

1. Der mittlere Benzinverbrauch eines Lieferwagens ist mit 12,7 l/100 km angegeben. Wieviel Kraftstoff wurde nach einer Fahrstrecke von 102 km verbraucht?

2. An einem Automaten werden Schrauben gefertigt. Man benötigt für 3300 Stück insgesamt 45 m Rundstahl. Wie groß ist der Materialbedarf für 10 000 Schrauben?

3. Wenn sich ein Zahnrad 18 mal gedreht hat, bewegt sich eine Zahnstange um 157,08 mm. Wie viel mal hat sich das Rad gedreht, wenn die Zahnstange um 425 mm bewegt wurde?

4. Ein Träger wird mit einer Zahnstangenwinde bei 16 Kurbelumdrehungen um 182 mm angehoben. Wie viel Kurbelumdrehungen sind erforderlich, um den Träger um 272 mm anzuheben?

5. Um 100 kg Bronze herzustellen, benötigt man 14 kg Zinn. Wie hoch ist der Zinnbedarf zur Herstellung von 67,3 kg?

6. 8 m IPB-Profil DIN 1025-ST 37-2-260 haben eine Masse von 744 kg. Berechne die Masse von 14,3 m in Tonnen.

7. Für eine Schweißarbeit werden in 1 Stunde 280 Liter Sauerstoff verbraucht. Berechne den Verbrauch nach 37 Minuten.

8. 50 Stück Hochleistungsanker kosten 122,00 DM. Wie viel kosten 128 Anker?

9. Bei einer Kraft von 4,2 MN herrscht eine Druckspannung von 80 N/mm^2. Wie groß wird die Druckspannung bei einer Kraft von 5,1 MN?

10. Der Wärmeverlust durch 30 m^2 einer in Sandwichbauweise hergestellten Hallenwand beträgt bei einer Temperaturdifferenz zwischen Innen- und Außenluft von 30 K 208,8 W. Wie groß ist der Wärmeverlust bei 78 m^2 Wandfläche?

7.2 Der zusammengesetzte Dreisatz

In den oben gestellten Aufgaben zeigt sich, dass für die Lösung immer drei bekannte Größen zur Verfügung stehen. Sind mehr als drei Größen gegeben, arbeiten wir mit einem zusammengesetzten Dreisatz. Wir lösen solche Aufgaben, indem wir den Mittel- und Schluss-Satz in mehreren Schritten auflösen.

Beispiel   In einem Stahlwerk erzeugen 3 Konverter in 24 Stunden 16000 t Thomasstahl. Wie viel Stahl erzeugen 4 Konverter in 8 Stunden?

Lösung   **Behauptungssatz**

1. Schritt:
3 Konverter erzeugen in 24 h 16000 t

Mittelsatz

2. Schritt:

1 Konverter erzeugt in 24 h $\dfrac{16000}{3}$ t

3. Schritt:

1 Konverter erzeugt in 1 h $\dfrac{16000}{3 \cdot 24}$ t

Schluss-Satz

4. Schritt:

4 Konverter erzeugen in 1 h $\dfrac{16000 \cdot 4}{3 \cdot 24}$ t

5. Schritt:

4 Konverter erzeugen in 8 h
$\dfrac{16000 \cdot 4 \cdot 8}{3 \cdot 24}$ t

Ergebnis   **4 Konverter erzeugen in 24 h**

7111 t = 7100 t Stahl.

Aufgaben

1. Auf einer Baustelle fördern 3 Wasserpumpen in 24 h 3800 l. Wie viel Liter fördern 4 Pumpen in 8 Stunden?

2. Ein Tank mit 150 m^3 Inhalt wird in 2 Stunden von 3 Pumpen gefüllt. In welcher Zeit werden 90 m^3 von 4 Pumpen nachgefüllt?

3. Mit zwei CNC-Maschinen werden in 8 Stunden 5760 Teile hergestellt. Wie viel Bauteile fertigen 5 Maschinen in 3 Stunden?

4. Unter einer Last von 200 kN dehnt sich ein 2 m langes Stahlseil um 6,6 mm. Wie viel länger wird ein 3 m langes Stahlseil, wenn es mit 350 kN belastet wird?

5. Der Bodenaushub einer Baustelle wird mit LKW abgefahren. 5 LKW transportieren in 9 Stunden 310 Tonnen. Wie viel Bodenaushub kann in 7,5 Stunden mit 8 LKW abgefahren werden?

8 Prozentrechnung

Der Name hat seinen Ursprung im Lateinischen. Prozent = per centum. Das Zeichen dafür ist %. Das bedeutet „auf Hundert" und zwar bezogen auf einen Grundwert. Dies ist immer der Wert, der 100% entspricht. Der Prozentwert ist ein Teil des Grundwertes. Wir berechnen ihn über den Prozentsatz.

Allgemein gilt

$$\text{Prozentwert} = \frac{\text{Prozentsatz} \cdot \text{Grundwert}}{100\%}$$

Setzen wir den Prozentwert als z, den Prozentsatz als p und den Grundwert als k, so erhalten wir

$$z = \frac{p\% \cdot k}{100\%}$$

Wenn wir einen Prozentsatz als Faktor ausdrücken, so entspricht der Faktor 1 immer 100%. Werte unter 1, z. B. 0,6, 60%, Werte über 1, z. B. 1,12 112%. Wir können das gut gebrauchen, wenn wir z. B. Steigerungen in Prozent berechnen sollen.

Beispiel Ein Metallhandwerker hat einen Stundenlohn von 22,50 DM. Er erhält eine Lohnerhöhung von 4%. Wie hoch ist der neue Stundenlohn?

Lösung Der Grundwert k ist 22,50 DM. Der Prozentsatz p beträgt 4%.

Bezeichnen wir den neuen Stundenlohn mit k_1, so erhalten wir

$$k_1 = k + z$$

Setzen wir für z die Formel ein, so ist

$$k_1 = k + \frac{k \cdot p\%}{100\%}$$

Erinnern wir uns an das Umstellen von Formeln, so erkennen wir k als gemeinsamen Faktor auf der rechten Seite des Gleichheitszeichens. Wir können ausklammern und erhalten

$$k_1 = k \cdot \left(1 + \frac{p\%}{100\%} \right)$$

Setzen wir nun Zahlenwerte ein, so ist

$$k_1 = 22{,}50 \text{ DM} \cdot \left(1 + \frac{4\%}{100\%} \right)$$
$$= 22{,}50 \text{ DM} \cdot (1 + 0{,}04)$$
$$= 22{,}50 \text{ DM} \cdot 1{,}04$$

Der Metallhandwerker hat einen Stundenlohn von 23,40 DM.

Weitere typische Prozentrechenaufgaben dienen dazu, den Prozentsatz, den Grundwert oder den Prozentwert zu errechnen. Auch hierzu helfen uns Beispiele zum Verständnis.

Beispiel 1 Um wieviel Prozent vergrößert sich die Grundfläche einer Halle, wenn sie von 1800 m² auf 2100 m² vergrößert wird?

Lösung Der Grundwert k ist 1800 m².
Der Prozentwert z ist der Wert, um den die neue Grundfläche größer als der Grundwert ist, also 300 m². Gesucht ist der Prozentsatz p. Unsere Grundformel lautet:

$$z = \frac{p\% \cdot k}{100\%}$$

Umgestellt nach $p\%$ erhalten wir

$$p\% = \frac{100\% \cdot z}{k}$$

Wir setzen Werte ein, dann ist

$$p\% = \frac{100\% \cdot 300 \text{ m}^2}{1800 \text{ m}^2} = \underline{\mathbf{16{,}7\%}}$$

Die Grundfläche ist 16,7% größer.

Beispiel 2 Der Beitrag einer Betriebskrankenkasse betrug bisher 11,4% vom Beitragsbemessungssatz. Er wird ab dem Folgejahr auf 12,1% erhöht. Um wie viel Prozent steigt der Beitrag?

Lösung Der Grundwert k beträgt 11,4%.
Der Prozentwert z beträgt
12,1% − 11,4% = 0,7%-Punkte!

Gesucht ist der Prozentsatz p.

Unsere Formel lautet

$$p\% = \frac{100\% \cdot z}{k}$$

Werte eingesetzt erhalten wir

$$p\% = \frac{100\% \cdot 0{,}7\%}{11{,}4\%} = \underline{\mathbf{6{,}1\%}}$$

Der Krankenkassenbeitrag steigt um 6,1%.

> Bei Aufgaben dieser Art ergibt sich die Steigerung nicht als Differenz der Prozentsätze. Wir müssen zwischen einer Steigerung um Prozentpunkte und Prozente unterscheiden.

Beispiel 3   Der Einkaufspreis für 100 Stück Schwerlastanker beträgt incl. 16% Mehrwertsteuer 551,00 DM. Wie groß ist der Nettopreis?

Lösung   Wir müssen bedenken, dass der Einkaufspreis 16% Mehrwertsteuer enthält. Das sind somit 116% des Nettopreises.

Bezogen auf den Grundwert $k = 100\%$ ist der Prozentsatz $p\% = 116\%$ und der Prozentwert 551,00 DM. Wir erhalten

$$k = \frac{100\% \cdot z}{p\%}$$

Die Werte eingesetzt ergibt

$$k = \frac{100\% \cdot 551{,}00\ \text{DM}}{116\%} = \mathbf{475\ DM}$$

Der Einkaufspreis beträgt 475 DM.

Aufgaben

1. Schreiben Sie in Prozent
   a) 0,45   b) 1,25   c) 1,00   d) 0,75   e) 0,038

2. Wird eine Rechnung für ein Treppengeländer in Höhe von 5600 DM innerhalb von 14 Tagen beglichen, gewährt die Lieferfirma 2% Skonto. Wie viel DM sind zu zahlen?

3. Ein Facharbeiter erhält von seinem neuen Arbeitgeber einen Stundenlohn von 24,75 DM. Das sind 6% mehr, als sein voriger Arbeitgeber gezahlt hat. Wie hoch war der letzte Stundenlohn?

4. Durch Erwärmung dehnt sich ein 15 m langer Träger um 0,48% aus. Wie lang ist er nun?

5. In einem Stahlbaubetrieb steigen die Lohnnebenkosten von 84% auf 87%. Wie viel Prozent sind das?

6. Durch Rationalisierung in einer Stanzerei können die Stückkosten von 4,65 DM auf 4,52 DM gesenkt werden. Um wie viel Prozent verringert sich der Stückpreis?

7. Eine Schlosserei ersetzt einen Klein-LKW durch ein neues Fahrzeug. Während bei dem alten Fahrzeug mit einem mittleren Verbrauch von 13,5 l auf 100 km gerechnet wurde, benötigt das neue nur noch 11,6 l auf 100 km. a) Wie groß ist die Spritersparnis in Prozent? b) Wie viel Prozent höher war der Spritverbrauch des alten Fahrzeuges?

8. Einem Facharbeiter werden monatlich 2272,42 DM ausbezahlt. Das sind 68% seines Lohnes. Wie hoch ist der Bruttolohn?

9. Durch konstruktive Maßnahmen wird die Wärmedurchgangszahl einer Halle von 0,74 W/(m²K) auf 0,63 W/(m²K) gesenkt. a) Wie viel Prozent sind das? b) Um wie viel Prozent war die alte Wärmedurchgangszahl größer als die nun vorhandene?

10. Metalle ziehen sich beim Abkühlen zusammen. Die Schwindung, die Maßverringerung, wird im Schwindmaß in Prozenten ausgedrückt. Das Schwindmaß beträgt bei Temperguss (GTW) 1,6%. Wie viel größer muss das Maß einer Gießform sein, wenn das Maß am Werkstück nach dem Abkühlen 270 mm betragen soll?

9 Verfahren zum Lösen technischer Aufgaben

Wenn Sie Aufgaben aus Ihrem Berufsfeld zu lösen haben, handelt es sich in jedem Falle um Textaufgaben. Das technische Problem wird beschrieben und durch zugehörige Zeichnungen oder Skizzen veranschaulicht. Sie müssen selbst den Ansatz finden, der zu einer rechnerischen Lösung führt. Dies ist nicht immer einfach. Muss man doch den Text verstehen, eine aufgabenbezogene Zeichnung lesen können, das technische Problem erkennen und das Wissen haben, den Ansatz aufzustellen. Der Verfasser ist der Ansicht, dass jeder junge Mensch, der bereit ist, in seiner Ausbildung etwas zu lernen, die Aufgaben lösen kann. Das wird erleichtert, wenn man sich an einige grundsätzliche Regeln hält, die helfen, das Problem zu erkennen. An einer Beispielaufgabe wollen wir die Lösungsschritte erarbeiten.

Beispiel   Ein Rohr hat eine Querschnittsfläche von $A = 114\ \text{mm}^2$ und einen inneren Durchmesser d von 16 mm. Wie groß ist der äußere Durchmesser D?

Lösung   *1. Schritt:* Wir fertigen eine Skizze an (Bild **9.1**). Wir erkennen einen Kreisring als gesuchte Fläche.

2. Schritt: Wir schreiben die gegebenen Werte heraus.
geg.: $d = 16\ \text{mm}$, $A = 114\ \text{mm}^2$

3. Schritt: Wir schreiben die gesuchte Größe heraus und benennen die Einheit.
geg.: $d = 16\ \text{mm}$ $A = 114\ \text{mm}^2$
ges.: D in mm

4. Schritt: Wir schreiben die Formel für den Kreisring.

$$A = \frac{\pi}{4}\left(D^2 - d^2\right)$$

5. Schritt: Wir stellen die Formel nach der gesuchten Größe um.

$$\frac{4A}{\pi} = D^2 - d^2$$

$$D^2 - d^2 = \frac{4A}{\pi}$$

$$D^2 = \frac{4A}{\pi} + d^2$$

$$D = \sqrt{\frac{4A}{\pi} + d^2}$$

6. Schritt: Wir setzen die gegebenen Werte in die Formel ein und rechnen das Ergebnis aus.

$$\underline{\underline{D}} = \sqrt{\frac{4 \cdot 114\ \text{mm}^2}{\pi} + (16\ \text{mm})^2} = \underline{\underline{20\ \text{mm}}}$$

7. Schritt: Wir schreiben den Antwortsatz.
Der Außendurchmesser des Rohres beträgt 20 mm.

Der korrekte Lösungsweg unserer Aufgabe sieht also folgendermaßen aus:
geg.: $d = 16\ \text{mm}$ $A = 114\ \text{mm}^2$, ges.: D in mm

$$A = \frac{\pi}{4}\left(D^2 - d^2\right)$$

$$\frac{4A}{\pi} = D^2 - d^2$$

$$D^2 - d^2 = \frac{4A}{\pi}$$

$$D^2 = \frac{4A}{\pi} + d^2$$

$$D = \sqrt{\frac{4A}{\pi} + d^2}$$

$$\underline{\underline{D}} = \sqrt{\frac{4 \cdot 114\ \text{mm}^2}{\pi} + (16\ \text{mm})^2} = \underline{\underline{20\ \text{mm}}}$$

Der Außendurchmesser des Rohres beträgt 20 mm.

Aufgabe

Ein Rohr hat eine Querschnittsfläche von $114\ \text{mm}^2$ und einen inneren Durchmesser d von 16 mm. Wie groß ist der äußere Durchmesser D? (Bild **9.1**)

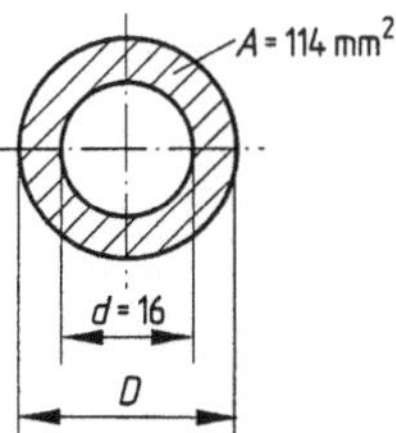

9.1

Aus dieser Aufgabe lässt sich folgendes Lösungsschema herleiten:

1. Sofern erforderlich, Skizze erstellen.
2. Gegebene und gesuchte Werte herausschreiben.
3. Allgemeine Formel aufschreiben.
4. Formel umstellen.
5. Zahlen und Einheiten einsetzen.
6. Ergebnis ausrechnen.
7. Antwortsatz schreiben.

Manchmal kann der eine oder andere Schritt übersprungen werden. So ist z. B. nicht immer eine Skizze erforderlich. Wenn Sie die Formel einer Formelsammlung entnehmen, aus der bereits die Umstellungen abzulesen sind, können Sie auch sofort die benötigte Formel aufschreiben.

Was aber immer gewährleistet sein muss ist, den Rechnungsgang so aufzuschreiben, dass die Lösung in jedem Schritt überprüft werden kann. Nach diesem Grundsatz werden wir alle folgenden Aufgaben rechnen.

10 Längen, Teilungen, Winkelberechnungen

Der Metallhandwerker muss sowohl in der Fertigung als auch bei der Montage in der Lage sein, Längen und Winkel richtig aus einer Zeichnung oder Skizze zu lesen, um danach das Werkstück u. U. mit Teilungen zu fertigen. In der Praxis stellen sich dennoch immer wieder Aufgaben, die richtiges Rechnen mit Längen und Winkeln und das Berechnen von Teilungen erfordern. Dies zu üben, ist Aufgabe des folgenden Kapitels.

10.1 Längen und Teilungen

In der Metalltechnik werden Längen grundsätzlich in Millimeter angegeben. In einer Zeichnung steht die Maßzahl ohne Angabe der Einheit in der Regel oberhalb der Maßlinie (Bild **10.1**)

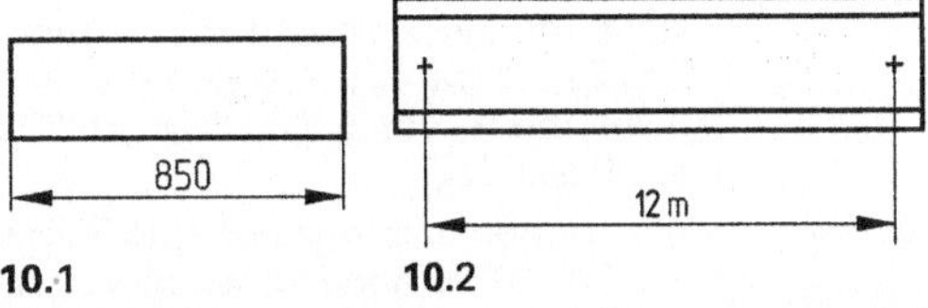
10.1   **10.2**

Wird ausnahmsweise einmal eine andere Einheit als Millimeter gewählt, schreibt man diese hinter die Maßzahl (Bild **10.2**).

Aufgaben

1. Bild **10.3** zeigt einen Bolzen. Wie groß sind die Längen x_1 und x_2?

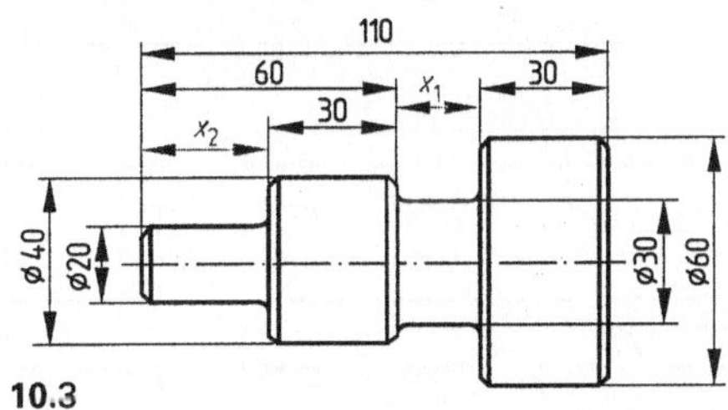
10.3

2. Berechnen Sie die Längen x_1 bis x_4 in Bild **10.4**.
3. Wie groß sind die Längen x_1 bis x_5 in der in Bild **10.5** dargestellten Schablone?
4. Bestimmen Sie die Maße x_1 bis x_5 in Bild **10.6**.

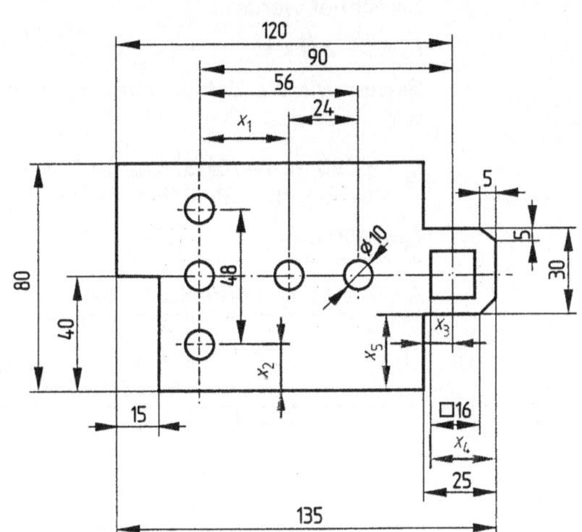
10.5

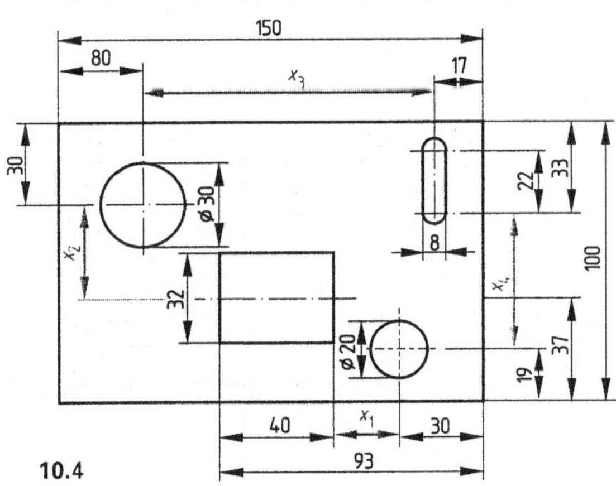
10.4

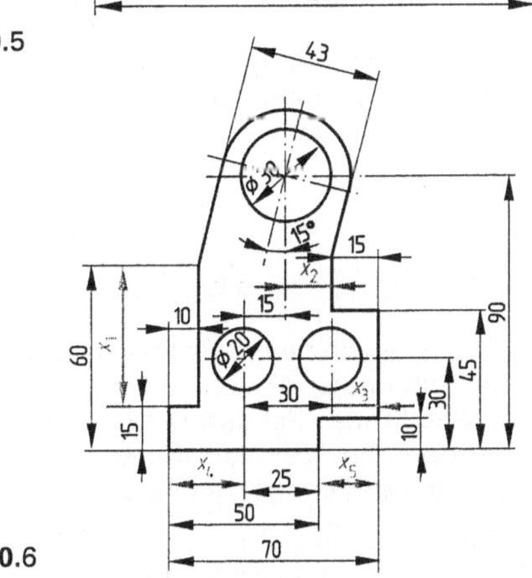
10.6

Unter *Teilungen* verstehen wir gleich lange, aufeinander folgende gerade oder auf einem Kreisbogen liegende Abstände. Hier wollen wir zunächst Trennlängen und gerade Teilungen kennen lernen. Kreisteilungen behandeln wir bei der Kreisberechnung.

Beispiel Für ein Geländer werden 10 Pfosten zu je 875 mm Länge aus Hohlprofil DIN 59410 benötigt. Zur Verfügung steht ein Stück von 10,25 m Länge. Das Sägeblatt zum Trennen hat eine Schnittbreite von 5 mm. Wie groß ist das Reststück?

Lösung Wir fertigen uns zunächst eine Skizze an (Bild **10.7**). Anhand der Skizze erkennen wir, dass bei 10 Teilstücken, wir bezeichnen sie mit l und ihre Anzahl mit z, 10 Schnittfugen (s) erforderlich werden. Jedes Teilstück verkürzt die zur Verfügung stehende Länge (L) somit um $l + s = 880$ mm. Die Restlänge l_R kann dann wie folgt berechnet werden:

$$l_R = L - z\,(l + s)$$

Setzen wir die Zahlen ein, erhalten wir

$$l_R = 10250 \text{ mm} - 10 \cdot (875 \text{ mm} + 5 \text{ mm})$$
$$= 10250 \text{ mm} - 10 \cdot 880 \text{ mm}$$

$$\underline{l_R = 1450 \text{ mm}}$$

Als Restlänge verbleiben 1450 mm.

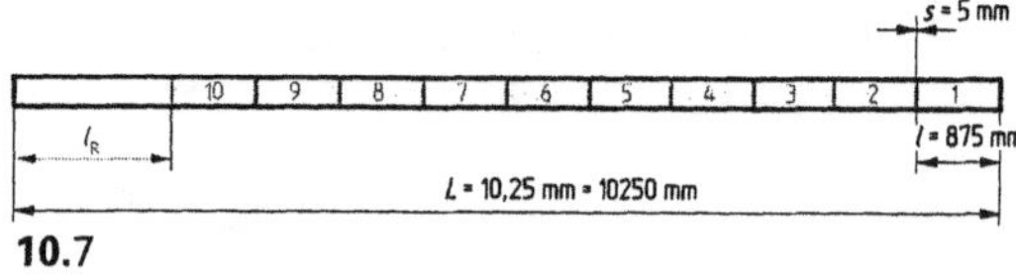

10.7

Wenn wir die Formel für l_R nach den einzelnen Werten umstellen, können wir alle Größen für Trennlängen berechnen.

10.2 Berechnung von Trennlängen

Es ist
L = Gesamtlänge l_R = Restlänge
l = Länge des Teilstücke s = Schnittfuge
z = Zahl der Teilstücke
Das ergibt

$$L = l_R + z\,(l + s) \qquad l_R = L - z\,(l + s)$$
$$z = \frac{L - l_R}{l + s} \qquad l = \frac{L - l_R}{z} - s \qquad s = \frac{L - l_R}{z} - l$$

Wollen wir bei einer Länge L die Teilung p für n Abstände berechnen, müssen wir überlegen, ob diese den Randabständen l_1, l_2 gleich oder ungleich sind.

Teilung = Randabstand (Bild **10.8** a)

$$p = \frac{L}{n + 1}$$

Teilung ≠ Randabstand (Bild **10.8** b)

$$p = \frac{L - (l_1 + l_2)}{n - 1}$$

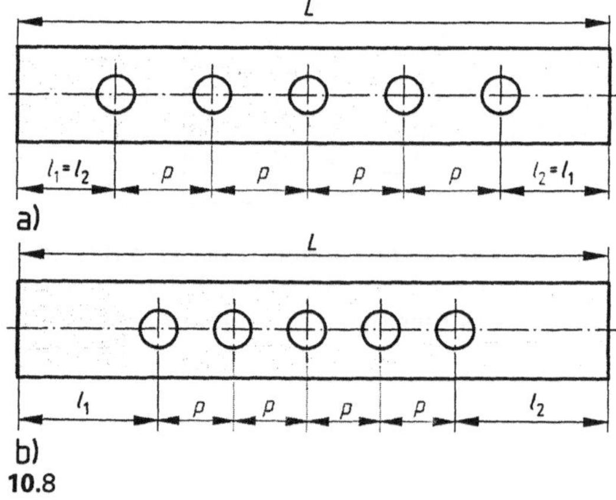

10.8

Aufgaben

1. Für das Gitter eines Kellerfensters müssen 8 Stäbe aus Rundmaterial von 400 mm Länge mit einer Metallsäge (Schnittbreite 2 mm) zugeschnitten werden. Zur Verfügung steht ein Reststück von 3,4 m Länge. Reicht das?

2. Für den Rost vor einer Garage soll ein Rahmen (Bild **10.9**) hergestellt werden. Der Werkstoff

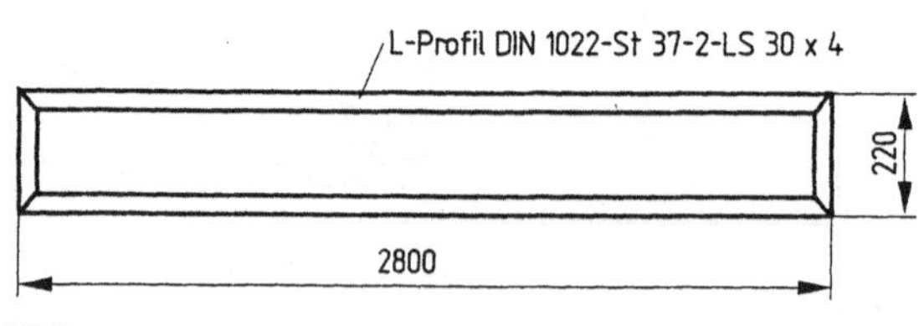

10.9

steht in Normallängen von 7 m zur Verfügung. Die Schnittbreite s der Säge beträgt 2 mm. Durch den 45°-Schnitt ergibt das eine zu berücksichtigende Schnittbreite von 1,4 mm. Wie groß ist die Restlänge?

3. Eine Aussichtsplattform von 4,5 m × 6,0 m soll mit einem Geländer versehen werden. Die längere Seite besteht aus 4, die kürzere aus 3 Feldern. Wie viel Pfosten werden benötigt?

4. In Bild **10.10** ist ein Feld des Geländers aus Aufgabe 3 skizziert. Es soll 16 Füllstäbe erhalten. Wie groß ist der Abstand der Stäbe untereinander?

5. Wie viel Meter Flachstahl werden mindestens verbraucht, wenn 20 Teile gem. Bild **10.11** aus einer Länge getrennt werden sollen? Schnittfuge 2 mm.

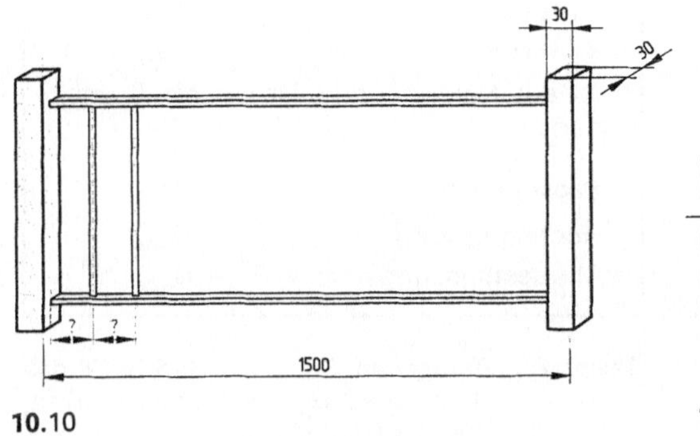

10.10

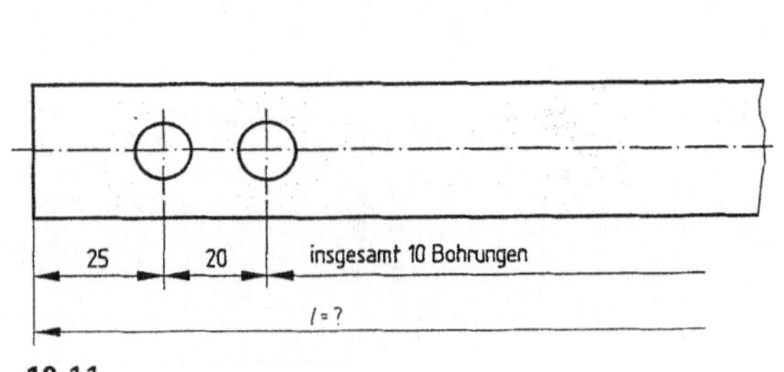

10.11

10.3 Toleranzen und Passungen

Werkstücke sind nur zufällig so herzustellen, dass das erforderliche Maß absolut genau eingehalten wird. Hinzu kommt, dass zu genaues Arbeiten dann unwirtschaftlich ist, wenn der Verwendungszweck des Fertigstückes größere Maßabweichungen zulässt. Wir fertigen deshalb im Rahmen einer Toleranz (T). Noch zulässige Maßabweichungen werden in der Fertigungszeichnung in Form von Abmaßen (A_o, A_u) angegeben, die sich auf das Nennmaß (N) beziehen. Wollen wir die Toleranz berechnen, bestimmen wir den Unterschied zwischen oberem und unterem Abmaß (Bild **10.12**).

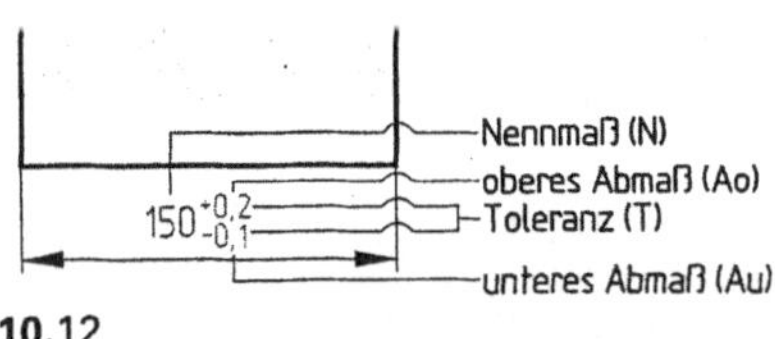

10.12

Von Passungen sprechen wir, wenn ein Außen- und ein Innenteil zueinander *passen* sollen. Passungen sind nach DIN ISO 286 genormt. Wir unterscheiden *System Einheitswelle* und *System Einheitsbohrung*. In unseren folgenden Rechnungen wollen wir nur vom System Einheitsbohrung ausgehen, das überwiegend im Maschinenbau angewandt wird. In diesem System wird die Bohrung mit einer Toleranz hergestellt, die Passung wird durch die Lage des Toleranzfeldes der Welle bestimmt. Über Einzelheiten dazu sollten Sie sich im Technologie- oder Tabellenbuch informieren.

Das Innenmaß einer Passung wird immer als Bohrung, das Außenmaß als Welle bezeichnet. Das gilt auch, wenn Bohrung und Welle unrund sind, z.B. Keilnut-Feder, Vierkantloch-Vierkantzapfen. Die Differenz zwischen Wellen- und Bohrungsdurchmesser bezeichnen wir als *Spiel* (P_S). In manchen Fällen, z.B. dann, wenn ein Zahnrad auf eine Welle aufgeschrumpft werden soll, „passt" die Welle erst dann, wenn ihr Durchmesser größer als der der Bohrung ist. Wir sprechen dann von *Übermaß* (P_u). Bild **10.13a** und **10.13b** veranschaulichen die Maßbezeichnungen, die wir zum Rechnen benötigen.

Die nötigen Formeln lassen sich aus der Anschauung herleiten.

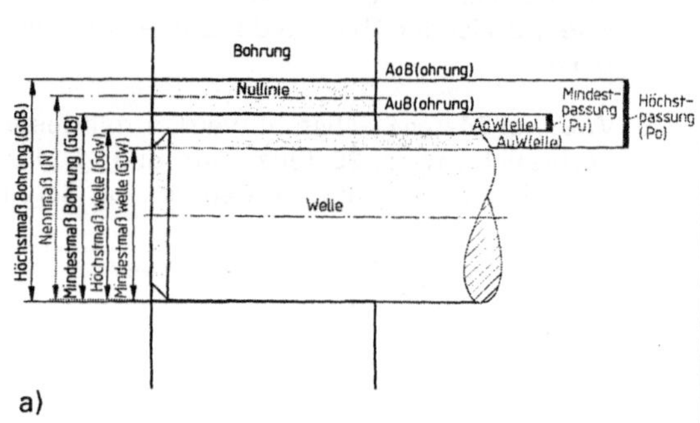

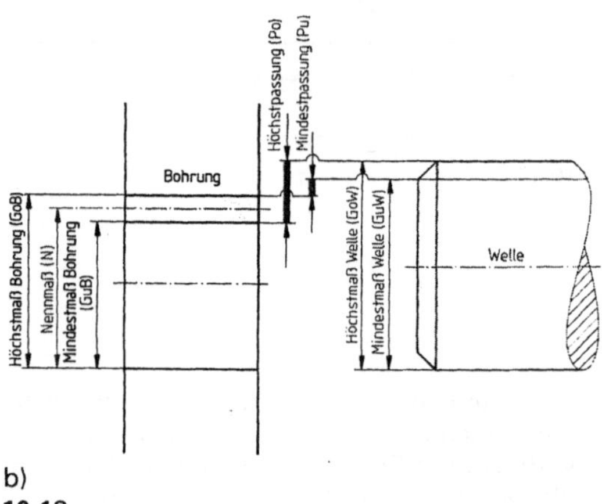

10.13

Toleranz (T)

$$T = G_o - G_u$$

Höchst- (Grenz)maß (G)

$$G_o = N + A_o \qquad G_u = N + A_u$$

Formelzeichen s. Bild **10.13** a-b

Spiel (P_s)

Größtspiel $\qquad P_{sg} = G_{oB} - G_{uW}$

Kleinstspiel $\qquad P_{sk} = G_{uB} - G_{oW}$

Ist das Spiel negativ, ist Übermaß vorhanden

Passung (P)

Höchstpassung $\qquad P_o = G_{oB} - G_{uW}$

Mindestpassung $\qquad P_u = G_{uB} - G_{oW}$

Beispiel Berechnen Sie nach Bild **10.**12 das Höchstmaß G_o, das Mindestmaß G_u und die Toleranz T.

geg.: $N = 150$ mm $\qquad$ ges.: G_o, G_u,
$A_o = +0{,}2$ mm $\qquad\quad$ T in mm
$A_u = -0{,}1$ mm

$G_o = N + A_o = 150$ mm $+ 0{,}2$ mm
$\qquad = \textbf{150,2 mm}$

$G_u = N + A_u = 150$ mm $+ (-0{,}1$ m$)$
$\qquad = \textbf{149,9 mm}$

$T = G_o - G_u = 150{,}2$ mm $- 149{,}9$ mm
$\qquad = \textbf{0,3 mm}$

Aufgaben

1. Suchen Sie aus einem Tabellenbuch das obere und das untere Abmaß für folgende ISO-Passungsangaben:

   a) 18^{H6} $\qquad\qquad$ e) 14^{H6}
   b) 90^{H8} $\qquad\qquad$ f) 3_{j6}
   c) 150^{H11} $\qquad\quad$ g) 40_{f7}
   d) 200_{k6} $\qquad\quad$ h) 100_{h11}

2. Sie finden nachstehend 8 Maßangaben. Stellen Sie eine Tabelle auf, in der aufgeführt sind: das Nennmaß; das untere, das obere Abmaß; das Mindest- und das Höchstmaß, die Toleranz.

   a) $25^{+0,02}_{-0,01}$ $\quad$ b) $25^{+0,1}_{-0,05}$ $\quad$ c) $25^{+0,05}_{+0,15}$ $\quad$ d) $60^{+0,3}_{+0,15}$

   e) $18^{-0,1}_{-0,2}$ $\quad$ f) $12^{0,01}_{-0,01}$ $\quad$ g) $25^{+0,001}_{-0-05}$ $\quad$ h) $18^{-0,05}_{-0,13}$

3. Berechnen Sie für die folgenden Passungsangaben mit Hilfe des Tabellenbuches a) die Höchstpassung, b) die Mindestpassung und stellen Sie fest, ob Spiel oder Übermaß vorliegt.

   a) 50^{H6}_{j6} $\qquad$ b) 140^{H11}_{c11} $\qquad$ c) 100^{H8}_{f7}

   d) 500^{H7}_{g6} $\qquad$ e) 220^{H11}_{c11} $\qquad$ f) 125^{H8}_{d9}

4. Eine 20 mm-Bohrung soll auf 20^{H7} aufgerieben werden. Das Maß der Welle ist mit 20_{s7} angegeben. Bestimmen Sie anhand eines Tabellenbuches
   a) das Größtspiel, b) das Kleinstspiel. Um was für ein Passung handelt es sich?

10.4 Winkel

Gehen von einem Punkt zwei Geraden aus, so nennen wir deren Richtungsunterschied Winkel. Die begrenzenden Geraden bezeichnen wir als Schenkel, den gemeinsamen Punkt als Scheitelpunkt (Bild **10.14**). Winkel werden mit den griechischen Buchstaben α, β, γ bezeichnet, ihre Größe wird in Grad (°), Minuten (') und Sekunden ('') angegeben und gegen den Uhrzeigersinn gemessen.

Beispiel $\alpha = 12°30'30''$

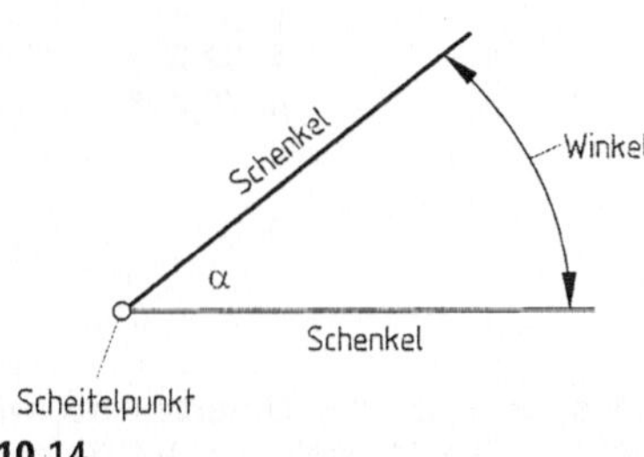

10.14

Wir kennen spitze Winkel, rechte (90°-) Winkel, stumpfe Winkel, den gestreckten (180°-) Winkel, den überstumpfen und den (360°-) Vollwinkel (Bild **10.15** a–f).

Sollen z. B. Bauteile ausgerichtet oder Höhen gemessen werden, müssen wir zwischen Vertikal- (auch Erhebungs-, Höhen-, Steigungs-, Neigungswinkel genannt) und Horizontalwinkeln unterscheiden (Bild **10.15** g bis h).

Umrechnen von Winkeln

Ein Grad ist der 360-ste Teil eines Vollwinkels (Bild **10.16**). Eine Winkelminute (') der 60-ste Teil eines Grades, eine Winkelsekunde ('') der 60-ste Teil einer Winkelminute.
Wir müssen diese Teilung beachten, wenn wir einen Winkel umrechnen, dessen Größe in einer Dezimalzahl angegeben ist.

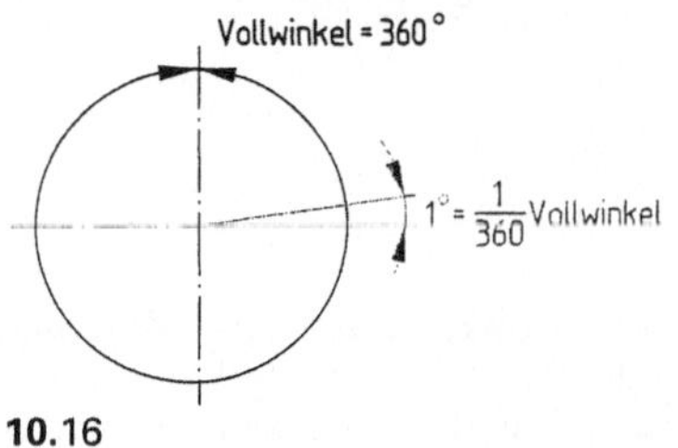

10.16

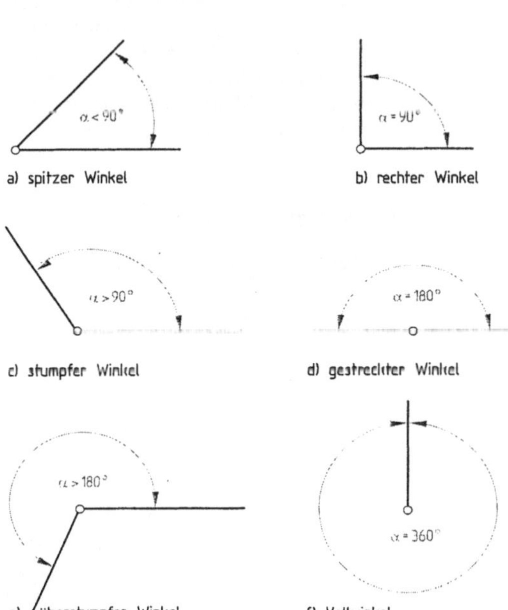

10.15

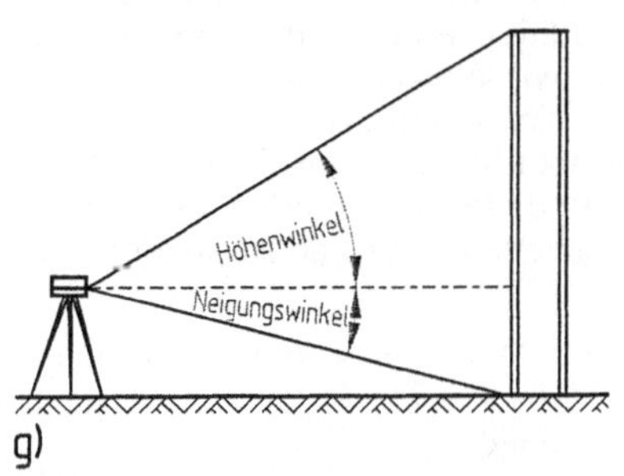

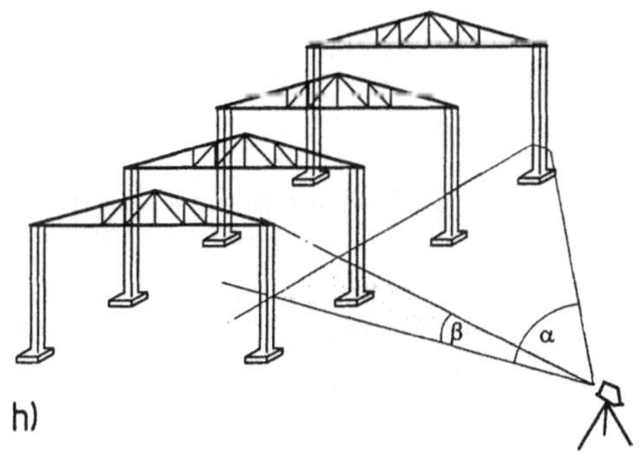

Beispiel 1   Rechne 12,3° in das Winkelmaß um.
Lösung   Der Winkel ist 12° + 0,3° groß.

Weil 1′ der 60-ste Teil eines Grades ist, sind

$$0,3° = 0,3° \cdot \frac{60'}{1°} = \underline{\underline{18'}}$$

Der Winkel ist 12°18′ groß.

Beispiel 2   Wie groß ist der Winkel 67,72° im Winkelmaß?
Lösung   Der Winkel ist 67° + 0,72° groß.

$$0,72° = 0,72° \cdot \frac{60'}{1°} = \underline{\underline{\mathbf{43,2'}}}$$

$$43,2' = 43' + 0,2'$$

$$0,2' = 0,2' \cdot \frac{60''}{1'} \ \underline{\underline{\mathbf{12''}}}$$

Der Winkel ist 67°43′12″ groß.

Aufgaben

Wandeln Sie folgende Winkel in Grad, Minuten und Sekunden um

1. 15,7°
2. 33,89°
3. 65,17°
4. 82,33°
5. 57,74°
6. 12,25°
7. 48,56°
8. 75,42°

Addition und Subtraktion von Winkeln. Manchmal müssen Winkel addiert oder subtrahiert werden. Bei den Gradzahlen ist das einfach, bei den Winkelminuten und Winkelsekunden ist zu beachten, dass wir die nächst höhere Einheit dann um 1 erhöhen müssen, wenn die Addition einen Wert größer als 59 ergibt. Ziehen wir Winkel voneinander ab, und erhalten wir einen negativen Wert, so müssen wir die nächst höhere Einheit um den Wert 1 verringern und diesen, umgerechnet in Minuten bzw. Sekunden, der nächst kleineren zuschlagen.

Beispiel 1   Berechne die Summe der Winkel 13°25′ und 21°47′.

$$13°25' \ \ \ \ 25' + 47' = 72' = 60' + 12' = 1°12'$$
$$+21°47'$$
$$+ \ 1°$$
$$\overline{35°12'}$$

Die Winkelsumme errechnet sich zu

35°12′

Beispiel 2   Wie groß ist die Summe der Winkel $\alpha = 32°18′36″$ und $\beta = 64°48′42″$?

$$32° \ \ 18' \ \ 36''$$
$$+64° \ \ 48' \ \ 42'' \ \ \ \ 36'' + 42'' = 78'' = 1' + 18''$$
$$-\ 1'$$
$$18' + 48' + 1' = 67' = 1° + 7'$$
$$1°$$
$$97° \ \ \ \ 7'18''$$

Beispiel 3   Wie groß ist der Unterschied zwischen den Winkeln $\alpha = 48°32′$ und $\beta = 23°45′$?

$$48°32'$$
$$-23°45' \ \ \ \ 32' - 45' = -13'$$

Wir erhalten als Ergebnis einen negativen Wert. Es fehlt uns ein Grad. Wir müssen dies ausgleichen, indem wir die Gradzahl des Minuenden um 1° = 60′ verringern, und diese den Minuten zuschlagen. Wir können dann ohne weiteres subtrahieren.

$$47°92'$$
$$\underline{-23°45'}$$
$$-24°47'$$

Der Unterschied zwischen den beiden Winkeln beträgt 24°47′.

Beispiel 4   Berechnen Sie die Differenz zwischen den Winkeln $\alpha = 93°24′18″$ und $\beta = 54°36′20″$

$$93°24'18''$$
$$1' = 60'' \longrightarrow 93°23'78''$$
$$1° = 60' \longrightarrow 92°83'78''$$
$$\underline{-54°36'20''}$$
$$38°47'58''$$

Die Differenz beträgt 38°47′58″.

Aufgaben

Lösen Sie folgende Übungsaufgaben

1. 37°24' + 12°18'
2. 54°54' − 32°18'
3. 17°35' + 24°48'
4. 12°35' − 4°48'
5. 26°24'38" + 16°54'42"
6. 57°18'52" + 12°46'3" + 65°34'48"
7. 3°8'44" + 75°55'38" − 24°17'36"
8. 83°44'35" − 712°42'37" + 46°8'53" − 54°22'17"
9. Bild **10.17** zeigt ein Blechteil. Berechnen Sie die Winkel α und β.

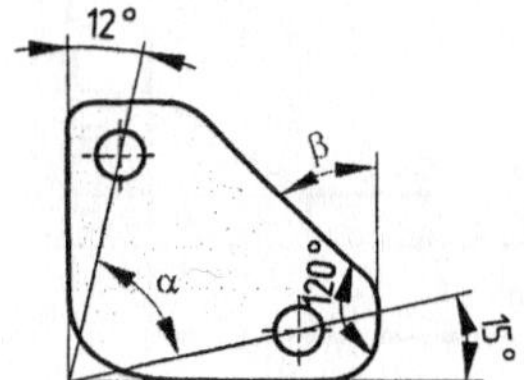

10.17

10. Mit einem Theodoliten wird ein Höhenwinkel $\alpha = 43°27'$ und ein Neigungswinkel $\beta = 16°12'$ gemessen (Bild **10.18**). Wie groß ist der Vertikalwinkel?

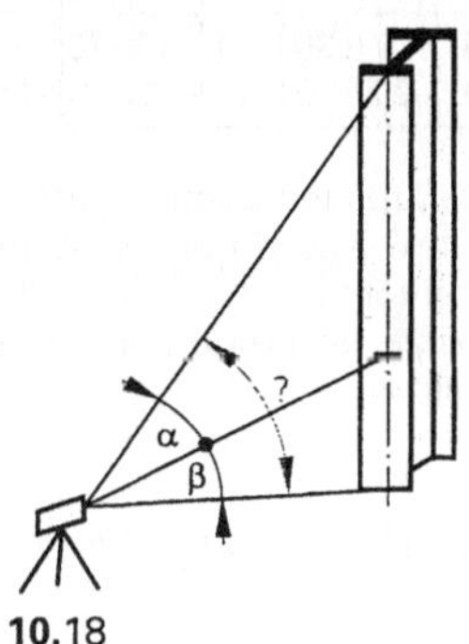

10.18

11. Mit einem Tachymeter werden die Winkel $\alpha = 32°17'$, $\beta = 17°30'$ und $\gamma = 8°43'$ in der Horizontalen gemessen (Bild **10.19**). Wie groß ist der Horizontalwinkel?

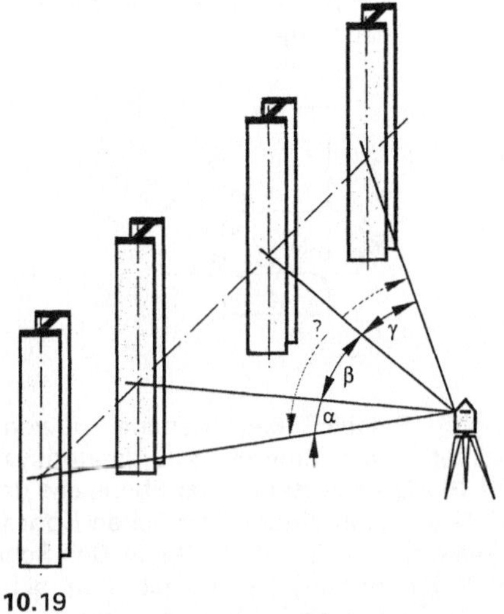

10.19

12. Bild **10.20** zeigt den Verlauf von Schwerelinien der Profile eines Trapezträgers. Wie groß ist der Winkel α?

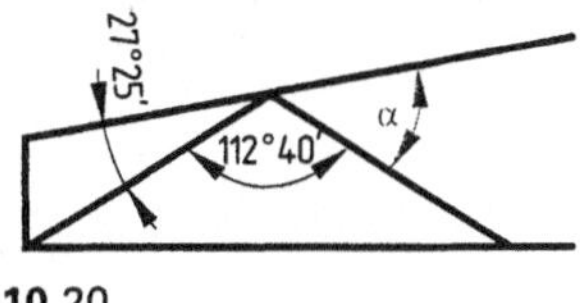

10.20

10.5 Koordinaten

Rechtwinklige Koordinaten. Unter CAD versteht man **C**omputer-**A**ided-**D**esign, auf deutsch, frei übersetzt „Gestalten bzw. Konstruieren mit Hilfe des Computers". CNC-Maschinen sind Werkzeugmaschinen, die mit Programmen über Mikroprozessoren gesteuert werden, wie z. B. Dreh- und Fräsmaschinen, Rohrbiege- und Abkantmaschinen, Brennschneidemaschinen. Sowohl bei CAD- als auch CNC-Anwendungen muss die Lage von Punkten in der Ebene oder im Raum genau bestimmt werden.

Beispiel Bild **10**.21 zeigt ein (bewusst nicht vollständig) bemaßtes Blech. Um den Mittelpunkt der Bohrung anzufahren, müssen wir das Werkzeug, vom Werkstücknullpunkt WNP ausgehend, 40 mm nach rechts und 30 mm nach oben bewegen. Mit diesen Angaben ist der Mittelpunkt genau festgelegt.

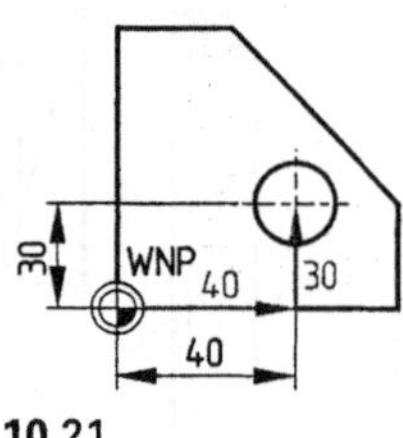

10.21

Die im Beispiel beschriebene Bewegung geschieht in einem Koordinatensystem (Bild **10**.22). Es besteht in der Ebene aus der X- und Y-Achse; in einem räumlichen Koordinatensystem liegt noch die Z-Achse. Den Schnittpunkt der Achsen bezeichnet man als Ursprung. Sein Wert ist Null. Auf ihn beziehen sich alle Maße zum Bestimmen eines Punktes.

Beispiel Um die Lage des Punktes P in Bild **10**.22 genau zu bestimmen, lesen wir folgende Koordinaten ab:

$$x = 50 \text{ mm}, \; y = 40 \text{ mm}, \; z = 30 \text{ mm}$$

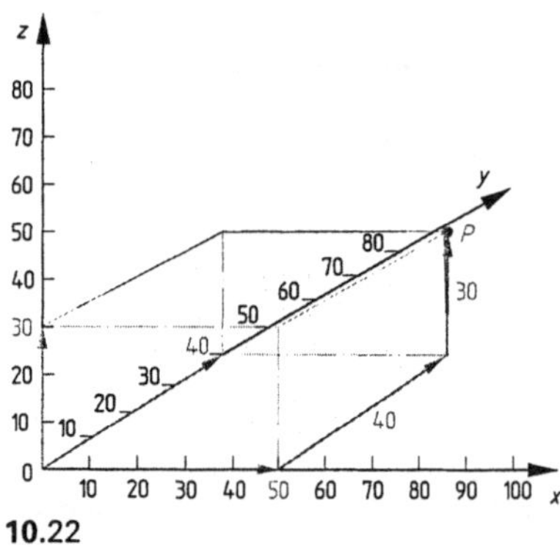

10.22

Auf den Ursprung bezogene Maße bezeichnen wir als Absolutmaße. Beziehen sich die Koordinatenmaße auf den letzten bestimmten Punkt, sprechen wir von einem Kettenmaß.

Man nennt die entsprechende Bemaßung auch inkrementale Maßeintragung. Bei umfangreicheren Linienzügen trägt man die Koordinaten der einzelnen Punkte in Tabellen ein.

Beispiel Benenne die Koordinaten der Punkte des Bleches in Bild **10**.23 absolut und inkremental und trage die Werte in eine Tabelle ein.

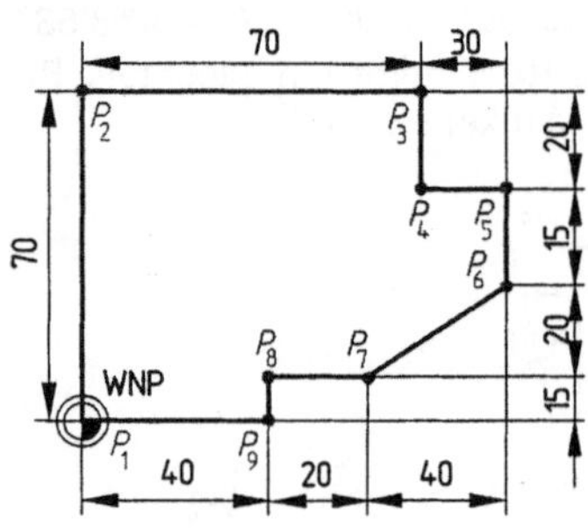

10.23

Lösung		P_1	P_2	P_3	P_4	P_5	P_6	P_7	P_8	P_9
abs.	X	0	0	70	70	100	100	60	40	40
	Y	0	70	70	50	50	35	15	15	0
inkr.	X	0	0	70	0	30	0	−40	−20	0
	Y	0	70	0	−20	0	−15	−20	0	−15

In der Tabelle tauchen auch negative Werte auf. Im Koordinatensystem (Bild **10**.24) erkennen wir, wie die Vorzeichen den Koordinatenmaßen zuzuordnen sind.

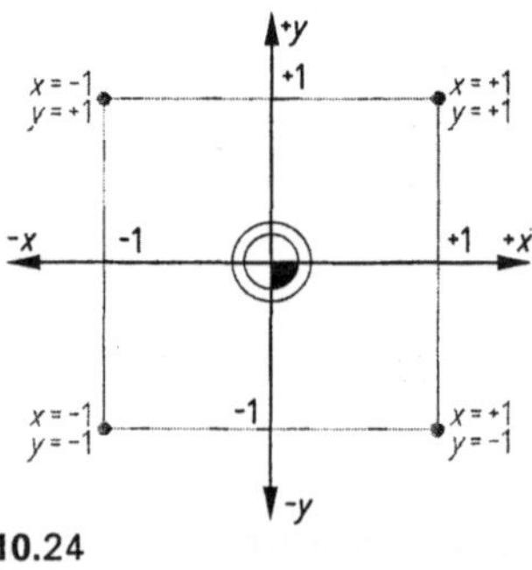

10.24

Polarkoordinaten

Bisher haben wir Punkte im Koordinatensystem durch Maße auf der x- und y-Achse bestimmt. Wird die Lage eines Punktes durch den Abstand zum Scheitelpunkt eines Winkels, dem Pol, und den Winkel festgelegt, sprechen wir von Polarkoordinaten.

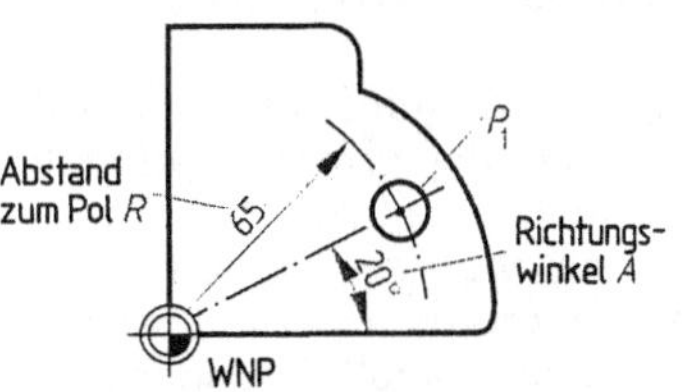

10.25

Beispiel Der Mittelpunkt der Bohrung im Blech (Bild **10.25**) wird durch den Radius $R = 65$ mm und den Richtungswinkel $A = 20°$ bestimmt. Die Polarkoordinaten des Punktes P_1 lauten

R65, A20

Die Maße für Polarkoordinaten werden ohne Einheiten angegeben. Wird der Richtungswinkel gegen den Uhrzeigersinn gemessen, ist er positiv; wird er im Uhrzeigersinn gemessen, negativ.

Aufgaben

1. Stellen Sie die Koordinaten der Punkte P_1 bis P_{12} des Bleches (Bild **10.26**) im Absolutmaß, bezogen auf den Werkstücknullpunkt, in einer Tabelle dar.

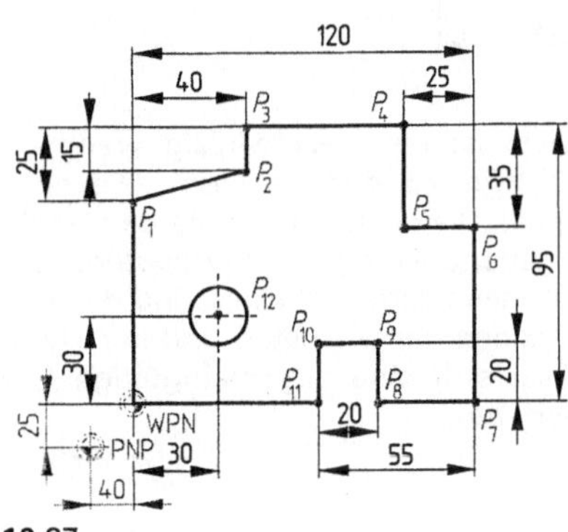

10.27

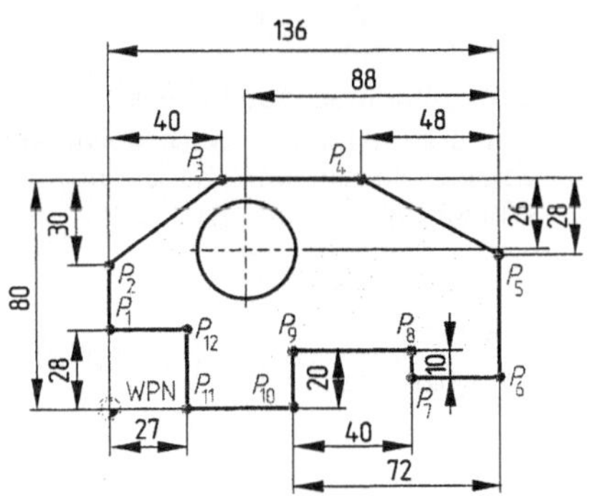

10.26

2. Bild **10.27** zeigt eine Schablone. Tragen Sie
   a) die Koordinaten der Punkte P_1 bis P_{11} im Absolut- und Inkrementalmaß,
   b) die Koordinaten des Punktes P_{12} im Absolutmaß bezogen auf den Werkstücknullpunkt in eine Tabelle ein.
   c) Wie groß sind die Koordinatenmaße des Programmnullpunktes PNP bezogen auf den Werkstücknullpunkt WNP?

3. Bestimmen Sie die Mittelpunkte der Bohrungen M_1 bis M_4 in Bild **10.28** durch Angabe der Polarkoordinaten a) im Absolutmaß, b) im Kettenmaß.

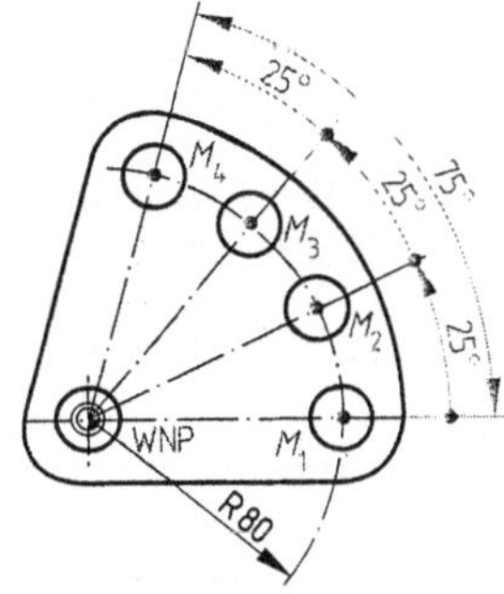

10.28

10.6 Lehrsatz des Pythagoras

Bild **10.**29 zeigt ein Diagonalkreuz aus Rundstahl, das in eine Maueröffnung eingebaut
werden soll. Die Längen der Diagonalstäbe
müssen berechnet werden. Wir können dies
mit Hilfe des Pythagoras, einem Lehrsatz der
Mathematik. Er kann überall dort angewendet
werden, wo Strecken in rechtwinkligen Dreiek-
ken zu berechnen sind.

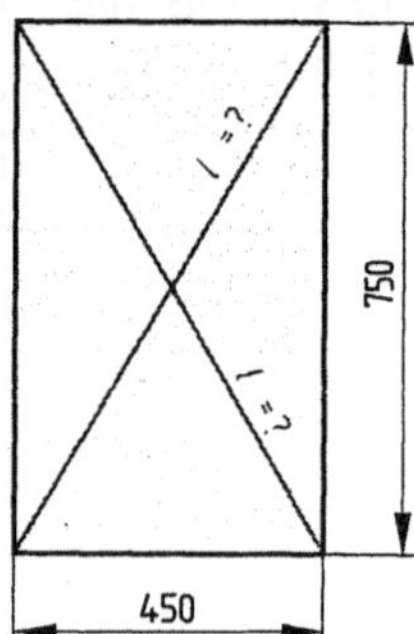

10.29

Ein Dreieck ist dann rechtwinklig, wenn es einen 90°-Winkel, den *rechten Winkel*, hat
(Bild **10.**30). Die Dreieckseite, die dem rechten
Winkel gegenüberliegt, heißt *Hypotenuse*. Die
Schenkel des rechten Winkels sind die *Katheten*. Zwischen den Katheten und der Hypotenuse lässt sich eine allgemeingültige Bezie-
hung herleiten.

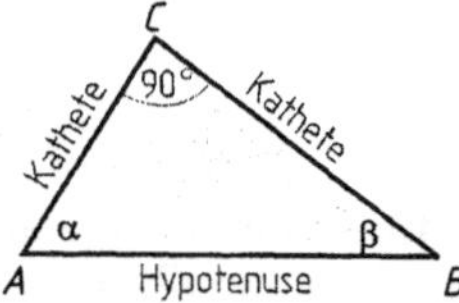

10.30

Bild **10.**31 veranschaulicht das. Die Länge der
Seiten in diesem rechtwinkligen Dreieck beträgt jeweils 3 cm, 4 cm und 5 cm. Zeichnen
wir nun über die Seiten die Quadrate, entsteht
diese typische Figur. Wir erkennen daran, dass
die Quadrate über der Hypotenuse c 25 cm^2,
die über den Katheten a 16 cm^2 und b 9 cm^2
sind. Allgemein ausgedrückt erhalten wir

$$c^2 = a^2 + b^2$$

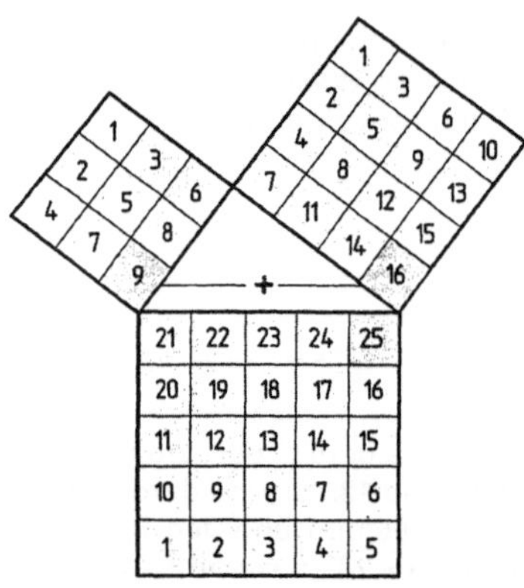

10.31

Dies ist der Lehrsatz des Pythagoras. Er lautet

> Im rechtwinkligen Dreieck ist das Qua-
> drat über der Hypotenuse so groß wie
> die Summe der Kathetenquadrate.

Beispiel   Wie lang muss ein Diagonalstab in
Bild **10.**29 sein?

Lösung   Der Diagonalstab ist die längste
Seite, die Hypotenuse, in einem
rechtwinkligen Dreieck, dessen zwei
Seiten, die Katheten, gegeben sind.

geg.: $a = 450$ mm, $b = 750$ mm
ges.: c in mm

Der Pythagoras lautet $c^2 = a^2 + b^2$

Um c zu erhalten, müssen wir auf
beiden Seiten der Gleichung die
Wurzel ziehen. Dann ist

$$\sqrt{c^2} = \sqrt{a^2 + b^2} = \sqrt{a^2 + b^2}$$

$$c = \sqrt{a^2 + b^2}$$

Wir setzen Zahlen ein.

$$c = \sqrt{450^2 + 750^2}$$
$$c = \sqrt{202500 + 562500}$$
$$= \sqrt{765000} = \mathbf{874{,}6 \text{ mm}}$$

**Der Diagonalstab muss 874,6 mm
lang sein.**

Durch Umstellen der Formel können
wir auch die anderen Seiten berechnen.

$$a = \sqrt{c^2 - b^2} \qquad b = \sqrt{c^2 - a^2}$$

Wir müssen nur darauf achten, dass
wir auch wirklich mit rechtwinkligen
Dreiecken arbeiten.

Aufgaben

1. Eine 6 m lange Leiter ist an eine Wand gelehnt. Sie reicht 5,6 m hoch (Bild **10.32**). Wie weit entfernt von der Wand steht sie?

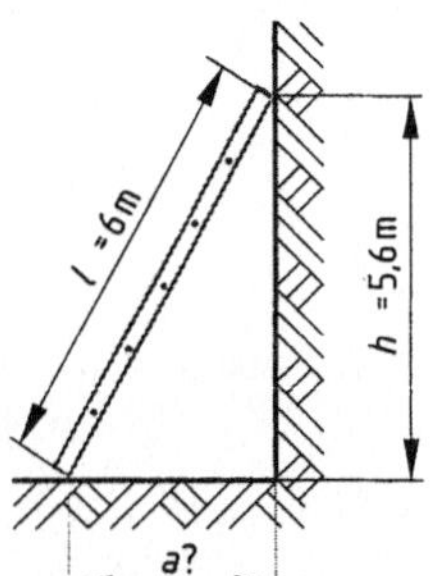

10.32

2. Eine Stahltür 750 × 2000 soll durch Diagonalstäbe aus L-Profil verstärkt werden. Wie lang müssen die Stäbe zugeschnitten werden?

3. Wie lang sind die Stäbe s_1 und s_2 des Dachbinders (Bild **10.33**)?

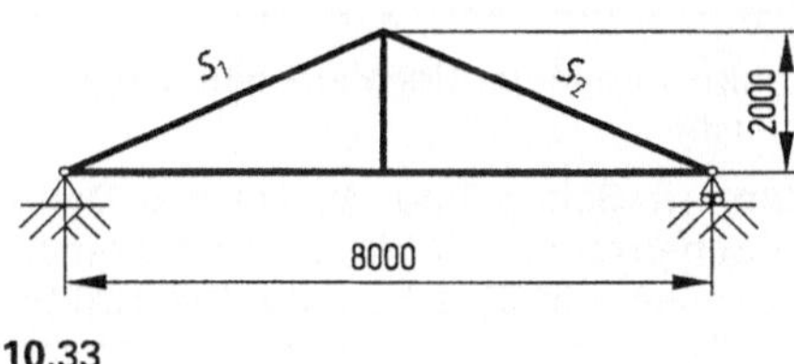

10.33

4. Berechnen Sie die Stablänge s_1 und s_2 (Bild **10.34**)?

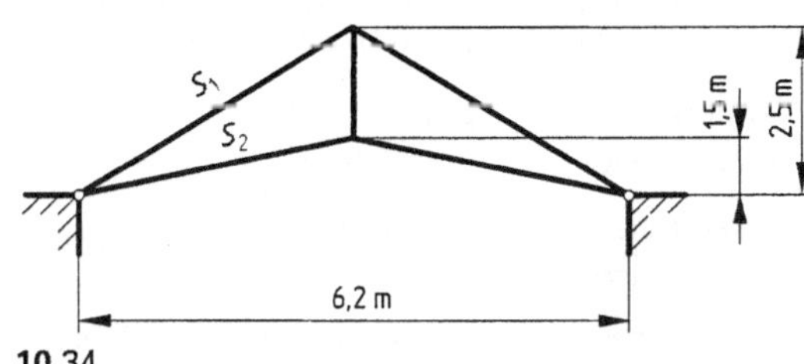

10.34

5. Eine Grundplatte ist mit 5 Bohrungen versehen (Bild **10.35**). Berechnen Sie den Lochabstand l.

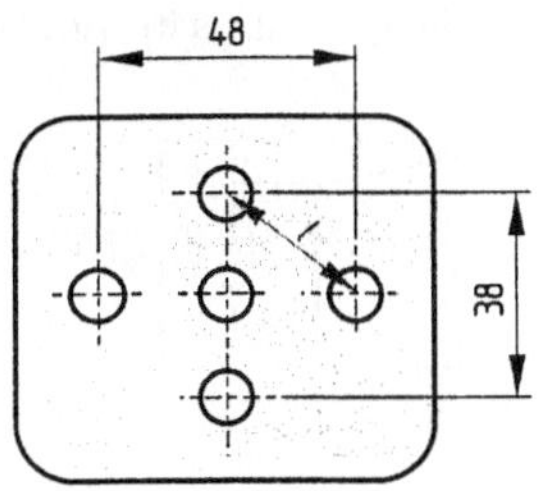

10.35

6. An eine Welle (Bild **10.36**) soll die Auflagefläche für einen Nasenkeil gefräst werden. Berechnen Sie die Frästiefe h.

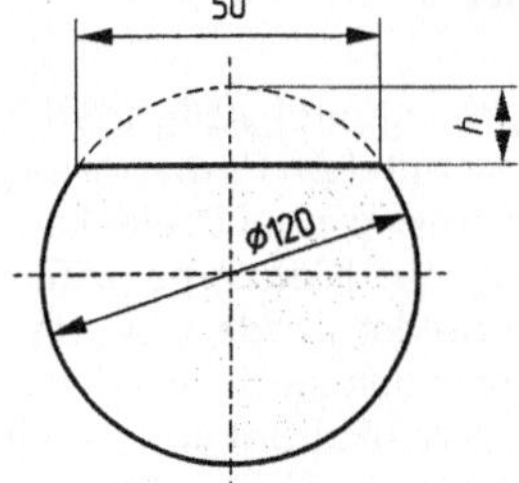

10.36

7. Kann die Markise (Bild **10.37**) einen Sitzplatz von 4,5 m Tiefe überdecken?

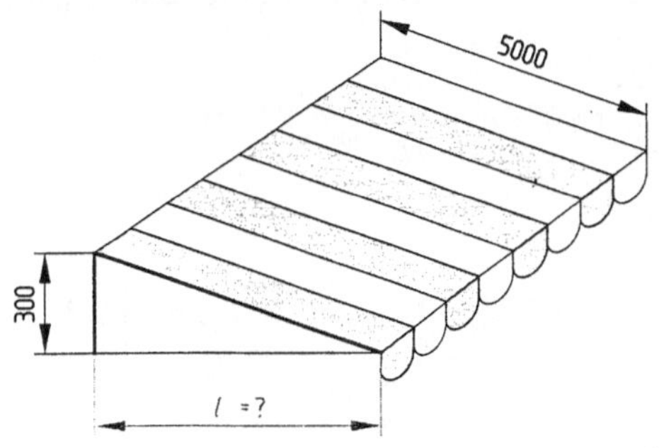

10.37

8. Berechnen Sie die fehlenden Stablängen s_1 bis s_3 des in Bild **10.38** skizzierten Kragträgers in Millimeter.

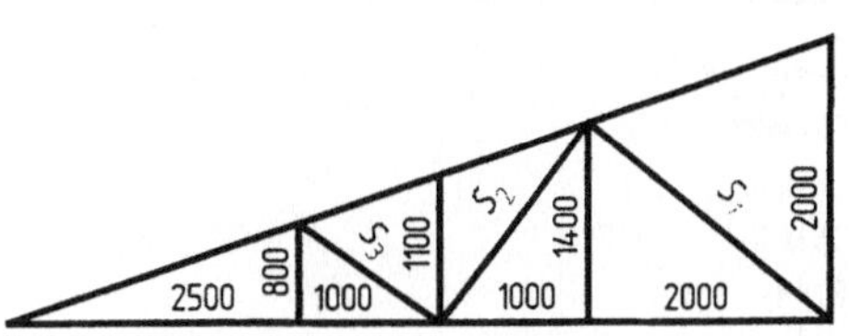

10.38

9. An eine Welle wird ein kegelförmiger Ansatz gedreht (Bild **10.39**). Wie groß ist *s* in mm?

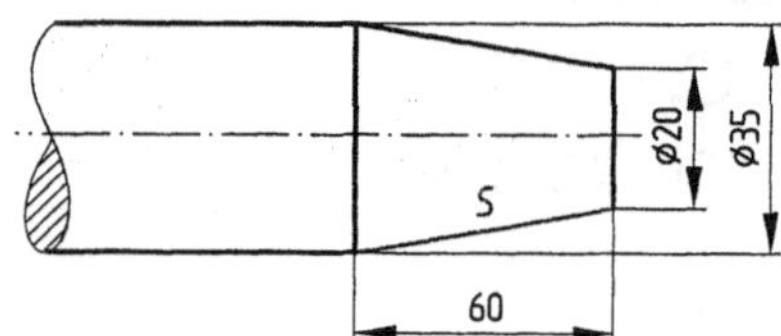

10.39

10. Ein Gartentor (Bild **10.40**) wird mit Füllstäben versehen. Der Diagonalstab ist 720 mm lang. Welchen Abstand haben die senkrechten Stäbe?

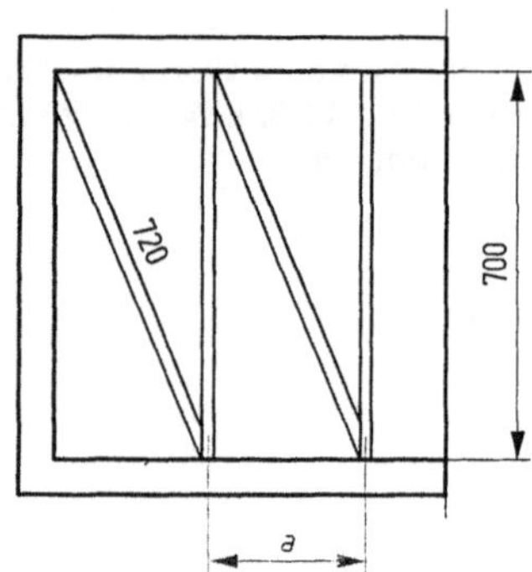

10.40

10.7 Winkelfunktionen

Wir haben im vorigen Kapitel Aufgaben aus dem Berufsfeld Metall mit dem Pythagoras gelöst. Gegeben waren immer zwei Dreiecks-Seiten, die dritte war gesucht. Manchmal müssen aber auch Aufgaben gelöst werden, bei denen Seiten und Winkel gegeben sind. Um diese zu lösen, müssen wir mit Winkelfunktionen arbeiten. In Bild **10.40** erkennen wir 3 aufeinander gelegte rechtwinklige Dreiecke. Sie sind unterschiedlich groß, haben aber die gleiche Form. Wir sprechen von *ähnlichen Dreiecken*. Nach dem Strahlensatz sind in ähnlichen Dreiecken die Verhältnisse entsprechender Seiten gleich.

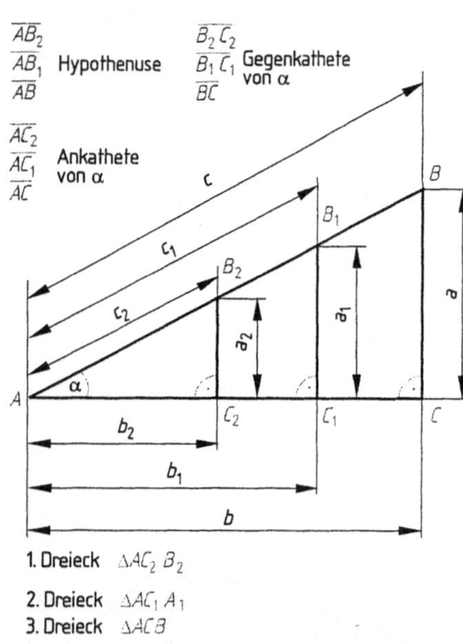

1. Dreieck $\triangle AC_2B_2$

2. Dreieck $\triangle AC_1A_1$

3. Dreieck $\triangle ACB$

10.41

Strahlensatz
In ähnlichen Dreiecken sind die Verhältnisse entsprechender Seiten gleich.

Wenden wir diesen Satz auf Bild **10.41** an, so können wir z. B. schreiben

$$a : c = a_1 : c_1 = a_2 : c_2 \qquad \text{oder}$$

$$\frac{a}{c} = \frac{a_1}{c_1} = \frac{a_2}{c_2}$$

Bei gleichem Winkel ist der Wert des Bruches immer gleich.

Betrachten wir Seiten und Winkel des Dreiecks. Die Schenkel des Winkels α sind einmal die Hypotenuse und eine Kathete. Die zweite Kathete im Dreieck liegt dem Winkel α gegenüber. Nach der Lage der Katheten sprechen wir von der *Ankathete*, das ist die Kathete am Winkel, und der *Gegenkathete*, das ist die Kathete gegenüber dem Winkel α. Wir können entsprechend der Seitenverhältnisse des Strahlensatzes mit diesen allgemeinen Seitenbezeichnungen Funktionen aufstellen, z. B.

$$\frac{\text{Gegenkathete}}{\text{Hypotenuse}} \text{, } \quad \frac{\text{Gegenkathete}}{\text{Ankathete}} \text{, }$$

$$\frac{\text{Ankathete}}{\text{Hypotenuse}} \quad \text{und} \quad \frac{\text{Ankathete}}{\text{Gegenkathete}}$$

Diese vier Funktionen werden als die Winkelfunktionen Sinus (sin), Tangens (tan), Kosinus (cos) und Kotangens (cot) bezeichnet. Sinus und Tangens sind *Hauptfunktionen*, Kosinus und Kotangens *Nebenfunktionen*.

Die Winkelfunktionen

$$\sin \alpha = \frac{\text{Gegenkathete}}{\text{Hypotenuse}}$$

$$\cos \alpha = \frac{\text{Ankathete}}{\text{Hypotenuse}}$$

$$\tan \alpha = \frac{\text{Gegenkathete}}{\text{Ankathete}}$$

$$\cot \alpha = \frac{\text{Ankathete}}{\text{Gegenkathete}}$$

Die Winkelfunktionen gelten grundsätzlich im rechtwinkligen Dreieck. Für gleich große Winkel ist der jeweilige Funktionswert unabhängig von den Seitenlängen im Dreieck gleich. Wir lesen ihn entweder aus Tabellenbüchern oder vom Taschenrechner ab.

Beispiel 1 Auf einer Baustelle ist ein Laufsteg zur Überbrückung eines Grabens gelegt (Bild **10.42**).

a) Wie groß ist der Höhenunterschied h in m?

b) Wie viel Meter muss der Laufsteg lang sein, wenn für die beidseitige Auflage jeweils 0,5 m zuzugeben sind?

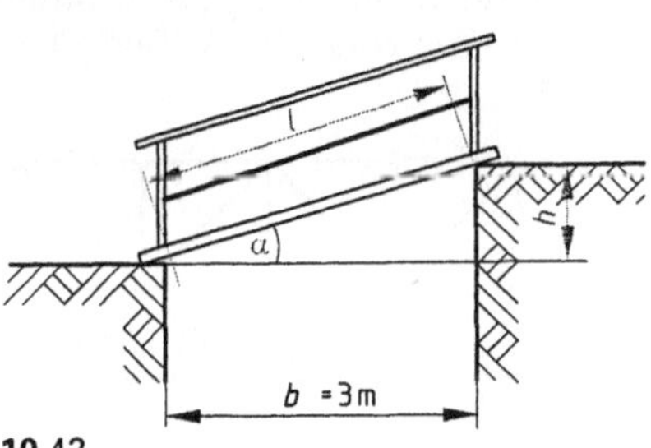

10.42

Lösung *Vorüberlegung*
Grabenbreite, Höhenunterschied und Steigungswinkel ergeben ein rechtwinkliges Dreieck mit bekanntem Winkel und bekannter Ankathete. Der Höhenunterschied h ist die Gegenkathete von α, l die Hypotenuse. Somit

a) geg.: $\alpha = 18°$ $b = 3$ m
   ges.: h in m

Ansatz
h ist die Gegenkathete von α, b die Ankathete. Wir wählen den Tangens.

Dann ist

$$\tan \alpha = \frac{h}{b}$$

Nach h umgestellt und Werte eingesetzt erhalten wir

$$h = b \cdot \tan \alpha = 3\,\text{m} \cdot 0{,}3249$$

$h = 0{,}97$ m

Der Höhenunterschied beträgt 0,97 m.

b) geg.: $\alpha = 18°$, $b = 3$ m   ges.: l in m
Ansatz. Weil man möglichst mit gegebenen und nicht errechneten Werten weiterarbeiten soll, wählen wir den Kosinus. Dann ist

$$\cos \alpha = \frac{\text{Ankathete}}{\text{Hypotenuse}} = \frac{b}{l}$$

Nach l umgestellt und Werte eingesetzt erhalten wir

$$l = \frac{b}{\cos \alpha} = \frac{3\,\text{m}}{0{,}9511}$$

$l = 3{,}15$ m

l ist der Abstand von Grabenkante zu Grabenkante. Wir müssen noch $2 \times 0{,}5$ m hinzuzählen und erhalten als Ergebnis

Der Laufsteg muss 4,15 m lang sein.

Beispiel 2 Ein Mobilkran hebt eine Last. Der Teleskopmast ist 40 m ausgefahren, die Last schwebt 5 m entfernt vom Fußpunkt des Teleskopmastes (Bild **10.43**). Unter welchem Winkel erhebt sich der Mast?

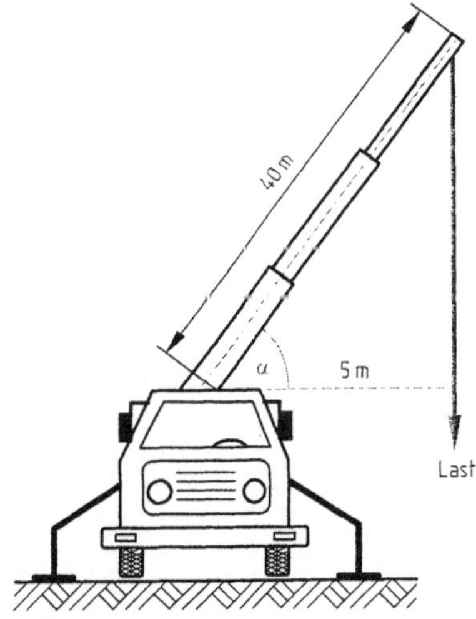

10.43

Lösung   Das Seil, die Mittelachse des Teleskopmastes und der Abstand der Last zum Fußpunkt des Mastes bilden ein rechtwinkliges Dreieck. Somit ist

geg.: $l = 40$ m, $a = 5$ m
ges.: α in °

Der Abstand a ist die Ankathete am Winkel, die Länge l des Teleskopmastes die Hypotenuse. Wir können den Kosinus anwenden. Es ist

$$\cos \alpha = \frac{a}{l}$$

Werte eingesetzt, erhalten wir 5 m

$$\cos \alpha = \frac{5 \text{ m}}{40 \text{ m}} = \underline{\underline{0{,}125}}$$

Wir bestimmen nun nach dem Tabellenbuch, einfacher mit dem Taschenrechner den zugehörigen Winkel. Es ist

$$\alpha = \underline{\underline{82°48}}$$

Der Mast erhebt sich unter einem Winkel von 82°48'.

Aufgaben

1. Bei einem Trapezgewinde Tr 50 × 8 beträgt die Steigung $h = 8$ mm, der nach dem Flankendurchmesser berechnete Umfang $U_2 = 144{,}51$ mm (Bild **10.44**). Wie groß ist der Steigungswinkel α?

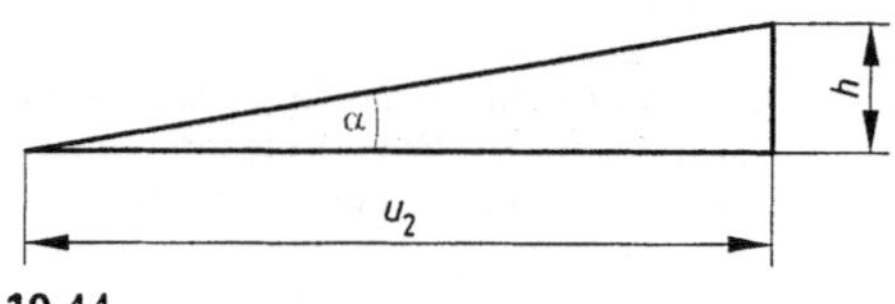

10.44

2. Wie groß ist der Winkel α an dem Winkelhebel Bild **10.45**?

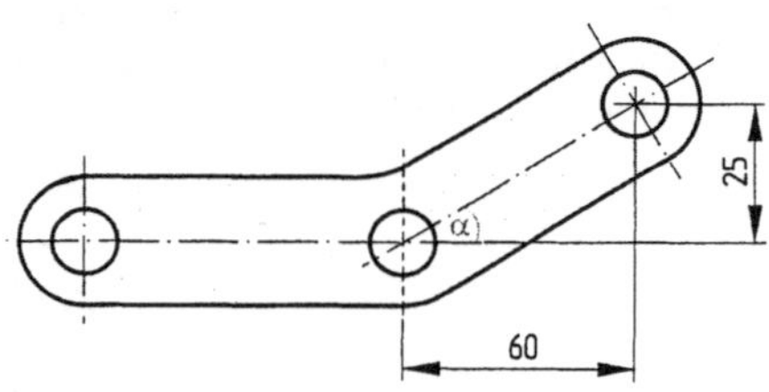

10.45

3. Bestimme die Polarkoordinaten für den Bohrungsmittelpunkt M_1 eines Distanzbleches (Bild **10.46**).

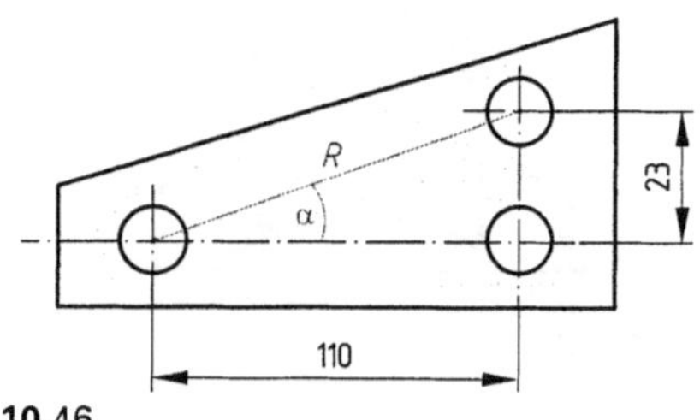

10.46

4. Ein einfacher Dachbinder hat eine Spannweite von 6 m und eine Firsthöhe von 1 m (Bild **10.47**). Berechnen Sie den Neigungswinkel α des Daches und die Stablänge s_1.

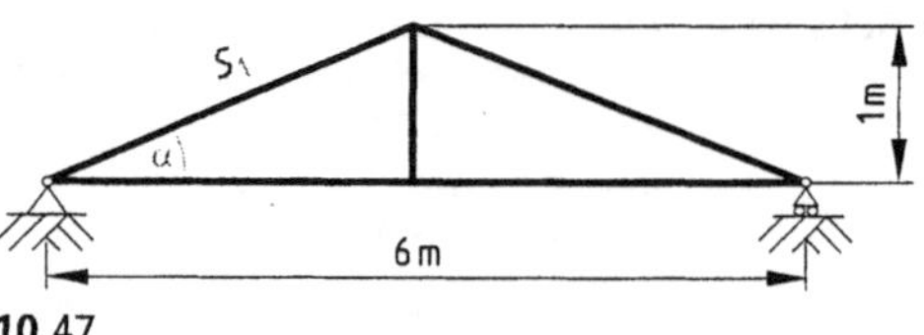

10.47

5. Unter welchem Winkel α verläuft die Strebe s_1 im Pfostenfachwerk (Bild **10.48**)? Wie lang ist s_1?

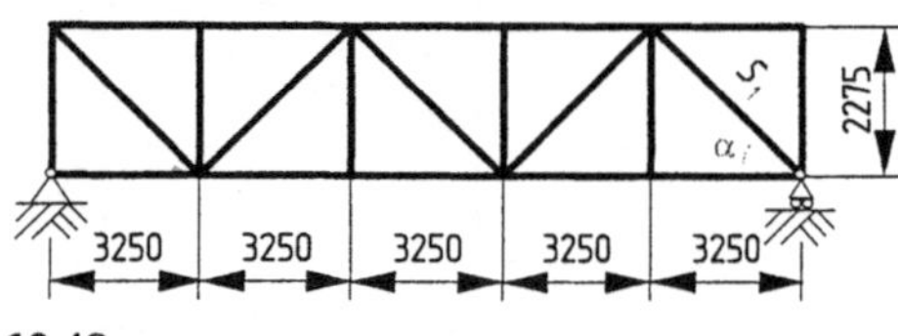

10.48

6. Zum Wärmeschutz wird eine Beschattungsanlage ausgefahren (Bild **10.49**). Auf welche Höhe h wird die Fensterfront beschattet?

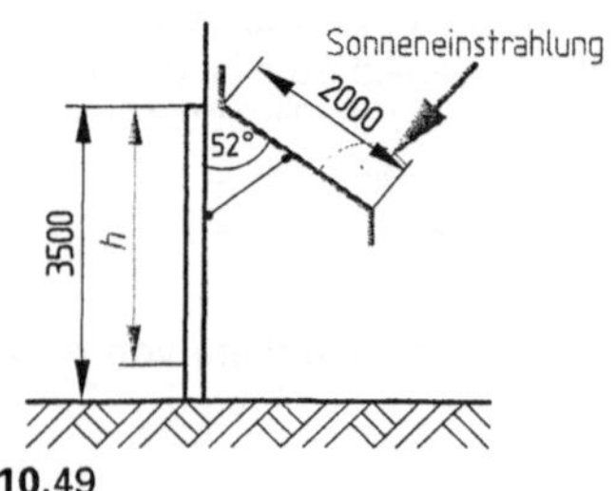

10.49

10.8 Steigungen, Neigungen

Auf Verkehrsschildern, in Tabellenbüchern oder anderen technischen Handbüchern finden wir die Begriffe Steigung und Neigung und in diesem Zusammenhang auch Steigungswinkel und Neigungswinkel. Manchmal wird auch von Gefälle gesprochen.

> **Steigungswinkel** ist der Winkel, der von der Waagerechten nach oben gemessen wird.
>
> **Neigungswinkel** ist der Winkel, der von der Waagerechten nach unten gemessen wird (Bild **10.50**).

So finden wir Angaben wie 14% Neigung oder 8% Gefälle.

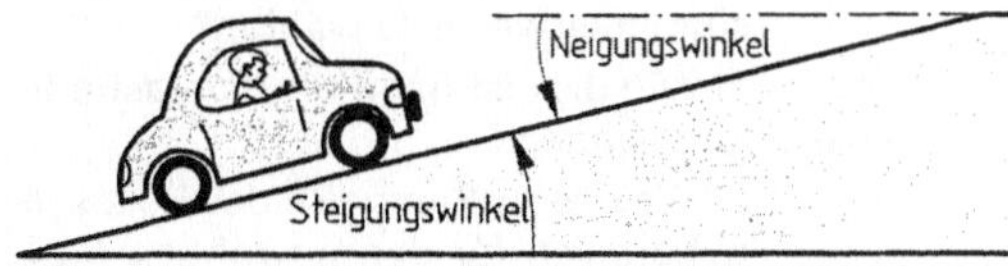

10.50

Beispiel Durch die Gestaltung des Dachbinders in Bild **10.51** ergibt sich eine Dachneigung unter einem Winkel von α, dem Neigungswinkel. Dieser Winkel ist genauso groß wie α_1. Wir können den Tangens des Winkels berechnen. Es ist

$$\tan \alpha_1 = \frac{0{,}5\ \text{m}}{3\ \text{m}} = 0{,}1667$$

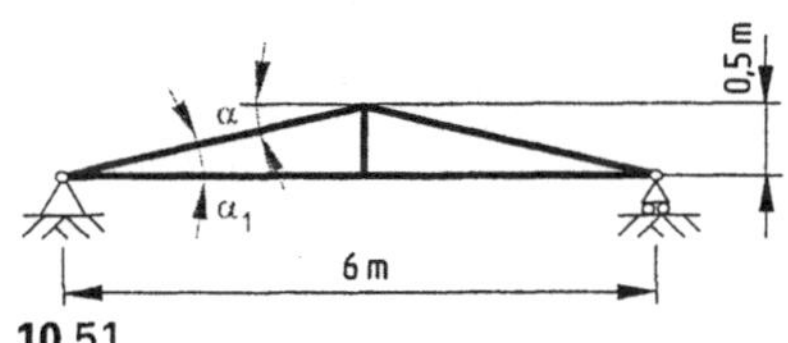

10.51

Weil der Tangens eines Winkels Gegenkathete : Ankathete ist, können wir auch sagen, die Dachfläche steigt auf einen Meter Länge um 0,1667 m (Bild **10.52**). Multiplizieren wir nun den Tangens mit 100, so erhalten wir die Steigung und die Neigung, auch Gefälle genannt, in Prozent.

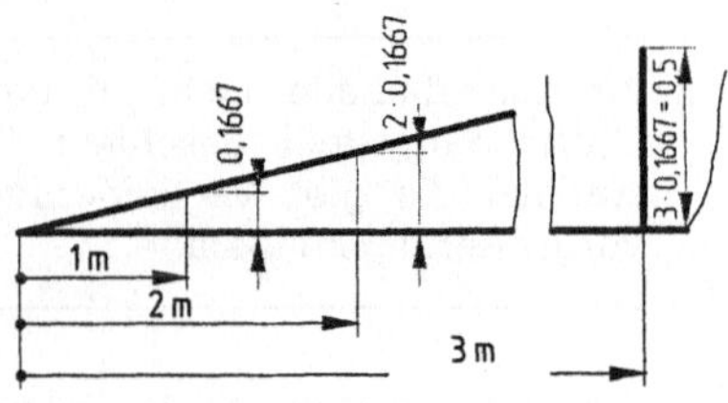

10.52

Das Dach in unserem Beispiel hat somit etwa 17 % Neigung.

Wollen wir dagegen aus der angegebenen Neigung oder Steigung auf den Winkel rückschließen, müssen wir zunächst die Prozentangabe durch 100 teilen. Wir erhalten den Tangens des Winkels, über den wir den Winkel bestimmen können.

~17% → tan 0,17 = 9°36′

> Die Steigung oder das Gefälle (Neigung) in Prozent ist der Tangens des Steigungs-, Neigungswinkels multipliziert mit 100.

Aufgaben

1. Der Flansch eines I-Profils DIN 1025 hat eine Neigung von 14%. Wie viel Grad sind das?
2. Eine Unterlegscheibe DIN 434 hat eine Neigung von 8%. Wie viel Grad sind das?
3. Die beste Begehbarkeit einer Treppe ergibt sich bei einem Steigungswinkel von 30°. Wie viel Prozent Steigung sind das?
4. Ein geländegängiges Baufahrzeug bewältigt etwa 60% Steigung. Unter welchem Winkel darf eine Böschung maximal ansteigen, damit das Fahrzeug sie schafft?
5. Unter welchem Winkel verläuft eine Steigung von 100%?

10.9 Maßstäbe

Auf jeder technischen Zeichnung finden wir im Schriftfeld, manchmal auch noch zusätzlich auf der Zeichnung, den Eintrag eines Maßstabes. M 1:1 heißt, dass die Zeichnung in natürlicher Größe dargestellt ist. Wir lesen diese Angabe als *Maßstab 1 zu 1*. M 1:10 bedeutet, dass die Zeichnung das Bauteil um 1/10 verkleinert oder M 20:1, dass das Teil um das zwanzigfache vergrößert dargestellt wurde.

> Werden Bauteile nicht in natürlicher Größe dargestellt, geschieht das maßstäblich. Es gibt Verkleinerungs- und Vergrößerungsmaßstäbe.

Tabelle **10.**1 Genormte Maßstäbe nach DIN 823

Maßstab	bewirkt	Bemerkung
1:1	natürliche Größe	
1:2		
1:5		
1:10		
1:15		für Stahlbau
1:20		
1:25		für Planungszeichnungen
1:40	Verkleinerungen	für Gesamtzeichnungen
1:50		
1:100		
1:200		
1:500		
1:1000		
1:5000		
1:10000		
2:1		
5:1	Vergrößerungen	
10:1		
50:1		

Weil alle Maße mit ihrem wirklichen Wert eingetragen werden, muss der Fachmann in der Lage sein, gegebenenfalls Umrechnungen vorzunehmen. Wenn wir die Maßstabsangabe als Bruch schreiben, lassen sich aus der Tabelle Rechenregeln herleiten.

Beispiel 1 Wie viel Millimeter in der Zeichnung entspricht ein Maß von 1250 mm beim Maßstab 1:5?

Lösung Es handelt sich um einen Verkleinerungsmaßstab. Die Maßlänge in der Zeichnung l ist dann

$l = 1250$ mm $\cdot$ 1/5 = **250 mm**

Beispiel 2 Beim Zeichnen eines Relais (Außenabmessungen $30 \times 30 \times 50$) sind u. a. Kontaktfedern von $t = 0{,}4$ mm Dicke zu zeichnen. Welcher Maßstab ist sinnvollerweise zu wählen?

a) Wie dick ist dann die Kontaktfeder zu zeichnen?

b) Welche Außenmaße des Relais ergeben sich für den gewählten Maßstab?

Lösung Um ein sinnvolles Zeichnungsformat zu erhalten, sind auch die Außenabmessungen des Relais zu berücksichtigen. Geeignet für die Vergrößerung ist M 5:1.

a) $t = 0{,}4$ mm $\cdot$ 5/1 = **2 mm**

b) Außenabmessung
   30 mm = 30 mm $\cdot$ 5/1 = 150 mm
   50 mm = 50 mm $\cdot$ 5/1 = 250 mm

Aufgaben

1. In einer Zeichnung für den Stahlbau sind folgende Maße in Millimeter eingetragen: 1000, 3000, 370, 322. Wie lang sind die entsprechenden Strecken gezeichnet?

2. In einer Zeichnung werden folgende Strecken in Millimeter gemessen: 40, 100, 120, 350, 410. Wie groß sind die natürlichen Längen der Maße, wenn die Zeichnung im Maßstab 1:5 gezeichnet wurde?

11 Inhalt und Umfang von Flächen

Flächen sind zweidimensional, d. h. sie haben zwei Ausdehnungen, die Länge und die Breite. Wir erkennen die zweite Dimension an der Hochzahl der Einheit, z. B. m^2. Wir unterscheiden zwischen geradlinig, krummlinig begrenzten, und zusammengesetzten Flächen.

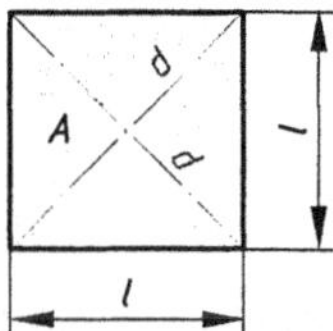

11.1

11.1 Geradlinig begrenzte Flächen

11.1.1 Das Quadrat (Bild 11.1)

Kennzeichen: vier gleich lange Seiten l, die rechtwinklig zueinander stehen. Die Diagonalen d halbieren die Winkel an den Ecken ihrer Ausgangspunkte und teilen die Fläche A in jeweils zwei deckungsgleiche, gleichschenklige und rechtwinklige Dreiecke. Die Diagonale wird auch als Eckenmaß e bezeichnet. Der Umfang U ergibt sich wie bei allen anderen Flächen aus der Summe der Seiten.

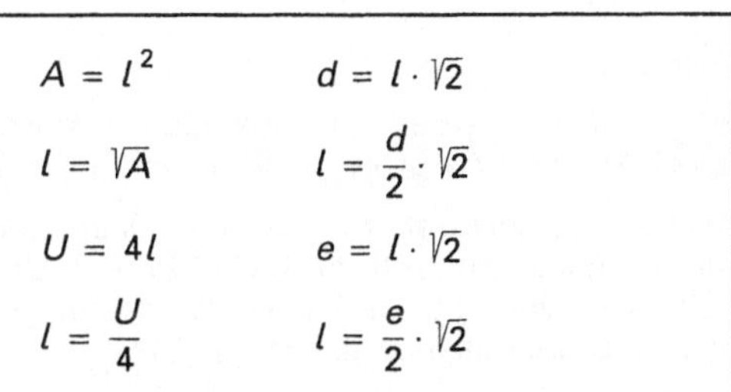

$$A = l^2 \qquad d = l \cdot \sqrt{2}$$

$$l = \sqrt{A} \qquad l = \frac{d}{2} \cdot \sqrt{2}$$

$$U = 4l \qquad e = l \cdot \sqrt{2}$$

$$l = \frac{U}{4} \qquad l = \frac{e}{2} \cdot \sqrt{2}$$

Aufgaben

1. Ein Vierkantstahl (Bild **11.2**) wird getrennt. Wie groß sind a) die Querschnittsfläche A, b) das Eckmaß e?

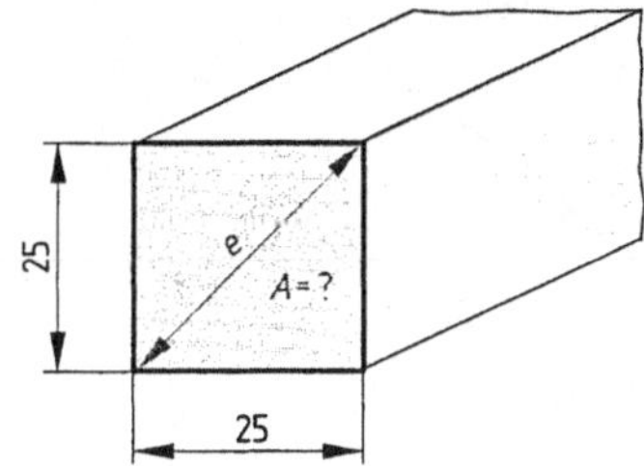

11.2

2. Aus einer Blechplatte wird mit einem Schneidbrenner ein Stützfuß geschnitten (Bild **11.3**). Berechnen Sie die Gesamtlänge L der Schnittfuge in Meter.

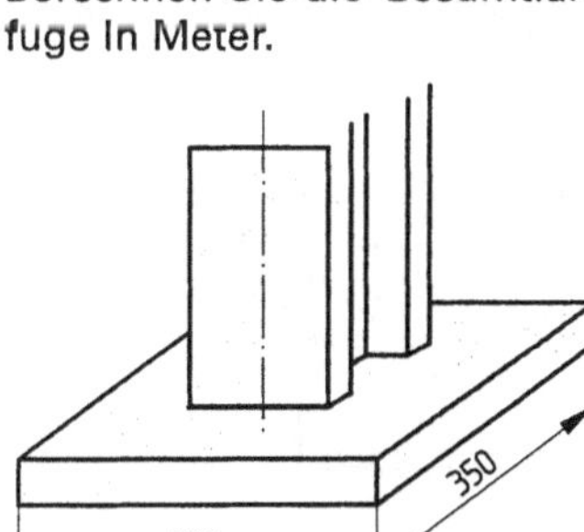

11.3

3. An einen Rundstahl mit $d = 40$ mm wird ein Vierkant so gefräst, dass das Eckmaß dem Durchmesser des Rundstahles entspricht. Wie lang ist die Kante l des Vierkants (Bild **11.4**)?

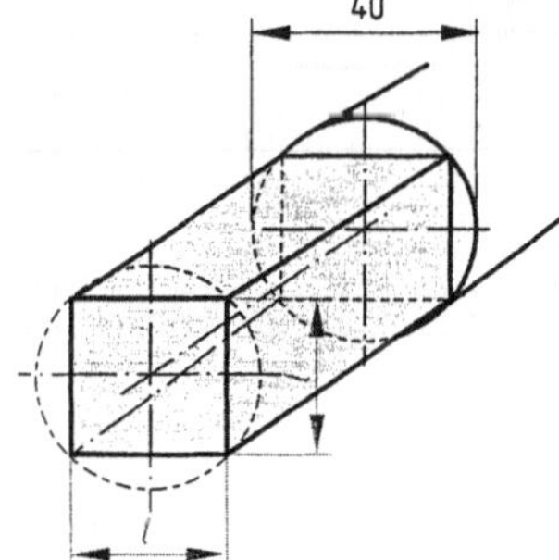

11.4

4. Ein quadratischer Lüftungskanal (Bild **11.5**) wird mit Mineralwollmatten gedämmt. Berechnen Sie den Querschnitt der Dämmschicht in cm^2.

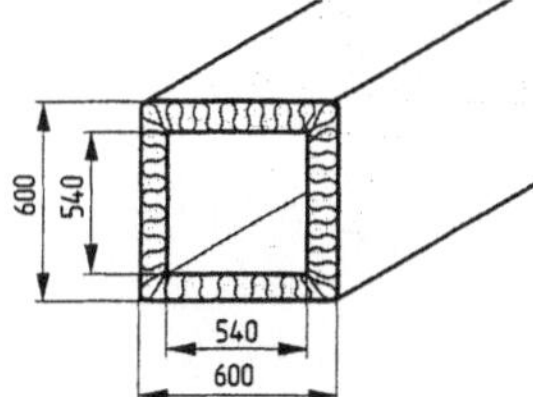

11.5

11.1.2 Das Rechteck (Bild 11.6)

Kennzeichen: gegenüberliegende Seiten l sowie b sind gleich lang und verlaufen parallel. Die Seiten stehen senkrecht zueinander. Die

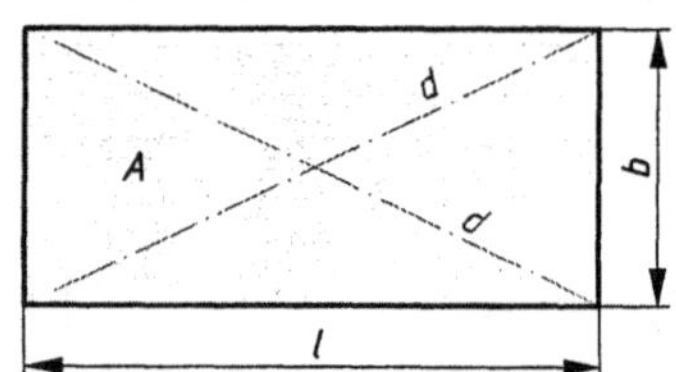

11.6

Diagonalen d teilen das Rechteck in zwei gleich große rechtwinklige Dreiecke.

$$A = l \cdot b \qquad l = \frac{A}{b} \qquad b = \frac{A}{l}$$

$$U = 2(l + b) \qquad l = \frac{U}{2} - b \qquad b = \frac{U}{2} - l$$

$$d = \sqrt{b^2 + l^2} \qquad l = \sqrt{d^2 - b^2} \qquad b = \sqrt{d^2 - l^2}$$

Aufgaben

1. Der Auftritt einer Treppenstufe misst 290 × 800 mm. Wie groß ist die Fläche in m^2?

2. Welchen Querschnitt in mm^2 hat Flachstahl von a) 80 × 6 mm und b) 100 × 12 mm? Um wie viel Prozent ist die Fläche des zuerst genannten Stabes kleiner als die von b)?

3. Ein Treppengeländer soll mit Ausfachungen aus Sicherheitsglas versehen werden (Bild 11.7). Die Geländerstützen bestehen aus Vierkantstahlrohr 40 × 40.
   a) Wie viel m^2 groß ist eine Ausfachung?
   b) Wie hoch sind die Materialkosten, wenn 1 m^2 Sicherheitsglas 96,00 DM kostet?

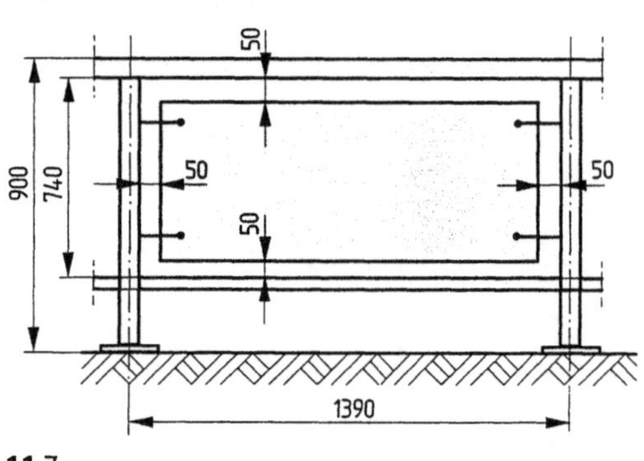

11.7

4. Der lichte Querschnitt eines Lüftungskanals ist 280 cm^2 groß (Bild 11.8). Wie hoch ist die Öffnung?

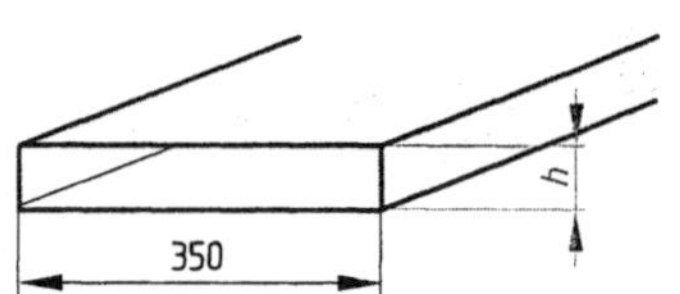

11.8

5. Eine Werkzeugkiste soll mit einem Kran durch eine runde Öffnung in einen Tank abgesenkt werden (Bild 11.9). Geht das?

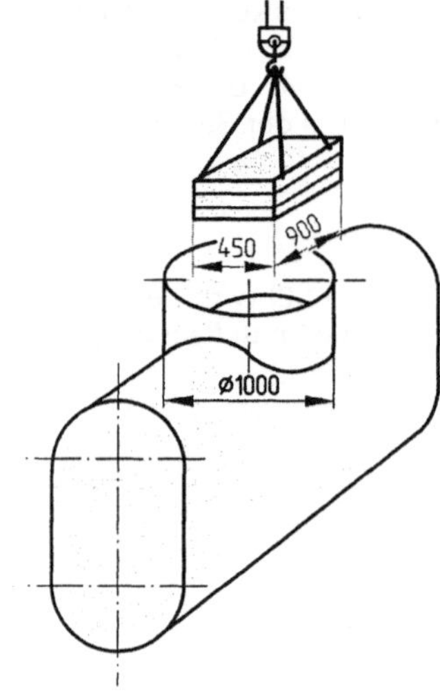

11.9

6. Das Tuch einer Beschattungsanlage ist 5 m breit und im voll ausgefahrenen Zustand 4 m lang (Bild 11.10). Wie weit kann eine Markise ausgefahren werden, wenn sie bei gleicher Fläche 6,25 m breit ist?

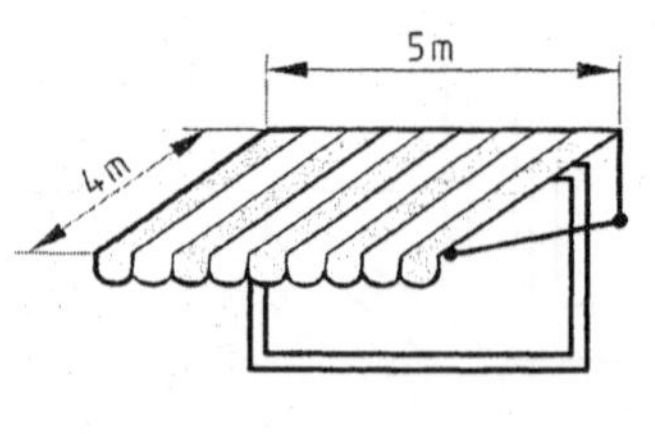

11.10

11.1.3 Der Rhombus (die Raute, Bild 11.11)

Kennzeichen: vier gleich lange Seiten *a*. Gegenüberliegende Seiten laufen parallel, gegenüberliegende Winkel sind gleich groß. Die Diagonalen *d* sind unterschiedlich lang. Sie teilen die Fläche *A* in jeweils zwei deckungsgleiche Dreiecke. Die Höhen stehen immer senkrecht zur gegenüberliegenden Seite. Der Umfang *U* errechnet sich aus der Summe der Seiten.

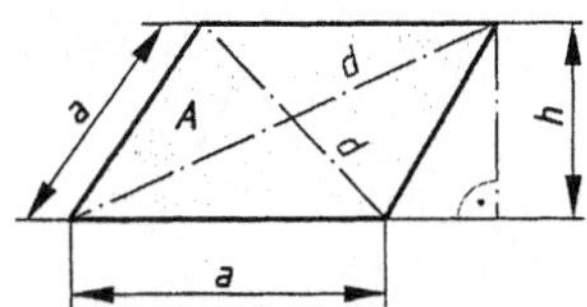

11.11

$$A = a \cdot h \qquad\qquad U = 4 \cdot a$$
$$a = \frac{A}{h} \qquad\qquad a = \frac{U}{4}$$
$$h = \frac{A}{a}$$

11.1.4 Das Parallelogramm (Bild 11.12)

Kennzeichen: Gegenüberliegende Seiten verlaufen parallel und sind gleich lang. Gegenüberliegende Winkel sind gleich groß. Die Höhe steht immer senkrecht zur gegenüberliegenden Seite.

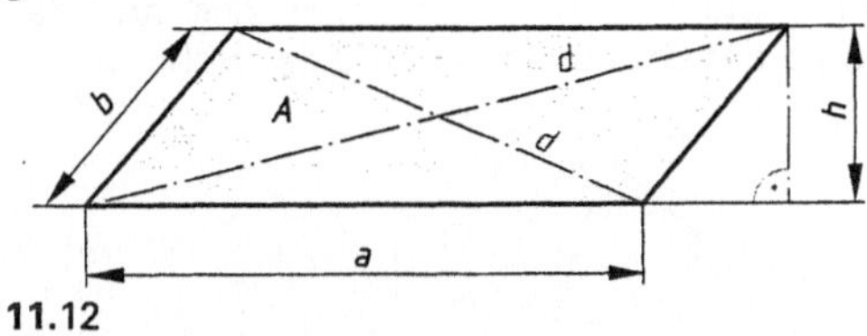

11.12

$$A = a \cdot h \qquad\qquad a = \frac{A}{h}$$
$$h = \frac{A}{a}$$
$$U = 2\,(a+b) \qquad\qquad a = \frac{U}{2} - b$$
$$b = \frac{U}{2} - a$$

Aufgaben

1. Berechnen Sie die Querschnittsfläche des Stahlstabes in Bild **11.13** in cm^2.

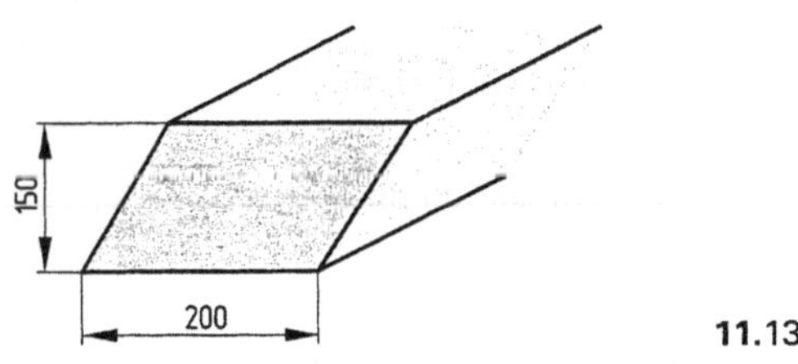

11.13

2. Mit einem Schneidbrenner werden 6 Knotenbleche aus einem Blech geschnitten (Bild **11.14**). Berechnen Sie a) den Gesamtblechbedarf *A* in cm^2, b) die Gesamtlänge der Schnittfuge *L* in m.

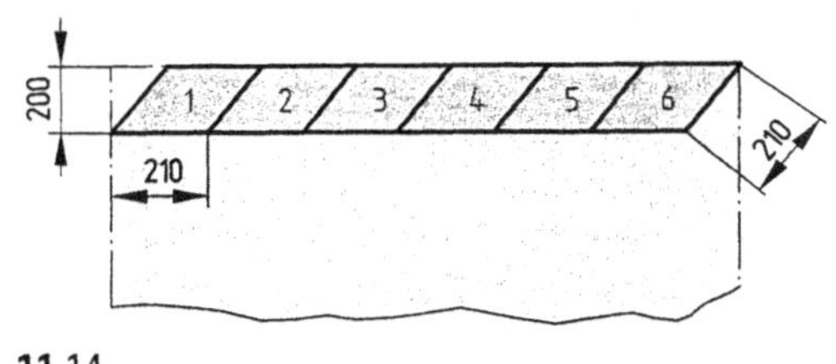

11.14

3. Die Wangen einer Industrietreppe (Bild **11.15**) werden mit einem Schneidbrenner aus Blech geschnitten. Berechnen Sie den Blechbedarf in m^2.

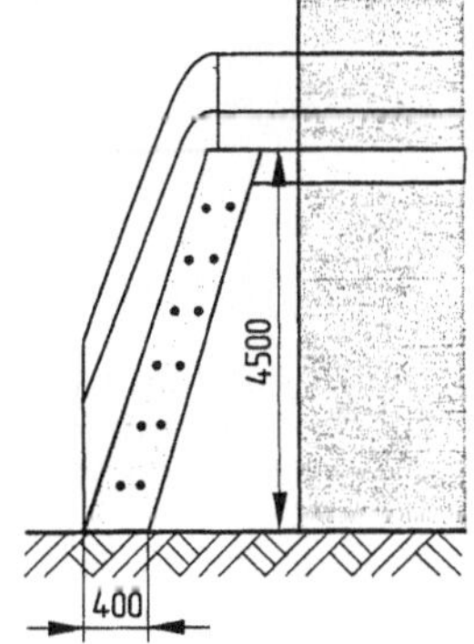

11.15

4. Mit einem Plasmabrenner wird eine Blechplatte (Bild **11.16**) geschnitten. a) Wie groß ist die Fläche in cm^2? b) Wie groß ist das Maß *h*, wenn *l* bei gleicher Fläche 275 mm lang ist?

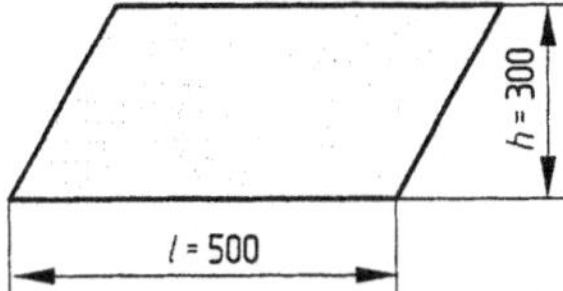

11.16

11.1.5 Das Dreieck (Bild 11.17)

Kennzeichen: Die drei Seiten *a, b, c* liegen den Eckpunkten *A, B* und *C* gegenüber und bilden die Winkel α, β und γ. Die Höhe *h* ist das Lot vom Eckpunkt auf die gegenüberliegende Seite. Die Fläche *A* berechnet sich aus der Länge der Grundfläche *l* und der Höhe *h*.

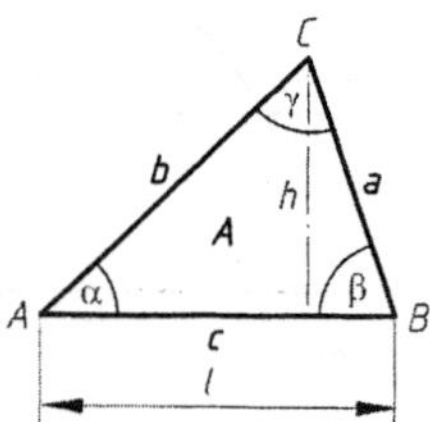

11.17

Wir unterscheiden nach ihren Winkeln spitzwinklige (Bild **11.18a**), rechtwinklige (Bild **11.18b**) und stumpfwinklige Dreiecke (Bild **11.18c**).

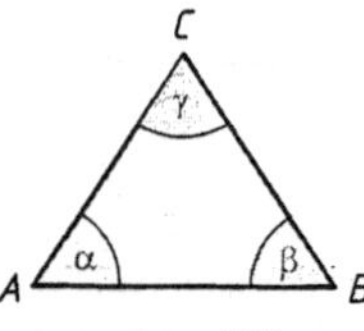

a) $\alpha, \beta, \gamma < 90°$

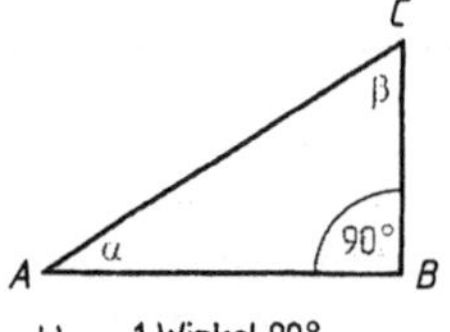

b) 1 Winkel 90°

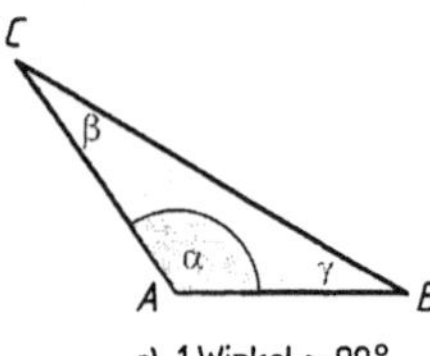

c) 1 Winkel > 90°

11.18

Bestimmt nach ihrer Form kennen wir ungleichseitige (Bild **11.19a**), gleichschenklige (Bild **11.19b**) und gleichseitige (Bild **11.19c**) Dreiecke.

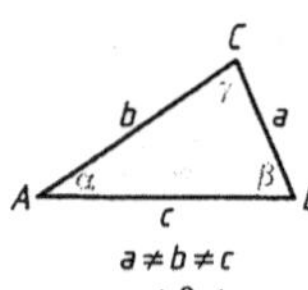
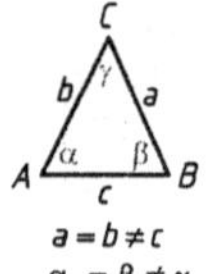
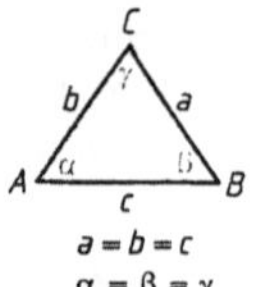

11.19

Zählen wir alle Winkel im Dreieck zusammen, erhalten wir als Winkelsumme 180°. Im gleichseitigen Dreieck sind alle drei Winkel gleich groß, also je 60°; im gleichschenkligen Dreieck sind die Winkel an der Basis gleich (Bild **11.20**). Die Dreieckfläche *A* ist halb so groß wie ein Quadrat, Rechteck, Raute oder Parallelogramm, weil diese durch die Diagonalen in zwei gleich große Dreiecke geteilt werden.

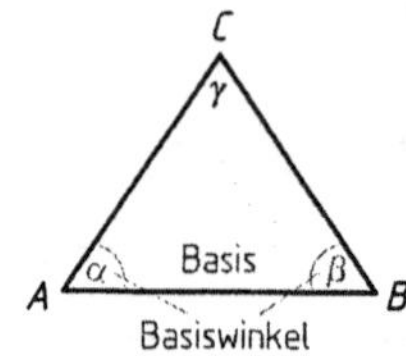

11.20

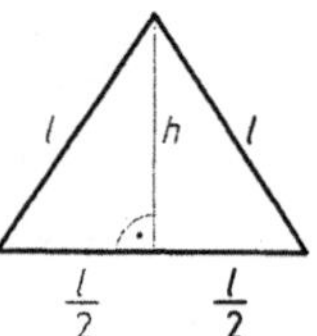

11.21

$$A = \frac{l \cdot h}{2} \qquad l = \frac{2A}{h} \qquad h = \frac{2A}{l}$$

$$U = a + b + c$$

$$a = U - b - c \qquad\qquad b = U - a - c$$

$$c = U - a - b$$

Die Höhe *h* im gleichseitigen Dreieck errechnet sich nach dem Pythagoras (Bild **11.21**).

$$h^2 = l^2 - \frac{l^2}{4} \quad \text{(wir subtrahieren)}$$

$$h^2 = \frac{3}{4} \cdot l^2 \quad \text{(wir ziehen die Wurzel)}$$

$$h = \frac{l}{2} \cdot \sqrt{3}$$

Mit den Formeln für *A* und *h* können wir nun die Fläche eines gleichseitigen Dreiecks berechnen, wenn nur die Seite *l* bekannt ist.

$$A = \frac{l \cdot h}{2} \quad \text{oder} \quad A = \frac{l}{2} \cdot h$$

für *h* setzen wir $\frac{l}{2} \cdot \sqrt{3}$, dann ist

$$A = \frac{l}{2} \cdot \frac{l \cdot \sqrt{3}}{2}$$

$$A = \frac{l^2}{4} \cdot \sqrt{3}$$

Aufgaben

1. In eine Stahlkonstruktion sind zur Verstärkung 8 Bleche einzuschweißen (Bild **11.22**). Wie viel cm^2 Blech werden benötigt?

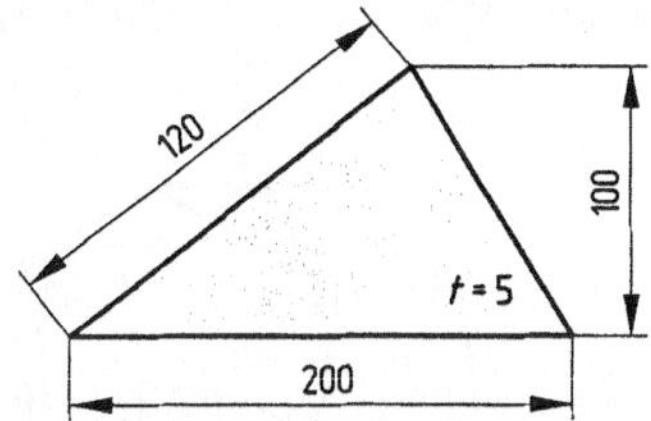

11.22

2. Wie lang ist die Kante l eines Stabstahles (Bild **11.23**) mit einer gleichseitigen Querschnittsfläche von $A = 1082$ mm^2?

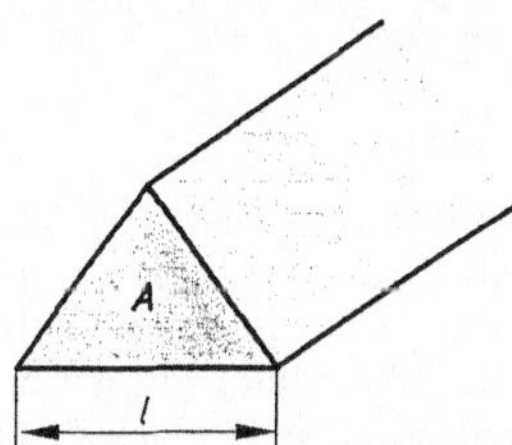

11.23

3. Ein Blech zum Versteifen einer Stahlkonstruktion (Bild **11.24**) hat die Maße $l = 100$ mm, $h = 200$ mm muss aus konstruktiven Gründen so umgeändert werden, dass die Höhe bei gleicher Fläche nur noch 150 mm beträgt. Wie lang wird l?

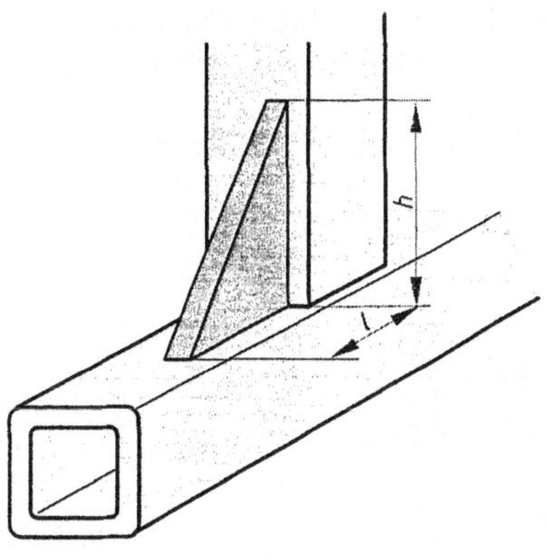

11.24

4. Wie groß ist das Maß h in mm einer Abdeckplatte (Bild **11.25**), wenn deren Fläche 937,5 cm^2 beträgt?

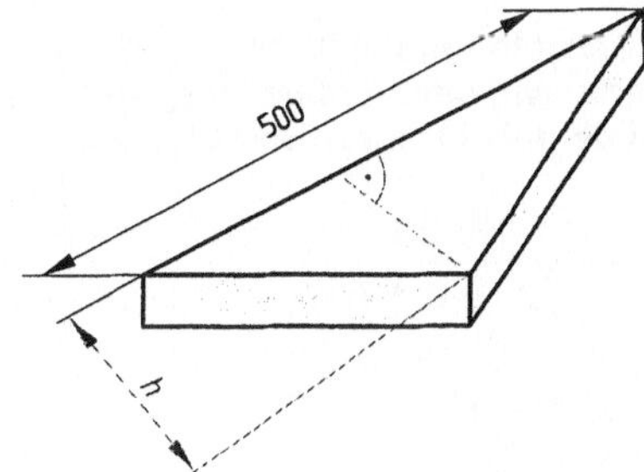

11.25

11.1.6 Das Trapez (Bild 11.26)

Kennzeichen: Zwei gegenüberliegende Seiten laufen parallel. Sind die Winkel bei A und B gleich, so sprechen wir von einem gleichschenkligen Trapez. m nennen wir Mittellinie. Wir können sie aus l_1 und l_2 berechnen.

$$m = \frac{l_1 + l_2}{2}$$

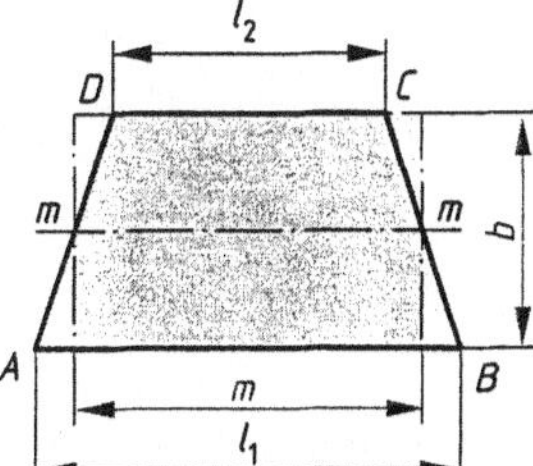

11.26

In Bild **11.26** sehen wir, wie ein Trapez in ein flächengleiches Rechteck verwandelt werden kann. Wir berechnen dann die Fläche

$$A = m \cdot b$$

Setzen wir für m $\dfrac{l_1 + l_2}{2}$, erhalten wir

$$A = \frac{l_1 + l_2}{2} \cdot b$$

$$l_1 = \frac{2A}{b} - l_2 \qquad l_2 = \frac{2A}{b} - l_1$$

$$b = \frac{2A}{l_1 + l_2}$$

Aufgaben

1. Berechnen Sie den lichten Querschnitt der Schwalbenschwanzführung (Bild **11.27**) in mm^2.
2. Ein Versteifungsblech (Bild **11.28**) hat eine Fläche von 2800 cm^2.
   a) Berechnen Sie h in mm,

b) Wie lang ist die Schnittfuge U, wenn das Blech ausgebrannt wird?
3. In ein Vordach (Bild **11.29**) soll eine Glastafel eingesetzt werden. Wie viel m^2 ist die Tafel groß?

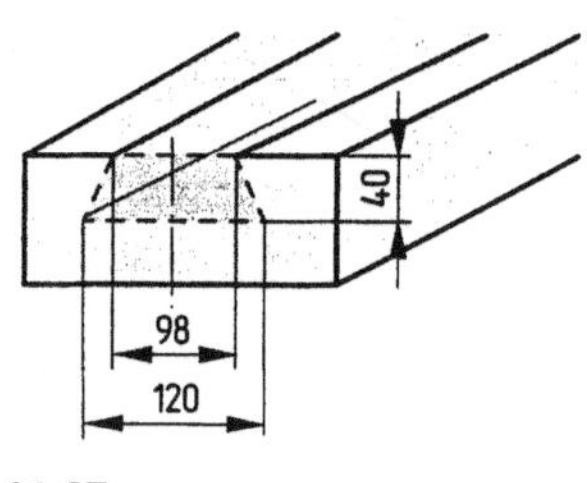

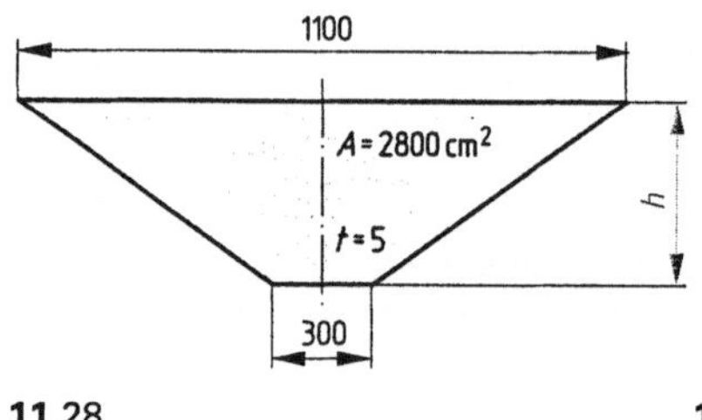

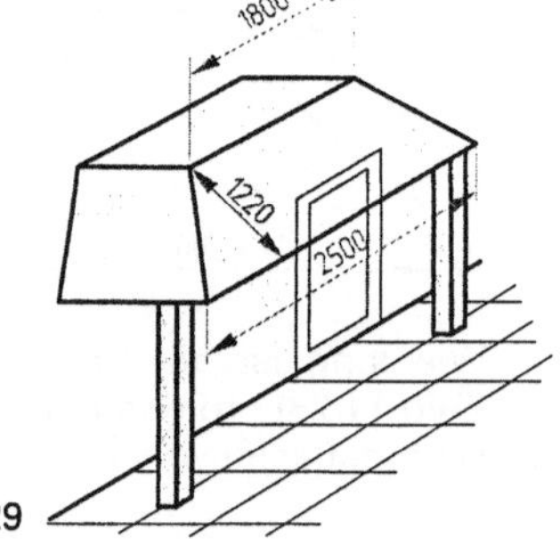

11.27   **11.28**   **11.29**

11.1.7 Das regelmäßige Sechseck

Kennzeichen: Ein regelmäßiges Sechseck entsteht, wenn wir den Radius des Umkreises sechsmal darauf abtragen (Bild **11.30**). Gegen-

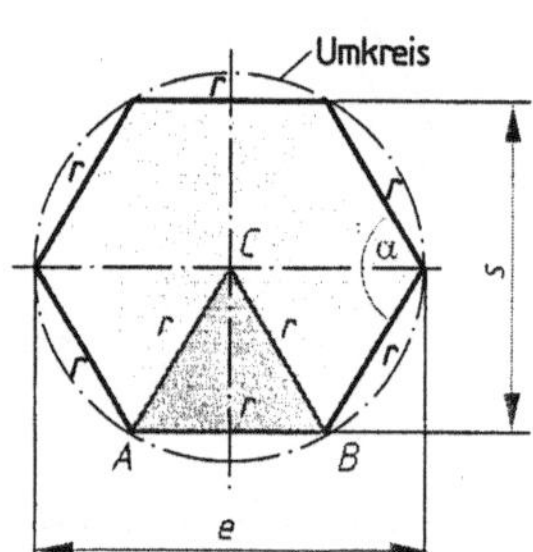

11.30

überliegende Seiten laufen parallel. Seiten, die einen gemeinsamen Eckpunkt haben, bilden einen Winkel von 120°. s ist die Schlüsselweite, e das Eckenmaß. e ist gleichzeitig der Durchmesser des *Umkreises*. Das Dreieck ABC ist das Bestimmungsdreieck, im regelmäßigen Sechseck ein gleichseitiges Dreieck mit der Seitenlänge r. Sechs Bestimmungsdreiecke bilden die Fläche A des regelmäßigen Sechsecks.

$$A = \frac{3 \cdot r^2 \cdot \sqrt{3}}{2} \qquad r = \sqrt{\frac{2 \cdot A \cdot \sqrt{3}}{9}}$$

$$e = 2r \qquad\qquad U = 6r = 3d$$

Aufgaben

1. Berechnen Sie a) die Fläche der Blechplatte (Bild **11.31**) in m^2. Wie lang ist b) die Schnittfuge in m, wenn das Blech ausgebrannt wird?

2. Welchen Querschnitt A hat ein sechseckiger Stabstahl von 80 mm Schlüsselweite (Bild **11.32**)?

3. An einem Rundstahl von 60 mm Durchmesser wird ein Sechskant gefräst (Bild **11.33**). Wie groß ist dessen Querschnittsfläche in mm^2?

4. Ein Sechskantstahl hat eine Querschnittsfläche von 2165 mm^2. Berechnen Sie die Schlüsselweite in mm.

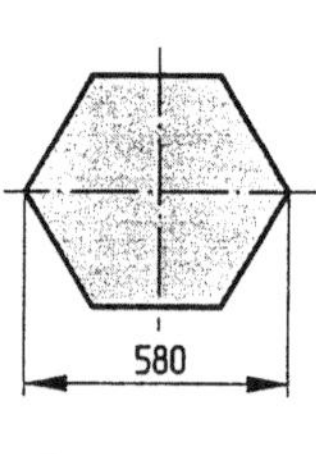

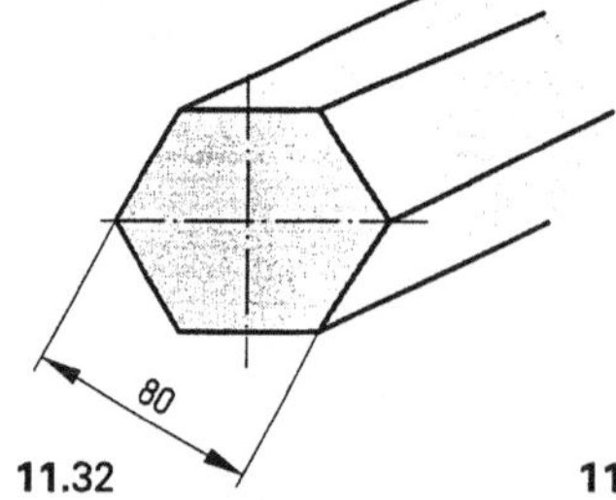

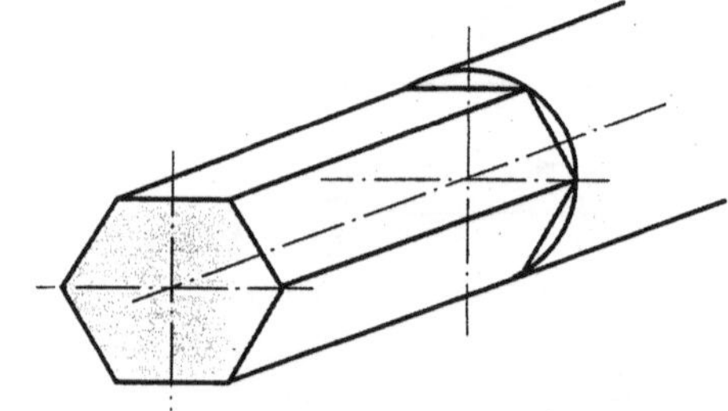

11.31   **11.32**   **11.33**

11.2 Krummlinig begrenzte Flächen

11.2.1 Der Kreis

Kennzeichen: Hat eine Linie an jeder Stelle den gleichen Abstand zu einem Punkt *M*, sprechen wir von einem Kreis (Bild **11.34**). Die Linie ist dann der Kreisumfang *U*. Den Abstand zu *M*, dem Mittelpunkt, bezeichnen wir als Radius *r*.

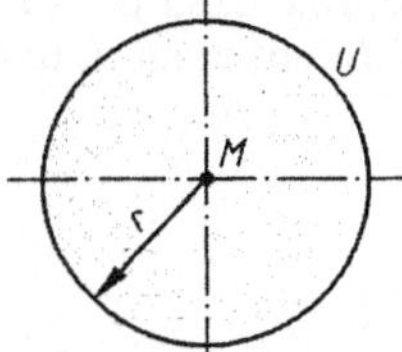

11.34

Bevor wir die Formeln zur Berechnung des Kreises und einiger Kreisteile aufstellen, wollen wir uns noch etwas näher mit den Bezeichnungen am Kreis befassen.

Tabelle **11.1** Bezeichnungen am Kreis

Bezeichnung	Darstellung
Umfang *U*	
Bogen *b*	
Sehne *S*	
Sekante	
Durchmesser *d*	
Radius, Halbmesser *r*	
Tangente mit Berührungsradius	
Kreisabschnitt	
Kreisausschnitt	

Die Zahl π. Wenn wir den Umfang *U* oder die Kreisfläche *A* berechnen wollen, taucht immer wieder die Zahl π auf. Sie lautet 3,1415927 usw. Die Stellenzahl hinter dem Komma nimmt kein Ende. Für unsere Rechnungen reicht

$$\pi = 3,14 \quad \text{oder} \quad \pi = \frac{22}{7}$$

sonst rechnen wir mit dem Wert, den uns der Taschenrechner anzeigt. Wir sollten nur vermerken, mit welchem Wert wir weiter rechnen, weil manchmal doch merkbare Unterschiede im Ergebnis zu verzeichnen sind. Wie "pi" zustande kommt, wollen wir uns einmal ansehen.

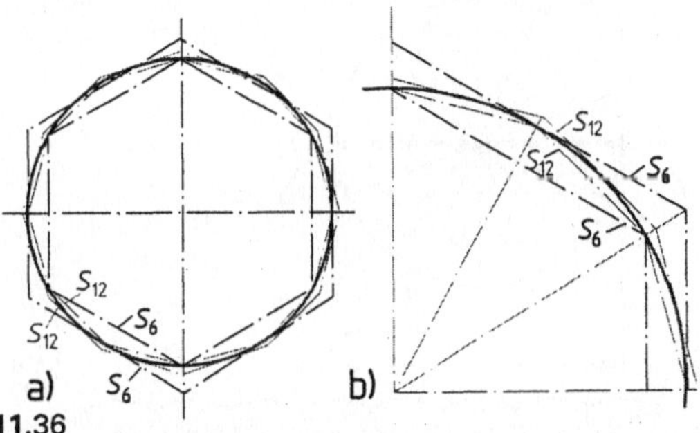

11.36

Die Zahl π erhält man durch *Einschachteln* des Kreises. Bild **11.36**a zeigt einen Kreis, dem je ein regelmäßiges 6- und 12-Eck ein- und umbeschrieben sind. Im Ausschnitt (Bild **11.36**b) ist deutlich zu erkennen, dass sich die Vielecke mit zunehmender Seitenzahl immer mehr dem Kreis angleichen. Rechnen wir den Umfang des einbeschriebenen Sechsecks aus, so ist dieser sechsmal die Seitenlänge, also 6 · *r* oder 3 · *d*. Den Umfang des umbeschriebenen Sechsecks können wir auch ausrechnen, er ist 3,46 · *d*. Wenn wir weiter rechnen, erhalten wir für den Umfang des einbeschriebenen 12-Ecks 3,106 · *d*, für das umbeschriebene 12-Eck 3,215 · *d*. Je mehr Ecken die Vielecke haben, desto mehr nähern sich die Zahlen der Zahl π. Hat man schließlich Vielecke mit unendlich viel Ecken, handelt es sich um einen Kreis.

Die Zahl π gibt an, wie viel mal größer der Umfang eines Kreises als sein Durchmesser ist.

$$U = d \cdot \pi \qquad d = \frac{U}{\pi}$$

Um die Formel für die Kreisfläche *A* zu verstehen, schauen wir uns einmal Bild **11.37**a an. Wir haben einen Kreis mit dem Durchmesser *d* in 16 Sektoren aufgeteilt. Wenn wir ihn nun entlang der Radien aufschneiden und die obere und untere Kreishälfte weg biegen, entsteht die in Bild **11.37** b dargestellte Figur. Schieben wir die obere in die untere Hälfte, haben wir die Kreisfläche (Bild **11.37** c). Zerschneiden wir den Kreis in unendlich viele Sektoren, entsteht durch Zusammenschieben der oberen und unteren Hälfte ein Rechteck mit den Seiten $\frac{d}{2}$ und $\frac{d}{2} \cdot \pi$. Das Rechteck lässt sich leicht aus Länge x Breite berechnen.

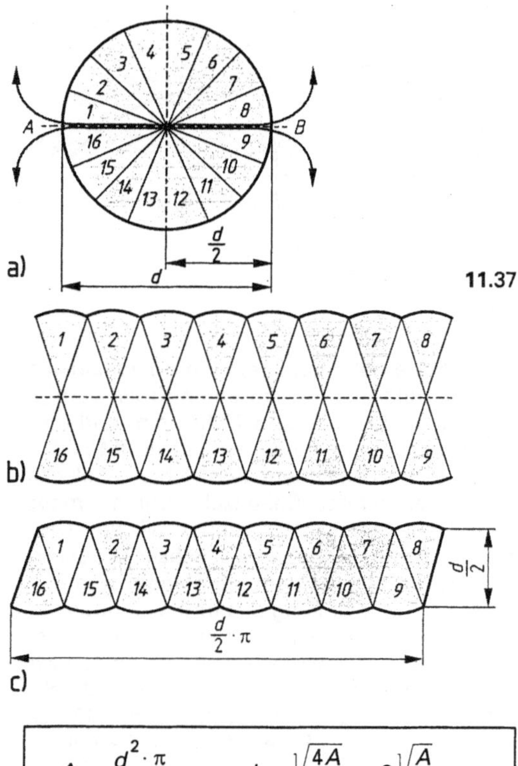

a)

b)

c)

11.37

$$A = \frac{d^2 \cdot \pi}{4} \qquad d = \sqrt{\frac{4A}{\pi}} = 2\sqrt{\frac{A}{\pi}}$$

11.2.2 Der Kreisring

Kennzeichen: Ein Kreisring entsteht, wenn von einem Kreis ein kleinerer Kreis mit gleichem Mittelpunkt abgezogen wird (Bild **11.38**). Schneidet man z.B. ein Rohr ab, ist die Schnittfläche A ein Kreisring. D ist der Außendurchmesser, d der Innendurchmesser. s wäre dann die Wanddicke des Rohres. Statt D und d finden wir in Formelsammlungen auch d_1 und d_2.

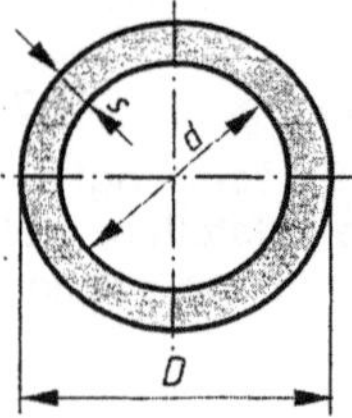

11.38

Die Fläche des großen Kreises ist

$$A_1 = D^2 \cdot \frac{\pi}{4},$$ die des kleinen Kreises

$$A_2 = d^2 \cdot \frac{\pi}{4}.$$

Ziehen wir die Flächen voneinander ab, erhalten wir als Kreisringfläche

$$A = D^2 \cdot \frac{\pi}{4} - d^2 \cdot \frac{\pi}{4}.$$

Diese Formel können wir vereinfachen, indem wir $\frac{\pi}{4}$ ausklammern.

$$A = \frac{\pi}{4}(D^2 - d^2)$$

$$D = \sqrt{\frac{4A}{\pi} + d^2} \qquad d = \sqrt{D^2 - \frac{4A}{\pi}}$$

Aufgaben

1. Eine Zugstrebe hat einen Durchmesser von 40 mm. Wie groß ist der beanspruchte Querschnitt?

2. Die Rolle an der Flasche eines Hebezeuges hat einen Durchmesser von 400 mm. Wie viel Meter Tragseil werden bei einer Rollenumdrehung abgewickelt?

3. Der Kernquerschnitt von M60 ist 2227 mm^2 groß. Berechnen Sie den Kerndurchmesser.

4. Eine kreisförmige Druckplatte hat eine Fläche von 4418 mm^2. Welches quadratische Hohlprofil DIN 59410 kann mittig höchstens aufgeschweißt werden, wenn der Abstand x nicht kleiner als 5 mm sein darf (Bild **11.39**)?

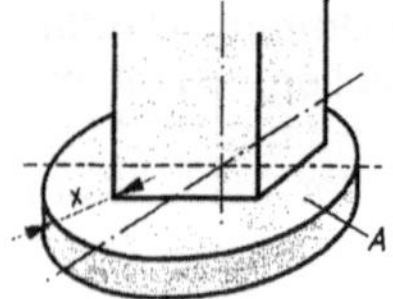

11.39

5. Zwei Lüftungsrohre (Bild **11.40**) werden in einen kreisförmigen Lüftungskanal zusammengeführt. Welchen Durchmesser muss dieser haben, wenn sein Querschnitt so groß wie die Querschnittssumme der beiden zusammengeführten Rohre sein muss?

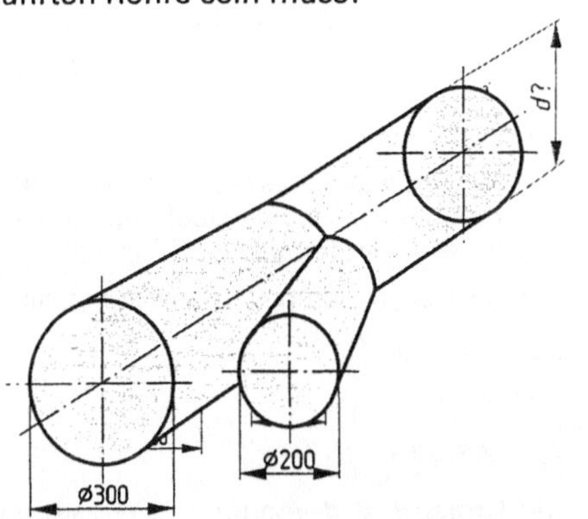

11.40

6. Ein Rohr DN 150 DIN 2440 hat einen Außendurchmesser von D 165,1 mm und eine Wanddicke s von 4,85 mm. Wie groß ist der Querschnitt des Rohres in cm^2?

7. Der Außendurchmesser eines Rohflansches D beträgt 150 mm, der Durchmesser der Bohrung 80 mm (Bild **11.41**). Wie groß ist die Stirnfläche in mm^2?

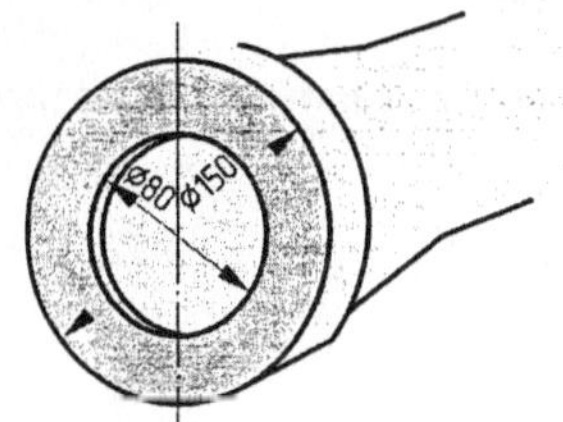

11.41

8. Ein Abdeckblech ist 0,85 m^2 groß und hat einen Außendurchmesser von 1200 mm (Bild **11.42**). Berechnen Sie den Innendurchmesser in mm.

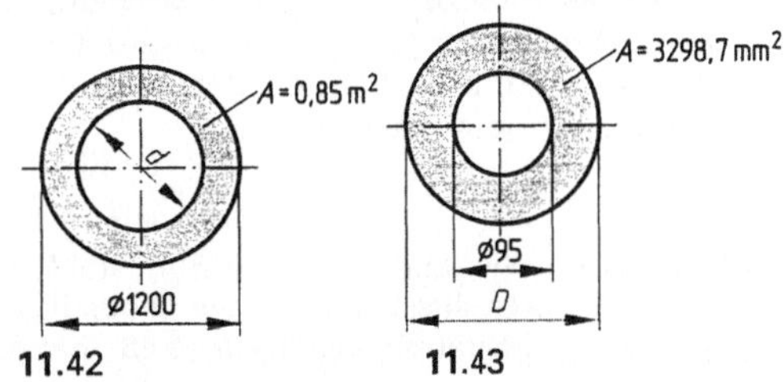

11.42   **11.43**

9. Eine Passscheibe DIN 988 hat bei einer Fläche von $A = 3298,7$ mm^2 einen Innendurchmesser d von 95 mm (Bild **11.43**). Wie groß ist der Außendurchmesser D?

10. Die Bohrung einer Hülse hat einen lichten Querschnitt von 28,274 cm^2. Der Außendurchmesser beträgt 76 mm (Bild **11.44**). Wie groß ist die Wandstärke in mm?

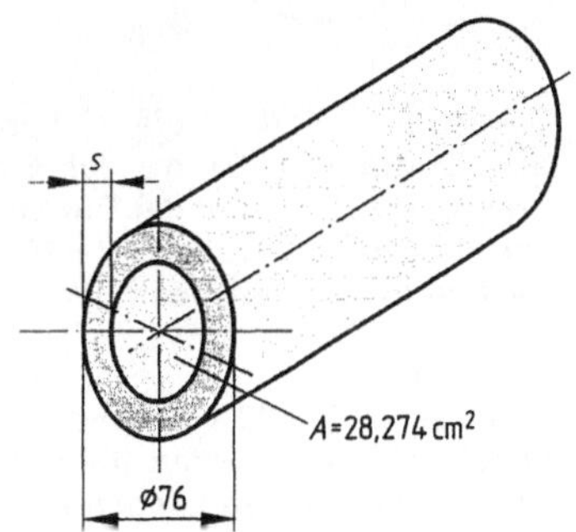

11.44

11.3 Kreisteile

Kreisteile können sowohl Strecken, z. B. der Kreisbogen, als auch Flächen, z. B. Abschnitt und Ausschnitt sein.

11.3.1 Kreisbogen

Kennzeichen: Der Kreisbogen ist ein Teil des Umfanges. Seine Länge ist abhängig vom Winkel α und dem Radius (Bild **11.45**). Wir wissen, dass der Kreisumfang bei einem Winkel $\alpha = 360°$ gemessen wird. Bei einem Winkel von 1° ist die Bogenlänge 1/360 des Umfanges. Somit bei α das entsprechende Vielfache. Weil beim Bemaßen des Kreisbogens häufig r anzugeben ist, setzen wir statt d $2r$ in unsere Formel ein.

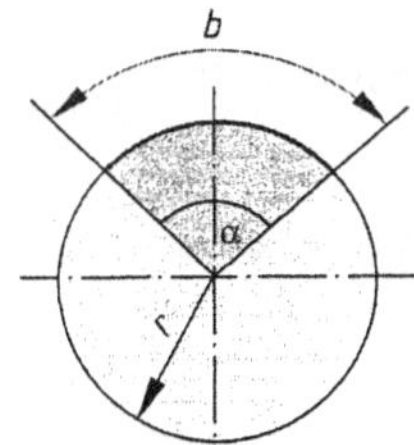

11.45

$$b = \frac{2r \cdot \pi \cdot \alpha°}{360°} = \frac{r \cdot \pi \cdot \alpha°}{180°}$$

$$r = \frac{180° \cdot b}{\pi \cdot \alpha°} \qquad \alpha° = \frac{180° \cdot b}{r \cdot \pi}$$

11.3.2 Gestreckte Längen

Werden Rohre, Flachstahl u. a. zugeschnitten, um zu Werkstücken gebogen zu werden, muss die gestreckte Länge l_s bekannt sein. Dies geschieht, indem die Längen der neutralen Fasern berechnet werden.

> Die neutrale Faser ist die Linie, die durch den Schwerpunkt des Halbzeuges geht (vgl. auch S. 76). Ihre Länge verändert sich beim Biegen nicht. Für unterschiedliche Stahlbauprofile ist die Lage des Schwerpunktes Tabellenbüchern zu entnehmen.

Beispiel 1 Wie lang muss ein Rundstahl zugeschnitten werden, wenn aus ihm ein Schraubhaken (Bild **11.46**) gebogen werden soll?

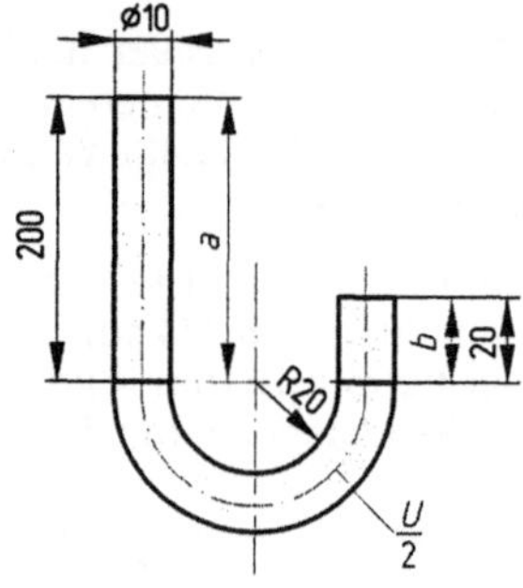

11.46

Lösung Gegeben sind die Längen $a = 200$ mm, $b = 20$ mm, der Biegeradius $r = 20$ mm und der Durchmesser des Rundmaterials $d = 10$ mm. Weil wir mit der neutralen Faser

rechnen müssen, setzen wir für r den Biegeradius plus den halben Durchmesser des Rundmaterials.

Die gestreckte Länge l_s errechnet sich aus a, b und $\dfrac{U}{2}$.

Also ist

$$l_s = a + b + \frac{U}{2}$$

Der Umfang ist $d \cdot \pi$ oder $2r\pi$. Wir setzen diesen Wert in unsere Formel ein und erhalten

$$l_s = a + b + \frac{2r\pi}{2} = a + b + r \cdot \pi$$

Wir setzen nun die gegebenen Werte ein und erhalten

$$\underline{l_s} = 200\text{ mm} + 20\text{ mm} + 25\text{ mm} \cdot \pi$$
$$\underline{= 298{,}54\text{ mm}}$$

Die gestreckte Länge beträgt 298,54 mm.

Beispiel 2 Aus Flachstahl 100 × 10 sollen Haltebügel gebogen werden (Bild **11.47**). Welche gestreckten Längen sind zuzuschneiden?

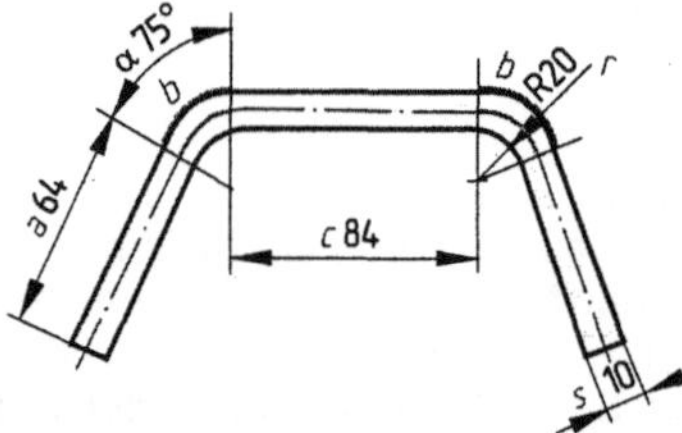

11.47

Lösung Gegeben sind der Biegeradius $r = 20$ mm, die Werkstoffdicke $s = 10$ mm, der Biegewinkel $\alpha = 75°$, die Längen $a = 64$ mm und $c = 84$ mm. Die gestreckte Länge l_s errechnet sich somit als Summe zweier Bögen und dreier Strecken auf der neutralen Faser. Es ist

$$l_s = 2 \cdot a + 2 \cdot b + c$$

Der Bogen ist

$$b = \frac{r \cdot \pi \cdot \alpha°}{180°}$$

Wir setzen dies für b in unsere Formel ein und erhalten

$$l_s = 2a + 2 \cdot \frac{r \cdot \pi \cdot \alpha°}{180°} + c$$

Wir setzen jetzt Zahlen ein. Für r wählen wir den Biegeradius plus die halbe Werkstoffdicke, also $r = 25$ mm.

$$l_s = 2 \cdot 64\text{ mm} + 2 \cdot \frac{25\text{ mm} \cdot \pi \cdot 75°}{180°} + 84\text{ mm}$$

$$\underline{l_s} = 128\text{ mm} + 65{,}45\text{ mm} + 84\text{ mm}$$

$$\underline{= 277{,}45\text{ mm}}$$

Die Zuschnittlänge beträgt 277,45 mm.

Aufgaben

1. Für eine Abdeckhaube (Bild **11.48**) soll ein Blech von 50 mm Breite und 1 mm Dicke zugeschnitten werden. Wie lang muss das Blech werden?

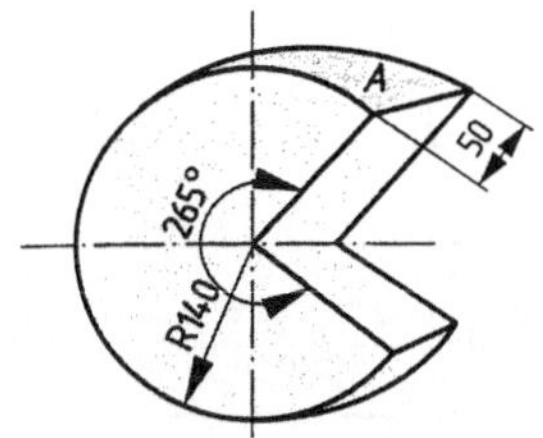

11.48

2. Für ein Geländer sollen Füllstäbe aus Flachstahl 30 × 5 gebogen werden (Bild **11.49**). Sie werden bei der Montage eingeschweißt. Wie lang ist ein Teil zuzuschneiden?

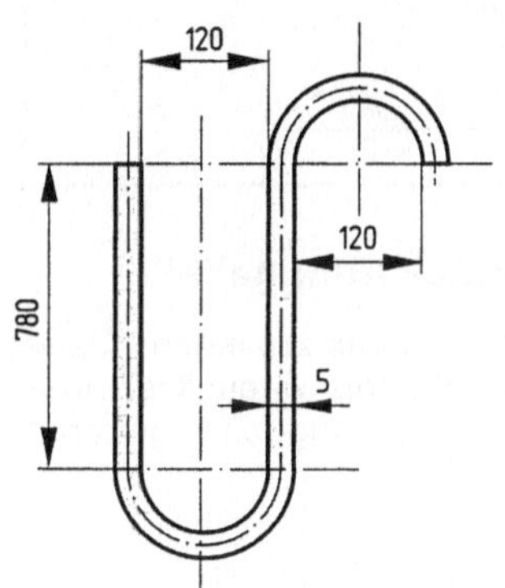

11.49

3. Ein Rohr von 40 mm Außendurchmesser soll gemäß Bild **11.50** gebogen werden. Wie lang ist die gestreckte Länge?

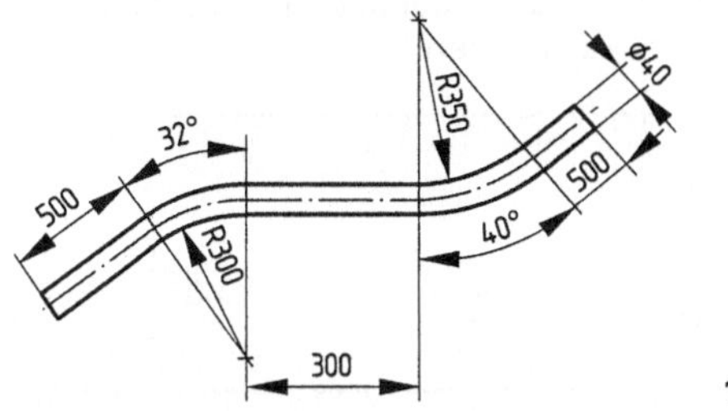

11.50

4. Teile für einen Handlauf sollen aus Rohren von 50 mm Durchmesser gebogen werden (Bild **11.51**). Berechnen Sie die gestreckte Länge?

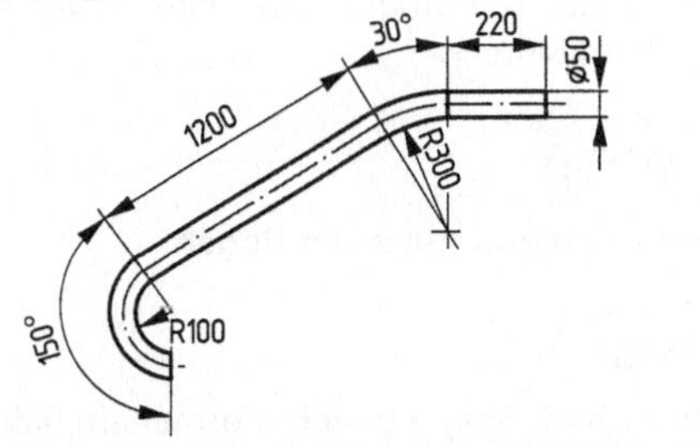

11.51

5. Eine Klemmschelle wird aus Flachstahl 40 × 6 hergestellt (Bild **11.52**). Wie lang ist das Rohteil abzuschneiden?

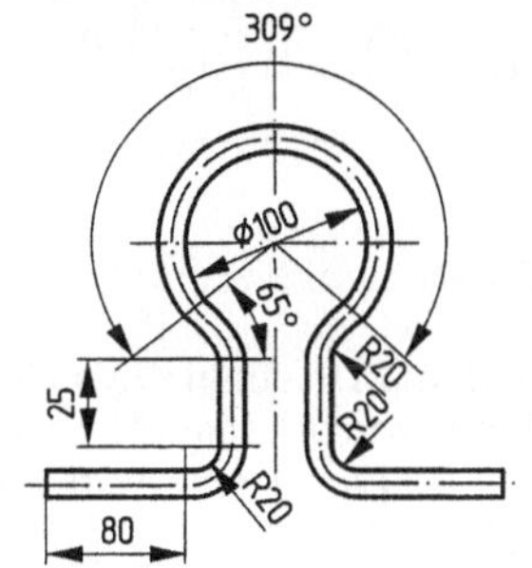

11.52

11.4 Kreissektor (Kreisausschnitt)

Kennzeichen: Der Kreissektor ist ein Teil der Kreisfläche. Er wird durch zwei Radien r und den Bogen *b* begrenzt. α ist der Mittelpunktswinkel (Bild **11.53**). Um die Formel für den Kreissektor zu bestimmen, gehen wir ähnlich wie bei der Berechnung des Kreisbogens vor. Wir schließen, vom Vollkreis ausgehend, auf die Sektorfläche bei $\alpha = 1°$ und berechnen dann den Anteil für α.

$$A_{\text{Kreis}} = r^2 \cdot \pi \qquad A_{\alpha 1°} = \frac{r^2 \cdot \pi}{360°}$$

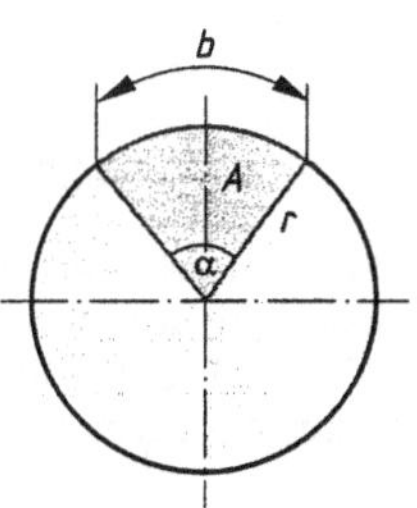

11.53

Wir können dann bei gegebenem Winkel α die Fläche A errechnen.

$$A = \frac{r^2 \cdot \pi \cdot \alpha^\circ}{360^\circ}$$

$$\alpha^\circ = \frac{360^\circ \cdot A}{r^2 \cdot \pi} \qquad r = \sqrt{\frac{360^\circ \cdot A}{\alpha^\circ \cdot \pi}}$$

Wir wollen die Formel

$$A = \frac{r^2 \cdot \pi \cdot \alpha^\circ}{360^\circ}$$

etwas anders schreiben, ohne ihren Wert zu verändern. Dann ist

$$A = \frac{r \cdot r \cdot \pi \cdot \alpha^\circ}{2 \cdot 180^\circ}$$

Wir haben gelernt, dass der Bogen

$$b = \frac{r \cdot \pi \cdot \alpha^\circ}{180^\circ}$$

ist. Setzen wir dies in unsere Formel ein, können wir über den Bogen den Kreissektor berechnen.

$$A = \frac{b \cdot r}{2} \qquad b = \frac{2A}{r} \qquad r = \frac{2A}{b}$$

11.5 Kreisabschnitt

Kennzeichen: Zeichnet man in einen Kreis eine Sehne l, entsteht ein Kreisabschnitt. Seine Fläche A wird vom Bogen b und von der Sehne begrenzt (Bild **11.54**).

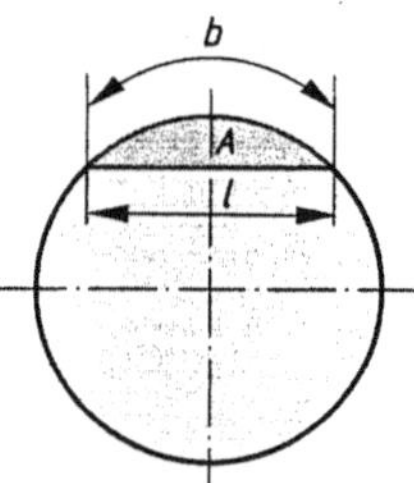

11.54

Um den Kreisabschnitt zu berechnen, ziehen wir die Fläche eines Dreiecks von der eines Kreisausschnittes ab (Bild **11.55**). Die Fläche des Kreisausschnittes lässt sich auf zwei Wegen berechnen.

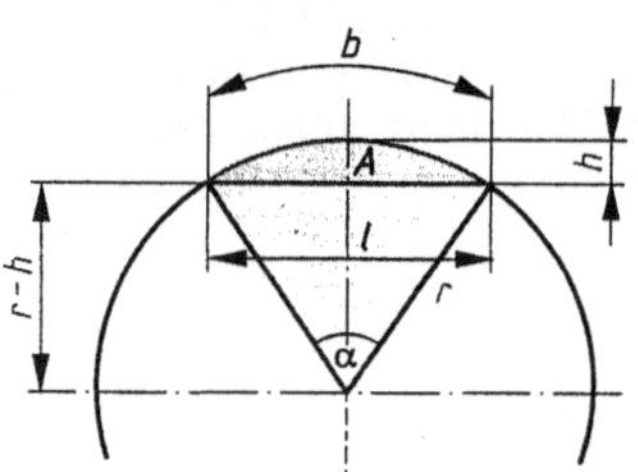

11.55

$$\text{a) } A = \frac{b \cdot r}{2} \qquad \text{b) } A = \frac{r^2 \cdot \pi \cdot \alpha^\circ}{360^\circ}$$

Das abzuziehende Dreieck ist

$$A = \frac{l \cdot (r - h)}{2}$$

Wenn wir subtrahieren, erhalten wir die gewünschten Formeln.

$$\text{a) } A = \frac{b \cdot r - l \cdot (r - h)}{2}$$

$$\text{b) } A = \frac{r^2 \cdot \pi \cdot \alpha^\circ}{360^\circ} - \frac{l \cdot (r - h)}{2}$$

11.6 Kreisringstück (Ringgeife)

Kennzeichen: Schneiden wir aus einem Kreisring ein Teil heraus, erhalten wir ein Kreisringstück, manchmal auch Ringgeife genannt (Bild **11.56**).

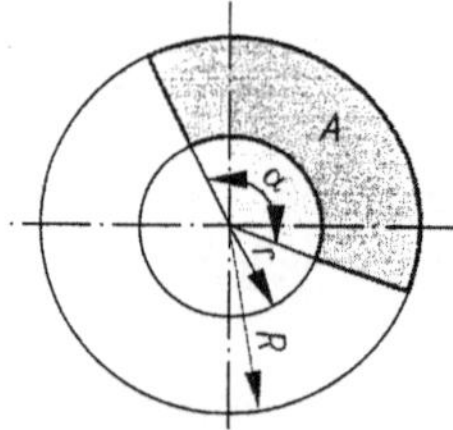

11.56

Die Fläche des Kreisringstückes erhalten wir, indem wir von einem großen Kreisausschnitt mit dem Radius R den kleineren mit dem Radius r abziehen.

$$A = \frac{R^2 \cdot \pi \cdot \alpha^\circ}{360^\circ} - \frac{r^2 \cdot \pi \cdot \alpha^\circ}{360^\circ} = \frac{\pi \cdot \alpha^\circ}{360^\circ}\,(R^2 - r^2)$$

$$A = \frac{\pi \cdot \alpha^\circ}{360^\circ}\,(R^2 - r^2) \qquad R = \sqrt{\frac{360^\circ \cdot A}{\pi \cdot \alpha^\circ} + r^2}$$

$$r = \sqrt{R^2 - \frac{360^\circ \cdot A}{\pi \cdot \alpha^\circ}} \qquad \alpha = \frac{360^\circ \cdot A}{\pi \cdot (R^2 - r^2)}$$

Aufgaben

1. Für eine Trennscheibe soll eine Schutzvorrichtung angefertigt werden. Wie viel cm² Blech werden für den Rohling benötigt? (Bild **11.57**).

6. Wieviel cm² Blech benötigt man für die in Bild **11.62** skizzierte Abdeckung?

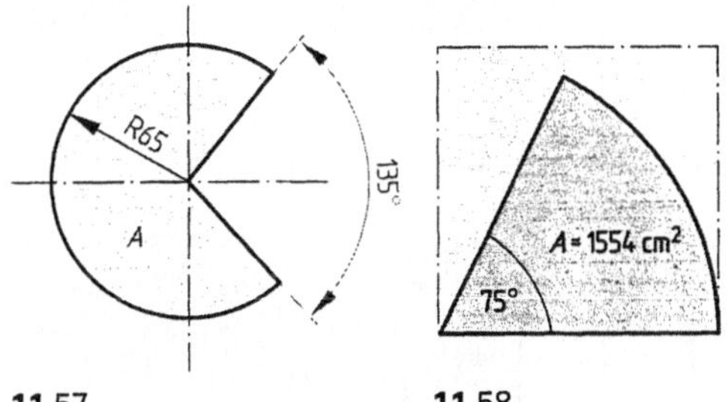

11.57   **11.58**

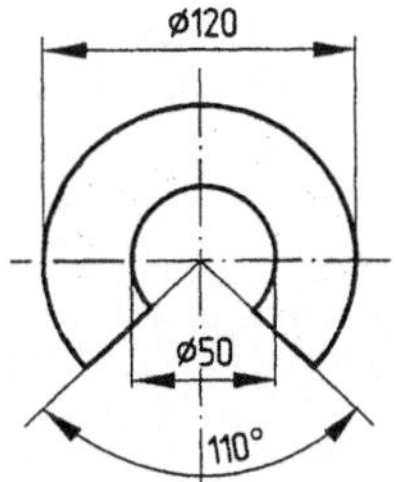

11.62

2. Das Blech (Bild **11.58**) hat eine Größe von 1554 cm². Welche Kantenlänge in Millimeter muss ein quadratisches Blech mindestens haben, damit das Blech herausgebrannt werden kann?

3. Um eine Spindeltreppe zu fertigen, werden Rohbleche für die Trittstufen aus Blech ausgebrannt (Bild **11.59**). Wie groß ist die Fläche A in m²?

7. Wie groß ist der Mittelpunktswinkel des in Bild **11.63** skizzierten Bauteils?

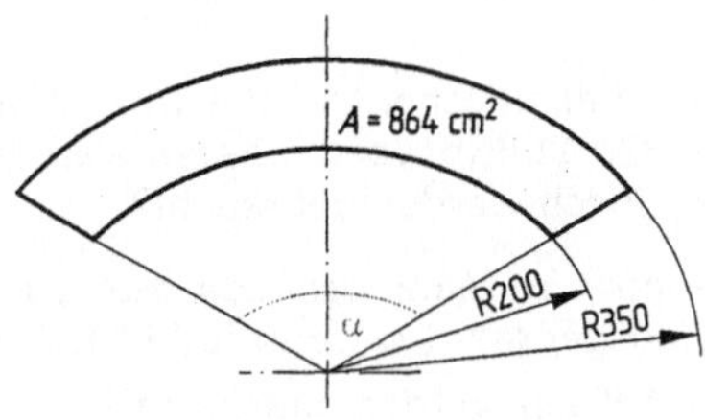

11.63

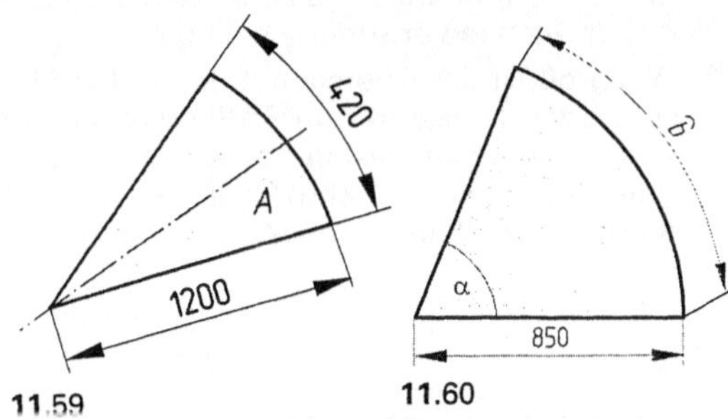

11.59   **11.60**

4. Für eine Abdeckung (Bild **11.60**) mit einer Fläche von 0,473 m² sind a) die Länge des Bogens in mm und b) der Winkel zu berechnen. Wie groß sind beide Werte?

5. Eine Schutzvorrichtung soll aus 1 mm Blech hergestellt werden (Bild **11.61**). Wie viel cm² werden benötigt, wenn die Blechdicke unberücksichtigt bleibt?

8. Für eine Kesselreparatur wird ein Blech (Bild **11.64**) benötigt.

a) Wie groß muss der Radius r angerissen werden, um das Blech mit dem Schneidbrenner passgerecht ausschneiden zu können?

b) Wie viel Liter Sauerstoff werden verbraucht, wenn im Mittel 75 l/m Naht anzunehmen sind?

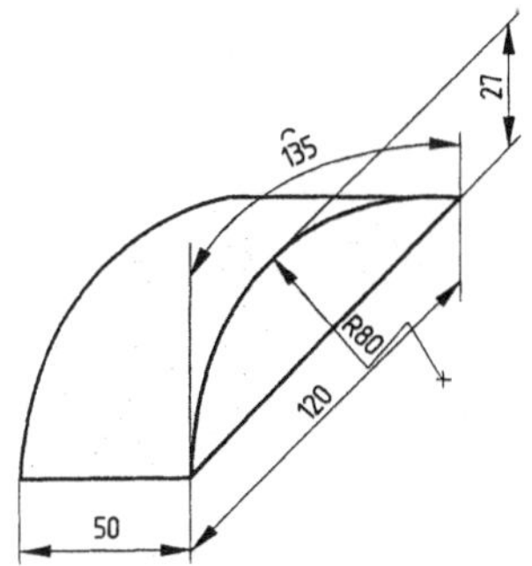

11.61

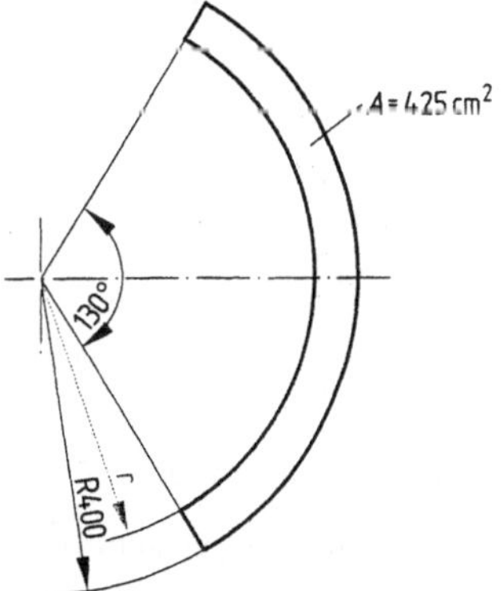

11.64

11.7 Die Ellipse

Kennzeichen: Die Ellipse ist eine krummlinig begrenzte Fläche. Ihre Größe wird durch die Maße der großen Achse D und der kleinen Achse d bestimmt (Bild **11.64** a). Typisch elliptische Bauteile finden wir z.B. bei Mannlöchern.

$$A = \frac{D \cdot d \cdot \pi}{4}$$

$$D = \frac{4A}{d \cdot \pi} \qquad\qquad d = \frac{4A}{D \cdot \pi}$$

$$U \approx \frac{D+d}{2} \cdot \pi$$

$$D = \frac{2U}{\pi} - d \qquad\qquad d = \frac{2U}{\pi} - D$$

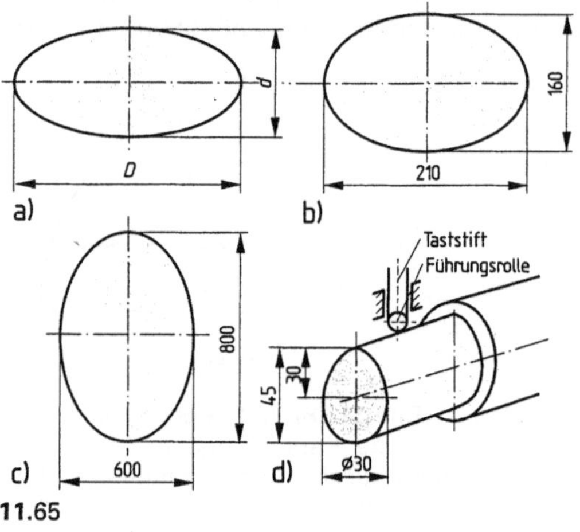

11.65

Aufgaben

1. Ein Flansch mit elliptischer Dichtfläche soll mit einer Platte (Bild **11.65** b) verschlossen werden. Wieviel mm^2 Blech werden gebraucht?

2. Der Deckel für ein Mannloch soll aus einer Blechplatte ausgebrannt werden (Bild **11.65** c).

   a) Wieviel m^2 Blech werden gebraucht?

   b) Wieviel Liter Sauerstoff und Acetylen werden beim Ausbrennen verbraucht wenn pro Meter Schnittlänge 45 Liter Sauerstoff und 4 Liter Acetylen erforderlich sind?

3. Wie groß ist der Querschnitt der in Bild **11.65** d skizzierten Nocke in mm^2? Wie viel mal dreht sich die an einem Taststift befestigte Führungsrolle von 5 mm Durchmesser bei einer Umdrehung der Nockenwelle?

11.8 Zusammengesetzte Flächen

Wir haben bisher mit geradlinig oder krummlinig begrenzten Flächen gearbeitet. In der Metalltechnik haben wir es aber häufig auch mit Bauteilen zu tun, deren Form durch Addition und Subtraktion von Flächen entsteht.

> Zusammengesetzte Flächen entstehen durch Addition und/oder Subtraktion verschiedener Flächen.

Beispiel 1 Das Knotenblech in Bild **11.66** z.B. setzt sich aus einem Rechteck und einem Trapez zusammen. Wollen wir die Fläche berechnen, lautet der Ansatz

$$A_{ges} = A_{Rechteck} + A_{Trapez}$$

Wir setzen nun die Formeln ein und erhalten

$$A_{ges} = l \cdot h + \frac{l + l_1}{2} \cdot (h_1 - h)$$

Werte eingesetzt, ergibt dies

$$A_{ges} = 350\ \text{mm} \cdot 100\ \text{mm} + \frac{350\ \text{mm} + 150\ \text{mm}}{2} \cdot (200\ \text{mm} - 100\ \text{mm})$$

Wir rechnen und erhalten

$$A_{ges} = 35000\ \text{mm}^2 + 25000\ \text{mm}^2 = \underline{\underline{\textbf{60000 mm}^2}}$$

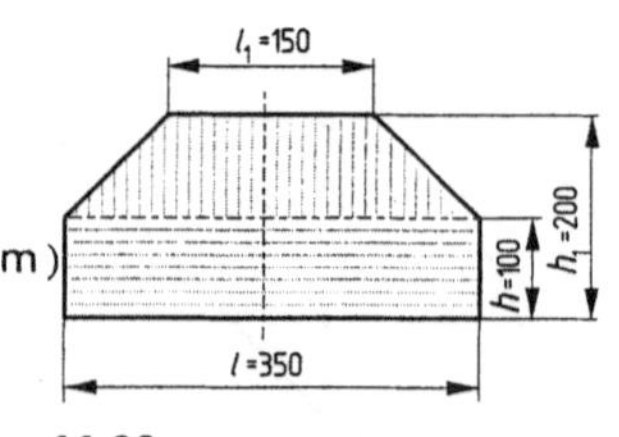

11.66

Beispiel 2 Um die Fläche des Legeschlüssels zu berechnen, müssen wir zunächst die Grundform als Summe des Rechtecks I und des Halbkreises II berechnen und dann das Rechteck 1, das Dreieck 2 und den Kreis 3 davon abziehen (Bild **11.67**). Unser Ansatz lautet:

$$A_{ges} = A_I + A_{II} - (A_1 + A_2 + A_3)$$

Als Formel ausgedrückt, erhalten wir

$$A_{ges} = l \cdot h + \frac{d_{II}^2 \pi}{4 \cdot 2} - \left(l_1 \cdot h_1 + \frac{l_1 \cdot h_2}{2} + \frac{d_3^2 \pi}{4} \right)$$

Wir setzen Werte ein und erhalten

$$A_{ges} = 33 \text{ mm} \cdot 25 \text{ mm} + \frac{(33 \text{ mm})^2 \pi}{8} - \left(23 \text{ mm} \cdot 13 \text{ mm} + \frac{23 \text{ mm} \cdot 7 \text{ mm}}{2} + \frac{(10 \text{ mm})^2 \pi}{4} \right)$$

Wir rechnen

$$A_{ges} = 825 \text{ mm}^2 + 427{,}6 \text{ mm}^2 - (299 \text{ mm}^2 + 80{,}5 \text{ mm}^2 + 78{,}5 \text{ mm}^2)$$

$$\underline{A_{ges} = 825 \text{ mm}^2 + 427{,}6 \text{ mm}^2 - 458 \text{ mm}^2 = \mathbf{794{,}6 \text{ mm}^2}}$$

11.67

Aufgaben

Bild **11.68** bis Bild **11.78** zeigt verschiedene Teile. Berechnen Sie jeweils den Flächeninhalt in mm². Überprüfen Sie vor jeder Rechnung, aus welchen Flächen die Gesamtfläche zusammengesetzt ist und ob Addition oder Subtraktion bzw. eine Kombination beider Rechenarten am günstigsten für die Berechnung ist. Runden Sie das Ergebnis auf ganze Zahlen.

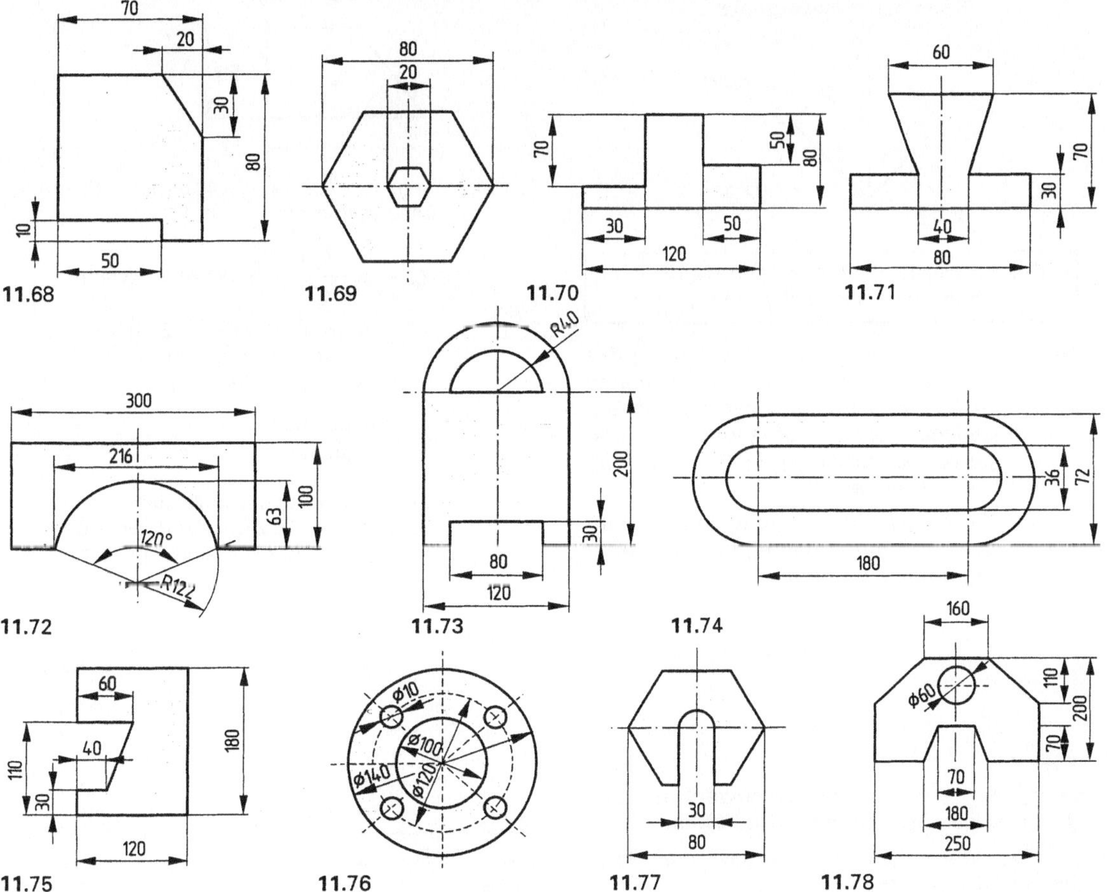

11.68   **11.69**   **11.70**   **11.71**

11.72   **11.73**   **11.74**

11.75   **11.76**   **11.77**   **11.78**

11.9 Schwerpunkte von Flächen

Wir werden bei der Körperberechnung ein Verfahren kennen lernen, mit dem das Volumen von Rotationskörpern berechnet werden kann. Dazu muss unter anderem der Schwerpunkt S einer Fläche bestimmt werden. Genau genommen kann nur ein Körper infolge seiner Masse einen Schwerpunkt haben. Mathematisch gesehen arbeiten wir jedoch auch mit Flächenschwerpunkten.

Beispiel Hängen wir eine quadratische Blechplatte an irgendeiner Stelle frei beweglich auf, so pendelt sie sich immer in eine bestimmte Lage ein (**11.79**). Wird der Aufhängepunkt nicht verändert, nimmt sie nach jeder Auslenkung dieselbe Lage ein. Die gedachte Verbindungslinie zwischen Aufhängepunkt und Erdmittelpunkt wird *Schwerelinie* genannt. Für jeden weiteren Aufhängepunkt ergibt sich eine neue Schwerelinie. Diese schneiden sich alle in einem Punkt, dem Schwerpunkt.

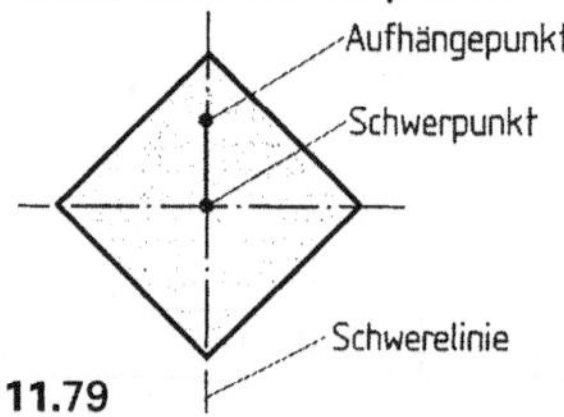

11.79

> Der Schwerpunkt einer Fläche ergibt sich als Schnittpunkt aller Schwerelinien.

Befindet sich der Schwerpunkt unterhalb des Aufhängepunktes, spricht man von *stabilem Gleichgewicht* (Bild **11.79**), sonst von *labilem Gleichgewicht*. Fallen Aufhängepunkt und Schwerpunkt zusammen, spricht man von *indifferentem Gleichgewicht*.

Weitere Formeln zur Berechnung von Flächenschwerpunkten können gängigen Tabellenbüchern entnommen werden.

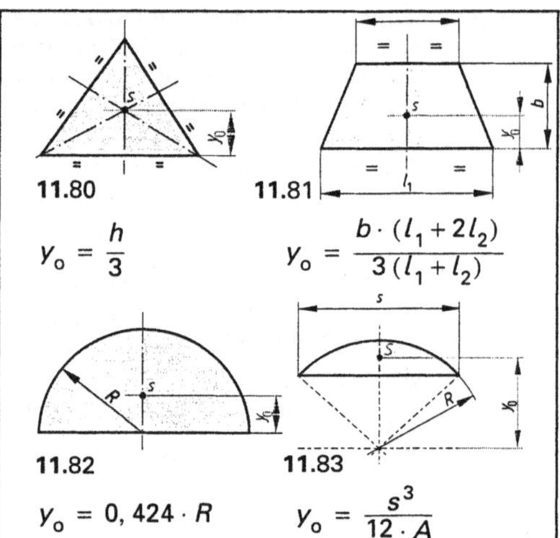

11.80   **11.81**

$$y_o = \frac{h}{3} \qquad\qquad y_o = \frac{b \cdot (l_1 + 2 l_2)}{3 \,(l_1 + l_2)}$$

11.82   **11.83**

$$y_o = 0,424 \cdot R \qquad y_o = \frac{s^3}{12 \cdot A}$$

Beispiel Berechnen Sie die Lage des Flächenschwerpunktes eines Stahlstabes gemäß Abbildung **11.84**.

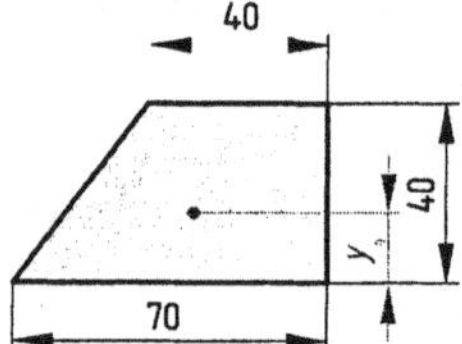

11.84

Lösung geg.: $l_1 = 70\,\text{mm}$, $l_2 = 40\,\text{mm}$, $b = 40\,\text{mm}$
ges.: y_o in mm

$$y_o = \frac{b \cdot (l_1 + 2 l_2)}{3\,(l_1 + 2 l_2)} \quad \text{Werte eingesetzt:}$$

$$y_o = \frac{40\,\text{mm} \cdot (70\,\text{mm} + 2 \cdot 40\,\text{mm})}{3 \cdot (70\,\text{mm} + 40\,\text{mm})}$$

ausgerechnet erhalten wir

$$y_o = \frac{6000\,\text{mm}^2}{330\,\text{mm}} \qquad \underline{\underline{y_o = 18,2\,\text{mm}}}$$

Der Flächenschwerpunkt liegt auf der Schwerelinie 18,2 mm über der Grundlinie des trapezförmigen Querschnittes.

Aufgaben

1. Bestimmen Sie den Flächenschwerpunkt des gleichseitigen Stabstahles in Bild **11.85**.

2. Wo liegt der Flächenschwerpunkt des Halbrundstahles (Bild **11.86**)?

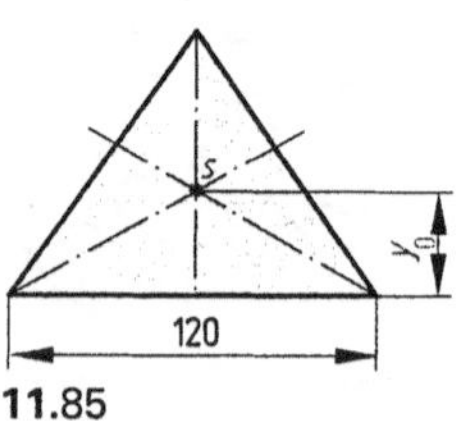

11.85

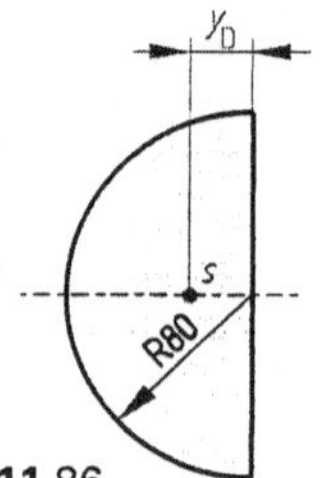

11.86

12 Verschnittberechnungen

Um wirtschaftliches Arbeiten zu gewährleisten, ist es erforderlich, sich Gedanken über den Verschnitt A_V zu machen. Wir verstehen darunter den Werkstoffrest, der nach Fertigstellung des Werkstückes, dem Zuschnitt A_Z, zurückbleibt, wenn dieser aus dem Rohblech A_R z. B. herausgebrannt wurde. Der Verschnitt wird in Prozenten $A_{V\%}$ berechnet und sollte möglichst gering gehalten werden. Er bezieht sich immer auf das Fertigstück, das im Normalfall als 100% zu setzen ist. In besonderen Fällen wird das Rohblech A_R = 100% gesetzt.

Normalfall A_Z = 100%

$$A_{V\%} = \frac{100\% \cdot A_V}{A_Z} \qquad A_Z = \frac{100\% \cdot A_V}{A_{V\%}} \qquad A_V = \frac{A_{V\%} \cdot A_Z}{100\%}$$

Sonderfall A_R = 100%

$$A_{V\%} = \frac{100\% \cdot A_V}{A_R} \qquad A_R = \frac{100\% \cdot A_V}{A_{V\%}} \qquad A_V = \frac{A_{V\%} \cdot A_R}{100\%}$$

Beispiel Berechnen Sie den Verschnitt des in Bild **12.1** skizzierten Blechteiles in %.

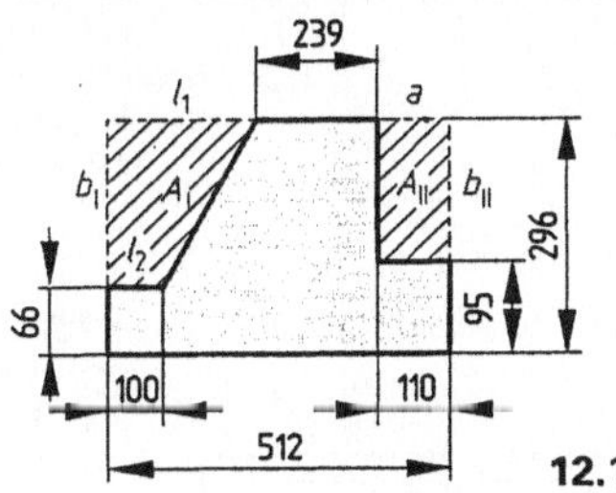

12.1

Lösung Das Teil wird aus einem Rechteckblech, dem Rohblech A_R ausgebrannt. Den Verschnitt A_V kennzeichnen die schraffierten Flächen A_I und A_{II}. Es ist $A_V = A_I + A_{II}$. A_I ist ein Trapez, A_{II} ein Rechteck. Setzen wir die Formeln und Werte ein, erhalten wir

$$A_V = \left(\frac{l_1 + l_2}{2} \cdot b_I\right) + (a \cdot b_{II})$$

$$= \left(\frac{163 \text{ mm} + 100 \text{ mm}}{2} \cdot 230 \text{ mm}\right)$$

$$+ (110 \text{ mm} \cdot 201 \text{ mm})$$

$$A_V = 30245 \text{ mm}^2 + 22110 \text{ mm}^2 = 52355 \text{ mm}^2$$

Den Zuschnitt A_Z berechnen wir nun, indem wir vom Rohblech A_R den Verschnitt A_V abziehen. Es ist $A_Z = A_R - A_V$. Wir setzen die Werte ein und erhalten

$$A_Z = 296 \text{ mm} \cdot 512 \text{ mm} - 52355 \text{ mm}^2$$
$$= \underline{\underline{99197 \text{ mm}^2}}$$

Jetzt rechnen wir den Verschnitt in Prozenten aus.

$$A_{V\%} = \frac{100\% \cdot A_V}{A_Z}$$

$$A_{V\%} = \frac{100\% \cdot 52355 \text{ mm}^2}{99197 \text{ mm}^2} = \underline{\underline{52,8\%}}$$

Der Verschnitt beträgt 53%.

Manchmal kann es erforderlich sein, ein Werkstück *„aus dem Vollen"* zu fräsen oder ein Blechteil so auszuschneiden, dass der Verschnitt größer als das Fertigstück ist. In solch einem Fall liegt der Verschnitt über 100%! Wir dürfen uns dadurch nicht irritieren lassen.

Beispiel Wie groß ist der Verschnitt bei dem in Bild **12.2** skizzierten Blechteil?

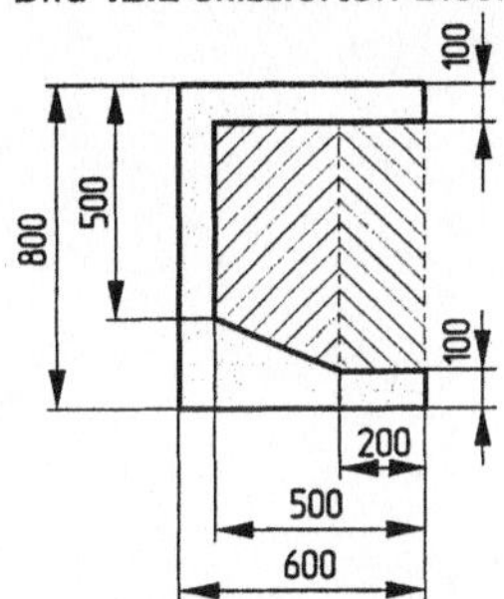

12.2

Lösung Wir berechnen 1) die Fläche des Rohbleches A_R, 2) den Verschnitt A_V, der sich aus einem Trapez und Rechteck zusammensetzt, 3) das Fertigstück A_Z. 4) rechnen wir den Prozentsatz aus.

1. Schritt: $A_R = 600 \text{ mm} \cdot 800 \text{ mm} = \underline{\underline{\textbf{480000 mm}^2}}$

2. Schritt: $A_V = \frac{600 \text{ mm} + 400 \text{ mm}}{2} \cdot 300 \text{ mm}$
$$+ 200 \text{ mm} \cdot 600 \text{ mm} = \underline{\underline{\textbf{270000 mm}}}$$

3. Schritt: $A_Z = A_R - A_V$
$$A_Z = 480000 \text{ mm}^2 - 270000 \text{ mm}^2$$
$$= \underline{\underline{\textbf{210000 mm}^2}}$$

4. Schritt: $A_{V\%} = \frac{100\% \cdot A_V}{A_Z}$

$$= \frac{100\% \cdot 270000 \text{ mm}^2}{210000 \text{ mm}^2} = \underline{\underline{\textbf{128,6\%}}}$$

Der Verschnitt beträgt 129%, d. h. er ist $\approx 1\frac{1}{3}$ mal so groß wie das Fertigstück.

Aufgaben

Berechnen Sie jeweils zu den skizzierten Teilen Bild **12.3** bis **12.**10 den Verschnitt, das sind die schraffierten Flächen, in Prozenten. Bild **12.**10 b zeigt das bemaßte Fertigteil.

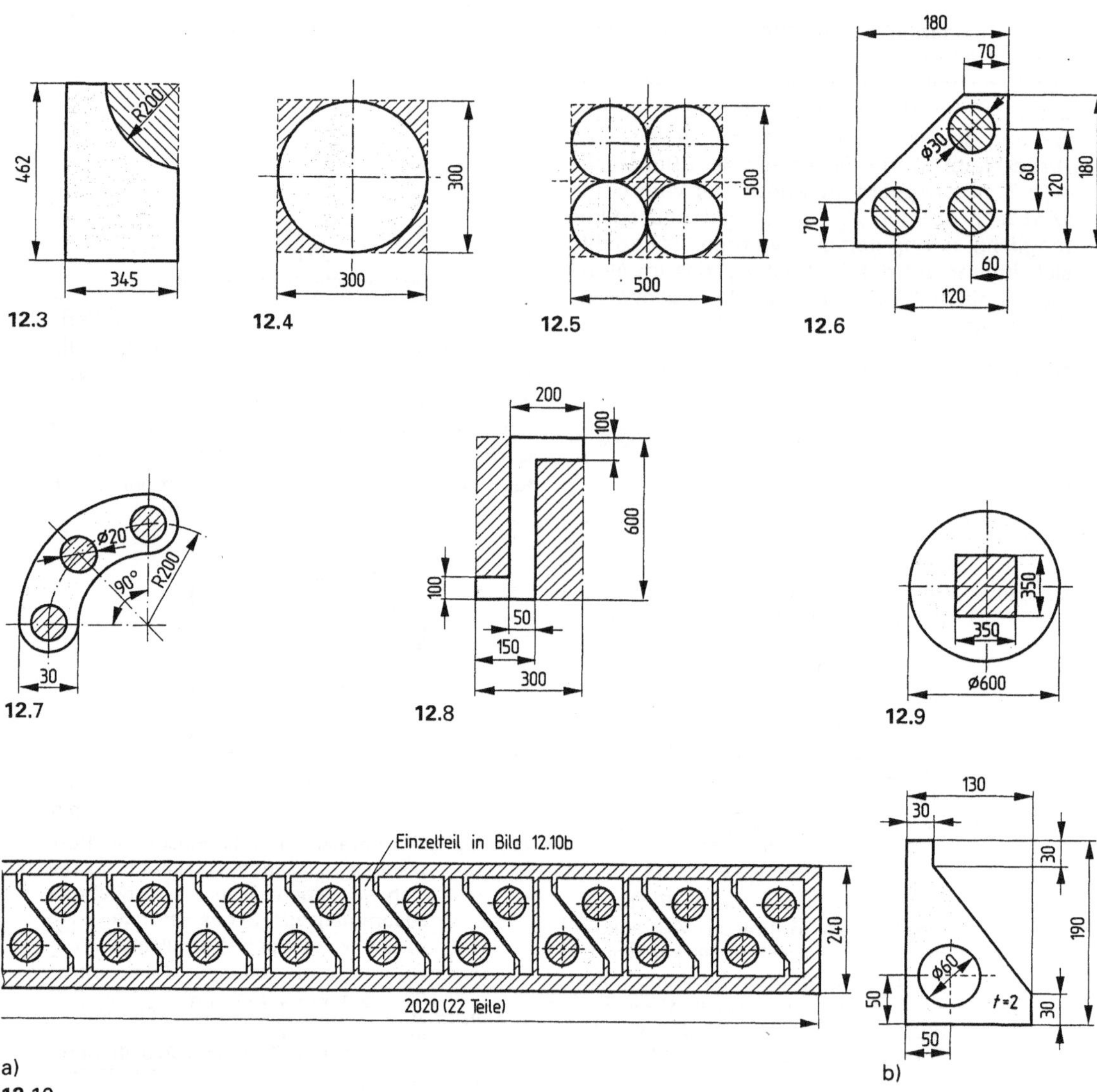

12.3   **12.4**   **12.5**   **12.6**

12.7   **12.8**   **12.9**

a)   b)
12.10

13 Berechnung von Körpern

Von einem Körper sprechen wir, wenn ein Raum durch Flächen begrenzt wird (Bild **13.1**). In der Körperberechnung werden das Volumen V, die Oberfläche A_O und der Mantel A_M sowie Teile von allen und besondere Strecken wie Durchmesser, Höhen oder Wanddicken berechnet. Die Summe der Flächen, die den Körper begrenzen, bezeichnen wir als Oberfläche. Verringert man die Oberfläche um die Grund- und Deckfläche, erhält man den Mantel. Die Grundform geometrischer Körper finden wir in allen Werkstücken. Deshalb muss der Fachmann die Körperberechnung soweit beherrschen, dass er die ihm gestellten Aufgaben aus der Praxis auch lösen kann.

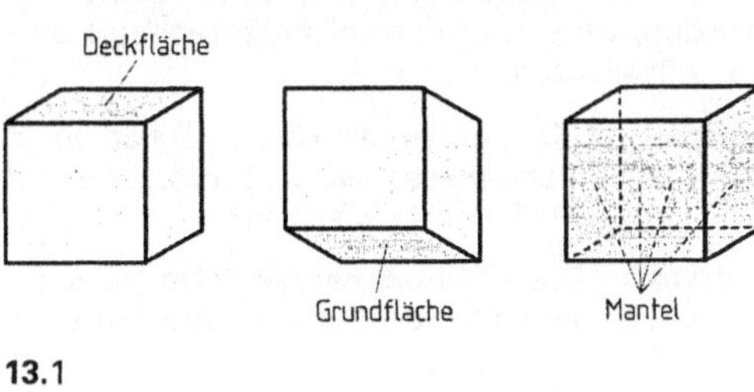

13.1

13.1 Gleichdicke Körper

Hat ein Körper in jeder beliebigen Höhe zu seiner Grundfläche gleichgroße Querschnitte, wird er als Gleichdick bezeichnet (Bild **13.2**).

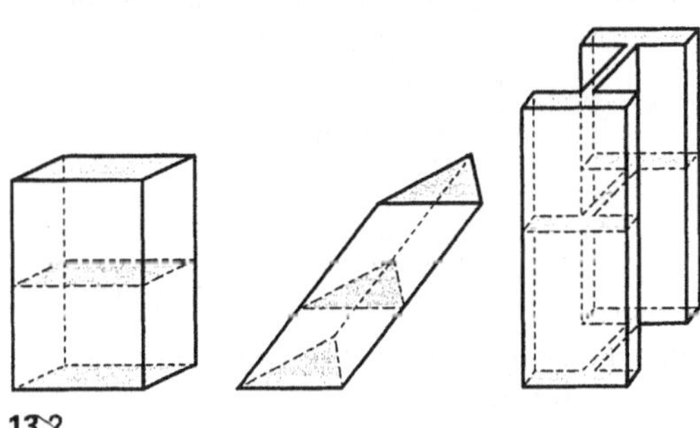

13.2

Würfel (Bild **13.3**a), Quader (Bild **13.3**b), Säulen (Bild **13.3**c,d), Zylinder (Bild **13.3**e), alle Halbzeuge, z.B. Rundstahl, Vierkantstahl, Rohre, alle Profile wie I-Träger, U-Stahl usw. sind gleichdicke Körper.

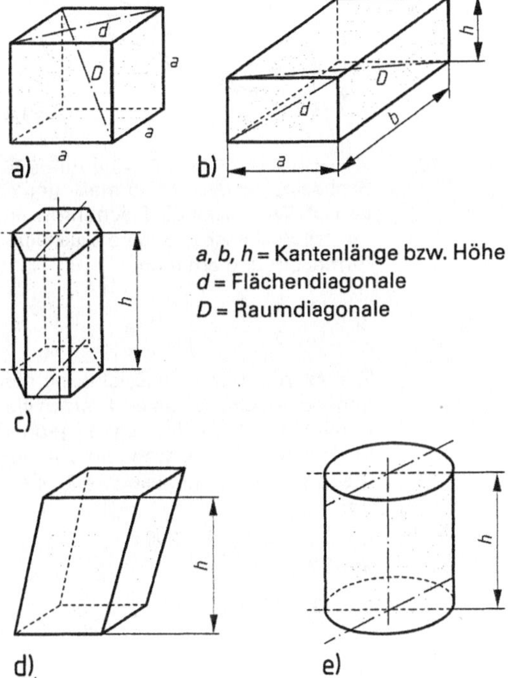

13.3

Von der Fläche ist uns bekannt, dass sie zwei Dimensionen hat, die Länge und die Breite. Bei einem Körper kommt als dritte Dimension die Körperhöhe hinzu, so dass wir in der Maßeinheit die 3 als Hochzahl erhalten.

Beispiele $1200\ \text{cm}^3$, $500\ \text{m}^3$, $34\ \text{mm}^3$

Wollen wir das Volumen eines Gleichdicks berechnen, geht das nach der Formel:

$$V = A \cdot h$$

Hierin ist A die Grundfläche. Die entsprechenden Formeln finden wir im 11. Kapitel, Inhalt und Umfang von Flächen. h, zur Unterscheidung von Flächenhöhen in derselben Aufgabe manchmal auch H, ist die Höhe des Körpers. Legen wir einen Körper, dann entspricht die Höhe seiner Länge l. Höhe wie auch Länge werden immer senkrecht von der Deck- zur Grundfläche gemessen.

Beispiel 1 Bild **13.4** zeigt einen Sechskantstahl. Wie groß ist das Volumen in cm³?

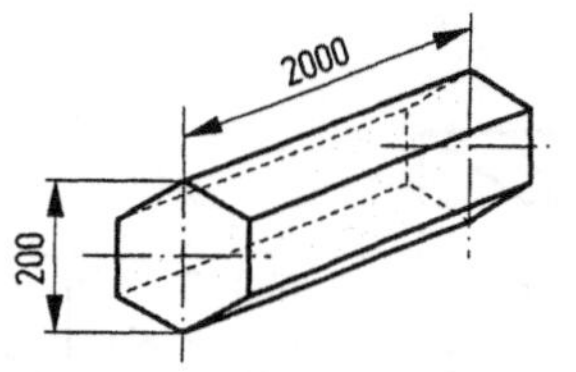

13.4

Lösung Die Grundfläche ist ein regelmäßiges Sechseck, dessen Eckenmaß gegeben ist. Wir setzen die Flächenformel für das Sechseck in unsere Volumenformel ein und erhalten

$$V = \frac{3 \cdot r^2 \cdot \sqrt{3}}{2} \cdot h$$

Wir lesen nun aus der Zeichnung die gegebenen Größen ab und setzen sie in die Formel ein. Weil das Ergebnis in cm³ gesucht ist, wandeln wir die Maße gleich in die gesuchte Einheit um.

geg.: $r = 10$ cm, $h = 200$ cm
ges.: V in cm³

$$V = \frac{3 \cdot (10\ \text{cm})^2 \cdot \sqrt{3}}{2} \cdot 200\ \text{cm}$$

$V = 51961,5$ cm³

Der Sechskantstahl hat ein Volumen von 51961,5 cm³

Beispiel 2 Wie viel Liter Öl stehen in dem Rohrstutzen (Bild **13.5**)?

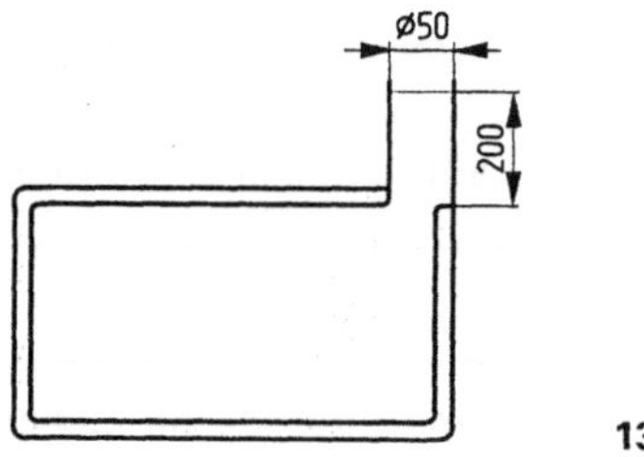

13.5

Lösung Wir müssen das Volumen eines Zylinders in Liter berechen.

> 1 Liter entspricht dem Volumen eines Kubikdezimeters (dm³), das sind 1000 cm³.

Die Grundfläche des Zylinders ist ein Kreis. Wir setzen die Formel dafür in unsere Grundformel ein und erhalten

$$V = \frac{d^2 \cdot \pi}{4} \cdot h$$

Wir lesen aus der Skizze die Maße ab und setzen die Werte ein. Weil das Ergebnis in Liter gesucht ist, wandeln wir die Maße gleich in Dezimeter um.
geg.: $h = 2$ dm, $d = 0,5$ dm
ges.: V in Liter

$$V = \frac{(0,5\ \text{dm})^2 \cdot \pi}{4} \cdot 2\ \text{dm}$$

$V = 0,39$ l

In dem Rohrstutzen stehen 0,39 l Öl.

Ist das Volumen eines Körpers gegeben und sollen damit bestimmte Größen berechnet werden, muss die Formel entsprechend umgestellt werden.

Beispiel Ein genormtes Litermaß hat einen Durchmesser von 86 mm. Wie viel Millimeter hoch ist es?

Lösung Das Litermaß hat die Form eines Zylinders. Die Volumenformel lautet:

$$V = \frac{d^2 \cdot \pi}{4} \cdot h$$

Umgestellt nach h erhalten wir

$$h = \frac{4 \cdot V}{d^2 \cdot \pi}$$

und setzen die Werte in der gesuchten Einheit ein.
geg.: $V = 1000$ cm³ $= 1000000$ mm³
$d = 86$ mm

ges.: h in mm

$$h = \frac{4 \cdot 1000000\ \text{mm}^3}{(86\ \text{mm})^2 \cdot \pi}$$

$h = 172$ mm

Das Litermaß ist 172 mm hoch.

13.1.1 Oberfläche und Mantel gleichdicker Körper

Wollen wir Mantel A_M oder Oberfläche A_O eines Gleichdicks berechnen, müssen wir uns die Abwicklung ansehen. Sie besteht im allgemeinen aus geradlinig- und krummlinig begrenzten Flächen. Um das richtige Ergebnis zu erhalten, berechnen wir die Gesamtzahl der infrage kommenden Flächen.

Beipiel 1 Eine Werkzeugkiste (Bild **13.6**a) soll mit Blech ausgeschlagen werden. Wie viel m^2 sind erforderlich?

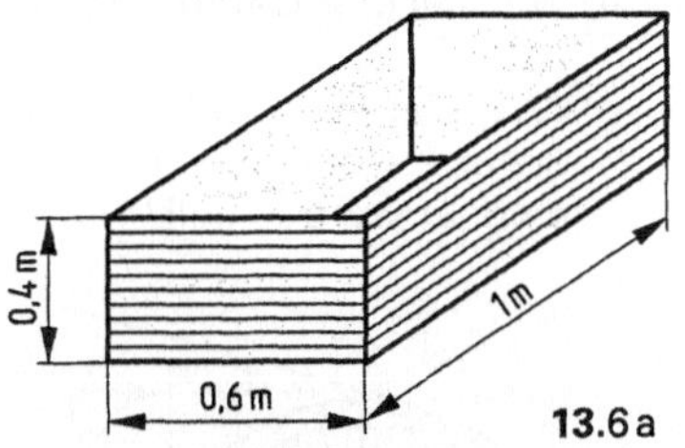

Lösung Wir fertigen zunächst eine Skizze der Abwicklung (Bild **13.6**b) und bemaßen diese. Wir erkennen je zwei gleichgroße Flächen (A_1 und A_2) und den Boden A_3. Unser Ansatz lautet dann $A_{ges} = 2A_1 + 2A_2 + A_3$

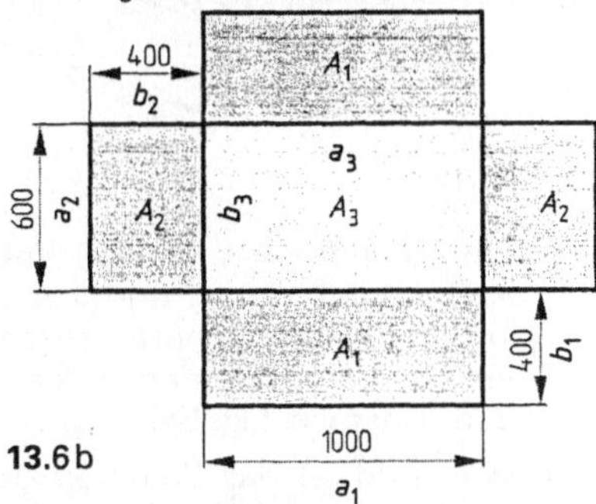

In jedem Falle handelt es sich um Rechtecke, deren Fläche nach Länge x Breite zu berechnen ist. Wir rechnen die gegebenen Werte in die gesuchte Einheit Meter um und setzen sie in die Formel ein.

geg.: $a_1 = 1\,m$ $a_2 = 0,6\,m$ $a_3 = 1\,m$
   $b_1 = 0,4\,m$ $b_2 = 0,4\,m$ $b_3 = 0,6\,m$

$A_{ges} = 2 \cdot 1\,m \cdot 0,4\,m + 2 \cdot 0,6\,m$
   $\cdot 0,4\,m + 1\,m \cdot 0,6\,m$

$A_{ges} = 1,88\ m^2$

Zum Ausschlagen der Werkzeugkiste werden 1,88 m^2 Blech benötigt.

Beispiel 2 Eine 10 Meter lange Welle von 450 mm Durchmesser wird zur Vermeidung von Transportschäden mit Schutzlack überzogen. Wie viel m^2 müssen behandelt werden?

Lösung Die Welle hat die Form eines Zylinders. Die Oberfläche besteht aus zwei Kreisflächen und dem Mantel, einem Rechteck. Dessen Seiten sind einmal die Länge der Welle, zum andern deren Umfang (Bild **13.7**). Der Ansatz lautet

$A_O = 2 \cdot Kreis + Rechteck$

$$A_O = \frac{2 \cdot d^2 \pi}{4} + d \cdot \pi \cdot l$$

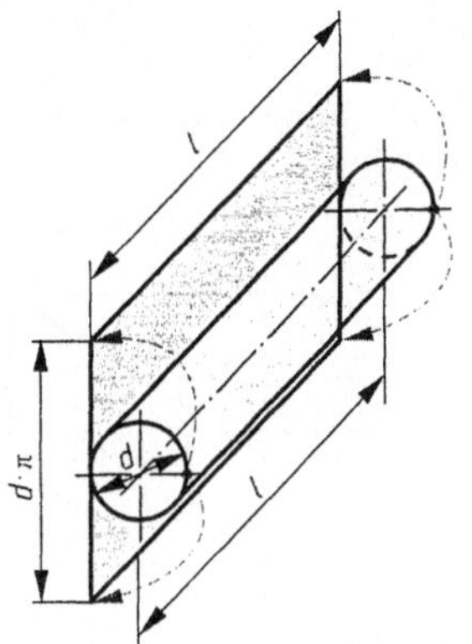

Wir setzen jetzt die gegebenen Werte in die Formel ein und rechnen.

geg.: $d = 0,45\,m$ $l = 10\,m$
ges.: A_O in m^2

$$A_O = \frac{2 \cdot (0,45\,m)^2 \cdot \pi}{4} + 0,45\,m \cdot \pi \cdot 10\,m$$

$A_O = 14,46\ m^2$

Es müssen 14,5 m^2 mit Schutzlack überzogen werden.

Aufgaben

1. Wie viel Liter Öl fasst die Ölauffangwanne (Bild **13.8**) maximal?

2. Ein Vierzylindermotor hat pro Zylinder eine Bohrung von 93,75 mm und einen Hub von 83,6 mm. Wie viel cm^3 Hubraum hat der Motor?

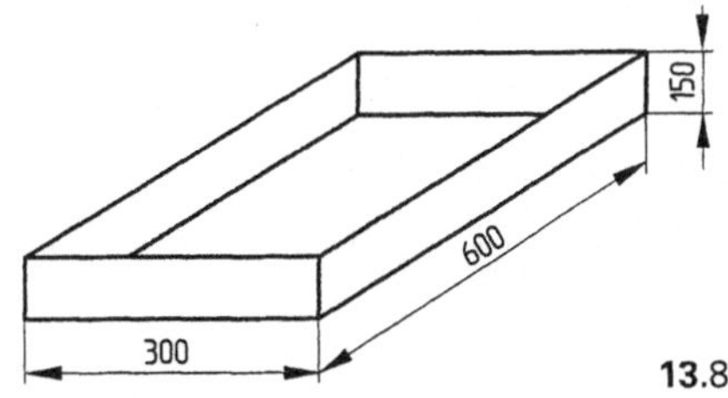

3. Wie lang ist die Raumdiagonale eines Würfels mit 120 mm Kantenlänge (Bild **13**.9)?

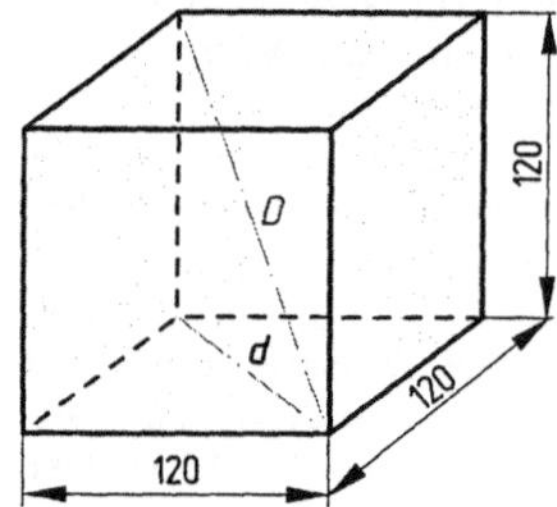

13.9

4. In eine Wanne (Bild **13**.10) sollen 25 Liter Kühlflüssigkeit abgefüllt werden.
   a) Wie hoch muss sie sein, wenn die obere Kante 10 mm über dem Flüssigkeitsspiegel liegen soll?
   b) Wie viel m^2 Blech werden zur Herstellung der Wanne benötigt?

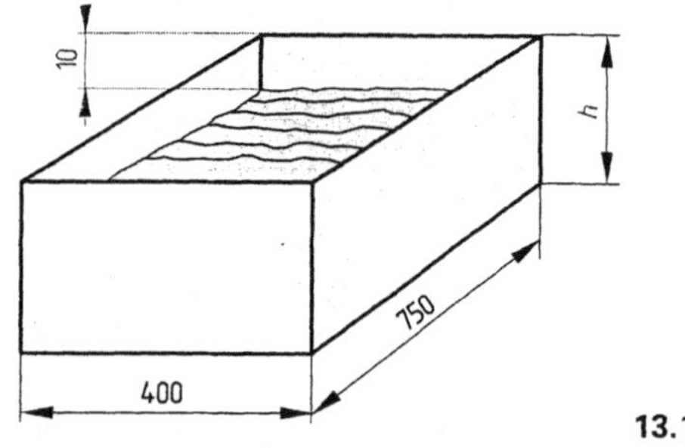

13.10

5. Ein 5000 Liter Erdtank hat einen Innendurchmesser von 1,2 m. Wie gross muss das Innenlängenmaß sein?

6. Wie viel m^3 Wasser fasst der Tank in Bild **13**.11? Wie viel Meter hoch steht die Flüssigkeit, wenn 28 m^3 Wasser entnommen worden sind?

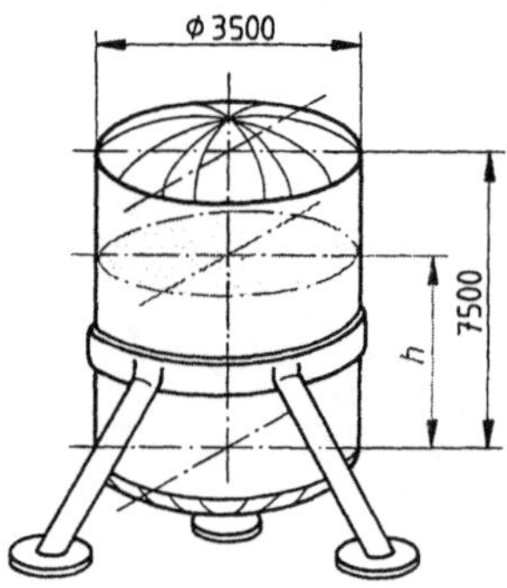

13.11

7. Ein 3 m langes Rohr wird mit einer 30 mm dicken Dämmschicht versehen, die durch ein 2 mm dickes Aluminiumblech geschützt ist (Bild **13**.12).
   a) Wie viel dm^3 Dämm-Material werden verarbeitet?
   b) Wie viel m^2 Alublech werden benötigt, wenn für die Falze mit 15% Aufschlag gerechnet werden soll?

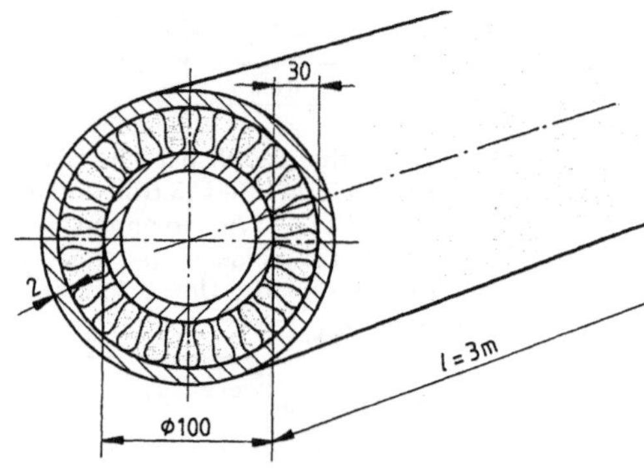

13.12

8. Ein Geländer aus 13,66 m Rohr mit 48,3 mm Außendurchmesser und 3,25 mm Wanddicke wird mit einem Schutzanstrich versehen. Wie viel kg Farbe werden verbraucht, wenn für 3 m^2 Anstrich 1 kg benötigt wird?

9. Wie groß ist das Volumen des Dachraumes (Bild **13**.13) in m^3?

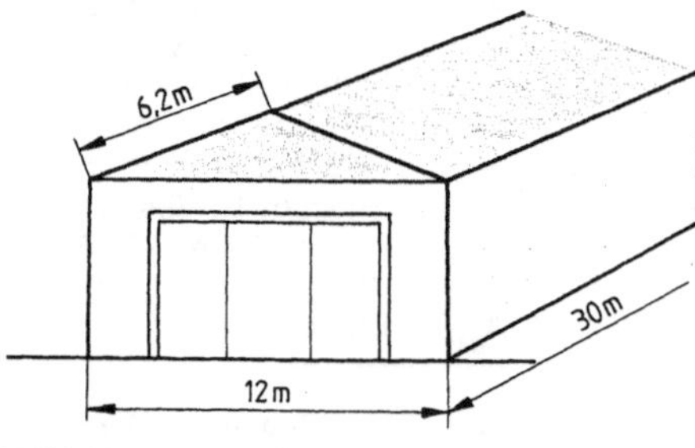

13.13

10. Aus Flachstahl 16 × 6 mm wird ein Ring von 120 mm Durchmesser gebogen (Bild **13**.14). Wie groß ist das Volumen in cm^3?

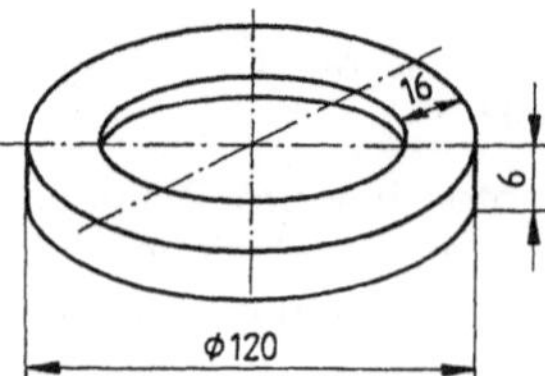

13.14

11. Ein Stück Rundstahl ($\varnothing$30 × 100) fällt in eine zu 2/3 mit Kühlmittel gefüllte Dose von 120 mm Durchmesser (Bild **13**.15). Wie hoch steigt die Kühlflüssigkeit an?

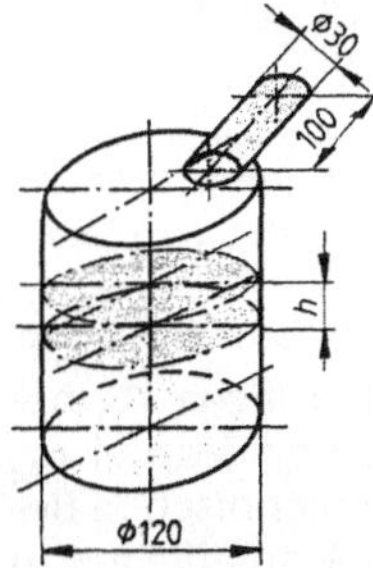

13.15

12. Eine Bramme (0,4 m × 0,4 m × 2 m) wird in einer Walzenstraße zu einer Blechtafel von 5 mm Dicke und 1500 mm Breite ausgewalzt. Wie viel Meter wird die Tafel lang?

13. Ein Rundstahl von 50 mm Durchmesser und 250 mm Länge wird zu einem quadratischen Vierkantstahl ausgeschmiedet, dessen Eckenmaß dem Durchmesser des Rundstahls entspricht. Wie lang wird der Stahl?

14. Ein Litermaß ($\varnothing$ 86 mm) wird mit 750 cm^3 Schmieröl gefüllt. In welcher Höhe befindet sich der Flüssigkeitsspiegel?

13.2 Spitze Körper

Pyramiden haben geradlinig begrenzte und Kegel krummlinig begrenzte Grundflächen. Wir bezeichnen sie als spitze Körper.

Liegt die Spitze über dem Mittelpunkt der Grundfläche, sprechen wir von einem geraden spitzen Körper, sonst von einem schrägen oder schiefen spitzen Körper (Bild **13**.16 a-c).

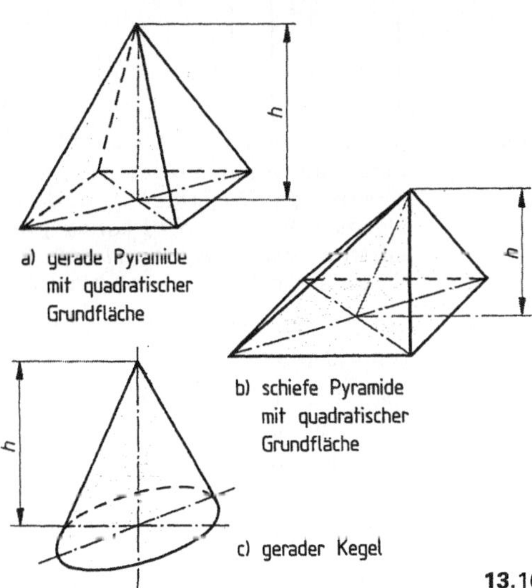

13.16

Bild (**13**.17 a) zeigt einen Würfel, in dem die Raum und Flächendiagonalen eingetragen sind. Trennen wir den Würfel an den Diagonalen auf und ziehen wir die so entstehenden Körper nach außen, erkennen wir drei Pyramiden (Bild **13**.17 b). Sie haben alle die gleiche Grundfläche (eine Begrenzungsfläche des

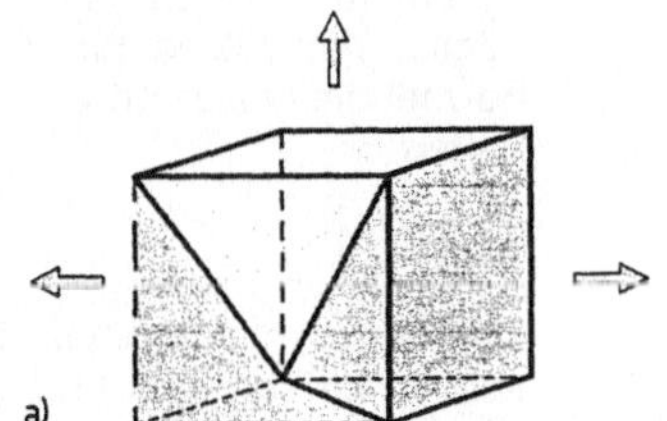

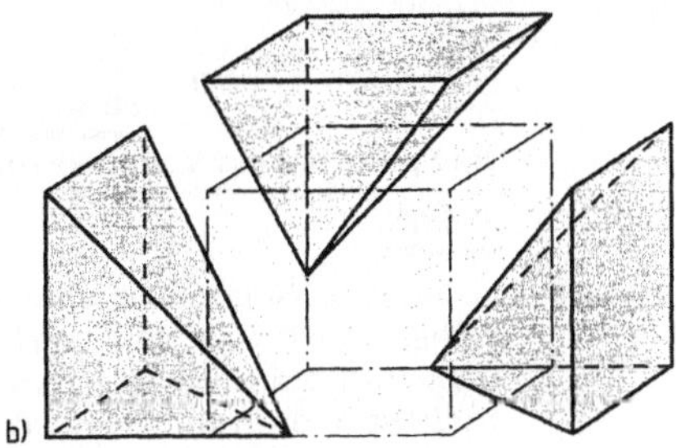

13.17

Würfels) und die gleiche Höhe (eine Kante des Würfels) sowie die Raum- und Flächendiagonalen als Kanten. Die Pyramiden sind gleich groß, ihr Volumen ist 1/3 des Würfelvolumens. Fassen wir den Würfel als Gleichdick auf und bezeichnen wir eine Würfelkante als Höhe des Gleichdicks h, erhalten wir für eine Pyramide als Formel:

$$V = \frac{A \cdot h}{3}$$

Die Formel gilt für alle spitzen Körper. Um Strecken oder Flächen von spitzen Körpern zu berechnen, verfahren wir bei der Umstellung der Formeln so, wie bisher gelernt.

Beispiel 1   An einen Vierkantstahl wird eine Spitze angeschmiedet (Bild **13.**18).

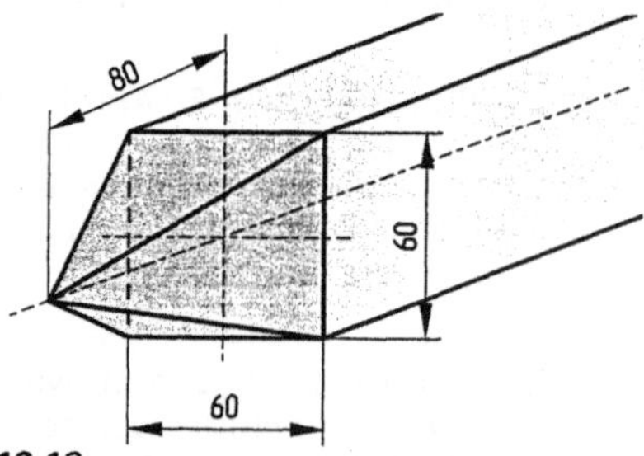

13.18

Wie groß ist deren Volumen in cm³?

Lösung   Als Grundkörper erkennen wir eine Pyramide mit quadratischer Grundfläche. Wir setzen für A in unserer Formel die Quadratfläche ein und erhalten

$$V = \frac{a^2 \cdot h}{3}$$

Die Maße rechnen wir in die gesuchte Einheit um und setzen die Werte ein.

geg.: $a = 6\ \text{cm}$, $h = 8\ \text{cm}$
ges.: V in cm³

$$V = \frac{(6\ \text{cm})^2 \cdot 8\ \text{cm}}{3} = 96\ \text{cm}^3.$$

Die Spitze hat ein Volumen von 96 cm³.

Beispiel 2   An einer Drehmaschine wird ein Kegel hergestellt. Sein Volumen beträgt 188,5 cm³, die Höhe 50 mm. a) Wie groß ist die Grundfläche in cm²? b) Wie viel mm Durchmesser hat die Grundfläche?

Lösung   Wir stellen zunächst unsere allgemeingültige Formel nach A um und berechnen die Grundfläche.

$$A = \frac{3V}{h}$$

Dann setzen wir die gegebenen Werte in der gesuchten Einheit ein.

geg. $V = 188,5\ \text{cm}^3$, $h = 5\ \text{cm}$
ges.: A in cm², d in mm

$$A = \frac{3 \cdot 188,5\ \text{cm}^3}{5\ \text{cm}} = 113,1\ \text{cm}^2$$

Die Grundfläche ist 113,1 cm² groß.

Wir wissen, die Grundfläche eines Kegels ist der Kreis. Wir stellen die Kreisflächenformel nach d um und berechnen nun den Durchmesser zunächst in cm, die wir dann in Millimeter umrechnen.

$$d = \sqrt{\frac{4A}{\pi}} = \sqrt{\frac{4 \cdot 113,1\ \text{cm}^2}{\pi}} = 12\ \text{cm}$$

Der Durchmesser des Kegels beträgt 120 mm.

13.2.1   Oberfläche und Mantel spitzer Körper

Auch hier gilt wieder, die Oberfläche A_O berechnet sich aus der Summe von Mantel A_M und Grundfläche A, wobei bei technischen Berechnungen überwiegend die Mantelfläche zu bestimmen ist. Wir wollen deshalb hier den Schwerpunkt unserer Überlegung setzen.

Beispiel 1   Der Pfosten für ein Ziergitter soll mit einer pyramidenförmigen Kappe versehen werden (Bild **13.**19a). Wie viel cm² Kupferblech sind mindestens erforderlich?

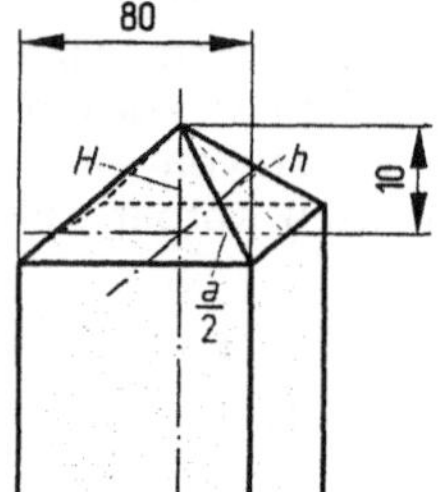

13.19a

Lösung   Die Kappe ergibt den Mantel M einer Pyramide, bestehend aus vier gleichschenkligen Dreiecken. Um deren Fläche A berechnen zu können, bestimmen wir zunächst mit dem Pythagoras die Dreieckshöhe h im Hilfsdreieck mit den Seiten H, $\frac{a}{2}$ und h (Bild **13.**19a).

geg.: $H = 10\ \text{mm}$, $\frac{a}{2} = 40\ \text{mm}$
ges.: h in mm
nach dem Pythagoras ist

$$h^2 = H^2 + \left(\frac{a}{2}\right)^2 \qquad h = \sqrt{H^2 + \left(\frac{a}{2}\right)^2}$$

$$h = \sqrt{(10\ \text{mm})^2 + (40\ \text{mm})^2} = 41,2\ \text{mm}$$

$$h = 4,12\ \text{cm}$$

Mit diesem Wert für h berechnen wir die vier Dreiecke des Mantels.

$$A_M = 4 \cdot \frac{a \cdot h}{2} = 2 \cdot a \cdot h$$

$$A_M = 2 \cdot 4\ \text{cm} \cdot 4,12\ \text{cm} = 32,96\ \text{cm}^2$$

Man benötigt 32,96 cm² Kupferblech.

Beispiel 2 An einen Rundstahl wird eine Spitze gedreht (Bild **13.19b**). Wie groß ist die zu bearbeitende Fläche in mm²?

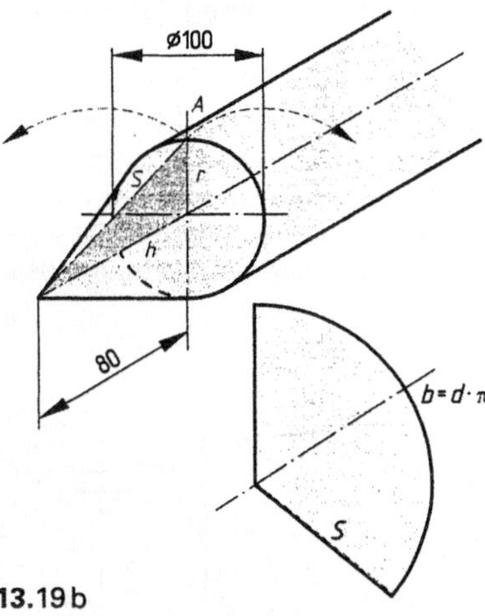

13.19b

Lösung Die Spitze hat die Form eines geraden Kegels. Wir müssen dessen Mantel A_M berechnen. Denken wir uns den Mantel bei A entlang der Linie s (die als Mantellinie auf dem Mantel verläuft) aufgeschnitten und biegen wir die Fläche in Pfeilrichtung auseinander, erhalten wir einen Kreissektor mit dem Bogen b und der Mantellinie s. Der Bogen b ist der Umfang der Grundfläche des Kegels und somit bekannt. Die Mantellinie s müssen wir zunächst mit dem Pythagoras berechnen.

geg.: $d = 100$ mm, $h = 80$ mm
ges.: s in mm, A_M in mm²

$$s^2 = r^2 + h^2$$

$$s = \sqrt{r^2 + h^2}$$

$$s = \sqrt{(50 \text{ mm})^2 + (80 \text{ mm})^2}$$

$$s = \sqrt{8900 \text{ mm}^2} = \underline{\underline{94{,}3 \text{ mm}}}$$

Wir kennen jetzt alle Werte, die wir zur Berechnung des Kegelmantels benötigen. Wenn wir sie in die Formel einsetzen, müssen wir darauf achten, dass s dem Radius des Kreissektors und b dem Umfang des Drehteiles gleichzusetzen ist.

$$A_M = \frac{d \cdot \pi \cdot s}{2}$$

$$A_M = \frac{100 \text{ mm} \cdot \pi \cdot 94{,}3 \text{ mm}}{2}$$

$$A_M = \underline{14813 \text{ mm}}$$

Die zu bearbeitende Fläche ist

$\underline{\underline{14813 \text{ mm}^2 \text{ groß.}}}$

Aufgaben

1. Ein kegelförmiger Messbecher von 250 mm Höhe hat an der Einguss-Seite einen Durchmesser von 100 mm. Wie viel cm³ befinden sich in dem Messgerät, wenn es bis zum Rand gefüllt ist (Bild **13.20**)?

3. Die Abdeckung eines Silos hat Kegelform (Bild **13.22**). a) Wie viel m³ groß ist der Stauraum unter der Abdeckung? b) Wie viel m² groß ist die Dachfläche?

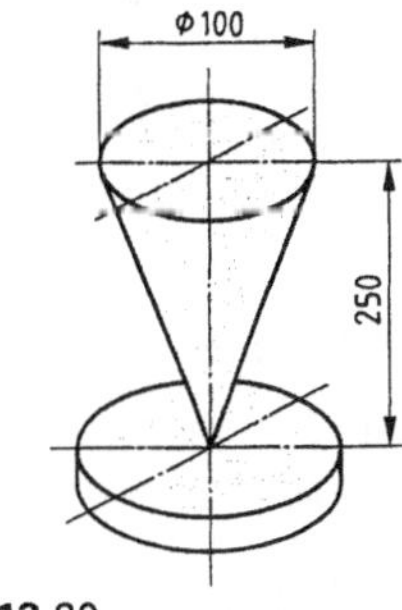

13.20

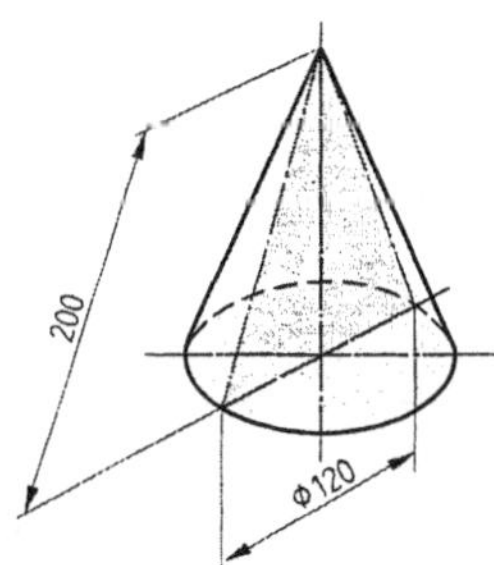

13.21

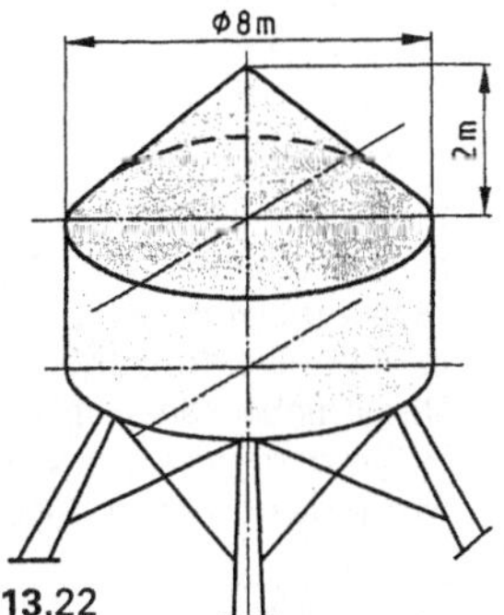

13.22

2. Wird ein Kegel entlang der Höhe geschnitten, erhält man den Achsschnitt (Bild **13.21**). Wie groß ist das Volumen des Kegels in cm³?

4. Fräst man die vier Ecken eines Würfels bis zur Flächendiagonale ab, erhält man einen Tetraeder, einen Vierflächner (Bild **13.23**).

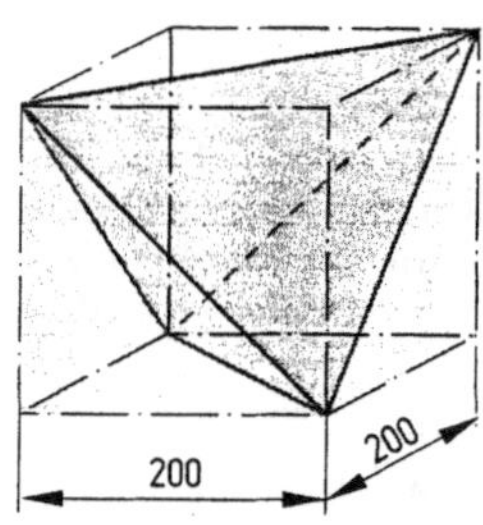

13.23

Wir finden Tetraeder bei Verpackungen, z. B. für Getränke wie Milch oder Fruchtsäfte.

13.3　Stumpfe Körper

Schneiden wir die Spitze einer Pyramide oder eines Kegels ab, erhalten wir einen Pyramiden- bzw. Kegelstumpf mit der Grundfläche A_1, der Deckfläche A_2 und der Höhe h (Bild **13.24** a,b). Hahnküken z. B. oder Ventilteller haben die Grundform eines stumpfen Körpers.

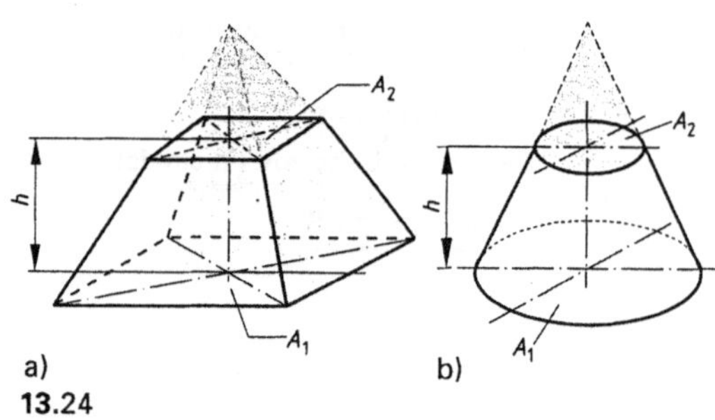

a)　　　　　　b)
13.24

Pyramidenstumpf

$$V = \frac{h}{3} \cdot (A_1 + A_2 + \sqrt{A_1 \cdot A_2})$$

Kegelstumpf

$$V = \frac{h \cdot \pi}{12} \cdot (D^2 + d^2 + D \cdot d)$$

In der Praxis genügt es, das Volumen stumpfer Körper nach einer Näherungsformel zu berechnen. Man geht von einem Gleichdick aus, dessen Grundfläche das Mittel der Grund- und Deckfläche des stumpfen Körpers ist. Die Höhe des gedachten Gleichdicks ist gleich der Höhe des stumpfen Körpers (Bild **13.25**).

$$V = \frac{A_1 + A_2}{2} \cdot h$$

---

a) Wie groß ist das Volumen in dm^3? b) Wie viel mm lang ist die Innenkante einer Verpackung mit 0,5 l Inhalt?

5. Ein Vierkantstahl 50 × 50 × 80 wird in einem Gesenk zu einem Kegel mit einer Grundfläche von 100 mm Durchmesser gepresst.
a) Wie groß ist dessen Höhe in mm? b) Welche Oberfläche in cm^2 hat der Kegel?

6. Wieviel kegelförmige Senklote von 30 mm Durchmesser und 60 mm Höhe können aus einer Bleiplatte von 10 × 300 × 750 mm gegossen werden? Schmelzverluste 10%.

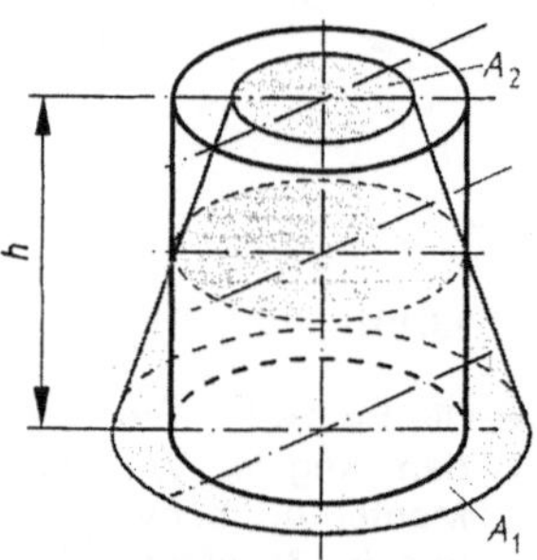

13.25

Beispiel　　Wie viel m^3 Stahl wurden beim Herstellen des Stahlblockes vergossen (Bild **13.26**)?

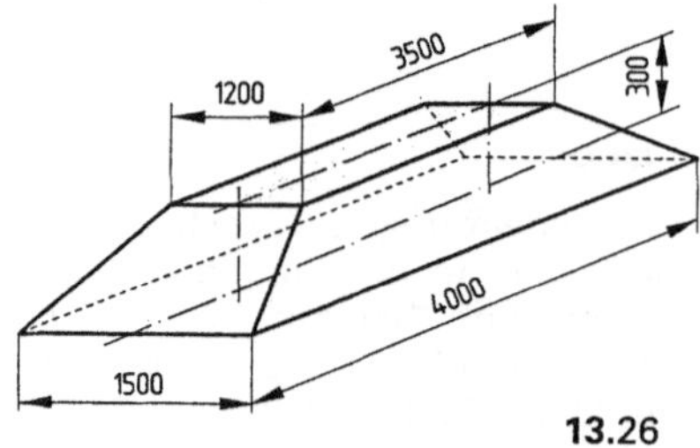

13.26

Lösung　　Der Stahlblock hat die Form eines Pyramidenstumpfes (überprüfen Sie das bitte anhand einer Kontrolle der gegebenen Maße). Grund- bzw. Deckfläche sind Rechtecke. Unsere Formel lautet demnach

$$V = \frac{(a_1 \cdot b_1) + (a_2 \cdot b_2)}{2} \cdot h$$

Wir setzen die gegebenen Maße in der gesuchten Einheit ein und rechnen.

geg.: $a_1 = 1{,}5$ m　　$b_1 = 4$ m
　　　$a_2 = 1{,}2$ m　　$b_2 = 3{,}5$ m
　　　$h = 0{,}3$ m

ges.: V in m^3

$$V = \frac{(1{,}5\,\text{m} \cdot 4\,\text{m}) + (1{,}2\,\text{m} \cdot 3{,}5\,\text{m})}{2} \cdot 0{,}3\,\text{m}$$

$$\underline{V = 1{,}53\ \text{m}^3}$$

Der Stahlblock hat ein Volumen von 1,53 m³.

Sollen z. B. Schüttgutbehälter, Trichter, Abdeckungen u. a. hergestellt werden, muss der Mantel stumpfer Körper berechnet werden. Zu beachten ist, dass der Mantel eines Kegelstumpfes ein Kreisringstück ist. Der Mantel aller anderen stumpfen Körper wird aus Trapezen gebildet.

> Der Mantel eines Kegelstumpfes ist ein Kreisringstück.
>
> Näherungsformel zur Berechnung des Kegelstumpfmantels
>
> $$A_\text{M} = \frac{b_1 + b_2}{2} \cdot s$$

Beispiel Es soll ein Schüttgutbehälter hergestellt werden (Bild **13.27**). Wie viel m² groß ist die Fläche des Einfüllstutzens?

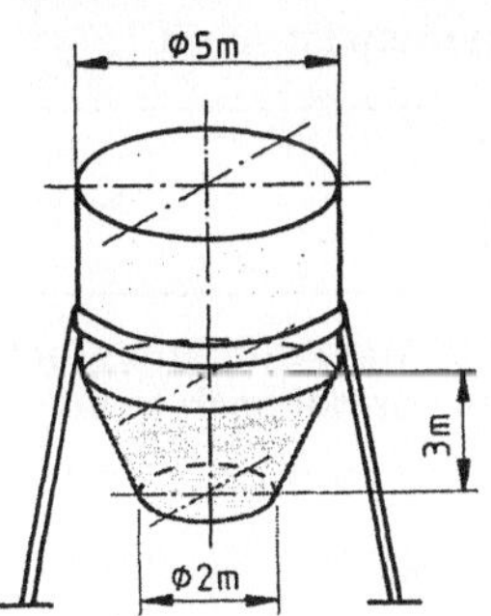

13.27

Lösung Bei der Fläche des Einfüllstutzens handelt es sich um den Mantel eines Kegelstumpfes, also ein Kreisringstück. Wir verwenden die Näherungsformel.

$$A_\text{M} = \frac{b_1 + b_2}{2} \cdot s$$

Hierin sind b_1 und b_2 jeweils der Umfang der Grund- bzw. Deckfläche und s die Mantellinie des Kegelstumpfes (Bild **13.28**). s müssen wir nach Pythagoras berechnen (Bild **13.29**). Wir ermitteln die benötigten Werte, setzen sie in die Grundformel des Pythagoras ein und rechnen.

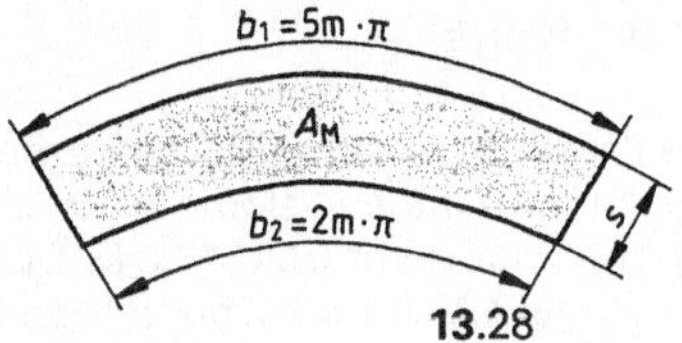

13.28

geg.: $D = 5$ m, $d = 2$ m,

$$\frac{D - d}{2} = 1{,}5\ \text{m}$$
$$h = 3\ \text{m}$$

ges.: s in m

$$s = \sqrt{\left(\frac{D - d}{2}\right)^2 + h^2}$$

13.29

$$s = \sqrt{(1{,}5\,\text{m})^2 + (3\,\text{m})^2} = \sqrt{11{,}25\,\text{m}^2}$$

$$\underline{s = 3{,}35\ \text{m}}$$

Wir setzen die Werte in unsere Näherungsformel ein und rechnen.

$$\underline{A_\text{M}} = \frac{5\,\text{m} \cdot \pi + 2\,\text{m} \cdot \pi}{2} \cdot 3{,}35\,\text{m} = 36{,}84\,\text{m}^2$$

Die Fläche des Einfüllstutzens ist 36,84 m² groß.

Aufgaben

1. Ein Dach (Bild **13.30**) soll mit Kupferblech überzogen werden. a) Wie viel m² Blech werden benötigt, wenn als Verarbeitungszuschlag 20% anzunehmen sind? b) Wie groß ist der Dachraum in m³?

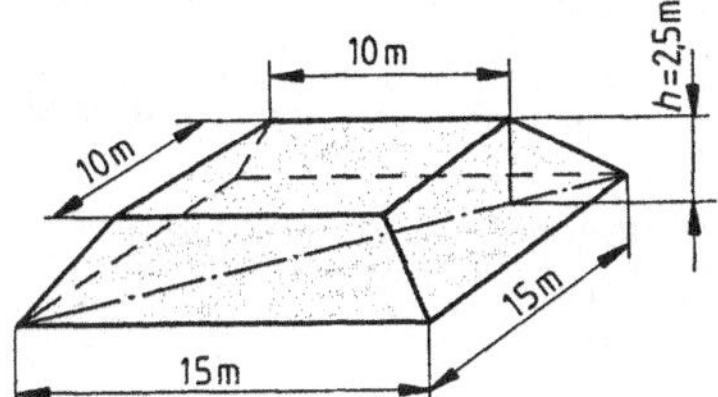

13.30

2. Wie viel cm² Blech werden mindestens zur Herstellung des Eimers (Bild **13.31**) benötigt? Wie viel Liter fasst er maximal?

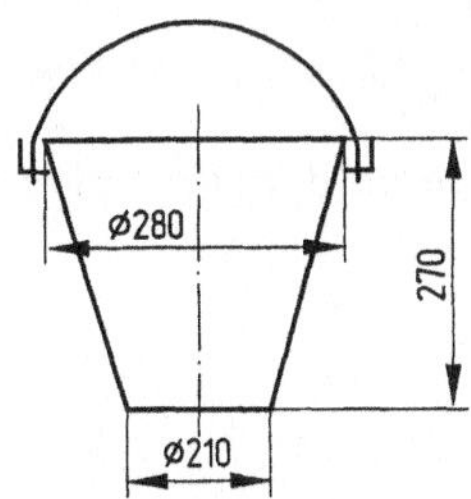

13.31

3. Es soll ein Trichter (Bild **13.32**) angefertigt werden. Wie viel cm^2 Blech sind erforderlich?

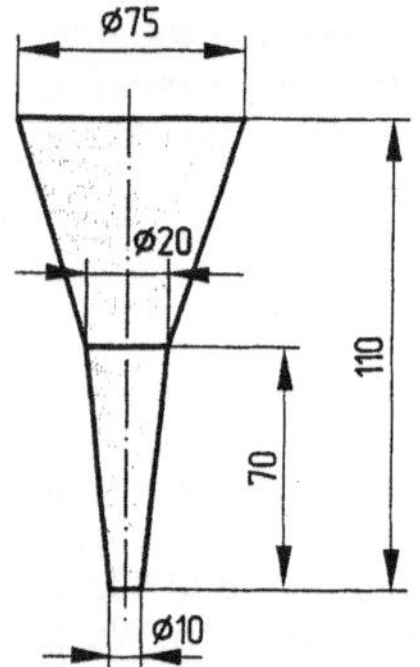

13.32

4. Wie groß ist das Volumen des Pyramidenstumpf (Bild **13.33**) in cm^3?

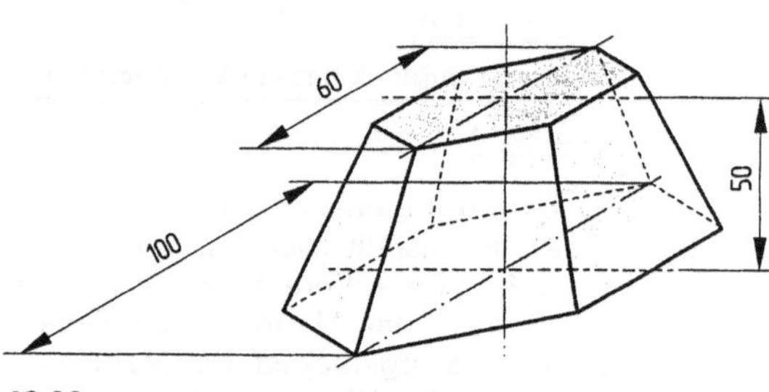

13.33

13.4 Kugel

Die Kugel ist ein allseitig gekrümmter Körper. Sie ensteht, indem sich ein Kreis um seinen Durchmeser dreht (Bild **13.34**). Die Kugel bzw. Halbkugel als Grundkörper finden wir in vielen Bauteilen der Technik, so z. B. bei Kugellagern, im Behälterbau, bei Gelenken und deren Lagerungen.

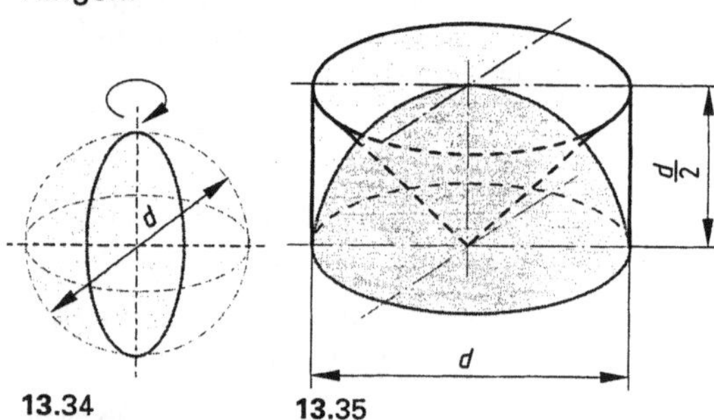

13.34   **13.35**

Zieht man von einem Zylinder V_{Zyl} mit dem Durchmesser d und der Höhe $\dfrac{d}{2}$ den einbeschriebenen Kegel V_{Kegel} ab, erhält man das Volumen einer Halbkugel V_{HaKu} (Bild **13.35**).

1. Schritt:

$$V_{HaKu} = V_{Zyl} - V_{Kegel}$$

$$V_{HaKu} = \left(\frac{d^2 \cdot \pi}{4}\right) \cdot \frac{d}{2} - \frac{1}{3}\left(\frac{d^2 \cdot \pi}{4}\right)\frac{d}{2}$$

2. Schritt: Wir multiplizieren d^2 mit d und multiplizieren im Nenner

$$V_{HaKu} = \frac{d^3 \cdot \pi}{8} - \frac{d^3 \cdot \pi}{24}$$

3. Schritt: Wir bilden den Hauptnenner und subtrahieren

$$V_{HaKu} = \frac{3 \cdot d^3 \cdot \pi - d^3 \cdot \pi}{24} = \frac{2 \cdot d^3 \cdot \pi}{24} = \frac{d^3 \cdot \pi}{12}$$

4. Schritt: Die Kugel ist doppelt so groß wie die Halbkugel. Wir multiplizieren mit 2 und erhalten

$$V_{Ku} = \frac{2 \cdot d^3 \cdot \pi}{12 \cdot 6}$$

Das Kugelvolumen ist somit

$$V_{Ku} = \frac{d^3 \cdot \pi}{6}$$

Wollen wir den Kugeldurchmesser berechnen, stellen wir die Formel nach d um.

$$d = \sqrt[3]{\frac{6\,V}{\pi}}$$

Beispiel 1 Die Kugeln in einem Kugellager haben einen Durchmesser von $d = 8$ mm. Wie viel cm^3 ist eine Kugel groß?

Lösung Die gegebenen Werte setzen wir in der gesuchten Einheit ein.

geg.: $d = 0{,}8$ cm, ges.: V in cm^3

$$V_{Ku} = \frac{d^3 \cdot \pi}{6} = \frac{(0{,}8 \text{ cm})^3 \cdot \pi}{6} = \mathbf{0{,}27 \text{ cm}^3}$$

Die Kugel hat ein Volumen von

0,27 cm^3.

Beispiel 2 Ein Kugelzapfen hat ein Volumen von 33,5 cm³. Wie groß ist der Durchmesser in mm?

Lösung Die gegebenen Werte setzen wir in der gesuchten Einheit ein.

geg.: $V = 33500$ mm³, ges.: d in mm

$$d = \sqrt[3]{\frac{6\,V}{\pi}}$$

$$d = \sqrt[3]{\frac{6 \cdot 33500 \text{ mm}^3}{\pi}} = \textbf{40 mm}$$

Der Durchmesser des Kugelzapfens beträgt 40 mm.

13.4.1 Oberfläche einer Kugel

Sie ist die allseitig gekrümmte Fläche, die den Inhalt begrenzt.

$$A_O = d^2 \cdot \pi$$

Beispiel 3 Wie groß ist die Oberfläche eines kugelförmigen Schwimmers von 80 mm Durchmesser in cm²?

Lösung Die gegebenen Werte setzen wir in der gesuchten Einheit ein.

geg.: $d = 8$ cm, ges.: Ao in cm²

$$A_O = d^2 \cdot \pi = (8 \text{ cm})^2 \cdot \pi = \textbf{201,06 cm}^2$$

Der Schwimmer hat eine Oberfläche von 201 cm².

13.4.2 Kugelabschnitt (Kugelkappe)

Schneidet man einen Teil der Kugel ab, erhält man eine Kugelkappe (Bild **13.36**). Entsprechend geformte Bauteile finden wir z.B. bei Lagerungen oder am Schraubenende.

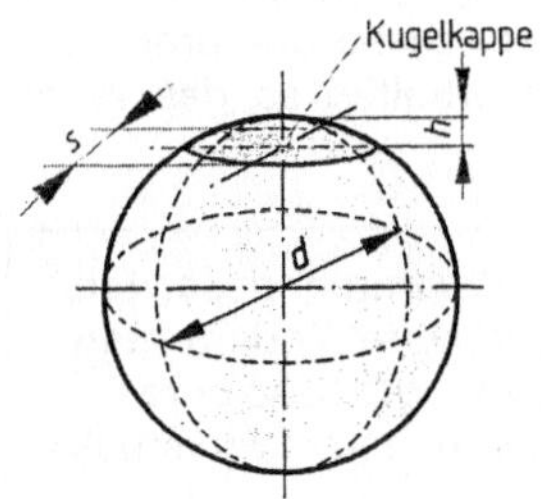

13.36

$$V = h^2 \cdot \pi \left(\frac{d}{2} - \frac{h}{3} \right)$$

$$A_M = d \cdot \pi \cdot h$$

$$A_O = d \cdot \pi \cdot h + s^2 \cdot \frac{\pi}{4}$$

Aufgaben

1. Ein kugelförmiger Hochdruckbehälter hat einen Innendurchmesser von 15 m. Wie viel m³ Gas fasst er?

2. Wie viel Kugeln von 3 mm Durchmesser lassen sich aus einem Bleiwürfel von 50 mm Kantenlänge gießen? Schmelzverluste 8%.

3. Eine Abrissbirne hat die Form einer Kugel und ein Volumen von 0,065 m³. Wie groß ist der Durchmesser in mm?

4. Zum Entfetten werden 100 Stahlkugeln von je 10 mm Durchmesser in einen zur Hälfte mit Entfettungsmittel gefüllten zylinderförmigen Behälter von 120 mm Durchmesser gegeben. Wie hoch steigt die Flüssigkeit?

5. Ein kugelförmiger Tank mit einem Innendurchmesser von 2 m ist mit Öl gefüllt. Wie viel Liter Öl befinden sich in dem Tank? b) Wie viel m² Innentankfläche müssen zur Lecksicherung beschichtet werden?

6. Ein Parkscheinautomat $d = 500$ mm ist mit einer halbkugelförmigen Haube aus Edelstahl abgedeckt. Wie viel m² Blech werden für 100 Automaten verarbeitet, wenn mit Bearbeitungsverlusten von 15% gerechnet wird?

7. An eine Kugel wird eine Fläche gefräst (Bild **13.37**). Wie viel cm³ Späne fallen an?

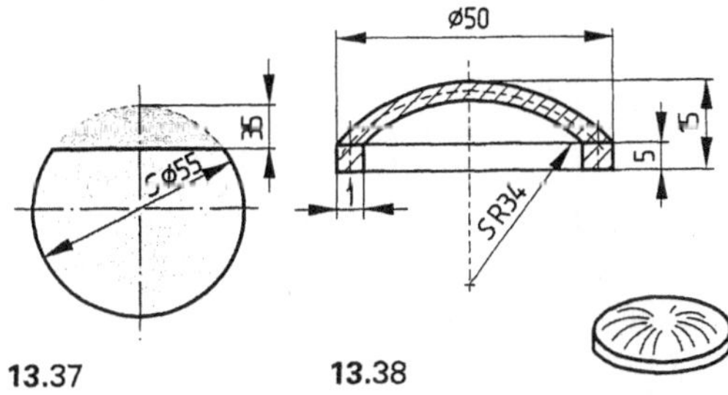

13.37   **13.38**

8. Als Sicherung gegen Sprengen des Motorblocks beim Gefrieren des Kühlmittels werden Kernlochdeckel eingepresst (Bild **13.38**). Man fertigt sie durch Stanzen und Pressen aus einem kreisförmigen Rohblech. Wie groß ist die Oberfläche eines Kernlochdeckels in cm²?

13.5 Zusammengesetzte Körper

Häufig setzen sich Werkstücke aus mehreren Grundkörpern zusammen. Wollen wir das Volumen eines solchen Werkstückes berechnen, müssen wir es anhand der Zeichnung in einfache Grundkörper zerlegen, deren Volumina wir berechnen können. Diese addieren bzw. subtrahieren wir und erhalten so das Werkstückvolumen.

> Werkstücke aus zusammengesetzten Körpern werden berechnet, indem man sie in Grundkörper zerlegt, diese berechnet und entsprechend dem Werkstück addiert oder subtrahiert.

Beispiel Berechnen Sie das Volumen V der in Bild **13.39** im Halbschnitt skizzierten Buchse in cm^3.

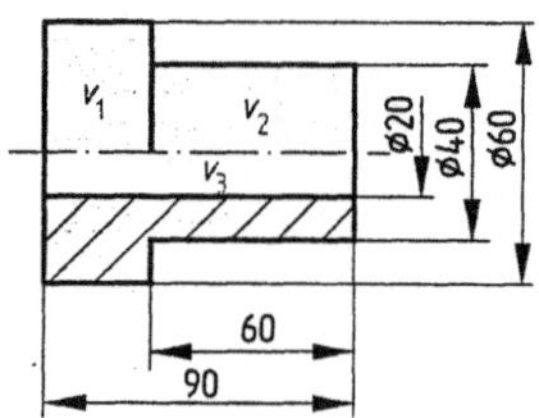

13.39

Lösung Das Rohteil der Buchse besteht aus 2 Zylindern, V_1 und V_2. Die Bohrung V_3 ist ebenfalls ein Zylinder. Unser Ansatz lautet

$$V = V_1 + V_2 - V_3$$

Wir setzen die Formeln für den Zylinder ein.

$$V = \frac{d_1^2 \cdot \pi}{4} \cdot h_1 + \frac{d_2^2 \cdot \pi}{4} \cdot h_2 - \frac{d_3^2 \cdot \pi}{4} \cdot h_3$$

Wir können diese Formel vereinfachen, indem wir $\frac{\pi}{4}$ ausklammern.

$$V = \frac{\pi}{4} (d_1^2 \cdot h_1 + d_2^2 \cdot h_2 - d_3^2 \cdot h_3)$$

Wir entnehmen der Zeichnung die entsprechenden Maße und setzen sie in der gesuchten Einheit in die Formel ein.

geg.: $d_1 = 6\,cm$ $h_1 = 9\,cm$
 $d_2 = 4\,cm$ $h_2 = 6\,cm$
 $d_3 = 2\,cm$ $h_3 = 9\,cm$

ges.: V in cm^3

$$V = \frac{\pi}{4} \left[(6\,cm)^2 \cdot 9\,cm + (4\,cm)^2 \cdot 6\,cm - (2\,cm)^2 \cdot 9\,cm \right] = \mathbf{384\,cm^3}$$

Die Buchse hat ein Volumen von 384 cm^3.

Aufgaben

1. Bild **13.40** zeigt einen Bolzen.
   a) Wie groß ist sein Volumen in cm^3?
   b) Wie groß ist die beim Zerspanen anfallende Spanmenge in Prozent?

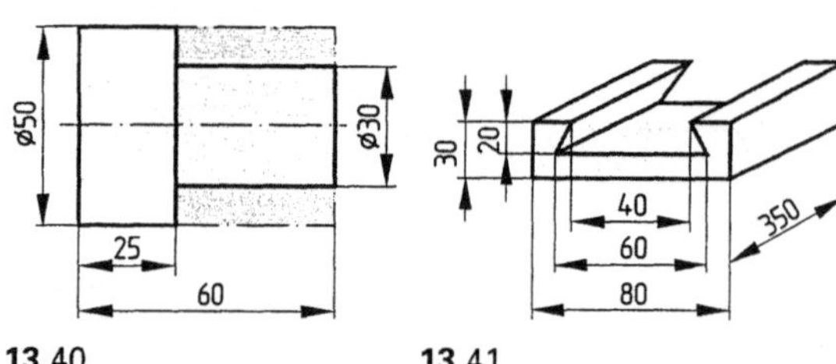

13.40   **13.41**

2. Wie groß ist das Volumen der Schwalbenschwanzführung (Bild **13.41**) in cm^3?

3. Ein kugelförmiger Tank mit einem Innendurchmesser von 2 m ist zum Teil mit Öl gefüllt (Bild **13.42**). Wie viel Liter Öl befinden sich im Tank?

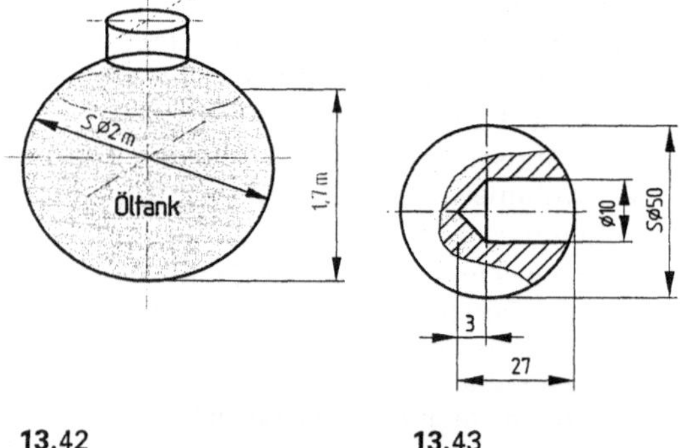

13.42   **13.43**

4. Für einen Schalthebel wird der Rohling eines Knopfes hergestellt (Bild **13.43**). Wie viel Prozent Spanabfall entstehen (Kugelklappe bleibt unberücksichtigt)?

5. Ein Tank ist teilweise mit Erdöl gefüllt (Bild **13.44**). Wie viel Liter enthält er?

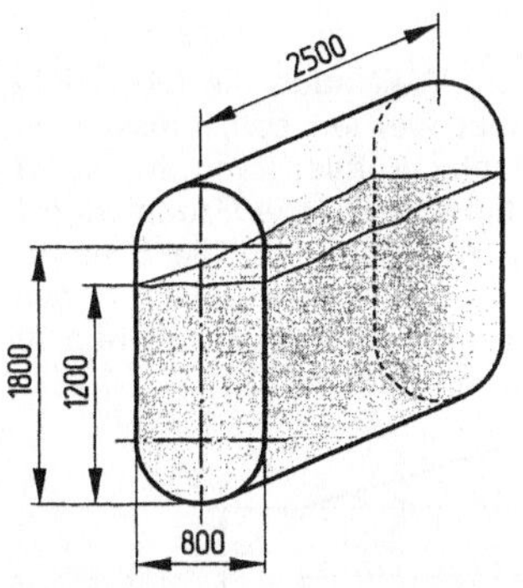

13.44

6. Wie groß ist der Materialverbrauch für die skizzierte Körnerspitze in dm^3 (Bild **13.45**)?

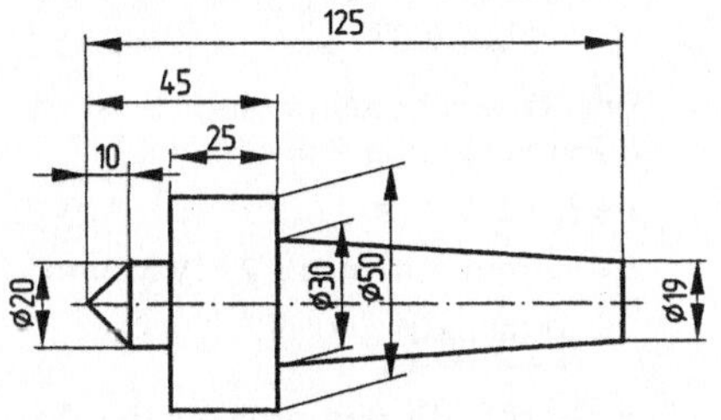

13.45

7. Bestimmen sie das Volumen des Ventilrohlings (Bild **13.46**) in cm^3.

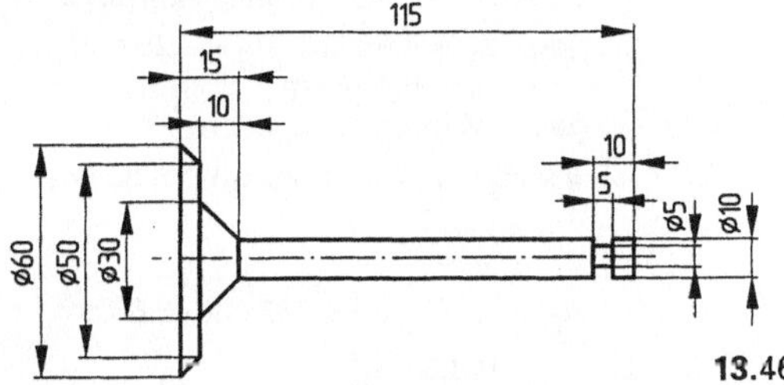

13.46

8. Welches Volumen in dm^3 haben 50 Niete (Bild **13.47**)?

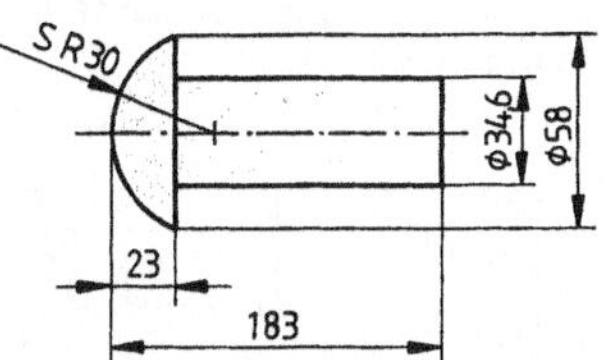

13.47

9. Bild **13.48** zeigt einen Kugelbolzen. Wie groß ist das Volumen in cm^3?

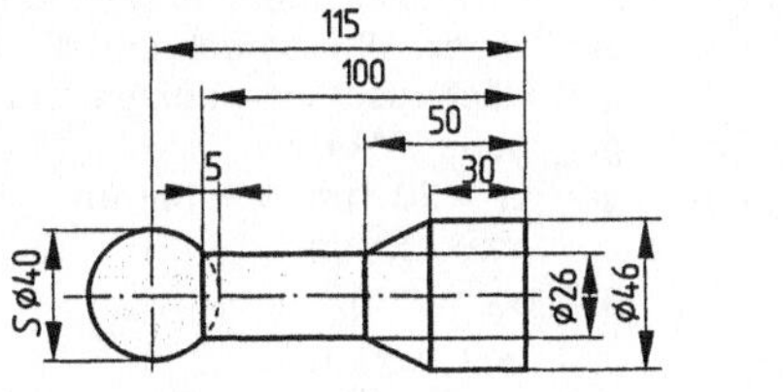

13.48

10. Berechnen Sie das Volumen der Kegelhülse (Bild **13.49**) in dm^3.

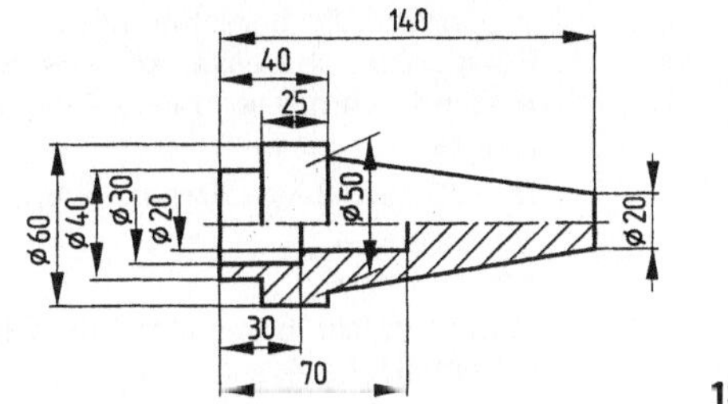

13.49

13.6 Drehkörper (Guldinsche Regel)

Dreht sich eine Fläche um eine Achse, entsteht ein Drehkörper, auch Rotationskörper genannt (Bild **13.50**). Das Volumen V als auch Oberfläche A_O von Rotationskörpern lassen sich nach der Guldinschen Regel berechnen. Zur Berechnung des *Volumens* müssen wir die Lage des Schwerpunktes S (s. S. 76) der drehenden Fläche A_S und den Weg kennen, den der Schwerpunkt zurücklegt. Dieser Schwerpunktsweg errechnet sich als Kreisumfang aus d_S und π. Wollen wir die Oberfläche A_O eines Rotationskörpers berechnen, bestimmen wir den Umfang des Querschnitts L und multiplizieren ihn mit dem Schwerpunktsweg.

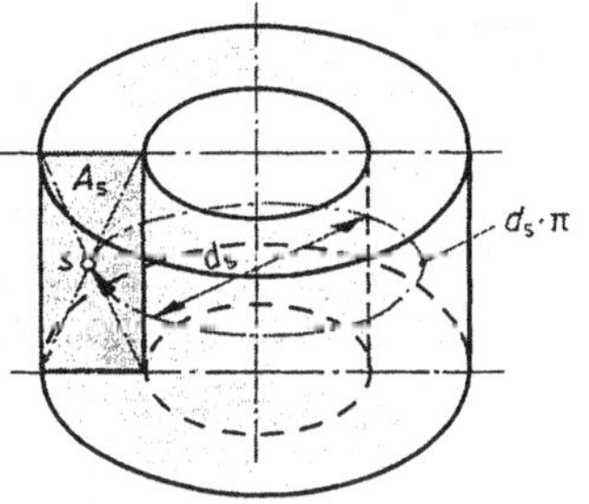

13.50

$$V = A_S \cdot d_S \cdot \pi \qquad A_O = L \cdot d_S \cdot \pi$$

$$A_S = \frac{V}{d_S \cdot \pi}$$

Beispiel   Wie groß ist a) das Volumen des im Schnitt gezeichneten Ringes (Bild **13.51**) in cm^3, b) seine Oberfläche in cm^2?

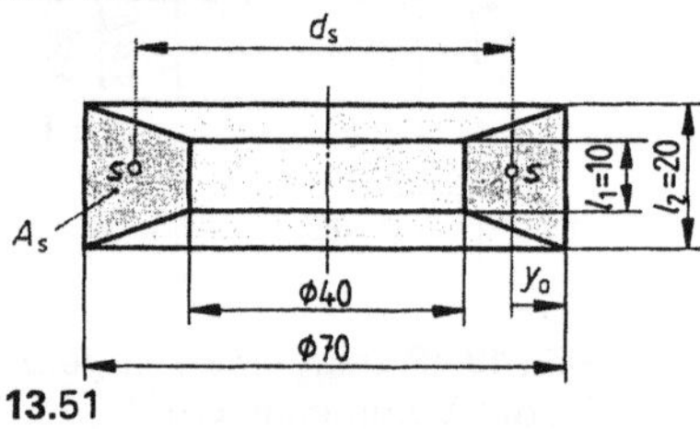

13.51

Lösung   *1. Schritt:* Die Querschnittsfläche ist ein Trapez. Wir berechnen die Lage des Flächenschwerpunktes mit den gegebenen Werten.

geg.: $l_1 = 20$ mm, $l_2 = 10$ mm
$\quad\quad b = 15$ mm

ges.: y_0 in mm

$$y_0 = \frac{b\,(l_1 + 2\,l_2)}{3\,(l_1 + l_2)}$$

$$y_0 = \frac{15\,\text{mm}(20\,\text{mm} + 2 \cdot 10\,\text{mm})}{3(20\,\text{mm} + 10\,\text{mm}} = 6{,}7\,\text{mm}$$

2. Schritt: Wir berechnen jetzt den Rotationsdurchmesser d_S aus dem Außendurchmesser minus $2 \cdot y_0$ des Ringes.

$$d_S = 70\,\text{mm} - 2 \cdot y_0 = 70\,\text{mm} - 2 \cdot 6{,}7\,\text{mm}$$

$$d_S = 56{,}6\,\text{mm}$$

3. Schritt: Wir berechnen die Querschnittsfläche A_S.

$$A_S = \frac{l_1 + l_2}{2} \cdot b = \frac{20\,\text{mm} + 10\,\text{mm}}{2} \cdot 15\,\text{mm}$$

$$A_S = 225\,\text{mm}^2$$

4. Schritt: Weil auch die Oberfläche berechnet werden soll, müssen wir den Querschnittsumfang eines Trapezes berechnen. Die Grundlinien l_1 und l_2 sind gegeben, die Schenkel müssen nach einem Bestimmungsdreieck mit dem Pythagoras berechnet werden (Bild **13.52**).

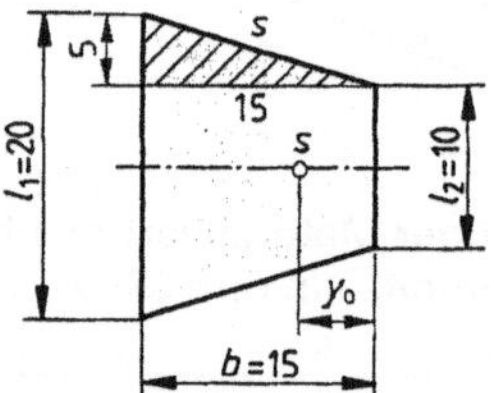

13.52

Der Querschnittsumfang L ist die Summe aller Seiten.

$$L = l_1 + l_2 + 2 \cdot s$$

$$L = 20\,\text{mm} + 10\,\text{mm} + 2 \cdot 15{,}81\,\text{mm}$$

$$= 61{,}62\,\text{mm}$$

5. Schritt: Mit den errechneten Werten, eingesetzt in der gesuchten Einheit, berechnen wir Volumen und Oberfläche des Rotationskörpers.

geg.: $d_S = 5{,}66$ cm, $A_S = 2{,}25$ cm^2
$\quad\quad L = 6{,}162$ cm

ges.: V in cm^3, A_O in cm^2

$$V = A_S \cdot d_S \cdot \pi = 2{,}25\,\text{cm}^2 \cdot 5{,}66\,\text{cm} \cdot \pi$$

$$= 40\,\text{cm}^3$$

$$A_O = L \cdot d_S \cdot \pi = 6{,}162\,\text{cm} \cdot 5{,}66\,\text{cm} \cdot \pi$$

$$= 109{,}6\,\text{cm}^2$$

Der Ring hat ein Volumen von 40 cm^3

und eine Oberfläche von 109,6 cm^2.

Aufgaben

Berechnen Sie Volumina in cm^3 und Oberflächen in cm^2 der in Bild **13.53** a-c skizzierten Körper mit der Guldinschen Regel.

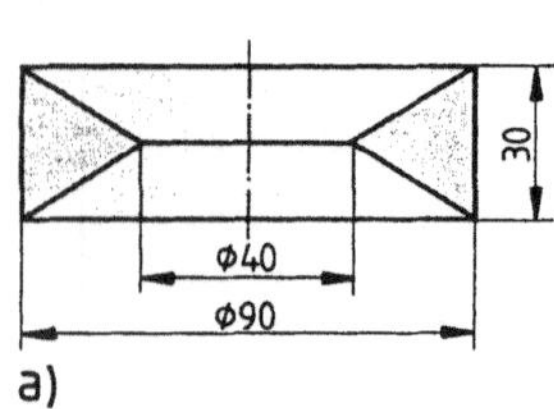

a)

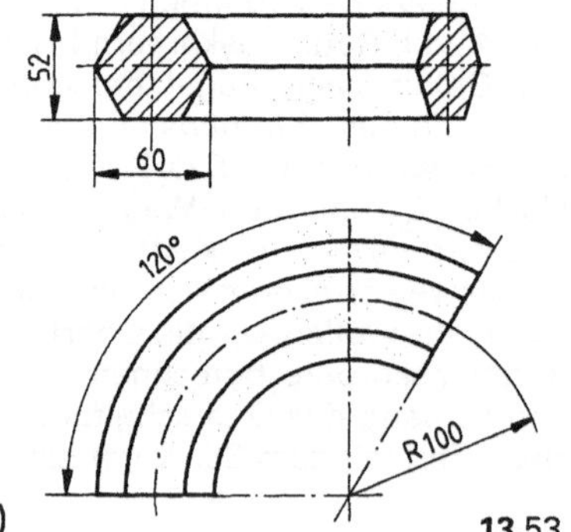

b)

c)

13.53

14 Masse – Dichte – Gewichtskraft

14.1 Masse

Unter Masse m verstehen wir eine Stoffmenge.

> Die Einheit der Masse ist das Kilogramm (kg).

Die Masse eines Körpers bzw. Werkstücks bleibt immer gleich, es sei denn, man nimmt etwas weg oder fügt etwas hinzu. Formveränderungen eines Körpers ändern seine Masse nicht. Masse wird durch Rechnung, aus Tabellen oder durch Wägen ermittelt.

> Wägen heißt, die Masse eines Werkstückes mit geeichten Gewichten vergleichen.

Wir können deshalb mit gewissen Einschränkungen vom Gewicht eines Körpers sprechen, wenn wir seine Masse meinen.

14.2 Dichte

Dichte ρ (rho) gibt an, wie viel mal schwerer als Wasser die gleiche Menge eines Stoffes ist.

> Die Einheit der Dichte ist g/cm^3, kg/dm^3, t/m^3.

In der Technik ist von Fall zu Fall zwischen der Dichte fester Stoffe, poriger oder geschütteter Stoffe zu unterscheiden. Wir sprechen dann von Rohdichte bzw. Schüttdichte. So enthält z.B. Dämm-Material Luft oder geschütteter Sand Zwischenräume, die in dem Wert für die Dichte zu berücksichtigen sind.

Die Masse m errechnet sich als Produkt aus Volumen V und der Dichte ρ.

> $$m = V \cdot \rho \qquad V = \frac{m}{\rho} \qquad \rho = \frac{m}{V}$$

Tabelle **14**.1 Ausgewählte Werte für die Dichte

Stoff	Dichte in kg/dm^3
feste Stoffe	
Al-Legierungen	2,8
Kupfer	8,9
Gusseisen	7,25
Hartmetall	11,9
Messing	8,7
PVC	1,35
Stahl	7,85
Kork	0,3
Erde	1,8
Glaswolle	0,3
Schaumstoff	0,03
flüssige Stoffe	
Dieselkraftstoff	0,85
Benzin	0,75
Heizöl EL	0,84
Wasser bei 4 °C	1,0
Gase in kg/m^3 bei 0 °C und 1013 mbar	
Acetylen	1,17
Kohlendioxyd	1,977
Luft	1,29
Sauerstoff	1,429

Beispiel 1 Eine Welle aus Stahl hat einen Durchmesser von 60 mm und ist 300 mm lang. Wie groß ist die Masse in kg?

Lösung Die Welle hat die Form eines Zylinders. Wir setzen zunächst die Volumenformel in die Massegleichung ein.

$$m = \frac{d^2 \cdot \pi \cdot l}{4} \cdot \rho$$

Wir setzen die gegebenen Werte in der gesuchten Einheit ein und rechnen.

geg.: $d = 0{,}6$ dm
$\quad\;\; l = 3$ dm
$\quad\;\; \rho = 7{,}85$ kg/dm^3

ges.: m in kg

$$m = \frac{(0{,}6 \,\text{dm})^2 \cdot \pi \cdot 3 \,\text{dm} \cdot 7{,}85 \,\text{kg}}{4 \qquad \text{dm}^3}$$

$$= \mathbf{6{,}658 \,\text{kg}}$$

Die Welle hat eine Masse von 6,658 kg.

Beispiel 2   Die Buchse (Bild **14.**1) wiegt 133,24 g. Aus welchem Werkstoff besteht sie?

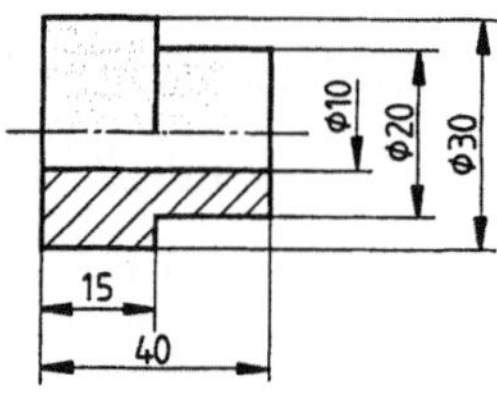

14.1

Lösung   Wir brauchen die Formel

$$\rho = \frac{m}{V}$$

1. Schritt: Bei der Buchse handelt es sich um einen aus Zylindern zusammengesetzten Körper. Wir berechnen zunächst das Volumen. Die verschiedenen Durchmesser bezeichnen wir mit d_1 bis d_3, die zugehörigen Höhen mit h_1 bis h_3. Weil die Masse in Gramm angegeben ist, wählen wir als Einheit cm.

geg.: $d_1 = 3\,\text{cm}$ $h_1 = 1,5\,\text{cm}$
      $d_2 = 2\,\text{cm}$ $h_2 = 2,5\,\text{cm}$
      $d_3 = 1\,\text{cm}$ $h_3 = 4\,\text{cm}$

ges.: ρ

$$V = \frac{d_1^2 \cdot h_1 \cdot \pi}{4} + \frac{d_2^2 \cdot h_2 \cdot \pi}{4} - \frac{d_3^2 \cdot h_3 \cdot \pi}{4}$$

Wir klammern $\frac{\pi}{4}$ aus, setzen die gegebenen Werte ein und rechnen.

$$V = \frac{\pi}{4} \cdot [(3\,\text{cm})^2 \cdot 1,5\,\text{cm}$$
$$+ (2\,\text{cm})^2 \cdot 2,5\,\text{cm} - (1\,\text{cm})^2 \cdot 4\,\text{cm}]$$

$$V = 15,32\,\text{cm}^3$$

Das Volumen der Buchse ist 15,32 cm³ groß.

2. Schritt: Wir setzen die bekannten Werte in unsere Formel ein und rechnen.

geg.: $m = 133,24\,\text{g}$
      $V = 15,32\,\text{cm}^3$

ges.: ρ

$$\rho = \frac{133,24\,\text{g}}{15,32\,\text{cm}^3} = 8,7\,\text{g/cm}^3$$

3. Schritt: Wir lesen den Werkstoff aus der Tabelle ab und formulieren den Antwortsatz.

Die Buchse besteht aus Messing.

14.3 Massebestimmung mit Tabellen

Die folgenden Tabellen enthalten eine Auswahl aus gängigen Tabellenbüchern. Sie sind gekürzt und stark vereinfacht, um das wesentliche der Anwendung zu erläutern. Um Aufgaben zu lösen, sollte immer ein gängiges Tabellenbuch METALL herangezogen werden.

Tabelle **14.**2   Masse ausgewählter Profile

mittelbreiter Träger DIN 1025

Kurzzeichen IPE	m' in kg/m
80	6,00
160	15,8
240	30,7
360	57,1
500	90,7
600	122

breiter Träger DIN 1025

Kurzzeichen IPB	m' in kg/m
100	20,4
160	42,6
220	71,5
240	83,2
280	103
300	117

gleichschenkliger rundkantiger Winkelstahl DIN 1028

Kurzzeichen L	m' in kg/m
20 × 3	0,88
30 × 3	1,36
40 × 4	2,42
60 × 6	5,42
100 × 10	15,1
180 × 18	48,6

rundkantiger U-Stahl DIN 1026

Kurzzeichen U	m' in kg/m
40 × 20	2,87
60	5,07
80	8,64
140	16,0
200	25,3
300	46,2

rundkantiger hochstetiger T-Stahl DIN 1024

Kurzzeichen T	m' in kg/m
20	0,88
40	2,96
50	4,44
80	10,7
100	16,4
140	31,3

quadratische Stahlrohre DIN 59410

Nennmaß/Wanddicke	m' in kg/m
40/4,0	4,41
60/5,0	8,47
80/4,5	10,5
90/4,5	11,9
140/5,6	23,3
200/8,0	46,9

Um die Masse von Profilkonstruktionen zu ermitteln, verwendet man Tabellen. Aus ihnen können wir die Masse m' für das laufende Meter eines Profiles ablesen. (s. auch Tab. **14.2**)

Tabelle **14.3** Masse blanker Rundstahl, blanker Quadratstahl, blanker Sechskantstahl

Maße	Masse m' in kg/m		
d, a, s	DIN 668	DIN 178	DIN 176
2	0,0247	0,0314	0,0272
4	0,0986	0,126	0,109
8	0,395	0,502	0,435
10	0,617	0,785	0,680
16	1,58	2,01	1,74
20	2,47	3,14	–
36	7,99	10,2	8,81
50	15,4	19,6	17,0
80	39,5	50,2	43,5
100	61,7	78,5	68,0

Wollen wir die Masse von Blechen bestimmen, machen wir das ebenfalls mit Tabellen. Aus ihnen lesen wir den Wert m'' für 1 m^2 ab. Bei Drähten erhalten wir die Masse m' in Kilogramm pro 1000 m Länge.

Tabelle **14.4** Masse ausgewählter Blech- und Drahtmaße

Warmgewalztes Blech DIN 1016		Stahldraht kaltgezogen DIN 177	
Dicke	Masse m'' in kg/m^2	Durchmesser	Masse m' in kg/1000 m
1,00	7,85	0,25	0,385
2,00	15,70	0,4	0,989
3,00	23,55	0,8	3,95
5,00	39,25	1,0	6,16
8,00	62,80	2,0	24,6
10,00	78,50	2,5	38,5
12,50	98,13	4,0	98,9

Wollen wir mit den Tabellen die Masse von Profilen oder Drähten bestimmen, suchen wir die längenbezogene Masse m', bei Blechen die flächenbezogene Masse m'' aus der Tabelle heraus und multiplizieren sie mit der Länge l bzw. der Fläche A.

Profile und Drähte

$$m = m' \cdot l \qquad l = \frac{m}{m'}$$

Bleche

$$m = m'' \cdot A \qquad A = \frac{m}{m''}$$

Beispiele 1 Wie viel wiegt eine Blechtafel 800 × 2500 × 2?

Lösung Das Blech ist ein Rechteck. Wir setzen die Flächenformel in die Formel ein.

$$m = m'' \cdot A$$
$$m = m'' \cdot a \cdot b$$

Den Wert für m'' lesen wir aus der Tabelle ab. Die gegebenen Maße des Bleches setzen wir in der benötigten Einheit ein und rechnen.

geg.: $a = 0{,}8$ m
$\qquad b = 2{,}5$ m
$\qquad m'' = 15{,}7$ kg/m^2

ges.: m in kg

$m = 15{,}7$ kg/m$^2 \cdot 0{,}8$ m $\cdot 2{,}5$ m $= \underline{\underline{\textbf{31,4 kg}}}$

Die Blechtafel wiegt 31,4 kg.

Beispiel 2 Für den Transport auf eine Baustelle liegen 4 Träger IPB-Profil DIN 1025-St37-2-220 von je 14 m Länge bereit. Wie groß ist deren Masse?

Lösung Wir suchen aus der Tabelle für Breitflanschträger den Wert für m' heraus, setzen ihn mit dem gegebenen Wert für die Gesamtlänge in die Formel ein und rechnen.

geg.: $m' = 71{,}5$ kg/m $l = 4 \cdot 14$ m
ges.: m in kg

$m = m' \cdot l$

$m = 71{,}5$ kg/m $\cdot 4 \cdot 14$ m $= \underline{\underline{\textbf{4004 kg}}}$

Die Träger haben eine Masse von 4004 kg.

14.4   Gewichtskraft

Fällt auf der Erde ein Körper aus einer bestimmten Höhe, so wird er immer schneller. Die Masse der Erdkugel zieht ihn an. Wenn die Geschwindigkeit gemessen wird, stellt man fest, dass sie in jeder Sekunde um 9,81 m/s zunimmt. Der Körper wird also beschleunigt, wir sprechen von Fall- oder auch Erdbeschleunigung g.

> Die Erdbeschleunigung beträgt 9,81 m/s^2.

Weil die Erde abgeplattet ist, gilt dieser Wert nur im mitteleuropäischen Raum. Er nimmt zum Äquator hin ab, zu den Polen hin zu. Für technische Berechnungen können wir mit einem gerundeten Wert von 10 m/s^2 rechnen.

> In technischen Berechnungen arbeiten wir mit 10 m/s^2.

Auch ein Körper z. B. auf einer Tischplatte wird mit diesem Wert beschleunigt. Die Platte verhindert, dass er fällt. Die Beschleunigung erzeugt aber eine Kraft, die auf die Tischplatte wirkt. Wir nennen sie Gewichtskraft F_G. Weil die Gewichtskraft von der Masse eines Körpers abhängt, lässt sie sich einfach berechnen.

$$F_G = m \cdot g$$

Setzen wir in diese Formel Werte ein, erhalten wir für die Einheit kg · m/s^2. Wir bezeichnen sie als Newton N (sprich Njutn), größere Kräfte erhalten die Einheit kN. Newton war ein englischer Physiker.

> Die Einheit der Gewichtskraft F_G ist das Newton N. Ein Newton ist 1 kg · m/s^2.
> 1 kN entspricht 1000 N

Beispiel   Mit einem Kran wird ein 9,75 m langer Träger IPB 200 gehoben. Welche Kraft wirkt auf die Tragseile?

Lösung   *1. Schritt:* Wir bestimmen die Masse des Trägers.

geg.: (nach Tabelle) $m' = 61,3$ kg/m
ges.: m

$m = m' \cdot l = 61,3$ kg/m · 9,75 m
= **597,68 kg**

2. Schritt: Wir setzen die Werte in die Formel ein und rechnen.

$F_G = m \cdot g = 597,68$ kg · 10 m/s^2
= **5976,8 N**

Aufgaben

Soweit Angaben z. B. zur Dichte fehlen, wurden diese bewusst weggelassen, um zur Benutzung des Tabellenbuches anzuregen. Ermitteln Sie bitte dort oder auch aus Tabellen dieses Buches fehlende Werte.

1. Ein Augenlager aus Gusseisen hat ein Volumen von 350 cm^3.
   a) Wie groß ist die Masse in Kilogramm?
   b) Wie groß ist die Gewichtskraft?

2. Es sollen Bleche DIN 1016 von 4000 × 1200 × 2 mm transportiert werden. Zur Verfügung steht ein LKW mit 7,5 Tonnen zulässiger Tragkraft.
   a) Wie viel Bleche dürfen maximal geladen werden?
   b) Wie groß ist die Gewichtskraft der Ladung?

3. Eine Messingbuchse wird ausgefräst (Bild **14.2**). Um wie viel Prozent verringert sich die Masse?

4. Wie viel Kilogramm wiegen 500 der in Bild **14.3** skizzierten Scheiben? Wie groß ist die Gewichtskraft?

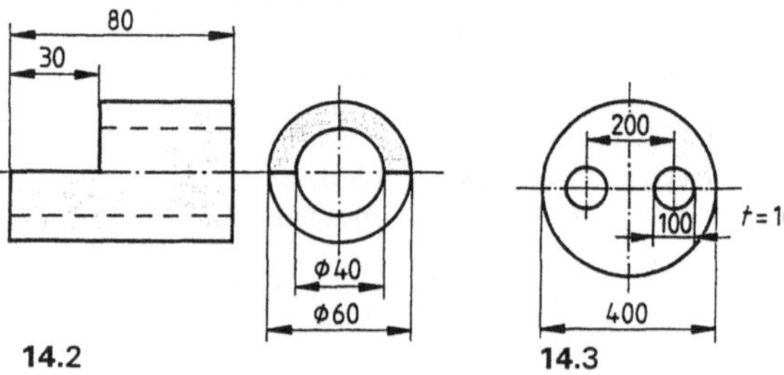

5. Wie viel Prozent Gewichtsersparnis erreicht man, wenn ein Bauteil statt aus Gusseisen aus einer Al-Legierung hergestellt wird?

6. Der Tank eines PKW fasst 70 l Dieselkraftstoff. Um wie viel Kilogramm verringert sich das Gesamtgewicht, wenn das Fahrzeug 385 km gefahren ist und der Durchschnittsverbrauch bei 7,2 l pro 100 km liegt?

7. Ein Turmdrehkran darf eine Last von maximal 3500 kg heben. Auf der Baustelle liegen 16 Hohlprofile DIN 59 410-R-St 37-2-200 × 200 × 8 von 12 m Länge
   a) Wie oft muss der Kran zum Transport eingesetzt werden?
   b) Welche Gewichtskraft wirkt auf den Kranhaken, wenn 6 Profile gehoben werden?

8. Um die Dichte von Dämm-Material zu überprüfen, werden 1,4 m³ gewogen. Die so ermittelte Masse beträgt 323,8 kg. Wie groß ist die Dichte?

9. Ein Heizöltank enthält 3500 l. Um dessen Wärmemenge zu ermitteln, muss der Inhalt in Kilogramm umgerechnet werden. Wie viel Kilogramm Heizöl enthält der Tank?

10. Ein Tank (Bild **14.4**) wird aus 8 mm dickem Blech geschweißt.
    a) Wie schwer ist der leere Tank, wenn für die Schweißnähte mit einer Gewichtszugabe von 2% zu rechnen ist?
    b) Wie groß ist die Gewichtskraft des leeren Tanks?

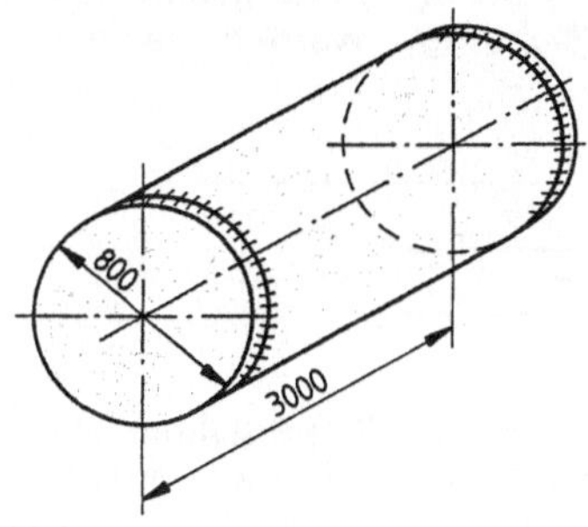

14.4

11. Dies Glieder einer Kette (Bild **14.6**) sind aus Rundstahl von 8 mm Durchmesser gerfertigt. Wie groß ist die Masse einer Kette, die aus 80 Gliedern besteht?

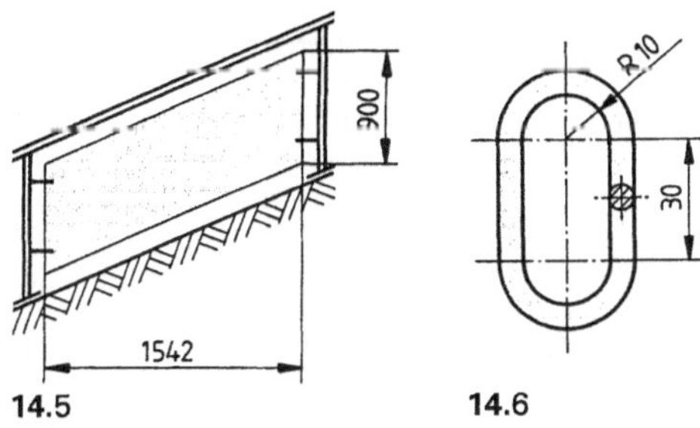

14.5   **14.6**

12. Die Ausfachung eines Treppengeländers (Bild **14.5**) besteht aus Sicherheitsglas (ρ = 2,5 kg/dm³) von 10 mm Dicke. Wie groß ist die Masse einer Tafel in kg?

13. Für das Geländer einer Dachterrasse werden u. a. benötigt: 8 Pfosten Hohlprofil DIN 59411-R St 37-2-60 × 60 × 4, 900 mm lang; 8,68 m Hohlprofil DIN 59411-R St 37-2-80 × 40 × 4; 53,3 m L-Profil DIN 1022-St 37-2-LS 20 × 3.
    a) Bestimmen Sie die Masse anhand eines Tabellenbuches.
    b) Wie groß ist die Gewichtskraft des Geländers, wenn für die erforderlichen Verbindungen ein Zuschlag von 2,5% angenommen wird.

14. Für die Spezialanfertigung einer Metalltür werden 5,2 m Hohlprofil DIN 59411-St 37-2-30 × 30 × 1,6 und 2,88 m² Blech DIN 1016 von 2 mm Dicke verarbeitet. Der Hohlraum der Tür wird mit 0,04 m³ Glaswolle zur Wärmedämmung ausgefüllt.
    a) Was wiegt die Tür?
    b) Wie groß ist die Gewichtskraft?

15. Eine Welle aus Stahl ruht auf zwei Lagern (Bild **14.7**). Mit welcher Kraft wird jedes Lager belastet?

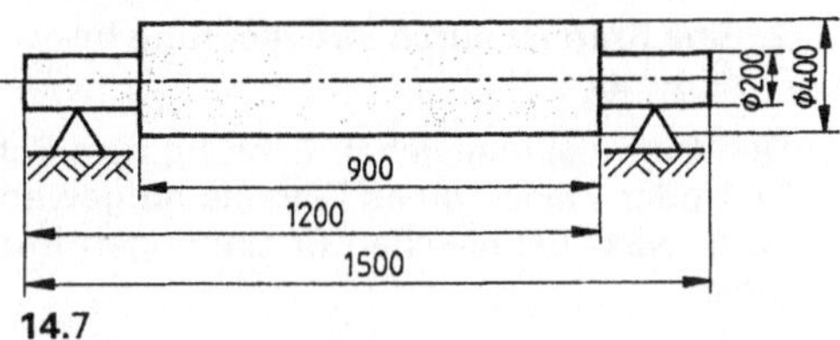

14.7

16. Für eine Hofeinfahrt soll ein Schiebetor hergestellt werden. Verwendet werden 26 m rechteckige Stahlrohre DIN 59410 100 × 60 × 4,5, 93,6 m Flachstahl DIN 174 40 × 6. Wie groß sind
    a) die Masse, b) die Gewichtskraft?

17. Ein Transportkorb (Bild **14.8**) belastet ein Seil mit 6,5 kN.
    a) Wie groß ist die Masse des Korbes?
    b) Wie viel Meter L-Stahl DIN 1028 30 × 4 wurden bei seiner Herstellung verarbeitet, wenn der Anteil an der Last 4,9% beträgt?

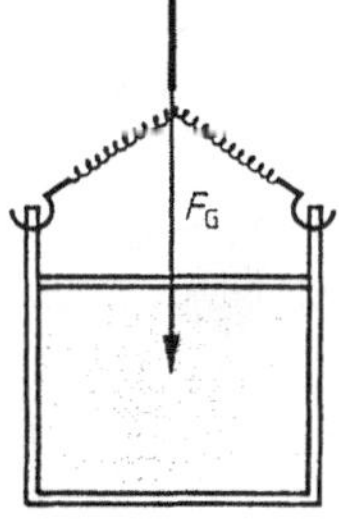

14.8

18. Ein LKW, 7,5 t Eigengewicht, ist mit 14 Längen U-Profil DIN 1026-St 37-2-U 100 á 3,5 m beladen. Welche Gewichtskraft wirkt auf die Achsen?

15 Kräfte

Die Einheit der Kraft ist das Newton (N).

Kräfte kann man nicht sehen, sondern nur an ihren Wirkungen erkennen. Die Wirkung eines Hammerschlages ist solange nicht erkennbar, bis er z. B. auf glühenden Stahl trifft. Beim Auftreffen des Hammers erfolgt die Verformung.

Eine Kraft wird erst wirksam, wenn eine Gegenkraft vorhanden ist.

Je größer der Hammer und je kräftiger der Schlag, desto größer die Verformung.

1. Eine Kraft ist durch ihre Größe bestimmt.

Wird ein Wagen geschoben, so bewegt er sich in die Richtung, in die die Kraft wirkt.

2. Eine Kraft ist durch ihre Richtung bestimmt.

Die Kraft, die in gleicher Richtung zum Schieben oder Ziehen eines Wagens aufgewendet wird, wirkt bei gleichen Bedingungen immer gleich.

3. Eine Kraft ist durch ihre Wirkungslinie bestimmt.

Kräfte sind durch Größe, Richtung Wirkungslinie bestimmt. Sie lassen sich auf ihrer Wirkungslinie beliebig verschieben.

15.1 Darstellung von Kräften

Eine Kraft wird durch Pfeile in einem Kräftemaßstab dargestellt. Die Länge gibt die *Größe* der Kraft an, die Pfeilspitze die *Richtung*, in die die Kraft wirkt (Bild **15.1**). Als Kräftemaßstab M_F wählen wir eine Längeneinheit.

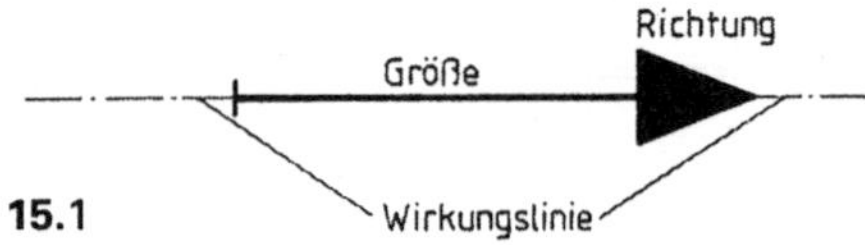

15.1

Beispiel 1 cm $\widehat{=}$ 1000N

Wir lesen: 1 cm entspricht 1000 N, oder 1000 N pro cm

15.2 Zusammenfassen von Kräften

In der Praxis wirken häufig mehrere Kräfte auf einen Körper. Wir können sie zu einer Gesamtkraft F_R, der Resultierenden zusammenfassen und durch diese ersetzen.

Die Resultierende F_R hat die gleiche Wirkung wie alle Kräfte zusammen.

15.2.1 Kräfte mit gleicher Wirkungslinie

Wirken Kräfte auf der gleichen Wirkungslinie in gleicher Richtung, können wir sie addieren; wirken sie entgegengesetzt, sind sie zu subtrahieren.

Kräfte mit gleicher Wirkungslinie und gleicher Richtung werden addiert (Bild **15.2**)

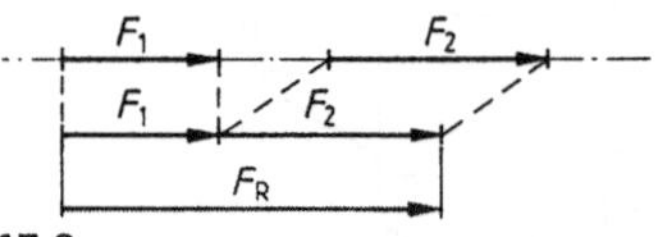

15.2

Kräfte mit gleicher Wirkungslinie und entgegengesetzter Richtung werden subtrahiert (Bild **15.3**).

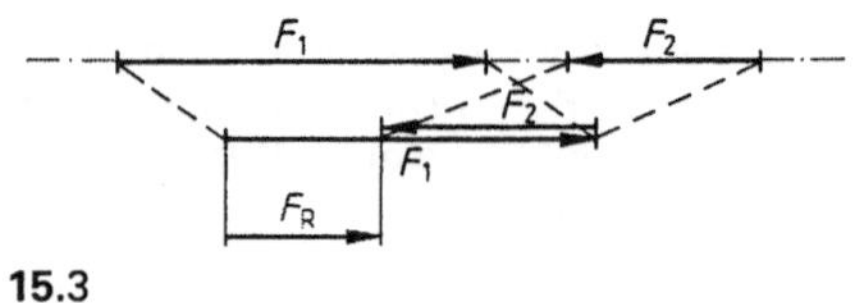

15.3

Beispiel 1 Durch welche Kraft F_R können die Kräfte F_1 = 120 N und F_2 = 60 N (Bild **15.2**) ersetzt werden? Lösen Sie die Aufgabe a) rechnerisch und b) zeichnerisch.

Lösung   a) geg.: F_1 = 120 N   ges.: F_R in N

F_2 = 60 N

$$\underline{\underline{F_R}} = F_1 + F_2 = 120\ N + 60\ N = \underline{\underline{\textbf{180 N}}}$$

Die resultierende Kraft beträgt 180 N.

Lösung, b) *1. Schritt:*
Forts.   Wir wählen einen geeigneten Kräftemaßstab. Hier angemessen $M_F =$
1 cm $\hat{=}$ 30 N.

2. Schritt:
Wir zeichnen die Kräfte maßstäblich
auf eine Wirkungslinie (für F_1 4 cm,
für F_2 2 cm).

3. Schritt:
Wir tragen die Resultierende ein und
messen 6 cm (Bild **15.4**).

4. Schritt:
Wir rechnen den Kräftemaßstab um
und erhalten

$$\underline{\underline{F_R}} = \frac{6\ \text{cm} \cdot 60\ \text{N}}{\text{cm}} = \textbf{180 N}$$

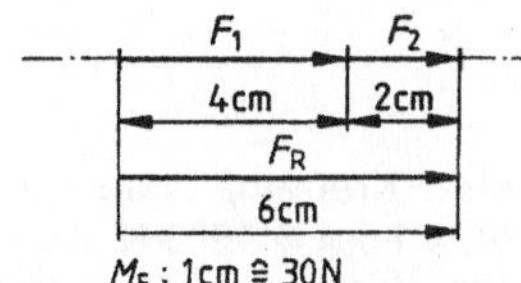

15.4

Beispiel 2   Den Kräften $F_1 = 2800$ N und
$F_2 = 1500$ N wirkt auf derselben Wirkungslinie eine Kraft $F_3 = 2450$ N entgegen. Wie groß ist die resultierende
Kraft F_R? Lösung a) rechnerisch und
b) zeichnerisch.

Lösung   a) geg.: $F_1 = 2800$ N   ges.: F_R in N
                    $F_2 = 1500$ N
                    $F_3 = 2450$ N

$F_R = F_1 + F_2 - F_3$

$\underline{\underline{F_R}} = 2800$ N + 1500 N – 2450 N

$\underline{\underline{\quad}} = \textbf{1850 N}$

b) gewählt $M_F = 1$ cm $\hat{=}$ 500 N (Bild **15.5**)

15.5

15.2.2   Beliebig gerichtete Kräfte

Sollen Kräfte verschiedener Wirkungslinien
zusammengefasst werden, erfolgt das zeichnerisch über das Kräfteparallelogramm oder
das Krafteck.

Beispiel 1   An einem Punkt P greifen die Kräfte
$F_1 = 300$ N und $F_2 = 180$ N unter ei-
nem Winkel von 30° an (Bild **15.6**).
Ermitteln Sie die Resultierende zeichnerisch.

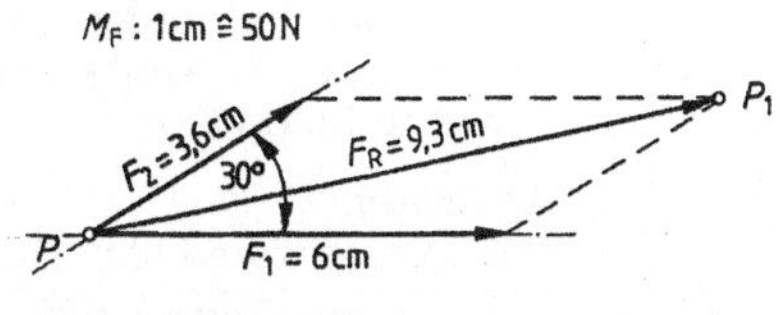

15.6

Lösung   gewählter Kräftemaßstab $M_F = 1$ cm
$\hat{=}$ 50 N

1. Schritt:
Wir bestimmen einen Punkt P und
zeichnen die Wirkungslinien unter einem Winkel von 30°.

2. Schritt:
Wir tragen die Kräfte $F_1 = 6$ cm und
$F_2 = 3,6$ cm von P ausgehend ab.

3. Schritt:
Wir ziehen durch die Endpunkte der
Kräfte Parallele zu den Wirkungslinien, die sich in P_1 schneiden. $P - P_1$
ist die resultierende Kraft F_R.

4. Schritt:
Wir messen $P - P_1 = 9,3$ cm und rechnen den Wert um.

$$\underline{\underline{F_R}} = \frac{9,3\ \text{cm} \cdot 50\ \text{N}}{\text{cm}} = \textbf{465 N}$$

Beispiel 2   In einer Ebene wirken drei Kräfte $F_1 =$
3000 N, $F_2 = 4000$ N und $F_3 = 1800$ N
(Bild **15.7**). Bestimmen Sie zeichnerisch die Resultierende.

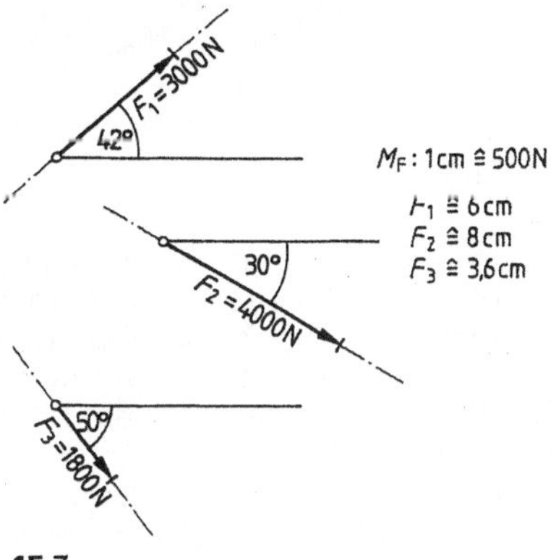

15.7

Lösung   Als Kräftemaßstab wählen wir M_F = 1 cm $\hat{=}$ 500 N

1. Schritt:
Wir verlängern die Wirkungslinien der Kräfte F_1 und F_2 so, dass sie sich schneiden und tragen vom Schnittpunkt aus die Kräfte maßstabsgerecht ab (Bild **15.8**).

2. Schritt:
Wir konstruieren die Parallelen zu den Wirkungslinien der Kräfte und zeichnen die resultierende Kraft F_{R1}.

3. Schritt:
Wir verschieben die Wirkungslinien von F_{R1} und F_3 so, dass sie sich schneiden.

4. Schritt:
Wir konstruieren die Parallelen zu den Wirkungslinien von F_{R1} und F_3 und zeichnen die Resultierende F_R.

5. Schritt:
Wir messen die Länge der Resultierenden und rechnen den Wert um.

$$\underline{\underline{F_R}} = \frac{9{,}7\ \text{cm} \cdot 50\ \text{N}}{\text{cm}} = \underline{\underline{4850\ \text{N}}}$$

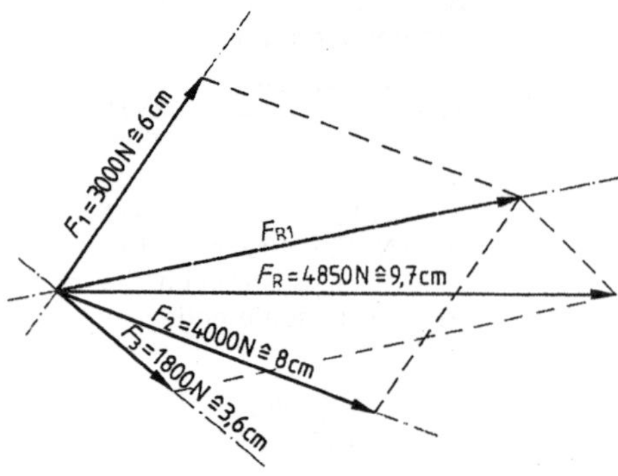

15.8

Sollen mehrere Kräfte zusammengefasst werden, wird die Konstruktion mit Kräfteparallelogrammen sehr unübersichtlich. Besser ist das Zeichnen eines Kraftecks. Wir reihen die gegebenen Kräfte wieder in einem Kräftemaßstab parallel zu ihren Wirkungslinien aneinander, verbinden den Startpunkt des Linienzuges mit dem Endpunkt und erhalten so die Resultierende.

Beispiel   Die Kräfte F_1 = 2000 N, F_2 = 3500 N, F_3 = 5000 N, F_4 = 1500 N sollen zusammengefasst werden (Bild **15.9**). Wie groß ist die Resultierende F_R?

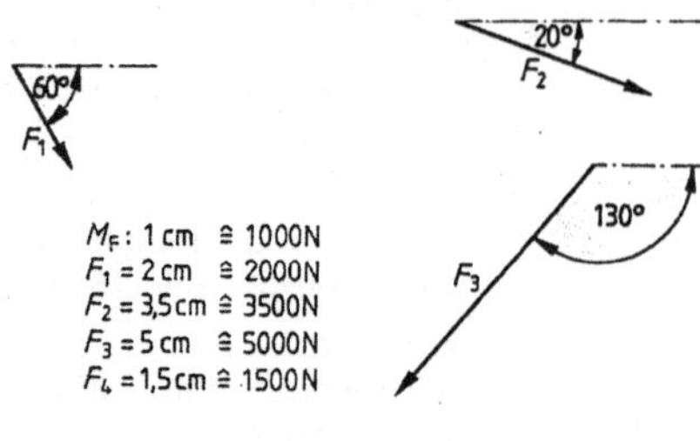

15.9

Lösung   Als Kräftemaßstab wählen wir M_F = 1 cm $\hat{=}$ 1000 N Bild **15.10** zeigt das Vorgehen. Wir verschieben F_2 parallel zur Wirkungslinie so, dass sie an F_1 angefügt wird (1). Gleich verfahren wir mit F_3 und F_4 (2) und (3). Wir verbinden den Startpunkt des Linienzuges mit dem Endpunkt und erhalten die Resultierende F_R. Wir messen sie und rechnen um.

$$\underline{\underline{F_R}} = \frac{7{,}1\ \text{cm} \cdot 1000\ \text{N}}{\text{cm}} = \underline{\underline{7100\ \text{N}}}$$

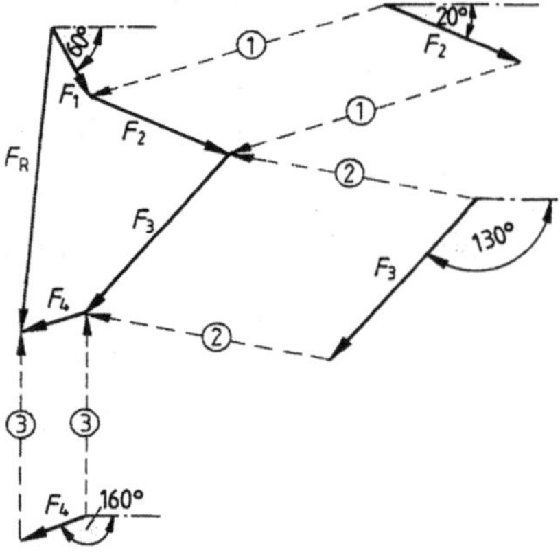

15.10

Ein solches Krafteck bezeichnen wir als offenes Krafteck. Die Kräfte F_1 bis F_4 heben sich gegeneinander nicht auf.

> Im offenen Krafteck herrscht kein Kräftegleichgewicht.

Wenn beim Zusammenfassen mehrerer Einzelkräfte keine resultierende Kraft entsteht, spricht man vom Kräftegleichgewicht. Die Einzelkräfte heben sich auf. Wir sprechen dann von einem geschlossenen Krafteck.

> Im geschlossenen Krafteck herrscht Kräftegleichgewicht.

15.3 Zerlegen von Kräften

So wie es erforderlich ist, durch Zusammenfassen von Kräften deren Wirkung zu veranschaulichen, müssen Kräfte auch zerlegt werden, um die Größe von Einzelkräften zu ermitteln.

Beispiel Wie groß sind die Stabkräfte F_1 und F_2 des Kragträgers in Bild **15.11**?

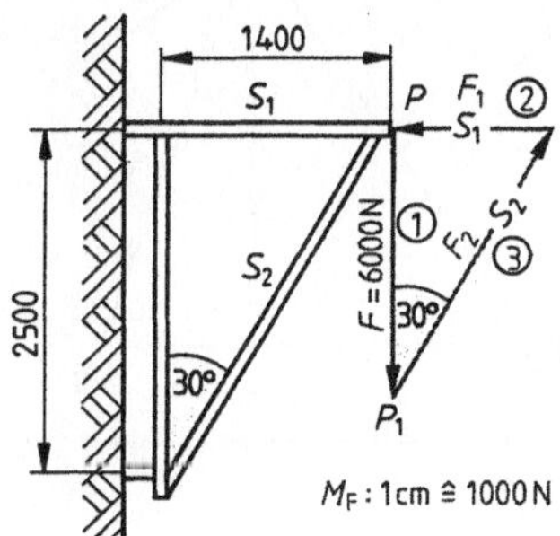

15.11

Lösung Wir wählen einen Kräftemaßstab, hier $M_F = 1\ \mathrm{cm} \stackrel{\wedge}{=} 1000\ \mathrm{N}$.

1. Schritt:
Wir zeichnen die senkrecht wirkende Kraft F im Kräftemaßstab, hier 6 cm lang (1). P ist der Angriffspunkt der Kraft.

2. Schritt:
Wir zeichnen in P senkrecht zu F die Wirkungslinie s_1 der Kraft F_1 (2).

3. Schritt:
Wir zeichnen von der Pfeilspitze P_1 aus die Wirkungslinie s_2 der Kraft F_2 unter einem Winkel von 30° bis zum Schnittpunkt mit der Wirkungslinie von s_1 und erhalten so F_1 und F_2 (3).

4. Schritt:
Wir messen die Längen und rechnen sie über den Kräftemaßstab in N um.

gemessen: F_1 = 3,3 cm, F_2 = 6,9 cm

$$\underline{\underline{F_1}} = \frac{3,3\ \mathrm{cm} \cdot 1000\ \mathrm{N}}{\mathrm{cm}} = \underline{\underline{\textbf{3300 N}}}$$

$$\underline{\underline{F_2}} = \frac{6,6\ \mathrm{cm} \cdot 1000\ \mathrm{N}}{\mathrm{cm}} = \textbf{6900}$$

Einfache Aufgaben zur Kräftezerlegung lassen sich auch rechnerisch mit dem Pythagoras oder den Winkelfunktionen lösen. Wir wollen das dort durchführen, wo Kräfte rechtwinklig zueinander stehen.

Beispiel Löse das Beispiel Bild **15.11** rechnerisch.

Lösung Das Krafteck Bild **15.12** bildet ein rechtwinkliges Dreieck mit den Seiten F, F_1 und F_2 und einem Winkel 30° bei P_1. Wir wenden die Winkelfunktionen an.

geg.: F = 6000 N   ges.: F_1, F_2 in N
α = 30°

$$\tan \alpha = \frac{\text{Gegenkathete}}{\text{Ankathete}} = \frac{F_1}{F}$$

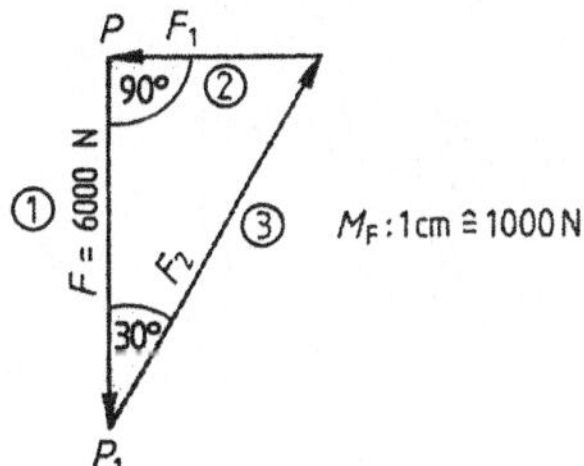

15.12

$F_1 = F \cdot \tan \alpha = 6000\ \mathrm{N} \cdot \tan 30°$
$\quad = 6000\ \mathrm{N} \cdot 0{,}5774 = \textbf{3464 N}$

Die Kraft F_1 ist 3464 N groß.

$$\cos \alpha = \frac{\text{Ankathete}}{\text{Hypotenuse}} = \frac{F}{F_2}$$

$$\underline{\underline{F_2}} = \frac{F}{\cos \alpha} = \frac{6000\ \mathrm{N}}{\cos 30°} = \frac{6000\ \mathrm{N}}{0{,}8666} = \underline{\underline{6928\,\mathrm{N}}}$$

Die Kraft F_2 ist 6928 N groß.

Abweichungen gegenüber der zeichnerischen Lösung ergeben sich aus Zeichenungenauigkeiten.

Aufgaben

1. An einem Punkt P greifen zwei Kräfte an (Bild **15.13**).

   a) Bestimmen Sie die resultierende Kraft zeichnerisch, b) ermitteln Sie die Resultierende durch Rechnung.

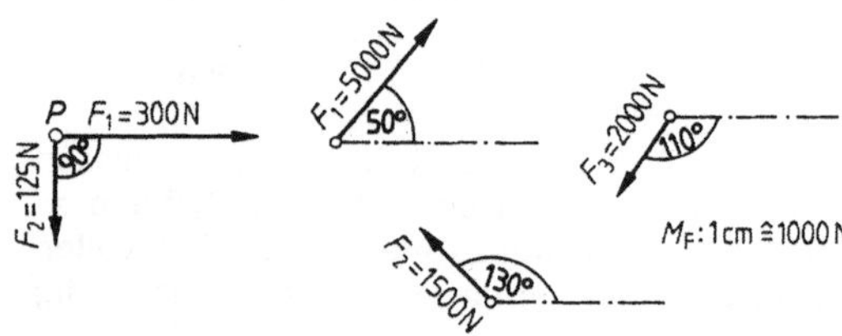

15.13   15.14

2. Durch welche Kraft F_R können die in Bild **15.14** dargestellten Kräfte ersetzt werden? (Lösung zeichnerisch)

3. Zwischen zwei Masten ist ein Stahlseil gespannt, an dem eine Lampe von 10 kg Masse hängt (Bild **15.15**).

   a) Wie groß sind die Seilkräfte F_1 und F_2?

   b) Wie groß sind die Seilkräfte bei einem Winkel von 160°, 170°?

   c) Warum kann das Seil nicht so gespannt werden, dass der Winkel 180° wird? (Lösung für a) und b) zeichnerisch)

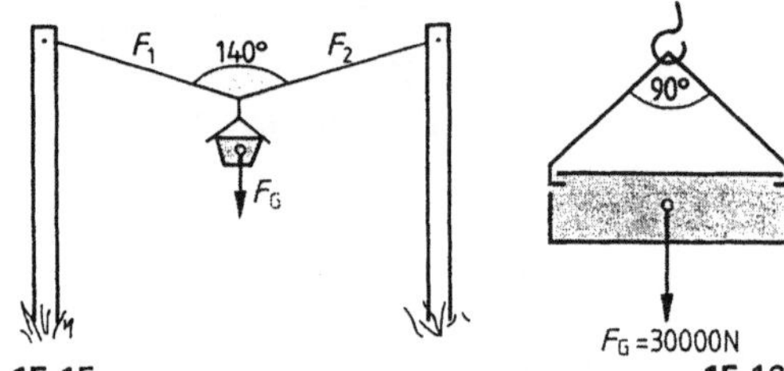

15.15   15.16

4. Mit einem Kran wird eine Last F_G = 30000 N angehoben (Bild **15.16**). Ermitteln Sie durch Zeichnung und durch Rechnung, mit welcher Kraft die Seile belastet werden.

5. Um eine festgelegte Geschwindigkeit zu halten, muss ein Fahrzeug eine Antriebskraft von 1350 N entwickeln.

   a) Wie groß ist die wirksame Antriebskraft, wenn Fahrwiderstände von 280 N vorliegen?

   b) Um wie viel Prozent muss die Antriebskraft erhöht werden, damit die geforderte Geschwindigkeit erhalten werden kann?

6. Ein Hebebaum ist mit einem Stahlseil mit Hilfe eines Ankers verspannt (Bild **15.17**). Ermitteln Sie zeichnerisch die Belastung des Seiles F_1 und des Hebebaumes F_2.

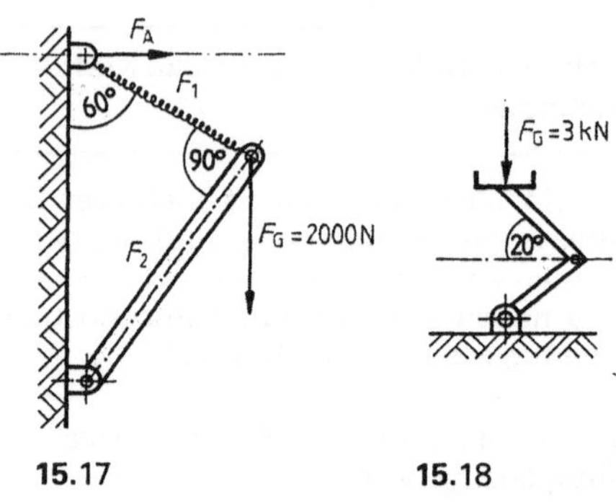

15.17   15.18

7. Auf einem Wagenheber (Bild **15.18**) ruht ein Last von 3 kN. Ermitteln Sie zeichnerisch die Belastung der Hubarme.

8. Bestimmen Sie über ein Krafteck die Stabkräfte F_{S1} und F_{S2} (Bild **15.19**). Wann herrscht Kräftegleichgewicht?

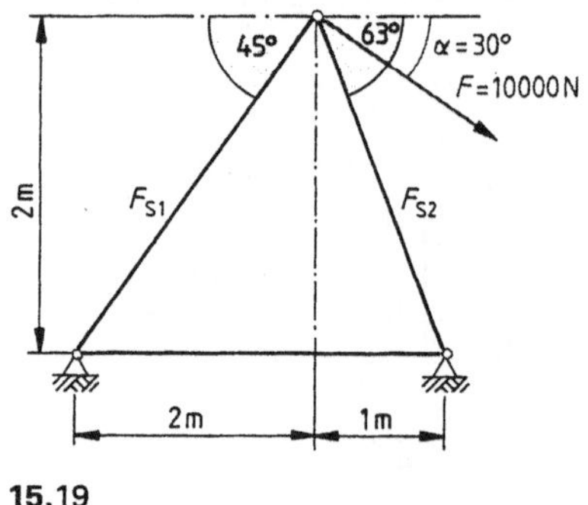

15.19

9. Bild **15.20** zeigt das Knotenblech eines Fachwerkes. Bestimmen Sie zeichnerisch die Stabkräfte F_1 und F_2.

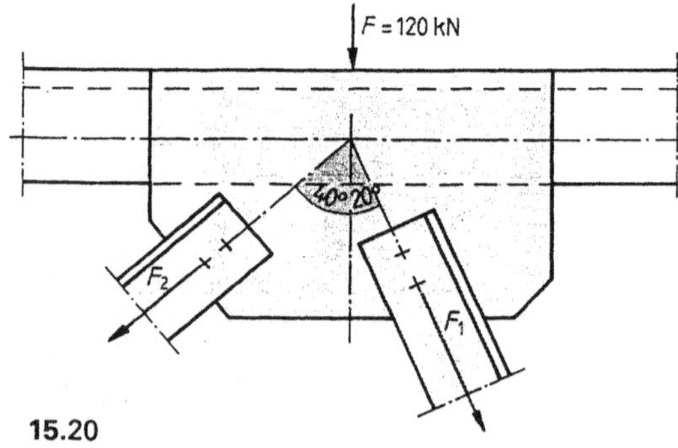

15.20

10. Auf einer Laderampe steht eine Werkzeugmaschine mit einer Masse von 2500 kg (Bild **15.21**). Ermitteln Sie zeichnerisch und rechnerisch die Kräfte F_1 und F_2.

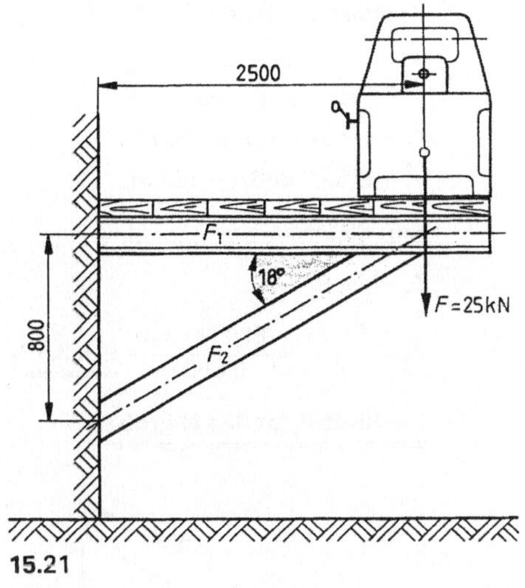

15.21

11. Das Obermesser einer Schere dringt mit einer Kraft von $F = 800$ N in den Werkstoff ein (Bild **15.22**). Ermitteln Sie zeichnerisch die Seitenkraft F_1.

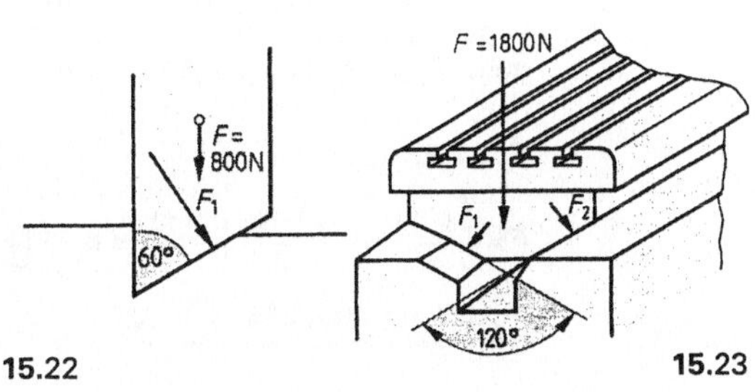

15.22   **15.23**

12. Die Führung eines Maschinenschlittens wird mit 1800 N belastet (Bild **15.23**). Ermitteln Sie zeichnerisch die Kraft, die auf die Gleitflächen wirkt.

15.4 Kräfte am Hebel

Physikalisch gehört der Hebel zu den einfachen Maschinen. Darunter versteht man eine Vorrichtung, mit deren Hilfe man Kraft übertragen kann.

> Ein Hebel ist ein starrer Körper, der in einem Punkt, dem Drehpunkt, drehbar gelagert ist.

Bild **15.24** zeigt die verschiedenen Hebelarten. l_1 und l_2 sind die wirksamen Hebelarme.

> Der wirksame Hebelarm ist immer der senkrechte Abstand vom Angriffspunkt der Kraft zum Drehpunkt.

Das Produkt aus Kraft × Hebelarm bezeichnen wir als *Drehmoment*. Daraus ergibt sich auch die Einheit Newtonmeter Nm.

> Die Einheit des Drehmoments ist das Nm.

Grundlage der Hebelberechnungen ist die *Gleichgewichtsbedingung*, Kraft × Kraftarm = Last × Lastarm.

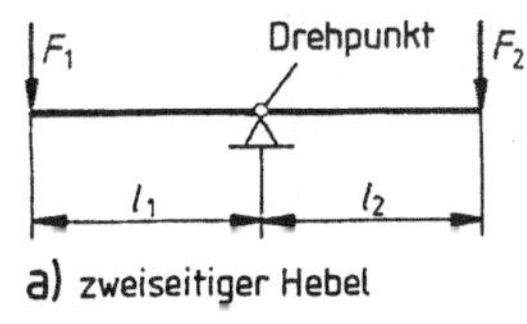

a) zweiseitiger Hebel

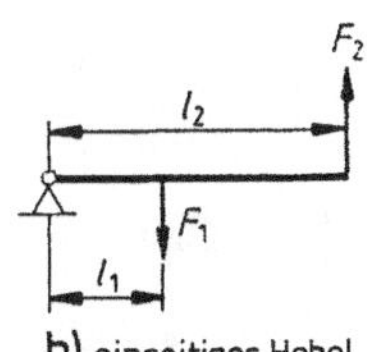

b) einseitiger Hebel

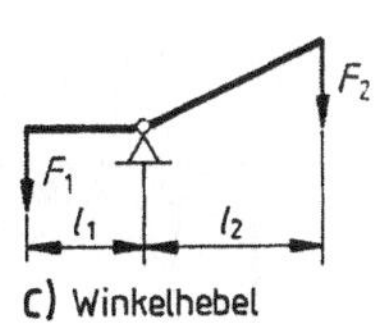

c) Winkelhebel

15.24

$$F_1 \cdot l_1 = F_2 \cdot l_2$$

$$F_1 = \frac{F_2 \cdot l_2}{l_1} \qquad F_2 = \frac{F_1 \cdot l_1}{l_2}$$

$$l_1 = \frac{F_2 \cdot l_2}{F_1} \qquad l_2 = \frac{F_1 \cdot l_1}{F_2}$$

Beispiel 1 Wie groß muss die Kraft F sein, damit das Sicherheitsventil öffnet (Bild **15.25**)?

Lösung Es handelt sich um einen einarmigen Hebel. Die gegebenen Werte rechnen wir vor der Rechnung in die erforderlichen Einheiten um.
geg.: $F_1 = 12{,}5$ N, $l_1 = 0{,}5$ m, $l = 0{,}1$ m
ges.: F in N
$$F \cdot l = F_1 \cdot l_1$$

$$F = \frac{F_1 \cdot l_1}{l} = \frac{12{,}5 \text{ N} \cdot 0{,}5 \text{ m}}{0{,}1 \text{ m}} = 62{,}5 \text{ N}$$

Das Ventil öffnet bei 62,5 N.

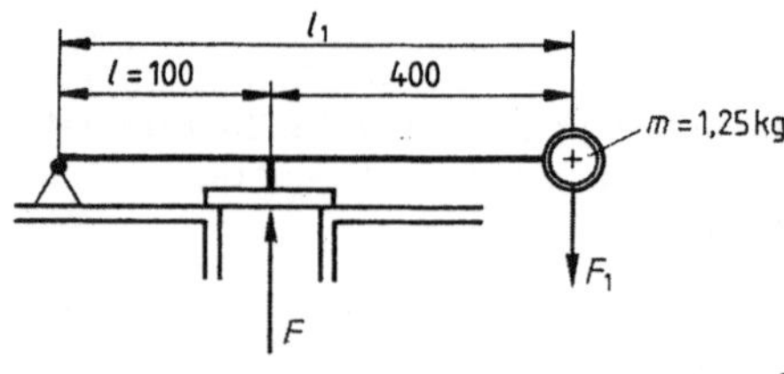

15.25

Beispiel 2 Wie groß muss die Kraft F_2 sein, damit sich der Winkelhebel (Bild **15.26**) im Gleichgewicht befindet?

Lösung Da die Länge des wirksamen Hebelarmes unbekannt ist, müssen wir diesen zunächst mit einer Winkelfunktion berechnen.

geg.: $\alpha = 30°$, $l = 1$ m, $F_1 = 800$ N
ges.: l_2 in m
Im Teildreieck ABC können wir den Kosinus aufstellen.

$$\cos \alpha = \frac{\text{Ankathete}}{\text{Hypotenuse}} = \frac{l_2}{l}$$

$$l_2 = l \cdot \cos \alpha = 1 \text{ m} \cdot \cos 30°$$
$$= 1 \text{ m} \cdot 0{,}866 = \mathbf{0{,}866 \text{ m}}$$

Mit dem Wert rechnen wir weiter.

$$F_1 \cdot l_1 = F_2 \cdot l_2$$

$$F_2 = \frac{F_1 \cdot l_1}{l_2} = \frac{800 \text{ N} \cdot 1 \text{ m}}{0{,}866 \text{ m}} = 923{,}8 \text{ N}$$

Die Kraft F_1 ist 924 N groß.

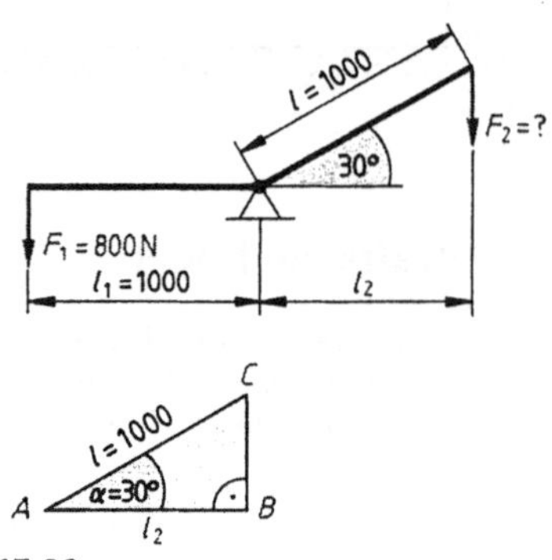

15.26

Aufgaben

1. Welches Gewicht in kg ist erforderlich, damit das Ventil (Bild **15.27**) öffnet?

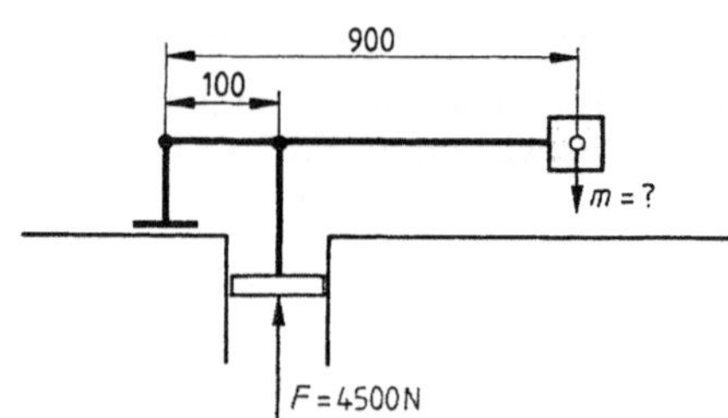

15.27

2. Welche Handkraft F_H ist erforderlich, die Seilwinde am Abrollen zu hindern (Bild **15.28**).

3. Wie groß darf die Last des in Bild **15.29** skizzierten Kran maximal sein, wenn das Gegengewicht eine Masse von 5000 kg hat?

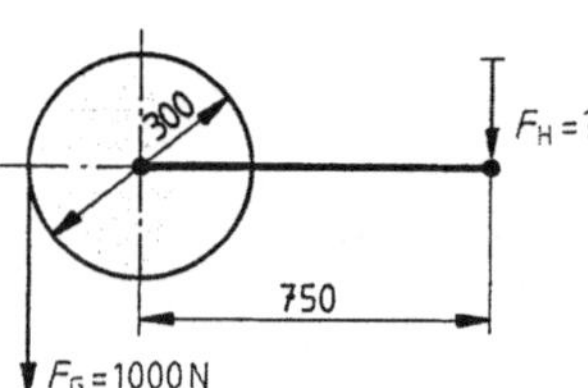

15.28

15.29

4. Bei welcher Handkraft muss der Drehmomentenschlüssel (Bild **15.30**) ausklinken, wenn ein Drehmoment von 110 Nm nicht überschritten werden darf?

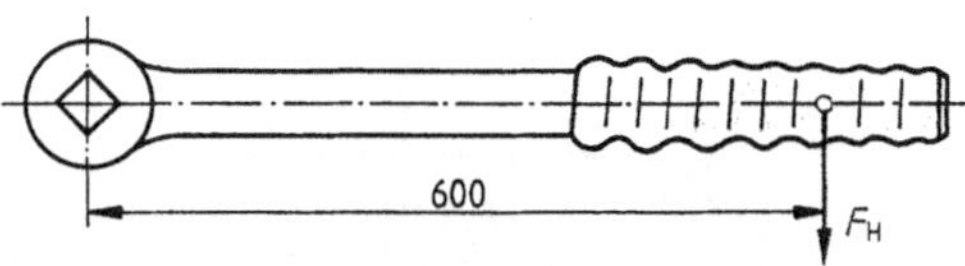

15.30

5. Welche Zugkraft wirkt auf das Lager bei A (Bild **15.31**), wenn eine Last von 1500 kg gehoben wird?

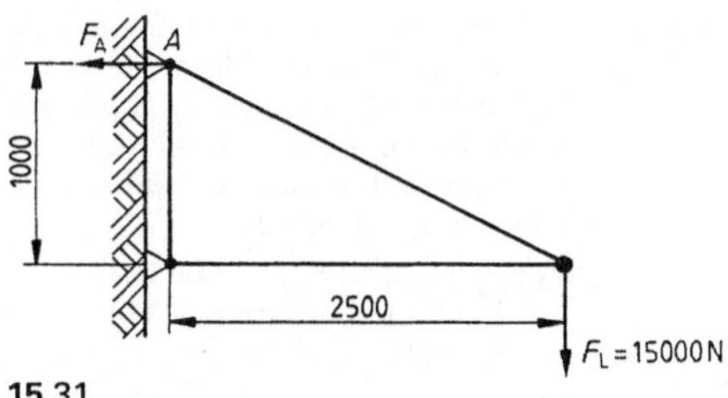

15.31

6. Mit welcher Kraft wird der Hauptbremszylinder der in Bild **15.32** skizzierten Fußbremse beaufschlagt?

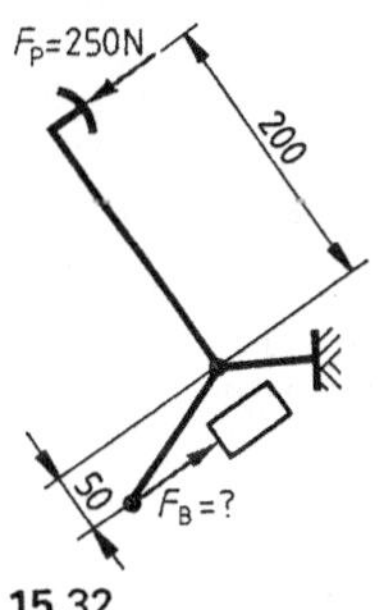

15.32

7. Welche Schnittkraft kann mit der Zange (Bild **15.33**) ausgeübt werden?

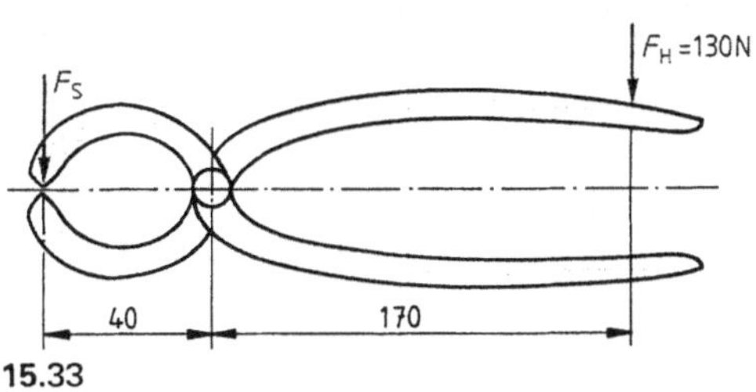

15.33

8. Mit welcher Kraft wird das Seil beim Kippen des Stahlblockes belastet (Bild **15.34**).

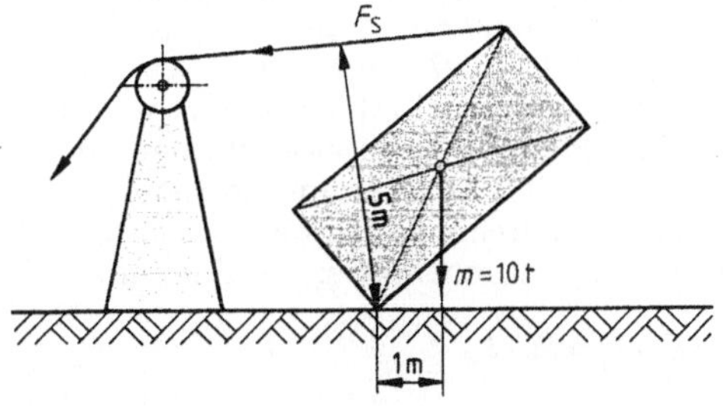

15.34

9. Das in Bild **15.35** skizzierte Flugzeug hat eine Masse von 4500 kg. Auf das Spornrad wirkt eine Kraft von 5000 N. Wie groß ist der Schwerpunktabstand s?

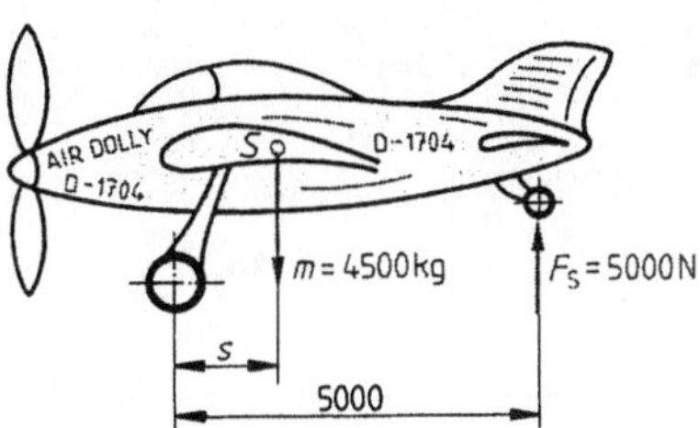

15.35

10. Ein Turmdrehkran darf eine Last von 4750 kg bis zu 40 m ausfahren (Bild **15.36**).

   a) Welche Masse in Tonnen muss das Gegengewicht haben?

   b) Welche Last darf der Kran höchstens heben, wenn die Laufkatze 60 m ausgefahren wird?

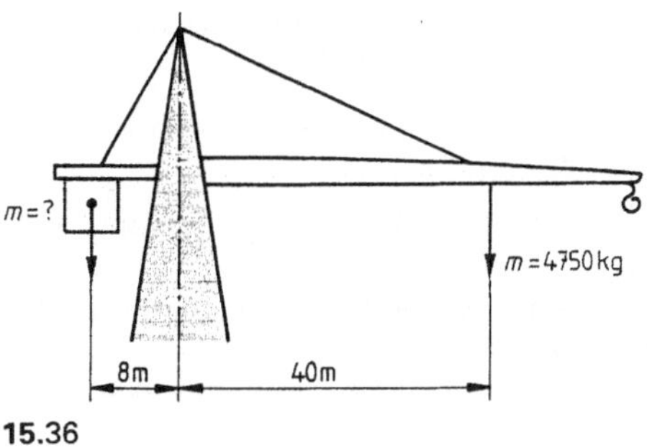

15.36

15.5 Drehmoment

Wir haben gelernt, dass das Produkt aus Kraft × Hebelarm als Drehmoment bezeichnet wird. Bild **15.37** zeigt einen zweiseitigen Hebel, an dem die Kräfte F_1 und F_2 wirken. Beide sind bestrebt, den Hebel um den Punkt A zu drehen. Der Hebel ist im Gleichgewicht, wenn das linksdrehende Moment genauso groß wie das rechtsdrehende ist. Als Formel

$$F_1 \cdot l_1 = F_2 \cdot l_2$$

Durch Umstellen erhalten wir

$$F_1 \cdot l_1 - F_2 \cdot l_2 = 0.$$

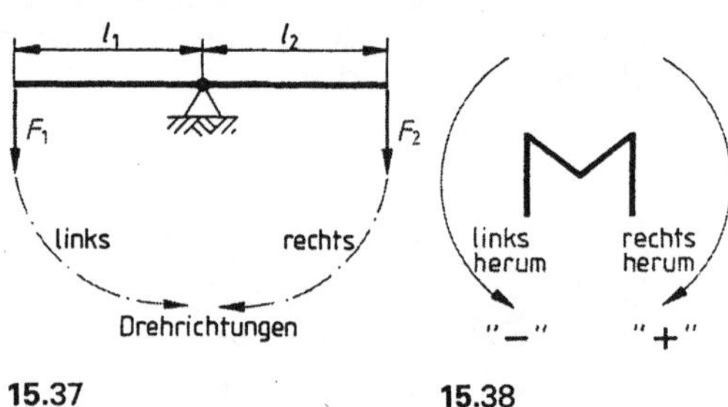

15.37   **15.38**

> Am Hebel herrscht Gleichgewicht, wenn die Summe aller Momente gleich 0 ist.

Den Satz können wir bei Verwendung des Summenzeichens Σ als allgemeine Formel schreiben.

> $$\Sigma M = 0$$

Um den Ansatz von Aufgaben schnell und richtig zu finden, merken wir uns noch die Momentenregel (Bild **15.38**).

> **Momentenregel**
>
> Alle rechtsdrehenden Momente erhalten das Vorzeichen +.
>
> Alle linksdrehenden Momente erhalten das Vorzeichen –.

Beispiel Wie groß muss F_1 sein, damit der Hebel im Gleichgewicht ist (Bild **15.39**)?

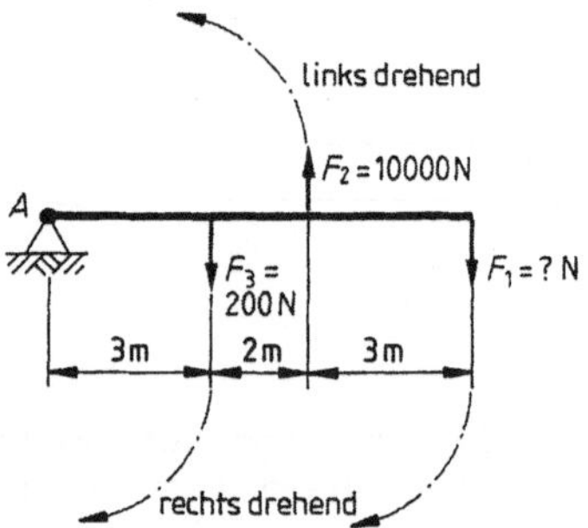

15.39

Lösung Der Drehpunkt liegt bei A. Die mit F_3 und F_1 gebildeten Momente sind rechtsdrehend, das aus F_2 gebildete linksdrehend. Der Hebel ist im Gleichgewicht, wenn die Summe aller Momente gleich 0 ist.

geg.: $F_3 = 200$ N, $F_2 = 10000$ N,
   $l_1 = 8$ m, $l_2 = 5$ m, $l_3 = 3$ m

ges.: F_1 in N

$$\Sigma M_A = 0$$

$$F_3 \cdot l_3 - F_2 \cdot l_2 + F_1 \cdot l_1 = 0$$

Wir stellen die Formel nach F_1 um, setzen die Werte ein und rechnen.

$$F_1 \cdot l_1 = F_2 \cdot l_2 - F_3 \cdot l_3$$

$$F_1 = \frac{F_2 \cdot l_2 - F_3 \cdot l_3}{l_1}$$

$$= \frac{10000 \text{ N} \cdot 5 \text{ m} - 200 \text{ N} \cdot 3 \text{ m}}{8 \text{ m}} = 6175 \text{ N}$$

F_1 muss 6175 N groß sein.

15.6 Auflagerkräfte

Bild **15.40** zeigt einen aufliegenden I-Träger. Die Kräfte F_A und F_B werden als Auflagerkräfte bezeichnet. Sie treten nicht nur bei der Lagerung von Trägern auf, sondern z.B. auch bei Achsen und Wellen. Auflagerkräfte können wir mit der Momentenregel berechnen.

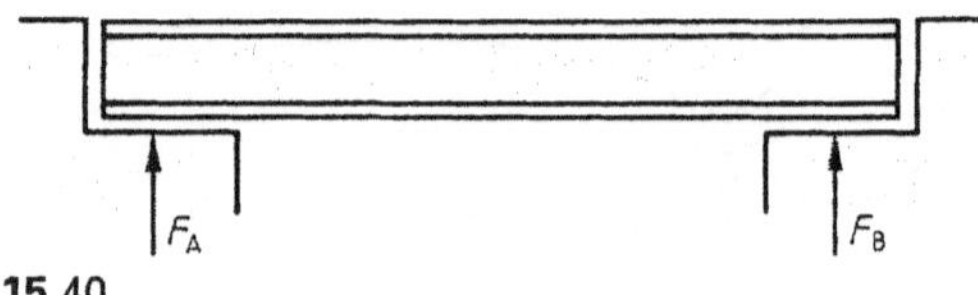

15.40

Beispiel Wie groß sind die Auflagerkräfte F_A und F_B (Bild **15.41**)?

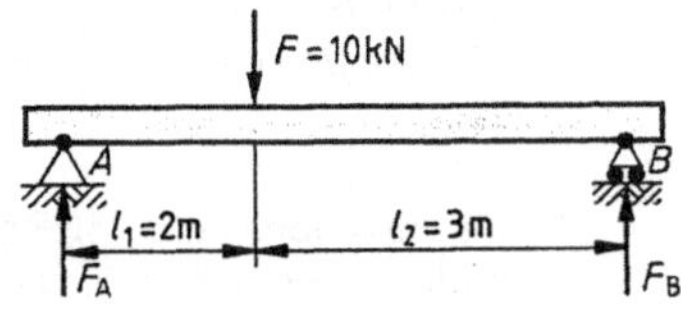

15.41

Lösung Gedanklich lassen wir das Lager bei B weg. Wir erhalten dann einen einarmigen Hebel mit dem Drehpunkt bei A.

geg.: $F = 10$ kN   ges.: F_A und F_B in kN
$l_1 = 2$ m
$l_1 = 3$ m

Bedingung:

$\Sigma M_A = 0$

$F \cdot l_1 - F_B(l_1 + l_2) = 0$

$F \cdot l_1 = F_B(l_1 + l_2)$

$F_B \cdot (l_1 + l_2) = F \cdot l_1$

$$\underline{\underline{F_B}} = \frac{F \cdot l_1}{(l_1 + l_2)} = \frac{10 \text{ kN} \cdot 2 \text{ m}}{2 \text{ m} + 3 \text{ m}} = \underline{\underline{4 \text{ kN}}}$$

Das Auflager bei B wird mit 4 kN belastet.

F_A können wir auf zwei Arten berechnen. Die erste wäre, wie bei F_B zu verfahren.

Bedingung:

$\Sigma M_B = 0$

$F_A(l_1 + l_2) - F \cdot l_2 = 0$

$F_A(l_1 + l_2) = F \cdot l_2$

$$\underline{\underline{F_A}} = \frac{F \cdot l_2}{(l_1 + l_2)} = \frac{10 \text{ kN} \cdot 3 \text{ m}}{2 \text{ m} + 3 \text{ m}} = \underline{\underline{6 \text{ kN}}}$$

Die zweite geht von der Überlegung aus, dass die Summe aller senkrecht (vertikal) gegeneinander wirkenden Kräfte $F_v = 0$ sein muss. Die belastenden Kräfte erhalten das Vorzeichen „+", die entgegenwirkenden Auflagerkräfte „–".

Bedingung:

$\Sigma F_v = 0$

$F - F_A - F_B = 0$

$F - F_B = F_A$

$\underline{\underline{F_A}} = 10 \text{ kN} - 4 \text{ kN} = \underline{\underline{6 \text{ kN}}}$

Die Auflagerkraft bei A beträgt 6 kN.

Aufgaben

1. Berechnen Sie die Auflagerkräfte der in Bild **15.42** bis **15.44** skizzierten Träger.

2. Wie groß sind die Lagerkräfte der in Bild **15.45** skizzierten Welle eines Verschieberadgetriebes? Das Eigengewicht bleibt unberücksichtigt.

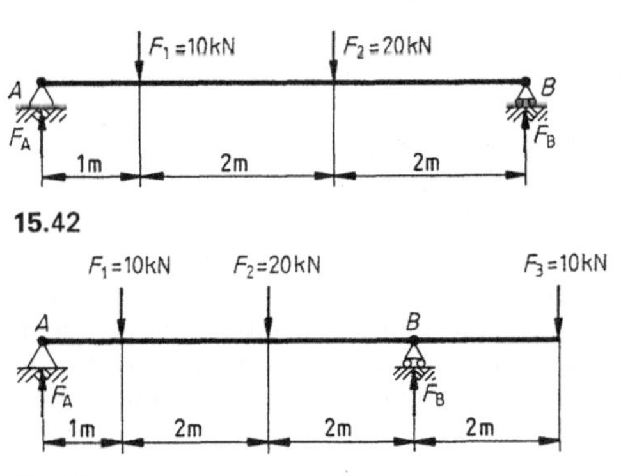

15.42

15.43

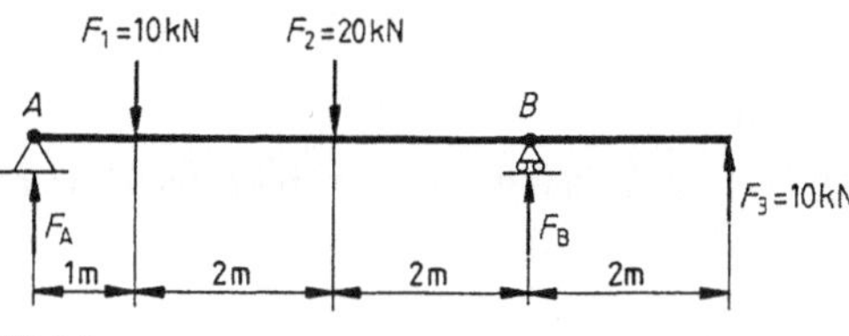

15.44

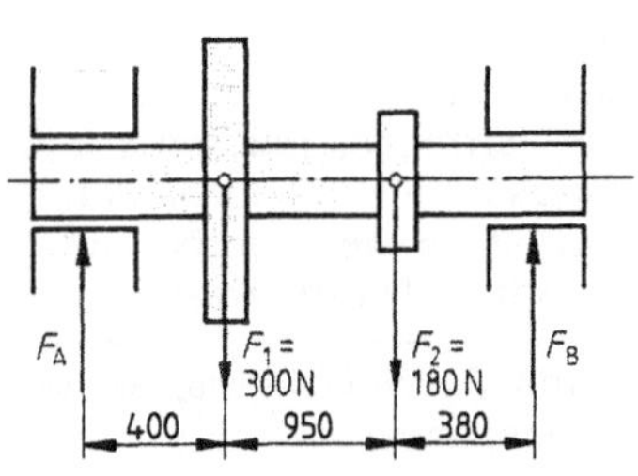

15.45

15.6.1 Zeichnerische Ermittlung von Auflagerkräften

Auflagerkräfte lassen sich zeichnerisch über das Seileckverfahren ermitteln. Das Verfahren ist im allgemeinen zwar zeitaufwendiger als die Berechnung, ergibt aber gleichzeitig die Biegemomentenfläche, die für Festigkeitsberechnungen benötigt wird. Von einem Seileck sprechen wir, weil die fertige Konstruktion an ein Seil erinnert, das aufgrund angehängter Lasten einen geknickten Verlauf annimmt.

Beispiel Bestimmen Sie zeichnerisch die Auflagerkräfte nach Bild **15.46**.

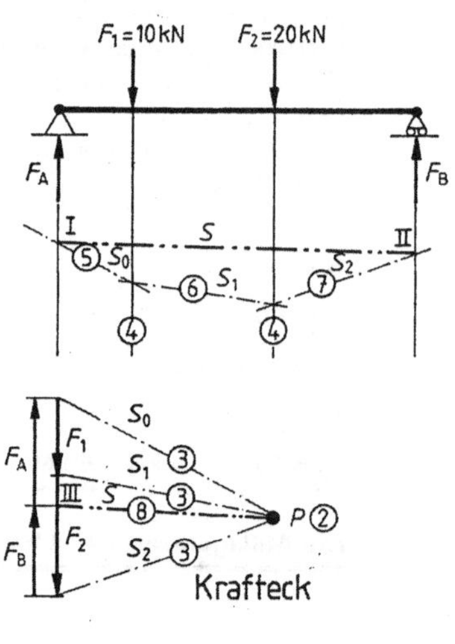

15.46

Lösung **1. Schritt:**
Wir wählen einen Kräftemaßstab und zeichnen ein geschlossenes Krafteck.

2. Schritt:
Wir bestimmen einen beliebigen Pol (2).

3. Schritt:
Wir verbinden den Pol P mit den Endpunkten der Kräfte F_1 und F_2 (3) und erhalten die Seilstrahlen s_0 bis s_2.

4. Schritt:
Wir verlängern die Wirkungslinien der Kräfte F_1 und F_2 (4).

5. Schritt:
Wir verschieben den Seilstrahl s_0 parallel, dass er die Wirkungslinien von F_A und F_1 schneidet (5). s_1 verschieben wir ebenfalls parallel, dass er durch den Schnittpunkt der Wirkungslinie von F_1 und s_0 geht (6). Entsprechend verfahren wir mit s_2 (7). Wir erhalten so zwei Schnittpunkte mit den Wirkungslinien der Auflagerkräfte (I, II).

6. Schritt:
Die Schnittpunkte I und II verbinden wir durch eine Linie s und verschieben diese parallel in das Krafteck (8).

7. Schritt:
Den Schnittpunkt III ziehen wir waagerecht auf die Gegenkraft von F_1 und F_2.

8. Schritt:
F_B liegt am Schnittpunkt von s und s_2. Wir können nun unter Berücksichtigung des Kräftemaßstabes die Kräfte bestimmen.

Aufgaben

Lösen Sie die Aufgaben zu Bild **15.42** bis **15.44** mit Hilfe der Seileckkonstruktion.

15.7 Reibungskräfte

Wird ein Gegenstand auf eine waagerechte Fläche gelegt, so wirkt die Gewichtskraft senkrecht zur Auflagefläche, sie presst den Körper darauf. Weil sich diese Anpresskraft auf einer schrägen Fläche verringert, müssen wir Gewichts- und Anpresskraft unterscheiden. Im Zusammenhang mit der Reibung bezeichnen wir die Anpresskraft als Normalkraft F_N.

> Die Normalkraft F_N wirkt immer senkrecht zur Auflagefläche.

Betrachten wir ein Werkstück unter dem Mikroskop, erkennen wir selbst bei polierten Oberflächen Unebenheiten. Wir sehen Vertiefungen und Höcker.

Gleitet nun ein Werkstoff auf einem zweiten, entsteht dadurch ein Widerstand, der durch eine Kraft überwunden werden muss. Diese Kraft bezeichnen wir als Reibungskraft F_R. Sie ist umso größer, je rauher die Oberflächen sind.

15.7.1 Die Reibungszahl μ

Ausschlaggebend für die Größe der Reibungskraft ist außer der Normalkraft die Oberflächenbeschaffenheit der aufeinander gleitenden Flächen. Sie wird in der Reibungszahl μ (sprich: mü) berücksichtigt.

> Die Reibungszahl μ gibt an, der wievielte Teil der Normalkraft F_N als Reibungskraft anzunehmen ist.

Soll ein ruhender Körper in Bewegung gesetzt werden, muss zunächst eine etwas größere Kraft aufgewendet werden. Sie entsteht aufgrund der Haftreibung. Diese ist größer als die, die erforderlich ist, den Körper zu bewegen. Die Unterschiede werden in einer Haftreibungszahl berücksichtigt, die wir μ_0 nennen wollen.

Tabelle **15.1** Ausgewählte Reibungszahlen

Werkstoff	Eigenschaft	μ	μ_0
Grauguss auf Grauguss	leicht fettig	0,15	0,16
Grauguss auf Stahl	trocken	0,17 bis 0,18	0,19
Stahl auf Bronze	gut geschmiert	0,03 bis 0,05	0,10
Stahl auf Grauguss	Fettschmierung	0,01	0,10
Stahl auf Stahl	geschmiert	0,06	0,10
Stahl auf Stahl	trocken	0,15	0,16
Gummi auf Asphalt	nass trocken	0,3 bis 0,45 0,8 bis 0,9	0,9

Aus der Normalkraft F_N und der Reibungszahl μ lässt sich die Reibungskraft F_R berechnen.

$$F_R = F_N \cdot \mu \qquad F_N = \frac{F_R}{\mu} \qquad \mu = \frac{F_R}{F_N}$$

Aus der Grundformel gewinnen wir die Erkenntnis, dass die Reibungskraft nicht von der Größe der Reibfläche abhängig ist.

> Die Reibungskraft ist von der Größe der Auflagefläche unabhängig!

Beispiel 1 Bild **15.47** skizziert den Zapfen einer Welle aus Stahl in einem Gleitlager mit Lagerschalen aus Bronze (gut geschmiert). Wie groß ist die Reibungskraft F_R in Newton a) beim Anfahren der Welle, b) während des Betriebes? Reibungszahl ist aus Tab. **15.1** zu entnehmen.

Lösung geg.: $F_N = 1000$ N ges.: F_R, F_{Ro} in N
$\mu_0 = 0,1$
$\mu = 0,05$

Für beide Rechnungen gilt die gleiche Formel.

$$F_R = F_N \cdot \mu$$

a) $\underline{F_R = F_N \cdot \mu_0 = 1000 \text{ N} \cdot 0,1 = \mathbf{100\ N}}$

Die Reibungskraft beim Anfahren beträgt 100 N.

b) $\underline{F_R = F_N \cdot \mu = 1000 \text{ N} \cdot 0,05 = \mathbf{50\ N}}$

Die Reibungskraft beim Betrieb beträgt 100 N.

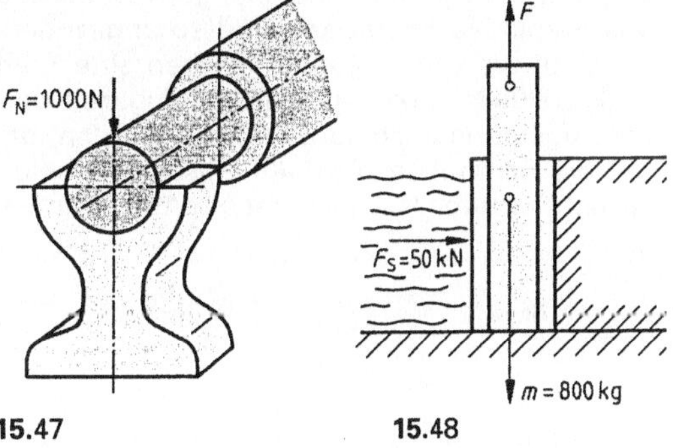

15.47   15.48

Beispiel 2 Welche Kraft in kN ist erforderlich, um das Schleusentor (Bild **15.48**) zu öffnen? Reibungszahl $\mu = 0,25$

Lösung Die Kraft F setzt sich aus der Gewichtskraft des Tores und der Reibungskraft zusammen.

geg.: $m = 800$ kg $\hat{=}$ $F_G = 8$ kN
$F_S \hat{=} F_N = 50$ kN
$\mu = 0,25$
ges.: F in N

$\underline{F = F_S \cdot \mu + F_G = 50 \text{ kN} \cdot 0,25 + 8 \text{ kN}}$
$\underline{= \mathbf{20,5\ kN}}$

Zum Heben des Schleusentores ist eine Kraft von 20,5 kN erforderlich.

Aufgaben

1. Der Tisch einer Flächenschleifmaschine hat eine Masse von $m = 120$ kg. Welche Reibungskraft muss überwunden werden, um a) den Tisch in Bewegung zu setzen, b) ihn in Bewegung zu halten? $\mu_O = 0{,}16$, $\mu = 0{,}1$

2. Welche Reibkraft in Newton wirkt an der in Bild **15.49** skizzierten Bremse? $\mu = 0{,}5$

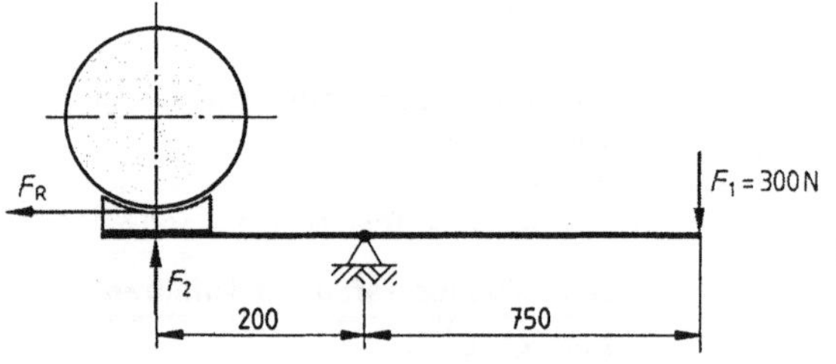

15.49

3. Eine Werkzeugmaschine wird über Stahlschienen an ihren Aufstellungsort gezogen. Dazu ist eine Zugkraft von 3600 N erforderlich. Was wiegt die Maschine? $\mu = 0{,}15$

4. Bild **15.50** zeigt eine Zugstangenverbindung aus Stahl. Die Schrauben sind so angezogen, dass auf die verschraubten Flächen eine Kraft $F_N = 20000$ N wirkt. Mit welcher Zugkraft darf die Zugstange höchstens belastet werden, damit die Schrauben nicht auf Abscheren beansprucht werden? μ nach Tabelle **15.1** wählen.

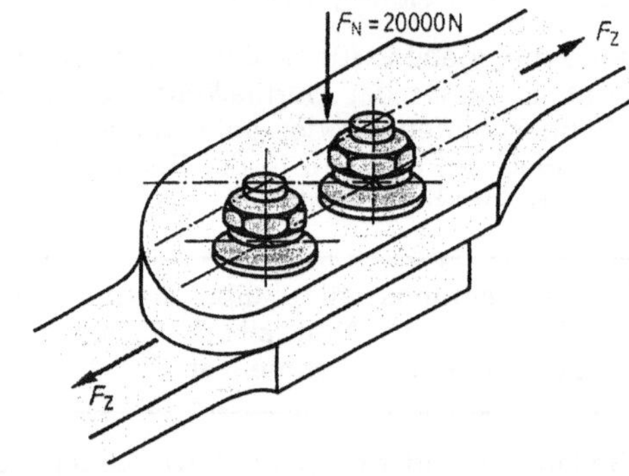

15.50

5. Ein Stahlblock mit einer Masse von 1000 kg wird über Stahlschienen auf eine Rampe gezogen (Bild **15.51**). Welche Reibungskraft ist zu überwinden? $\mu = 0{,}16$

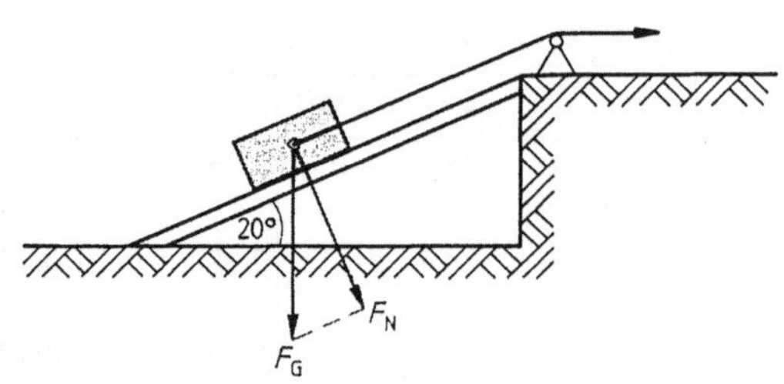

15.51

16 Bewegungslehre (Kinematik)

In der Kinematik werden Bewegungen und Geschwindigkeiten untersucht.

> Wir unterscheiden gleichförmige, ungleichförmige, geradlinige und kreisförmige Bewegungen und zugeordnet gleichförmige und ungleichförmige Geschwindigkeiten

In der Technik berechnet man Geschwindigkeiten im Allgemeinen in m/s.

> Die Einheit der Geschwindigkeit ist m/s.

Je nach Aufgabenstellung ist die Einheit jedoch in m/min, km/h oder von dort wieder in m/s umzurechnen.

Beispiel Ein Fahrzeug fährt mit einer Geschwindigkeit von 120 km/h. Wie viel m/s sind das?

Lösung Zum Verständnis wollen wir zunächst eine getrennte Einheitenrechnung durchführen, indem wir die Kilometer (km) in Meter (m) und dann die Stunden (h) in Sekunden (s) umrechnen.

$$\text{km in m} \rightarrow \frac{120\,\text{km} \cdot 1000\,\text{m}}{\text{km}} = \underline{\underline{120000\,\text{m}}}$$

$$\text{h in s} \rightarrow \frac{1\,\text{h} \cdot 3600\,\text{s}}{\text{h}} = \underline{\underline{3600\,\text{s}}}$$

Die Aufgabe lässt sich nun lösen, indem wir diese Umrechnung auf einem Bruchstrich durchführen.

$$\frac{120\,\text{km}}{\text{h}} = \frac{120\,\text{km} \cdot 1000\,\text{m} \cdot \text{h}}{\text{h} \cdot \text{km} \cdot 3600\,\text{s}} = \underline{\underline{33\,\frac{\text{m}}{\text{s}}}}$$

Entsprechend sind ähnliche Umrechnungen vorzunehmen.

Aufgaben

Rechnen Sie die folgenden Geschwindigkeiten um
a) 24 m/s in km/h
b) 180 km/h in m/s
c) 40 m/s in m/min
d) 220 m/min in m/s
e) 1280 m/min in km/h
f) 40000 km/24 h in m/s

16.1 Gleichförmige Geschwindigkeiten

Ein Körper, der in gleichen Zeitabschnitten jeweils den gleichen Weg zurücklegt, bewegt sich gleichförmig mit konstanter Geschwindigkeit. Wir können die Geschwindigkeit v als Funktion von Weg s und Zeit t berechnen.

$$v = \frac{s}{t} \qquad s = v \cdot t \qquad t = \frac{s}{v}$$

Beispiel 1 Ein Flugzeug fliegt eine Strecke von 3500 km in 4 Stunden. Wie groß ist die Reisegeschwindigkeit in km/h?

Lösung geg.: $s = 3500$ km, $t = 4$ h
ges.: v in km/h

$$v = \frac{s}{t} = \frac{3500\,\text{km}}{4\,\text{h}} = 875\,\frac{\text{km}}{\text{h}}$$

Die Reisegeschwindigkeit des Flugzeuges beträgt 875 km/h.

Beispiel 2 Ein PKW fährt mit einer Durchschnittsgeschwindigkeit von $100\,\frac{\text{km}}{\text{h}}$ eine Strecke von 750 km. Nach welcher Zeit erreicht er sein Ziel?

Lösung geg.: $s = 750$ km, $v = 100$ km/h
ges.: t in h

$$t = \frac{s}{v} = \frac{750\,\text{km} \cdot \text{h}}{100\,\text{km}} = 7{,}5\,\text{h}$$

Der PKW erreicht nach 7 h 30 min sein Ziel.

Aufgaben

1. Ein motorisch betriebenes Schiebetor schließt eine 8,5 m breite Einfahrt mit einer Geschwindigkeit von 1,8 m/min. Nach welcher Zeit ist die Einfahrt geschlossen?
2. Im Eilgang einer CNC-Maschine erfolgt die Verfahrbewegung des Werkzeuges mit 5 m/s. Wie viel km/h sind das?
3. In einer 50 m langen Halle arbeitet ein Laufkran. a) In wie viel Sekunden durchfährt die Kranbrücke eine Strecke von 9 m bei einer Geschwindigkeit von 0,2 m/s? b) Wie viel Minuten dauert es, bis der Kran die Halle durchfahren hat?
4. Eine Senkrechtmarkise beschattet ein 2,5 m hohes Fenster. Wie viel Sekunden dauert es, bis die Markise mit einer Geschwindigkeit von 0,15 m/s eingefahren ist?
5. Ein Schweißautomat arbeitet mit einer Geschwindigkeit von 0,3 m/min. Zum Verschweißen zweier Bleche vergehen 7,5 min. Wie viel mm lang ist die Schweißnaht?
6. Auf einem Förderband (Bandgeschwindigkeit 0,3 m/s) werden Werkstücke transportiert. In welchem Sekundenabstand müssen die Teile zugeführt werden, damit zwischen ihnen ein Sicherheitsabstand von 1,5 m eingehalten wird?
7. Der „Sears Tower" in Chicago ist 443 m hoch. In wie viel Minuten erreicht ein Aufzug die Aussichtsplattform, wenn er mit 4,8 m/s aufwärts fährt?
8. Die Schnittgeschwindigkeit einer Plasmaschneidmaschine beträgt beim Schneiden von 2 mm-Blech 7 m/min. In welcher Zeit wird das Teil Bild **16.1** hergestellt?

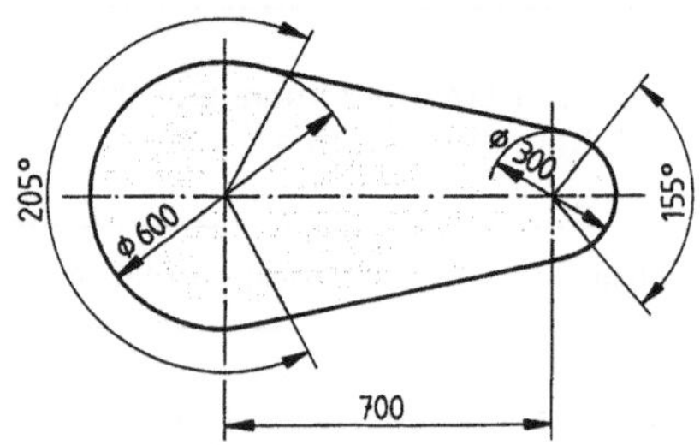

16.1

16.2 Mittlere Geschwindigkeit

Berechnen wir die mittlere Geschwindigkeit v_m einer gegebenen Anfangs- (v_a) und Endgeschwindigkeit (v_e), so können wir das arithmetische Mittel bilden.

$$v_m = \frac{v_a + v_e}{2}$$

Jedoch nicht in jedem Fall dürfen wir mit dem arithmetischen Mittel rechnen, weil wir sonst ein falsches Ergebnis bekommen.

Beispiel   Nehmen wir an, ein PKW fährt
5 km mit 80 km/h
3 km mit 120 km/h
1 km mit 130 km/h
4 km mit 60 km/h
Dann beträgt die Fahrstrecke s insgesamt 13 km. Wir wollen nun die Zeit t berechnen, während der die Geschwindigkeit gefahren wird.

Lösung   Unsere Geschwindigkeitsformel, umgestellt nach t, lautet

$$t = \frac{s}{v}$$

Setzen wir die gegebenen Werte ein und rechnen, erhalten wir für

$t_{5\,km} = 0,063$ h; $t_{3\,km} = 0,025$ h;
$t_{1\,km} = 0,008$ h; $t_{4\,km} = 0,067$ h.
Die Summe der Zeiten ist dann
$t_{ges} = 0,16$ h.
Weiter benötigen wir für unsere Rechnung die Gesamtfahrstrecke s_{ges}.

$$s_{ges} = 5\,km + 3\,km + 1\,km + 4\,km = \mathbf{13\,km}$$

Wir setzen die Werte ein und rechnen.

$$v_m = \frac{s_{ges}}{t_{ges}} = \frac{13\ km}{0,16\ h} = \mathbf{80,3\ \frac{km}{h}}$$

Die mittlere Geschwindigkeit beträgt 80,3 km/h.

Rechnen Sie einmal nach, was beim Bilden des arithmetischen Mittels herauskommt.

16.3 Umfangsgeschwindigkeit

Von Umfangsgeschwindigkeit sprechen wir, wenn wir z. B. die Geschwindigkeit eines Punktes auf einer Welle berechnen wollen, die mit einer bestimmten Drehzahl n läuft.

Die Drehzahl n wird in Umdrehungen pro Minute oder min^{-1} angegeben.

In Bild **16.2** ist eine Welle skizziert. Dreht sie sich einmal, legt der Punkt P einen Weg von $d \cdot \pi$ zurück. Dreht sich die Welle n-mal in der Minute, legt der Punkt einen Weg von $d \cdot \pi \cdot n$ pro Minute zurück. Wir haben somit eine Angabe Weg durch Zeit und wissen, dass dies eine Geschwindigkeit ist. Also

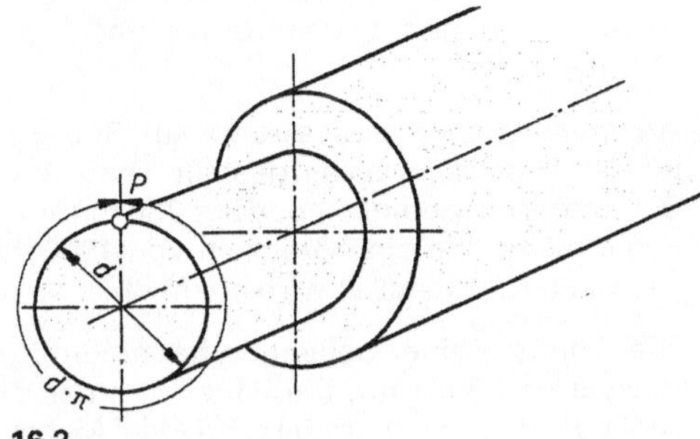

16.2

$$v = d \cdot \pi \cdot n \qquad d = \frac{v}{\pi \cdot n} \qquad n = \frac{v}{d \cdot \pi}$$

Beispiel 1 Eine Schleifscheibe von 250 mm Durchmesser läuft mit einer Drehzahl von 1350 min^{-1}. Berechne die Umfangsgeschwindigkeit in m/s.

Lösung Wir rechnen zunächst die gegebenen Werte auf die gesuchten Einheiten um.

$$d = \frac{250 \text{ mm} \cdot \text{m}}{1000 \text{ mm}} = 0,25 \text{ m}$$

$$n = \frac{1350 \text{ min}}{60 \text{ s} \cdot \text{min}} = 22,5 \text{ s}^{-1}$$

geg.: $d = 0,25$ m, $n = 22,5$ s^{-1}
ges.: v in m/s

Wir setzen in die Formel ein und rechnen.

$$v = d \cdot \pi \cdot n$$

$$= \frac{0,25 \text{ m} \cdot \pi \cdot 22,5}{s} = 17,67 \frac{\text{m}}{\text{s}}$$

Die Umfangsgeschwindigkeit beträgt 17,7 m/s.

Beispiel 2 Das Seil einer Seiltrommel von 300 mm Durchmesser (Bild **16.3**) darf mit maximal 0,9 m/s ablaufen. Welche Drehzahl in min^{-1} darf nicht überschritten werden?

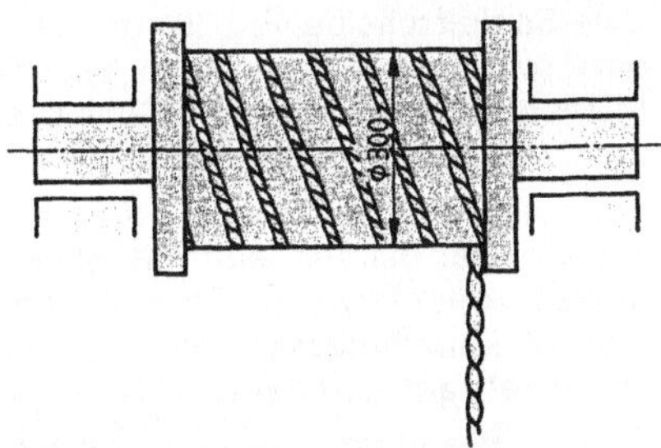

16.3

Lösung Wir rechnen zunächst v_{max} in m/min und d in m um.

$$v_{max} = \frac{0,9 \text{ m} \cdot 60 \text{ s}}{\text{s} \cdot \text{min}} = 54 \frac{\text{m}}{\text{min}}$$

$$d = \frac{300 \text{ mm} \cdot \text{m}}{1000 \text{ mm}} = 0,3 \text{ m}$$

Wir setzen die gegebenen Werte in die Formel ein und rechnen.

geg.: $v_{max} = 54$ m/min, $d = 0,3$ m
ges.: n in min^{-1}

$$n = \frac{v_{max}}{d \cdot \pi} = \frac{54 \text{ m} \cdot \text{m}}{\text{min} \cdot 0,3 \text{ m} \cdot \pi} = 57 \text{ min}^{-1}$$

Die Drehzahl darf 57 min^{-1} nicht überschreiten.

16.4 Schnittgeschwindigkeit

Werden Werkstücke maschinell spangebend bearbeitet, richtet sich die Drehzahl, die Drehfrequenz, des Werkzeuges bzw. Werkstückes nach dem Werkstoff des Werkzeuges bzw. Werkstückes. Um wirtschaftlich zu zerspanen, müssen wir mit der richtigen Schnittgeschwindigkeit v_c arbeiten.

Die zulässige Schnittgeschwindigkeit wird in Versuchen ermittelt. Sie bezieht sich auf die Schnittbewegung des Bearbeitungsvorganges und kann somit eine geradlinige oder eine Umfangsgeschwindigkeit sein.

Unter Schnittgeschwindigkeit v_c versteht man die in einer Minute abfließende Spanlänge. Die Einheit ist Meter pro Minute (m/min). Beim Schleifen rechnen wir mit Meter pro Sekunde (m/s)

$$v_c = \frac{d \cdot \pi \cdot n}{1000} \left[\frac{\text{m}}{\text{min}}\right] \qquad v_c = \frac{d \cdot \pi \cdot n}{1000 \cdot 60} \left[\frac{\text{m}}{\text{s}}\right]$$

d in mm einsetzen

Aufgaben

1. Eine Schleifscheibe von 200 mm Durchmesser darf mit einer Umfangsgeschwindigkeit von höchstens 35 m/s laufen. Welche Drehzahl darf nicht überschritten werden?

2. Ein Keilriemen wird durch einen Motor angetrieben. Der Riemen läuft mit einer Geschwindigkeit von 14 m/s, die Riemenscheibe hat einen Wirkdurchmesser von 112 mm. Mit welcher Drehzahl läuft der Motor?

3. Die Drehfrequenz eines Winkelschleifers kann zwischen 2800 min^{-1} und 11000 min^{-1} liegen. Wie groß ist die minimale und maximale Umfangsgeschwindigkeit einer Schleifscheibe von 125 mm Durchmesser in m/s?

4. Auf einer Karusselldrehmaschine wird ein Werkstück von 3500 mm Durchmesser bearbeitet. Die zulässige Schnittgeschwindigkeit v_c beträgt 290 m/min. Mit welcher Drehzahl darf gearbeitet werden?

5. In Knotenbleche gestanzte Nietlöcher werden mit einer Reibahle auf 10 mm aufgereiben. Welche Drehzahl ist zu wählen, wenn eine Schnittgeschwindigkeit von 12 m/min nicht überschritten werden darf?

6. Ein Riemen läuft mit 3,9 m/s bei einer Drehfrequenz der Riemenscheibe von 250 min^{-1}. Berechnen Sie den Durchmesser der Riemenscheibe in mm.

7. An einer Drehmaschine wird ein Bolzen von 50 mm Durchmesser hergestellt. Die zulässige Schnittgeschwindigkeit beträgt 250 m/min. Der Facharbeiter hat eine Drehzahl von 1000 min^{-1} geschaltet. Arbeitet er wirtschaftlich?

8. Die Trommel einer Seilwinde hat einen Durchmesser von 300 mm. Sie wird mit einer Drehzahl von 25 min^{-1} betrieben. Wie viel Meter Seil werden in 30 s aufgewickelt?

16.5 Hubgeschwindigkeit

Bild **16.4** zeigt das Antriebsprinzip eines Kolbenverdichters. Der Kolben bewegt sich zwischen OT und UT. Dreht sich die Kurbelwelle einmal, legt der Kolben den Weg s zweimal zurück. Der Kolbenweg beträgt also bei 1 Umdrehung pro Minute $2 \cdot s$, bei n Umdrehungen $2 \cdot s \cdot n$. Setzen wir s in mm ein, erhalten wir $2 \cdot s\,[\text{mm}] \cdot \dfrac{n}{[\text{min}]}$. Das ergibt Weg durch Zeit, eine Geschwindigkeit. Sie wird bei Arbeitsmaschinen in m/min, bei Kraftmaschinen in m/s angegeben.

Betrachten wir die Geschwindigkeit des Kolbens (Bild **16.5**). Sie beträgt beim unteren und oberen Totpunkt Null und steigt während der Drehung zwischen UT und OT auf einen Maximalwert an. Bei konstanter Drehzahl lässt sich die mittlere Geschwindigkeit v_m ohne Schwierigkeiten berechnen.

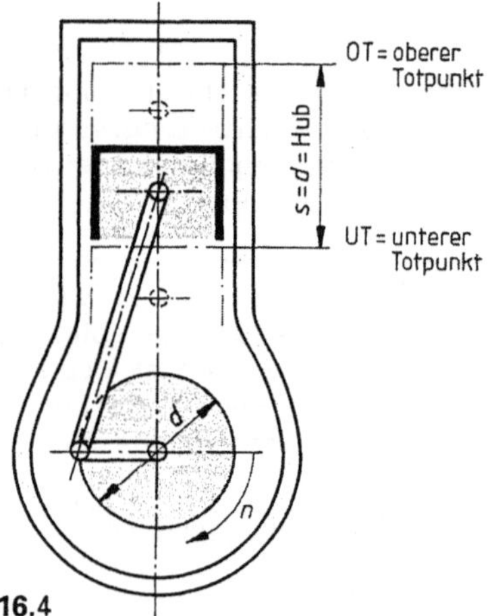

16.4

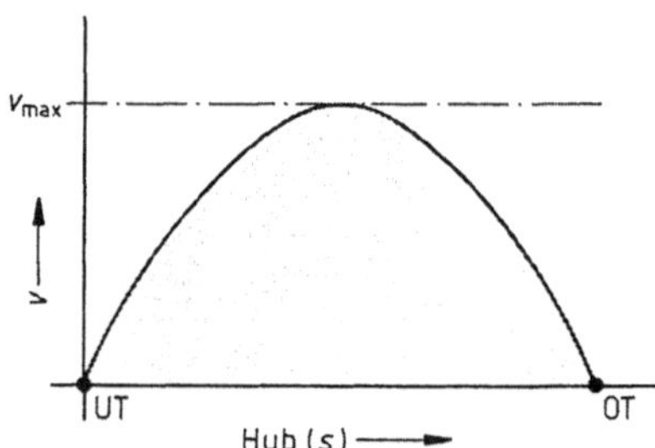

16.5

$$v_m = \frac{2 \cdot s \cdot n}{1000}\left[\frac{m}{min}\right] \qquad v_m = \frac{2 \cdot s \cdot n}{1000 \cdot 60}\left[\frac{m}{s}\right]$$

$$s = \frac{1000 \cdot v_m}{2 \cdot n} \qquad\qquad s = \frac{1000 \cdot 60 \cdot v_m}{2 \cdot n}$$

$$n = \frac{1000 \cdot v_m}{2 \cdot s} \qquad\qquad n = \frac{1000 \cdot 60 \cdot v_m}{2 \cdot s}$$

Beispiel 1 Der Dieselmotor eines Baustellengenerators hat einen Hub von 180 mm und läuft mit einer Drehzahl von $1800\ \text{min}^{-1}$. Wie groß ist die mittlere Kolbengeschwindigkeit?

Lösung geg.: $s = 180$ mm, $n = 1800\ \text{min}^{-1}$
ges.: v_m in m/s

Wir wählen die Formel, mit der wir v_m in m/s ausrechnen können, setzen die gegebenen Werte ein und rechnen.

$$\underline{v_m} = \frac{2 \cdot s \cdot n}{1000 \cdot 60}$$

$$= \frac{2 \cdot 180\,\text{mm} \cdot \text{m} \cdot 1800 \cdot \text{min}}{1000\,\text{mm} \cdot \text{min} \cdot 60\,\text{s}} = \mathbf{10{,}8}\ \frac{\text{m}}{\text{s}}$$

Die mittlere Kolbengeschwindigkeit beträgt 10,8 m/s.

Beispiel 2 Die mittlere Hubgeschwindigkeit v_m einer Säge beträgt 12 m/min, der Hub 130 mm. Mit welcher Drehzahl läuft die Kurbelscheibe?

Lösung geg.: $v_m = 12$ m/min, $s = 130$ mm
ges.: n in min^{-1}

Wir wählen die Umstellung der Formel nach n aus, mit der die v_m in m/min errechnet wird.

$$\underline{n} = \frac{1000 \cdot v_m}{2 \cdot s}$$

$$= \frac{1000\,\text{mm} \cdot 12\,\text{m}}{2 \cdot 130\ \text{mm} \cdot \text{m} \cdot \text{min}} = \mathbf{46\ \text{min}^{-1}}$$

Die Kurbelscheibe läuft mit 46 min^{-1}.

Aufgaben

1. Ein Motor hat einen Hub von 86 mm. Die Kurbelwelle läuft mit maximal $7000\ \text{min}^{-1}$. Berechnen Sie die Kolbengeschwindigkeit v_m in m/s.
2. Ein Werkstück wird mit einem Schnellhobler bearbeitet. Die zulässige Schnittgeschwindigkeit beträgt 18 m/min, die Hublänge 400 mm. Berechnen Sie die Zahl der Doppelhübe pro Minute.
3. An einer Hubsäge wird ein Werkstück getrennt. Die Hublänge beträgt 150 mm, die Anzahl der Doppelhübe pro Minute 35. Wie groß ist die mittlere Hubgeschwindigkeit in m/min?

4. Ein Dieselmotor hat einen Hub von 96 mm. Die Kolbengeschwindigkeit beträgt 8 m/s. Mit welcher Drehzahl läuft der Motor?

5. Bei einer Schnittgeschwindigkeit von 30 m/min führt der Kurbelzapfen einer Hubsäge 100 Doppelhübe/min aus. Wie groß ist die Hublänge in mm?

6. Ein Kompressor hat einen Kolbenhub von 40 mm und läuft mit einer Drehzahl von $3500\ \text{min}^{-1}$. Berechnen Sie die mittlere Kolbengeschwindigkeit in m/s.

16.6 Gleichförmig beschleunigte Bewegung

Hebt ein Kran eine Last, so wird diese von einer Geschwindigkeit 0 ausgehend solange beschleunigt, bis die konstante Hubgeschwindigkeit erreicht ist. Wir sprechen von einer gleichförmig beschleunigten Bewegung. Wird umgekehrt eine Last abgesenkt, so wird die Geschwindigkeit bis zum Aufsetzen der Last verringert. Wir sprechen von einer gleichmäßig verzögerten Bewegung.

> Erfährt ein Körper in einer bestimmten Zeit eine gleichmäßige Geschwindigkeitsänderung, so wird er beschleunigt oder verzögert.

Betrachten wir ein Fahrzeug. Es wird aus dem Stand heraus so beschleunigt, dass die Geschwindigkeit von Sekunde zu Sekunde um 2 m/s zunimmt. Dann beträgt die Beschleunigung a 2 Meter pro Sekunde pro Sekunde, also $2\ \text{m/s}^2$.

> Die Einheit der Beschleunigung a ist m/s^2.

Weil in jeder Sekunde die Geschwindigkeit um 2 m/s zunimmt, das Fahrzeug also mit $2\ \text{m/s}^2$ beschleunigt wird, fährt es nach der 1. Sekunde mit 2 m/s; nach der 2. Sekunde mit $2 \cdot 2$ m/s, nach der 3. Sekunde mit $3 \cdot 2$ m/s, nach t Se kunden mit $t \cdot 2$ m/s. Wir können danach die Geschwindigkeit v nach einer Zeit t bei einer gleichmäßigen Beschleunigung a berechnen.

$$v = a \cdot t \qquad a = \frac{v}{t} \qquad t = \frac{v}{a}$$

Beispiel — Ein voll beschleunigendes Motorrad erreicht nach 4,5 s eine Geschwindigkeit von 100 km/h. Wie groß ist die Beschleunigung in m/s²?

Lösung — Weil die Einheit der Beschleunigung m/s² ist, rechnen wir die Geschwindigkeit in m/s um.

$$100\,\frac{\mathrm{km}}{\mathrm{h}} = \frac{100\,\mathrm{km} \cdot 1000\,\mathrm{m} \cdot \mathrm{h}}{\mathrm{h} \cdot \mathrm{km} \cdot 3600\,\mathrm{s}} = 27{,}8\,\frac{\mathrm{m}}{\mathrm{s}}$$

Die gegebenen Werte setzen wir in die Formel ein und rechnen

geg.: $t = 4{,}5$ s, $v = 27{,}8$ m/s

ges.: a in m/s²

$$a = \frac{v}{t} = \frac{27{,}8\,\mathrm{m}}{4{,}5\,\mathrm{s} \cdot \mathrm{s}} = 6{,}2\,\frac{\mathrm{m}}{\mathrm{s}^2}$$

Das Motorrad wird mit 6,2 m/s² beschleunigt.

Wird aus einer Anfangsgeschwindigkeit v_A heraus beschleunigt, berechnen wir die Endgeschwindigkeit v_E, indem wir den durch die Beschleunigung erzielten Geschwindigkeitszuwachs v addieren.

$$v_E = v_A + a \cdot t$$

Beispiel — Ein PKW fährt mit 80 km/h und wird innerhalb von 15 s mit 1,5 m/s² beschleunigt. Wie groß ist die Endgeschwindigkeit?

Lösung — geg.: $v_A = 80$ km/h = 22,2 m/s

$\qquad\quad t = 15$ s, $a = 1{,}5$ m/s²

ges.: v_E in km/h

$$v_E = 22{,}2\,\frac{\mathrm{m}}{\mathrm{s}} + 1{,}5\,\frac{\mathrm{m}}{\mathrm{s}^2} \cdot 15\,\mathrm{s} = 44{,}7\,\frac{\mathrm{m}}{\mathrm{s}}$$

Wir rechnen den Wert in km/h um.

$$44{,}7\,\frac{\mathrm{m}}{\mathrm{s}} = \frac{44{,}7\,\mathrm{m} \cdot 3600\,\mathrm{s} \cdot \mathrm{km}}{\mathrm{s} \cdot \mathrm{h} \cdot 1000\,\mathrm{m}} = 160{,}9\,\frac{\mathrm{km}}{\mathrm{h}}$$

Die Endgeschwindigkeit beträgt 161 km/h.

Wollen wir den Weg berechnen, der während einer beschleunigten oder verzögerten Bewegung zurückgelegt wird, gehen wir folgendermaßen vor.

Die mittlere Geschwindigkeit während des Beschleunigungsvorganges ist

$$v_m = \frac{v_A + v_E}{2}$$

Weil $v_E = v_A + a \cdot t$ ist, setzen wir dies in die Formel ein und erhalten

$$v_m = \frac{v_A + (v_A + a \cdot t)}{2} = \frac{2v_A + a \cdot t}{2}$$

Wir schreiben das Ergebnis als Summe von Brüchen und erhalten

$$v_m = \frac{2v_A}{2} + \frac{a \cdot t}{2} = v_A + \frac{1}{2} \cdot a \cdot t$$

Stellen wir die uns bekannte Geschwindigkeitsformel $v = \dfrac{s}{t}$ nach s um, erhalten wir

$$s = v \cdot t$$

In diese Formel setzen wir v_m ein. Dann ist

$$s = \left(v_A + \frac{1}{2} \cdot a \cdot t\right) \cdot t = v_A \cdot t + \frac{1}{2} \cdot a \cdot t^2$$

$$\boxed{\begin{array}{l} \textit{bei Anfangsgeschwindigkeit } v_A \\[4pt] s = v_A + \dfrac{1}{2} \cdot a \cdot t^2 \\[6pt] \textit{bei Anfangsgeschwindigkeit } v_A = 0 \\[4pt] s = \dfrac{1}{2} \cdot a \cdot t^2 \end{array}}$$

Beispiel — Auf dem Weg zur Baustelle fährt ein LKW mit 60 km/h. Plötzlich taucht 25 m vor ihm ein Hindernis auf. Kommt er rechtzeitig zum Stehen, wenn das Fahrzeug eine mittlere Bremsverzögerung von 6,4 m/s² aufweist?

Lösung — Gesucht ist ein Bremsweg s. Bevor wir die Werte in die Formel einsetzen, rechnen wir die Geschwindigkeit in m/s um.

$$60\,\frac{\mathrm{km}}{\mathrm{h}} = \frac{60\,\mathrm{km} \cdot 1000\,\mathrm{m} \cdot \mathrm{h}}{3600\,\mathrm{s} \cdot \mathrm{h} \cdot \mathrm{km}} = 16{,}7\,\frac{\mathrm{m}}{\mathrm{s}}$$

geg.: $a = 6{,}4$ m/s   ges.: s in m

$\qquad\quad v = 16{,}7$ m/s

Das Fahrzeug soll bis zum Stillstand abgebremst werden. Also gilt

$$s = \frac{1}{2} \cdot a \cdot t^2$$

Lösung
Forts.

t ist aber unbekannt. Wir müssen den Wert durch bekannte Größen ausdrücken. Dies geht mit $v = a \cdot t$. Wir stellen die Formel nach t um und quadrieren.

$$t^2 = \frac{v^2}{a^2}$$

v und a sind gegeben. Wir können den Bremsweg ausrechnen, wenn wir t^2 in die Formel für s einsetzen.

$$s = \frac{\cancel{a} \cdot v^2}{2 \cdot a^{\cancel{2}}} = \frac{v^2}{2 \cdot a} = \frac{(16{,}7\,\text{m})^2 \cdot s^2}{2 \cdot 6{,}4\,\text{m} \cdot s^2} = 21{,}8\,\text{m}$$

Das Fahrzeug kommt rechtzeitig zum Stehen.

Aufgaben

1. Ein PKW wird aus $v_1 = 30$ km/h, $v_2 = 50$ km/h; $v_3 = 80$ km/h und $v_4 = 120$ km/h abgebremst. Die mittlere Verzögerung der Bremse liegt bei $7{,}5$ m/s^2. a) Nach welcher Zeit kommt das Fahrzeug jeweils zum Stillstand? b) Wie lang ist der jeweilige Bremsweg? c) Stellen Sie die Bremswege in einem Balkendiagramm dar.

2. Einem unachtsamen Handwerker fällt auf einem 5 m hohen Treppenturm ein Hammer aus der Hand. Mit welcher Geschwindigkeit trifft er auf dem Erdboden auf? (Fallbeschleunigung $9{,}81$ m/s^2)

3. Eine Forschungsrakete wird in die Stratosphäre geschossen. Sie wird aus dem Stillstand mit 48 m/s^2 beschleunigt. a) Welche Geschwindigkeit hat sie nach 5 s erreicht? b) Welche Strecke hat sie nach 5 s zurückgelegt?

4. Ein Fallschirmspringer verlässt in 3000 m Höhe das Flugzeug. a) Welche theoretische Geschwindigkeit erreicht er im freien Fall nach 5 s? b) In welcher Höhe befindet er sich nach 10 s?

5. Die Magnetschwebebahn TRANSRAPID erreicht nach 1 min 42 s eine Geschwindigkeit von 250 km/h. Ein ICE erreicht diese Geschwindigkeit nach einer Strecke von 20 km. a) Wie groß ist die Beschleunigung des TRANSRAPID? b) nach welcher Strecke erreicht er die Geschwindigkeit? c) Wie groß ist die Beschleunigung des ICE? d) Welche Zeit vergeht, bis der ICE die Höchstgeschwindigkeit erreicht hat?

6. Ein Rammbär fällt aus 4 m Höhe. Mit welcher Geschwindigkeit trifft er auf die Spundwand? (Fallbeschleunigung $9{,}81$ m/s^2)

16.7 Grafische Ermittlung von Geschwindigkeiten

Geschwindigkeiten und die Zusammenhänge zwischen Weg und Zeit lassen sich grafisch darstellen. Bekannt sind Nomogramme oder Netztafeln, die als Maschinentafeln an Werkzeugmaschinen zu finden sind. Bild **16.6** zeigt eine Netztafel für eine Bohrmaschine. Auf der Y-Achse ist die Schnittgeschwindigkeit v_c in m/min auf der X-Achse oben ist der Bohrer-

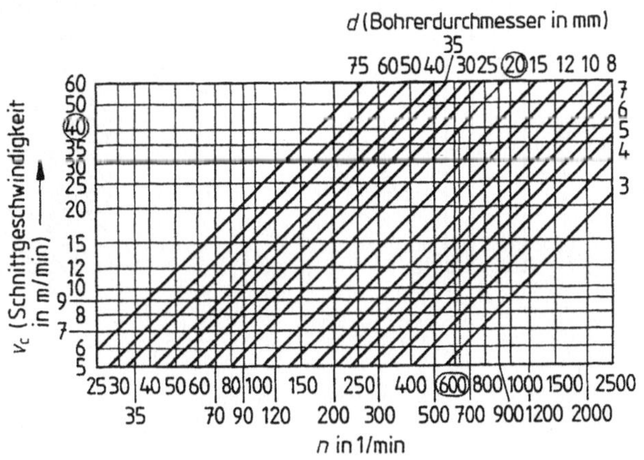

16.6

durchmesser in mm, unten die Drehzahl in min^{-1} abgetragen. Wir können daraus ohne Rechenaufwand gesuchte Werte ablesen, müssen allerdings eine gewisse Ungenauigkeit in Kauf nehmen.

Beispiel Welche Drehzahl ist zu wählen, wenn mit einem Bohrer von 20 mm Durchmesser und einer Schnittgeschwindigkeit von 40 m/min gearbeitet wird?

Lösung *1. Schritt:* Wir suchen auf der Y-Achse den Wert 40 m/min und verfolgen die waagerechte Linie solange, bis sie zum Schnitt mit der schrägen Linie kommt, die für den Bohrerdurchmesser 20 mm steht.
2. Schritt: Vom Schnittpunkt aus gehen wir senkrecht nach unten zur X-Achse min^{-1}.
3. Schritt: Wir finden einen Punkt zwischen 600 min^{-1} und 700 min^{-1}.
4. Schritt: Wir wählen die näher liegende Drehzahl von 600 min^{-1}.

Es darf mit einer Drehzahl von 600 min^{-1} gearbeitet werden.

Aufgabe

Bild **16**.7 zeigt den Rohling eines Drehteiles. Bestimmen Sie anhand des Drehzahldiagrammes (Bild **16**.8) die Drehzahlen für die jeweiligen Durchmesser, wenn eine Schnittgeschwindigkeit von v_c = 250 m/min für das Schruppen und v_c = 400 m/min für das Schlichten einzuhalten ist.

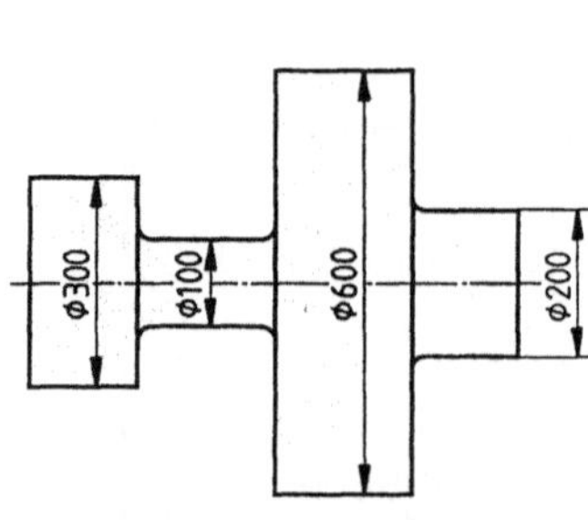

16.7

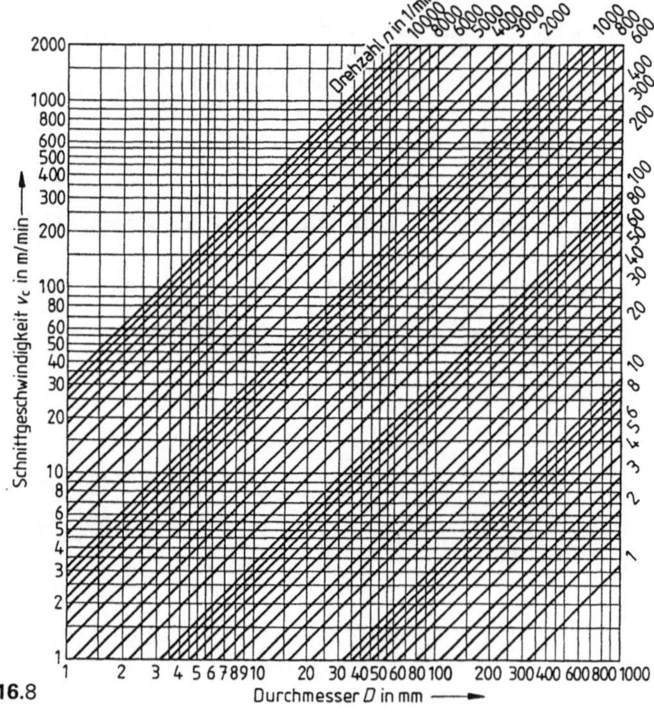

16.8

17 Arbeit – Leistung – Wirkungsgrad

Im physikalisch-technischen Sinne bezeichnen wir Arbeit W (engl. work) auch als Energie. Sie wird aufgebracht, wenn eine Kraft F längs eines Weges s wirkt.

> Arbeit ist die Wirkung einer Kraft längs eines Weges.
>
> $$W = F \cdot s \qquad F = \frac{W}{s} \qquad s = \frac{W}{F}$$

Beispiel Ein Mobilkran hebt Trapezprofilbleche mit einer Masse von 500 kg auf ein zu montierendes Hallendach in 15 m Höhe. Welche Arbeit wird verrichtet?

Lösung geg.: $m = 500$ kg $= 5000$ N, $s = 15$ m
ges.: W

Wir setzen die Werte in die Formel ein und rechnen

$$W = F \cdot s = 5000 \text{ N} \cdot 15 \text{ m} = 75000 \text{ Nm}$$

Es wird eine Arbeit von 75000 Nm verrichtet.

Aus unserer Rechnung können wir die Einheit für die Arbeit ersehen.

> Die Einheit der Arbeit sind Newtonmeter (Nm). 1 Newtonmeter = 1 Joule = 1 Wattsekunde. 1 Nm = 1 J = 1 Ws

Aufgaben

1. Ein Metallbauer bringt einen Werkzeugkasten von 10 kg Masse auf ein 6 m hohes Gerüst. Welche Arbeit hat er erbracht?
2. Mit einem Turmdrehkran werden 6 I-Träger IPB-260 von je 8 m Länge in 15 m Höhe gehievt. a) Welche Arbeit wird erbracht? b) Wie groß ist die Arbeit, wenn jeweils nur drei Träger transportiert werden? Die Masse der Träger ist nach Tabelle zu bestimmen.
3. Aus einem Hochregal wird ein Ersatzteil entnommen, das 75 kg wiegt. Beim Transport wird eine Arbeit von 13500 Nm erbracht. Wie lang ist der Transportweg?
4. Beim Beladen eines Schiffes mit einem Kran wird eine Arbeit von 360000 Nm erbracht. Um das Teil in die Luke zu bringen, muss es 12 m angehoben werden. Wie groß ist die Masse des Ladegutes?
5. In einem Reparaturwerk wird ein Teil mit einem Volumen von 2 m³ 7,5 m weit bewegt. Dazu wird eine Arbeit von 1177,5 kNm erbracht. Aus welchem Werkstoff besteht das Teil?

17.1 Einfache Maschinen

Zu den einfachen Maschinen zählen Hebel, Rolle, Flaschenzug. Sie dienen als „Kraftverstärker". Nach dem Gesetz vom Erhalt der Arbeit, der Goldenen Regel der Mechanik, geht das jedoch nur zu Lasten des Kraftweges.

> **Goldene Regel der Mechanik**
>
> Um eine bestimmte Arbeit zu verrichten, muss entweder eine große Kraft längs eines kleinen Weges oder eine kleine Kraft längs eines großen Weges wirken.

Bis auf den Hebel, der bereits besprochen wurde (S. 103), wollen wir die Wirkungsweise der einfachen Maschinen im folgenden betrachten.

17.1.1 Rolle

Als Rolle bezeichnen wir eine Scheibe, die drehbar gelagert und deren Umfang mit einer Laufrille für ein Seil versehen ist. Wir unterscheiden feste und lose Rollen. Rollen finden wir in Hebezeugen.

Feste Rolle. Eine feste Rolle fassen wir als gleicharmigen Hebel auf. Nach dem Hebelgesetz ist

$$F_\text{G} \cdot r = F \cdot r$$

Halten wir eine Last F_G, ist die Handkraft F also gleich der Gewichtskraft F_G (Bild **17**.1).

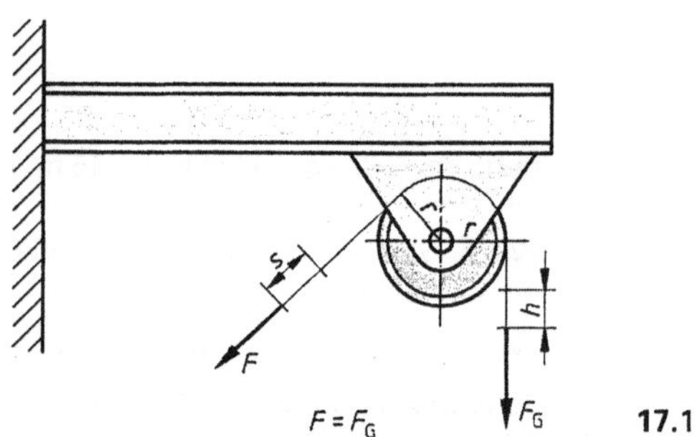

$$F = F_G \qquad\qquad F_G \qquad\qquad \textbf{17.1}$$

> Die feste Rolle lenkt eine Kraft um. Es herrscht Gleichgewicht, wenn die auf beiden Seiten angreifenden Kräfte gleich groß sind. $F_G = F$

Heben wir die Last, bewegt sie sich um eine Strecke h, die der Seillänge s entspricht, an der die Handkraft wirkt.

> An der festen Rolle ist der Lastweg h gleich dem Kraftweg s.

Lose Rolle. Wenden wir das Hebelgesetz auf die lose Rolle an, erkennen wir einen einarmigen Hebel (Bild **17.2**). Die Gleichgewichtsbedingung lautet dann $F_G \cdot r = F \cdot 2r$.

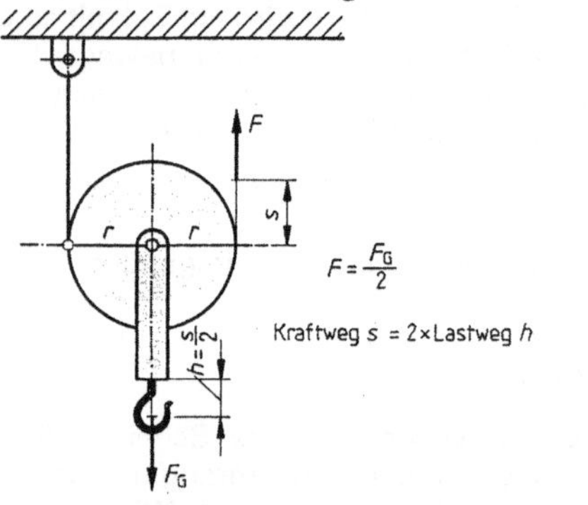

$$F = \frac{F_G}{2}$$

Kraftweg $s = 2 \times$ Lastweg h

$$F_G \qquad\qquad \textbf{17.2}$$

Wollen wir die Last um eine Strecke anheben, ist der Kraftweg s doppelt so groß wie der Lastweg h.

> An der losen Rolle ist der Lastweg halb so groß, wie der Kraftweg.
>
> $$F = \frac{F_G}{2} \qquad s = 2 \cdot h \qquad h = \frac{s}{2}$$

17.1.2 Flaschenzug

Kombinieren wir eine lose und eine feste Rolle, erhalten wir einen einfachen Flaschenzug (Bild **17.3**). F_G verteilt sich auf zwei Seilquerschnitte, die Kraft F zum Heben der Last F_G ist $\dfrac{F_G}{2}$. Fügen wir eine zweite lose Rolle in

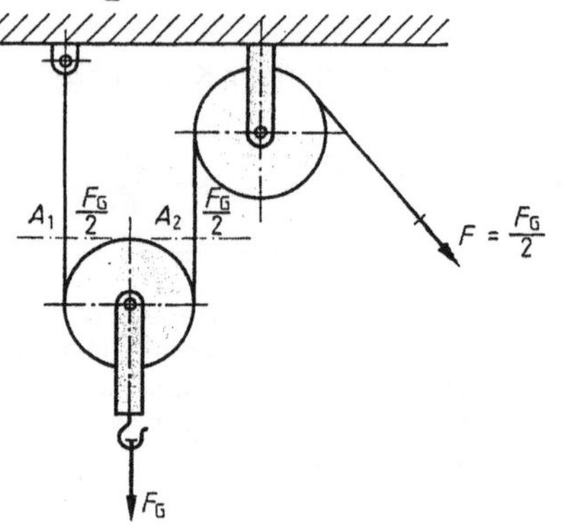

$$\textbf{17.3}$$

unser Hebezeug ein, verteilt sich die Kraft F_G auf vier Seilquerschnitte (Bild **17.4**). Wir benötigen zum Heben nur noch eine Kraft von einem Viertel der Last, allerdings ist der Kraftweg viermal so groß wie der Lastweg.

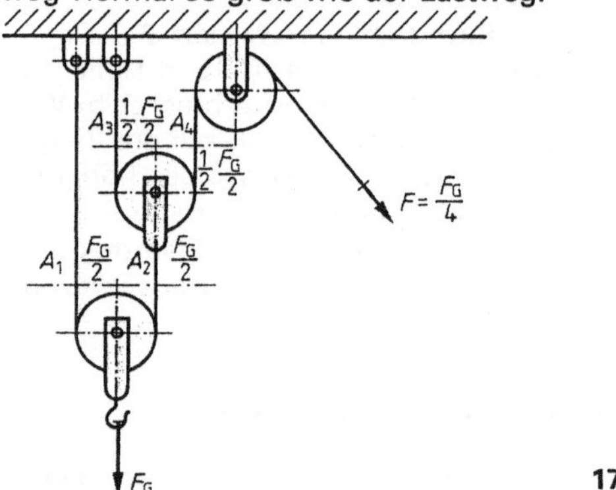

$$\textbf{17.4}$$

Je mehr Rollen zusammengefasst werden, desto geringer ist der Kraftaufwand zum Heben oder Halten einer Last. Bild **17.5** zeigt einen Flaschenzug, bei dem F_G auf sechs Seilquerschnitte wirkt. Bezeichnen wir die Zahl der tragenden Seilquerschnitte mit n, können wir die erforderlich Kraft F, den Kraftweg s und den Lastweg h berechnen.

> $$F = \frac{F_G}{n} \qquad n = \frac{F_G}{F} \qquad F_G = F \cdot n$$
>
> $$s = n \cdot h \qquad n = \frac{s}{h} \qquad h = \frac{s}{n}$$

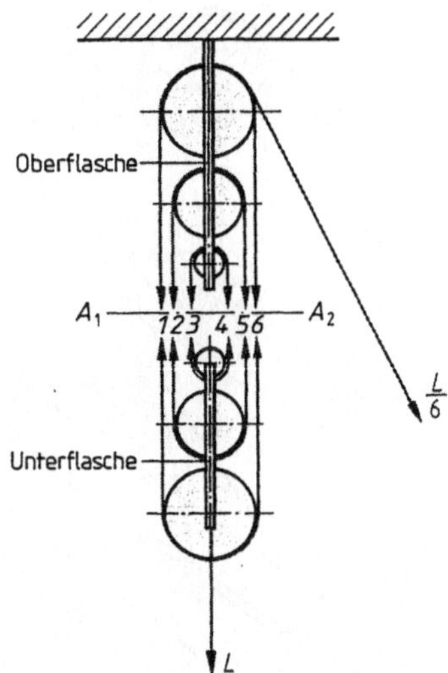

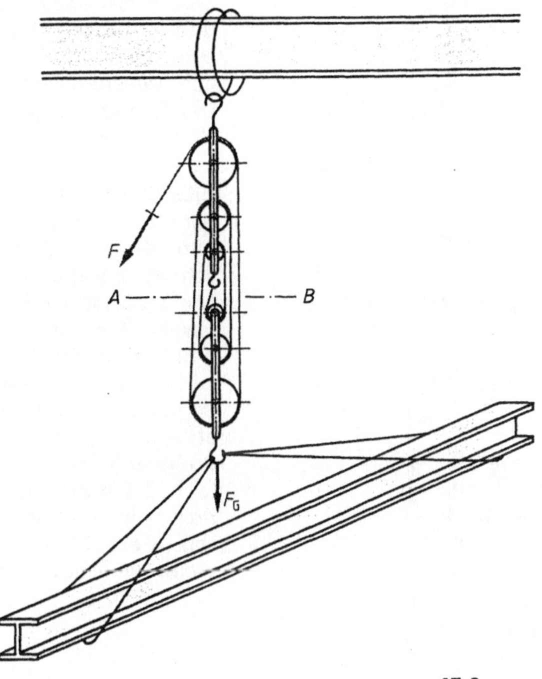

17.5

17.6

Beispiel Mit einem Flaschenzug (Bild **17.6**) soll ein Träger gehoben werden, der eine Masse von 309 kg hat. a) Wie viel Seilquerschnitte werden belastet? b) Welche Kraft ist aufzuwenden, wenn mit F_R = 6% Reibungsverlusten zu rechnen ist? c) Wie groß ist der Kraftweg, wenn die Last 1,75 m gehoben wird?

Lösung a) A–B ist unsere Schnittebene, an der wir die Seilquerschnitte ermitteln. Es ist $n = 6$.

b) Wir ermitteln die gegebenen Werte. Wir berücksichtigen im Ansatz die Reibungsverluste. Um sie vergrößert sich die Kraft zum Anheben.

geg.: m = 309 kg, F_G = 3090 N, n = 6, F_R = 6% von F
ges.: F in N

Wir setzen die Werte in unsere Formel und rechnen. Die Reibungsverluste berücksichtigen wir, indem wir die rechte Seite unserer Formel mit 1,06 multiplizieren (vgl. Prozentrechnen).

$$F = 1,06 \cdot \frac{F_G}{n} = 1,06 \cdot \frac{3090\,\text{N}}{6} = \underline{\underline{545,9\,\text{N}}}$$

Zum Heben der Last ist eine Kraft von 546 N erforderlich.

c) geg.: h = 1,75 m, n = 6
ges.: s in m

$$s = n \cdot h = 6 \cdot 1,75\,\text{m} = \textbf{10,5 m}$$

Der Kraftweg beträgt 10,5 m.

Der Reibungsverlust führt zu höherem Kraftaufwand beim Heben einer Last und verringert die Kraft bei Halten einer Last. Die im Beispiel genannten 6% verringern den Wirkungsgrad. Zum Thema Wirkungsgrad s. auch S. 133.

Aufgaben

1. Mit einem Flaschenzug (3 feste und 3 lose Rollen) wird ein Bauteil mit einer Masse m = 300 kg 4 m über den Boden gezogen (μ = 0,7) (Bild **17.7**). Welche Kraft F ist mindestens erforderlich?

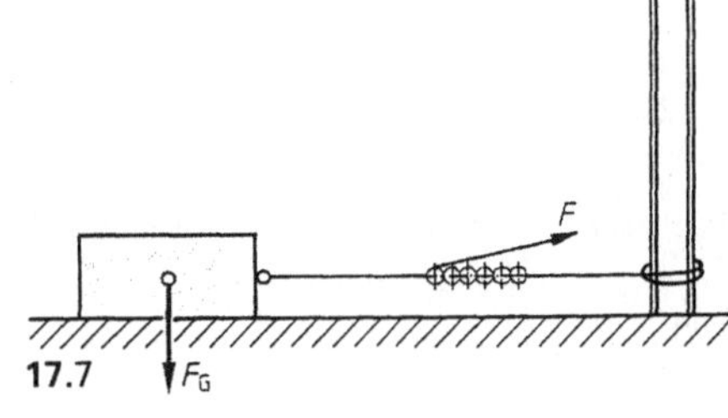

17.7

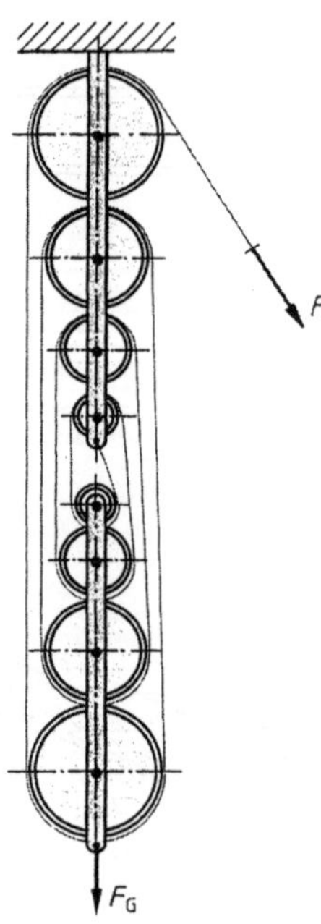

17.8

2. Um eine Last zu heben, ist an einem Flaschenzug mit vier festen und vier losen Rollen (Bild **17**.8) eine Kraft von 1140 N erforderlich. Welche Masse hat die Last? Die Gesamtreibungsverluste des Hebezeuges betragen 16%.

3. Bild **17**.9 skizziert die Anordnung der Ober- und Unterflasche an einem Kran. a) Wie viel Seilquerschnitte werden belastet? b) Welche Kraft ist erforderlich, um die Last bestehend aus einem Träger IPBl 300 DIN 1025 von 14 m Länge zu heben? c) Welche Arbeit wird verrichtet, wenn die Last 4,5 m angehoben wird? d) Wie viel Umdrehungen muss die Seiltrommel (d = 300 mm) machen, um das Seil beim Heben aufzuwickeln? Das Gewicht der Unterflasche bleibt unberücksichtigt.

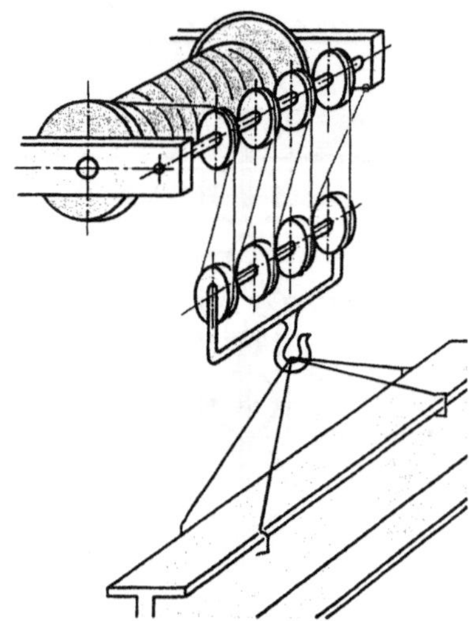

17.9

17.1.3 Differentialflaschenzug

Beim Differentialflaschenzug (Bild **17**.10) besteht die feste Rolle aus einer Doppelrolle, über die eine Kette läuft. Aufgrund der Hebelverhältnisse kann eine große Last mit geringem Kraftaufwand gehoben werden.

Am in Bild **17**.10 skizzierten Hebel herrscht Kräftegleichgewicht, wenn die Summe aller Momente um A gleich Null ist.

$$\Sigma M_A = 0$$

Wir erinnern uns: alle rechtsdrehenden Momente sind +, alle linksdrehenden –. Laut Hebelskizze erhalten wir folgenden Ansatz:

$$F \cdot R + \frac{F_G}{2} \cdot r - \frac{F_G}{2} \cdot R = 0$$

Wir stellen die Gleichung nach $F \cdot R$ um.

$$F \cdot R = \frac{F_G}{2} \cdot R - \frac{F_G}{2} \cdot r$$

Wir klammern $\dfrac{F_G}{2}$ aus und teilen beide Seiten durch R.

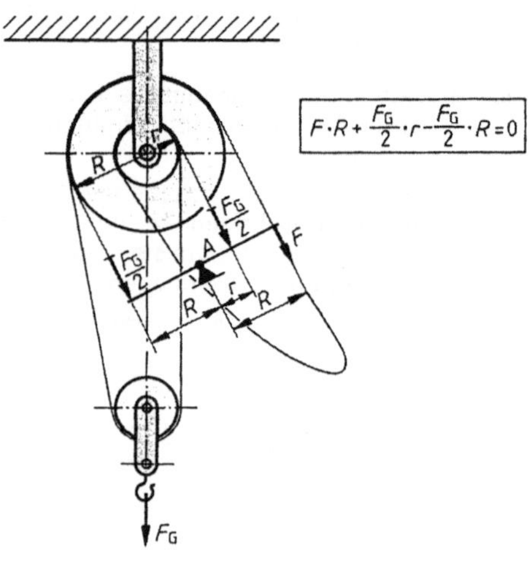

$$\boxed{F \cdot R + \frac{F_G}{2} \cdot r - \frac{F_G}{2} \cdot R = 0}$$

17.10

$$\boxed{F = \frac{F_G}{2R} \cdot (R - r)}$$

$$R = \frac{F_G \cdot r}{(F_G - 2F)} \qquad r = \frac{R(F_G - 2F)}{F_G} \qquad F_G = \frac{2 \cdot F \cdot R}{R - r}$$

Wollen wir den Kraft- bzw. Lastweg berechnen, gehen wir wie folgt vor:

Kraft × Kraftweg = Last × Lastweg

$$F \cdot s_F = F_G \cdot s_G$$

Wir stellen nach s_F um.

$$s_F = \frac{F_G \cdot s_G}{F}$$

Für F setzen wir die oben abgeleitete Formel ein, stellen um und kürzen.

$$s_F = \frac{F_G \cdot s_G}{\dfrac{F_G \cdot (R-r)}{2R}} = \frac{2R \cdot \cancel{F_G} \cdot s_G}{\cancel{F_G} \cdot (R-r)}$$

$s_F = \dfrac{2R \cdot s_G}{R-r}$	$s_G = \dfrac{s_F(R-r)}{2R}$
$R = \dfrac{s_F \cdot r}{s_F - 2s_G}$	$r = \dfrac{R(s_F - 2s_G)}{s_F}$

Beispiel 1 Mit einem Differentialflaschenzug wird ein Träger mit einer Masse von 300 kg gehoben. Die Durchmesser der Rollen sind D = 180 mm, d = 160 mm. Welche Kraft muss aufgewendet werden? Reibung bleibt unberücksichtigt.

Lösung geg.: m = 300 kg, F_G = 3000 N
D = 180 mm, R = 90 mm
d = 160 mm, r = 80 mm
ges.: F in N

Die Formel lautet

$$F = \frac{F_G}{2R} \cdot (R - r)$$

Wir setzen die gegebenen Werte ein und rechnen

$$F = \frac{3000 \text{ N} \cdot (90 \text{ mm} - 80 \text{ mm})}{2 \cdot 90 \text{ mm}}$$

$$= \frac{3000 \text{ N} \cdot 10 \text{ mm}}{180 \text{ mm}} = \mathbf{166{,}7 \text{ N}}$$

Zum Heben der Last ist eine Kraft von 167 N aufzuwenden.

Beispiel 2 Mit einem Differentialflaschenzug wird ein Blechstapel mit einer Masse von 200 kg angehoben. Die Rollendurchmesser betragen D = 120 mm, d = 100 mm. Insgesamt werden 12 m Kette bewegt. Um wie viel Meter hebt sich die Last? Reibung wird nicht berücksichtigt.

Lösung geg.: s_F = 12 m
D = 0,12 m, R = 0,06 m
d = 0,1 m, r = 0,05 m
ges.: s_G in m

Die Formel lautet

$$s_G = \frac{s_F(R-r)}{2R}$$

Wir setzen die Werte ein und rechnen

$$s_G = \frac{12\text{m} \cdot (0{,}06 \text{ mm} - 0{,}05 \text{ mm})}{2 \cdot 0{,}06 \text{ mm}}$$

$$= s_G = \frac{12\text{m} \cdot 0{,}01 \text{ mm}}{0{,}12 \text{ mm}} = \underline{\underline{1 \text{ m}}}$$

Die Last wird um 1 m gehoben.

Aufgaben

In den folgenden Aufgabenstellungen bleiben Verluste unberücksichtigt.

1. Ein Metallhandwerker bringt eine Kraft von 300 N auf. Er hebt mit einem Differentialflaschenzug eine Last. Die Durchmesser der Doppelrolle betragen 180 mm und 170 mm. Wie groß ist die Masse der gehobenen Last?

2. Eine Werkzeugkiste von 75 kg Gewicht wird mit einem Differentialflaschenzug gehoben. Der Metallhandwerker übt eine Handkraft von 50 N aus. Der große Rollendurchmesser beträgt 150 mm. Berechnen Sie den kleinen Durchmesser der Doppelrolle in Millimeter.

3. Mit einem Differentialflaschenzug (Durchmesser der Doppelrolle 200/190 mm) werden vier Stück Winkelstahl L 150×100×12 DIN 1029 zu je 4 m Länge gebündelt von einem LKW entladen. Welche Handkraft ist aufzubringen?

4. In der Werkstatt wird eine Drehmaschine mit einer Masse von 800 kg auf einen LKW geladen, dessen Ladefläche 1,4 m über der Standfläche der Maschine liegt. Zur Verfügung steht ein Differentialflaschenzug mit einer Doppelrolle von 170/160 mm.
a) Welche Handkraft ist zum Heben der Maschine aufzubringen?
b) Wie viel Meter Kette muss der Metallhandwerker abwickeln?

17.1.4 Schiefe Ebene

Betrachten wir die schiefe Ebene in Bild **17.11** ist klar zu erkennen, dass der Weg, die Last L auf die Rampe zu bringen, über die geneigte Ebene länger ist, als wenn die Last senkrecht angehoben wird. Auch hier gilt wieder, dass die Kraft geringer wird, wenn der Weg länger ist. In unserer Skizze ist s der Kraftweg, h der Lastweg, α der Steigungswinkel der schiefen Ebene. Untersuchen wir die Kräfte, die an der schiefen Ebene wirken.

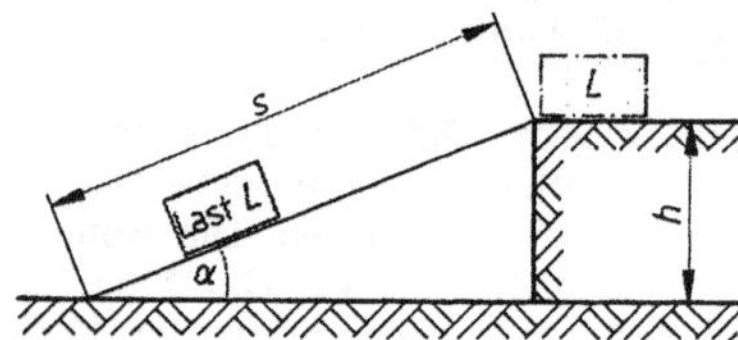

17.11

Kräfte an der schiefen Ebene. Bild **17.**12 zeigt die Kraftwirkungen an der schiefen Ebene. Die Gewichtskraft F_G wirkt senkrecht nach unten. Die Normalkraft F_N wirkt senkrecht zur schiefen Ebene und erzeugt mit der Reibungszahl μ die Reibungskraft F_R. F_A ist die Hangabtriebskraft. Sie ist bestrebt, den Körper nach unten zu bewegen. Soll der Körper nach oben gezogen werden, muss die Zugkraft F aufgewendet werden. Soll der Körper gehalten werden, benötigt man die Haltekraft F_H. Sowohl beim Bestimmen von F_H als auch F muss die Reibungskraft berücksichtigt werden. Im Falle des Haltens hilft sie, das Hinabgleiten des Körpers zu verhindern. F_A verringert sich also um die Reibungskraft. Im Falle des Hinaufziehens des Körpers über die schiefe Ebene, muss die Reibungskraft zusätzlich überwunden werden. Die Reibungskraft bleibt unberücksichtigt, wenn Teile die schiefe Ebene hinaufgerollt werden. Der Winkel zwischen den Wirkungslinien der Kräfte F_G und F_N ist so groß wie der Steigungswinkel α.

Wir können nun die an der schiefen Ebene geltenden Gesetzmäßigkeiten untersuchen. Zum Verständnis vergleichen Sie immer wieder mit Bild **17.12**. *SAB* ist das unseren Rechnungen zugrunde liegende Krafteck.

Voraussetzung: Die Maße der schiefen Ebene und die Masse des Körpers sind bekannt, weil sie problemlos zu ermitteln sind. Sie gelten als gegeben. μ kann aus Tabellen ermittelt werden.

geg.: F_G in N   ges.: F_H in N, F in N

1. Schritt: Wir berechnen F_N mit der Kosinusfunktion.

$$\cos\alpha = \frac{\text{Ankathete}}{\text{Hypotenuse}} = \frac{F_N}{F_G}$$

$$F_N = F_G \cdot \cos\alpha$$

2. Schritt: Wir berechnen F_A mit der Sinusfunktion.

$$\sin\alpha = \frac{\text{Gegenkathete}}{\text{Hypotenuse}} = \frac{F_A}{F_G}$$

$$F_A = F_G \cdot \sin\alpha$$

3. Schritt: Wir berechnen die Reibungskraft F_R.

$$F_R = F_N \cdot \mu$$

Für F_N setzen wir $F_G \cdot \cos\alpha$.

$$F_R = F_G \cdot \cos\alpha \cdot \mu$$

4. Schritt: Wir berechnen $\sin\alpha$ und $\cos\alpha$ nach den Abmessungen der schiefen Ebene.

$$\sin\alpha = \frac{h}{s} \qquad \cos\alpha = \frac{l}{s}$$

Mit den errechneten Gleichungen können wir die Formeln für F_H und F bestimmen.

Haltekraft F_H

$$F_H = F_A - F_R$$

$$F_H = F_G \cdot \sin\alpha - F_G \cdot \cos\alpha \cdot \mu$$

Wir klammern F_G aus.

$$\mathbf{F_H = F_G \cdot (\sin\alpha - \cos\alpha \cdot \mu)}$$

Setzen wir für $\sin\alpha$ und $\cos\alpha$ die Abmessungen der schiefen Ebene, erhalten wir

$$F_H = F_G \cdot \left(\frac{h}{s} - \frac{l}{s} \cdot \mu \right)$$

Wir klammern s aus

$$F_H = \frac{F_G}{s} \cdot (h - l \cdot \mu)$$

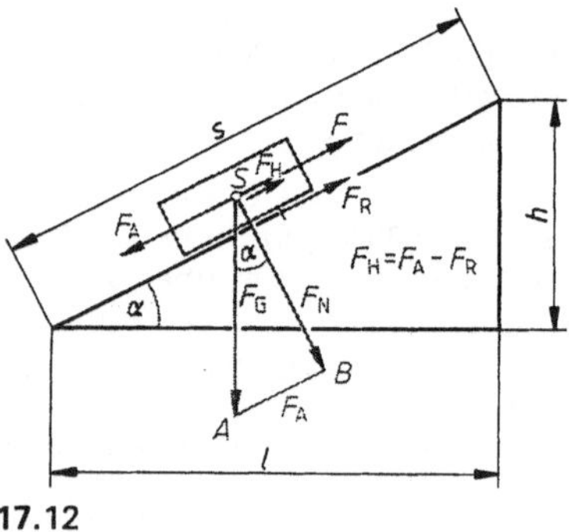

17.12

Zugkraft F

$$F = F_A + F_R$$

$$F = F_G \cdot \sin\alpha + F_G \cdot \cos\alpha \cdot \mu$$

Wir klammern F_G aus.

$$F = F_G \cdot (\sin\alpha + \cos\alpha \cdot \mu)$$

Setzen wir für $\sin\alpha$ und $\cos\alpha$ die Abmessungen der schiefen Ebene, erhalten wir

$$F = F_G \cdot \left(\frac{h}{s} - \frac{l}{s} \cdot \mu \right)$$

Wir klammern s aus

$$F = \frac{F_G}{s} \cdot (h + l \cdot \mu)$$

Zugkraft F

$$F = F_G \cdot (\sin\alpha + \cos\alpha \cdot \mu)$$

$$F = \frac{F_G}{s} \cdot (h + l \cdot \mu)$$

$$F_G = \frac{F}{\sin\alpha + \cos\alpha \cdot \mu}$$

$$F_G = \frac{F \cdot s}{h + l \cdot \mu}$$

Haltekraft F_H

$$F_H = F_G \cdot (\sin\alpha - \cos\alpha \cdot \mu)$$

$$F_H = \frac{F_G}{s} \cdot (h - l \cdot \mu)$$

$$F_G = \frac{F_H}{\sin\alpha - \cos\alpha \cdot \mu}$$

$$F_G = \frac{F_H \cdot s}{h - l \cdot \mu}$$

ohne Reibung

$$F = F_H = F_G \cdot \sin\alpha$$

$$F = F_H = F_G \cdot \frac{h}{s}$$

Beispiel Welche Kraft ist erforderlich, um die in einer Kiste verpackte Werkzeugmaschine mit einer Gesamtmasse von $m = 750$ kg über angelegte Stahlschienen auf die Laderampe zu ziehen (Bild **17.13**)? ($\mu = 0{,}4$)

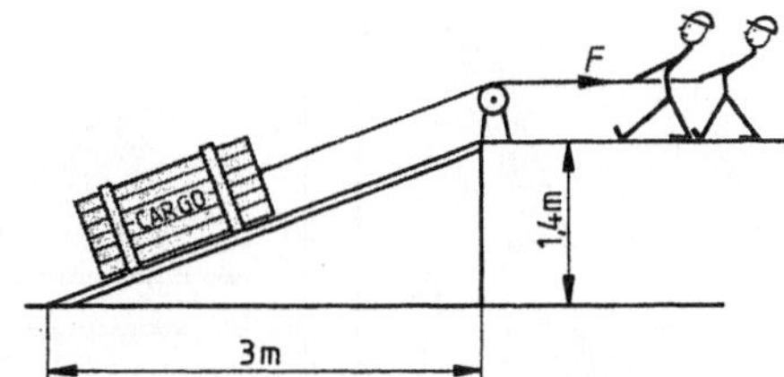

17.13

Lösung geg.: $m = 750$ kg $F_G = 7500$ N
$h = 1{,}4$ m $l = 3$ m $\mu = 0{,}4$

ges.: F in N

1. Schritt: Wir berechnen die Länge s nach dem Pythagoras.

$$s^2 = h^2 + l^2 \qquad s = \sqrt{h^2 + l^2}$$

$$s = \sqrt{(1{,}4\,\text{m})^2 + (3\,\text{m})^2}$$

2. Schritt: Wir setzen die gegebenen Werte und den für s berechneten in die Formel ein.

$$F = \frac{F_G \cdot (h + l \cdot \mu)}{s}$$

$$= \frac{7500\,\text{N} \cdot (1{,}4\,\text{m} + 3\,\text{m} \cdot 0{,}4)}{\sqrt{(1{,}4\,\text{m})^2 + (3\,\text{m})^2}} = 5890\,\text{N}$$

Zum Heraufziehen der Last sind 5890 N erforderlich.

Aufgaben

1. Eine Stahlwalze von 2000 kg Gewicht wird auf ihre Lagerung gezogen. Die dazu erforderlichen Schienen liegen unter einem Winkel von $10°$ an. Welche Kraft ist erforderlich?

2. Ein LKW (Gesamtmasse $m = 25$ t) befährt eine Straße mit 8% Steigung. Wie groß ist die aufzubringende Kraft, wenn die Gesamtreibungszahl $\mu = 0{,}008$ ist?

3. Ein Körper mit einer Masse von 200 kg wird eine schiefe Ebene hinaufgezogen, die unter einem Winkel von $20°$ ansteigt. Die Reibungszahl ist 0,2. Welche Zugkraft ist aufzubringen?

4. Mit einem Schrägaufzug (Bild **17**.14) werden Bauteile von insgesamt 120 kg auf ein zu erstellendes Hallendach gefördert. Mit welcher Kraft wird das Zugseil belastet? $\mu = 0,02$

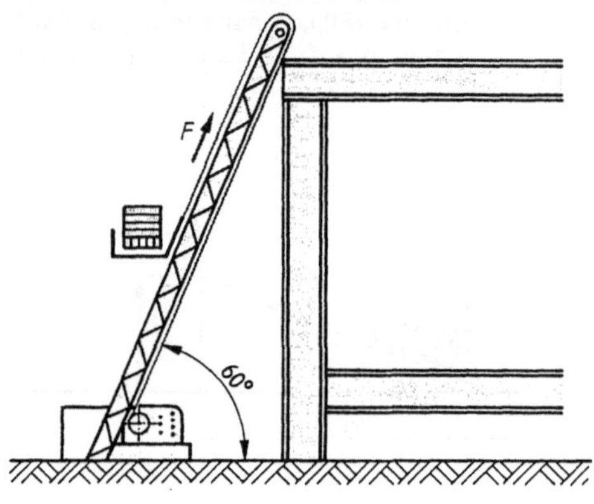

17.14

5. Ein LKW fährt auf einer Straße mit 5% Steigung eine Strecke von 2 km (Bild **17**.15). Die Antriebskraft beträgt 17067 N, die Gesamtreibungszahl ist 0,007.
a) Unter welchem Winkel steigt die Straße an?
b) Welcher Höhenunterschied wird bewältigt?
c) Welche Masse in Tonnen haben Ladung und Fahrzeug zusammen?

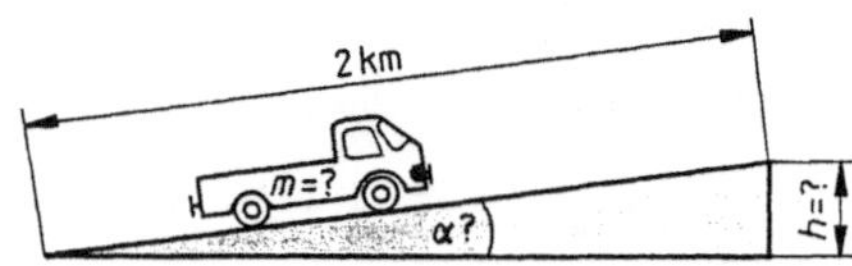

17.15

Reibungswinkel. Vergrößert man den Steigungswinkel einer Ebene, so können wir beobachten, dass ein darauf ruhender Körper ab einem bestimmten Winkel anfängt zu rutschen. Erfolgt die Abwärtsbewegung nach einem kurzen Anstoß gleichmäßig, ist die Hangabtriebskraft so groß wie die Reibungskraft (Bild **17**.16). Den jetzt gemessenen Winkel bezeichnen wir als Reibungswinkel (ρ).

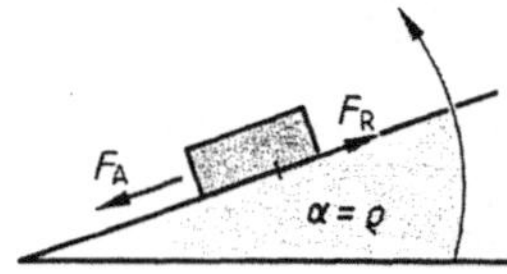

17.16

Der Reibungswinkel gibt den Winkel einer schiefen Ebene an, bei dem ein darauf liegender Körper gerade anfängt zu gleiten.

Bedingung:

$F_A = F_R$

Wir setzen dafür die bekannten Formeln ein.

$F_G \cdot \sin \alpha = F_G \cdot \cos \alpha \cdot \mu$

Wir stellen nach μ um und kürzen F_G.

$$\mu = \frac{\cancel{F_G} \cdot \sin \alpha}{\cancel{F_G} \cdot \cos \alpha} = \frac{\sin \alpha}{\cos \alpha}$$

Wir setzen für sin und cos die uns bekannten Seitenverhältnisse $\dfrac{\text{Gegenkathete}}{\text{Hypotenuse}}$ und $\dfrac{\text{Ankathete}}{\text{Hypotenuse}}$ und kürzen.

$$\mu = \frac{\text{Gegenkathete} \cdot \cancel{\text{Hypotenuse}}}{\cancel{\text{Hypotenuse}} \cdot \text{Ankathete}} = \frac{\text{Gegenkathete}}{\text{Ankathete}}$$

$\dfrac{\text{Gegenkathete}}{\text{Ankathete}}$ ist der Tangens. Für α setzen wir ρ.

$$\mu = \tan \rho$$

Beachte: Die Masse spielt keine Rolle!

Beispiel Rollt ein Fahrzeug mit einer Masse von 1500 kg, beträgt die Gesamtreibungszahl $\mu = 0,05$. Bei welchem Neigungswinkel der Standfläche beginnt das Fahrzeug zu rollen?

geg.: $\mu = 0,05$, $m = 1500$ kg

ges.: Neigungswinkel ρ

$\mu = \tan \rho = \tan 0,05$

$\rho = 2°52'$

Das Fahrzeug beginnt bei einem Neigungswinkel von 2°52' zu rollen.

Aufgaben

1. Unter welchem Winkel darf ein Förderband aus Gummi höchstens ansteigen, wenn gefräste Stahlteile mit einer Masse von 120 kg auf eine Höhe von 6 m zu fördern sind (Bild **17.17**)? $\mu = 0,8$

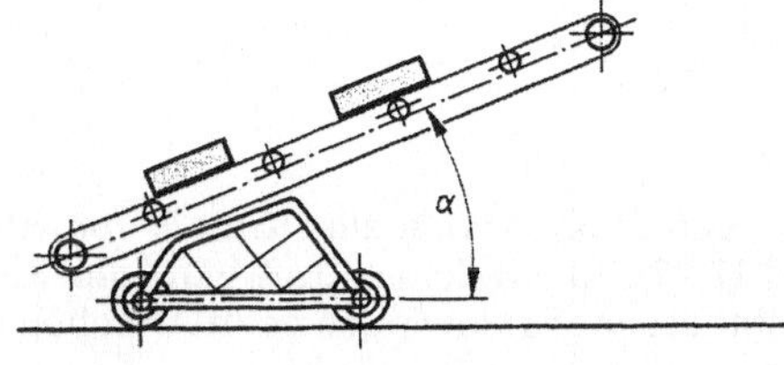

17.17

2. Ein geländegängiger LKW transportiert auf der Ladefläche aus Stahl in Holzkisten verpackte Bauteile zu einem Montageort. Kurzzeitig sind Steigungen von 25% zu überwinden. Kommt die Ladung ins rutschen? $\mu_{\text{Holz auf Stahl}} = 0,5$

17.1.5 Keil

Mit Keilen (Bild **17.19**) können große Kräfte ausgeübt werden. Wir kennen den Keil als Maschinenteil, als Hilfsmittel zum Anheben schwerer Bauteile oder zum Einrichten von Maschinen. Der Keil wirkt nach dem Prinzip der schiefen Ebene. Auch bei Berechnungen am Keil gilt die Goldene Regel der Mechanik Kraft × Kraftweg = Last × Lastweg. Daraus folgt für den Keil

> Hubkraft (F_1) × Hubweg (h)
> = Eintreibkraft (F) × Eintreibweg (l)

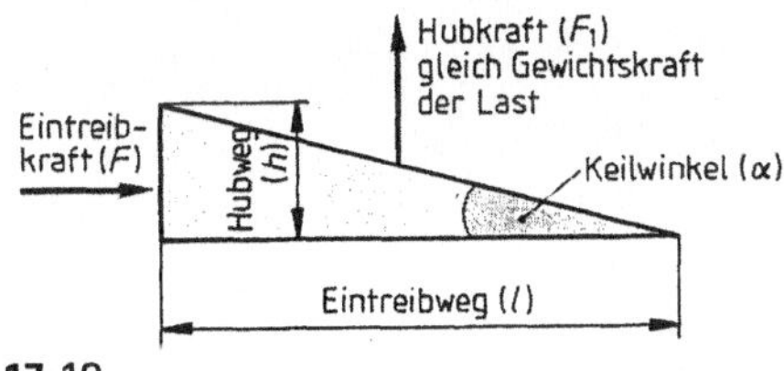

17.19

> $$F_1 \cdot h = F \cdot l$$
>
> $$F_1 = F \cdot \frac{l}{h} \qquad F = F_1 \cdot \frac{h}{l}$$
>
> Weil $\frac{h}{l} = \tan\alpha$ und $\frac{l}{h} = \cot\alpha$ ist
>
> $$F_1 = F \cdot \cot\alpha \qquad F = F_1 \cdot \tan\alpha$$

3. In einer Lagerhalle werden in Kartons verpackte Hinterschnittanker über Paketrutschen verladen. Unter welchem Neigungswinkel müssen diese mindestens verlaufen, damit einwandfreies Hinabgleiten gewährleistet ist (Bild **17.18**)? $\mu = 0,12$

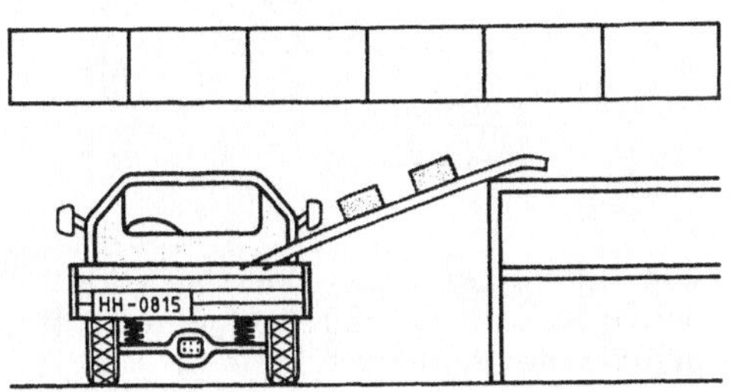

17.18

Beispiel Eine Schrotsäge hat eine Masse von $m = 1200$ kg. Sie soll mit vier Steinschrauben befestigt werden. Um die Maschine auszurichten, werden Keile verwendet.

Welche Eintreibkraft ist erforderlich, wenn ein Keil mit einer Neigung $h : l = 1 : 20$ verwendet wird?

Lösung *1. Schritt:* Wir untersuchen die Aufgabe nach gegebenen Werten. Gegeben ist die Masse $m = 1200$ kg. Weil vier Steinschrauben vorhanden sind, verteilt sie sich auf vier Maschinenfüße. Somit ist

$$F_G = F_1 = \frac{12000\,\text{N}}{4} = 3000\,\text{N}$$

Die Neigung des Keiles wird mit $1 : 20$ angegeben. Damit ist der Tangens des Keilwinkels α bekannt.

2. Schritt: Wir schreiben die gegebenen Werte heraus, setzen sie in die Formel ein und rechnen.

geg.: $F_1 = 3000$ N
$\tan\alpha = 1 : 20 = 0,05$

ges.: F in N

$$F = F_1 \cdot \tan\alpha = 3000\ \text{N} \cdot 0,05 = \underline{\mathbf{150\ N}}$$

Die Eintreibkraft beträgt 150 N.

Aufgaben

1. Eine Radnabe wird mit einem Nasenkeil verspannt, der mit einer Kraft von 300 N eingetrieben wird (Bild **17.20**). Welche Kraft F_1 wirkt auf die Radnabe?

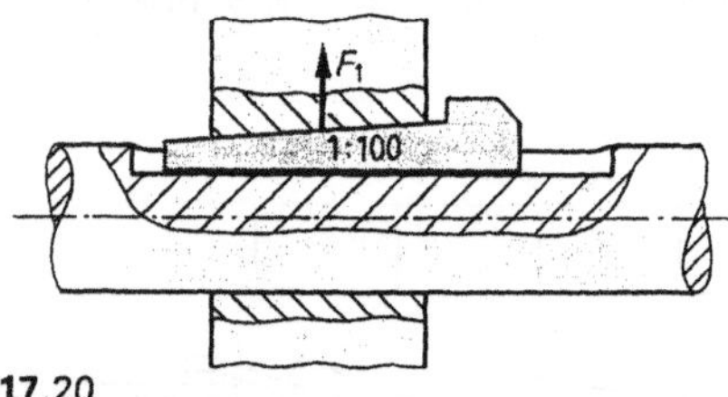

17.20

2. Zum Eintreiben eines Querkeiles (Bild **17.21**) wird eine Kraft von 550 N aufgebracht. Berechnen Sie die Anpresskraft F_1 in N.

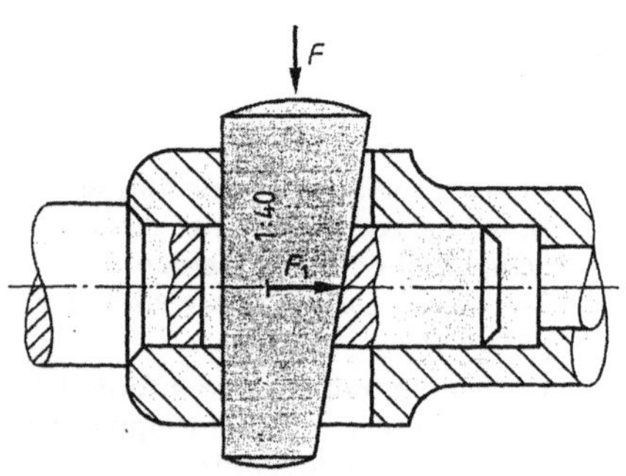

17.21

3. Mit Hilfe eines Keiles soll ein Bauteil mit einer Masse von $m = 2000$ kg um 25 mm angehoben werden (Bild **17.22**). Der Keil hat eine Neigung von 1:8. Berechnen Sie a) den Eintreibweg, b) die Eintreibkraft.

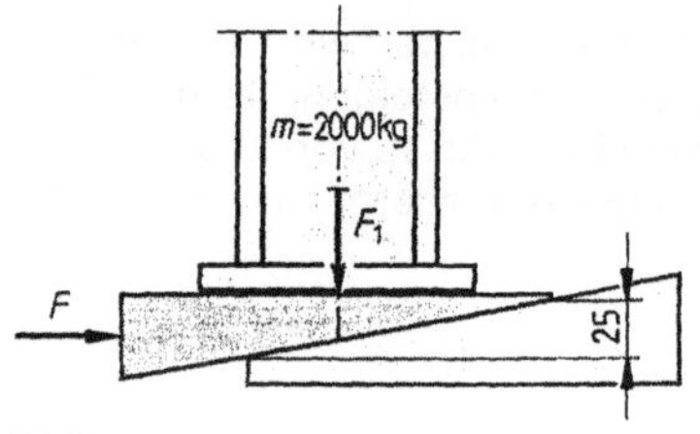

17.22

4. Auf einen Stellkeil wirkt eine Kraft F_1 von 40 kN (Bild **17.23**). Mit welcher Kraft wird der Kerndurchmesser des Gewindes beim Anziehen belastet?

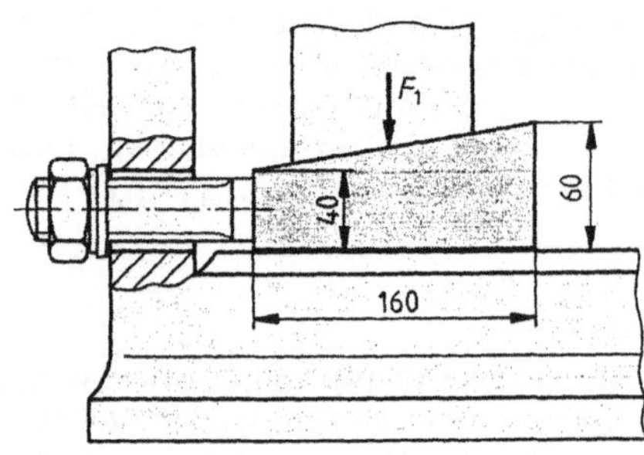

17.23

5. Nachdem ein Metallhandwerker Löcher in einen Flachstahl vorgebohrt hat, wechselt er das Bohrfutter einer Ständerbohrmaschine (MK3, Verjüngung 1:20) gegen einen Bohrer mit Morsekegel aus. Er verwendet dazu einen Austreibkeil (Neigung 1:25) und führt einen leichten Hammerschlag aus, der eine Kraft von 80 N bewirkt. Welche Kraft wirkt auf den Austreiblappen des Bohrfutters?

17.1.6   Schraube

Wickelt man eine Schraubenlinie ab, erhält man eine schiefe Ebene (Bild **17.24**). Der Basis der schiefen Ebene entspricht der Umfang, ihrer Höhe die Steigung des Gewindes. Für die Berechnung an der Schraube gelten somit die gleichen Gesetzmäßigkeiten wie an der schiefen Ebene.

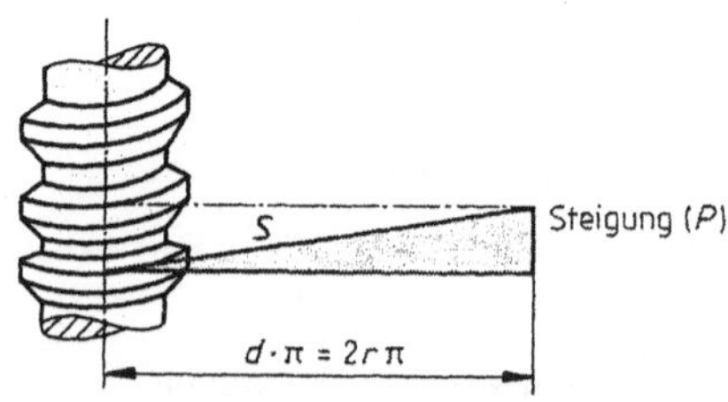

17.24

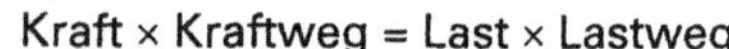

Kraft × Kraftweg = Last × Lastweg

Wird eine Schraube angezogen, so entspricht eine Umdrehung dem Weg s, d.h. der Länge der Schraubenlinie. Weil die Steigung P gering ist, können wir $s = d \cdot \pi$ setzen, müssen aber berücksichtigen, dass das Anziehen der Schraube mit einem Werkzeug geschieht. Der Kraftweg ist also $2 \cdot R \cdot \pi$. Das Produkt aus dem Kraftweg mal der Handkraft F_1 (Bild **17.25**) ist eine Arbeit, die wir mit W_1 bezeichnen wollen. Ihr entgegen wirkt die Spannkraft F_2, die durch das Anziehen der Schraube entsteht. Wir können sie als Last ansehen, die um die Steigung P „anzuheben" ist. Diese Kraft mal dem Weg bezeichnen wir als W_2. Aus diesen Überlegungen leiten sich die Formeln zu Berechnungen an der Schraube ab.

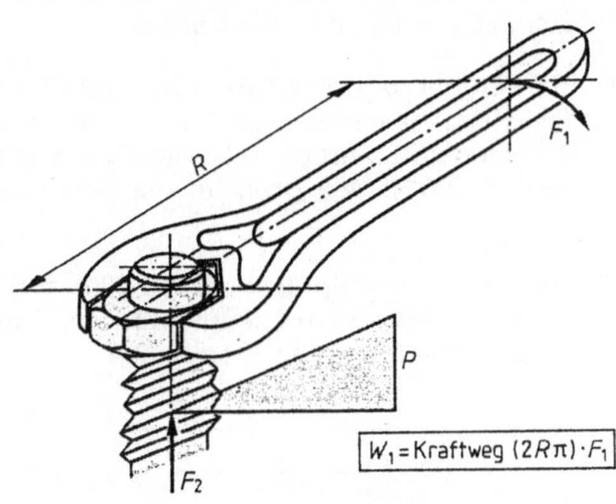

17.25

Nach der Goldenen Regel der Mechanik ist

$$W_1 = W_2$$

Wir setzen die oben erklärten Werte ein.

$$F_1 \cdot 2R \cdot \pi = F_2 \cdot P$$

$$F_1 = \frac{F_2 \cdot P}{2R \cdot \pi} \qquad F_2 = \frac{F_1 \cdot 2R \cdot \pi}{P}$$

$$R = \frac{F_2 \cdot P}{2 \cdot \pi \cdot F_1} \qquad P = \frac{F_1 \cdot 2R \cdot \pi}{F_2}$$

Beispiel 1 Eine Schraube M 16 x 85 DIN 6914 wird mit einer Handkraft $F_1 = 75$ N angezogen. Die wirksame Hebellänge am Schraubenschlüssel R beträgt 150 mm. Welche Spannkraft F_2 wird erzielt, wenn die Reibung unberücksichtigt bleibt?

Lösung 1. *Schritt:* Wir lesen aus dem Tabellenbuch die Steigung des Gewindes ab. $P = 2$ mm

2. *Schritt:* Wir schreiben die gegebenen Werte heraus, setzen sie in die Formel ein und rechnen.

geg.: $F_1 = 75$ N ges.: F_2 in N
$R = 150$ mm
$P = 2$ mm

$$F_2 = \frac{F_1 \cdot 2R \cdot \pi}{P}$$

$$= \frac{75 \text{ N} \cdot 2 \cdot 150 \text{ mm} \cdot \pi}{2 \text{ mm}} = 35342,9 \text{ N}$$

Die Spannkraft F_2 beträgt 35343 N.

Beispiel 2 Mit einem Hebezeug ist ein Bauteil mit einer Masse von 2000 kg anzuheben (Bild **17.26**). Die Spindel ist mit Tr 30 x 6 versehen. Welche Handkraft ist aufzubringen? Reibung bleibt unberücksichtigt.

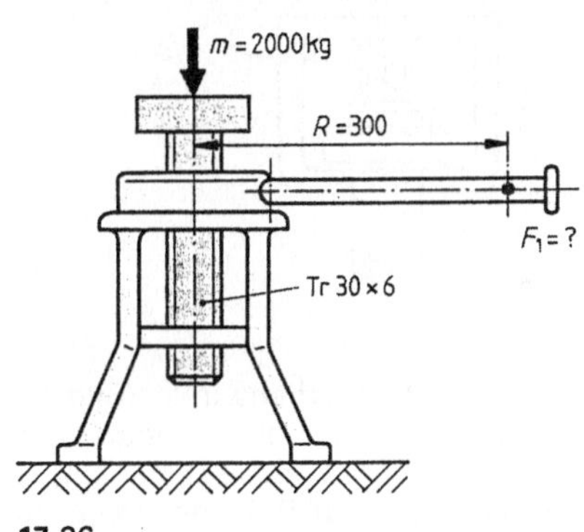

17.26

Lösung geg.: $m = 2000$ kg, $F_2 = 20$ kN
$P = 6$ mm
$R = 300$ mm

ges.: F_1 in N

$$F_1 = \frac{F_2 \cdot P}{2 \cdot R \cdot \pi}$$

$$= \frac{20000 \text{ N} \cdot 6 \text{ mm}}{2 \cdot 300 \text{ mm} \cdot \pi} = 200 \text{ N}$$

Es ist eine Handkraft von 200 N aufzubringen.

Aufgaben

1. Mit einer Spindelpresse wird ein Träger gerichtet (Bild **17.27**). Welche Kraft in kN wirkt auf den Träger?

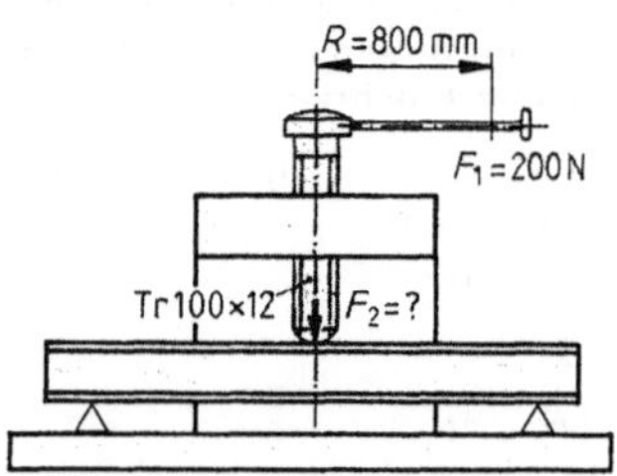

17.27

2. Welche Abziehkraft kann mit der in Bild **17.28** skizzierten Abziehvorrichtung erzielt werden, wenn eine mittlere Handkraft von 60 N angenommen wird?

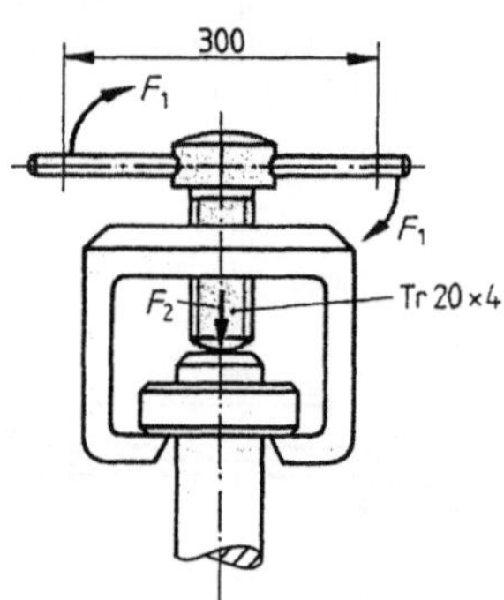

17.28

3. Mit einer Schraubenwinde (Bild **17.29**) sollen Lasten von maximal 3 Tonnen Gewicht angehoben werden. Welche Hebellänge ist zu wählen, wenn der Griff 50 mm über den Angriffspunkt der Handkraft $F_1 = 85$ N hinausragen soll?

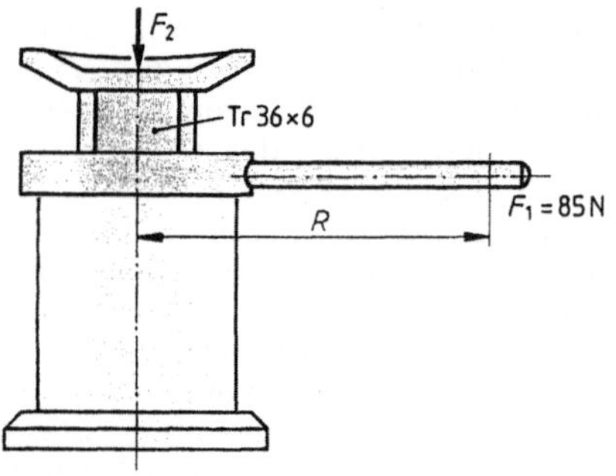

17.29

4. Eine Schraube wird mit einem Drehmoment von 30 Nm angezogen. Wie groß ist die Spannkraft in Newton, wenn das Gewinde mit einer Steigung von 2 mm versehen ist?

5. Eine Mutter wird mit einem Schraubenschlüssel (wirksame Hebellänge 140 mm) angezogen. Die Handkraft beträgt 60 N. Die Spannkraft beträgt 17593 N. Wie groß ist die Gewindesteigung?

6. Mit einer Spindelpresse (Bild **17.30**) soll eine Kraft von 60 kN ausgeübt werden. Welche Handkraft in N ist aufzuwenden?

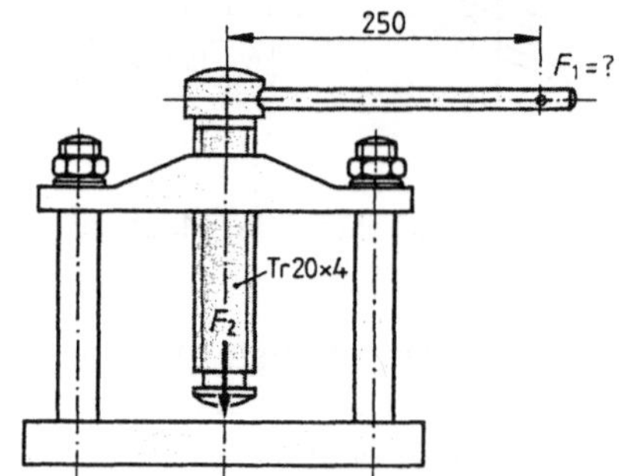

17.30

17.2 Energie

Wir haben gelernt, dass Arbeit = Kraft x Weg ist. Wollen wir z.B. einen Gegenstand verschieben, muss eine Kraft längs des Weges wirken. Es wird mechanische Arbeit verrichtet. Heben wir einen Gegenstand auf eine bestimmte Höhe, haben wir eine Arbeit verrichtet und befähigen den Körper dazu, selbst eine Arbeit zu verrichten. Er verfügt über eine potentielle Energie E_{pot}.

$$E_{pot} = F_G \cdot h$$

Beispiel Mit einem Kran wird eine Last von 5000 kg auf 20 m Höhe angehoben. Welche potentielle Energie steckt in der Last?

Lösung geg.: $m = 5000$ kg, $F_G = 50000$ N

$h = 20$ m

ges.: E_{pot}

$E_{pot} = F_G \cdot h = 50000$ N $\cdot$ 20 m

$= \underline{\underline{1000000 \text{ Nm}}}$

Weil 1 Nm = 1 J [Joule] ist, setzen wir als Einheit auch Kilojoule [kJ].

Die potentielle Energie beträgt 1000000 Nm = 1000 kJ.

Nehmen wir an, aufgrund eines technischen Defektes stürzt die Last aus 20 m Höhe ab. Die Arbeitsfähigkeit wird durch die Wirkung beim Auftreffen auf den Boden sichtbar. Die Last wird beschädigt, der Boden eingedrückt oder zerstört. Es wird eine Arbeit verrichtet. Die aus Fallgeschwindigkeit und Masse entstandene Arbeitsfähigkeit bezeichnen wir als kinetische Energie E_{kin}.

> Die kinetische Energie berechnet sich aus Masse und Geschwindigkeit.

Diese Annahme gilt grundsätzlich für jeden in Bewegung befindlichen Körper.

Unsere Grundformel lautet

$E_{pot} = F \cdot s$

In dieser Formel setzen wir $F = m \cdot a$ und erhalten

$E_{pot} = m \cdot a \cdot s$

Wir suchen nun einen Weg, s als Funktion von v zu bestimmen.

Die Formeln $v = a \cdot t$ und $s = \frac{a}{2} \cdot t^2$ sind uns bekannt.

Wir stellen nach t^2 um und erhalten $t^2 = \frac{2s}{a}$.

Wir quadrieren $v = a \cdot t$ $(v^2 = a^2 \cdot t^2)$ und setzen für t^2 $\frac{2s}{a}$ ein. Das Ergebis ist

$v^2 = \frac{a^2 \cdot 2s}{a} = 2\,as$

Stellen wir diese Formel nach s um, erhalten wir $s = \frac{v^2}{2a}$.

Diese Formel setzen wir in $E_{pot} = m \cdot a \cdot s$ ein und können dann die kinetische Energie E_{kin} berechnen.

$$E_{kin} = \frac{m \cdot v^2}{2}$$

$$m = \frac{2 \cdot E_{kin}}{v^2} \qquad v = \sqrt{\frac{2 \cdot E_{kin}}{m}}$$

Beispiel 1 Ein Rammbär mit einer Masse von 475 kg fällt frei aus 1,5 m Höhe (Bild **17.31**). Wie groß ist die kinetische Energie?

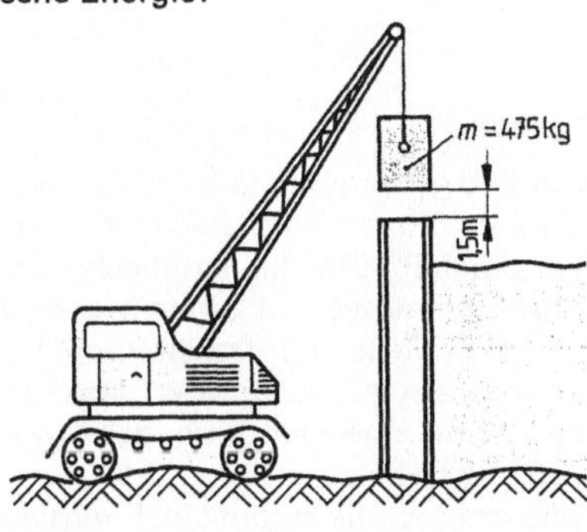

17.31

Lösung 1. *Schritt:* Wir berechnen die Aufprallgeschwindigkeit.

geg.: $h = 1,5$ m, $g = 10$ m/s^2

ges.: v in m/s

$v = \sqrt{2 \cdot g \cdot h}$

$= \sqrt{2 \cdot 10 \frac{m}{s^2} \cdot 1,5 \text{ m}} = 5,48 \frac{m}{s}$

Die Aufprallgeschwindigkeit beträgt 5,48 m/s.

2. *Schritt:* Wir berechnen mit dem errechneten Wert für v und den gegebenen Werten die kinetische Energie.

$$E_{kin} = \frac{m \cdot v^2}{2}$$

$$= \frac{475 \text{ kg} \cdot (5,48\,m)^2}{2 s^2} = 7132,22 \text{ Nm}$$

Wir geben die Energie in Joule an.

Die kinetische Energie beträgt 7132 J.

Beispiel 2 Ein PKW mit einer Gesamtmasse von 1185 kg fährt mit einer Geschwindigkeit von 80 km/h und beschleunigt auf 160 km/h. Vergleichen Sie die kinetische Energie der beiden Fahrgeschwindigkeiten (in Joule).

Lösung   geg.: $v_1 = 80$ km/h $= 22,2$ m/s

$v_2 = 160$ km/h $= 44,4$ m/s

ges.: E_{1kin}, E_{2kin}

$$\underline{E_{1kin}} = \frac{m \cdot v_1^2}{2}$$

$$= \frac{1185 \text{kg} \cdot (22,2 \text{ m})^2}{2 \text{s}^2} = \underline{\underline{292008 \text{ J}}}$$

$$\underline{E_{2kin}} = \frac{m \cdot v_1^2}{2}$$

$$= \frac{1185 \text{kg} \cdot (44,4 \text{ m})^2}{2 \text{s}^2} = \underline{\underline{\mathbf{1168031 \text{ J}}}}$$

Die kinetische Energie des doppelt so schnell fahrenden Fahrzeuges ist viermal so groß!

Aufgaben

1. Ein 500 g-Hammer fällt von einem 8 m hohen Gerüst. Wie groß ist die kinetische Energie?
2. Vergleichen Sie die kinetische Energie eines Kraftfahrzeuges mit einer Masse von 1000 kg bei einer Geschwindigkeit von 40 km/h mit der Energie eines Geschosses, das eine Masse von 120 g und eine Mündungsgeschwindigkeit von 950 m/s hat.
3. Wie groß ist die kinetische Energie eines 500 g-Hammers, mit dem mit einer Geschwindigkeit von $v = 5$ m/s zugeschlagen wird?
4. Mit welcher Geschwindigkeit trifft ein Fallhammer mit einer Masse von 400 kg auf ein Werkstück, wenn der Hub 1,8 m beträgt? Welche Energie wird frei?
5. Ein Fahrzeug fährt mit einer Geschwindigkeit von 120 km/h.
   a) Wie groß ist die kinetische Energie des 80 kg schweren Fahrers?
   b) Einem Sturz aus wie viel Meter Höhe entspricht dies?

17.3   Leistung

Hebt ein Kran 6 Träger auf einmal auf eine Höhe von 15 m, ein anderer 3×2 Träger in 15 m Höhe, ist die verrichtete Arbeit gleich. Für die Bewertung der Arbeit ist aber die Zeit t ausschlaggebend, wir sprechen dann von Leistung P (engl. power). Die Leistung des ersten Kranes ist also größer.

> Leistung ist Arbeit in der Zeiteinheit. Die Einheit der Leistung ist das Watt [W].
>
> $$P = \frac{F \cdot s}{t}$$
>
> $$t = \frac{F \cdot s}{P} \qquad s = \frac{P \cdot t}{F} \qquad F = \frac{P \cdot t}{s}$$

Weil $\frac{s}{t} = v$, gilt ebenfalls

> $$P = F \cdot v$$
>
> $$F = \frac{P}{v} \qquad\qquad v = \frac{P}{F}$$

Beispiel 1   Ein Mobilkran hebt einen Träger mit einer Masse von 351 kg in 35 s 12 m hoch. Wie groß ist die Leistung in kW?

Lösung   geg.: $m = 351$ kg $= 3510$ N

$t = 35$ s

$s = 12$ m

ges.: P in kW

$$\underline{P} = \frac{F \cdot s}{t} = \frac{3510 \text{N} \cdot 12 \text{m}}{35 \text{s}} = \mathbf{1203 \text{W}}$$

Die Hubleistung beträgt 1,2 kW.

Beispiel 2   Ein LKW fährt 65 km/h und entwickelt dabei eine Zugkraft von 12800 N. Welche Leistung in kW wird erbracht?

Lösung   geg.: $v = 65$ km/h $= 18,06$ m/s

$F = 12800$ N $= 12,8$ kN

ges.: P in kW

$$\underline{P} = F \cdot v = 12,8 \text{ kN} \cdot 18,06 \text{ m/s}$$

$$= \mathbf{231,168 \text{ kW}}$$

Die Zugleistung beträgt 231 kW.

17.4 Wirkungsgrad

In jeder Maschine, jedem Antrieb gibt es Leistungsverluste. Sie entstehen durch Reibung im Getriebe, in den Flaschen der Kräne, durch den Antrieb von Nebenaggregaten u. a. Wird also eine Leistung angefordert, so muss die zugeführte Leistung P_{zu} größer als die abgeführte Leistung P_{ab} sein. Das Verhältnis zwischen zugeführter und abgeführter Leistung bezeichnen wir als mechanischen Wirkungsgrad η_m (gespr. eta m).

> η ist eine einheitenlose Zahl. Sie gibt an, wie viel Prozent einer errechneten Leistung wirksam werden.

Beispiel $\eta = 0,8$ heißt, dass 80% der Leistung genutzt werden können und 20%, z. B. durch Reibungsverluste, aufgezehrt werden.

Die Verlustleistung P_V ist die Differenz zwischen zugeführter und abgeführter Leistung.

$$\eta_m = \frac{P_{ab}}{P_{zu}} \qquad \eta_m\% = \frac{P_{ab}}{P_{zu}} \cdot 100\% \qquad P_{zu} = \frac{P_{ab}}{\eta_m}$$

$$P_{ab} = P_{zu} \cdot \eta_m \qquad P_V = P_{zu} - P_{ab}$$

Wird z. B. mit einem Kran eine Last gehoben, so ergeben die Wirkungsgrade der einzelnen Aggregate wie Antriebsmotor, Getriebe, Rollen und Flaschen einen Gesamtwirkungsgrad.

> Der Gesamtwirkungsgrad einer Anlage errechnet sich als Produkt aller Einzelwirkungsgrade.
>
> $$\eta_a = \eta_1 \cdot \eta_2 \cdot \eta_3 \cdots \cdot \eta_n$$

Beispiel 1 Mit einer Druckpumpe sollen pro Minute 2 m³ Wasser in 25 m Höhe gefördert werden. Welche Leistung in kW muss der Pumpenmotor erbringen, wenn mit einem Gesamtwirkungsgrad von 80% zu rechnen ist?

Lösung geg.: $F_{GWasser} = 20000$ N

$t = 60$ s, $s = 25$ m, $\eta = 0,8$

ges.: P_{zu} in kW

Zu beachten ist, dass nach Aufgabentext die zugeführte Leistung zu errechnen ist.

$$P_{zu} = \frac{P_{ab}}{\eta_m}$$

Wir setzen für $P_{ab}\ \dfrac{F_G \cdot s}{t}$, setzen die gegebenen Werte in die Formel ein und rechnen.

$$P_{zu} = \frac{F_G \cdot s}{t \cdot \eta_m} = \frac{20000\,\text{N} \cdot 25\,\text{m}}{60\,\text{s} \cdot 0,8}$$

$$= 10417\ \text{W} = 10,4\ \text{kW}$$

Der Motor muss mindestens 10,4 kW leisten.

Beispiel 2 Im Keilriementrieb (Bild **17.32**) wird der Riemen mit einer Zugkraft von 950 N belastet. Die Drehzahl der Riemenscheibe beträgt 1250 min⁻¹.
a) Welche Leistung wird übertragen?
b) Welche Leistung in kW muss der Antriebsmotor erbringen, wenn der Gesamtwirkungsgrad 85% beträgt?

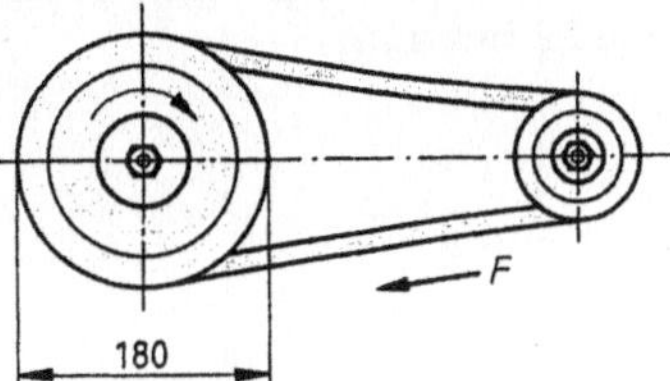

17.32

Lösung geg.: $F = 950$ N, $n = 1250$ min⁻¹
$d = 180$ mm, $\eta_m = 0,85$

ges.: P_{ab}, P_{zu} in kW
Die Grundformeln lauten

$$P_{ab} = F \cdot v \qquad P_{zu} = \frac{P_{ab}}{\eta_m}$$

Für die Riemengeschwindigkeit v setzen wir $\dfrac{d \cdot \pi \cdot n}{1000 \cdot 60}$, setzen die gegebenen Werte ein und berechnen P_{ab}.

$$P_{ab} = \frac{F \cdot d \cdot \pi \cdot n}{1000 \cdot 60}$$

$$= \frac{950\,\text{N} \cdot 180\,\text{mm} \cdot \text{m} \cdot \pi \cdot 1250\,\text{min}}{1000\,\text{mm} \cdot \text{min} \cdot 60\,\text{s}}$$

$$P_{ab} = 11191\ \text{W} = \mathbf{11,2\ kW}$$

Mit dem Wert für P_{ab} berechnen wir P_{zu}.

$$P_{zu} = \frac{P_{ab}}{\eta_m} = \frac{11,2\ \text{kW}}{0,85} = 13,2\ \text{W}$$

Die abgeführte Leistung beträgt 11,2 kW, die zugeführte 13,2 kW.

Aufgaben

1. Ein Bauteil mit einer Masse m = 1250 kg wird in 12 s auf 10 m Höhe gebracht. Wie viel kW sind erforderlich?

2. Welche Leistung muss ein Fahrzeugmotor abgeben, wenn eine Geschwindigkeit von 80 km/h gefahren werden soll, die Fahrwiderstände 900 N betragen und im Antrieb ein Gesamtwirkungsgrad von 75% gegeben ist?

3. Am Drehmeißel einer Drehmaschine wird bei einer Schnittgeschwindigkeit v_c = 30 m/min eine Schnittkraft von 4000 N gemessen. Der mechanische Wirkungsgrad η_m beträgt 75%. Welche Leistung in kW muss der Antriebsmotor erbringen?

4. Aus einem Tank werden 5000 l Heizöl (ρ = 0,85 kg/dm^3) herausgepumpt. Die Förderhöhe beträgt 3 m. Wie viel Minuten dauert das Leerpumpen, wenn die Pumpenleistung 1,5 kW beträgt und η_m = 0,7 ist?

5. Um ISO-Dachplatten (1000 mm x 16 m, 14,2 kg/m^2) in 55 s auf 12 m Höhe zu heben, leistet ein Kranmotor 1,85 kW. Wie viel Platten werden angehoben, wenn der mechanische Wirkungsgrad 0,82 beträgt?

6. Der Stausee eines Pumpspeicherwerkes liegt 60 m über dem Maschinenhaus. Welche Leistung liefert eine Turbine, wenn 30 m^3 Wasser pro Minute bei einem Wirkungsgrad von η_m = 0,74 durch die Turbine strömen?

7. Der Motor einer Drehmaschine leistet 5 kW, die Schnittgeschwindigkeit beträgt 120 m/min. Welche Schnittkraft liegt vor, wenn der mechanische Wirkungsgrad η_m 75% beträgt?

8. Ein Metallhandwerker dreht an einer Windenkurbel von r = 350 mm Radius mit einer Handkraft F = 85 N. Wie groß ist seine Leistung in kW bei einer Drehzahl von 20 min^{-1}?

9. Ein Kran hebt eine Last von 5000 kg in 60 s auf 4,5 m Höhe. Der Antriebsmotor leistet hierbei 4,75 kW. Wie groß ist der mechanische Wirkungsgrad?

10. Ein Riementrieb läuft mit 1440 min^{-1}. Die abgegebene Leistung beträgt 6,8 kW, die Zugkraft am Riemen wird mit 500 N gemessen. Welchen Durchmesser hat die Riemenscheibe?

18 Druck

Als Folge von Druck wirken Kräfte. So wird das Auflager eines Trägers, eine Lagerschale oder ein Fundament durch die Gewichtskraft auf Druck beansprucht. Auflager, Lagerschale, wie auch Fundament müssen so bemessen sein, dass die Druckkräfte aufgenommen werden können.

Beispiel Aus unseren Profiltabellen haben wir für die Stütze (Bild **18**.1) eine Masse von 1638 kg ermittelt. Nach Tabelle beträgt der Querschnitt 149 cm^2. Bei einer Gewichtskraft von 16380 N wird jeder cm^2 mit $\dfrac{16380\ \text{N}}{149\ \text{cm}^2}$, das sind ca. 110 N/cm^2, belastet. Schweißen wir eine Platte von 300×300 mm an (Bild **18**.2), so verteilt sich die Last, wenn wir die Masse der Platte einmal unberücksichtigt lassen, auf eine Fläche von 30 cm × 30 cm. Jeder cm^2 wird nun mit $\dfrac{16380\ \text{N}}{900\ \text{cm}^2} = 18{,}2\ \dfrac{\text{N}}{\text{cm}^2}$ belastet.

Wir bezeichnen den Quotienten aus Kraft F und Fläche A als Druck p.

$$p = \frac{F}{A} \qquad F = p \cdot A \qquad A = \frac{F}{p}$$

Druckeinheiten

Die SI-Einheit für die Kraft ist das Newton N (sprich : njutn), für die Fläche m^2. Als Einheit für den Druck erhalten wir somit N/m^2. Sie wird Pascal (Pa) genannt.

> Die Einheit für den Druck ist das Pascal.
> 1 Pa = 1 N/m^2

In der Technik erweist sich diese Einheit als zu klein. Man leitet deshalb größere Einheiten aus dem Pascal ab und erhält so als Druckeinheit das bar.

$$1\ \text{bar} = 10^5\ \text{Pa} = 100000\ \text{Pa} = 10\ \frac{\text{N}}{\text{cm}^2}$$

Soll die Druckeinheit bar in andere Druckeinheiten umgerechnet werden, kann das nach folgender Tabelle geschehen:

Tabelle **18**.1 Umrechnungsfaktoren für bar

	Pa	N/m^2	mbar	N/cm^2
1 bar	100000	100000	1000	10

Beispiel

bar	Pa	N/m^2	mbar	N/cm^2
1,8	180000	180000	1800	18

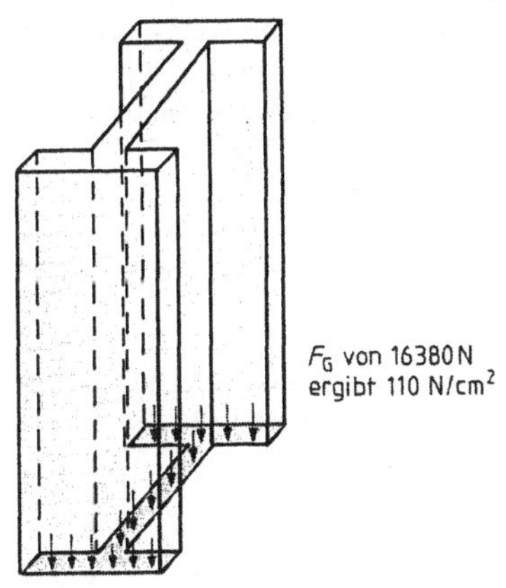

18.1

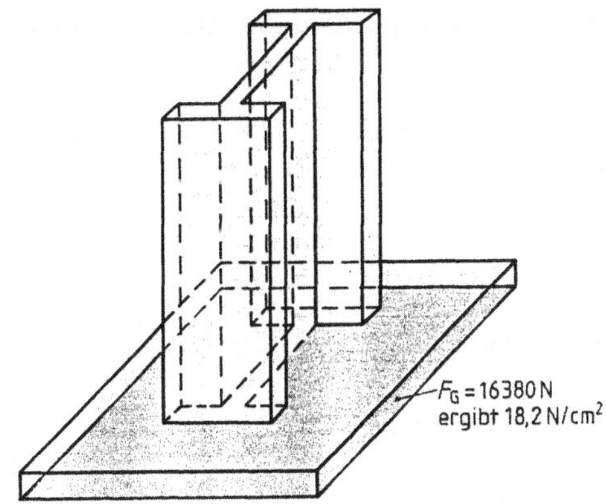

18.2

Aufgaben

Zeichnen Sie wie dargestellt eine Tabelle und ergänzen Sie sie um die fehlenden Werte.

	Pa	N/m^2	mbar	N/cm^2
2,3				
	2800			
		220000		
			5300	
				15

18.1 Hydrostatischer Druck (Schweredruck von Flüssigkeiten)

Wie wir bereits wissen, erzeugen alle Stoffe aufgrund ihrer Masse einen Druck. Das gilt auch für Flüssigkeiten. Ausschlaggebend für deren Schweredruck ist die Dichte der Flüssigkeit und deren Füllhöhe.

Bild **18**.3 skizziert ein Gefäß, das mit einer Flüssigkeit gefüllt ist. In diesem Gefäß befindet sich eine Scheibe mit der Fläche A im Abstand h zur Flüssigkeitsoberfläche. Wir wollen wissen, wie groß der Druck der Flüssigkeit auf die Scheibe ist. Unsere Ausgangsformel lautet

$$p = \frac{F_G}{A}$$

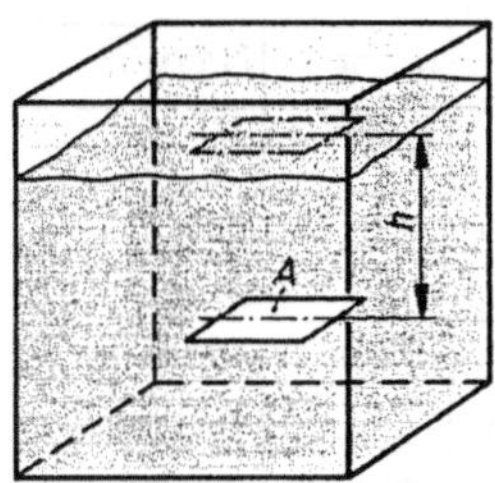

18.3

Wir setzen die uns bekannte Formel für F_G ein.

$$p = \frac{m \cdot g}{A}$$

Für m setzen wir die Formel zur Masseberechnung ein.

$$p = \frac{V \cdot \rho \cdot g}{A}$$

Für V setzen wir die bekannte Volumenformel ein und kürzen.

$$p = \frac{A \cdot h \cdot \rho \cdot g}{A}$$

$$
\boxed{\;p = h \cdot \rho \cdot g \qquad h = \frac{p}{\rho \cdot g} \qquad \rho = \frac{p}{h \cdot g}\;}
$$

Beispiel Meereswasser hat eine mittlere Dichte von $\rho = 1{,}028$ kg/dm^3. Welcher Druck herrscht in 6 m Tiefe?

Lösung Weil m als Einheit in der Höhe wie auch in der Fallbeschleunigung vorkommt, ändern wir den Wert für ρ so ab, dass wir kg/m^3 erhalten.

geg.: $h = 6$ m

$\rho = 1{,}028$ kg/dm^3 = 1028 kg/m^3

$g = 10$ m/s^2

ges.: p in bar

Unsere Formel lautet

$$p = h \cdot \rho \cdot g$$

Wir setzen die Werte ein und rechnen.

$$p = \frac{6\,\text{m} \cdot 1028\,\text{kg} \cdot 10\,\text{m}}{\text{m}^3 \cdot \text{s}^2} = 61680\ \frac{\text{kg} \cdot \text{m}}{\text{m}^2 \cdot \text{s}^2}$$

Wir müssen dieses Ergebnis in bar umwandeln. $\dfrac{\text{kg} \cdot \text{m}}{\text{s}^2}$ sind Newton. Unser Ergebnis heißt also 61680 N/m^2. Wir erinnern uns:

$$
\boxed{\;1\ \text{Pa} = 1\ \text{N/m}^2 \qquad\qquad 100000\ \text{Pa} = 1\ \text{bar}\;}
$$

Danach rechnen wir unser Ergebnis um. Wir erhalten 0,6168 bar. Der Antwortsatz lautet

In 6 m Meerestiefe herrscht ein Druck von 0,6168 bar.

Beim Berechnen des Schweredrucks spielt die Form des Flüssigkeitsbehälters keine Rolle. Ausschlaggebend sind nur die Füllhöhe und die Dichte. So ist der Bodendruck in allen in Bild **18**.4 skizzierten Gefäßen gleich. Diese Erscheinung nennt man, weil es irgendwie paradox ist, das hydrostatische Paradoxon.

18.4

Der Bodendruck ist von der Gefäßform und dem Volumen der Flüssigkeit unabhängig

Lösen wir Aufgaben zur Druckberechnung, müssen wir sehr genau auf die Einheitenrechnung achten, um Fehler zu vermeiden.

Beispiel Es soll die Dichte eines Stoffes berechnet werden. Unsere Formelumstellung heißt dann

$$\rho = \frac{p}{h \cdot g}$$

In den meisten Aufgaben sind als Einheiten des Druckes bar bzw. N/cm^2, die der Höhe mm und der Fallbeschleunigung m/s^2 angegeben. Wenn wir bar gleich in N/cm^2 einsetzen, erhalten wir folgende Gleichung:

$$\rho = \frac{\dfrac{N}{cm^2}}{mm \cdot \dfrac{m}{s^2}}$$

Druckeinheit

Einheit für Fallbeschleunigung

Längeneinheit

Schreiben wir das auf einen Bruchstrich, erhalten wir

$$\rho = \frac{N \cdot s^2}{cm^2 \cdot mm \cdot m}$$

Wir müssen diese Gleichung so umwandeln, dass wir eine sinnvolle Einheit für ρ erhalten. In unserem Falle wählen wir kg/dm^3. Wir wissen, $1\,N = \dfrac{1\,kg \cdot m}{s^2}$. Setzen wir diese Einheit in die Gleichung ein und kürzen.

$$\rho = \frac{kg \cdot \cancel{m} \cdot \cancel{s^2}}{\cancel{s^2} \cdot cm^2 \cdot mm \cdot \cancel{m}} = \frac{kg}{cm^2 \cdot mm}$$

Unter dem Bruchstrich jedoch müssen wir als Einheit dm^3 erhalten. Die cm^2 erhielten wir aus der Druckeinheit N/cm^2, die mm als Einheit der Höhe. Wenn wir eine entsprechende Aufgabe zu lösen haben, ist es also ratsam, die Druckeinheit so umzurechnen, dass wir sie in N/dm^2 und die Höhe dm einsetzen können. Ähnlich verfahren wir, wenn wir aus $p = h \cdot \rho \cdot g$ h berechnen sollen.

Regeln

Einheiten beim Berechnen von ρ in $\dfrac{kg}{dm^3}$

1. bar bzw. $\dfrac{N}{cm^2}$ in $\dfrac{N}{dm^2}$ umrechnen.

2. Einheit für N $\dfrac{kg \cdot m}{s^2}$ wählen.

3. Längen in dm umwandeln.

4. g in $\dfrac{m}{s^2}$ einsetzen.

Einheiten beim Berechnen von h in m

1. bar in $\dfrac{N}{m^2}$ umrechnen.

2. Einheit für N $\dfrac{kg \cdot m}{s^2}$ wählen.

3. ρ in $\dfrac{kg}{m^3}$ umrechnen.

4. g in $\dfrac{m}{s^2}$ einsetzen.

Wir erhalten:

$$\underline{\rho} = \frac{p}{h \cdot g} = \frac{N}{dm^2 \cdot dm \cdot m} \cdot s^2$$

$$= \frac{kg \cdot \cancel{m} \cdot \cancel{s^2}}{\cancel{s^2} \cdot dm^2 \cdot dm \cdot \cancel{m}} = \underline{\frac{kg}{dm^3}}$$

$$\underline{h} = \frac{p}{\rho \cdot g} = \frac{N \cdot m^3 \cdot s^2}{m^2 \cdot kg \cdot m}$$

$$= \frac{\cancel{kg} \cdot \cancel{m} \cdot m^3 \cdot \cancel{s^2}}{\cancel{s^2} \cdot \cancel{m^2} \cdot \cancel{kg} \cdot \cancel{m}} = \underline{m}$$

Aufgaben

1. In einer Halle sind 22 Träger IPB-300 DIN 1025 von je 12 m Länge auf 3 ebenso langen quergelegten Trägern (Bild **18.5**) gelagert. Mit wie viel N/cm^2 wird der Hallenboden belastet?

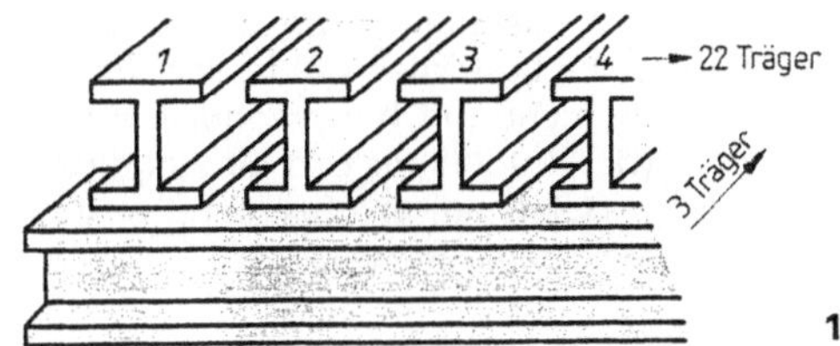

18.5

2. Wie groß ist der Bodendruck in bar im mit Dieselkraftstoff gefüllten Tank (Bild **18.6**)?

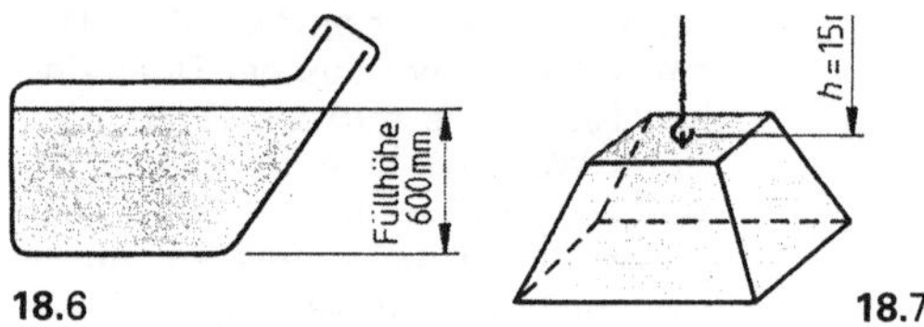

18.6   **18.7**

3. Für Unterwasserschweißarbeiten an einer Bohrinsel wird ein Senkkasten in 15 m Tiefe abgelassen (Bild **18.7**). Die Dichte des Meereswassers beträgt 1,08 kg/dm^3. Wie groß ist der Druck auf dem Kasten?

4. Am Boden eines Öltanks befindet sich am Ende eines Abfüllstutzens (DN 50) ein Schieber (Bild **18.8**). a) Wie groß ist der mittlere Druck auf die Schieberfläche? b) Welche Kraft wirkt auf ihn?

5. Ein Fass ist mit Benzin (ρ = 0,75 kg/dm^3) gefüllt (Bild **18.9**). Der Bodendruck beträgt 0,045 bar. Wie groß ist die Füllhöhe?

6. Am Boden eines Tanks herrscht ein Druck von 0,4 bar. Die Flüssigkeit steht 4750 mm hoch. Womit ist der Tank gefüllt?

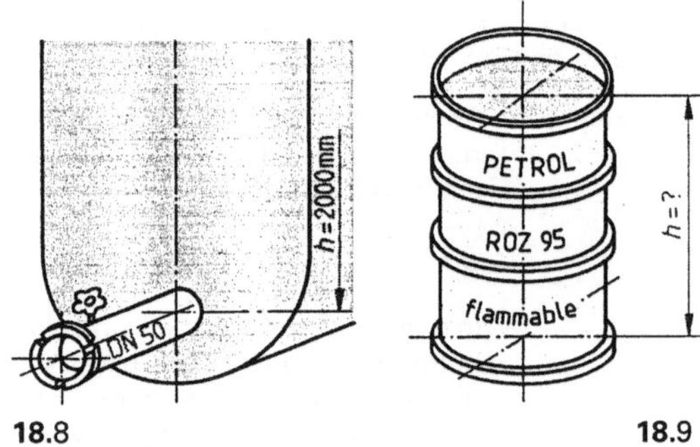

18.8   **18.9**

18.2 Luftdruck

Die Erdkugel ist von einer Lufthülle, der Atmosphäre, umgeben. Auf jedem Quadratzentimeter der Erdoberfläche lässt sich der Druck aus der Gewichtskraft der darüber stehenden Luftsäule messen. Wir bezeichnen diesen Druck als Atmosphären- oder auch Umgebungsluftdruck p_{amb}. amb steht für ambiens und heißt umgebend. Dieser Luftdruck ist nicht konstant. Er hängt von der Wetterlage ab und auch von der Höhe, in der er gemessen wird. Messen wir p_{amb} z. B. in 3000 m Höhe, ist dort die Luftsäule, die auf die Erdoberfläche drückt, kleiner und damit auch ihr Gewicht geringer. Der Umgebungsdruck ist niedriger. Um für Rechnungen eine Bezugsgröße zu haben, arbeitet man mit einem mittleren Wert, dem *Normalluftdruck*. Er beträgt 1013 Millibar (mbar). Für technische Berechnungen verwendet man den gerundeten Wert 1 bar.

> Der Umgebungsluftdruck p_{amb} beträgt 1013 mbar ≈ 1 bar

In einem geschlossenen Raum herrscht solange der gleiche Luftdruck wie in der Umgebung, solange nicht Luft hinein oder herausgepumpt wird. Pumpen wir Luft hinein, steigt der Druck im Gefäß an; er überschreitet den Wert für den Normalluftdruck. Wird Luft herausgepumpt, entsteht ein Unterdruck, der Druck im Gefäß fällt. Würden wir alle Luft aus dem Gefäß herauspumpen, entstünde ein luftleerer Raum, ein Vakuum. In ihm wäre der Druck 0 bar.

> Der absolute Druck p_{abs} ist der Druck, der gegenüber dem luftleeren Raum, gemessen wird.

Die Differenz zwischen p_{abs} und p_{amb} bezeichnen wir als Überdruck p_e. e steht für excedens, d. h. überschreitend. Wollen wir den Überdruck berechnen, bilden wir die Differenz zwischen absolutem Druck und Normalluftdruck.

> $$p_e = p_{abs} - p_{amb}$$

Wie wir aus der Formel leicht erkennen, erhalten wir einen negativen Wert, wenn p_{abs} kleiner als p_{amb} ist.

> Ist der absolute Druck größer als der Normalluftdruck, ist der Überdruck positiv.
>
> Ist der absolute Druck kleiner als der Normalluftdruck, ist der Überdruck negativ.

Beispiel 1 Der Druck in einem Überdruckbehälter p_e beträgt 2,4 bar. Der Umgebungsdruck p_{amb} wird mit 1 bar gemessen. Wie groß ist der absolute Druck?

Lösung Wir stellen unsere Formel nach p_{abs} um und erhalten

$$p_{abs} = p_e + p_{amb}$$

Wir setzen die gegebenen Werte ein und rechnen

geg.: p_e = 2,4 bar, p_{amb} = 1 bar
ges.: p_{abs} in bar

$$\underline{\underline{p_{abs} = 2{,}4\ \text{bar} + 1\ \text{bar} = \mathbf{3{,}4\ bar}}}$$

Der absolute Druck beträgt 3,4 bar.

Bild **18.10** veranschaulicht uns die Zusammenhänge noch einmal.

Beispiel 2 Welcher Überdruck herrscht im Saugrohr eines Motors, wenn der Umgebungsluftdruck p_{amb} 1 bar und der absolute Druck p_{abs} 0,75 bar betragen?

Lösung geg.: p_{amb} = 1 bar, p_{abs} = 0,75 bar
ges.: p_e in bar

$$p_e = p_{abs} - p_{amb}$$

$$\underline{\underline{p_e = 0{,}75\ \text{bar} - 1\ \text{bar} = \mathbf{-0{,}25\ bar}}}$$

Der Überdruck beträgt – 0,25 bar.

Hierzu sehen wir uns Bild **18.11** an.

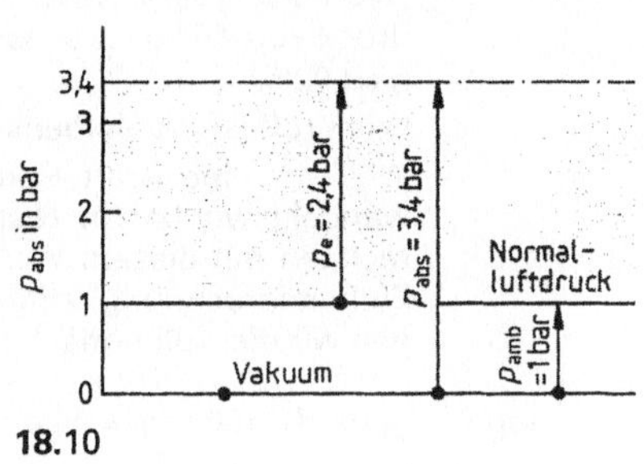

18.10

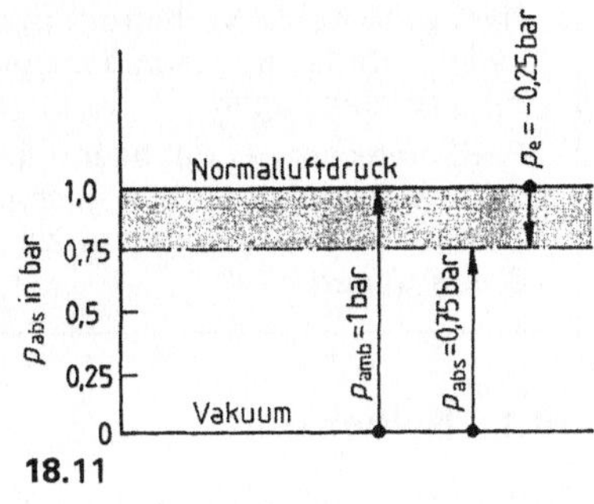

18.11

Aufgaben

1. Der absolute Druck einer Hochvakuumpumpe beträgt 1,333 mbar. Wie groß ist der Überdruck in bar?
2. In einer Leitung wird ein Druck von 40 mbar gemessen. Wie groß ist der absolute Druck?
3. Das Sicherheitsventil eines Kompressors soll bei einem Überdruck von 6 bar ansprechen. Bei welchem absoluten Druck ist das der Fall?

Uns allen ist der Begriff *hydraulische Bremse* bekannt. Durch Tritt auf das Bremspedal baut sich ein Druck auf, der über die Bremsflüssigkeit auf den Bremszylinder wirkt und so das Bremsen einleitet. Überall dort, wo Druck in Flüssigkeiten wirkt, sprechen wir von *Hydraulik*. Anwendungen finden wir z. B. bei Pressen, bei Hebezeugen wie Kranen, bei Kippvorrichtungen, bei Flurförderfahrzeugen und Werkzeugmaschinen. Auch mit Gasen in geschlossenen Systemen kann Druck erzeugt werden. Fahrzeugtüren werden mit Luftdruck geschlossen, Maschinen oder Schaltelemente werden mit Luftdruck gesteuert. In diesen Fällen sprechen wir von *Pneumatik*.

> Hydraulik ist ein Verfahren, mit Flüssigkeiten Kräfte in geschlossenen Systemen zu übertragen.
>
> Pneumatik verwendet besonders Druckluft als Energieträger in geschlossenen Systemen für Arbeitsprozesse und Steuerungen.

19.1 Kolbenkraft

Erzeugt man mit einem Kolben einen Druck p in einer Flüssigkeit oder einem Gas, so wirkt dieser in alle Richtungen in gleicher Stärke (Bild **19.1**).

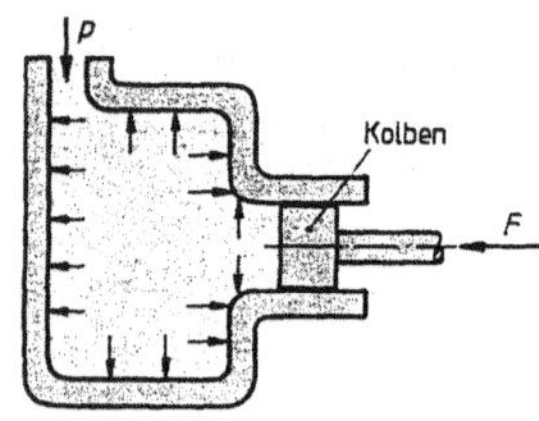

19.1

Aufgaben

1. Auf einen Pumpenkolben von 30 mm ∅ wirkt eine Kraft von 700 N. Welcher Druck in bar wird bei einem Wirkungsgrad von 0,8 erzeugt?

2. Ein Kolbenverdichter ist mit einem Blindflansch verschlossen. Er ist mit 10 Schrauben verschraubt. Welche Kraft wirkt auf jede Schraube, wenn ein Druck von 15 bar gemessen wird (Bild **19.2**)?

Die Kolbenkraft F errechnet sich aus Druck mal Kolbenfläche. Durch Reibungsverluste zwischen Zylinder und Kolben wird jedoch nur ein Teil der Kolbenkraft wirksam. Die real wirkende Kolbenkraft ist um einen Prozentsatz geringer. Dieser wird im Wirkungsgrad η berücksichtigt.

$$F = p \cdot A \cdot \eta$$

$$p = \frac{F}{A \cdot \eta} \qquad \eta = \frac{F}{p \cdot A} \qquad A = \frac{F}{p \cdot \eta}$$

In der Hydraulik setzt man statt p_e im allgemeinen p ein.

Beispiel Auf den Kolben $d = 100$ mm eines Hydraulikhebers wirkt ein Pumpendruck von 15 bar. Der Wirkungsgrad η ist 0,85.

Wie groß ist die Kolbenkraft?

Weil wir eine Kraft F in N suchen, wandeln wir bar in N/cm^2 um und rechnen mit diesem Wert. Damit die Einheitenrechnung stimmt, berechnen wir die Kolbenfläche in cm^2.

Lösung geg.: $d = 100$ mm = 10 cm

ges.: F in N

$p = 15$ bar = 150 N/cm^2

Unsere Formel lautet

$$F = p \cdot A \cdot \eta \qquad A = \frac{d^2 \cdot \pi}{4}$$

Wir setzen die Werte ein und rechnen

$$F = \frac{150\,\text{N} \cdot (10\,\text{cm})^2 \cdot \pi \cdot 0,85}{\text{cm}^2 \quad 4} = 10013,83\,\text{N}$$

Die Kolbenkraft beträgt 10 kN.

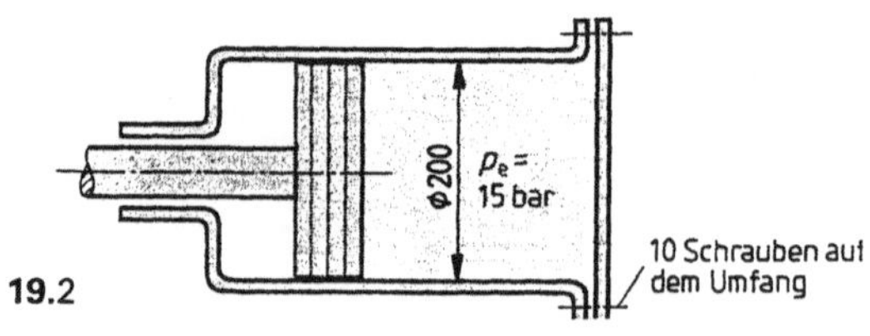

19.2

3. Der Druck in einem Druckbehälter darf 6,5 bar nicht überschreiten. Wie groß muss die Federkraft eines Sicherheitsventils sein, damit es bei diesem Druck öffnet (Bild **19.3**)?

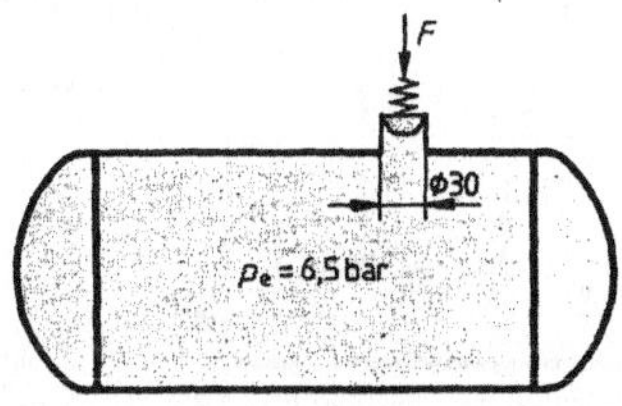

19.3

4. Der Hydraulikzylinder einer Spannvorrichtung hat einen Durchmesser von 25 mm. Wie groß muss der auf den Kolben wirkende Druck sein, damit bei einem Wirkungsgrad von 0,87 eine Spannkraft von 215 N erzielt wird (Bild **19.4**)?

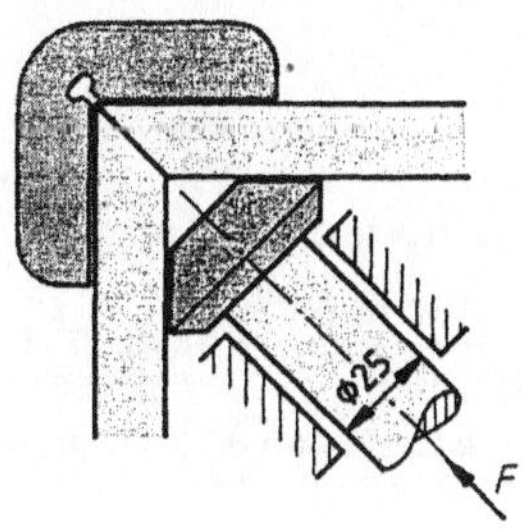

19.4

5. Auf einen Hydraulikkolben von 20 mm Durchmesser wirkt eine Kraft von 420 N. Im Hydraulikzylinder wird ein Druck von 15 bar gemessen. Wie groß ist der Wirkungsgrad?

6. In einem Hydrauliksystem übt die Feder eines Sicherheitsventils mit einem Sitzdurchmesser von 20 mm eine Kraft von 80 N aus. Mit welchem Wirkungsgrad arbeitet die Pumpe, wenn auf den Kolben eine Kraft von 1155 N wirkt (Bild **19.5**)?

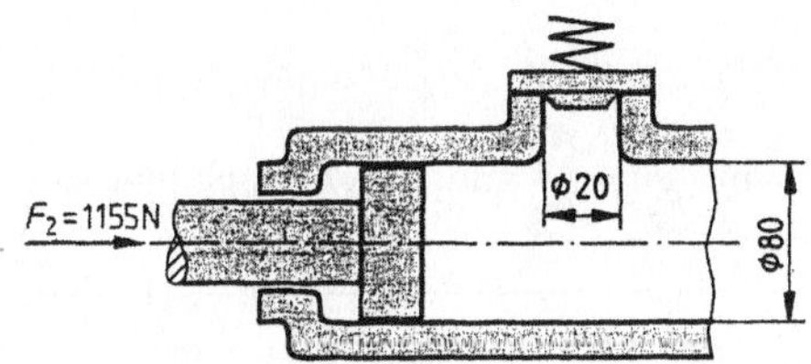

19.5

7. Im Hydrauliksystem einer Presse wird ein Arbeitsdruck von 45 bar gemessen. Damit wird eine Presskraft von 22 kN erzielt. Welchen Durchmesser hat der Kolben, wenn mit einem Wirkungsgrad von 0,92 gerechnet wird?

19.2 Hydraulische Presse

Kombiniert man zwei Kolben mit verschiedenen Durchmessern, erhält man eine hydraulische Presse. Man erreicht damit eine Kraftübersetzung und kann mit geringem Kraftaufwand am Druckkolben große Kräfte am Arbeitskolben erzielen. Der Kräftegewinn geht allerdings zu Lasten des Weges.

Wir merken das, wenn wir mit einem handbetätigten Hydraulikheber arbeiten. Wir pumpen schnell, die Last wird aber langsam gehoben.

Weil sich der Druck in Flüssigkeiten allseitig fortpflanzt, können wir nach Bild **19.6** folgende Gleichungen aufstellen:

$$p = \frac{F_1}{A_1} \quad \text{und} \quad p = \frac{F_2}{A_2}$$

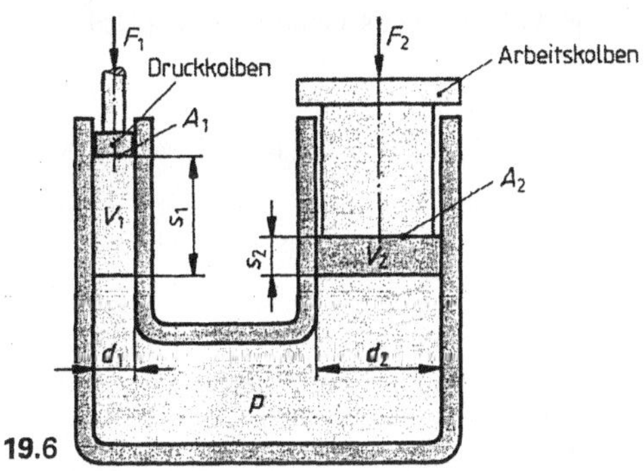

19.6

Weil beide Brüche gleich p sind, können wir auch schreiben

$$\frac{F_1}{A_1} = \frac{F_2}{A_2}$$

Wir bringen alle F und alle A auf jeweils eine Seite, und erhalten eine Verhältnisgleichung.

$$\frac{F_1}{F_2} = \frac{A_1}{A_2}$$

In der Hydraulischen Presse verhalten sich die Kolbenkräfte wie die zugehörigen Kolbenflächen.

Setzen wir für A die jeweilige Flächenformel ein, erhalten wir

$$\frac{A_1}{A_2} = \frac{d_1^2 \cdot \pi \cdot 4}{4 \cdot d_2^2 \cdot \pi} = \frac{d_1^2}{d_2^2}$$

Weil $\dfrac{F_1}{F_2} = \dfrac{A_1}{A_2}$ können wir auch hier sagen

$$\frac{F_1}{F_2} = \frac{d_1^2}{d_2^2}$$

In der Hydraulischen Presse verhalten sich die Kolbenkräfte wie die Quadrate der zugehörigen Kolbendurchmesser.

Bewegen wir einen Druckkolben um den Weg s_1, so drückt er eine Flüssigkeitsmenge in das System. Diese ist gleich der Menge, die den Arbeitskolben um den Weg s_2 bewegt. s_1 und s_2 bezeichnen wir als Kolbenhübe (Bild **19.6**). Aus der Körperberechnung wissen wir, dass sich ein Volumen aus Grundfläche x Höhe berechnet. Also ist

$$A_1 \cdot s_1 = A_2 \cdot s_2$$

Bringen wir A und s auf je eine Seite, erhalten wir

$$\frac{A_1}{A_2} = \frac{s_2}{s_1}$$

In der Hydraulischen Presse verhalten sich die Kolbenkräfte umgekehrt wie die Kolbenhübe.

Bilden wir das Verhältnis aus den Kolbenkräften F_1 und F_2, erhalten wir das hydraulische Übersetzungsverhältnis i.

$$i = \frac{F_1}{F_2}$$

Beispiel 1 Welche Kraft F_2 kann mit dem in Bild **19.7** skizzierten hydraulischen Wagenheber ausgeübt werden?

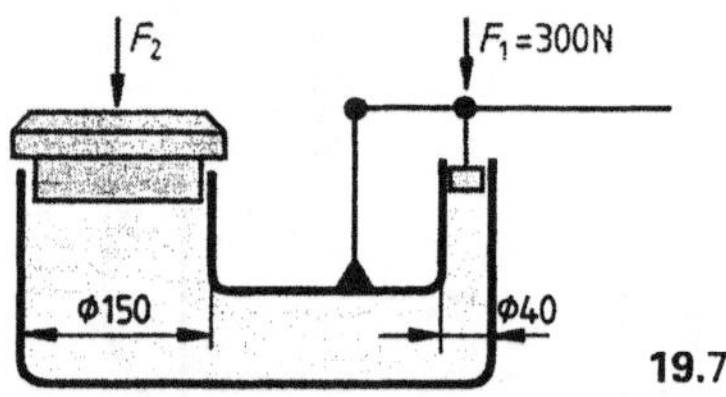

Lösung Wir schreiben zunächst die gegebenen Werte heraus.

geg.: $F_1 = 300$ N, $d_1 = 40$ mm,

$\quad d_2 = 150$ mm

Gesucht ist F_2. Wir wählen nun die Formel aus, die die vier Größen enthält und stellen sie nach der gesuchten um.

$$\frac{F_1}{F_2} = \frac{d_1^2}{d_2^2} \qquad F_2 = \frac{F_1 \cdot d_2^2}{d_1^2}$$

Wir setzen die Werte ein und rechnen.

$$F_2 = \frac{300\ \text{N} \cdot (150\ \text{mm})^2}{(40\ \text{mm})^2} = 4218{,}75\ \text{N}$$

Man kann eine Kraft von 4,22 kN ausüben.

Beispiel 2 Mit einer hydraulischen Presse wird ein Träger von 4 Tonnen Gewicht gehoben. Am Druckkolben von 40 mm Durchmesser wirkt eine Kraft von 450 N. Welchen Durchmesser hat der Arbeitskolben?

Lösung Wir verwenden die Formel

$$\frac{F_1}{F_2} = \frac{d_1^2}{d_2^2}$$ die wir nach d_2 umstellen.

$$d_2 = \sqrt{\frac{d_1^2 \cdot F_2}{F_1}}$$

In diese Formel setzen wir die richtig zugeordneten gegebenen Werte ein und rechnen.

geg.: $F_1 = 450$ N, $d_1 = 40$ mm

$\quad F_2 = 40000$ N

ges.: d_2 in mm

$$d_2 = \sqrt{\frac{(40\ \text{mm})^2 \cdot 40000\ \text{N}}{450\ \text{N}}} = 377{,}1\ \text{mm}$$

Der Arbeitskolben hat einen Durchmesser von 377 mm.

Aufgaben

1. Mit einem hydraulischen Heber wird ein Fahrzeug angehoben (Bild **19.**8). Der Monteur pumpt mit einer Handkraft von 40 N. Welche Masse lastet auf dem Arbeitskolben?

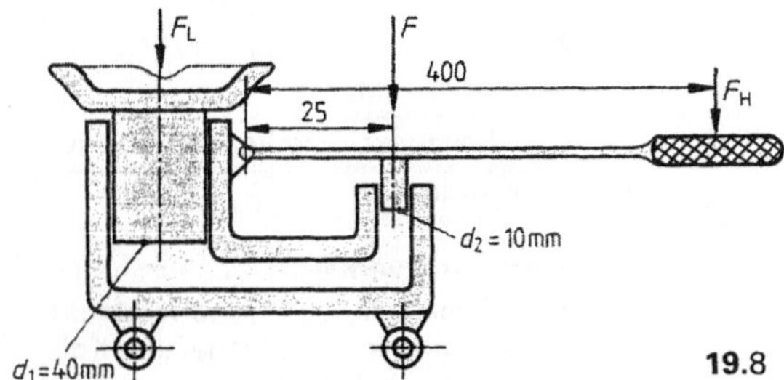

19.8

2. In einem hydraulischen Kraftübersetzer (Bild **19.**9) wirkt auf den Druckkolben ($d_1 = 60$ mm) eine Kraft von 20 kN.

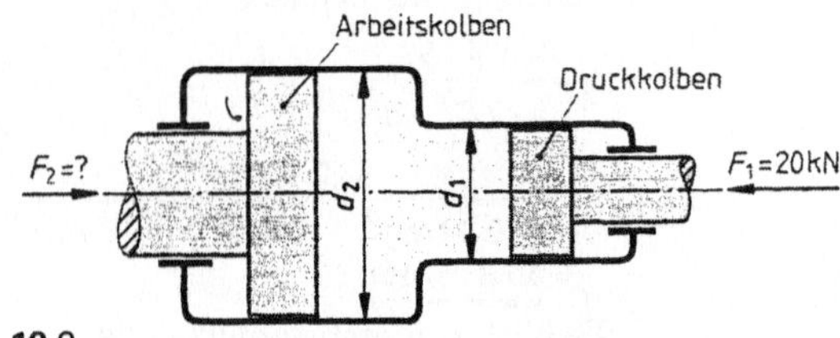

19.9

a) Welche Kraft wird mit dem Arbeitskolben ($d_2 = 220$ mm) ausgeübt?
b) Wie groß ist das hydraulische Übersetzungsverhältnis?

3. Der in Bild **19.**10 skizzierte Druckwandler wird mit einem Arbeitsdruck $p_1 = 7$ bar beaufschlagt.
a) Wie groß ist die Kraft F?
b) Wie groß ist der Druck p_2?

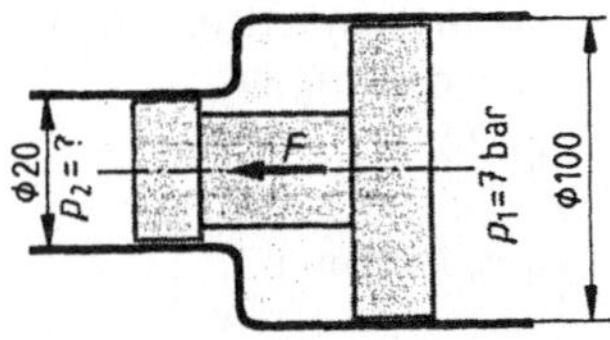

19.10

4. Mit einer hydraulischen Presse soll ein Träger gerichtet werden. Der Pumpenkolben hat einen Durchmesser von 30 mm, der Arbeitskolben einen von 250 mm. Mit welcher Kraft wird der Träger gerichtet, wenn am Pumpkolben 650 N wirken?

19.3 Volumenstrom/Kolbengeschwindigkeit

Wird ein Hydraulikzylinder beaufschlagt, so strömt in einer bestimmten Zeit eine bestimmte Flüssigkeitsmenge in den Zylinder. Wir nennen dies Volumenstrom $\dot{V}$ und lesen *Vau-Punkt*.

Betrachten wir die Kolbengeschwindigkeit v in einem doppelt wirkenden Hydraulikzylinder (Bild **19.**11), lässt sich erkennen, dass sie bei konstantem Volumenstrom und unterschiedlichen Querschnitten verschieden sein muss.

> Der Volumenstrom $\dot{V}$ ist der Quotient aus dem Volumen V einer strömenden Flüssigkeit in einer bestimmten Zeit t.
> $$\dot{V} = V/t$$

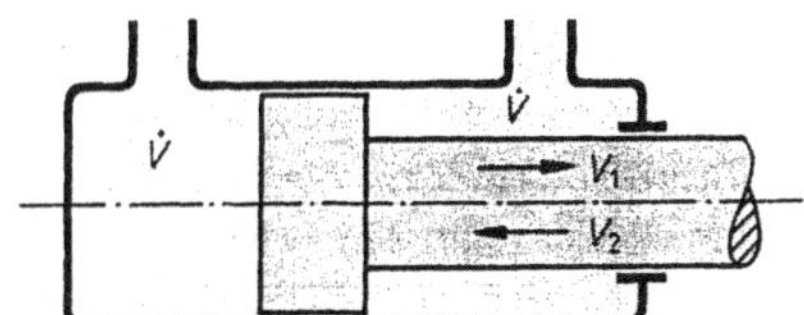

19.11

> Bei gleichem Volumenstrom ist die Kolbengeschwindigkeit in einem Hydraulikzylinder abhängig von dessen wirksamer Kolbenfläche A. Je kleiner die Fläche, desto größer die Kolbengeschwindigkeit.
>
> $$\dot{V} = A \cdot v \qquad v = \frac{\dot{V}}{A} \qquad\Big|\qquad \dot{V} = \frac{A \cdot s}{t} \qquad s = \frac{\dot{V} \cdot t}{A}$$
>
> $$A = \frac{\dot{V}}{v} \qquad\qquad\qquad\Big|\qquad t = \frac{A \cdot s}{\dot{V}} \qquad A = \frac{\dot{V} \cdot t}{s}$$

Beispiel   Die Pumpe für den Antrieb eines hydraulischen Kurzhoblers (Bild **19.**12) fördert 38 l/min. Der Durchmesser des Arbeitskolbens beträgt 40 mm, der der Kolbenstange 20 mm. Wie groß ist a) die Schnittgeschwindigkeit v_c, b) die Rücklaufgeschwindigkeit v_R des Stößels, beide in m/min?

Lösung   Um die richtige Einheit der Schnittgeschwindigkeit sofort im Rahmen unserer Rechnung zu erhalten, wandeln wir die gegebenen Werte sogleich entsprechend um.

geg.: $\dot V = 38$ l/min $= 38$ dm^3/min
$= 0{,}038$ m^3/min

$d_1 = 40$ mm $= 0{,}04$ m
$d_2 = 20$ mm $= 0{,}02$ m

ges.: v_c, v_R in m/min

Grundformel $v = \dfrac{\dot V}{A}$

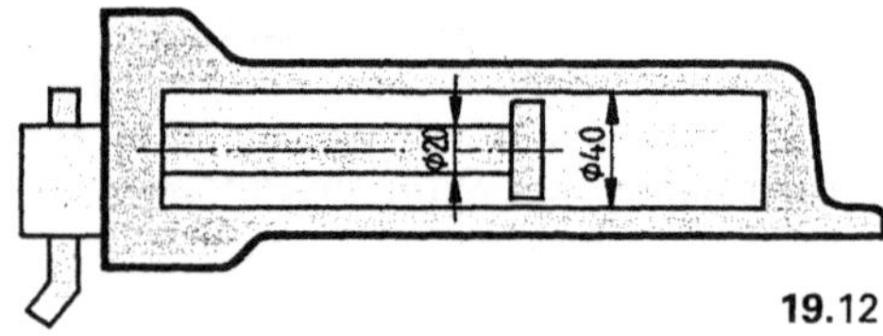

19.12

Berechnung von v_c

Für A setzen wir die Kreisflächenformel, dann die gegebenen Werte ein und rechnen.

$$\underline{v_c} = \frac{4 \cdot \dot V}{d_1^2 \cdot \pi} = \frac{4 \cdot 0{,}038 \, \text{m}^3}{\min \cdot (0{,}04 \, \text{m})^2 \cdot \pi}$$

$$= 30{,}2 \, \text{m/min}$$

Die Schnittgeschwindigkeit beträgt 30,2 m/min.

Berechnung von v_R

Die wirksame Kolbenfläche wird nun um die Querschnittsfläche der Kolbenstange verringert. Die beaufschlagte Kolbenfläche A ist ein Kreisring. Wir setzen für A die Formel für den Kreisring, dann die gegebenen Werte ein und rechnen.

$$\underline{v_R} = \frac{4 \cdot \dot V}{\pi \cdot (D^2 - d^2)}$$

$$= \frac{4 \cdot 0{,}038 \, \text{m}^3}{[\,(0{,}04 \, \text{m})^2 - (0{,}02 \, \text{m})^2\,] \cdot \pi \, \min}$$

$$= 40{,}3 \, \text{m/min}$$

Die Rücklaufgeschwindigkeit beträgt 40,3 m/min.

Aufgaben

1. Der Kolben eines Hydraulikzylinders bewegt sich bei einem Volumenstrom von 24 l/min mit einer Geschwindigkeit von 80 mm/s. Berechnen Sie den Kolbendurchmesser in mm.
2. Eine Hydraulikpumpe fördert in einer Minute 15 l Öl. In wie viel Sekunden legt der beaufschlagte Kolben einen Weg von 50 mm zurück, wenn der Kolbendurchmesser 40 mm beträgt?
3. In einem Hydraulikzylinder bewegt sich der Kolben ($\varnothing = 30$ mm) in 2 s 160 mm. Wie groß ist der Volumenstrom in l/min?
4. Ein hydraulischer Ausleger wird von einem Kolben mit 100 mm Durchmesser bewegt. Die Pumpe fördert 60 l/min. Wie viel Millimeter kann er in 5 s ausgefahren werden?

5. Bild **19.**13 zeigt einen doppelt wirkenden Hydraulikzylinder. Berechnen Sie die Vor- und Rücklaufgeschwindigkeit in m/min, wenn die Hydraulikpumpe 30 l/min fördert.

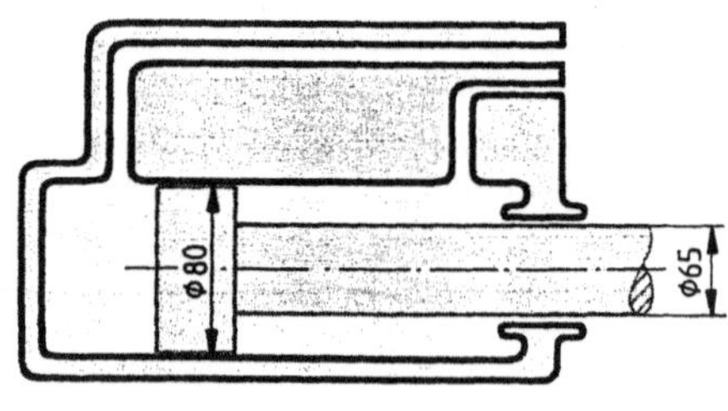

19.13

19.4 Strömungsgeschwindigkeit (Kontinuitätsgesetz)

Verengt sich ein Strang in einem Rohrsystem, so muss sich bei gleichem Volumenstrom die Strömungsgeschwindigkeit erhöhen (Bild **19.**14).

Der abgeführte Volumenstrom $\dot V_2$ muss gleich dem zugeführten $\dot V_1$ sein. Der Weg s, den ein Flüssigkeitsteilchen in derselben Zeit zurücklegen muss, wird bei verengtem Querschnitt größer. Die Strömungsgeschwindigkeit steigt an.

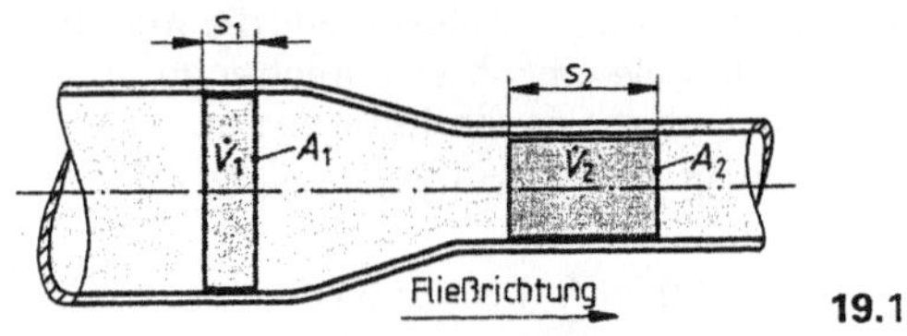

19.14

Je kleiner der Rohrquerschnitt, desto größer die Strömungsgeschwindigkeit.

$$\dot{V}_1 = \frac{A_1 \cdot s_1}{t} \qquad \dot{V}_2 = \frac{A_2 \cdot s_2}{t}$$

Weil die Volumenströme gleich sind, gilt

$$\dot{V}_1 = \dot{V}_2 \quad \text{oder} \quad \frac{A_1 \cdot s_1}{t} = \frac{A_2 \cdot s_2}{t}$$

$\dfrac{s}{t}$ ist eine Geschwindigkeit. Wir setzen dafür v.

$$A_1 \cdot v_1 = A_2 \cdot v_2$$

Wir bringen jeweils A und v auf eine Seite.

$$\frac{A_1}{A_2} = \frac{v_2}{v_1}$$

In einer Rohrleitung mit sich veränderndem Querschnitt verhalten sich die Strömungsgeschwindigkeiten umgekehrt wie die Rohrquerschnitte (Kontinuitätsgesetz).

Beispiel Durch einen Luftkanal (lichte Maße 600 × 800) strömt Luft mit einer Geschwindigkeit von 5 m/s. Er mündet in einen runden Kanal mit 600 mm Durchmesser. Welche Strömungsgeschwindigkeit wird in dem runden Kanal gemessen?

Lösung geg.: $l = 800$ mm $= 0{,}8$ m

$\qquad\quad b = 600$ mm $= 0{,}6$ m
$\qquad\quad d = 600$ mm $= 0{,}6$ m
$\qquad\quad v_1 = 5$ m/s

ges.: v_2 in m/s

Grundformel

$$\frac{A_1}{A_2} = \frac{v_2}{v_1}$$

Wir berechnen A_1 und A_2.

$$A_1 = m^2 \cdot b = 0{,}8 \text{ m} \cdot 0{,}6 \text{ m} = \mathbf{0{,}48 \ m^2}$$

$$A_2 = \frac{d^2 \cdot \pi}{4} = \frac{(0{,}6 \text{ m})^2 \cdot \pi}{4} = \mathbf{0{,}283 \ m^2}$$

Gesucht ist v_2. Wir stellen die Grundformel nach v_2 um, setzen die Werte ein und rechnen.

$$v_2 = \frac{A_1 \cdot v_1}{A_2} = \frac{0{,}48 \text{ m}^2 \cdot 5 \text{ m}}{0{,}283 \text{ m}^2 \quad s} = \mathbf{8{,}48 \ m/s}$$

Die Strömungsgeschwindigkeit erhöht sich auf 8,5 m/s

Aufgaben

1. In einem Rohrsystem zur Förderung von Öl verändert sich der Querschnitt von DN 65 auf DN 40. Wie groß wird die Fließgeschwindigkeit wenn die Eintrittsgeschwindigkeit 2,5 m/s beträgt?

2. Die Einströmgeschwindigkeit v in ein Hosenrohr beträgt 2,5 m/s. Wie groß sind die Strömungsgeschwindigkeiten v_1 und v_2 in den Abzweigungen (Bild **19.15**)?

3. Durch einen Luftkanal strömt Luft mit 7 m/s (Bild **19.16**). a) Welchen Durchmesser muss das abzweigende Rohr haben, wenn gleiche Strömungsgeschwindigkeit vorhanden sein soll?
b) Welcher Rohrdurchmesser ist zu wählen, wenn die Luft mit maximal 5 m/s ausströmen darf?

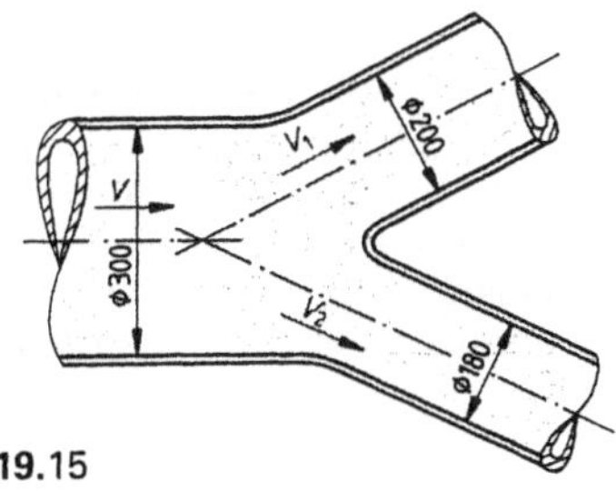

19.15

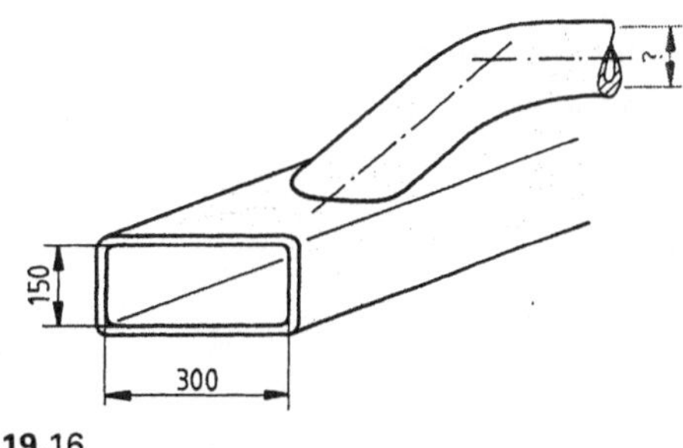

19.16

19.5 Hydraulische Leistung

Fördert eine Pumpe Öl durch ein Hydrauliksystem, so baut sich ein Druck auf. Das Produkt aus Volumenstrom und Druck ergibt eine Leistung.

> Die hydraulische Leistung ist das Produkt aus
> Volumenstrom $\dot V$ und Betriebsdruck p.

Behauptung

$$P = \dot V \cdot p$$

Für $\dot V$ setzen wir $\dfrac{V}{t}$. Wir erhalten $P = \dfrac{V \cdot p}{t}$.

Das Volumen ist Grundfläche x Höhe, in unserem Falle $A \cdot s$.

Setzen wir dies für V, erhalten wir $P = \dfrac{A \cdot s \cdot p}{t}$.

Der Druck p ist definiert als Kraft pro Flächeneinheit.

Also ist $p = \dfrac{F}{A}$. Wir setzen dies in unsere Formel ein und kürzen A.

$$P = \frac{\cancel{A} \cdot s \cdot F}{t \cdot \cancel{A}}$$

$F \cdot s$ ist eine Arbeit (W). Arbeit in der Zeiteinheit t ist eine Leistung. Wir erhalten somit
$$P = P$$
Unsere Behauptung stimmt.

Es ist

$$P = \dot V \cdot p$$

Der Volumenstrom wird allgemein in l/min, der Druck in bar angegeben. Um die in der Technik übliche Leistung in kW zu berechnen, wollen wir eine Einheitenrechnung durchführen. Die folgenden Formeln sind dann verständlicher.

Einheitenrechnung

$$P = \dot V \cdot p$$

Wir setzen für $\dot V$/min = dm^3/min und für p (1 bar) 10 N/cm^2.

$$p = \frac{\text{dm}^3 \cdot 10\ \text{N}}{\text{min} \cdot \text{cm}^2}$$

Weil Nm/s = W sind, müssen wir die min in s, die dm^3 und die cm^2 in entsprechende m umwandeln. Gehen wir schrittweise vor.

$1\ \text{m}^3 = 1000\ \text{dm}^3$, d. h. 1000 dm^3 pro m^3
$\qquad = 1000\ \text{dm}^3/\text{m}^3$

$1\ \text{m}^2 = 10000\ \text{cm}^2$, d. h. 10000 cm^2 pro m^2
$\qquad = 10000\ \text{cm}^2/\text{m}^2$

1 min = 60 s, d. h. 60 s pro min = 60 s/min

Diese Werte setzen wir in unsere Einheitengleichung ein und kürzen.

$$p = \frac{\cancel{\text{dm}^3} \cdot \cancel{\text{m}^3}\qquad \cancel{\text{min}} \cdot 10\ \text{N} \cdot 10000\ \cancel{\text{cm}^2}}{1000\ \cancel{\text{dm}^3} \cdot 60\ \text{s} \cdot \cancel{\text{min}} \cdot \cancel{\text{cm}^2} \cdot \cancel{\text{m}^2}}$$

Der Übersicht halber ordnen wir den Ausdruck und erhalten

$$p = \frac{10 \cdot 10000\ \text{Nm}}{60 \cdot 1000\ \text{s}}$$

$\dfrac{\text{Nm}}{\text{s}}$ sind Watt. Wir wandeln in kW um.

$$P = \frac{10 \cdot 10000\ \cancel{\text{W}}}{60 \cdot 1000 \cdot 1000\ \cancel{\text{W}}} \cdot \frac{\text{kW}}{} = \frac{1}{600}\ \text{kW}$$

Daraus folgt

$$P = \frac{\dot V \cdot p}{600}\ [\text{kW}] \qquad p = \frac{600 \cdot P}{\dot V} \qquad \dot V = \frac{600 \cdot P}{p}$$

Beispiel Eine Pumpe erzeugt bei einem Volumenstrom von 20 l/min einen Druck von 25 bar. Wie groß ist die abgegebene Leistung in kW?

geg.: $\dot V = 20$ l/min, $p = 25$ bar
ges.: P in kW

$$P = \frac{\dot V \cdot p}{600}\ [\text{kW}]$$

Wir setzen die Werte ein und rechnen.

$$P = \frac{20\ \text{l}}{\text{min}} \cdot \frac{25\ \text{bar}}{600} = 0{,}83\ \text{kW}$$

Die Pumpe gibt eine Leistung von 0,83 kW ab.

Um Pneumatikanlagen richtig dimensionieren zu können, muss der Luftverbrauch der verwendeten Geräte bekannt sein. Dabei handelt es sich um einen Volumenstrom $\dot V$, der vom spezifischen Luftbedarf q eines Pneumatikzylinders, vom Kolbenhub s und von der Anzahl der Hübe n abhängt.

Aufgaben

1. Welche Leistung in kW muss eine Pumpe erbringen, wenn ein Volumenstrom von 35 l/min bei einem Druck von 25 bar gefordert wird? Der Wirkungsgrad der Pumpe ist 70%.

2. Eine Hydropumpe leistet bei einem Wirkungsgrad von 0,85 4 kW. Der Volumenstrom wird mit 40 l/min gemessen. Welcher Druck herrscht in dem System?

3. Eine Zahnradpumpe ($\eta = 0,9$) erzeugt bei einer zugeführten Leistung von 2,5 kW einen Druck von 40 bar. Wie groß ist der Volumenstrom in l/min?

4. Die Antriebsleistung einer Hydraulikpumpe beträgt 5,5 kW. Sie erzeugt bei einem Volumenstrom von 45 l/min einen Druck von 60 bar. Wie groß ist der Wirkungsgrad?

5. Ein Hydromotor erzeugt bei einem Druck von 20 bar einen Volumenstrom von 50 l/min. Berechne a) die abgegebene Leistung, b) die zugeführte Leistung bei einem Wirkungsgrad von 0,85.

19.6 Luftverbrauch pneumatischer Zylinder

Um Pneumatikanlagen richtig dimensionieren zu können, muss der Luftverbrauch der verwendeten Geräte bekannt sein. Dabei handelt es sich um einen Volumenstrom $\dot{V}$, der vom spezifischen Luftbedarf q eines Pneumatikzylinders, vom Kolbenhub s und von der Anzahl der Hübe n abhängt.

$$\dot{V} = q \cdot s \cdot n$$

$$q = \frac{\dot{V}}{s \cdot n} \qquad s = \frac{\dot{V}}{q \cdot n} \qquad n = \frac{\dot{V}}{q \cdot s}$$

Der spezifische Luftbedarf q ist ein aus Tabellen oder Diagrammen abzulesender Wert, mit dem in der Praxis gerechnet wird.

Tabelle **19**.1   Luftbedarf q einfach wirkender Zylinder

Kolben $\varnothing$ in mm	Luftbedarf q in l/cm Kolbenhub bei Betriebsdruck p_e von			
	4 bar	6 bar	8 bar	10 bar
25	0,024	0,033	0,043	0,052
35	0,047	0,066	0,084	0,103
40	0,061	0,085	0,110	0,135
50	0,096	0,134	0,172	0,210
70	0,187	0,262	0,335	0,411
100	0,383	0,535	0,687	0,839
140	0,750	1,048	1,346	1,644
200	1,531	2,139	2,747	3,356

Wird der Luftverbrauch doppelt wirkender Zylinder berechnet, ist der Wert für q mit dem Faktor 2 zu multiplizieren. Genaue Werte sind Tabellen der Hersteller zu entnehmen.

Beispiel   Ein einfach wirkender pneumatischer Zylinder (Bild **19**.17) mit einer Hubzahl von 90 min^{-1} wird mit einem Überdruck von 8 bar betätigt. Wie groß ist der Luftverbrauch?

Lösung   geg.: $s = 120$ mm
 $n = 90$ min^{-1}
 $q = 0,172$ l/cm (lt. Tabelle)

 ges.: $\dot{V}$ in l/min

Weil wir das Ergebnis in l/min errechnen, müssen wir s in cm in unsere Formel einsetzen. Die Längeneinheit lässt sich dann kürzen.

$$\dot{V} = q \cdot s \cdot n$$

$$\underline{\underline{\dot{V}}} = \frac{0,172\ \text{l} \cdot 12\ \text{cm} \cdot 90}{\text{cm} \qquad \text{min}} = \underline{\underline{185,8\ \text{l/min}}}$$

Der Luftverbrauch beträgt 186 l/min.

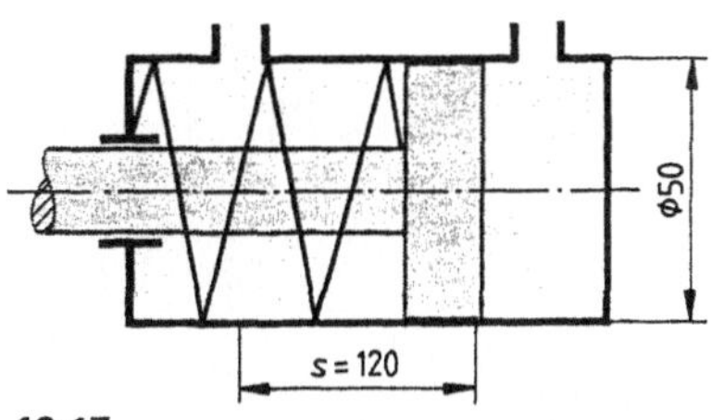

19.17

Aufgaben

1. Ein einfach wirkender Pneumatikzylinder (Kolbendurchmesser 50 mm) arbeitet mit einem Betriebsdruck von 4 bar. Die Hubzahl beträgt 60 min^{-1}, der Hub 80 mm. Um wie viel Prozent steigt der Luftbedarf, wenn der Betriebsdruck auf 6 bar erhöht wird?

2. Der Betriebsdruck für den in Bild **19**.18 skizzierten Pneumatikzylinder beträgt 6 bar bei einem Luftverbrauch von 354 l/min und einer Hubzahl von 75 min^{-1}. Wie groß ist die Hublänge in mm?

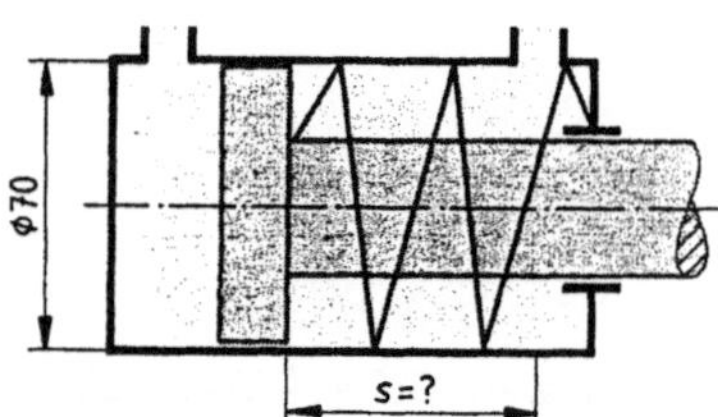

19.18

3. Ein Pneumatikzylinder benötigt bei einem Kolbendurchmesser von 35 mm 33 Liter Luft pro Minute. Der Hub ist bei einer Hubzahl von 50 min^{-1} 100 mm lang. Wie hoch ist der Betriebsdruck?

4. Ein einfach wirkender Pneumatikzylinder mit einem Kolbendurchmesser von 140 mm hat bei einer Hublänge von 125 mm einen Luftverbrauch von 673 l/min. Wie groß ist die Hubzahl, wenn der Betriebsdruck 8 bar beträgt?

5. Ein doppelt wirkender Pneumatikzylinder hat einen Kolbendurchmesser von 70 mm. Bei einem Hub von 130 mm und einem Betriebsdruck von 10 bar werden 641 l/min Luft verbraucht. Wie groß ist die Hubzahl?

20 Wärmelehre

20.1 Temperatur

Den Wärmezustand eines Körpers bezeichnen wir als Temperatur. Wir messen sie, benannt nach dem schwedischen Physiker Celsius, in Celsiusgraden (°C) oder, benannt nach dem englischen Physiker Lord Kelvin, in Kelvin (K). Das Kelvin ist die SI-Basiseinheit der thermodynamischen Temperatur. Die Temperaturskala nach Kelvin und die nach Celsius sind gleich aufgeteilt, so dass 1 K = 1 °C entspricht. Zur Unterscheidung bezeichnen wir Temperaturangaben in Kelvin mit T, in Celsius mit t.

> Wir lesen eine Temperatur t in °C vom Thermometer ab. Wir geben eine Temperaturdifferenz Δt in K an.

Beispiel   Am Ölthermometer eines Getriebes lesen wir eine Öltemperatur von 75 °C ab. Nach 60 Minuten Betriebszeit zeigt das Thermometer 84 °C an. Wie groß ist die Temperaturdifferenz?

Lösung $\Delta t = 84\,°C - 75\,°C = \underline{\underline{9\ K}}$

Die Temperaturdifferenz beträgt 9 K.

Unterschiedlich festgelegt jedoch wird der Nullpunkt der jeweiligen Temperaturskala.

Während auf der Celsiusskala 0 °C dem Gefrierpunkt des Wassers entspricht und alle darüber liegenden Temperaturen mit +, alle darunter liegenden mit – angegeben werden, liegt der Nullpunkt der Kelvinskala bei ca. –273 °C. Er wird als absoluter Nullpunkt bezeichnet, alle darüber liegenden Temperaturen sind positiv (Bild **20.1**). Dies ist beim Umrechnen der Temperaturen zu berücksichtigen.

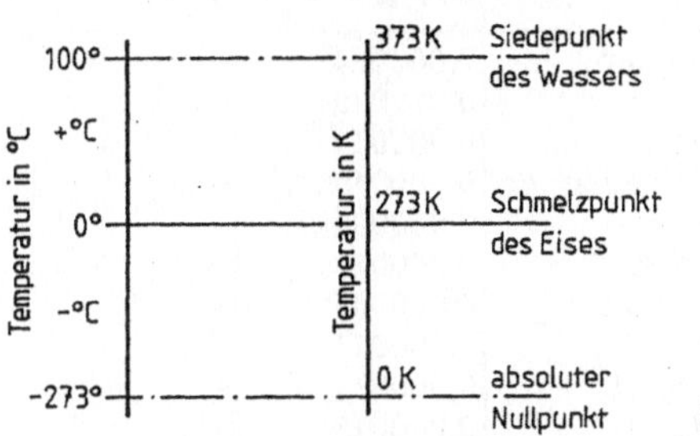

$$t = T - 273 \qquad\qquad T = t + 273$$

Beispiel   Der Schmelzpunkt von Blei liegt bei ca. 327 °C. Wie viel Kelvin sind das?

Lösung $T = t + 273 = (327 + 273)\,K = \underline{\underline{600\ K}}$

Blei schmilzt bei 600 K.

Aufgaben

1. Der Schmelzpunkt von Aluminium liegt bei 658 °C, der Siedepunkt bei 2400 °C. Wie groß ist der Temperaturunterschied?
2. Baustahl kann zwischen 1300 °C und 780 °C geschmiedet werden. Berechnen Sie a) den Bereich der Schmiedetemperaturen in Kelvin, b) den Temperaturunterschied.
3. Bei der Gewinnung von Sauerstoff wird u. a. Luft von 20 °C auf –200 °C abgekühlt und so verflüssigt. Beim anschließenden Verdampfen fällt bei –196 °C Stickstoff, bei –183 °C Sauerstoff aus. Berechnen Sie a) die Temperatur in Kelvin, bei der die Luft flüssig ist; b) die Temperaturdifferenz der gasförmigen und flüssigen Luft; c) den Siedepunkt von Sauerstoff und Stickstoff in Kelvin.

20.2 Wärmedehnung

20.2.1 Längenänderung

Bis auf Wasser dehnen sich alle Stoffe bei Erwärmung aus, bzw. ziehen sich bei Abkühlung zusammen. Die Längenänderung Δl erfolgt proportional zur Temperaturerhöhung Δt bezogen auf die Ausgangslänge l_0 und ist von einer Werkstoffkonstanten, dem Längenausdehnungskoeffizienten α, auch Längenausdehnungszahl genannt, abhängig (Bild **20.2**)

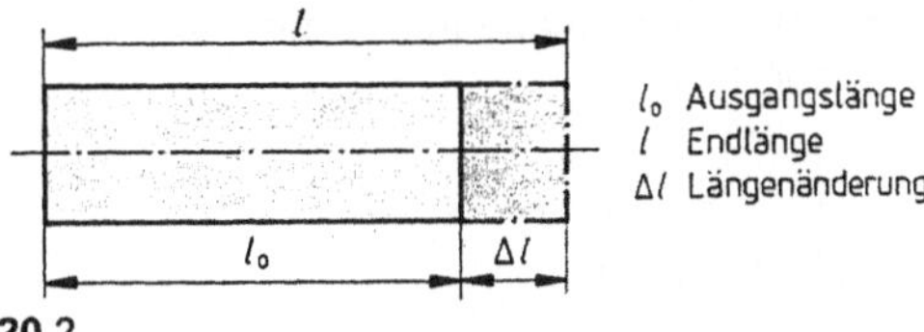

Der Längenausdehnungskoeffizient gibt an, um wie viel Meter sich ein Stab von 1 m Länge bei Erwärmung um 1 K ausdehnt.
Die Einheit ist 1/K oder K^{-1}.

Tabelle **20.1**   Ausdehnungszahlen ausgewählter Stoffe

Werkstoff	Längenausdehnungszahl α	Volumenausdehnungszahl γ
Aluminium	0,000024	–
Blei	0,000029	–
Beton	0,000012	–
CU-Zn-Legierung	0,000019	–
Glas	0,000005	–
Grauguss	0,000011	–
Hartmetall	0,00006	–
Kupfer	0,000017	–
Polystyrol	0,00007	–
Stahl	0,000012	–
Benzin	–	0,001
Dieselkraftstoff	–	0,00095
Heizöl	–	0,00095
Maschinenöl	–	0,00093

Weil die Längenänderung Δl proportional der Ausgangslänge erfolgt, können wir sie einfach berechnen.

Längenänderung

$$\Delta l = l_0 \cdot \alpha \cdot \Delta t$$

$$\alpha = \frac{\Delta l}{l_0 \cdot \Delta t} \qquad l_0 = \frac{\Delta l}{\alpha \cdot \Delta t} \qquad \Delta t = \frac{\Delta l}{l_0 \cdot \alpha}$$

Soll eine Endlänge errechnet werden, muss zwischen Erwärmung und Abkühlung unterschieden werden, denn einmal verlängert, das andere Mal verkürzt sich das Bauteil um Δl.

20.2.1.1 Endlänge bei Erwärmung

Wir addieren die Ausgangslänge und die Längenänderung.

$$l = l_0 + \Delta l$$

Für Δl setzen wir die Formel ein.

$$l = l_0 + l_0 \cdot \alpha \cdot \Delta l$$

Wir klammern gemeinsame Faktoren aus.

$$l = l_0 \cdot (1 + \alpha \cdot \Delta t)$$

$$l_0 = \frac{l}{1 + \alpha \cdot \Delta t} \qquad \Delta t = \frac{l - l_0}{l_0 \cdot \alpha} \qquad \alpha = \frac{l - l_0}{l_0 \cdot \Delta t}$$

20.2.1.2 Endlänge bei Abkühlung

Wir ziehen von der Ausgangslänge die Längenänderung ab.

$$l = l_0 - l_0 \cdot \alpha \cdot \Delta t$$

Wir klammern gemeinsame Faktoren aus.

$$l = l_0 \cdot (1 - \alpha \cdot \Delta t)$$

$$l_0 = \frac{l}{1 - \alpha \cdot \Delta t} \qquad \Delta t = \frac{l_0 - l}{l_0 \cdot \alpha} \qquad \alpha = \frac{l_0 - l}{l_0 \cdot \Delta t}$$

20.2.2 Volumenänderung

Wird ein Körper erwärmt, gelten die gleichen Gesetzmäßigkeiten. Wie Bild **20.3**a zeigt, dehnen sich die Kanten des skizzierten Würfels bei Erwärmung linear aus. Das Anfangsvolumen V_0 nimmt um das Volumen ΔV zu. Wir berücksichtigen dies in einem Volumenausdehnungskoeffizienten γ (Tabelle **20.1**).

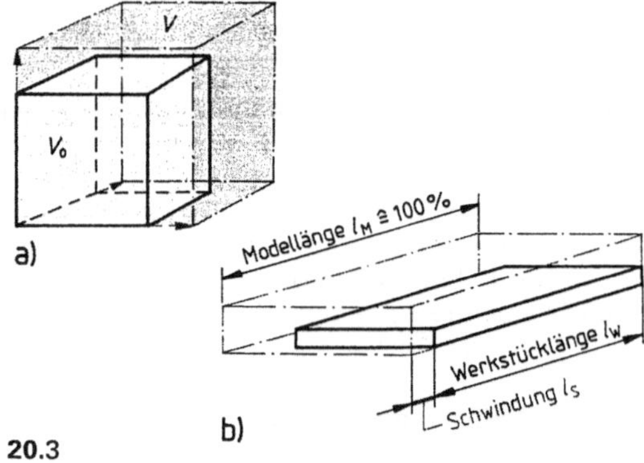

20.3

Der Volumenausdehnungskoeffizient ist bei festen Stoffen etwa dreimal größer als der Längenausdehnungskoeffizient. Die Einheit ist 1/K = K^{-1}.

$$\gamma = 3\alpha$$

Volumenänderung ΔV

$$\Delta V = V_0 \cdot \gamma \cdot \Delta t$$

$$V_0 = \frac{\Delta V}{\gamma \cdot \Delta t} \qquad \gamma = \frac{\Delta V}{V_0 \cdot \Delta t} \qquad \Delta t = \frac{\Delta V}{V_0 \cdot \gamma}$$

Soll das Endvolumen V nach Erwärmung bzw. Abkühlung berechnet werden, müssen wir die Volumenänderung ΔV zum Ausgangsvolumen V_0 hinzuzählen oder abziehen.

20.2.2.1 Endvolumen bei Erwärmung

Wir addieren zum Ausgangsvolumen die Volumenänderung.

$$V = V_0 + V_0 \cdot \gamma \cdot \Delta t$$

Wir klammern V_0 aus.

$$V = V_0 \, (1 + \gamma \cdot \Delta t)$$

$$V_0 = \frac{V}{1 + \gamma \cdot \Delta t} \qquad \gamma = \frac{V - V_0}{V_0 \cdot \Delta t} \qquad \Delta t = \frac{V - V_0}{V_0 \cdot \gamma}$$

20.2.2.2 Endvolumen bei Abkühlung

Wir subtrahieren vom Ausgangsvolumen die Volumenänderung.

$$V = V_0 - V_0 \cdot \gamma \cdot \Delta t$$

Wir klammern V_0 aus.

$$V = V_0 \, (1 - \gamma \cdot \Delta t)$$

$$V_0 = \frac{V}{1 - \gamma \cdot \Delta t} \qquad \gamma = \frac{V_0 - V}{V_0 \cdot \Delta t} \qquad \Delta t = \frac{V_0 - V}{V_0 \cdot \gamma}$$

20.2.3 Schwindung

Die mit der Volumenverringerung verbundene Maßänderung bezeichnen wir auch als Schwindung S (Bild **20.3b**).

Der Begriff stammt aus der Gießereitechnik. Weil sich Metalle beim Abkühlen zusammenziehen, muss das Modell zum Herstellen eines Gussteiles um das Schwindmaß größer sein. Das Schwindmaß gibt an, um wie viel Prozent sich die Maße des Werkstückes nach dem Abkühlen verringern.

Das Maß am Modell l_M ist immer 100%.

Tabelle **20.2**　Schwindung von Werkstoffen $s\%$

Werkstoff	Aluminium	CuZn-Gussleg.	Grauguss	Stahlguss	Temperguss
Schwindung in %	1,2	1,2	1	2	1,6

$$l_W = l_M - l_S \qquad l_S = \frac{l_M \cdot l_s\%}{100\%} \qquad l_W = l_M\left(1 - \frac{l_s\%}{100\%}\right)$$

Beispiel 1　Um wie viel mm dehnt sich eine 500 mm lange Pleuelstange aus, wenn sie sich von 20 °C auf 90 °C erwärmt?

Lösung　Gesucht ist eine Längenänderung. Wir schreiben die gegebenen Werte auf und benutzen die Formel für die Längenänderung.

geg.: $l_0 = 500$ mm, $\Delta t = 70$ K

　　　$\alpha = 0{,}000012$ (lt. Tabelle)

ges.: Δl in mm

Wir setzen die gegebenen Werte in die Formel ein und rechnen.

$$\Delta l = l_0 \cdot \alpha \cdot \Delta t$$

$$\Delta l = \frac{500 \text{ mm} \cdot 0{,}000012 \cdot 70 \text{ K}}{\text{K}}$$

$$\Delta l = 0{,}42 \text{ mm}$$

Die Pleuelstange dehnt sich um 0,42 mm aus.

Beispiel 2　Ein Heizöltank (Bild **20.4**) wird bei 5 °C mit 15 m³ Heizöl gefüllt. Durch Sonneneinstrahlung wird der Inhalt auf 50 °C erwärmt. Um wie viel mm steigt der Flüssigkeitsspiegel an?

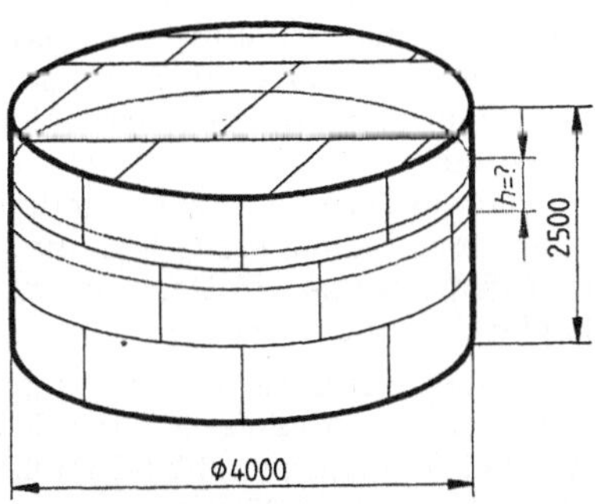

20.4

Lösung   geg.: $V_0 = 15\ \text{m}^3$

$d = 4\ \text{m}$ (lt. Skizze)

$\gamma = 0{,}00095$

$\Delta t = 45\ \text{K}$

ges.: h in mm

1. Schritt: Wir berechnen ΔV

$$\Delta V = V_0 \cdot \gamma \cdot \Delta t$$

$$\underline{\underline{\Delta V}} = \frac{15\,\text{m}^3 \cdot 0{,}00095 \cdot 45\,\text{K}}{\text{K}} = 0{,}641\ \text{m}^3$$

Das Volumen nimmt um 0,641 m³ zu.

2. Schritt: Wir suchen in der Formelsammlung die Formel zur Berechnung des Zylindervolumens, stellen sie nach h um, setzen die gegebenen Werte ein und rechnen.

$$\underline{\underline{h}} = \frac{4 \cdot \Delta V}{d^2 \cdot \pi} = \frac{4 \cdot 0{,}641\,\text{m}^3}{(4\,\text{m})^2 \cdot \pi}$$

$$= \frac{4 \cdot 0{,}641\ \text{m}^3}{4 \cdot 4 \cdot \text{m}^2 \cdot \pi} = 0{,}051\ \text{m}$$

Der Ölspiegel steigt um 51 mm an.

Beispiel 3   Es sollen Bolzen aus Temperguss hergestellt werden. Wie groß muss das Maß 280 am Modell sein, damit das Fertigmaß erreicht wird (Bild **20.5**)?

geg.: $l = 280\ \text{mm}$ ges.: l_1 in mm

$S = 1{,}6\%$

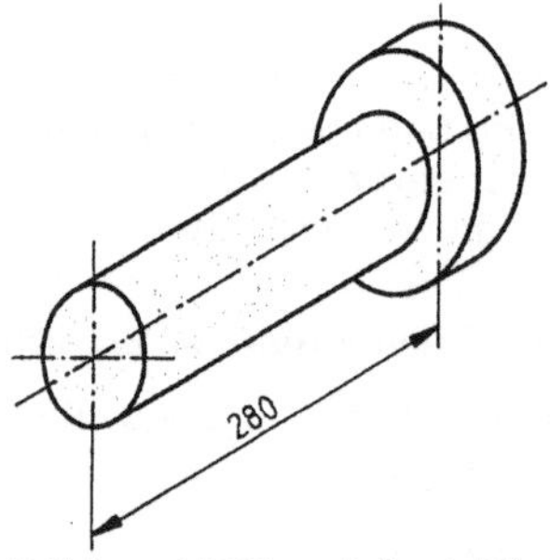

20.5

Lösung   Weil $l_M = 100\%$ und $S = 1{,}6\%$, beträgt das Maß am Werkstück $100\% - 1{,}6\% = 98{,}4\%$. Wir lösen die Aufgabe in einer Verhältnisgleichung.

$$\frac{l_M}{100\%} = \frac{l_W}{98{,}4\%}$$

$$\underline{\underline{l_M}} = \frac{l_W \cdot 100\%}{98{,}4\%} = \frac{280\ \text{mm} \cdot 100\%}{98{,}4\%}$$

$$= 284{,}55\ \text{mm}$$

Das Maß am Modell beträgt 284,6 mm.

Aufgaben

1. Ein Stahlbandmaß (Bezugstemperatur 20 °C) liegt in der Sonne und wird dabei auf 52 °C aufgeheizt. Mit ihm wird eine Länge von 18,5 m gemessen. Wie lang ist die gemessene Strecke wirklich?

2. Die Träger einer Brücke sind insgesamt 150 m lang. Sie wurden bei einer Außentemperatur von 10 °C montiert. Im Winter herrschen Temperaturen von –15 °C, im Sommer können sich die Träger durch Sonneneinstrahlung bis 55 °C erwärmen.
Berechnen Sie a) die Längenänderung gegenüber dem Montagezeitpunkt für den Winter und den Sommer. b) Wie lang ist der Träger bei Erwärmung auf 45 °C?

3. Ein Träger wurde bei einer Umgebungstemperatur von 15 °C montiert. Durch Schweißarbeiten und Sonneneinstrahlung im Laufe des Tages hat er sich auf 35 °C erwärmt und dabei um 3,84 mm ausgedehnt. Wie lang war der Träger zur Zeit der Montage?

4. Der Aluminiumkolben eines Verbrennungsmotors hat einen Durchmesser von 80 mm. Während des Betriebes erwärmt er sich um 650 K. Welchen Durchmesser hat er?

5. Für ein Geländer werden Teile aus Handlaufstahl zusammengeschweißt. Die Umgebungstemperatur beträgt 18 °C, die Schweißtemperatur 3000 °C, die Breite der Schweißfuge jeweils 8 mm. Um wie viel Millimeter verringert sich die Gesamtlänge nach Abschluss der Schweißarbeit, wenn 12 Schweißfugen vorhanden sind?

6. Bei einer Temperaturdifferenz von 65 K verändert sich das Längenmaß eines ursprünglich 1285 mm langen Stabes um 1,42 mm. Aus welchem Material besteht der Stab?

7. Ein Tank eines LKW hat ein Fassungsvermögen von 350 l. Er wird bei 18 °C mit Dieselöl gefüllt. Das Fahrzeug ist Sonneneinstrahlung ausgesetzt, so dass sich der Tankinhalt auf 40 °C erwärmt. Um wie viel Liter nimmt der Tankinhalt zu?

8. Auf einer Drehmaschine wird eine Welle aus Stahl gedreht (Bild **20**.6). Dabei erwärmt sich der Werkstoff auf 85 °C. Bei einer Umgebungstemperatur von 20 °C wird ein Durchmesser von 80,05 mm gemessen. Das Kleinstmaß darf nicht unter 79,993 mm liegen. Ist die Bedingung nach Abkühlen der Welle auf Raumtemperatur erfüllt?

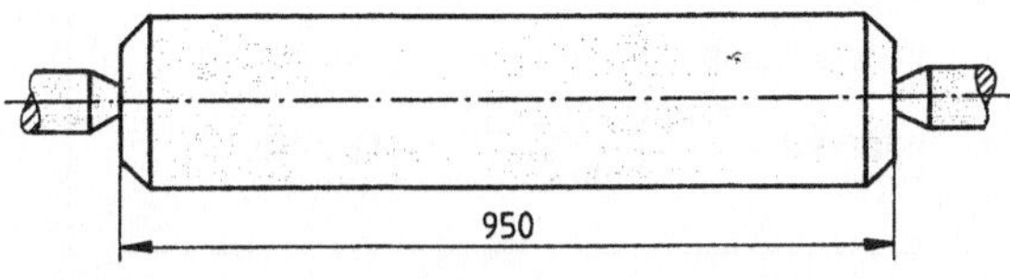

20.6

9. In eine stählerne Heißdampfleitung von 50 m Länge wird ein U-Bogen zum Dehnungsausgleich eingebaut (Bild **20**.7). Während des Betriebes erwärmt sich die Leitung um 190 K. Um welches Maß verändert sich der Abstand x?

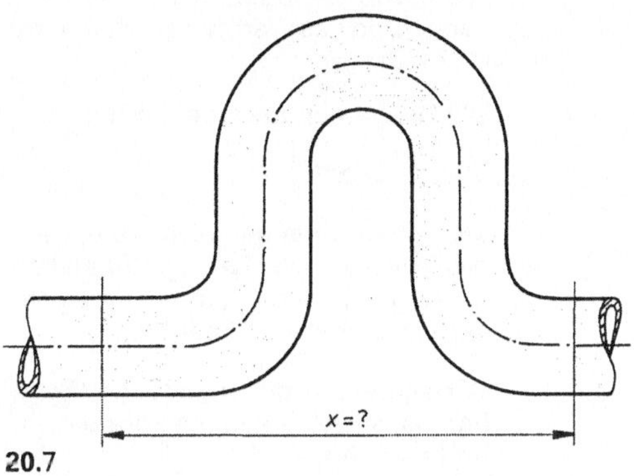

20.7

10. Ein Ring (St 37) soll auf eine Welle aufgeschrumpft werden (Bild **20**.8). Raumtemperatur 20 °C. Um wie viel Grad ist er zu erwärmen, damit er mit $^1/_{10}$ mm Spiel auf die Welle geschoben werden kann?

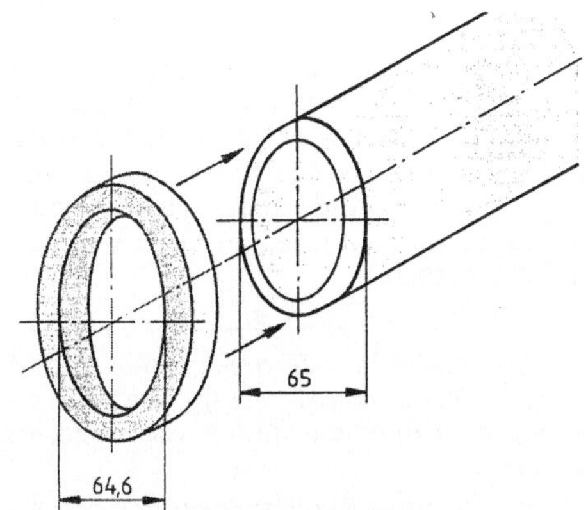

20.8

11. Eine 1,8 m lange Schmierölleitung aus Kupfer wird beim Betrieb der Maschine 2,45 mm länger. Welche Temperatur hat das durchfließende Öl?

12. Ein 40 m langes Brückengeländer wurde bei 12 °C montiert. Bei −12 °C ist es 23 mm kürzer. Aus welchem Material besteht es?

13. Ein bei 35 °C 10 m langer Draht ist bei −15 °C nur noch 9,9915 m lang. Aus welchem Material besteht er?

14. Ein Tank wird am Tage bei 18 °C Außentemperatur mit 15 000 l gefüllt. Bei nächtlichem Temperaturabfall auf 8 °C verringert sich die Füllung auf 14 850 l. Womit wurde der Tank gefüllt?

20.3 Wärmemenge

Soll ein Stoff erwärmt werden, muss ihm Wärme zugeführt werden. Kühlt der Stoff ab, wird Wärme freigegeben. Sowohl die zugeführte als auch abgegebene Wärme ist eine Form von Energie.

> Die Wärmemenge Q ist eine Energie.

Im Abschn. Arbeit/Leistung/Wirkungsgrad haben wir u. a. gelernt, dass Arbeit eine Form der Energie ist. Die Einheit der Wärmeenergie ist deshalb gleich der der Arbeit.

Tabelle **20**.3 Spezifische Wärmekapazität ausgewählter Stoffe

Stoff	c in kWs/(kg · K) oder kJ/(kg · K)	c in Wh/(kg · K)
AlCuMg (Duralumin)	0,96	0,267
Beton	0,88	0,244
Blei	0,13	0,036
Grauguss	0,54	0,150
Heizöl EL	1,89	0,520
Kupfer	0,39	0,107
Luft	1,00	0,278
Stahl	0,48	0,132
Wasser	4,20	1,160

Die Einheit der Wärmemenge Q ist das Joule (J).

1 Joule (J) = 1 Wattsekunde (Ws).

Um einen Stoff zu erwärmen, benötigt man eine bestimmte Wärmemenge Q. Sie hängt von der Masse m, der Temperaturdifferenz Δt und dem Stoff ab. Die Stoffeigenart wird in einer Stoffkonstanten berücksichtigt, die wir als spezifische Wärmekapazität c bezeichnen (s. Tabelle **20.3**).

Die spezifische Wärmekapazität c gibt an, welche Wärmemenge erforderlich ist, um 1 kg eines Stoffes um 1 K zu erwärmen.

Die Einheit ist Kilowattsekunden pro Kilogramm mal Kelvin kWs/(kg · K), Kilojoule pro Kilogramm mal Kelvin kJ/(kg · K) oder Wattstunden pro Kilogramm mal Kelvin. Wh/(kg · K).

Wir können die Wärmemenge nun berechnen.

$$Q = m \cdot c \cdot \Delta t$$

$$m = \frac{Q}{c \cdot \Delta t} \qquad c = \frac{Q}{m \cdot \Delta t} \qquad \Delta t = \frac{Q}{m \cdot c}$$

Beispiel 1 Ein Werkstück aus Stahl mit einer Masse von 28 kg soll gehärtet werden. Die Härtetemperatur beträgt 800 °C, die Temperatur des Raumes, in dem das Werkstück lagert, 18 °C. Welche Wärmemenge in kJ ist zum Erwärmen auf Härtetemperatur erforderlich?

Lösung Wir rechnen mit der Formel

$$Q = m \cdot c \cdot \Delta t$$

Wir suchen die gegebenen Werte heraus, setzen sie in die Formel ein und rechnen.

geg.: $m = 28$ kg   ges.: Q in kJ

$\Delta t = 782$ K

$c = 0,48$ kJ/(kg · K) (lt. Tabelle)

$$Q = \frac{28 \ \text{kg} \cdot 0,48 \ \text{kJ} \cdot 728 \ \text{K}}{\text{kg} \cdot \text{K}}$$

$= 9784,32$ kJ

Um Schmiedetemperatur zu erreichen, sind 9785 kJ erforderlich.

Laut Definition entspricht 1 J = 1 Ws. Somit sind 1 kJ = 1 kWs. Mindestens wenn wir die Stromrechnung lesen, sehen wir, dass wir Kilowattstunden (kWh) bezahlen. Wir erhalten dafür Energie, wir bezahlen eine Arbeit. Wir wollen das Ergebnis unserer Aufgabe in kWh umrechnen.

9785 kJ = 9785 kWs

Weil 1 h = 3600 s, können wir schreiben

$$9785 \ \text{kJ} = \frac{9785 \ \text{kWs} \cdot \text{h}}{3600 \ \text{s}} = 2,72 \ \text{kWh}$$

Beispiel 2 Im Waschraum einer Werkstatt befindet sich ein Warmwasserbereiter mit 240 l Inhalt. Die Wassertemperatur wird konstant auf 60 °C gehalten. Nach Schichtwechsel ist sie auf 32 °C abgefallen. Wie viel kWh werden zum Aufheizen benötigt, wenn der Wirkungsgrad des Warmwasserbereiters 0,92 beträgt?

Lösung Wir berechnen nach der Formel

$$Q = m \cdot c \cdot \Delta t$$

die Wärmemenge zum Aufheizen des Wassers. Das ist Q_{ab}. Wir stellen $\eta = Q_{ab}/Q_{zu}$ nach Q_{zu} um und berechnen die zugeführte Energie.

Wir schreiben die gegebenen Werte heraus, setzen sie in die Formeln ein und rechnen.

geg.: $m = 240$ l $= 240 \ \text{dm}^3 = 240$ kg

$\Delta t = 28$ K

$c = 1,16$ Wh/(kg · K) (lt. Tabelle)

ges.: Q_{zu} in kWh

$$Q_{ab} = \frac{240 \ \text{kg} \cdot 1,16 \ \text{Wh} \cdot 28 \ \text{K}}{\text{kg} \cdot \text{K}} \cdot \frac{\text{kW}}{1000 \ \text{W}}$$

$= 7,795$ kWh

$$Q_{zu} = \frac{Q_{ab}}{\eta} = \frac{7,795 \ \text{kWh}}{0,92} = 8,47 \ \text{kWh}$$

Zum Erwärmen des Wasser sind 8,47 kWh erforderlich.

Aufgaben

1. Ein Werkstück (Bild **20.**9) aus Stahl soll von 20 °C auf 850 °C erwärmt werden. Wie viel kWh sind erforderlich?

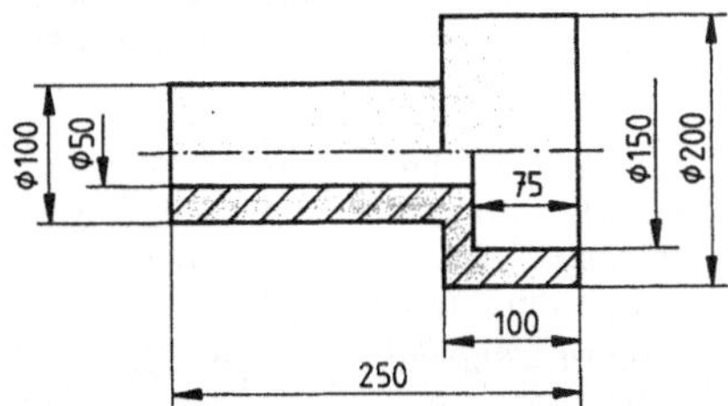

20.9

2. Ein geschweißter Lagerbock aus Stahl von 25 kg Gewicht soll spannungsarm geglüht werden. Dazu wird seine Temperatur von 22 °C auf 610 °C erhöht. Welche Wärmemenge ist erforderlich, wenn mit Wärmeverlusten von 40% zu rechnen ist?

3. Beim Abkühlen eines Bauteiles aus Duralumin mit einer Masse von 18 kg auf Raumtemperatur (18 °C) werden 6567 kJ frei. Welche Ausgangstemperatur hatte das Teil?

4. Eine 12 m × 20 m × 0,25 m große Betonfläche ($\rho = 2$ kg/dm^3) wird durch Sonneneinstrahlung von 12 °C auf 28 °C erwärmt. Welche Wärmemenge in kWh speichert die Decke?

5. Beim Abkühlen eines Gussteiles von 400 °C auf 18 °C wird eine Wärmemenge von 8251 kJ frei. Welche Masse hat das Teil?

6. Ein Motor hat eine Kühlwassermenge von 7 l. Während des Betriebes wird das Wasser von 8 °C auf 82 °C erwärmt. Wie groß ist die Wärmemenge?

7. Kupfer schmilzt bei 1085 °C. Wie viel kW werden mindestens benötigt, um 15 kg von 22 °C bis auf Schmelztemperatur zu erwärmen?

8. Auf einer Baustelle steht ein Aufenthaltscontainer 3 m × 6 m × 2,5 m a) Wie viel kWh sind erforderlich, um die Raumluft ($\rho = 1,285$ g/dm^3) von 3 °C auf 22 °C zu erwärmen? b) Welche Wärmemenge ist erforderlich, um die im Heizöltank befindlichen 3500 l ($\rho = 0,85$ kg/dm^3), die bei 2 °C nicht pumpfähig sind, auf 60 °C zu erwärmen?

9. Im Walzwerk werden Träger IPB300 gewalzt. Welche Wärmemenge gibt ein 16 m langer Träger ab, wenn er von 850 °C auf 18 °C abkühlt?

10. Ein Ölbad wird von 18 °C auf 60 °C erwärmt. Dazu werden 32,76 kWh verbraucht. Wie viel Liter sind vorhanden ($\rho = 0,85$ kg/dm^3)?

20.4 Verbrennung/Brennwert/Heizwert

Werden Heizstoffe verbrannt, geben sie bei gleicher Masse je nach Art eine bestimmte Wärmemenge ab. Bei Gasen bezieht sich die bei Verbrennung zur Verfügung stehende Wärmemenge auf das Volumen im Normzustand, d.h. bei 0 °C und einem Umgebungsdruck von 1013 mbar. Wir bezeichnen die entsprechende Konstante als *Brennwert* H_o.

> Der Brennwert ist die Wärmemenge, die bei vollständiger Verbrennung von 1 kg festem oder flüssigem Brennstoff bzw. 1 m^3 Brenngas im Normzustand frei wird.
> Wasser ist dampfförmig in den Abgasen enthalten.

Weil bei Verbrennung Wasserdampf entsteht, ist ein Teil der Verbrennungswärme nicht nutzbar. Sie wurde zum Verdampfen des Wassers gebraucht und kann höchstens durch Kondensation der Verbrennungsgase zurückgewon-

nen werden. Die nutzbare Wärmemenge, wir bezeichnen sie als *Heizwert* H_u, ist also um die Kondensationswärme geringer.

> Der Heizwert ist der um die Kondensationswärme reduzierte Brennwert. Er wird im allgemeinen Wärmebedarfsrechnungen zugrunde gelegt. Die Einheit ist bei Gasen MJ/m^3 bzw. kWh/m^3, bei festen Stoffen MJ/kg bzw. kWh/kg.

Wird in Heizungsanlagen z.B. Erdgas verbrannt, ist dessen Heizwert vom Betriebszustand des Brenngases abhängig. Entscheidend ist dabei das temperatur- und druckabhängige Volumen. Der Betriebsheizwert H_{uB} soll in unseren Rechnungen nur dort berücksichtigt werden, wo ausdrücklich darauf hingewiesen wird.

Aus den Definitionen lassen sich die Formeln zur Berechnung der bei Verbrennung nutzbaren Wärmemenge herleiten.

---

bei Verbrennung fester Stoffe

$$Q = m \cdot H_u$$

$$m = \frac{Q}{H_u} \qquad\qquad H_u = \frac{Q}{m}$$

bei Verbrennung von Gasen

$$Q = V \cdot H_u$$

$$V = \frac{Q}{H_u} \qquad\qquad H_u = \frac{Q}{V}$$

Tabelle **20.4**   Ausgewählte Heizwerte H_u

Stoff	MJ/kg	kWh/kg
Koks	29,3	8,15
Steinkohle	31,5	8,76
Benzin	44,1	12,26
Heizöl EL	42,0	11,68
Schweröl	40,3	11,21
Gas	**MJ/m^3**	**kWh/m^3**
Acetylen	56,9	15,8
Butan	123,5	34,3
Erdgas H	37,6	11,0
Propan	93,6	26,0

Beispiel 1   Ein PKW verbraucht auf 100 km Fahrstrecke 8,5 l Benzin. Welche Wärmemenge in kWh wird genutzt, wenn von einem Wirkungsgrad von 30% ausgegangen wird?

Lösung   Wir rechnen zunächst die Liter Benzin in kg um. Die Dichte für Benzin (0,7 kg/dm^3) haben wir einer Tabelle entnommen.

$$m = V \cdot \rho = \frac{8,5 \, \text{dm}^3 \cdot 0,7 \, \text{kg}}{\text{dm}^3} = 5,95 \, \text{kg}$$

Wir setzen die gegebenen Werte in unsere Formel ein und rechnen.

geg.: $m = 5,95$ kg   ges.: Q in kWh
$\eta = 0,3$

$$Q = m \cdot H_u = \frac{5,95 \, \text{kg} \cdot 12,26 \, \text{kWh}}{\text{kg}}$$

$$= 72,95 \, \text{kWh}$$

$$Q_{ab} = \eta \cdot Q_{zu} = 0,3 \cdot 72,95 \, \text{kWh}$$
$$= 21,885 \, \text{kWh}$$

Die genutzte Wärmemenge beträgt 21,9 kWh.

Beispiel 2   Mit einem Gasbrenner (Erdgas H, $H_{uB} = 33,84$ MJ/m^3) wird ein Gussteil ($m = 250$ kg) von 21 °C auf 520 °C erwärmt. Wie viel m^3 Erdgas werden verbrannt, wenn der Wärmewirkungsgrad 42% beträgt?

Lösung   1. *Schritt:* Wir benennen den Wärmebedarf zum Erwärmen des GussStückes Q. Berechnen ihn in kJ und rechnen ihn in MJ um.

geg.: $m = 250$ kg   ges.: Q in kJ
$\Delta t = 499$ K
$c = 0,54$ kJ/kg $\cdot$ K
(lt. Tabelle **20.3**)

$$Q = m \cdot c \cdot \Delta t$$

$$Q = \frac{250 \, \text{kg} \cdot 0,54 \, \text{kJ} \cdot 499 \, \text{K}}{\text{kg} \cdot \text{K}}$$

$$= 67365 \, \text{kJ}$$

Die erforderliche Wärmemenge beträgt 67,365 MJ

2. *Schritt:* Mit dem errechneten Wert bestimmen wir die zum Erwärmen erforderliche Gasmenge in m^3.

geg.: $Q = 67,365$ MJ   ges.: V in m^3
$H_{uB} = 33,84$ MJ/m^3
$\eta = 0,42$

$$Q = V \cdot H_{uB}$$

$$V = \frac{Q}{H_{uB}} = \frac{67,365 \, \text{MJ} \cdot \text{m}^3}{33,86 \, \text{MJ}} = 1,99 \, \text{m}^3$$

3. *Schritt:* Wir berechnen die erforderliche Gasmenge unter Berücksichtigung des Wirkungsgrades.

$$\eta = \frac{V_{ab}}{V_{zu}} \, ;$$

$$V_{zu} = \frac{V_{ab}}{\eta} = \frac{1,99 \, \text{m}^3}{0,42} = 4,74 \, \text{m}^3$$

Zum Erwärmen des Gussteiles werden 4,74 m^3 Gas verbrannt.

Aufgaben

1. Welche Wärmemenge wird frei, wenn a) 1500 kg Steinkohle, b) 250 l Heizöl EL ($\rho = 0{,}84$ kg/dm^3), c) 3,5 m^3 Acetylen, d) 1,5 m^3 Butan, e) 2,3 m^3 Propan vollständig verbrannt werden?

2. Mit einem Schweißbrenner soll ein Bauteil mit einer Masse von 50 kg von 20 °C auf 120 °C erwärmt werden. Wie viel Liter Acetylen werden mindestens benötigt?

3. Ein Werkstück aus Stahl hat eine Masse von 65 kg. Es wird in einem Industrieofen ($\eta = 0{,}2$) von 18 °C auf 650 °C erwärmt. Wie viel m^3 Erdgas H ($H_{uB} = 36{,}3$ MJ/m^3) werden verbraucht?

4. Ein Rundstahl (Bild **20.10**) soll ausgeschmiedet werden. Der Werkstoff wird von 18 °C Raumtemperatur auf 1350 °C Schmiedetemperatur im offenen Schmiedefeuer ($\eta = 0{,}05$) erwärmt. Wie viel kg Schmiedekohle ($H_u = 31{,}5$ MJ/kg) werden gebraucht?

5. In einem gasbetriebenen Glühofen ($\eta = 0{,}15$) wird ein 380 kg schweres Werkstück aus Stahl von 18 °C auf 480 °C erwärmt.

a) Wie viel m^3 Erdgas H ($H_{uB} = 35{,}4$ MJ/m^3) werden verbraucht? b) Wie viel kg Steinkohle ($H_u = 31{,}5$ MJ/kg) entspricht das?

6. In einem gasbeheizten Schmiedeofen ($\eta = 0{,}12$) wird ein Werkstück aus Kupfer von 20 °C auf 350 °C erwärmt. Verbraucht werden 3,55 m^3 Heizgas ($H_{uB} = 36{,}3$ MJ/m^3). Welche Masse hat das Werkstück?

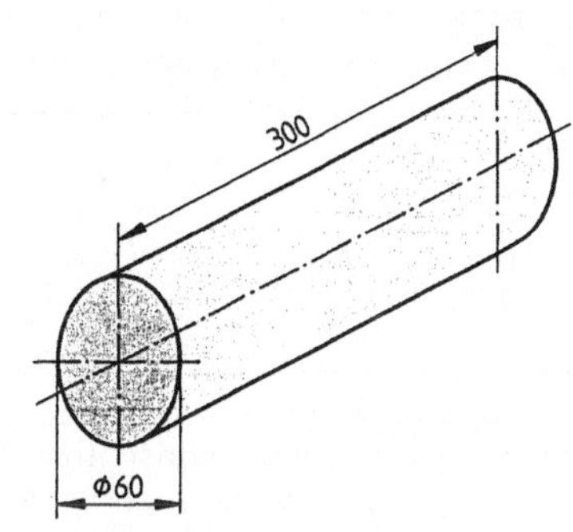

20.10

20.5 Wärmedämmung

Um Energie einzusparen und um Energiekosten zu senken, gewinnen Maßnahmen zur Wärmedämmung zunehmend an Bedeutung. In den folgenden Abschnitten wollen wir die Grundlagen kennen lernen, um Berechnungen zur Wärmedämmung durchzuführen. Damit können Maßnahmen zur Wärmedämmung beurteilt und ausgeführt werden.

20.5.1 Wärmeleitfähigkeit

Uns allen ist bekannt, dass wir z. B. ein an einem Ende brennendes Stück Holz problemlos in der Hand halten können. Hielten wir dagegen einen Rundstahl, den wir ausschmieden, mit der bloßen Hand, würden wir uns ganz schön die Finger verbrennen. Die Ursache liegt in der unterschiedlichen Wärmeleitfähigkeit λ (sprich: lambda) beider Stoffe.

> Die Wärmeleitfähigkeit λ gibt den Wärmestrom über 1 m^2 Fläche an, wenn senkrecht dazu die Temperatur pro Meter um 1 K fällt. Die Einheit ist W/(m · K).

Die Wärmeleitfähigkeit ist ein Kennzeichen für die Qualität der Wärmeleitung. Je kleiner die Zahl, desto geringer die Wärmeleitfähigkeit.

Tabelle **20.5** Wärmeleitfähigkeit λ ausgewählter Stoffe

Metalle	W/(m · K)
Aluminium	200
Grauguss	50
Kupfer	380
Messing	110
Stahl	40
Baustoffe	W/(m · K)
Beton, Stahl $\approx$	2,04
Bims $\approx \rho$ 400 kg/m^3	0,14
Kalksandlochsteine	0,56
Hochbauklinker	1,05
Wandbauplatten aus Leichtbeton	0,29
Kalkzementmörtel	0,87
Glas	0,81
Dachdichtungsbahnen	0,19
Dämmstoffe	W/(m · K)
PUR-, PS-Hartschaum	0,02–0,04
Faserdämmstoffe	0,035–0,05

20.5.2 Wärmeleitwiderstand

Dem Wärmestrom durch einen Stoff wird ein Widerstand entgegengesetzt. Wir nennen ihn Wärmeleitwiderstand R_λ.

Der Wärmeleitwiderstand ist der Quotient aus Stoffdicke d und der Wärmeleitfähigkeit λ. Die SI-Einheit ist $\dfrac{\text{K} \cdot \text{m}^2}{\text{W}}$.

Besteht eine Wand aus mehreren hintereinander liegenden Schichten wie z. B. Fassadenbekleidung, Dämmschicht und Beton, berechnen wir den Gesamtwärmeleitwiderstand als Summe der einzelnen Wärmeleitwiderstände.

$$R_\lambda = \frac{d}{\lambda}$$

$$R_{\lambda\text{ges}} = \sum \frac{d}{\lambda} = \frac{d_1}{\lambda_1} + \frac{d_2}{\lambda_2} + \frac{d_3}{\lambda_3} + \dots \frac{d_n}{\lambda_n}$$

Luft wirkt stark wärmedämmend, vorausgesetzt, sie ist dicht in Bauteilen eingeschlossen. Weil sie aber auch in abgeschlossenen Schichten zirkuliert, kann der Wärmeleitwiderstand nicht einfach berechnet werden. Wir entnehmen ihn deshalb einer Tabelle.

Tabelle **20.6** Ausgewählte Wärmeleitwiderstände von Luftschichten

Lage der Luftschicht	Dicke in mm	Wärmeleitwiderstand in K · m²/W
Luftschicht senkrecht	10	0,14
	20	0,16
	50	0,18
	100	0,17
	150	0,16
Luftschicht waagerecht, Wärmestrom von unten nach oben	10	0,14
	20	0,15
	≥ 50	0,16
Luftschicht waagerecht, Wärmestrom von oben nach unten	10	0,15
	20	0,18
	≥ 50	0,21

Beispiel 1 Berechnen Sie den Wärmeleitwiderstand einer 30 cm dicken Wand aus Bimsbeton.

Lösung geg.: $d = 0{,}3$ m   ges.: R_λ in K · m²/W
$\lambda = 0{,}14$ (lt. Tabelle)

$$R_\lambda = \frac{0{,}3 \text{ mK} \cdot \text{m}}{0{,}14 \text{ W}} = 2{,}14 \text{ K} \cdot \text{m}^2/\text{W}$$

Der Wärmeleitwiderstand der Wand beträgt 2,14 K · m²/W.

Beispiel 2 Bild **20.11** zeigt den Schnitt durch eine Wand. Berechnen Sie den Wärmeleitwiderstand.

Lösung Wir rechnen mit der Formel

$$R_{\lambda\text{ges}} = \sum \frac{d}{\lambda} = \frac{d_1}{\lambda_1} + \frac{d_2}{\lambda_2} + \frac{d_3}{\lambda_3} + \dots \frac{d_n}{\lambda_n}$$

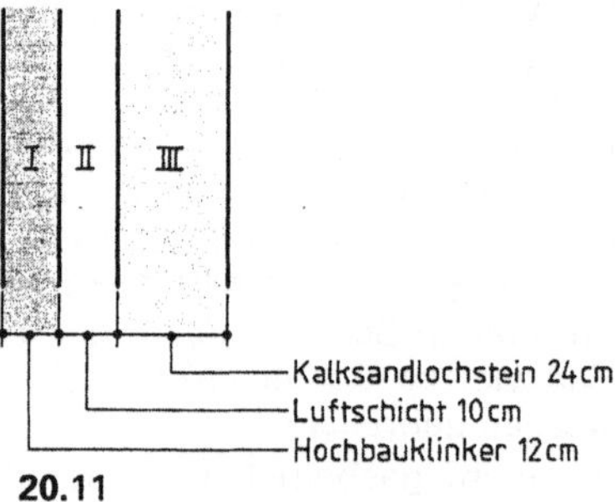

20.11

Wenn wir die gegebenen Werte heraussuchen, müssen wir darauf achten, dass der Tabellenwert für die Luftschicht bereits den Wärmeleitwiderstand angibt. Die Wanddicken rechnen wir gleich in m um.

geg.: I: $d_1 = 0{,}12$ m, $\lambda_1 = 1{,}05$ W/(K · m)
II: $d_2/\lambda_2 = 0{,}14$ K · m²/W
III: $d_3 = 0{,}24$ m,
$\lambda_3 = 0{,}56$ W/(K · m)

ges.: $R_{\lambda\text{ges}}$

$$R_{\lambda\text{ges}} = \frac{d_1}{\lambda_1} + \frac{d_2}{\lambda_2} + \frac{d_3}{\lambda_3}$$

$$R_{\lambda\text{ges}} = \frac{0{,}12 \text{ m} \cdot \text{K} \cdot \text{m}}{1{,}05 \quad \text{W}} + \frac{0{,}14 \text{ K} \cdot \text{m}^2}{\text{W}}$$

$$+ \frac{0{,}24 \text{ m} \cdot \text{K} \cdot \text{m}}{0{,}56 \quad \text{W}} = 0{,}683 \frac{\text{K} \cdot \text{m}^2}{\text{W}}$$

Der Gesamtwärmeleitwiderstand beträgt 0,683 K · m²/W.

20.5.3 Wärmeübergangswiderstand

Bevor Wärme aus einem Raum an die Außenluft geleitet wird, muss sie im Rauminneren über die Wandoberfläche in die Wand ein- und auch wieder über die Wandaußenfläche in die Außenluft ausströmen. Der Wärmeübergang ist an der Innenwand geringer als an der Außenwand. Der jeweilige Wärmeübergangskoeffizient ist α_i und α_a.

Der Wärmeübergangskoeffizient α gibt an, welche Wärmemenge in W je m^2 Wandfläche bei 1 K Temperaturdifferenz übertragen wird.

α_i = 7,7 W/(m² · K) (Innenwandfläche)

α_a = 23 W/(m² · K) (Außenwandfläche)

Gerechnet wird vorwiegend mit dem Wärmeübergangswiderstand R.

Der Wärmeübergangswiderstand R ist der Kehrwert der Wärmeübergangszahl.

$R = 1/\alpha$

Tabelle **20.7** Wärmeübergangswiderstand R

Eigenschaften der Wandfläche	$\dfrac{K \cdot m^2}{W}$
Innenwandfläche geschlossener Räume bei natürlicher Luftbewegung	0,130
Decken und Böden, Wärmestrom von unten nach oben	0,130
Decken und Böden, Wärmestrom von oben nach unten	0,170
Außenwandfläche bei mittlerer Windgeschwindigkeit	0,050

20.5.4 Wärmedurchgangswiderstand

Der Wärmedurchgangswiderstand R_k ist die Summe aller Wärmeübergangs- und Wärmeleitwiderstände. $R_k = R_i + \sum R_\lambda + R_a$. R_k wird auch R-Wert genannt. Nach Bild **20.12** ergibt sich

$$R_k = R_i + R_{\lambda 1} + R_{\lambda 2} + R_{\lambda 3} + R_a$$

$$R_k = R_i + \frac{d_1}{\lambda_1} + \frac{d_2}{\lambda_2} + \frac{d_3}{\lambda_3} + R_a$$

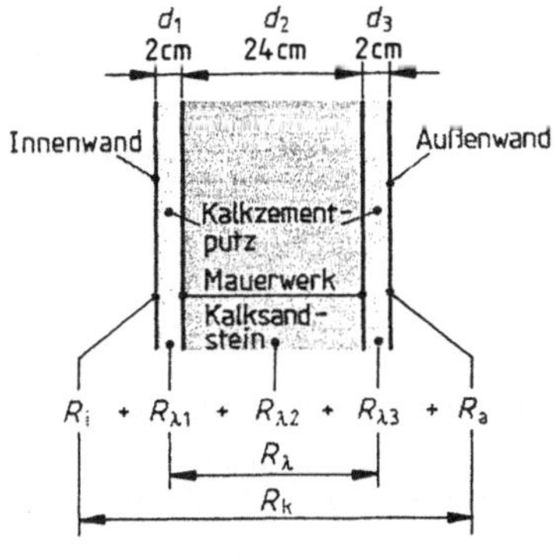

20.12

Wir wollen den R-Wert für die skizzierte Mauer berechnen (λ-Werte s. Tabelle **20.5**).

geg.: R_i = 0,130 K · m² /W

d_1 = 0,02 m λ_1 = 0,87 W/K · m

d_2 = 0,24 m λ_2 = 0,56 W/K · m

d_3 = 0,02 m λ_3 = 0,87 W/K · m

R_a = 0,050 K · m² /W

lt. Tabelle **20.7**

$$R_k = 0,13 \frac{K \cdot m^2}{W} + \frac{0,02\ m \cdot K \cdot m}{0,87\ W}$$

$$+ \frac{0,24\ m\ K \cdot m}{0,56\ W} + \frac{0,02\ m \cdot K \cdot m}{0,87\ W} + 0,5 \frac{K \cdot m^2}{W}$$

$$R_k = 0,654 \frac{K \cdot m^2}{W}$$

Dieser Wert sagt uns, dass bei 0,654 m² Wandfläche und 1 K Temperaturunterschied ein Wärmestrom von 1 W zu verzeichnen ist.

Der Grad der Wärmedämmung ergibt sich aus dem Wärmedurchgangswiderstand. Um beste Wirkung zu erzielen, werden wärmegedämmte Wände mehrschichtig ausgeführt.

20.5.5 Wärmedurchgangskoeffizient/ Wärmestrom

Der Wärmedurchgangskoeffizient k ist der Kehrwert des Wärmedurchgangswiderstandes.

$$k = \frac{1}{R_k}$$

Er gibt uns an, wie viel Watt pro Quadratmeter und Kelvin durch eine Wand strömen und ist damit anschaulicher als der Wärmedurchgangswiderstand. Er ist das Maß für den Wärmedurchgang. Die Einheit ist W/(m² · K).

Die k-Zahl bezeichnet den Wärmestrom $\dot{Q}$ durch 1 m² eines Bauteiles bei einer Temperaturdifferenz von 1 K.

Mit ihr kann der Wärmestrom durch jede beliebige Wand berechnet werden.

$$\dot{Q} = A \cdot k \cdot \Delta t$$

$$A = \frac{\dot{Q}}{k \cdot \Delta t} \qquad k = \frac{\dot{Q}}{A \cdot \Delta t} \qquad \Delta t = \frac{\dot{Q}}{A \cdot k}$$

Beispiel 1 Berechnen Sie den Wärmestrom durch eine 30 cm dicke und 12,5 m² große Außenwand aus Porenbeton. Der Temperaturunterschied zwischen innen und außen beträgt 33 K.

Lösung   geg.: $\Delta t = 33$ K   ges.: $\dot{Q}$ in W

$A = 12{,}5$ m²

$k = 1{,}06$ W/(m² · K)

(lt. Tabelle **20.8**)

$\dot{Q} = A \cdot k \cdot \Delta t$

$$\dot{Q} = \frac{12{,}5\ \text{m}^2 \cdot 1{,}06\ \text{W} \cdot 33\ \text{K}}{\text{m}^2 \cdot \text{K}}$$

$= 437{,}25$ W

Der Wärmestrom beträgt 437,25 W.

Beispiel 2 Eine 30 cm dicke Außenwand aus Kalksandlochsteinen wird nachträglich mit Kalkzementmörtel verputzt (Putzdicke 2 cm). Wie groß ist der k-Wert? λ s. Tab. **20.5**

geg.: $d_{\text{Stein}} = 0{,}3$ m   ges.: k-Wert

$\lambda_{\text{Stein}} = 0{,}56$ W/(m · K)

$d_{\text{Putz}} = 0{,}02$ m

$\lambda_{\text{Putz}} = 0{,}87$ W/(m · K)

$R_{\text{i}} = 0{,}130$ K · m²/W

$R_{\text{a}} = 0{,}050$ K · m²/W

$$\boxed{R_{\text{k}} = R_{\text{i}} + R_{\lambda\text{Stein}} + R_{\lambda\text{Putz}} + R_{\text{a}}}$$

$$R_{\text{k}} = 0{,}130\ \frac{\text{K} \cdot \text{m}^2}{\text{W}} + \frac{0{,}3\ \text{m} \cdot \text{m} \cdot \text{K}}{0{,}56\ \text{W}}$$

$$+ \frac{0{,}02\ \text{m} \cdot \text{m} \cdot \text{K}}{0{,}87\ \text{W}} + 0{,}050\ \frac{\text{K} \cdot \text{m}^2}{\text{W}}$$

$$R_{\text{k}} = 0{,}130\ \frac{\text{K} \cdot \text{m}^2}{\text{W}} + 0{,}536\ \frac{\text{K} \cdot \text{m}^2}{\text{W}}$$

$$+ 0{,}023\ \frac{\text{K} \cdot \text{m}^2}{\text{W}} + 0{,}050\ \frac{\text{K} \cdot \text{m}^2}{\text{W}}$$

$$R_{\text{k}} = 0{,}739\ \frac{\text{K} \cdot \text{m}^2}{\text{W}} \qquad \frac{1}{R_{\text{k}}} = 1{,}35\ \frac{\text{W}}{\text{K} \cdot \text{m}^2}$$

Der k-Wert beträgt 1,35 W/K · m²

Tabelle **20.8**   Ausgewählte k-Zahlen

Wände	k in W/(m² · K)
Außenwand Lochziegel (240 mm)	1,42
Außenwand Kalksandstein (300 mm)	1,53
Außenwand Porenbeton (300 mm)	1,06
Wandbauplatten (Sandwichbauweise)	0,194 bis 0,555
Innenwand Porenbeton (60 mm)	1,84
Innenwand Porenbeton (175 mm)	1,41
Fenster und Türen	k in W/(m² · K)
Metallfenster (Metallrahmen mit thermischer Trennung) mit Isolierglas	3,5
Metallfenster (Stahl-, Beton-, Al-Rahmen) mit Normalglas	5,2
Außentür, Stahl, ohne Wärmedämmung	5,5
Außentür, Stahl, wärmegedämmt	4,0
Decken	k in W/(m² · K)
Zementestrich, Dämmschicht 20 mm, Wärmestrom v. unten nach oben	1,19
Kellerdecken, Dämmschicht 20 mm, Wärmestrom von oben nach unten	1,03

Beispiel 3 Durch eine Wandfläche von 10 m² wird ein Wärmestrom von 280 W gemessen. Wie groß ist die Temperaturdifferenz bei einem k-Wert von 1,41 W/m² · K)?

Lösung   geg.: $A = 10$ m²

$\dot{Q} = 280$ W

$k = 1{,}41$ W/(m² · K)

ges.: Δt

$$\Delta t = \frac{\dot{Q}}{A \cdot k} = \frac{280\ \text{W} \cdot \text{m}^2 \cdot \text{K}}{10\ \text{m}^2 \cdot 1{,}41\ \text{W}} = 19{,}9\ \text{K}$$

Die Temperaturdifferenz beträgt 20 K

Aufgaben

Sofern nicht extra angegeben, sind benötigte Werkstoffdaten den Tabellen dieses Buches zu entnehmen.

1. Bestimmen Sie den Wärmestrom durch 10 m² einer 30 cm dicken Wand aus Porenbeton, wenn an der Innenwandseite 20 °C, an der Außenwandseite –15 °C gemessen werden.

2. Der Wärmestrom durch eine Wand ($k = 1{,}06$ W/(m² · K)) von 25 m² beträgt 954 W. Welche Außentemperatur herrscht, wenn an der Innenseite der Wand 22 °C gemessen werden?

3. Ein Fenster (2,6 m × 1,8 m) hat einen k-Wert von 3,2 W/(m² · K). Berechnen Sie den Wärmestrom bei einer Temperaturdifferenz von 25 K.

4. Ein Wintergarten hat eine Gesamtglasfläche (k = 5,2 W/(m² · K)) von 61 m². Wie groß ist der Wärmeverlust, wenn die Innentemperatur 22 °C und die Außentemperatur 5 °C beträgt?

5. Bild **20.13** zeigt den Schnitt durch eine abgehängte Decke. Wie groß ist a) der k-Wert der Decke? b) der Wärmestrom durch 25 m² bei einer Temperaturdifferenz von 20 K?

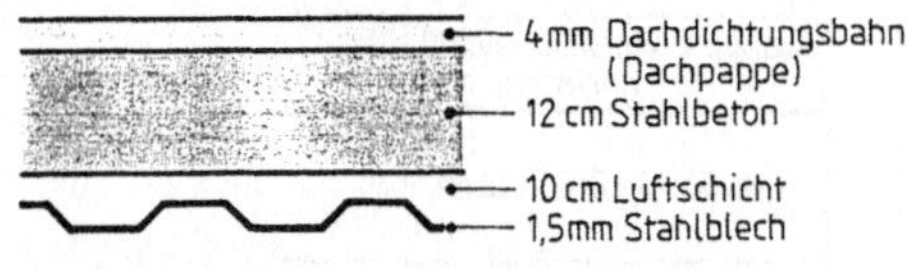

20.13

6. Ein Sandwichbauteil für Wandmontagen besteht aus 100 mm dickem Hartschaum und ist beidseitig mit je 0,56 mm dickem Stahlblech bekleidet. Wie groß ist der k-Wert des Bauteiles?

7. Ein Garagentor (2,5 m × 1,8 m) besteht aus Stahlblech (t = 1 mm). Um den Wärmeverlust bei einer Temperaturdifferenz von 22 K gering zu halten, wird es nachträglich mit einer 3 cm dicken Dämmschicht aus PUR-Hartschaum versehen, die aus optischen Gründen mit Profilbrettern (λ = 0,14 W/(m · K)) von 9 mm Dicke verblendet wird. Berechnen Sie a) den Wärmestrom durch das ungedämmte Tor; b) den Wärmestrom durch das gedämmte Tor; c) Um wie viel Prozent ist der Wärmeverlust geringer?

8. Bild **20.14** zeigt den Schnitt durch das Blatt (700 × 2000) einer Stahltür. Welche Außentemperatur t_a herrscht, wenn der Wärmeverlust durch das Türblatt bei einer Innentemperatur von 18 °C 20 Watt beträgt?

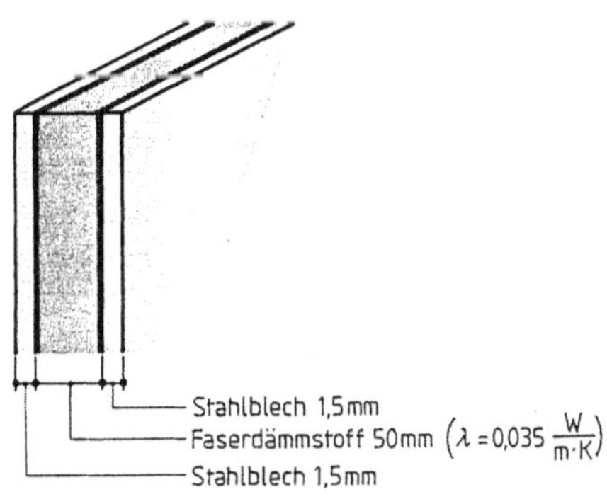

20.14

9. Wie groß ist a) der k-Wert der in Bild **20.15** skizzierten Wand einer Industriehalle? b) Welcher Wärmestrom ist durch 250 m² Hallenwand vorhanden, wenn in der Halle eine Temperatur von 18 °C gemessen wird und die Außentemperatur –12 °C beträgt?

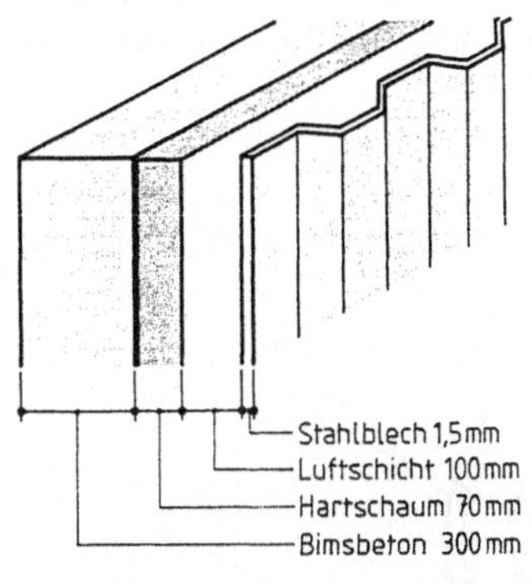

20.15

10. In einem Fenster wird die 8 mm dicke Scheibe aus Normalglas durch eine Scheibe aus Isolierglas (Bild **20.16**) ersetzt. Um wie viel Prozent verringert sich der Wärmestrom?

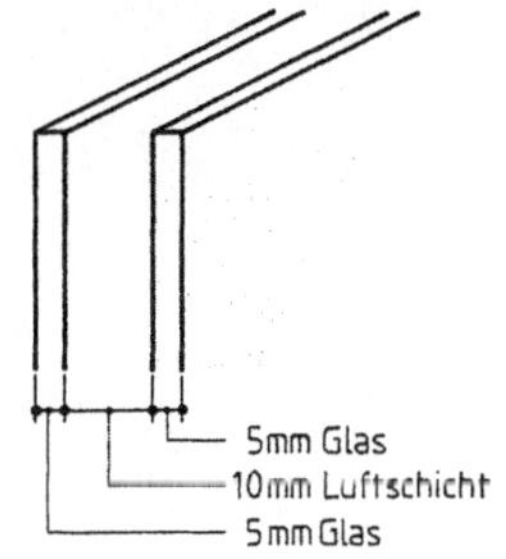

20.16

11. Eine Außenwand (Bild **20.17** a) wird nachträglich mit einer Wärmedämmschicht versehen (Bild **20.17** b). Wie groß ist der Wärmestrom über 18 m² Wandfläche a) vor, b) nach Ausfüh-

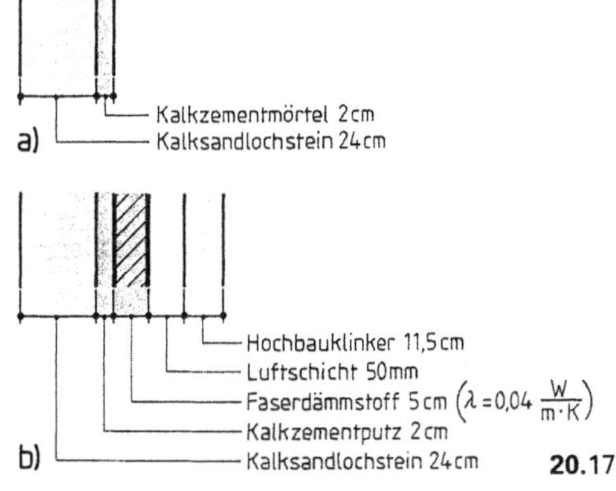

20.17

rung der Wärmedämmmaßnahmen, wenn eine Innentemperatur von 20 °C und eine Außentemperatur von –20 °C gemessen wird?

12. Welchen Wärmeleitwiderstand hat die Heißdampfleitung (Bild **20**.18), wenn die Wanddicke des Stahlrohres 5 mm, die Dicke der Dämmschicht aus Faserdämmstoff 50 mm beträgt und die Ummantelung aus 1,5 mm dicken Aluminiumblech besteht?

$R_i = 0,045 \ \text{K} \cdot \text{m}^2/\text{W}$

13. Bei einer Temperaturdifferenz von 8 K zwischen zwei Büroräumen beträgt der Wärmestrom durch die 175 mm dicke und 2,25 m hohe Innenwand aus Porenbeton ($\lambda = 0,29$ W/(m · K)) 127 W. Wie lang ist die Wand?

14. Wie groß ist der Wärmestrom durch eine 250 m^2 große Decke (Bild **20**.19) bei 10 °C Außen- und 20 °C Innentemperatur?

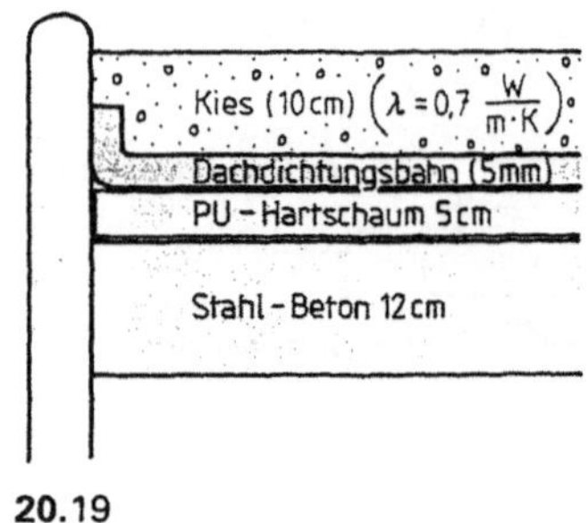

20.19

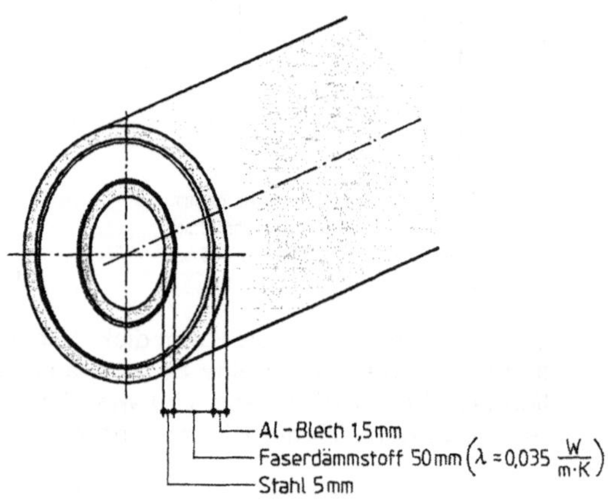

20.18

21 Festigkeitslehre

In der Festigkeitslehre werden die inneren Wirkungen äußerer Kräfte auf ein Werkstück untersucht. Entweder werden vorhandene Werkstücke nachgerechnet, ob sie ausreichend dimensioniert sind und die äußeren Kräfte übertragen können, oder es werden die Abmessungen für ein neu zu konstruierendes Werkstück berechnet.

21.1 Spannungen

Wird ein Werkstück durch äußere Kräfte beansprucht, versuchen diese, die Werkstoffmoleküle voneinander zu trennen. Dem entgegen wirken die Kohäsionskräfte. Dies führt zu Spannungen im Werkstoff.

> Spannungen sind auf die Flächeneinheit bezogene Kräfte. Die Einheit ist N/mm^2.

Wir unterscheiden Normalspannungen σ (sigma) und Schub- oder Tangentialspannungen τ (tau). Weil Bauteile nicht bis zur Streckgrenze (R_e) oder gar Zugfestigkeit (R_m) des Werkstoffes belastet werden dürfen, rechnet man mit der zulässigen Spannung σ_{zul} bzw. τ_{zul} (Tabelle 21.1).

Das Verhältnis von zulässiger zur Bruchspannung bezeichnet man als Sicherheitszahl v (nü). Je nach Belastungsfall liegen die Sicherheitszahlen zwischen 1,5 und 10. Die verantwortungsvolle Auswahl ist dem Konstrukteur überlassen.

Beispiel   Verwendet wird St 37-2. Die Sicherheitszahl v ist 4. Welche zulässige Zugspannung darf nicht überschritten werden?

Lösung   geg.: σ_{max} = 370 N/mm   ges.: $\sigma_{z,zul}$
$v = 4$

$$\sigma_{z,zul} = \frac{\sigma_{max}}{v} = \frac{370\ N}{8\ mm^2} = 46{,}25\ N/mm^2$$

Die Zugspannung darf 46 N/mm^2 nicht überschreiten.

Entsprechend der Beanspruchungsform ergeben sich dann verschiedene, auch zusammengesetzte Beanspruchungsarten (Tabelle 21.2).

Tabelle 21.1   Benennung der Spannungen

Kurzzeichen	Benennung
σ_{max}	maximale Normbeanspruchung
σ_z	Zugspannung
σ_{vorh}	vorhandene Zugspannung
$\sigma_{z,\,zul}$	zulässige Zugspannung
σ_d	Druckspannung
$\sigma_{d,\,zul}$	zulässige Druckspannung
σ_{dB}	Druckfestigkeit
σ_{dF}	Quetschgrenze
σ_b	Biegespannung
$\sigma_{b,\,zul}$	zulässige Biegespannung
σ_k	Knickspannung
τ_a	Scherspannung
$\tau_{a,\,zul}$	zulässige Scherspannung
$\tau_{aB,\,max}$	maximale Scherfestigkeit
τ_t	Torsionsspannung
$\tau_{t,\,zul}$	zulässige Torsionsspannung

Tabelle 21.2   Beanspruchungsarten

Beanspruchung durch	Beispiele
Zug	Schrauben, Seile, Zugstäbe in Tragwerken
Druck	Fundamentplatten, Stempel, Kranstützen
Schub (Abscheren)	Niete, Bolzen, Querkeile
Biegung	Biegeträger, Blattfedern, Achsen
Knickung	Pleuelstange, Stützen, Stahlrohrmasten
Torsion (Verdrehung)	Wellen, Torsionsstäbe
Zug und Biegung	Lasthaken
Verdrehung und Biegung	lange Wellen
Verdrehung und Knickung	lange Spiralbohrer

21.2 Zugbeanspruchung

Die Zugspannung σ_z errechnet sich als Quotient aus der Zugkraft F und der beanspruchten Querschnittsfläche S mit der Einheit N/mm².

$$\text{Zugspannung} = \frac{\text{Zugkraft}}{\text{Querschnittsfläche}}$$

$$\sigma_z = \frac{F\,[\text{N}]}{S\,[\text{mm}^2]}$$

Damit ein Bauteil nicht überbeansprucht wird, rechnen wir mit der zulässigen Zugspannung $\sigma_{z,zul}$, der Zugfestigkeit R_m und der Sicherheitszahl v. Für unsere Rechnungen setzen wir R_m gleich dem Wert in der Werkstoffbezeichnung, wie folgendes Beispiel zeigt.

$$\text{Werkstoffbezeichnung St 37 entspricht}$$
$$R_m = 370 \text{ N/mm}^2 .$$

Muss Sicherheit gegen Fließen des Werkstoffes in der Berechnung berücksichtigt werden, verwenden wir anstelle des Wertes für die Zugfestigkeit den für die Streckgrenze. Wir setzen dann für R_m den aus einer Tabelle abzulesenden Wert R_e ein.

$$\sigma_z = \frac{F}{S} \qquad S = \frac{F}{\sigma_z} \qquad F = S \cdot \sigma_z$$

$$\sigma_{z,zul} = \frac{R_m}{v} \qquad \sigma_{z,zul} = \frac{R_e}{v}$$

Beispiel 1 Mit welcher Last darf ein Zugstab (Ø = 20 mm) aus St 50-2 bei einer Bruchsicherheit von $v = 5$ maximal belastet werden?

Lösung geg.: $d = 20$ mm   ges.: F_{zul} in N
$\qquad\qquad R_m = 500$ N/mm²
$\qquad\qquad v = 5$

1. Schritt: Wir berechnen die zulässige Zugspannung.

$$\sigma_{z,zul} = \frac{R_m}{v} = \frac{500 \text{ N}}{5 \text{ mm}^2} = \mathbf{100 \text{ N/mm}^2}$$

Die zulässige Zugspannung beträgt 100 N/mm².

Lösung, Forts.

2. Schritt: Wir bestimmen anhand einer Tabelle den Querschnitt des Zugstabes.

$$\underline{S = 314 \text{ mm}^2}$$

3. Schritt: Wir setzen die Werte in die Formel ein und rechnen.

$$F_{zul} = S \cdot \sigma_{z,zul} = 314 \text{ mm}^2 \cdot 100 \text{ N/mm}^2$$
$$= \mathbf{31400 \text{ N}}$$

Die zulässige Belastung beträgt 31,4 kN.

Beispiel 2 Ein Zugstab aus St 60 wird mit 76 kN belastet.

Welchen Durchmesser muss der Stab bei vierfacher Sicherheit haben?

geg.: $R_m = 600$ N/mm²   ges.: d in mm
$\qquad F = 76000$ N
$\qquad v = 4$

1. Schritt: Wir berechnen die zulässige Zugspannung.

$$\sigma_{z,zul} = \frac{R_m}{v} = \frac{600 \text{ N}}{4 \text{ mm}^2} = \mathbf{150 \text{ N/mm}^2}$$

2. Schritt: Wir wählen die Formel zur Querschnittsberechnung und setzen für S die Kreisformel ein.

$$S = \frac{F}{\sigma_{z,zul}} \qquad d^2 \cdot \frac{\pi}{4} = \frac{F}{\sigma_{z,zul}}$$

3. Schritt: Wir stellen die Formel nach d um, setzen die Werte ein und rechnen.

$$d^2 \cdot \frac{\pi}{4} = \frac{F}{\sigma_{z,zul}}$$

$$d = \sqrt{\frac{4F}{\pi \cdot \sigma_{z,zul}}}$$

$$= \sqrt{\frac{4 \cdot 76000 \text{ N} \cdot \text{mm}^2}{\pi \cdot 150 \text{ N}}}$$

$$= \mathbf{25,4 \text{ mm}}$$

Der Stab muss 26 mm Durchmesser haben.

Aufgaben

1. Ein Stabquerschnitt von 1600 mm^2 aus St 44-2 (R_m = 440 N/mm^2) wird mit einer Zugkraft von 180 kN belastet. Liegt die Spannung bei geforderter 4-facher Sicherheit noch im zulässigen Bereich?

2. Mit welcher Zugkraft kann eine Sechskantschraube DIN 931-M20 × 80-8.8 höchstens belastet werden, wenn 4-fache Sicherheit gefordert ist? (R_m = 800 N/mm^2)

3. Die Aufhängung für ein Hebezeug (Bild **21.**1) wird mit max. 5 t belastet. Wie dick ist der Werkstoff für das Rohteil (R_m = 340 N/mm^2) zu wählen, wenn 4-fache Sicherheit gefordert wird?

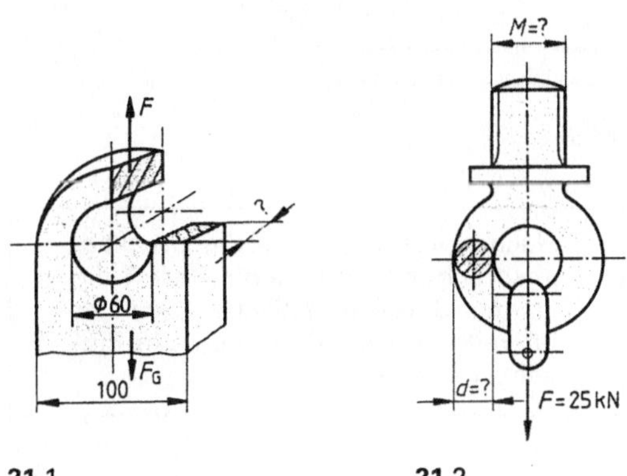

21.1   21.2

4. Eine Ringschraube (Bild **21.**2) wird mit maximal 25 kN belastet. Gefordert ist 5-fache Sicherheit (R_m = 420 N/mm^2). Berechnen Sie
   a) den Durchmesser des Ringwerkstoffes;
   b) das erforderliche Gewinde.

5. Ein Stahlseil besteht aus 114 Einzeldrähten von 1 mm Durchmesser. Die rechnerische Bruchbelastung beträgt 161 kN. Wie groß ist σ_z?

6. In einem Druckluftbehälter, Innendurchmesser 500 mm, herrscht ein Druck von p_e = 10 bar. Der Deckel wird von 16 Schrauben gehalten.

Welcher Schraubendurchmesser ist zu wählen, wenn 6-fache Sicherheit gefordert ist und Schrauben der Festigkeitsklasse 5.8 (R_m = 500 N/mm) verwendet werden?

7. Ein Kran hebt einen Container von 2 t Gewicht. Welchen Durchmesser muss ein Kettenglied (Bild **21.**3) haben, wenn 6-fache Sicherheit gefordert ist (R_m = 420 N/mm^2)?

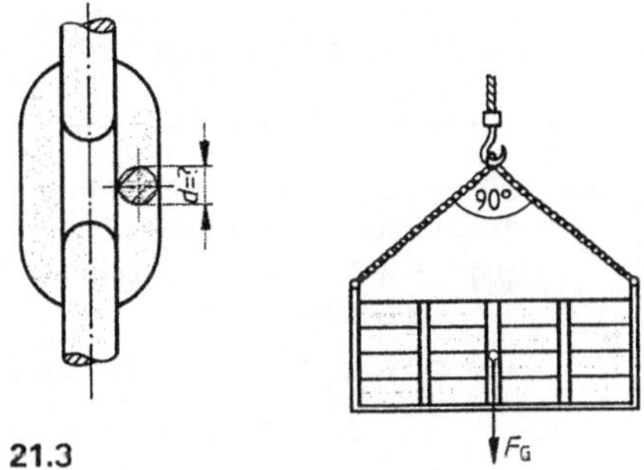

21.3

8. An einer Zugstange (d = 40 mm, R_m = 340 N/mm^2) wird ein LKW-Anhänger mit einem Gesamtgewicht von 7,5 t eine Böschung heraufgezogen (Bild **21.**4). Wie groß ist die Zugspannung in der Stange? (Gesamtreibungskraft μ = 0,03)

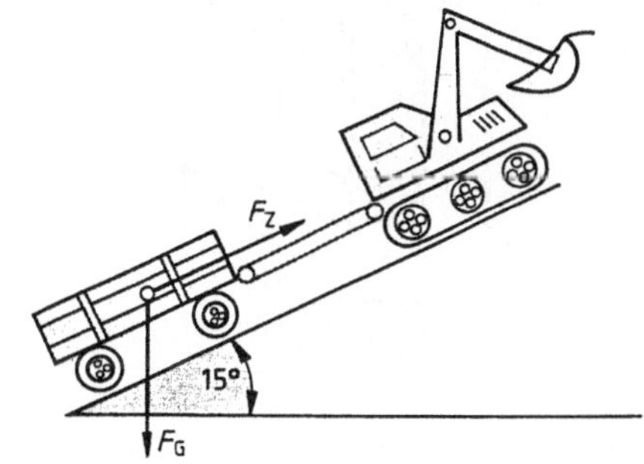

21.4

21.3   Druckbeanspruchung

Die Druckspannung σ_d berechnen wir ähnlich der Zugbeanspruchung aus der Druckkraft F und der Querschnittsfläche S, die zulässige Druckspannung $\sigma_{d,zul}$ aus der Druckfestigkeit σ_{dB} und einer Sicherheitszahl v. Bei längeren, schlanken Bauteilen ist aber nicht auszuschließen, dass die Druckspannung noch im zulässigen Bereich liegt, während schon Knickung zu verzeichnen ist. Aus diesem Grunde ist die Überprüfung der Knickung häufig wichtiger als die der Druckspannung.

Spröde Werkstoffe verhalten sich bei Druckbeanspruchung ähnlich wie bei Zug. Zähe Werkstoffe jedoch können durch Druck erheblich stärker verformt werden. Man berechnet deshalb die zulässig Druckspannung aus der Fließgrenze σ_{dF}, auch Quetschgrenze genannt; ist diese unbekannt aus der Streckgrenze R_e und der Sicherheitszahl v.

$$\sigma_d = \frac{F}{S} \qquad S = \frac{F}{\sigma_d} \qquad F = S \cdot \sigma_d$$

$$\sigma_{dzul} = \frac{\sigma_{dB}}{v} \qquad \sigma_{dzul} = \frac{\sigma_{dF}}{v}$$

Beispiel 1 Wie groß ist die Druckspannung σ_d des in Bild **21.5** skizzierten Bauteiles?
geg.: $F = 20$ MN   ges.: σ_d in N/mm^2
$d = 500$ mm

$$\sigma_d = \frac{F}{S} = \frac{4 \cdot F}{d^2 \cdot \pi} = \frac{4 \cdot 20000000 \text{ N}}{(500 \text{ mm})^2 \cdot \pi}$$

$$= 101{,}85 \text{ N/mm}^2$$

Die Druckspannung beträgt 102 N/mm^2.

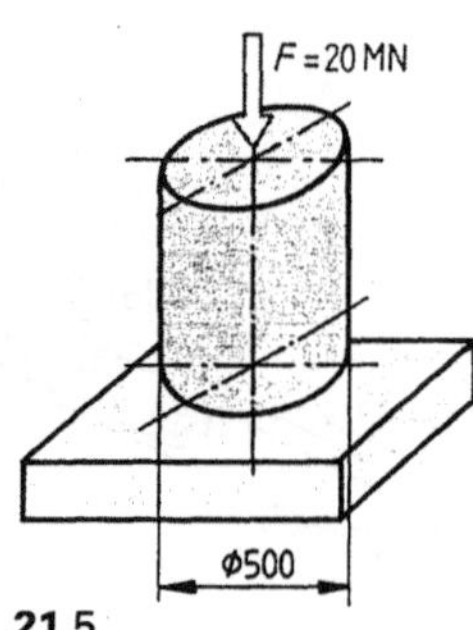

21.5

Beispiel 2 Berechnen Sie die zulässige Druckspannung eines Bauteiles aus Guss, wenn 2-fache Sicherheit gefordert und die Druckfestigkeit mit 450 N/mm^2 gegeben ist.
geg.: $\sigma_{dB} = 450$ N/mm^2 ges.: σ_{dzul} in
$v = 2$ N/mm^2

$$\sigma_d = \frac{\sigma_{dB}}{v} = \frac{450 \text{ N}}{2 \text{ mm}^2} = 225 \text{ N/mm}^2$$

Die zulässige Druckspannung beträgt 225 N/mm^2.

21.3.1 Flächenpressung

Druckbeanspruchung ist für den Metall verarbeitenden Fachmann weniger wichtig, weil die meisten Bauteile auf Flächenpressung berechnet werden müssen.

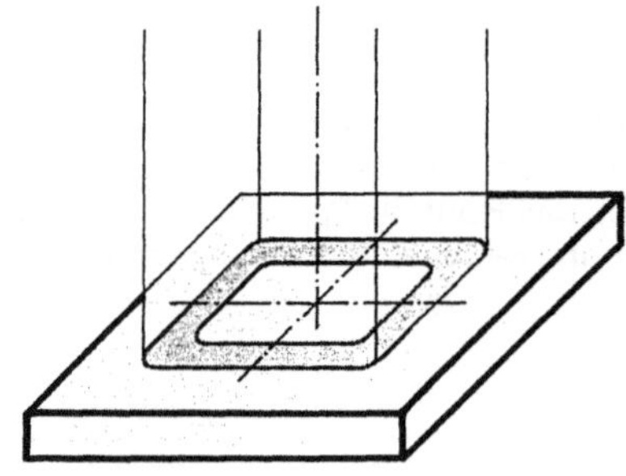

21.6

> Flächenpressung p ist die Druckbeanspruchung durch eine Kraft F, die an der Berührungsfläche A zweier Bauteile auftritt (Bild **21.6**). Die Einheit ist N/mm^2.

Ist die Berührungsfläche gewölbt (z. B. zwischen Achszapfen und Lagerschale) rechnen wir mit der in Kraftrichtung projizierten Fläche (Bild **21.7**).

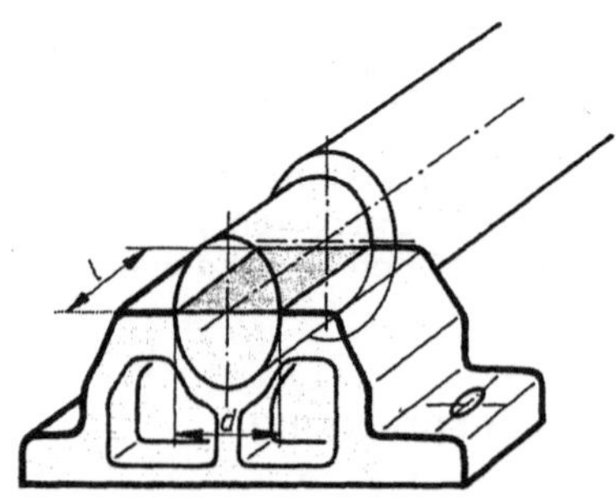

21.7

$$p = \frac{F}{A} \qquad F = p \cdot A \qquad A = \frac{F}{p}$$

Beispiel 1 Der Achszapfen einer Lagerung wird mit 100 kN belastet (Bild **21.8**). Wie breit ist die Lagerschale zu wählen, wenn der Durchmesser des Zapfens 85 mm beträgt und die Flächenpressung 10 N/mm² nicht überschreiten darf?

geg.: F = 100 kN = 100000 N

p = 10 N/mm², d = 85 mm

ges.: l in mm

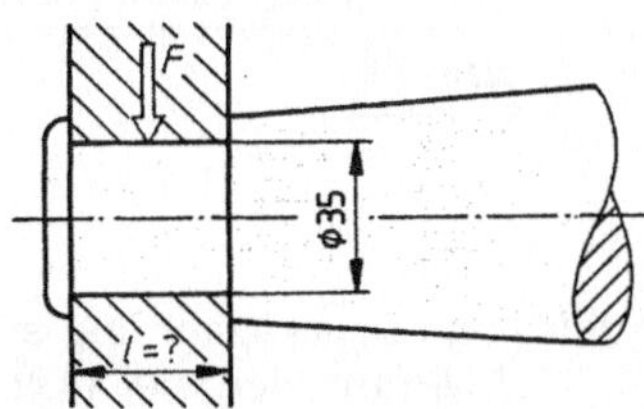

21.8

Lösung Die projizierte Fläche ist ein Rechteck $l \cdot d$. Wir setzen dies für A in unsere Formel ein.

$$l \cdot d = \frac{F}{p}$$

Weil l gesucht ist, müssen wir die Formel so umstellen, dass l allein auf einer Seite steht, setzen die Werte ein und rechnen.

$$l = \frac{F}{p \cdot d} = \frac{100000 \, N}{85 \, mm \cdot 10 \, N} \cdot mm^2 = 117{,}6 \, mm$$

Als Lagerbreite werden 120 mm gewählt.

Beispiel 2 Wie groß ist die Flächenpressung des in Bild **21.9** skizzierten Brückenpfeilers aus Beton (ρ_{Beton} = 2,8 t/m³), wenn er durch den Verkehr noch zusätzlich mit 30 t belastet wird?

geg.: Maße lt. Skizze, ρ_{Beton} = 2,8 t/m³

ges.: p in N/mm²

Lösung Wir verwenden die Formel

$$p = \frac{F}{A}$$

und gehen in verschiedenen Schritten vor. Wir berechnen

1. die Berührungsfläche A,

2. das Volumen und die Masse des Pfeilers,

3. die Gesamtkraft, die auf die Berührungsfläche wirkt,

4. die Flächenpressung

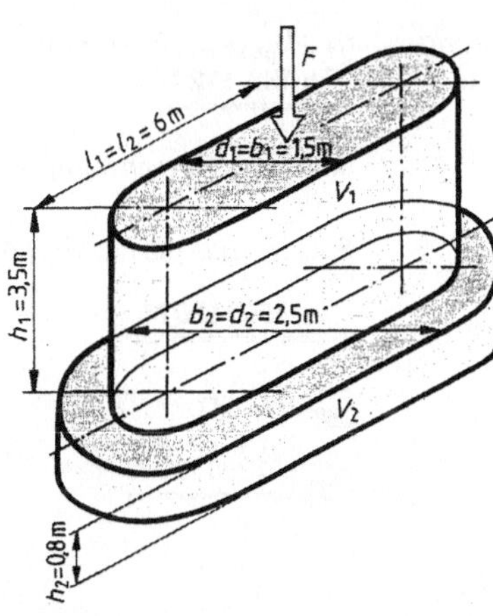

21.9

1. Schritt: Berechnen der Berührungsfläche A.

geg.: d_2 = 2,5 m, l_2 = 6 m, b_2 = 2,5 m

$$A = d_2{}^2 \cdot \pi/4 + l_2 \cdot b_2$$

$$A = (2{,}5 \, m)^2 \cdot \pi/4 + 6 \, m \cdot 2{,}5 \, m$$

$$A = 19{,}909 \, m^2$$

2. Schritt: Berechnung von Volumen V und Masse m.

$$V = (Kreis + Rechteck) \cdot Höhe$$

$$m = V \cdot \rho$$

geg.: d_1 = 1,5 m ; d_2 = 2,5 m

l_1 = 6,0 m ; l_2 = 6,0 m

b_1 = 1,5 m ; b_2 = 2,5 m

h_1 = 3,5 m ; h_2 = 0,8 m

$$V_1 = \left(\frac{d_1^2 \cdot \pi}{4} + l_1 \cdot b_1 \right) \cdot h_1$$

$$V_1 = \left(\frac{(1{,}5 \, m)^2 \cdot \pi}{4} + 6 \, m \cdot 1{,}5 \, m \right) \cdot 3{,}5 \, m$$

$$V_1 = 37{,}6845 \, m^3$$

$$V_2 = \left(\frac{d_2^2 \cdot \pi}{4} + l_2 \cdot b_2 \right) \cdot h_2$$

$$V_2 = \left(\frac{(2{,}5 \, m)^2 \cdot \pi}{4} + 6 \, m \cdot 2{,}5 \, m \right) \cdot 0{,}8 \, m$$

$$V_2 = 15{,}9269 \, m^3$$

$$V_{ges} = V_1 + V_2 = 37{,}6845 \, m^3 + 15{,}9269 \, m^3$$

$$V_{ges} = 53{,}6114 \, m^3$$

Lösung, $m = V_{ges} \cdot \rho = 53{,}6114 \text{ m}^3 \cdot 2{,}8 \text{ t/m}^3$
Forts. $\underline{} = \textbf{150,112 t}$

3. Schritt: Berechnung der Kraft F_{ges}

$\underline{F_G} = m \cdot g = 150112 \text{ kg} \cdot 10 \text{ m/s}^2$

$= \textbf{1501120 N.}$

$\underline{F_{ges}} = F + F_G = 300000 \text{ N} + 1501120 \text{ N}$

$\underline{\underline{F_{ges}} = \textbf{1801120 N}}$

4. Schritt: Berechnung der Flächenpressung

geg.: $F_{ges} = 1801120$ N
$ A = 19{,}909 \text{ m}^2$
$ = 19909000 \text{ mm}^2$

$\underline{\underline{p}} = \dfrac{F_{ges}}{A} = \dfrac{1801122 \text{ N}}{19909000 \text{ mm}^2}$

$= \textbf{0,09 N/mm}^2$

Die Flächenpressung beträgt 0,09

N/mm^2**.**

Aufgaben

1. Eine hohle Gusseisensäule von 1 m Länge und 200 mm Außendurchmesser wird mit 500 kN belastet (Bild **21.10**). Wie groß muss der Innendurchmesser gewählt werden, wenn mit einer Druckfestigkeit von 180 N/mm² bei 5-facher Sicherheit gerechnet wird?

3. Die zulässige Druckspannung eines Gussteiles ($\sigma_{dB} = 110$ N/mm²) liegt bei 44 N/mm². Mit welchem Sicherheitsfaktor wurde gerechnet?

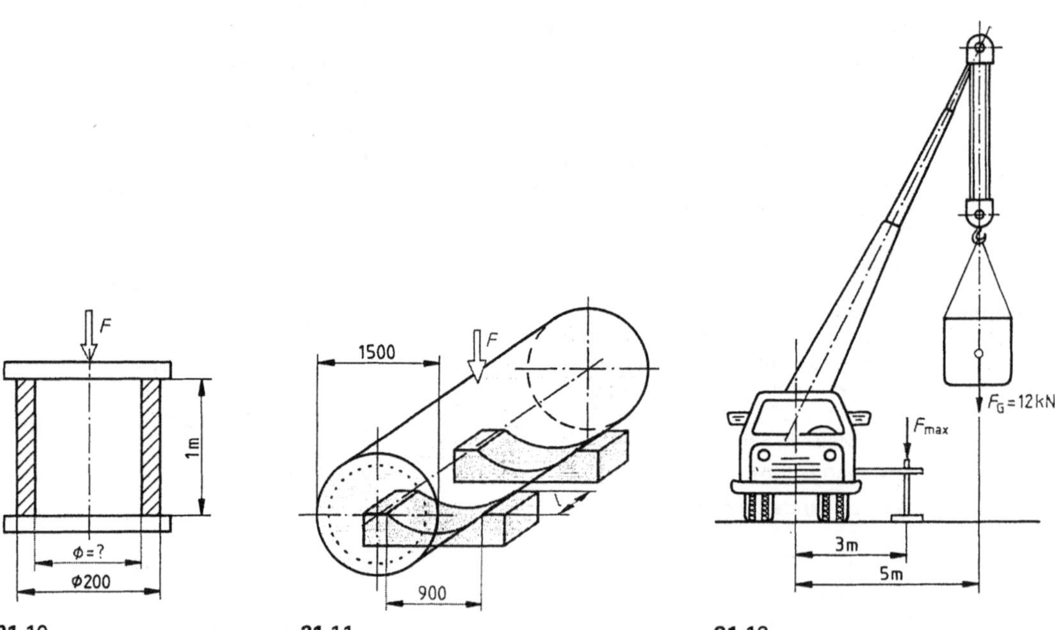

21.10   **21.11**   **21.12**

2. Berechnen Sie die Auflagerfläche eines Kessels, dessen Gesamtmasse mit 75000 kg anzunehmen ist (Bild **21.11**). Die Flächenpressung darf 3 N/mm² nicht überschreiten.

4. Welchen Durchmesser müssen die kreisförmigen Platten der beiden Stützfüße eines Mobilkranes (Bild **21.12**) haben, wenn die Flächenpressung am Boden bei maximaler Belastung 0,11 N/mm² nicht überschreiten darf?

5. Ein 6,4 m langer Träger (IPB-300) ist auf zwei Seiten gelagert (Bild **21.**13) Wie groß ist die Flächenpressung bei A und B unter Berücksichtigung des Eigengewichts?

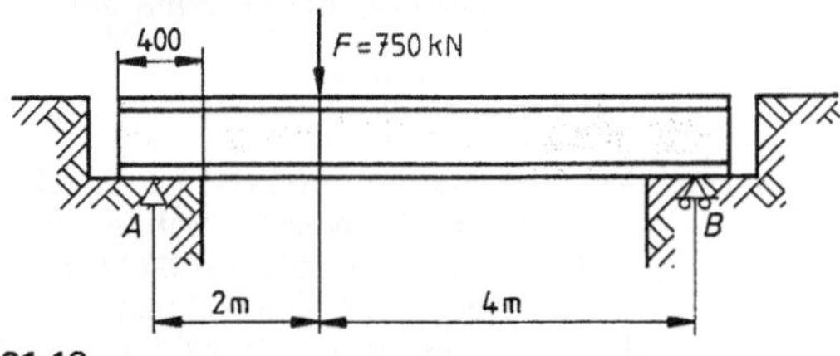

21.13

6. Mit einem Hebezeug, dessen Fuß einen Durchmesser von 60 mm hat, wird in einer Halle eine Last gehoben (Bild **21.**14). Wie groß darf diese höchstens sein, wenn der Hallenboden mit nicht mehr als 5 N/mm^2 belastet werden darf?

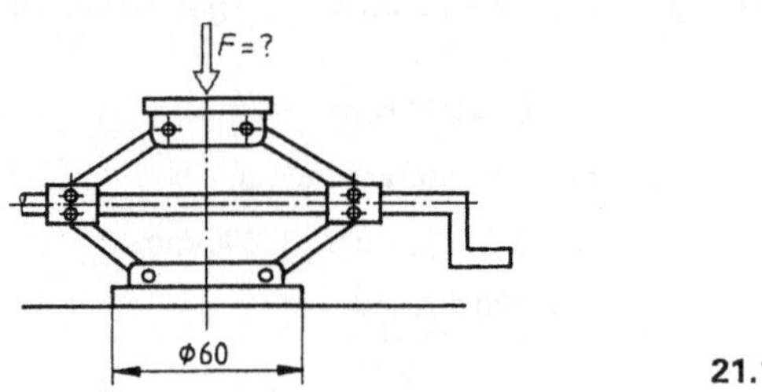

21.14

7. Ein 6 m langer Stützenfuß HE-M 450 (Bild **21.**15) wird mit maximal 1,2 MN belastet. a) Wie groß ist die Flächenpressung zwischen Stützenfuß und Fußplatte? b) Wie groß ist eine symmetrische Fußplatte zu wählen, wenn die Flächenpressung zwischen Boden und Fußplatte 5 N/mm^2 nicht überschreiten darf?

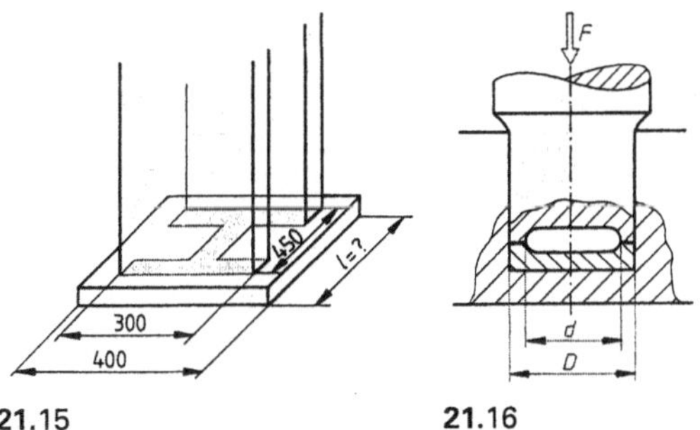

21.15   **21.16**

8. Ein Spurzapfen (Bild **21.**16) wird mit 35 kN belastet. Wie groß sind d und D zu wählen, wenn die zulässige Flächenpressung zwischen Zapfen und Lager 10 N/mm^2 nicht übersteigen darf und $D \approx 3d$ angenommen wird?

9. Die Druckplatte einer hydraulischen Presse wirkt mit einer Kraft von 785 kN auf die Unterplatte von 150 × 100 mm. Wie groß ist die Flächenpressung?

10. In Bild **21.**17 darf das Mauerwerk mit maximal 1,2 N/mm^2 belastet werden. a) Überschreitet die Flächenpressung den zulässigen Wert, wenn aus Gründen der Statik ein Träger IPE-200 verwendet werden muss? b) Wie groß wäre eine Auflagerplatte zu wählen, damit die zulässige Flächenpressung eingehalten wird?

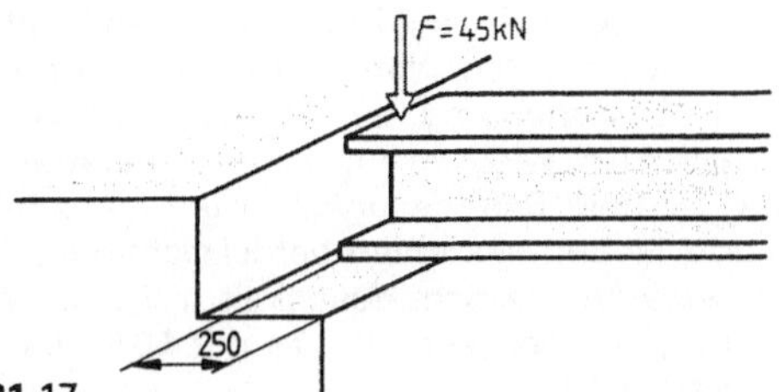

21.17

11. Das in Bild **21.**18 skizzierte Lager der Achse einer Aufhängung wird mit einer Kraft von 50 kN belastet. a) Ist die Breite der Lasche ausreichend dimensioniert, wenn die Flächenpressung 30 N/mm^2 nicht überschreiten soll? b) Wie breit wäre die Lasche zu wählen, damit die zulässige Flächenpressung eingehalten wird?

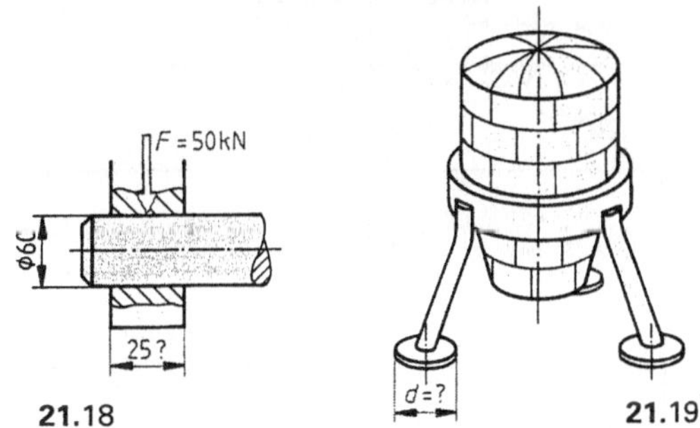

21.18   **21.19**

12. Ein Silo (Bild **21.**19) hat eine Gesamtmasse von 50 t. Die Last verteilt sich gleichmäßig auf den Betonboden, der mit maximal 10 N/mm^2 belastet werden darf. Welchen Durchmesser in mm muss eine Bodenplatte des Silos mindestens haben?

13. Die kurze Spindel einer Presse wird mit maximal 200 kN belastet. Welches Trapezgewinde ist zu wählen, wenn die maximale Belastung des Werkstoffes 210 N/mm^2 beträgt und mit 2-facher Sicherheit zu rechnen ist?

14. Ein kurzer Träger IPB-100 wird während einer Montagearbeit als Hilfsstütze benutzt. Mit welcher Druckkraft darf er maximal belastet werden, wenn $\sigma_{d,zul}$ = 120 N/mm^2 beträgt?

21.4 Schubbeanspruchung, Scherfestigkeit

Reine Scherbeanspruchung gibt es praktisch nicht, weil dies eine unendlich dünne Scherbreite voraussetzt. Bauteile wie Pass-Schrauben oder Niete werden auch auf Biegung und Flächenpressung beansprucht. Trotzdem berechnen wir sie nur auf Scherung unter Berücksichtigung der auftretenden Kräfte F, der Scherspannung τ_a (sprich: tau a) und der Scherfläche S, weil die auftretenden Kräfte bestrebt sind, den Werkstoff überwiegend quer zur Faserrichtung zu trennen. Wir müssen auch hier zwischen zulässiger Scherspannung $\tau_{a,zul}$ und Scherfestigkeit τ_{aB} unterscheiden und Sicherheitszahlen berücksichtigen. Wenn Werte für die Scherfestigkeit nicht zur Verfügung stehen, rechnen wir mit 80% der Zugfestigkeit R_m.

$$\tau_{aB} = 0,8 \cdot R_m$$

Wird der Werkstoff an zwei Querschnitten beansprucht, sprechen wir von einer zweischnittigen Verbindung (Bild **21.20**).

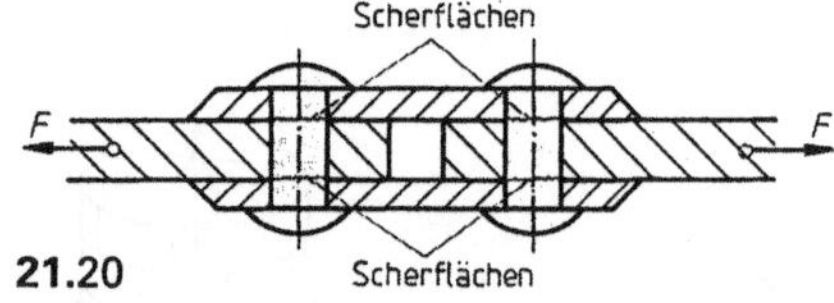

21.20

$$\tau_a = \frac{F}{S} \qquad F = \tau_a \cdot S \qquad S = \frac{F}{\tau_a}$$

$$\tau_{a,zul} = \frac{\tau_{a,B}}{\nu} \qquad \nu_{a,zul} = \frac{\tau_{a,zul}}{\tau_{a,B}}$$

$$\tau_{a,B} = \nu \cdot \tau_{a,zul}$$

Beispiel 1 Wie groß ist $\tau_{a,zul}$ bei Verwendung von Pass-Schrauben M12 der Festigkeitsklasse 8.8, wenn mit 1,5-facher Sicherheit gerechnet wird?

Lösung Wir lesen aus dem Tabellenbuch die Zugfestigkeit für die Festigkeitsklasse 8.8 ab.

geg.: $R_m = 800$ N/mm^2 ges.: $\tau_{a,zul}$

$\nu = 1,5$

$\tau_{a,B} = 0,8\, R_m$

Wir setzen die Werte in die Formeln ein und rechnen.

$$\tau_{a,zul} = \frac{\tau_{a,B}}{\nu} = \frac{0,8 \cdot 800\,N}{1,5 \cdot mm^2} = 426,6\,N/mm^2$$

Die zulässige Scherspannung beträgt 427 N/mm^2.

Beispiel 2 Welcher Nietdurchmesser ist zu wählen, wenn ein Nietquerschnitt mit 15 kN belastet wird? Die Sicherheit gegen Abscheren soll 2,5-fach sein. ($R_m = 350$ N/mm^2), (Bild **21.21**)

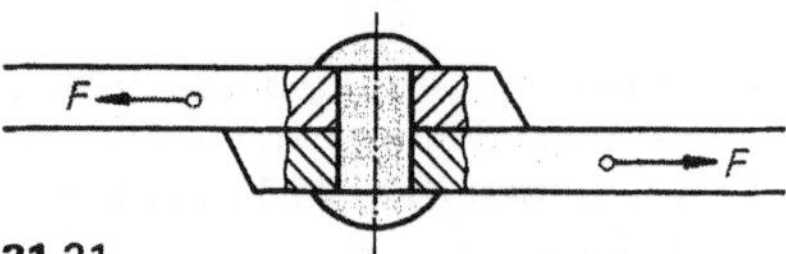

21.21

Lösung geg.: $F = 15000$ N   ges.: d in mm

$\nu = 2,5$

$R_m = 350$ N/mm^2

Berechnung von $\tau_{a,zul}$

$$\tau_a = 0,8 \cdot R_m = 0,8 \cdot 350\,N/mm^2$$

$$= 280\,N/mm^2$$

$$\tau_{a,zul} = \frac{280\,N}{2,5\,mm^2} = 112\,N/mm^2$$

Berechnung des Durchmessers

$$\tau_{a,zul} = \frac{F}{S}$$

$$S = d^2 \cdot \pi/4$$

$$\tau_{a,zul} = \frac{4F}{d^2 \cdot \pi}$$

$$d^2 = \frac{4F}{\tau_{a,zul} \cdot \pi}$$

$$d = \sqrt{\frac{4F}{\tau_{a,zul} \cdot \pi}}$$

Wir setzen die Werte ein und rechnen.

$$d = \sqrt{\frac{4 \cdot 15000\,N\,mm^2}{\pi \cdot 112\,N}}$$

$$= \sqrt{170,5\,mm^2} = 13,05\,mm$$

Gewählter Niet 14 mm Durchmesser.

21.4.1 Scherkräfte

Bauteile müssen die Belastungen aufnehmen können, denen sie ausgesetzt sind. Soll dagegen ein Werkstoff getrennt werden, muss die Scherkraft über seiner Scherfestigkeit liegen. Das ist z.B. bei allen Loch-, Scher- und Stanzarbeiten der Fall.

> Beim Berechnen einer Scherkraft muss die maximale Scherfestigkeit $\tau_{aB,max}$ des Werkstoffes überwunden werden.
>
> $$F = S \cdot \tau_{aB,max} \qquad S = \frac{F}{\tau_{aB,max}}$$

Beispiel An einer Stanze werden Scheiben von 20 mm Durchmesser aus 8 mm dickem Blech (St 37-2) hergestellt (Bild **21.22**). Welche Scherkraft ist erforderlich?

Lösung geg.: R_m = 470 N/mm² (lt. Tabelle)

$d = 20$ mm

ges.: F in N

Berechnung von $\tau_{aB,max}$

$$\tau_{aB,max} = 0,8 \cdot R_m = 0,8 \cdot 470 \text{ N/mm}^2$$
$$= 376 \text{ N/mm}^2$$

Berechnung der Scherfläche S

Die Scherfläche ist ein Rechteck mit den Seitenlängen t und U (Bild **21.23**).

$$S = d \cdot \pi \cdot t = 20 \text{ mm} \cdot \pi \cdot 8 \text{ mm}$$
$$= 502,7 \text{ mm}^2$$

Berechnung von F

$$F = S \cdot \tau_{aB,max} = 502,7 \text{ mm}^2 \cdot 376 \text{ N/mm}^2$$
$$= 189015 \text{ N}$$

Die erforderliche Scherkraft beträgt 189 kN.

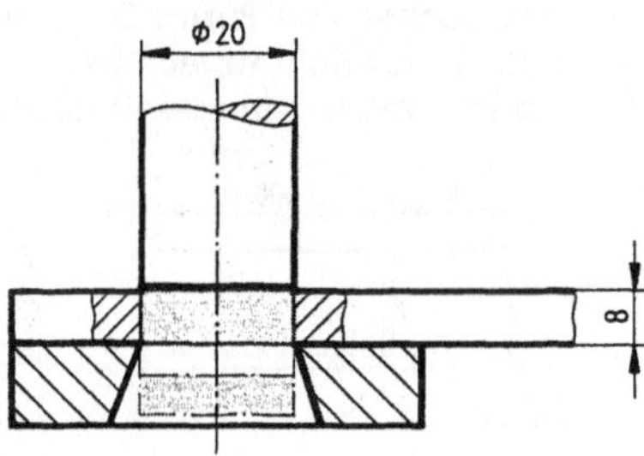

21.22

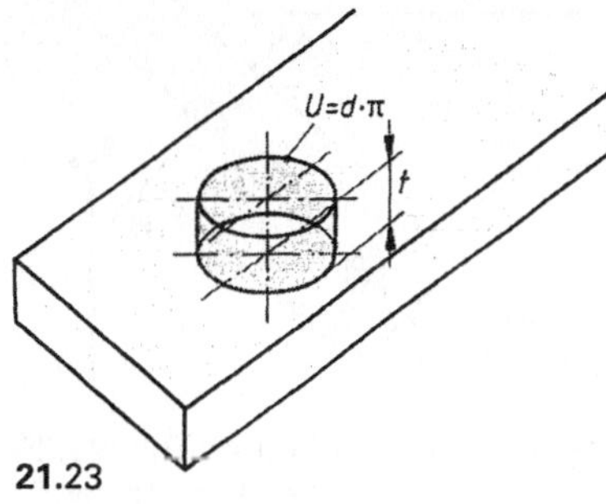

21.23

Aufgaben

Reibung bleibt in den folgenden Aufgaben unberücksichtigt.

1. Welchen Durchmesser müssen die Niete (Werkstoff USt 38, R_m = 380 N/mm²) der Nietverbindung (Bild **21.24**) haben, wenn die Verbindung bei 2,5-facher Sicherheit mit 10 kN belastet wird?

2. Eine auf Zug beanspruchte Stange wird mit einem Scherstift (St 37-2, R_m = 370 N/mm²) gesichert (Bild **21.25**). Welcher Durchmesser ist zu wählen, damit die Verbindung bei einer Belastung von 12 kN getrennt wird?

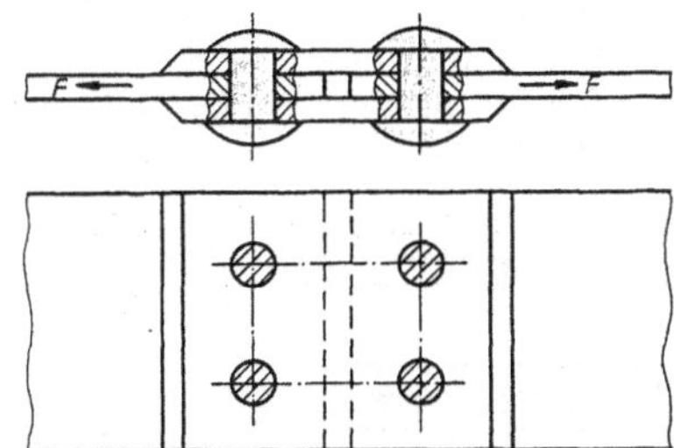

21.24

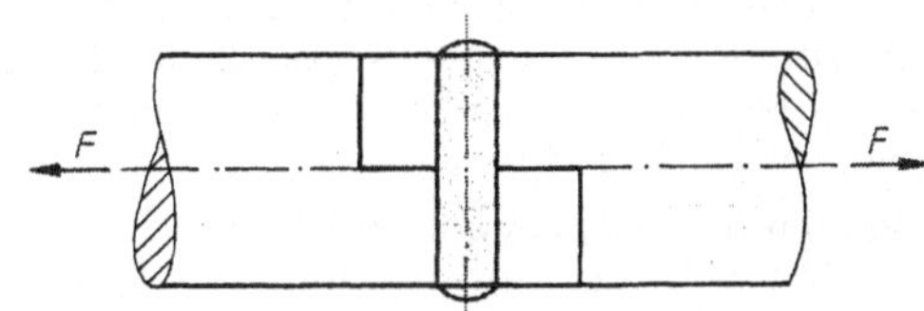

21.25

3. Mit welcher Kraft kann die skizzierte Nietverbindung (Bild **21.26**), Nietwerkstoff USt 38 mit
   $R_m = 380$ N/mm^2 belastet werden? Sicherheitsfaktor 2,5.

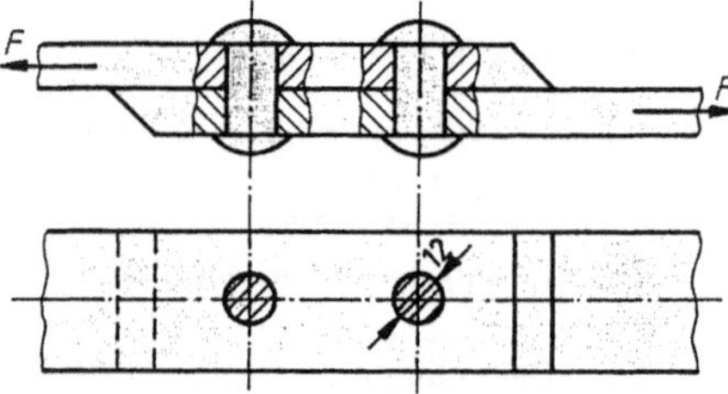

21.26

4. Zwei Flachstähle (St 37-2, $R_m = 370$ N/mm^2) an
   einem Knotenblech werden mit 300 kN auf Zug
   beansprucht (Bild **21.27**). a) Wie groß ist die
   Scherspannung τ_a pro Niet? (Durchmesser der
   Nietscherfläche 17 mm) b) Wie breit muss der
   15 mm dicke Flachstahl bei 1,5-facher Sicherheit gewählt werden?

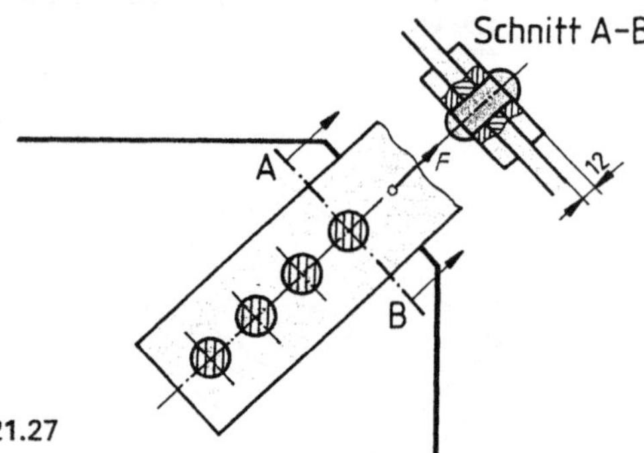

21.27

5. Eine Gelenkverbindung (Bild **21.28**) wird mit
   120 kN belastet. Welcher Bolzendurchmesser
   ist zu wählen, wenn $\tau_{a,zul}$ von 100 N/mm^2 nicht
   überschritten werden darf?

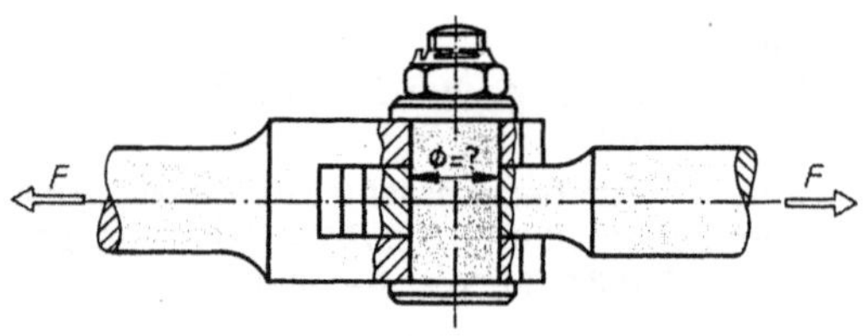

21.28

6. Die Scherfestigkeit ist abhängig von der Zugfestigkeit. Um welchen Nietwerkstoff handelt es
   sich, wenn $\tau_{a,zul}$ bei 2,5-facher Sicherheit
   115,2 N/mm^2 beträgt?

7. Aus 5 mm dickem Alublech ($R_m = 145$ N/mm^2)
   werden Scheiben von 120 mm Durchmesser
   gestanzt. Welche Stanzkraft ist aufzubringen?

8. Aus Stahlblech (St 37-2) werden Scheiben
   (Bild **21.29**) gestanzt. a) Bis zu welcher Blechdicke ist das möglich, wenn eine Stanze zur
   Verfügung steht, die eine Kraft von maximal
   450 kN aufbringt? b) Wie viel Prozent kleiner
   gegenüber dem Stanzen des Umfangs ist die
   Stanzkraft zum Stanzen des Vierkantloches?

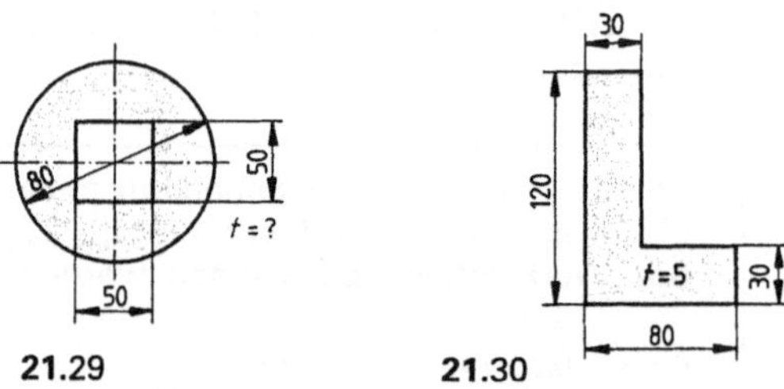

21.29   **21.30**

9. Wie groß muss die Scherkraft sein, wenn ein
   Winkel (Bild **21.30**) aus 5 mm dickem Stahlblech ($R_m = 370$ N/mm^2) gestanzt wird?

10. Aus 8 mm dickem Stahlblech (St 42-2) werden
    mit einer Kraft von 175 kN quadratische Blech-
    teile gestanzt. Wie groß ist deren Kanten-
    länge?

11. Mit einer Handhebelpresse (Bild **21.31**) wer-
    den Löcher von 8 mm Durchmesser in 2 mm
    dickes Aluminiumblech ($R_m = 210$ N/mm^2) ge-
    stanzt. Welche Handkraft ist aufzubringen?

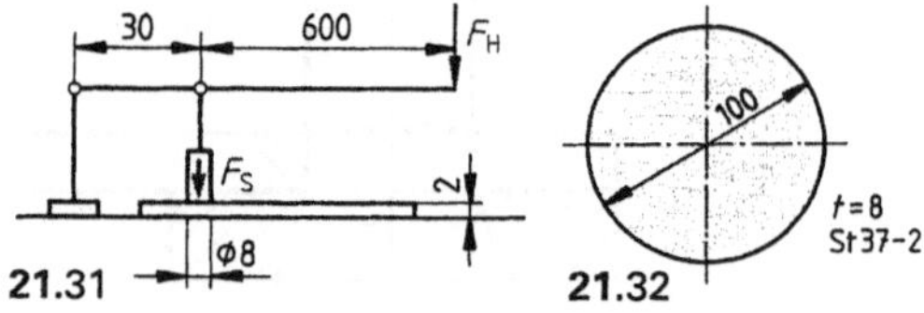

21.31   **21.32**

12. Welcher größte Scheibendurchmesser kann
    aus 6 mm Stahlblech (St 37-2) gestanzt wer-
    den, wenn eine Kraft von 85 kN aufgewendet
    wird?

13. Für die Geländerstützen einer Industrietreppe
    werden Fußplatten benötigt (Bild **21.32**). Wel-
    che Stanzkraft ist mindestens erforderlich?

14. In die Zarge einer Stahltür sollen die Öffnun-
    gen für Riegel und Falle gestanzt werden
    (Bild **21.33**). a) Wie groß ist die maximale
    Stanzkraft? b) Um wie viel Prozent vergrößert
    sich die Stanzkraft, wenn statt 4 mm dicken
    Bleches 4,5 mm dickes verwendet wird?
    $R_m = 390$ N/mm^2.

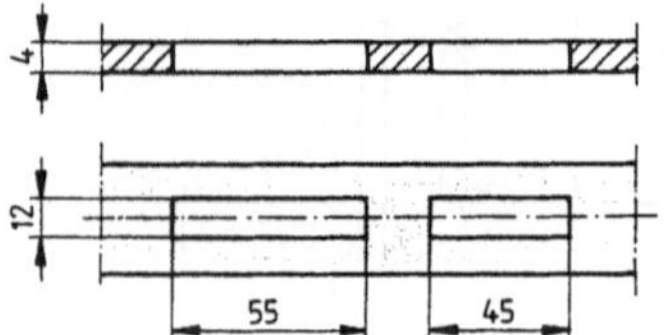

21.33

21.5 Biegebeanspruchung

Für die Biegebeanspruchung eines Trägers gilt die Formel $\sigma = F/S$ nicht. Es ist nicht allein die Kraft F für die Größe der Beanspruchung maßgebend, sondern das Biegemoment M_b. Bei dessen Berechnung sind die Art der Einspannung und der sich daraus ergebende Belastungsfall zu berücksichtigen (Bild **21.34** a-c). Das Biegemoment M_b wird aus der Kraft F und der freien Länge l berechnet.

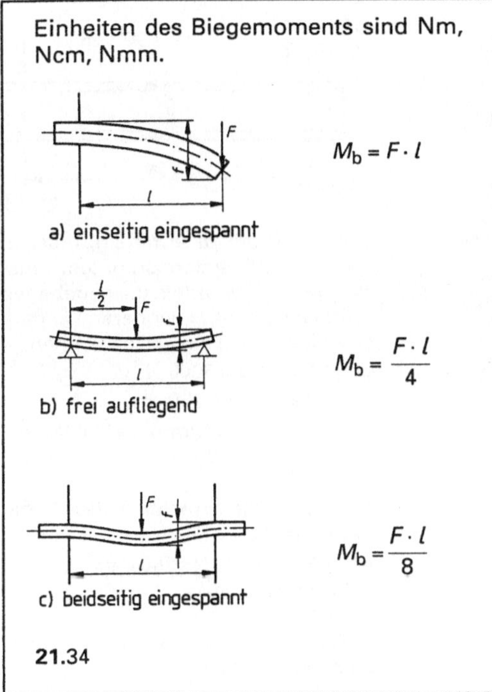

Einheiten des Biegemoments sind Nm, Ncm, Nmm.

$$M_b = F \cdot l$$

a) einseitig eingespannt

$$M_b = \frac{F \cdot l}{4}$$

b) frei aufliegend

$$M_b = \frac{F \cdot l}{8}$$

c) beidseitig eingespannt

21.34

An die Stelle des Querschnittes S tritt das axiale Widerstandsmoment W, das nicht nur die Größe des Querschnittes, sondern auch noch dessen Lage zur neutralen Faser berücksichtigt.

> Die Einheit axialen des Widerstandsmomentes ist cm³.

Das Widerstandsmoment W wird entweder nach vorgegebenen Formeln berechnet, oder aus Profiltabellen abgelesen.

Tabelle **21.3** Ausgewählte Formeln zur Berechnung des axialen Widerstandsmomentes

Querschnitt		Widerstandsmoment
	21.35	$W = \dfrac{a^3}{6}$
	21.36	$W = \dfrac{a \cdot b^2}{6}$
	21.37	$W = \dfrac{a \cdot b^2}{6}$
	21.38	$W = \dfrac{B \cdot H^3 - b \cdot h^3}{6H}$
	21.39	$W = \dfrac{d^3 \cdot \pi}{32}$
	21.40	$W = \dfrac{(D^4 - d^4) \cdot \pi}{32 \cdot D}$

Beim Berechnen des Widerstandsmoments müssen wir bei unsymmetrischen Trägern die Einbaulage beachten (Bild **21.41** a,b).

> Bei unsymmetrischen Trägern sind die Widerstandsmomente für die verschiedenen Biegeachsen verschieden groß.

Der Träger nach Bild **21.41** a) kann höher als der nach Bild **21.41** b) belastet werden.

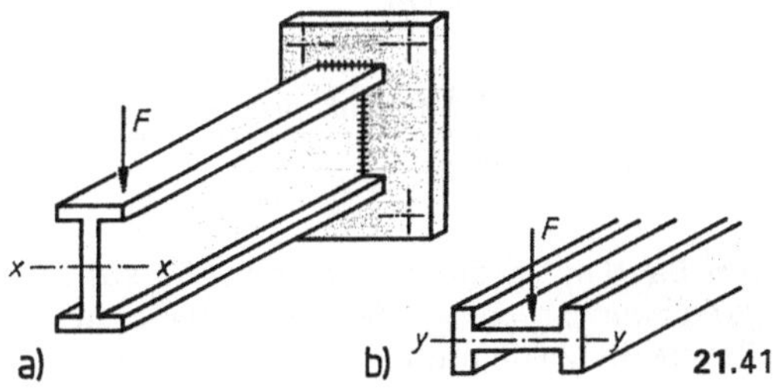

a)

b)

21.41

Beispiel 1   Bestimmen Sie das axiale Widerstandsmoment für jede Biegeachse folgender Profile:
IPE-200$_{\text{x-x, y-y,}}$
IPB-200$_{\text{x-x, y-y,}}$
IPBI-200$_{\text{x-x, y-y}}$

Lösung   Wir suchen in einem Tabellenbuch die Tabellen für Träger auf und lesen ab:

IPE-200 $W_{\text{x-x}} = 194 \ \text{cm}^3$
           $W_{\text{y-y}} = 28{,}5 \ \text{cm}^3$
IPB-200 $W_{\text{x-x}} = 570 \ \text{cm}^3$
           $W_{\text{y-y}} = 200 \ \text{cm}^3$
IPBI-200 $W_{\text{x-x}} = 389 \ \text{cm}^3$
           $W_{\text{y-y}} = 134 \ \text{cm}^3$

Beispiel 2   Berechnen Sie für das in Bild **21.42** skizzierte Profil das axiale Widerstandsmoment $W_{\text{x-x}}$.

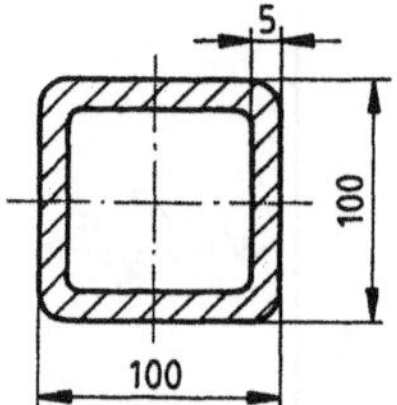

21.42

Lösung   Aus Tabelle **21.3** wählen wir die Formel für das Profil.

$$W_{\text{x-x}} = \frac{B \cdot H^3 - b \cdot h^3}{6H}$$

In die Formel setzen wir die für x-x gegebenen Werte ein und rechnen.

geg.: $B = 100 \ \text{mm} = 10 \ \text{cm}$
      $H = 100 \ \text{mm} = 10 \ \text{cm}$
      $b = \ 90 \ \text{mm} = \ 9 \ \text{cm}$
      $h = \ 90 \ \text{mm} = \ 9 \ \text{cm}$
ges.: $W_{\text{x-x}}$ in cm^3

$$W = \frac{10 \ \text{cm} \cdot (10 \ \text{cm})^3 - 9 \ \text{cm} \cdot (9 \ \text{cm})^3}{6 \cdot 10 \ \text{cm}}$$

$$W = 57{,}3 \ \text{cm}^3$$

Das Widerstandsmoment beträgt 57,3 cm^3.

Um Bauteile zu dimensionieren, die auf Biegung beansprucht werden, müssen wir die zulässige Biegespannung $\sigma_{\text{b,zul}}$ bestimmen.

$$\sigma_{\text{b,zul}} = \frac{\sigma_{\text{b}}}{\nu}$$

$$\sigma_{\text{b,zul}} = \frac{M_{\text{b}}}{W} \qquad W = \frac{M_{\text{b}}}{\sigma_{\text{b,zul}}} \qquad M_{\text{b}} = W \cdot \sigma_{\text{b,zul}}$$

Beispiel 1   Ein Träger (Bild **21.43**) wird mit $F = 5$ kN belastet. Welches Profil ist zu wählen, wenn die zulässige Biegespannung $\sigma_{\text{b,zul}}$ 75 N/mm² nicht überschritten werden darf? Das Eigengewicht bleibt unberücksichtigt.

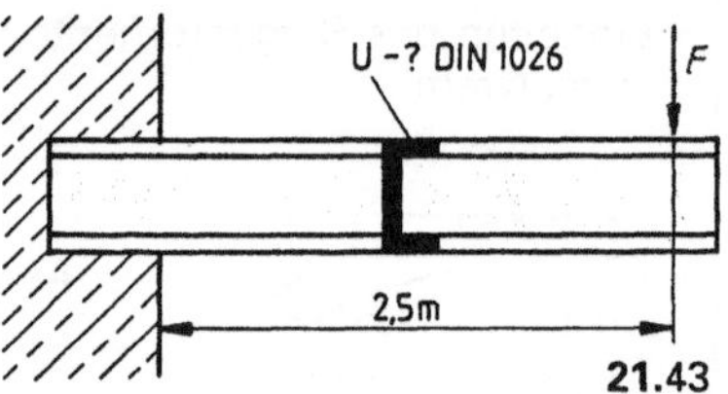

21.43

Lösung   Um das Profil zu ermitteln, müssen wir das Widerstandsmoment ausrechnen. Wir wandeln die gegebenen Werte so um, dass wir deren Längeneinheiten in cm ein setzen können.

geg.: $F = 5 \ \text{kN} = 5000 \ \text{N}$
      $l = 2{,}5 \ \text{m} = 250 \ \text{cm}$
      $\sigma_{\text{b,zul}} = 75 \ \text{N/mm}^2 = 7500 \ \text{N/cm}^2$
ges.: W_{erf} in cm^3

1. Schritt: **Wir berechnen das Biegemoment M_{b}.**

$$M_{\text{b}} = F \cdot l = 5000 \ \text{N} \cdot 250 \ \text{cm}$$
$$= 1250000 \ \text{Ncm}$$

2. Schritt: **Wir berechnen das Widerstandsmoment W.**

$$W = \frac{M_{\text{b}}}{\sigma_{\text{b,zul}}} = \frac{1250000 \ \text{Ncm} \cdot \text{cm}^2}{7500 \ \text{N}}$$
$$= 167 \ \text{cm}^3$$

3. Schritt: **Wir wählen das entsprechende Profil aus dem Tabellenbuch.**

Gewählt U-200 mit $W_{\text{x}} = 191 \ \text{cm}^3$.

Beispiel 2   Ein beidseitig gelagerter Träger I-Profil DIN 1025 (Bild **21.44**) wird mittig mit $F = 200$ kN belastet. Welches Profil ist zu wählen, wenn die zulässige Biegespannung 180 N/mm² nicht überschreiten darf? Das Eigengewicht ist zu berücksichtigen!

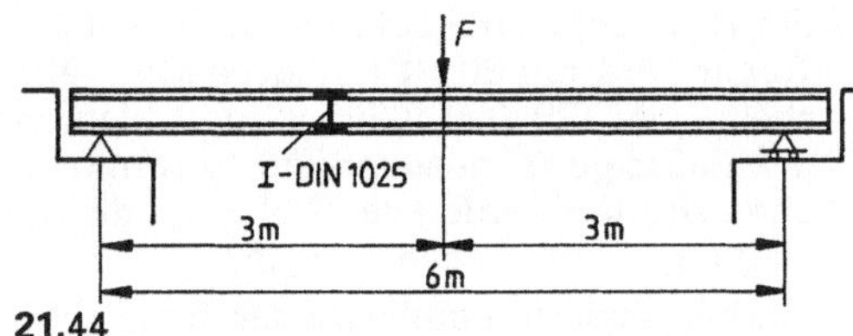

21.44

Lösung Wir müssen auch hier das Widerstandsmoment berechnen, um das Profil zu bestimmen. Nachdem wir einen Träger ausgewählt haben, prüfen wir nach, ob das Profil unter Berücksichtigung des Eigengewichts geeignet ist.

geg.: $F = 200$ kN $= 200000$ N

$\quad l = 6$ m $= 600$ cm

$\quad \sigma_{b,zul} = 180 \, \text{N/mm}^2 = 18000 \, \text{N/cm}^2$

ges.: W_{erf} in cm^3

1. Schritt: **Berechnung des Biegemoments M_b.**

$M_b = F \cdot l/4 = 200000$ N $\cdot 150$ cm

$\underline{\underline{= 30000000 \text{ Ncm}}}$

2. Schritt: **Berechnung des Widerstandsmoments**

$$W = \frac{M_b}{\sigma_{b,zul}} = \frac{30000000 \text{ Ncm} \cdot \text{cm}^2}{18000 \text{ N}}$$

$$= 1667 \text{ cm}^3$$

Gewählt IPE-500 mit $W_{x\text{-}x} = 1930$ cm^3.

3. Schritt: Berechnung der Gesamtlast F_G.

$m' = 90{,}7$ kg/m (lt.Tabellenbuch)

$m = m' \cdot l = 90{,}7$ kg/m $\cdot$ 6 m $\underline{\underline{= 544{,}2 \text{ kg}}}$

Daraus ergibt sich

$F_{ges} = F + F_G = 200000$ N $+ 5442$ N

$\underline{\underline{= 205442 \text{ N}}}$

4. Schritt: **Berechnung des Biegemomentes unter Berücksichtigung des Eigengewichts.**

$M_b = \dfrac{F \cdot l}{4} = 205442$ N $\cdot 150$ cm

$\underline{\underline{= 30816300 \text{ Ncm}}}$

5. Schritt: **Nachrechnung des Widerstandsmoments**

$$W = \frac{M_b}{\sigma_{zul}} = \frac{30816300 \text{ Ncm} \cdot \text{cm}^2}{18000 \text{ N}}$$

$$= 1712 \text{ cm}^3$$

Das gewählte Profil reicht aus.

Bei Stahlträgern, die länger als 7 m sind, muss von Fall zu Fall nachgewiesen werden, dass die Durchbiegung $f < 0{,}002 \cdot l$. Sie errechnet sich analog Bild **21.34** a-c unter Berücksichtigung der Kraft F und der Länge l aus dem Elastizitätsmodul E und dem Trägheitsmoment l. Diese Werte sind Tabellen zu entnehmen. Beachten Sie dabei die Biegeachsen I_x bzw. I_y.

Fall a) $\qquad f = \dfrac{F \cdot l^3}{3 \cdot E \cdot I}$

Fall b) $\qquad f = \dfrac{F \cdot l^3}{48 \cdot E \cdot I}$

Fall c) $\qquad f = \dfrac{F \cdot l^3}{192 \cdot E \cdot I}$

Beispiel Wie groß ist die Durchbiegung eines 11 m langen Trägers HE-B-600, wenn er mittig mit 250 kN belastet wird? Liegt sie im zulässigen Bereich?

Lösung geg.: $l = 11$ m $= 1100$ cm

$\quad F = 250$ kN $= 250000$ N

$\quad E = 210000 \, \text{N/mm}^2$

$\quad = 21000000 \, \text{N/cm}^2$

$\quad$ (lt.Tabelle **21.4**, S. 178)

$\quad I_x = 171000 \, \text{cm}^4$

$\quad$ (aus Tabellenbuch)

ges.: f in mm

Mittig belastet, heißt Fall b). Wir setzen die Werte ein und rechnen.

$$f_{vorh} = \frac{F \cdot l^3}{48 \cdot E \cdot I}$$

$$= \frac{250000 \text{ N} \cdot \text{cm}^2 \cdot (1100 \text{ cm})^3}{48 \cdot 21000000 \text{ N} \cdot 171000 \text{ cm}^4}$$

$$\underline{\underline{= 1{,}93 \text{ cm}}}$$

Die Durchbiegung beträgt 19,3 mm.

Nachweis $f_{zul} < 0{,}002 \cdot l$

$f_{zul} = 0{,}002 \cdot 11000$ mm $\underline{\underline{= 22 \text{ mm}}}$

$f_{vorh} < f_{zul}$

Die Durchbiegung liegt im zulässigen Bereich.

Aufgaben

1. Suchen Sie die Widerstandsmomente W_x für folgende Profile auf:
   a) I-100 DIN 1025,   b) I-200 DIN 1025,
   c) I-400 DIN 1025,   d) IPB-100 DIN 1025,
   e) IPB-200 DIN 1025, f) IPB-300 DIN 1025
   g) L-50x40x5 DIN 1029, h) L-100x50x6 DIN 1029
   i) T-80 DIN 1024,   j) T-140 DIN 1024,
   k) U-100 DIN 1026,   l) U-300 DIN 1026

2. Berechnen Sie die Widerstandsmomente der in Bild **21**.45 dargestellten Profile.

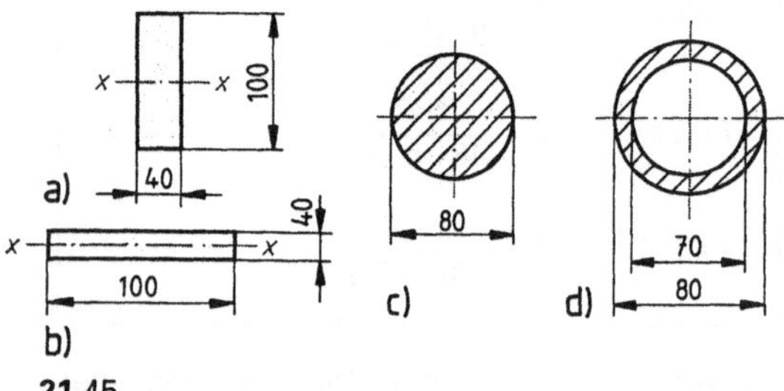
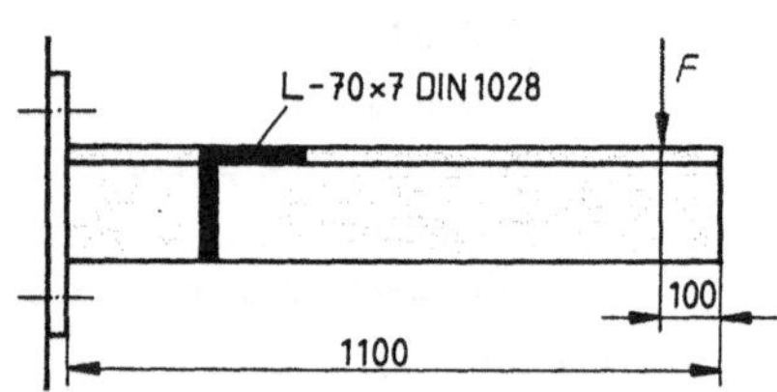

21.45

3. Mit welcher Kraft kann das in Bild **21**.46 skizzierte Profil belastet werden, wenn die zulässige Biegespannung von 70 N/mm² nicht überschritten werden darf?

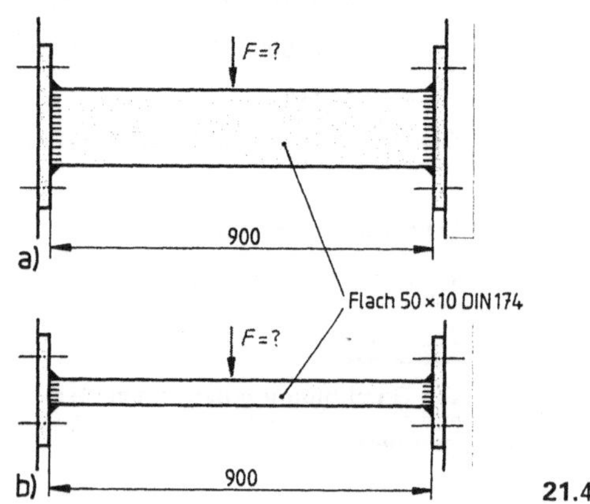

21.46

4. Ein beidseitig eingespannter Flachstahl wird mittig belastet (Bild **21**.47). Wie groß darf jeweils die Kraft F höchstens sein, wenn $\sigma_{b,zul}$ mit 140 N/mm² anzunehmen ist?

21.47

5. Ein 10 m langer, frei auf zwei Stützen liegender Träger wird mit 50 kN mittig belastet. a) Welches Profil IPB DIN 1025 ist zu wählen, wenn die zulässige Biegespannung 90 N/mm² nicht überschritten werden darf? b) Liegt die Durchbiegung im zulässigen Bereich?

6. Ein beidseitig frei aufliegender Träger IPE-300 wird mit 28 kN belastet (Bild **21**.48). Wie groß ist die Biegespannung?

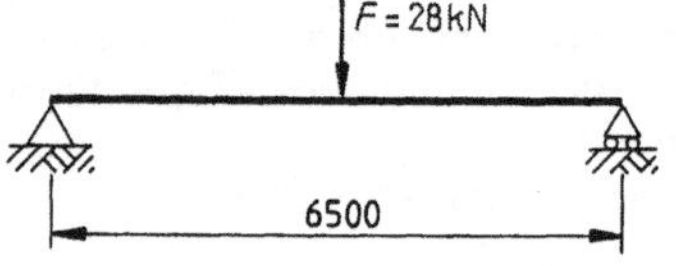

21.48

7. Wie weit sind die Auflager des in Bild **21**.49 skizzierten Trägers voneinander entfernt, wenn die Biegespannung im Träger 60 N/mm² beträgt?

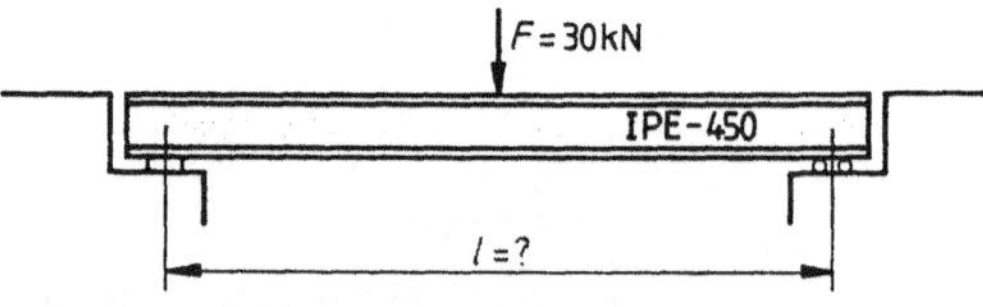

21.49

8. Ein Profil TB-60 DIN 1024 wird so belastet, dass die Biegespannung 75 N/mm² beträgt (Bild **21**.50). a) Wie groß ist das Widerstandsmoment? b) Wie groß ist die wirkende Kraft?

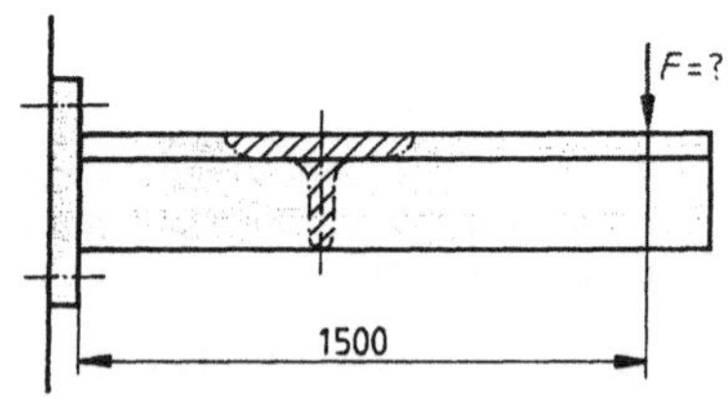

21.50

9. Die Lager einer Achse liegen 1250 mm auseinander. Sie besteht aus Rohr 120 × 5 DIN 2391 und wird mit 8 kN belastet. a) Wie groß ist σ_b? b) Welche Seitenlänge müsste eine aus Quadratstahl gefertigte Austauschachse bei gleicher Bruchspannung haben? c) Wie groß ist die Gewichtsersparnis der aus Rohr gefertigten Achse gegenüber der aus Quadratstahl?

10. Welches U-Profil DIN 1026 müsste verwendet werden, wenn es das vorhandene I-Profil ersetzen soll (Bild **21.51**), wobei die zulässige Biegespannung 40 N/mm² nicht überschritten werden darf?

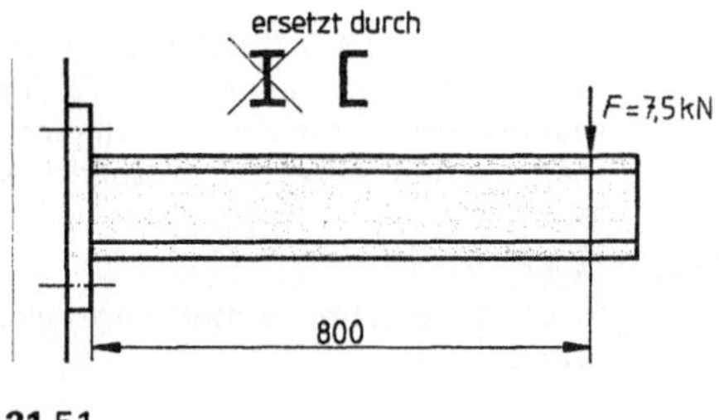

21.51

11. Welche Kraft darf mittig auf ein Hohlprofil DIN 59410 120 × 60 × 5 wirken, wenn die Auflager 6 m auseinander liegen und $\sigma_{b,zul}$ = 60 N/mm² nicht überschritten werden darf?

12. Wie groß ist die Durchbiegung des Kragträgers IPE-100 (Bild **21.51 a**)?

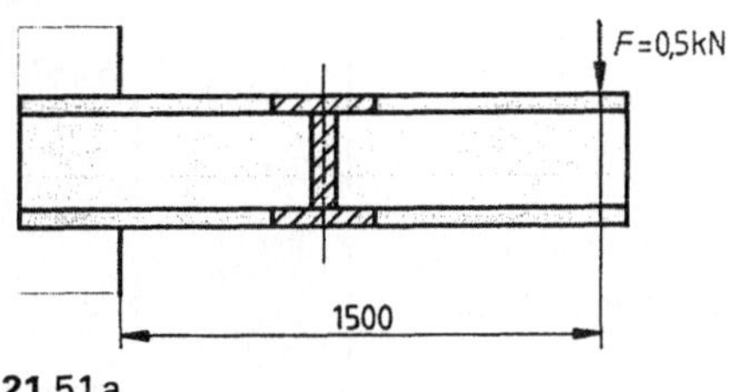

21.51 a

21.6 Knickbeanspruchung

Werden lange schlanke Bauteile auf Druck beansprucht, besteht die Gefahr, dass sie seitlich wegknicken. Sie biegen zur Seite aus. Wo die Ausbiegung stattfindet, ist von der Lagerung der Stabenden bzw. deren Einspannung, wohin sie knicken von der Form des Querschnitts abhängig. Knickgefahr besteht senkrecht zur Ebene des kleinsten Trägheitsmoments, d. h. im Stahlbau verwendete Profile knicken in Richtung des geschwächten Bereichs.

Zur Berechnung der Knickkraft F_k hat *Euler* (Schweizer Mathematiker, 1707-1783) vier Belastungsfälle untersucht und danach Formeln aufgestellt.

Je nach Belastungsfall errechnet sich die freie Knicklänge s_k über einen Faktor (Bild **21.52**). Im Stahlbau kommt überwiegend Fall 2. vor.

Zu berücksichtigende Knicklängen im Stahlbau

Pfosten und Säulen: gemessene Länge von Kopf bis zum Fuß

mehrgeschossige, deckenversteifende Stützen: Geschosshöhe

Fachwerkstäbe: Länge der Netzlinien von Knotenpunkt zu Knotenpunkt.

Die Knickkraft F_k wird dann unter Berücksichtigung des Elastizitätsmoduls E, des Trägheitsmoments I und der freien Knicklänge s_k, $F_{k,zul}$ zusätzlich mit der Sicherheitszahl v ermittelt.

$$F_k = \frac{E \cdot I \cdot \pi^2}{s_k^2}$$

$$F_{k,zul} = \frac{E \cdot I \cdot \pi^2}{v \cdot s_k^2}$$

Werte für E und I sind Tabellen zu entnehmen, für I auch zu berechnen.

Knicklastfälle (21.52)

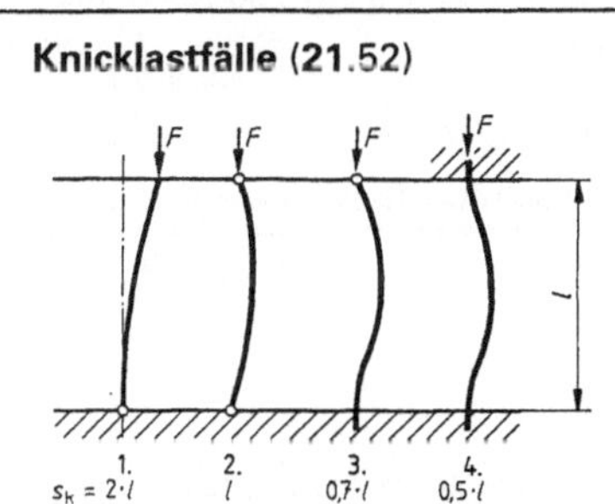

Fall 1 ein frei bewegliches, ein fest eingespanntes Stabende;

Fall 2 Stabachse geführt, beide Stabenden beweglich gelagert;

Fall 3 ein Stabende beweglich in der Stabachse geführt, das andere eingespannt;

Fall 4 beide Stabenden fest eingespannt und in der Stabachse geführt.

Tabelle **21.4**   Werte für E und Berechnung von I

| Elastizitätsmodul E in N/mm^2 | | Trägheitsmoment I in cm^4 | |
Werkstoff	Wert	Querschnitt	Formel
Nadelholz	10000	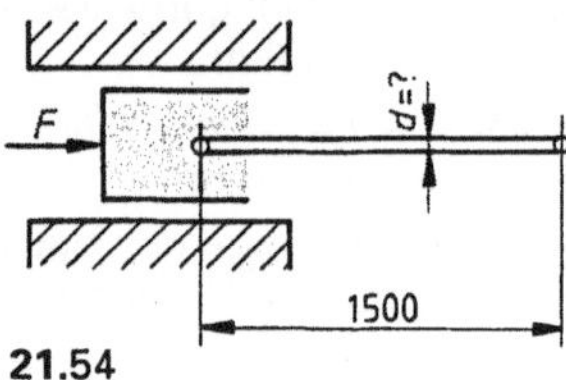 (21.53a)	$\dfrac{a \cdot h^3}{12}$
Grauguss	100000	(21.53b)	$\dfrac{h^4}{12}$
St 37-2	210000	(21.53c)	$\dfrac{d^4}{20}$
St 52-3	210000	(21.53d)	$\dfrac{D^4 - d^4}{20}$

Beispiel   Die Kolbenstange aus St 52-3 in einem Hydrauliksystem (Bild **21.54**) wird mit einer Kraft $F = 295\,\text{kN}$ beaufschlagt. Welcher Mindestdurchmesser ist zu wählen, wenn 4-fache Sicherheit gefordert ist?

21.54

Lösung

geg.: $F = 295\text{ kN} = 295000\text{ N}$
$s_k = 1500\text{ mm} = 150\text{cm}$
$v = 4$
$E = 21000000\text{ N/cm}^2$

ges.: d_{erf} in mm

1. Schritt Weil 4-fache Sicherheit gefordert ist, muss die Knicklast F_k viermal größer als die Kraft F angenommen werden. Allgemein ausgedrückt ist

$$F_k = F \cdot v$$

In die Eulersche Formel eingesetzt, erhalten wir

$$F_k = F \cdot v = \frac{E \cdot I \cdot \pi^2}{s_k^2}$$

2. Schritt Den Durchmesser berechnen wir über das Trägheitsmoment. Wir müssen die Formel nach I umstellen. Dann setzen wir die gegebenen Werte ein und rechnen.

$$
\begin{aligned}
I &= \frac{F \cdot v \cdot s_k^2}{E \cdot \pi^2} \\[4pt]
&= \frac{295000\,\text{N} \cdot 4 \cdot (150\,\text{cm})^2 \cdot \text{cm}^2}{\pi^2 \cdot 21000000\,\text{N}} \\[4pt]
&= 128,1\text{ cm}^4
\end{aligned}
$$

3. Schritt Unserer Tabelle entnehmen wir die Formel für das Trägheitsmoment. Wir stellen sie nach d um, setzen die Werte ein und rechnen.

$$I = d^4 / 20$$

$$d = \sqrt[4]{20 \cdot I} = \sqrt[4]{20 \cdot 128,1\text{ cm}^4} = 7,11\text{ cm}$$

Gewählter Durchmesser 75 mm.

Aufgaben

1. Die Kolbenstange eines Kreuzkopfes ist 1,6 m lang. Sie ist aus St 52-3 gefertigt. Welcher Mindestdurchmesser ist bei 2,5-facher Sicherheit zu wählen, wenn auf den Kolben eine Kraft von 120 kN wirkt?

2. Welche Kraft F_k darf höchstens auf die in Bild **21.55** skizzierte Säule (Rohr DIN 2448-159x4,5) wirken, wenn 2-fache Sicherheit gefordert ist?

3. Ein Träger der Reihe HE-B soll als 2,5 m lange Behelfsstütze verwendet werden. Die zulässige Knickkraft beträgt bei 4-facher Sicherheit 380 kN. Welches Profil muss mindestens genommen werden?

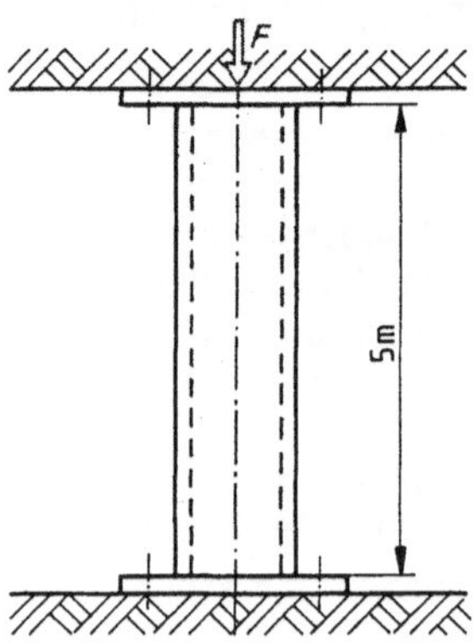

21.55

21.7 Berechnungsverfahren im Stahlhochbau

21.7.1 Nachweis der Tragfähigkeit von Bauteilen

Teile in Stahlhochbauten werden verschieden z. B. durch Windkräfte, Gewichtskraft der Gebäudeteile und Schneelasten beansprucht. Aus diesem Grunde muss die Tragsicherheit der Bauteile nachgewiesen werden. Man vergleicht in Berechnungen die aus den einwirkenden Kräften resultierende Beanspruchung mit der zulässigen Belastbarkeit des Werkstoffes und bildet das Verhältnis aus Zugspannung σ_z und $\sigma_{z,zul}$. Ist dieses kleiner als 1, gilt das Bauteil als verformungssicher.

> Ein Bauteil gilt als verformungssicher, wenn das Verhältnis aus Zugspannung und zulässiger Zugspannung kleiner als 1 ist.
>
> Bedingung: $\dfrac{\sigma_z}{\sigma_{z,zul}} < 1$

Zum Nachweis der Tragfähigkeit stehen uns verschiedene Formeln zur Verfügung. Die zur Rechnung erforderlichen Werte sind in Tabelle 21.5 zusammengefasst.

Tabelle **21.5** Zulässige Spannungen (charkteristische Werte) und Teilsicherheitsbeiwerte (Auswahl)

Zulässige Spannungen in Werkstoffen

Werkstoff	Erzeugnisdicke t mm	Streckgrenze f_{yk} in N/mm²	Zugfestigkeit f_{uk} in N/mm²
St 37-2	$t \le 40 \rightarrow 240$ $40 < t \le 80 \rightarrow 215$		360
St 52-3	$t \le 40 \rightarrow 360$ $40 < t \le 80 \rightarrow 325$		510
StE 355	$t \le 40 \rightarrow 360$ $40 < t \le 80 \rightarrow 325$		510

Teilsicherheitsbeiwerte γ_F

	nur Zug	Zug + Druck gleichbleibend	Zug + Druck wechselnd
γ_F	1,1	1,35	1,5

Wir finden dort neben der Erzeugnisdicke t in mm des zu berechnenden Stabes die charakteristischen Werte des Werkstoffes für die Streckgrenze f_{yk}, die Zugfestigkeit f_{uk} und den Teilsicherheitsbeiwert γ_F für Einwirkungen auf das Bauwerk.

> **a) Bemessungswert für die Kraft F_d**
>
> $F_d = F \cdot \gamma_F$
>
> **b) Bemessungswert für die Zugkraft F_{dz}**
>
> $F_{dz} = F_z \cdot \gamma_F$
>
> **c) Berechnung der Zugspannung σ_z**
>
> $\sigma_z = \dfrac{F_{dz}}{S}$
>
> **d) Berechnung der zulässigen Zugspannung $\sigma_{z,\,zul}$**
>
> Für alleinige Zugbeanspruchung ist der Teilsicherheitswert γ_F immer 1,1.
>
> $\sigma_{z,\,zul} = \dfrac{f_{yk}}{1,1}$

Beispiel Die Zugstrebe eines Fachwerkes besteht aus einem Profil L 65x50x5 DIN 1029 und wird mit einer Kraft $F_z = 35$ kN belastet. Überprüfen Sie die Verformungssicherheit.

Lösung Wir wissen, dass Verformungssicherheit dann gegeben ist, wenn der Quotient aus Zugspannung und zulässiger Zugspannung kleiner als 1 ist. Wir bestimmen deshalb zunächst den Bemessungswert für die Zugkraft und berechnen mit ihm die Zugspannung. Wir bestimmen dann $\sigma_{z,zul}$ und bilden den erforderlichen Quotienten.

geg.: $F_z = 35000$ N

$S = 554$ mm (lt. Tabellenbuch)

$\gamma_F = 1,1$ (lt. Tabelle **21.5**)

$f_{yk} = 240$ N/mm² (lt. Tabelle **21.5**)

ges.: Überprüfung der Verformungssicherheit

1. Schritt: Aus der Zugkraft F_z und dem Teilsicherheitsbeiwert γ_F bestimmen wir den Bemessungswert für die Zugkraft.

$\underline{\underline{F_{dz} = F_z \cdot \gamma_F = 35000 \text{ N} \cdot 1,1 = \mathbf{38500 \text{ N}}}}$

Lösung *2. Schritt:* Aus dem Bemessungswert für die Zugkraft und dem Profilquerschnitt berechnen wir die vorhandene Zugspannung.

$$\sigma_z = \frac{F_{dz}}{S} = \frac{38500\,\text{N}}{554\,\text{mm}^2} = 69,5\,\text{N/mm}^2$$

3. Schritt: Wir bestimmen $\sigma_{z,zul}$ aus dem charakteristischen Wert für die Streckgrenze und dem Teilsicherheitsbeiwert.

$$\sigma_{z,zul} = \frac{F_{yk}}{1,1} = \frac{240\,\text{N}}{1,1\,\text{mm}^2} = 218,12\,\text{N/mm}^2$$

4. Schritt: Wir bilden den Quotienten aus σ_z und $\sigma_{z,zul}$.

$$\frac{\sigma_z}{\sigma_{z,zul}} = \frac{69,5\,\text{N}}{\text{mm}} \cdot \frac{\text{mm}}{218,12\,\text{N}} = 0,32$$

Der Wert ist >1, das Profil ist verformungssicher.

> Die Überprüfung der Verformungssicherheit muss für jedes Bauteil eines Bauwerkes vorgenommen werden.

Aufgaben

1. Überprüfen Sie die Verformungssicherheit eines L-Profils DIN 1029 30x20x3 aus St 37-2, das mit 15 kN auf Zug beansprucht wird.
2. Darf ein Profilstab TB-60 DIN 1024 aus St 52-3 wechselnd auf Zug und Druck mit einer Kraft von 150 kN belastet werden?
3. Ein Zugstab aus St 52-3 mit kreisförmigem Querschnitt wird mit konstant 55 kN beansprucht. Welcher Durchmesser ist zu wählen?

21.7.2 Omega-Verfahren

Im Stahlhochbau ist das ω-Verfahren zum Spannungsnachweis vorgeschrieben. Nach ihm wird der Druckspannungsnachweis mit der mit der Knickzahl ω (Tabellen **21.6** und **21.7**) vervielfachten Knicklast erbracht.

Tabelle **21.6**   Knickzahlen ω für St 33 und St 37

λ	0	1	2	3	4	5	6	7	8	9	λ
20	1,04	1,04	1,04	1,05	1,05	1,06	1,06	1,07	1,07	1,08	20
30	1,08	1,09	1,09	1,10	1,10	1,11	1,11	1,12	1,13	1,13	30
40	1,14	1,14	1,15	1,16	1,16	1,17	1,18	1,19	1,19	1,20	40
50	1,21	1,22	1,23	1,23	1,24	1,25	1,26	1,27	1,28	1,29	50
60	1,30	1,31	1,32	1,33	1,34	1,35	1,36	1,37	1,39	1,40	60
70	1,41	1,42	1,44	1,45	1,46	1,48	1,49	1,50	1,52	1,53	70
80	1,55	1,56	1,58	1,59	1,61	1,62	1,64	1,66	1,68	1,69	80
90	1,71	1,73	1,74	1,76	1,78	1,80	1,82	1,84	1,86	1,88	90
100	1,90	1,92	1,94	1,96	1,98	2,00	2,02	2,05	2,07	2,09	100
110	2,11	2,14	2,16	2,18	2,21	2,23	2,27	2,31	2,35	2,39	110
120	2,43	2,47	2,51	2,55	2,60	2,64	2,68	2,72	2,77	2,81	120
130	2,85	2,90	2,94	2,99	3,03	3,08	3,12	3,17	3,22	3,26	130
140	3,31	3,36	3,41	3,45	3,50	3,55	3,60	3,65	3,70	3,75	140

Fortsetzung s. nächste Seite

Tabelle **21.6**, Fortsetzung

λ	0	1	2	3	4	5	6	7	8	9	λ
150	3,80	3,85	3,90	3,95	4,00	4,06	4,11	4,16	4,22	4,27	150
160	4,32	4,38	4,43	4,49	4,54	4,60	4,65	4,71	4,77	4,82	160
170	4,88	4,94	5,00	5,05	5,11	5,17	5,23	5,29	5,35	5,41	170
180	5,47	5,53	5,59	5,66	5,72	5,78	5,84	5,91	5,97	6,03	180
190	6,10	6,16	6,23	6,29	6,36	6,42	6,49	6,55	6,62	6,69	190
200	6,75	6,82	6,89	6,96	7,03	7,10	7,17	7,24	7,31	7,38	200
210	7,45	7,52	7,59	7,66	7,73	7,81	7,88	7,95	8,03	8,10	210
220	8,17	8,25	8,32	8,40	8,47	8,55	8,63	8,70	8,78	8,86	220
230	8,93	9,01	9,09	9,17	9,25	9,33	9,41	9,49	9,57	9,65	230
240	9,73	9,81	9,89	9,97	10,05	10,14	10,22	10,30	10,39	10,47	240
250	10,55										250

Tabelle **21.7** Knickzahlen ω für einteilige Druckstäbe aus Rundrohren bzw. Hohlprofilen mit Rechteckquerschnitt aus St 33 und St 37

λ	0	1	2	3	4	5	6	7	8	9	λ
20	1,00	1,00	1,00	1,00	1,01	1,01	1,01	1,02	1,02	1,02	20
30	1,03	1,03	1,04	1,04	1,04	1,05	1,05	1,05	1,06	1,06	30
40	1,07	1,07	1,08	1,08	1,09	1,09	1,10	1,10	1,11	1,11	40
50	1,12	1,13	1,13	1,14	1,15	1,15	1,16	1,17	1,17	1,18	50
60	1,19	1,20	1,20	1,21	1,22	1,23	1,24	1,25	1,26	1,27	60
70	1,28	1,29	1,30	1,31	1,32	1,33	1,34	1,35	1,36	1,37	70
80	1,39	1,40	1,41	1,42	1,44	1,46	1,47	1,48	1,50	1,51	80
90	1,53	1,54	1,56	1,58	1,59	1,61	1,63	1,64	1,66	1,68	90
100	1,70	1,73	1,76	1,79	1,83	1,87	1,90	1,94	1,97	2,01	100
110	2,05	2,08	2,12	2,16	2,20	2,23	*weiter wie Tabelle 21.6*				110

> Im Omegaverfahren wird Knickberechnung auf einfache Druckberechnung zurückgeführt.
>
> $$\sigma_{d,\,zul} \le \frac{F \cdot \omega}{S}$$

> λ (lambda) bezeichnet man als Schlankheitsgrad. Er errechnet sich als Quotient aus Knicklänge s_k und Trägheitsradius i_{min}.
>
> $$\lambda = \frac{s_k}{i_{min}}$$
>
> Der Trägheitsradius i ist Tabellen zu entnehmen.

In den ω-Werten ist auch die für den Hochbau vorgeschriebene Sicherheit enthalten, so dass ein vorliegender Stab nur daraufhin nachzurechnen ist, ob die vorhandene Spannung σ_{vorh} unterhalb der zulässigen $\sigma_{d,\,zul}$ liegt. Das Verfahren erlaubt nicht, ein Profil gezielt zu berechnen. Vielmehr wird mit zwei Näherungsformeln gearbeitet, die jeweils für λ-Werte >100 und λ-Werte <100 gelten.

Mit den Formeln wird das gesuchte Profil einmal über das erforderliche Trägheitsmoment I_{erf} aus der Kraft F und der Knicklänge s_k, zum andern über die erforderliche Querschnittsfläche S, die wirkende Kraft F, die Knicklänge s_k und einen Profilbeiwert k (Tabelle **21.8**) ermittelt.

Tabelle 21.8   Ausgewählte k-Werte

	⊙ (Rohr, t/r)	▨	⊘	I	[	][	∟	L	⊤	T	]Ε	I	T
bei $k =$		12	4π	10	7	6	6	11	5	2,5	1,2	4	5,5
t/r													
0,2 $k =$	2,5												
0,1 $k =$	1,25												
0,05 $k =$	0,63												

$$\lambda > 100 \qquad I_{\text{erf}} = 0,12 \cdot F \cdot s_k^2 \; [\text{cm}^4]$$

$$\lambda < 100 \qquad S_{\text{erf}} = \frac{F}{14} + 0,577 \, k \cdot s_k^2 \; [\text{cm}^2]$$

In diese Formeln werden die gegebenen Werte als Zahlenwerte ohne (!) Einheiten eingesetzt.

Weil nicht von vorherein zu erkennen ist, in welchem Bereich λ liegen wird, rechnen wir in unserem Beispiel mit beiden Formeln. Ansonsten überprüfen wir nach der Vordimensionierung den Schlankheitsgrad und können danach entscheiden, auf welchem Weg das Profil zu dimensionieren ist.

Beispiel   Für einen Brückenträger soll die I-Strebe berechnet werden. Die Knicklänge s_k beträgt 1,25 m, die Kraft F 720 kN, $\sigma_{\text{d,zul}}$ 140 N/mm². Welches Profil ist zu wählen?

Lösung   geg.: $s_k = 1,25$ m   ges.: I-Profil
$\qquad\qquad F = 720$ kN
$\qquad\qquad k = 10$ (lt. Tabelle **21.8**)

1. Schritt: Berechnen von I_{erf} (Vordimensionierung)

$$I_{\text{erf}} = 0,12 \cdot F \cdot s_k^2 = 0,12 \cdot 720 \cdot 1,25^2$$
$$= 135 \text{ cm}^4$$

2. Schritt: Berechnen von S_{erf}

$$S_{\text{erf}} = \frac{F}{14} + 0,577 \, k \cdot s_k^2 = \frac{720}{14}$$
$$+ \, 0,577 \cdot 10 \cdot 1,25^2 = 60,44 \text{ cm}^2$$

3. Schritt: Profilauswahl

Anhand der ermittelten Werte werden nach der Profiltabelle infrage kommende Profile ausgewählt.

I-220 DIN 1025 St 37-2 mit
$I_y = 162$ cm⁴, $S = 39,5$ cm², $i_y = 2,02$ cm

I-280 DIN 1025 St 37-2 mit
$I_y = 364$ cm⁴, $S = 61$ cm², $i_y = 2,45$ cm

4. Schritt: Berechnen des Schlankheitsgrades λ

Für beide Profile berechnen wir den Schlankheitsgrad. Erhalten wir einen < 100, rechnen wir den Träger nach, den wir über die Querschnittsfläche ausgewählt haben; bei $\lambda > 100$ den, der über das Trägheitsmoment ausgewählt wurde. Ansonsten sind beide Profile zu überprüfen.

für I-220 $\lambda = \dfrac{s_k}{i_y}$

$$= \frac{125 \text{ cm}}{2,02 \text{ cm}} = 61,9$$

aus Tab. $\omega = 1,32$

für I-280 $\lambda = \dfrac{s_k}{i_y}$

$$= \frac{125 \text{ cm}}{2,45 \text{ cm}} = 51,0$$

aus Tab. $\omega = 1,21$

5. Schritt: Überprüfen der Spannung

Wir überprüfen nun, ob die vorhandene Spannung $\sigma_{\text{d, vorh}} < \sigma_{\text{d,zul}}$ ist. Weil das kleinere Profil aus Gewichtsgründen vorzuziehen ist, überprüfen wir zuerst dieses.

für I-220   geg.: $F = 720000$ N
$\qquad\qquad\qquad \omega = 1,32$
$\qquad\qquad\qquad S = 3950$ mm²

$$\sigma_{\text{d, vorh}} = \frac{F \cdot \omega}{S} = \frac{720000 \text{ N} \cdot 1,32}{3950 \, \text{mm}^2}$$

$$= 240,6 \text{ N/mm}^2$$

*Lösung
Forts.*

Die Spannung überschreitet den Wert von 140 N/mm^2. Das Profil ist nicht geeignet.

für I-280 geg.: $F = 720000$ N
$$\omega = 1{,}21$$
$$S = 6100 \text{ mm}^2$$

$$\sigma_{d,\text{vorh}} = \frac{F \cdot \omega}{S} = \frac{720000 \text{ N} \cdot 1{,}21}{6100 \text{ mm}^2}$$

$$= 142{,}8 \text{ N/mm}^2$$

Die vorhandene Spannung liegt über der zulässigen. Wir wählen das nächstgrößere Profil.

gewählt: I-300 mit $I_y = 451$ cm^4
$$i_y = 2{,}56 \text{ cm}$$
$$S = 69 \text{ cm}^2$$

6. Schritt: Aufgrund des geringen Unterschiedes zwischen $\sigma_{d,\text{zul}}$ und $\sigma_{d,\text{vorh}}$ ist wahrscheinlich, dass da- Profil geeignet ist. Wir wollen es aber nachrechnen.

$$\lambda = \frac{s_k}{i_y} = \frac{125 \text{ cm}}{2{,}56 \text{ cm}} = 48{,}8$$

nach Tabelle $\omega = 1{,}2$

$$\sigma_{d,\text{vorh}} = \frac{F \cdot \omega}{S} = \frac{720000 \text{ N} \cdot 1{,}2}{6900 \text{ mm}^2}$$

$$= 125{,}2 \text{ N/mm}^2$$

$\sigma_{d,\text{vorh}} < \sigma_{d,\text{zul}}$. Das Profil kann verwendet werden.

Aufgaben

1. Eine senkrechte Stütze von 4,5 m Länge ist im Fundament verankert und am anderen Ende am Bauwerk fixiert. Welches Profil HE-B DIN 1025 ist zu wählen, wenn die Stütze mit 650 kN senkrecht belastet wird und die zulässige Spannung von 140 N/mm^2 nicht überschritten werden darf?

2. Der Stab eines Fachwerkes besteht aus ungleichschenkligem L-Stahl DIN 1029. Er ist 2,0 m lang und wird mit 30 kN belastet. Welches Profil ist zu wählen, wenn die zulässige Spannung mit 140 N/mm^2 gegeben ist?

3. Ein 5 m langes, beidseitig einbetoniertes Rohr aus St 37-2 soll als Stütze dienen. Wählen Sie ein Rundhohlprofil, das mit 65 kN bei einer zulässigen Spannung von 140 N/mm^2 belastet werden kann.

4. Ein Druckstab von 2 m Länge aus T-Profil DIN 1024 wird axial mit einer Kraft von 20 kN belastet. Welches Profil ist zu wählen, wenn die zulässige Spannung 140 N/mm^2 beträgt?

21.7.3 Festigkeit von Schweißnähten

Je nach Belastung treten in Schweißnähten Zug- oder Scherspannungen auf. Diese dürfen die zulässigen Spannungen $\sigma_{z,\text{zul}}$ und $\tau_{a,\text{zul}}$ nicht überschreiten, weil sonst die Sicherheit der Verbindung nicht mehr gegeben ist. Grundlage für die Berechnung einer Schweißverbindung sind die einwirkende Kraft F und der tragende Nahtquerschnitt S. Dieser errechnet sich aus der Dicke a der Schweißnaht und der tragenden Nahtlänge l, die nach der Gesamtlänge L der Schweißnaht, reduziert um den Bereich des Anfangs- und Endkraters, jeweils entsprechend der Nahtdicke a, zu bestimmen ist.

Außerdem sind Beiwerte für Nahtform und -beanspruchung v_1 und für die Schweißgüte v_2 zu berücksichtigen (Bild **21.56**).

Das Maß a für den Anfangs- und Endkrater entspricht der Schweißnahtdicke a.

Die Nahtdicke einer Kehlnaht wird mit $\approx 70\,\%$ der Dicke des zu verbindenden Werkstoffes t angenommen.

$$a \approx 0{,}7 \cdot t$$

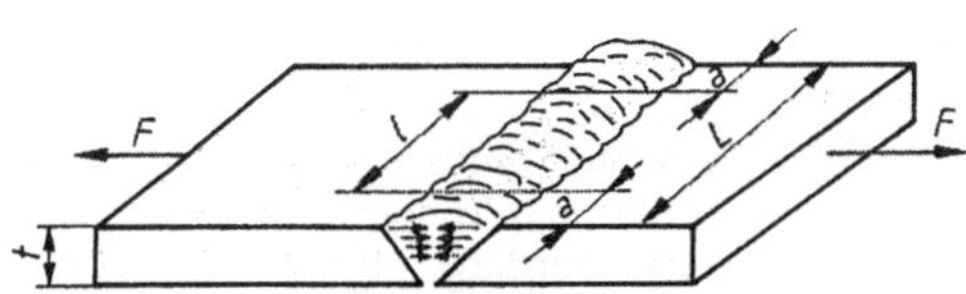

F = Kraft l = tragende Nahtlänge a = Anfangs-/Endkrater
L = Schweißnahtlänge t = Blechdicke

21.56

Tabelle **21.9** Beiwerte für Nahtform, -beanspruchung und Schweißgüte

Nahtform und -beanspruchung v_1		
Stumpfnaht		
Zug	0,75	Kehlnaht
Druck	0,85	(allgemein) 0,65
Biegung	0,8	
Schub	0,65	
Schweißgüte v_2		
N (normal) 0,5		
F (fest) 1,0		
S (Sonder) > 1,0		

Werden Streben z.B. an Knotenbleche angeschlossen, müssen wir zwischen symmetrischen und unsymmetrischen Profilen unterscheiden. Bei symmetrischen Profilen (Bild **21.57**) addieren wir die tragenden Nahtlängen und berechnen mit ihnen die tragende Fläche. Bei unsymmetrischen Profilen entstehen durch die angreifende Kraft Drehmomente, die zu unterschiedlich großen Teilkräften und damit unterschiedlichen Belastungen der Schweißnähte führen (Bild **21.58**).

Lösung Das Maß b ist durch die Profilbezeichnung gegeben. Das Maß für e entnehmen wir der Profiltabelle.

geg.: $b = 60$ mm
$\quad\quad e = 1,77$ cm $= 17,7$ mm
$\quad\quad F = 200$ kN

Um die Drehmomente zu ermitteln, wenden wir die Momentenregel jeweils um die Drehpunkte A und B an.

Drehpunkt bei A $\Sigma M_A = 0$
$$F \cdot e - F_2 \cdot b = 0$$
$$F_2 \cdot b = F \cdot e$$

$$F_2 = \frac{F \cdot e}{b} = \frac{200\,\text{kN} \cdot 17,7\,\text{mm}}{60\,\text{mm}} = 59\,\text{kN}$$

Drehpunkt bei B $\Sigma M_B = 0$
$$F_1 \cdot b - F(b - e) = 0$$
$$F_1 \cdot b = F(b - e)$$

$$F_1 = \frac{F(b - e)}{b}$$
$$= \frac{200\,\text{kN} \cdot (60\,\text{mm} - 17,7\,\text{mm})}{60\,\text{mm}}$$
$$= 141\,\text{kN}$$

Die Nähte werden jeweils mit

$F_1 = 141$ kN und $F_2 = 59$ kN **belastet.**

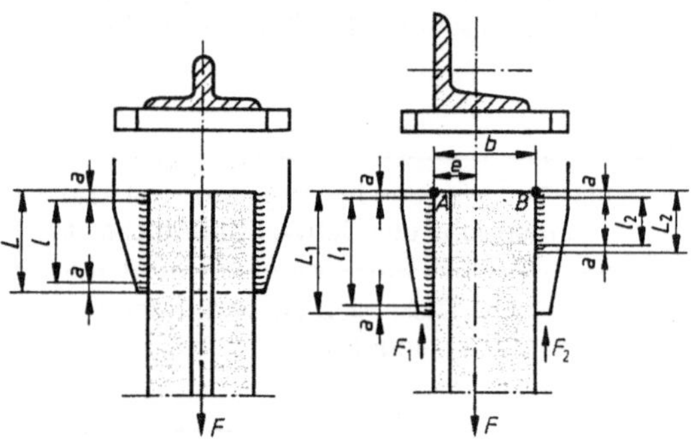

21.57   **21.58**

Beispiel Ein gleichschenkliges L-Profil 60x8 soll an ein Knotenblech angeschlossen werden (Bild **21.58**). Welche Kräfte F_1 und F_2 wirken auf die Schweißnähte, wenn der Stab mit einer Zugkraft $F = 200$ kN beansprucht wird?

Spannung quer zur Naht (Zug-/Druckspannung)

$$\sigma = \frac{F}{S}$$

Spannung in Nahtrichtung (Scherspannung)

$$\tau_a = \frac{F}{S}$$

tragende Nahtlänge

$$l = L - 2 \cdot a$$

tragender Nahtquerschnitt S

$$S = l \cdot a$$

zulässige Spannung $\sigma_{z,\,zul}$

$$\sigma_{z,\,zul} = v_1 \cdot v_2 \cdot \frac{R_e}{v}$$

zulässige Kraft F_{zul}

$$F_{zul} = v_1 \cdot v_2 \cdot \frac{R_e}{v} \cdot S$$

Beispiel Mit welcher Kraft darf die in Bild **21.57** skizzierte Schweißnaht höchstens belastet werden, wenn das Blech aus St 44-2 ($R_e = 275$ N/mm^2) besteht und mit 1,5-facher Sicherheit zu rechnen ist? ($L = 60$ mm, $a = 5$ mm)

Lösung geg.: $R_e = 275$ N/mm^2, $v_1 = 0,75$, $v_2 = 1$, $v = 1,5$, $a = 5$ mm, $L = 60$ mm

ges.: F_{zul} in kN

Berechnung der tragenden Nahtlänge l

$l = 2 (L - 2 \cdot a) = 2 (60$ mm $- 2 \cdot 5$ mm$)$

$\underline{\underline{= 100 \text{ mm}}}$

Berechnung des tragenden Nahtquerschnitts

$\underline{S = l \cdot a = 100 \text{ mm} \cdot 5 \text{ mm} = 500 \text{ mm}^2}$

Berechnung der zulässigen Kraft $F_{z,zul}$

$$F_{z,zul} = v_1 \cdot v_2 \cdot \frac{R_e}{v} \cdot S$$

$$= 0,75 \cdot 1 \cdot \frac{275 \text{ N}}{1,5 \text{ mm}^2} \cdot 500 \text{ mm}^2$$

$\underline{\underline{F_{z,zul} = 68,75 \text{ kN}}}$

Die Naht darf mit maximal 68 kN belastet werden.

Aufgaben

1. Zwei Bleche von 5 mm Dicke werden stumpf zusammengeschweißt. Die tragende Nahtlänge beträgt 250 mm, die zulässige Spannung darf 120 N/mm^2 nicht überschreiten. Mit welcher Zugkraft darf die Schweißnaht höchstens beansprucht werden, wenn die Schweißgüte „fest" gefordert ist?

2. Ein Flachstahl ($t = 6$ mm) wird an ein Knotenblech angeschlossen (Bild **21.59**). Welche Nahtlänge ist erforderlich, wenn eine Zugkraft von 30 kN wirkt und die zulässige Spannung 80 N/mm^2 nicht übersteigen darf? (Schweißgüte „fest")

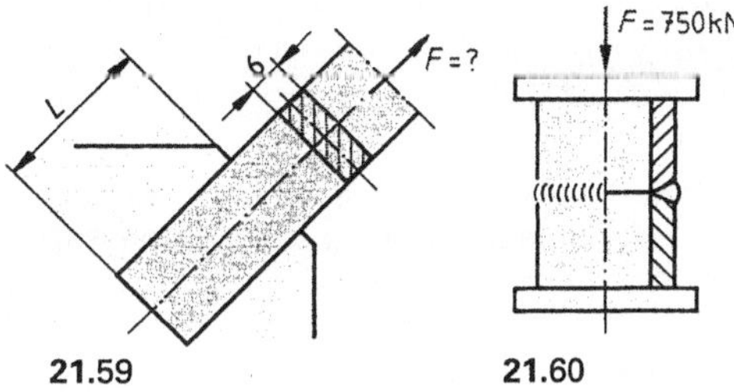

21.59   **21.60**

3. Eine Säule wird aus zusammengeschweißtem Rohr DIN 2448-273x10 hergestellt (Bild **21.60**). Die zulässige Druckspannung beträgt 110 N/mm^2. Liegt die Spannung in der Schweißnaht im zulässigen Bereich?

4. In einer Schweißkonstruktion ist ein Profil L-45x5 DIN 1028 anzuschließen (Bild **21.61**). a) Wie breit ist das Blech zu wählen, wenn die zulässige Spannung in den Schweißnähten 100 N/mm^2 nicht übersteigen darf und die Nahtdicken mit 0,75 s anzusetzen sind b) wie lang müssen die Schweißnähte mindestens sein? (Schweißgüte „fest")

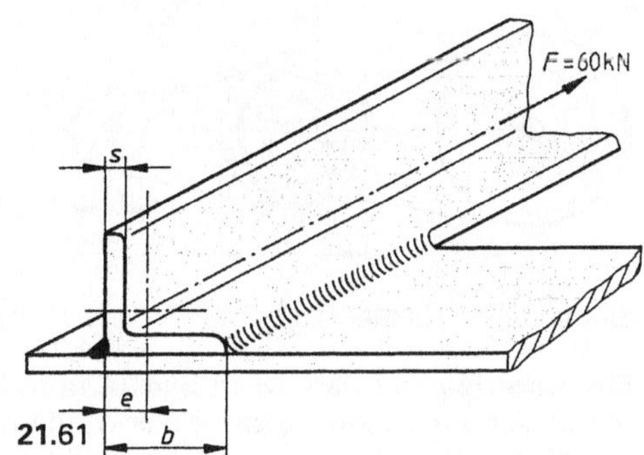

21.61

5. Mit welcher Kraft darf die Schweißnaht der in Bild **21.62** skizzierten Lasche höchstens belastet werden, wenn die Streckgrenze R_e des Werkstoffes 275 N/mm^2 beträgt und mit 2,5-facher Sicherheit zu rechnen ist? ($v_2 = 1$)

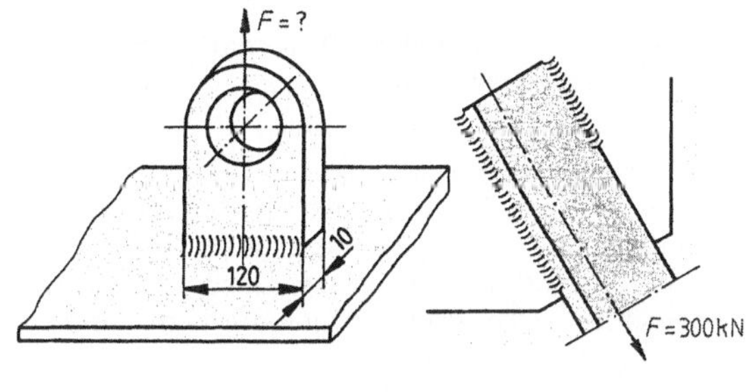

21.62   **21.63**

6. Auf ein Profil L-110x10 DIN 1028 wirkt eine Zugkraft von 300 kN (Bild **21.63**). Welche Kräfte sind von den Schweißnähten aufzunehmen?

22.1 Maschinenteile

22.1.1 Riementrieb

In vielen Bereichen werden Riementriebe eingesetzt. Sie übertragen Leistungen geräuscharm und gleichen Stöße im Antrieb aus. Wir wollen den einfachen (Bild **22.1a**) und den doppelten (Bild **22.1b**) Riementrieb berechnen.

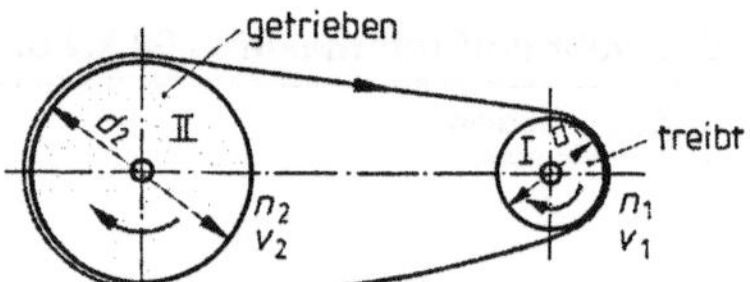

a) einfacher Riementrieb

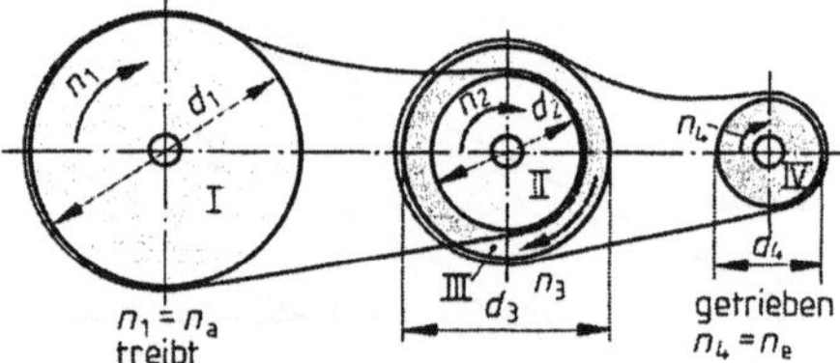

b) doppelter Riementrieb   **22.1**

Einfacher Riementrieb. Nach Bild **22.1a** treibt die Scheibe mit dem Durchmesser d_1 die mit d_2 an.

> Bei Flachriemen entspricht d dem Scheibendurchmesser.
> Bei Keilriemen ist mit dem Wirkdurchmesser d_W zu rechnen.

Dreht sich die Scheibe mit n_1 min^{-1}, so ist die Umfangsgeschwindigkeit

$$v_1 = d_1 \cdot \pi \cdot n_1.$$

Wir gehen davon aus, dass der Riemen ohne Schlupf läuft. Dann ist die Riemengeschwindigkeit gleich der Umfangsgeschwindigkeit der Scheibe I. Mit dieser Geschwindigkeit muss auch die Riemenscheibe mit d_2 laufen.

$$v_2 = d_2 \cdot \pi \cdot n_2.$$

Wir können die Geschwindigkeiten gleichsetzen.

$$v_1 = v_2$$
$$d_1 \cdot \pi \cdot n_1 = d_2 \cdot \pi \cdot n_2$$

Wir teilen auf beiden Seiten durch π und bringen Durchmesser bzw. Drehzahlen auf jeweils eine Seite. Dann ist

$$\frac{n_1}{n_2} = \frac{d_2}{d_1}$$

> Beim einfachen Riementrieb stehen die Durchmesser der Scheiben in umgekehrtem Verhältnis wie die Drehzahlen.

Doppelter/mehrfacher Riementrieb. Nach Bild **22.1b** treibt die Scheibe I die Scheibe II an, die mit III fest verbunden ist. Diese wiederum treibt Scheibe IV an. Für I und II gilt

Gleichung A $\dfrac{n_1}{n_2} = \dfrac{d_2}{d_1}$

Entsprechend gilt für III und IV

Gleichung B $\dfrac{n_3}{n_4} = \dfrac{d_4}{d_3}$

Weil II und III fest verbunden sind, ist $n_2 = n_3$. Wir stellen A und B nach n_2 bzw. n_3 um und setzen diese dann gleich.

$$n_2 = \frac{d_1 \cdot n_1}{d_2} \qquad n_3 = \frac{d_4 \cdot n_4}{d_3}$$

$$\frac{d_1 \cdot n_1}{d_2} = \frac{d_4 \cdot n_4}{d_3}$$

Wir stellen die Gleichung nun so um, dass die Drehzahlen auf der einen, die Durchmesser auf der anderen Seite stehen.

$$\frac{n_1}{n_4} = \frac{d_2 \cdot d_4}{d_1 \cdot d_3}$$

Aus Bild **22.1b** ist zu ersehen, dass n_1 die Drehzahl der ersten treibenden Scheibe, die Anfangsdrehzahl n_a, n_4 die Drehzahl der letzten getriebenen Scheibe, die Enddrehzahl n_e, ist. Bei den Durchmessern sind d_2 und d_4 die Durchmesser der getriebenen, d_1 und d_3 die der treibenden Scheiben. Finden wir noch weitere Übersetzungen im Riementrieb, müssen die Durchmesser bis zur letzten getriebenen Scheibe d_{ng} und letzten treibenden Scheibe d_{nt} berücksichtigt werden.

> Beim doppelten Riementrieb stehen die Produkte der Durchmesser der getriebenen und treibenden Scheiben im umgekehrten Verhältnis zur Drehzahl der ersten treibenden n_a und letzen getriebenen n_e Scheibe.

einfacher Riementrieb

$$\frac{n_1}{n_2} = \frac{d_2}{d_1}$$

doppelter/mehrfacher Riementrieb

$$\frac{n_a}{n_e} = \frac{d_2 \cdot d_4 \cdot \ldots d_{ng}}{d_1 \cdot d_3 \cdot \ldots d_{nt}}$$

Beispiel 1   Ein Elektromotor ($n = 750$ min^{-1}) treibt über einen Riemen eine Pumpe an. Wie groß muss der Riemenscheibendurchmesser an der Pumpenwelle sein, damit diese mit 225 min^{-1} läuft? Wirksamer Durchmesser an der Motorwelle 120 mm.

Lösung   geg.: $n_1 = 750$ min^{-1}, $d_1 = 120$ mm
             $n_2 = 225$ min^{-1}

        ges.: d_2 in mm

Wir stellen die Formel $\dfrac{n_1}{n_2} = \dfrac{d_2}{d_1}$ nach d_2 um, setzen die Werte ein und rechnen.

$$\underline{\underline{d_2}} = \frac{n_1 \cdot d_1}{n_2} = \frac{750 \text{ min}^{-1} \cdot 120 \text{ mm}}{225 \text{ min}^{-1}}$$

$$= \underline{\underline{400 \text{ mm}}}$$

Die getriebene Scheibe muss einen Durchmesser von 400 mm haben.

Beispiel 2   Bild 22.2 zeigt das Prinzip eines mehrfachen Riementriebes. Berechnen Sie die Enddrehzahl in den beiden Schaltstufen.

Lösung   geg.: $n_a = 900$ min^{-1}
             $d_1 = 160$ mm, $d_2 = 50$ mm
             $d_3 = 71$ mm, $d_4 = 160$ mm,
             $d_5 = 71$ mm
             $d_6 = 355$ mm

        ges.: n_{e1}, n_{e2}

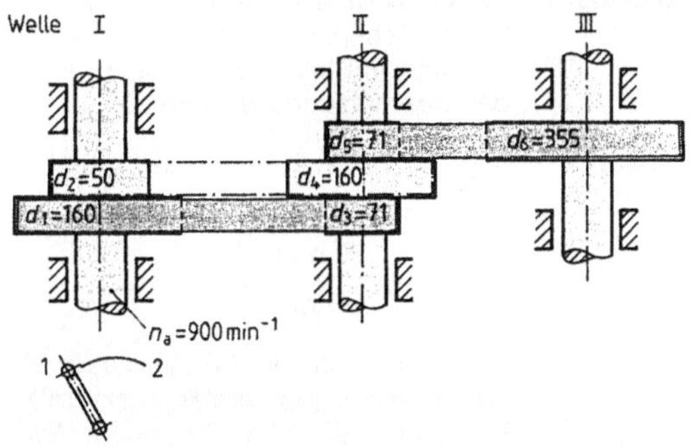

22.2

Schaltstufe I

$$\frac{n_a}{n_{e1}} = \frac{d_3 \cdot d_6}{d_1 \cdot d_5} \; ; \quad n_{e1} = \frac{n_a \cdot d_1 \cdot d_5}{d_3 \cdot d_6}$$

$$n_{e1} = \frac{900 \text{ min}^{-1} \cdot 160 \text{ mm} \cdot 71 \text{ mm}}{71 \text{ mm} \cdot 355 \text{ mm}}$$

$$n_{e1} = \textbf{406 min}^{-1}$$

Schaltstufe II

$$\frac{n_a}{n_{e2}} = \frac{d_4 \cdot d_6}{d_2 \cdot d_5} \; ; \quad n_{e2} = \frac{n_a \cdot d_2 \cdot d_5}{d_4 \cdot d_6}$$

$$n_{e2} = \frac{900 \text{ min}^{-1} \cdot 50 \text{ mm} \cdot 71 \text{ mm}}{160 \text{ mm} \cdot 355 \text{ mm}}$$

$$n_{e2} = \textbf{56 min}^{-1}$$

Die Enddrehzahl beträgt in Schaltstufe I 406 min^{-1}, in Schaltstufe II 56 min^{-1}.

Übersetzungsverhältnis. Der Quotient $n_1 : n_2$ bzw. $n_a : n_e$ oder der aus $d_{getr} : d_{tr}$ wird als Übersetzungsverhältnis i bezeichnet. Es gibt an, wievielmal schneller oder langsamer sich die getriebene als die treibende Scheibe dreht. Das Übersetzungsverhältnis wird immer in Richtung des Kraftflusses angegeben. Im doppelten bzw. mehrfachen Riementrieb errechnet sich das Übersetzungsverhältnis auch aus dem Produkt aller getriebenen Durchmesser durch das aller treibenden, also $d_2 \cdot d_4 \cdot \ldots d_{ng} : d_3 \cdot d_5 \cdot \ldots d_{nt} = i$.

$$i = \frac{n_a}{n_e} = \frac{d_{getr}}{d_{tr}} = \frac{d_2 \cdot d_4 \cdot \ldots d_{ng}}{d_1 \cdot d_3 \ldots d_{nt}}$$

$$n_e = \frac{n_a}{i} \qquad n_a = i \cdot n_e$$

$$d_{getr} = i \cdot d_{tr} \qquad d_{tr} = \frac{d_{getr}}{i}$$

Beispiel 1 In einem Riementrieb läuft die treibende Scheibe mit 80 min^{-1}, die getriebene mit 320 min^{-1}. Wie groß ist das Übersetzungsverhältnis?

Lösung geg.: n_a = 80 min^{-1}, n_e = 320 min^{-1}
ges.: i

$$\underline{i_1} = \frac{n_a}{n_e} = \frac{80 \text{ min}^{-1}}{320 \text{ min}^{-1}}$$

Es ist üblich, das Verhältnis als Bruch durch den Doppelpunkt auszudrükken und auf 1 zu beziehen. Wir schreiben 1 : n und lesen „eins zu…". Um dieses Ergebnis zu erhalten, teilen wir den Zähler durch sich selbst, im vorliegenden Falle also 80 min^{-1}/80 min^{-1} und den Nenner durch den Zähler. Wir erhalten dann

$$\underline{i = 1 : 4}$$

Beispiel 2 In einem Keilriementrieb wird n_a = 350 min^{-1}, n_e = 300 min^{-1} gemessen. Wie groß ist das Übersetzungsverhältnis?

Lösung geg.: n_a = 350 min^{-1}, n_e = 300 min^{-1}
ges.: i

Wir gehen wie unter Beispiel 1 beschrieben vor und erhalten.

$$\underline{i = 1 : 0{,}857}$$

Betrachten wir die Ergebnisse des 1. und 2. Beispiels als Brüche und rechnen diese aus, erhalten wir für 1. ein Ergebnis < 1, für 2. eins > 1. Wir erkennen daran, ob es eine Übersetzung *„ins Schnelle"* oder *„Langsame"* ist. Im letzten Falle gibt man das Übersetzungsverhältnis wie n : 1 an. Wir erhalten dann

$$\underline{i_1} = \frac{350 : 300}{300 : 300} = \underline{1{,}2 : 1}$$

Beispiel 3 Berechnen Sie das Gesamtübersetzungsverhältnis des in Bild **22.2** skizzierten Riementriebes.

Schaltstufe I

$$\underline{i_1} = \frac{n_a}{n_{e1}} = \frac{900 \text{ min}^{-1}}{406 \text{ min}^{-1}} = \underline{1 : 0{,}45}$$

$$\underline{i_1 = 2{,}2 : 1}$$

Schaltstufe II

$$\underline{i_2} = \frac{n_a}{n_{e2}} = \frac{900 \text{ min}^{-1}}{56 \text{ min}^{-1}} = \underline{1 : 0{,}06} = \underline{16 : 1}$$

Das Übersetzungsverhältnis in Schaltstufe I ist 1 : 0,45 (2,2 : 1), in Schaltstufe II 1 : 0,06 (16 : 1).

Aufgaben

1. Ein E-Motor treibt mit einer Drehzahl von 1440 min^{-1} über einen Flachriemen eine Pumpe an. Der Riemenscheibendurchmesser am Motor beträgt 150 mm. Welchen Durchmesser muss die Scheibe an der Pumpe haben, wenn deren Drehzahl 80 min^{-1} betragen soll?
2. Eine Schleifscheibe hat einen Durchmesser von 180 mm und soll mit 50 m/s laufen. Welchen Durchmesser muss die Riemenscheibe am Antriebsmotor haben, wenn dieser mit 1440 min^{-1} läuft und der Riemenscheibendurchmesser an der Schleifscheibe 80 mm beträgt?
3. Ein Generator soll mit 4200 min^{-1} laufen. Der Wirkdurchmesser seiner Riemenscheibe beträgt 93 mm. a) Wie groß muss der Wirkdurchmesser der Riemenscheibe des Antriebsmotors mindestens sein, wenn dieser mit 3400 min^{-1} läuft? b) Wie groß ist das Übersetzungsverhältnis?
4. In einem doppelten Riementrieb beträgt die Enddrehzahl 240 min^{-1} bei einem Übersetzungsverhältnis i_{ges} von 8 : 1. Wie hoch ist die Drehzahl der treibenden Scheibe?
5. Eine Schleifmaschine wird über Keilriemen angetrieben. Der Wirkdurchmesser der treibenden Scheibe beträgt 112 mm. a) Welche Drehzahl hat die getriebene Scheibe, wenn die Riemengeschwindigkeit 15 m/s und ihr Wirkdurchmesser 160 mm beträgt? Wie groß ist das Übersetzungsverhältnis?

22.1.2 Rädertrieb

Die Übersetzungen in Zahnradgetrieben werden genauso berechnet wie in Riementrieben. Wir müssen dabei jedoch besondere Zahnradmaße für Zahnräder (Bild **22.3**) berücksichtigen, die einwandfreies Kämmen der Zahnräder gewährleisten.

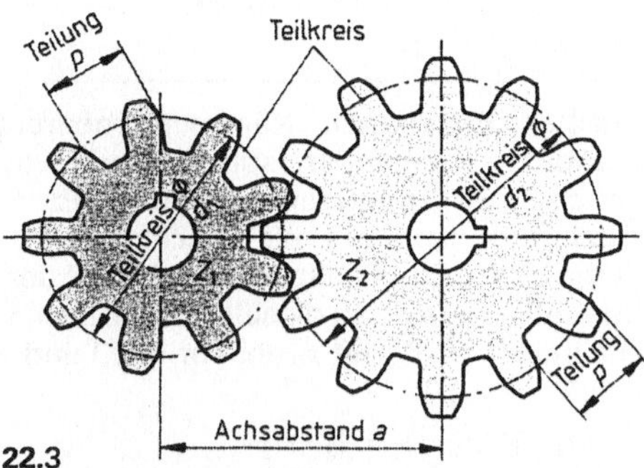

22.3

Teilung/Teilkreis/Modul. Die Teilung p eines geradverzahnten Zahnrades ist der Abstand von Zahn zu Zahn im Bogenmaß, gemessen auf dem Teilkreis, also der Bruchteil eines Kreises. Multiplizieren wir die Teilung p mit der Zahl der Zähne z, so erhalten wir den Umfang des Teilkreises. Er hat den Durchmesser d.

Gleichung A $\quad U = p \cdot z = d \cdot \pi$

Kämmen Zahnräder miteinander, wälzen sich deren Teilkreise aufeinander ab. Wir müssen deshalb den Teilkreisdurchmesser kennen. Wir errechnen ihn aus Gleichung A.

$$d \cdot \pi = p \cdot z \qquad\qquad d = \frac{p \cdot z}{\pi}$$

z muss ganzzahlig sein. Damit der Teilkreisdurchmesser eine einfach messbare Zahl ist, wurden Zahlen als Quotient von p und π errechnet und als Modul m mit der Einheit mm genormt.

Der Teilkreisdurchmesser lässt sich nun ebenfalls leicht als Produkt aus Modul m und Zähnezahl z errechnen.

$$d = m \cdot z \qquad p = m \cdot \pi \qquad z = \frac{d}{m}$$

Beispiel 1 Wie viel Zähne hat ein Zahnrad bei einem Teilkreisdurchmesser von 80 mm und Modul 2?

Lösung geg.: $m = 2\,\text{mm}$ $\qquad$ ges.: z
$\qquad\qquad d = 80\,\text{mm}$

$$z = \frac{d}{m} = \frac{80\,\text{mm}}{2\,\text{mm}} = \mathbf{40}$$

Das Zahnrad hat 40 Zähne.

Beispiel 2 Bestimmen Sie a) Teilkreisdurchmesser und b) Teilung eines Zahnrades mit 60 Zähnen, Modul 4.

Lösung geg.: $m = 4\,\text{mm}$ $\qquad$ ges.: d in mm
$\qquad\qquad z = 60$ $\qquad\qquad\qquad p$ in mm

a) $d = m \cdot z = 4\,\text{mm} \cdot 60 = \mathbf{240\ mm}$

Der Teilkreisdurchmesser beträgt 240 mm.

b) Wir wollen den Wert aus der Tabelle heraussuchen und nachrechnen.

$p = 12{,}566\ \text{mm}$ (lt. Tabelle)

$p = m \cdot \pi = 4\,\text{mm} \cdot \pi = 12{,}566\ \text{mm}$.

Die Teilung beträgt 12,566 mm.

Achsabstand in Rädertrieben

In einem Rädertrieb muss der Achsabstand genau eingehalten werden. Außerdem müssen die kämmenden Zahnräder den gleichen Modul haben.

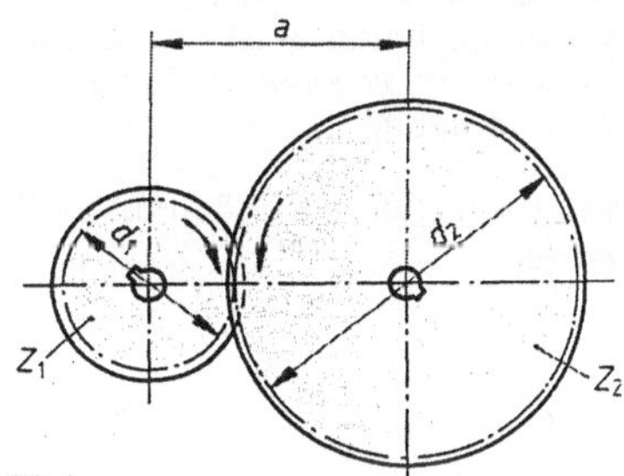

22.4

Bild **22.4** zeigt schematisch zwei ineinander laufende Zahnräder in einer Außenverzahnung. Der Achsabstand a errechnet sich, indem die Teilkreisradien $\dfrac{d_1}{2}$ und $\dfrac{d_2}{2}$ addiert werden. Weil sich der Teilkreis aus dem Modul m und der Zähnezahl z berechnen lässt, können wir schreiben

Tabelle **22.1** Modulreihe nach DIN 780

Modul	0,2	0,25	0,3	0,4	0,5	0,6	0,7	0,8	0,9	1,0	1,25
Teilung	0,628	0,785	0,943	1,257	1,571	1,885	2,199	2,513	2,827	3,142	3,927
Modul	1,5	2,0	2,5	3,0	4,0	5,0	6,0	8,0	10,0	12,0	16,0
Teilung	4,712	6,283	7,854	9,425	12,566	15,708	18,850	25,132	31,416	37,699	50,265

$$a = \frac{d_1}{2} + \frac{d_2}{2} = \frac{m \cdot z_1}{2} + \frac{m \cdot z_2}{2} = \frac{m \cdot (z_1 + z_2)}{2}$$

$$a = \frac{m \cdot (z_1 + z_2)}{2}$$

$$z_1 = \frac{2 \cdot a}{m} - z_2 \qquad z_2 = \frac{2 \cdot a}{m} - z_1$$

$$m = \frac{2a}{z_1 + z_2}$$

Beispiel 1   Wie groß muss der Achsabstand zweier Zahnräder Modul 2 mit $z_1 = 20$ und $z_2 = 45$ Zähnen sein.

Lösung   geg.: $z_1 = 20$, $z_2 = 45$, $m = 2$ mm
ges.: a in mm

$$a = \frac{m \cdot (z_1 + z_2)}{2}$$

$$= \frac{2\,\text{mm} \cdot (20 + 40)}{2} = 60\ \text{mm}$$

Der Achsabstand muss 60 mm betragen.

Beispiel 2   In einem Rädertrieb, Modul 1,5, beträgt der Achsabstand 82,5 mm. Das treibende Zahnrad z_2 ist mit 30 Zähnen versehen. Wie viel Zähne hat das zweite Zahnrad?

Lösung   geg.: $m = 1,5$ mm, $a = 82,5$ mm, $z_1 = 30$
ges.: z_2

$$z_2 = \frac{2 \cdot a}{m} - z_1$$

$$= \frac{2 \cdot 82,5\,\text{mm}}{1,5\,\text{mm}} - 30 = 80$$

Das getriebene Zahnrad hat 80 Zähne.

Einfacher Rädertrieb. Hier kämmt ein Räderpaar miteinander (Bild 22.4). Weil die Teilkreise beider Räder aufeinander abwälzen, müssen die Umfangsgeschwindigkeiten gleich sein.

Gleichung A $d_1 \cdot \pi \cdot n_1 = d_2 \cdot \pi \cdot n_2$

Der Teilkreisdurchmesser ist $d = m \cdot z$. Wir setzen das in Gleichung A ein und erhalten

$m \cdot z_1 \cdot \pi \cdot n_1 = m \cdot z_2 \cdot \pi \cdot n_2$

Wir teilen beide Seiten durch π und m.

$z_1 \cdot n_1 = z_2 \cdot n_2$

Wir schreiben die Drehzahlen auf die eine und die Zähnezahlen auf die andere Seite.

$$\frac{n_1}{n_2} = \frac{z_2}{z_1}$$

> Im einfachen Rädertrieb verhalten sich die Drehzahlen umgekehrt wie die Zähnezahlen.

Mehrfacher Rädertrieb. Kämmen mehrere Zahnradpaare ineinander, sprechen wir von doppeltem oder mehrfachem Rädertrieb. In Bild **22.5** treibt das Rad I mit der Zähnezahl z_1 Rad II mit z_2 an. Rad III sitzt mit Rad II auf derselben Welle, muss also dieselbe Drehzahl haben. Es treibt Rad IV mit z_4 an. Für Rad I und II gilt

Gleichung A $z_1 \cdot n_1 = z_2 \cdot n_2$

Für Rad III und IV

Gleichung B $z_3 \cdot n_3 = z_4 \cdot n_4$

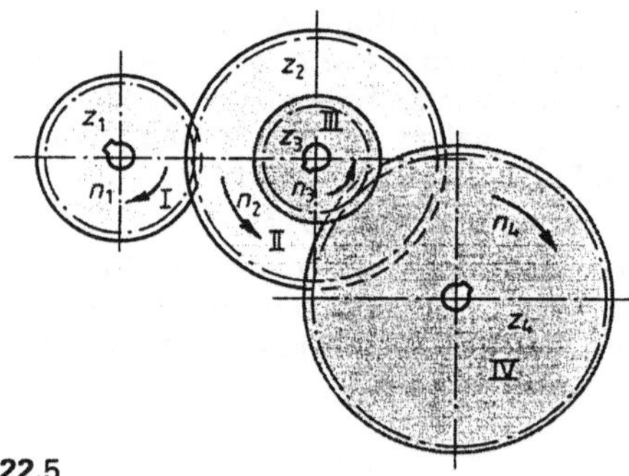

22.5

Die Drehzahlen von Rad II und III sind gleich.

$n_2 = n_3$

Stellen wir die Gleichungen A und B entsprechend um, erhalten wir

$$n_2 = \frac{z_1 \cdot n_1}{z_2} \qquad n_3 = \frac{z_4 \cdot n_4}{z_3}$$

$$\frac{z_1 \cdot n_1}{z_2} = \frac{z_4 \cdot n_4}{z_3}$$

Wir bringen jetzt Drehzahlen und Zähnezahlen jeweils auf eine Seite.

$$\frac{n_1}{n_4} = \frac{z_2 \cdot z_4}{z_1 \cdot z_3}$$

> Im mehrfachen Rädertrieb verhält sich die Anfangsdrehzahl zur Enddrehzahl wie das Produkt der Zähnezahlen der getriebenen zu dem der treibenden Zahnräder.

Übersetzungsverhältnis. Hier gilt ähnliches wie beim Riementrieb. Wir setzen Anfangs- und Enddrehzahl oder die Zähnezahlen der getriebenen bzw. treibenden Zahnräder in das entsprechende Verhältnis.

Beispiel   In einem Rädertrieb hat das treibende Zahnrad 24, das getriebene 120 Zähne. Wie groß ist das Übersetzungsverhältnis?

Lösung   geg.: $z_1 = 24$, $z_2 = 120$
ges.: i

$$i = \frac{z_2}{z_1} = \frac{120}{24} = 1 : 0{,}2 = 5 : 1$$

Das Übersetzungsverhältnis ist 1 : 0,2 = 5 : 1.

Zwischenrad. Soll der Drehsinn eines Rades in einem Rädertrieb umgekehrt werden, verwendet man ein Zwischenrad. Wir wollen uns anschauen, welchen Einfluss das Zwischenrad auf das Übersetzungsverhältnis hat. In Bild **22.6** treibt Rad I Rad II und dieses wiederum Rad III mit den Zähnezahlen z_1, z_2 und z_3.

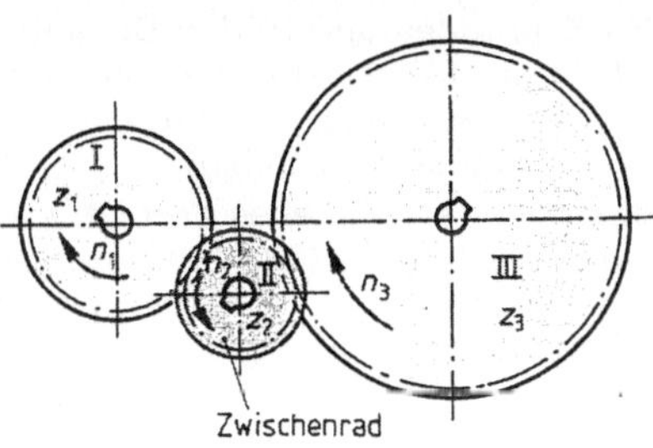

22.6

Wir können folgende Gleichungen aufstellen:

Gleichung A $\dfrac{n_1}{n_2} = \dfrac{z_2}{z_1}$; $n_2 = \dfrac{n_1 \cdot z_1}{z_2}$

Gleichung B $\dfrac{n_2}{n_3} = \dfrac{z_3}{z_2}$; $n_2 = \dfrac{n_3 \cdot z_3}{z_2}$

Wir setzen Gleichung A und B gleich ($n_2 = n_2$) und multiplizieren beide Seiten mit z_2. z_2 kürzt sich dann heraus.

$$\frac{n_1 \cdot z_1 \cdot \cancel{z_2}}{\cancel{z_2}} = \frac{n_3 \cdot z_3 \cdot \cancel{z_2}}{\cancel{z_2}}$$

Wir bringen Drehzahlen und Zähnezahlen jeweils auf eine Seite und erhalten

$$n_1 : n_3 = z_3 : z_1$$

> Das Zwischenrad hat keinen Einfluss auf das Übersetzungsverhältnis. Es kehrt lediglich den Drehsinn um.

$\dfrac{n_1}{n_2} = \dfrac{z_2}{z_1}$	$\dfrac{n_a}{n_e} = \dfrac{z_2 \cdot z_4 \cdot \ldots \cdot z_{ng}}{z_1 \cdot z_3 \cdot \ldots \cdot z_{nt}}$
$n_1 = \dfrac{z_2 \cdot n_2}{z_1}$	$z_1 = \dfrac{z_2 \cdot n_2}{n_1}$
$n_2 = \dfrac{z_1 \cdot n_1}{z_2}$	$z_2 = \dfrac{z_1 \cdot n_1}{n_2}$
$i = \dfrac{n_a}{n_e} = \dfrac{z_2}{z_1} = \dfrac{z_2 \cdot z_4 \cdot \ldots \cdot z_{ng}}{z_1 \cdot z_3 \cdot \ldots \cdot z_{nt}}$	

Beispiel 1   In einem Rädertrieb hat das treibende Zahnrad 24 Zähne, das getriebene 96. a) Welche Drehfrequenz hat das getriebene Rad, wenn der Antriebsmotor mit 1440 min^{-1} läuft? b) Wie groß ist das Übersetzungsverhältnis?

Lösung   geg.: $n_1 = 1440$ min^{-1}, $z_1 = 24$, $z_2 = 96$
ges.: n_2, i

a) $n_2 = \dfrac{z_1 \cdot n_1}{z_2}$

$$= \frac{24 \cdot 1440 \text{ min}^{-1}}{96} = 360 \text{ min}^{-1}$$

Das getriebene Zahnrad läuft mit 360 min^{-1}.

b) $i = \dfrac{n_a}{n_e} = \dfrac{1440 \text{ min}^{-1}}{360 \text{ min}^{-1}}$

$$i = 1 : 0{,}25 = 4 : 1$$

Das Übersetzungsverhältnis ist 1 : 0,25 (4 : 1).

Beispiel 2 Bild **22**.7 zeigt ein einfaches Verschieberadgetriebe. Mit dem Schalthebel
lassen sich zwei Stufen schalten. Berechnen Sie a) die jeweilige Enddrehzahl in der Schaltstufe I bzw. II. b) Das
jeweilige Übersetzungsverhältnis in
Stufe I bzw. II.

Lösungen geg.: $n_a = 1440\ \text{min}^{-1}$ ges.: n_{eI}, n_{eII}
$z_1 = 80,\ z_2 = 60$ $i_I,\ i_{II}$
$z_3 = 40,\ z_4 = 100$

a) $\underline{\underline{n_{eI}}} = \dfrac{z_1 \cdot n_a}{z_2} = \dfrac{80 \cdot 1440\ \text{min}^{-1}}{60}$

$= 1920\ \text{min}^{-1}$

$\underline{\underline{n_{eII}}} = \dfrac{z_4 \cdot n_a}{z_3} = \dfrac{40 \cdot 1440\ \text{min}^{-1}}{100}$

$= 576\ \text{min}^{-1}$

**In Schalthebelstellung I beträgt die
Drehzahl 1920 min⁻¹.**

**In Schalthebelstellung II beträgt die
Drehzahl 576 min⁻¹.**

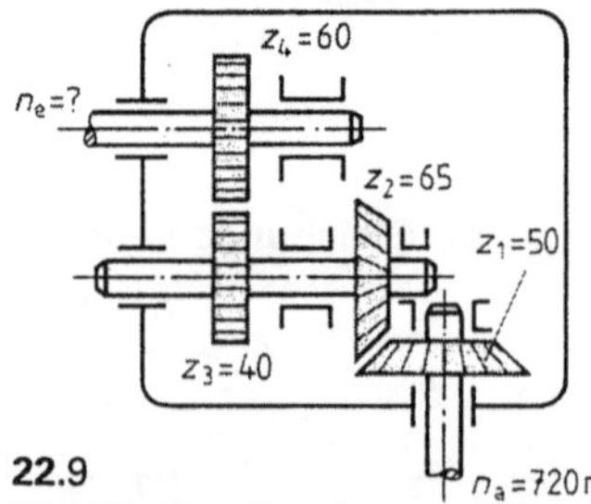

22.7

b) $\underline{\underline{i_I}} = \dfrac{z_2}{z_1} = \dfrac{60}{80} = \underline{\underline{1:1,33}}$

$\underline{\underline{i_{II}}} = \dfrac{z_4}{z_3} = \dfrac{100}{40} = \underline{\underline{1:0,4 = 2,5:1}}$

**Das Übersetzungsverhältnis in Stufe
I ist 1 : 1,33.**

**Das Übersetzungsverhältnis in Stufe
II ist 1 : 0,4 oder 2,5 : 1.**

Aufgaben

1. Das treibende Zahnrad in einem Rädertrieb hat
   20, das getriebene 45 Zähne Modul 2. a) Wie
   groß ist die Teilung? b) Wie groß sind die Teilkreisdurchmesser?

2. In einem Antrieb mit einer Übersetzung 1:0,4
   läuft der Antriebsmotor mit 3000 min⁻¹. Welche
   Drehzahl wird an der Abtriebsseite gemessen?

3. Bild **22**.8 zeigt das Prinzip eines mehrfachen
   Rädertriebes. Berechnen Sie die Drehzahlen
   der Wellen II – III und das Gesamtübersetzungsverhältnis.

4. In einem Rädertrieb kämmen zwei Zahnräder
   mit 24 und 36 Zähnen Modul 2. Wie groß muss
   der Achsabstand sein?

5. Der Achsabstand zweier Zahnräder mit 26 und
   65 Zähnen beträgt 182 mm. Wie groß ist deren
   Teilung?

6. Im Antrieb eines Aufzuges hat das Zahnrad an
   der Motorwelle 24 Zähne Modul 3. Der Motor
   läuft mit 720 min⁻¹. Berechnen Sie a) die Teilung des Zahnrades und b) den Durchmesser
   des Teilkreises. c) Wie viel Zähne muss das getriebene Zahnrad haben, wenn am Abtrieb
   90 min⁻¹ vorhanden sein sollen?

7. Das Getriebe eines Antriebes besteht u. a. aus
   Kegel- und Stirnrädern (Bild **22**.9). Berechnen
   Sie a) die Drehzahl an der Abtriebswelle, b) das
   Gesamtübersetzungsverhältnis.

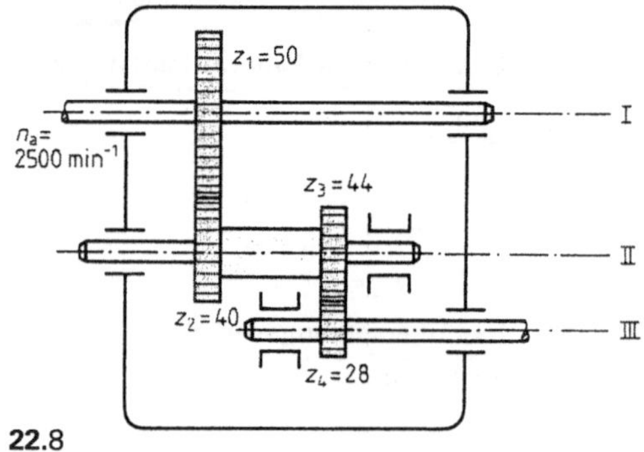

22.8

22.9

8. Bild **22**.10 zeigt ein geschaltetes Verschieberadgetriebe. Wie groß ist die Drehzahl am Dreibak-
   kenfutter?

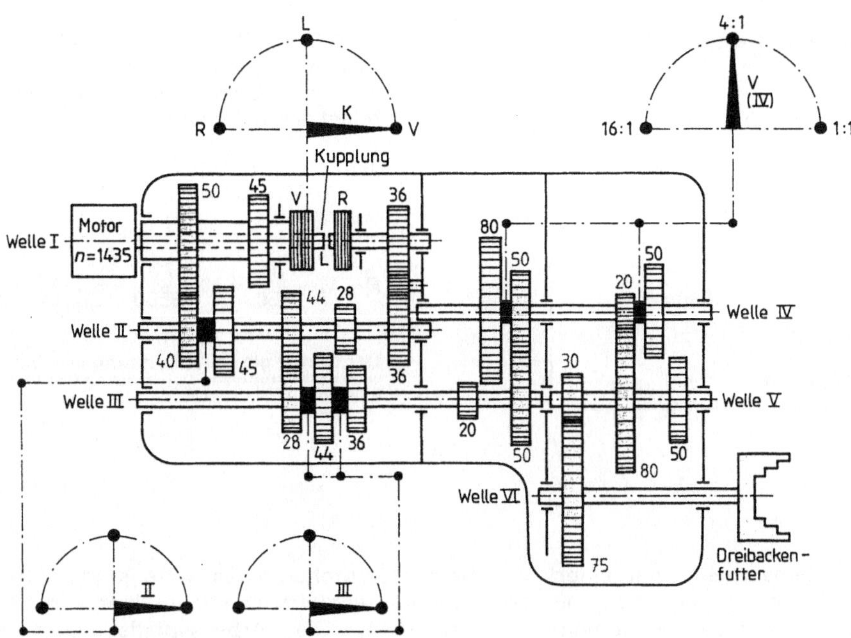

22.10

22.1.3 Drehmomente in Riemen- und Rädertrieben

Soll z. B. eine Last gehoben werden, ist ein wesentliches Indiz für die Leistung des Hebezeuges das Drehmoment. Bild **22.11** zeigt die Skizze eines Rädertriebes, mit deren Hilfe wir die Formelableitung verstehen wollen.

Das Zahnrad Z treibt über das Zahnrad Z_1 die Welle W an. Der Antrieb erfolgt durch einen

Motor mit einer bestimmten Leistung. Auf das Zahnrad Z_1 wirkt am Hebelarm r eine Kraft F, es entsteht ein Drehmoment. Gefragt ist, wie sich dieses auf die Leistung des Antriebes auswirkt. Wir wissen, dass Leistung Arbeit pro Zeiteinheit ist. Also

$$\text{Leistung} = \frac{\text{Kraft} \cdot \text{Weg}}{\text{Zeit}} \qquad P = \frac{F \cdot s}{t}$$

Weg/Zeit ist eine Geschwindigkeit.

$$P = F \cdot v$$

Die Umfangsgeschwindigkeit in m/s ist

$$v = \frac{d \cdot \pi \cdot n}{1000 \cdot 60}.$$

Für d setzen wir $2r$. $\quad P = \dfrac{F \cdot 2r \cdot \pi \cdot n}{1000 \cdot 60}$

Setzen wir die Einheiten ein, erhalten wir folgende Gleichung

$$P = \frac{2\pi \cdot F\,[\text{N}] \cdot r\,[\text{mm}] \cdot n\,[\text{min}^{-1}]\,[\text{m}] \quad [\text{min}]}{1000\,[\text{mm}] \cdot 60\,[\text{s}]}$$

Wenn wir kürzen, erhalten wir als Einheit Nm/s. $F \cdot r$ ist ein Drehmoment M.

Wir erhalten

$$P = \frac{2\pi \cdot M \cdot n}{1000 \cdot 60} \qquad \text{oder} \qquad M = \frac{1000 \cdot 60 \cdot P}{2 \cdot \pi \cdot n}$$

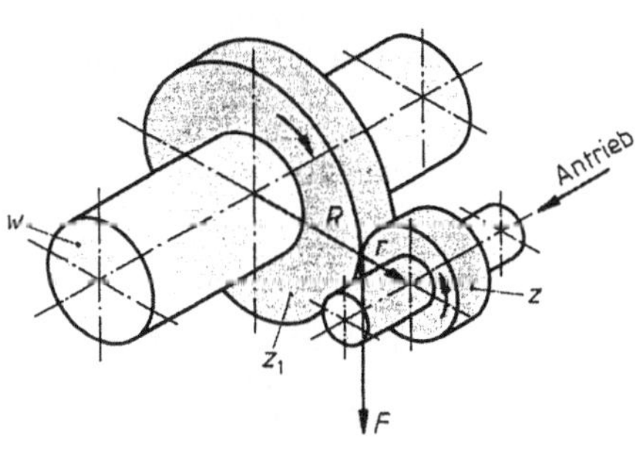

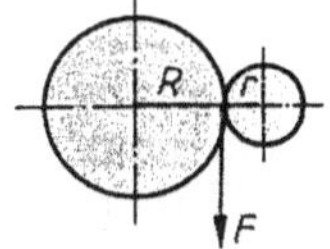

22.11

Wir rechnen die Zahlenwerte aus und erhalten unsere Formeln.

$$M = 9550 \cdot \frac{P}{n} \qquad\qquad P = M \cdot \frac{n}{9550}$$

$$P = F \cdot r \cdot \frac{n}{9550}$$

$$F = \frac{9550 \cdot P}{r \cdot n} \qquad\qquad r = \frac{9550 \cdot P}{F \cdot n}$$

P in kW $\qquad$ M in Nm $\qquad$ n in min^{-1}

Beispiel Ein E-Motor überträgt bei einer Drehzahl von 720 min^{-1} ein Drehmoment von von 70 Nm. Welche Leistung bringt der Motor auf?

Lösung $\quad$ geg.: n = 720 min^{-1} $\quad$ ges.: P in kW
$\qquad\qquad$ M = 70 Nm

$$\underline{\underline{P}} = M \cdot \frac{n}{9550} = 70 \cdot \frac{720}{9550} = \underline{\underline{5,3 \text{ kW}}}$$

Der Motor gibt eine Leistung von 5,3 kW ab.

Aufgaben

1. Die Scheibe eines Riementriebes hat einen Durchmesser von 200 mm. Sie läuft mit 1200 min^{-1}. Welche Kraft wirkt auf den Riemenquerschnitt, wenn eine Leistung von 5 kW übertragen wird?

2. Zum Heben einer Last bringt ein E-Motor eine Leistung von 6,2 kW auf. Die Drehzahl wird mit 800 min^{-1} gemessen. Welches Drehmoment entwickelt er?

3. Beim Überdrehen eines Bolzens von 200 mm Durchmesser wird eine Schnittkraft von 1,5 kN gemessen. Die Arbeitsspindel läuft mit 143 min^{-1}. Welche Leistung muss am Abtrieb des Getriebes abgegeben werden?

4. Ein Flachriementrieb läuft mit 960 min^{-1}. Die Zugkraft am Riemen wird mit 675 N, die Leistung mit 6 kW gemessen. Welchen Durchmesser hat die Riemenscheibe?

22.1.4 Zahnstangentrieb

Bild **22.12** zeigt einen Zahnstangentrieb. Mit ihm kann eine Drehbewegung in eine geradlinige oder eine geradlinige Bewegung in eine Drehbewegung umgesetzt werden. Damit Zahnstange und Zahnrad einwandfrei kämmen, müssen die Teilungen übereinstimmen.

Dreht sich das Zahnrad einmal, d. h. um 360°, hat die Zahnstange einen Weg s zurückgelegt, der dem Teilkreisumfang U entspricht. Wir wissen, dass der Teilkreisdurchmesser aus Modul m und Zähnezahl z berechnet wird. Den Teilkreisumfang errechnen wir nach der Kreisformel.

$$U = d \cdot \pi = m \cdot z \cdot \pi$$

Dreht sich das Zahnrad nur um einen Winkel α, bewegt sich die Zahnstange um das entsprechende Bogenmaß. Wir können nun den Weg s der Zahnstange für jede beliebige Drehung ausrechnen.

Wollen wir die Geschwindigkeit v im Zahnstangentrieb berechnen, müssen wir den Teilkreisumfang U mit der Drehzahl n des Zahnrades multiplizieren.

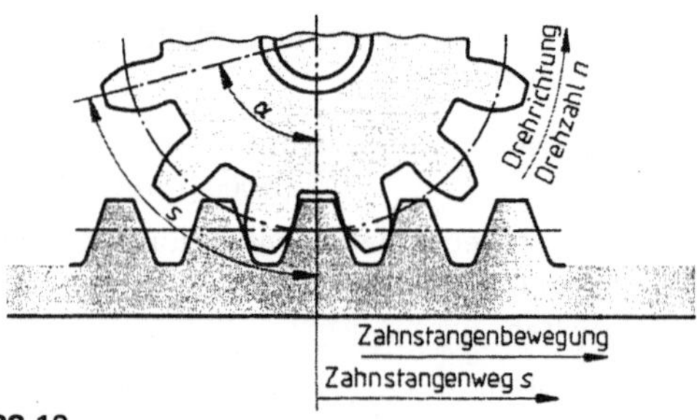

22.12

$$s = \frac{m \cdot z \cdot \pi \cdot \alpha}{360°}$$

$$z = \frac{360° \cdot s}{m \cdot \pi \cdot \alpha} \qquad \alpha = \frac{360° \cdot s}{m \cdot \pi \cdot z}$$

$$v = m \cdot z \cdot \pi \cdot n$$

$$z = \frac{v}{m \cdot \pi \cdot n} \qquad n = \frac{v}{m \cdot \pi \cdot z}$$

Beispiel 1 Um wie viel Millimeter bewegt sich eine Zahnstange, in die ein Zahnrad mit 36 Zähnen Modul 4 greift, wenn sich das Rad 2,5-mal dreht?

Lösung geg.: $z = 36$ ges.: s

$m = 4\,\text{mm}$

$\alpha = 2,5 \cdot 360° = 900°$

$$s = \frac{m \cdot z \cdot \pi \cdot \alpha}{360°} = \frac{4\,\text{mm} \cdot 36 \cdot \pi \cdot 900°}{360°}$$

$s = 1131$ mm

Die Zahnstange bewegt sich um 1131 mm.

Beispiel 2 Ein 7 m breites Hofschiebetor wird durch einen Elektromotor geöffnet bzw. geschlossen. Das Getriebe ist so untersetzt, dass das Ritzel auf der Abtriebswelle (24 Zähne, Modul 6) mit 18 min⁻¹ läuft. Wie viel Minuten dauert es, bis das geschlossene Tor vollständig geöffnet ist?

Lösung Geschwindigkeit v ist s/t. Wir berechnen als erstes die Geschwindigkeit, stellen dann die Geschwindigkeitsformel nach t um und erhalten so die Schließzeit, die wir gleich in Sekunden umrechnen. Für den Modul wählen wir in der Geschwindigkeitsgleichung die Einheit Meter (m).

geg.: $m = 6\,\text{mm}$ ges.: t in min

$z = 24$

$n = 18\,\text{min}^{-1}$

$s = 7\,\text{m}$

$$v = m \cdot z \cdot \pi \cdot n$$

$$= 0,006\,\text{m} \cdot 24 \cdot \pi \cdot 18\,\text{min}^{-1}$$

$v = 8,14$ m/min

$$t = \frac{s}{v} = \frac{7\,\text{m}}{8,14\,\text{m}} \cdot \frac{\text{min} \cdot 60\,s}{\text{min}} = \textbf{52 s}$$

Das Tor ist nach 52 s vollständig geöffnet.

22.1.5 Schneckentrieb

Bild **22.13** zeigt einen Schneckentrieb. Die Schnecke kann ein oder mehrgängig sein.

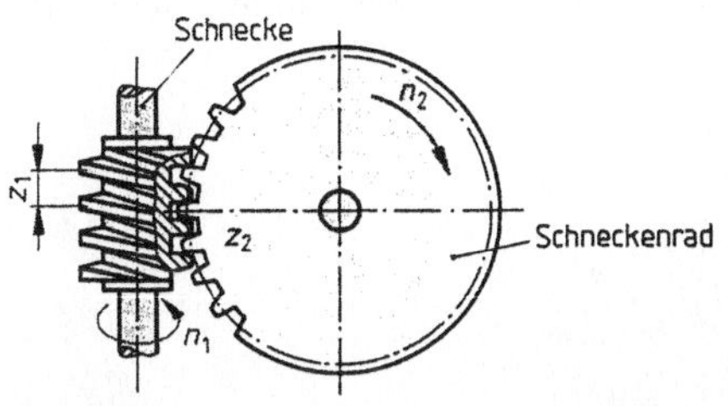

22.13

Dreht sich eine eingängige Schnecke einmal, wird das Schneckenrad um einen Zahn weiter gedreht, bei mehrgängigen Schnecken entsprechend der Gangzahl.

Die Gangzahl der Schnecke entspricht der Zähnezahl eines treibenden Zahnrades z_1.

Wir können nun Berechnungen durchführen, wie sie uns von Rädertrieb her bekannt sind.

$$n_1 \cdot z_1 = n_2 \cdot z_2$$

$$n_1 = \frac{n_2 \cdot z_2}{z_1} \qquad n_2 = \frac{n_1 \cdot z_1}{z_2}$$

$$z_1 = \frac{n_2 \cdot z_2}{n_1} \qquad z_2 = \frac{n_1 \cdot z_1}{n_2}$$

$$i = \frac{n_1}{n_2} = \frac{z_2}{z_1}$$

Beispiel In einem Antrieb mit einer zweigängigen Schnecke hat das Schneckenrad 80 Zähne. a) Wie viel Umdrehungen macht das Schneckenrad, wenn die Schnecke mit 720 min⁻¹ läuft? b) Wie groß ist das Übersetzungsverhältnis?

Lösung geg.: $z_1 = 2$ ges.: n_2 in min⁻¹, i

$z_2 = 80$

$n_1 = 720\,\text{min}^{-1}$

$$\text{a) } n_2 = \frac{n_1 \cdot z_1}{z_2} = \frac{720\,\text{min}^{-1} \cdot 2}{80} = \textbf{18 min}^{-1}$$

Das Schneckenrad läuft mit 18 min⁻¹.

$$\text{b) } i = \frac{n_1}{n_2} = \frac{720\,\text{min}^{-1}}{18\,\text{min}^{-1}} = \textbf{40 : 1}$$

Das Übersetzungsverhältnis ist 40 : 1.

Aufgaben

1. Wie groß ist der Zahnstangenvorschub eines Antriebes, wenn sich das Zahnrad (24 Zähne, Modul 3) um 75° dreht?

2. Ein Träger wird mit einer Zahnstangenwinde 125 mm angehoben. Wievielmal muss das Handrad gedreht werden (Bild **22.14**)?

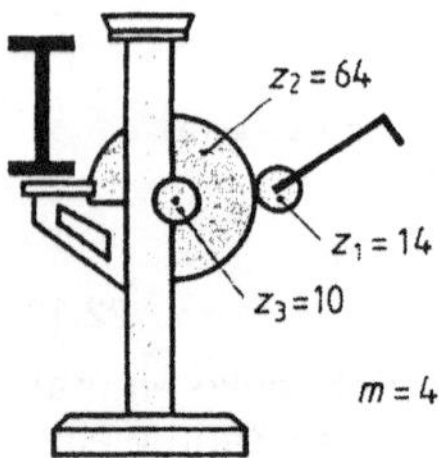

22.14

3. Ein Zahnrad (Modul 3) bewegt eine Zahnstange bei einem Drehwinkel von 270° um 424,1 mm. Wie viel Zähne hat das Rad?

4. Der Vorschub an einer Ständerbohrmaschine erfolgt von Hand. Ein Ritzel mit 20 Zähnen, Modul 4 greift in die Verzahnung der Pinole. Um welchen Winkel wird der Vorschubhebel bewegt, wenn ein 50 mm tiefes Loch gebohrt wird?

5. Eine zweigängige Schnecke treibt mit 1440 min⁻¹ ein Schneckenrad mit 78 Zähnen (Modul 4) an. Wie groß ist dessen Drehzahl?

6. Ein Rolltor wird mit einem Schneckenradgetriebe bewegt. Die Schnecke ist eingängig, das Schneckenrad hat 42 Zähne Modul 6. Mit welcher Drehzahl muss die Schnecke laufen, damit sich das Tor mit 12 cm/s bewegt?

7. Wie groß ist das Übersetzungsverhältnis zwischen einer 5-gängigen Schnecke und einem Schneckenrad mit 125 Zähnen?

8. Eine 3-gängige Schnecke treibt mit 1440 min⁻¹ ein Schneckenrad an. Das Übersetzungsverhältnis ist 15:1. a) Wie viel Zähne hat das Schneckenrad? b) Wie hoch ist dessen Drehzahl?

22.2 Berechnungen an Werkzeugmaschinen

22.2.1 Hauptnutzungszeiten

Drehen, Bohren, Reiben/Senken

Um die Bearbeitungskosten eines Werkstükkes berechnen zu können, muss die Hauptnutzungszeit t_h in der jeweiligen Bearbeitungsart bestimmt werden. Wir gehen von der uns bekannten Geschwindigkeitsformel $v = s/t$ aus und stellen diese nach t um. Wir erhalten

$$t = \frac{s}{v}$$

Bevor wir rechnen, müssen wir die fertigungsbezogenen Größen bestimmen. Bild **22.15** skizziert einen Arbeitsablauf beim Langdrehen. Der zur Spanabnahme zurückgelegte Weg l des Drehmeißels vergrößert sich um die Anlauflänge l_a und die Überlauflänge $l_ü$. Wir erhalten den Vorschubweg l_f.

$$l_f = l + l_a + l_ü$$

Die Geschwindigkeit, mit der die Meißelschneide den Span abnimmt, hängt von der Drehzahl n und dem Vorschub f (f für engl. feed) ab. Wir erhalten die Vorschubgeschwindigkeit v_f.

$$v_f = n \cdot f$$

Setzen wir in unserer Ausgangsformel für s l_f und für v v_f, erhalten wir die Hauptnutzungszeit für einen Arbeitsgang. Wird das Werkstück in mehreren Arbeitsgängen bearbeitet oder berechnen wir die Hauptnutzungszeit für mehrere Bohrungen, muss das Ergebnis mit deren Anzahl i multipliziert werden.

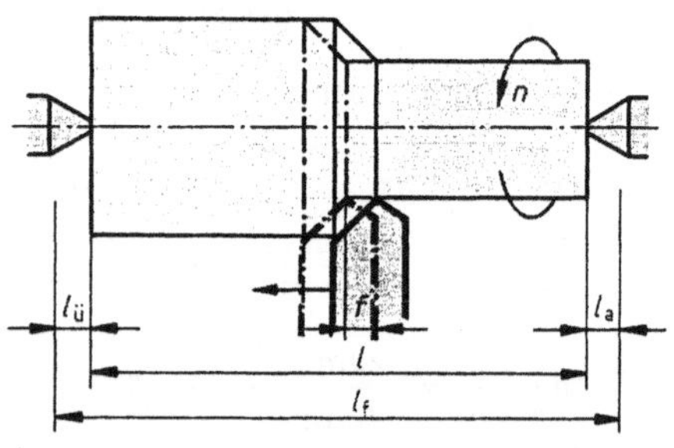

22.15

$$t_h = \frac{l_f \cdot i}{n \cdot f}$$

$$n = \frac{l_f \cdot i}{t_h \cdot f} \qquad\qquad f = \frac{l_f \cdot i}{t_h \cdot n}$$

Sofern die Drehzahlen nicht über Tabellen entnommen werden, sind sie nach der Formel

$$n = \frac{1000 \cdot v_c}{d \cdot \pi}$$

zu berechnen.

Mit diesen Grundformeln lassen sich alle für uns wichtigen Hauptnutzungszeiten berechnen. Wir müssen nur die dem Fertigungsverfahren entsprechenden Vorschubwege l_f, Drehzahlen n und Vorschübe f berücksichtigen.

Vorschubwege

Drehen. Beim *Langdrehen* wollen wir $l_a + l_ü \approx 5$ mm setzen.

Beim *Plandrehen* eines nicht gebohrten Werkstückes wird $l_f = l_a + (D/2)$, bei einem gebohrten Werkstück setzen wir $l_f = \frac{1}{2} \cdot (D - d) + l_a$ (Bild **22.16**).

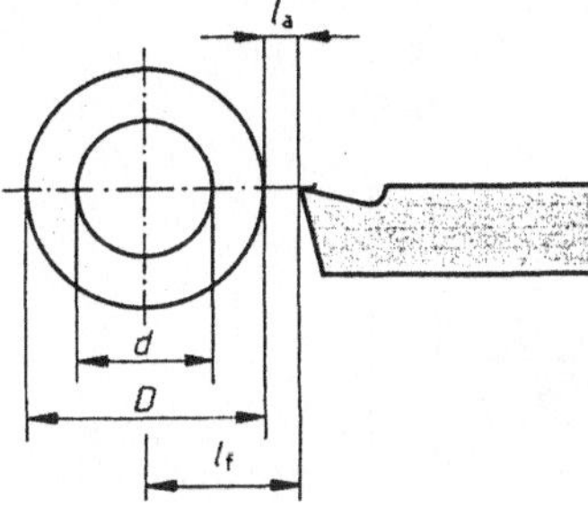

22.16

Bohren. Beim Bohren unterscheiden wir zwischen der Fertigung eines Durchgangs- oder Sackloches (Bild **22.17** a bis b). Der Mindestanschnitt ist vom Spitzenwinkel des Werkzeuges und dem Durchmesser abhängig (Tabelle **22.2**).

Tabelle **22.2** Mindestanschnittlängen für Bohrwerkzeuge

Werkstoff	St, GG, Cu-Leg.	Kunststoffe	Leichtmetalle
Spitzenwinkel	118°	80°	130°
Anschnitt l_a	$0,3 \cdot d$	$0,6 \cdot d$	$0,2 \cdot d$

Reiben/Senken. Beim Reiben und Senken können wir den Anschnitt nach der Formel $l_a = 0,3 \cdot d$ berechnen. Wenn ein Durchgangsloch gerieben wird, müssen wir noch einmal $l_ü = l_a$ hinzufügen. Die Größe der Vorschubwege ist in Tabelle **22.3** zusammengestellt.

Tabelle **22.3** Vorschubwege l_f

	St, GG, Cu-Leg.	Kunststoffe	Leichtmetalle
Bohren			
Durchgangsloch	$0,6 \cdot d + l$	$1,2 \cdot d + l$	$0,4 \cdot d + l$
Sackloch	$0,3 \cdot d + l$	$0,6 \cdot d + l$	$0,2 \cdot d + l$
Reiben			
Durchgangsloch	$0,6 \cdot d + l$	$1,2 \cdot d + l$	$0,4 \cdot d + l$
Sackloch	$0,3 \cdot d + l$	$0,6 \cdot d + l$	$0,2 \cdot d + l$
Senken	$0,1 \cdot d + l$		

Vorschubgeschwindigkeit. Die zum Erreichen der Vorschubgeschwindigkeit benötigten Werte für die Drehzahl n entnehmen wir Maschinentafeln (Bild **22.18**). Werden keine Drehzahlbereiche dargestellt, setzen wir bei Stufenradgetrieben die kleinere schaltbare Drehzahl in unsere Rechnung ein. Bei stufenlos schaltbaren Getrieben berechnen wir die Drehzahl nach der Formel $n = \dfrac{1000 \cdot v_c}{d \cdot \pi}$ in m/min. Werte für den Vorschub f entnehmen wir Tabellenbüchern. Ausgewählte Werte können wir aus Tabelle **22.4** ablesen. Sie kann auch Bohr-, Reib- und Senkarbeiten zugrunde gelegt werden.

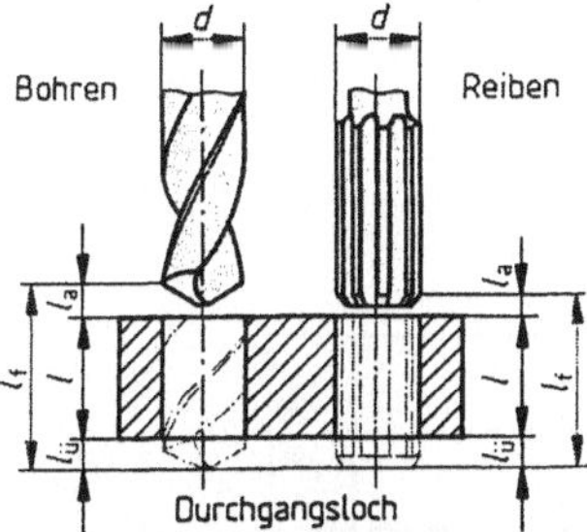

22.17a) Durchgangsloch

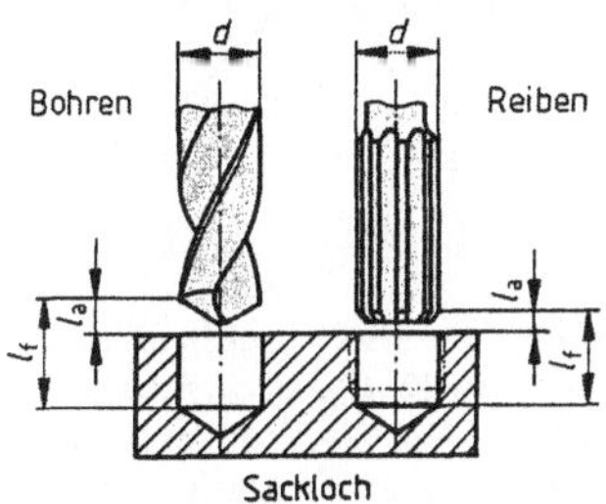

22.17b) Sackloch

Tabelle **22.4** Abhängigkeit von Schnittgeschwindigkeit, Werkstoff, Werkzeug und Vorschub

Werkstoff	Werkzeug	Vorschub f in mm/U					Werkzeug	Vorschub f in mm/U					
		0,1	0,2	0,4	0,8	1,6		0,1	0,2	0,4	0,8	1,6	3,2
St 44-2	HM S1	300	265	212	170	–	HM S3	–	–	95	80	67	56
	HM S2	180	160	140	118	106	HSS-Stahl	70	60	48	34	25	19
St 50-2	HM S1	265	224	180	140	–	HM S3	–	–	80	67	56	48
	HM S2	160	140	118	100	85	HSS-Stahl	60	48	36	27	20	15
St 60-2	HM S1	236	200	170	140	–	HM S3	–	–	67	56	48	40
	HM S2	140	118	100	85	71	HSS-Stahl	48	40	30	22	16	12
GS-38	HM S1	150	125	106	90	–	HM S3	–	–	43	36	30	25
	HM S2	90	75	63	53	45	HSS-Stahl	60	50	38	28	21	16
GG-20	HM H1	100	85	71	60	50	HSS-Stahl	40	30	20	13	9,5	6,3
	HM G1	600	530	450	400	355							

Tafelwerte beim Abdrehen von Schmiede-, Walz- und Gusskruste um 30% bis 50% verringern.

$v_{c\,\text{drehen}} = v_{c\,\text{bohren}} = v_{c\,\text{senken}}$ $f_{\text{drehen}} = f_{\text{bohren}} = f_{\text{reiben}}$ $v_{c\,\text{reiben}} = 0{,}25 \cdot v_{c\,\text{bohren}}$ $f_{\text{senken}} = 1{,}18 \cdot f_{\text{bohren}}$

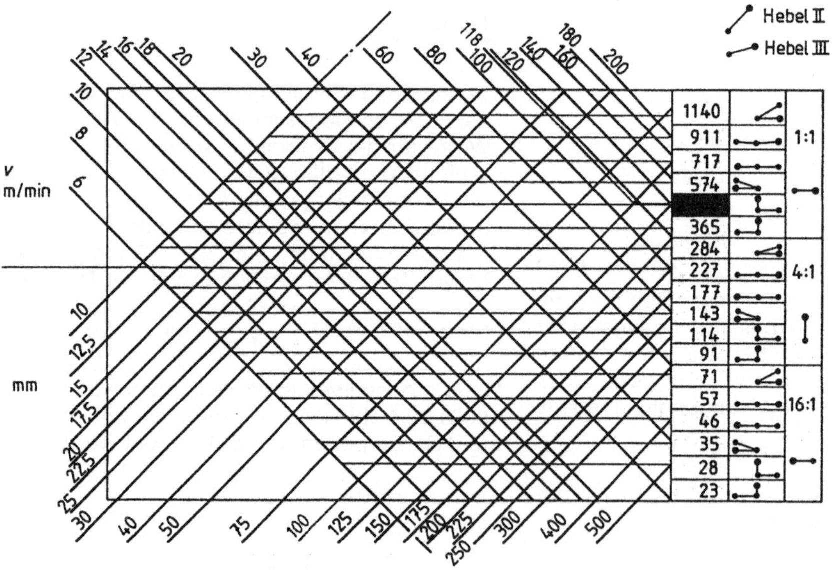

22.18

Beispiel 1 Berechnen Sie die Hauptnutzungszeit des in Bild **22.**19 skizzierten Drehteiles aus St 44-2. Werkzeugwerkstoff Hartmetall S2. Das Teil soll einseitig plangedreht werden. Der Durchmesser des Rohteiles beträgt 110 mm.

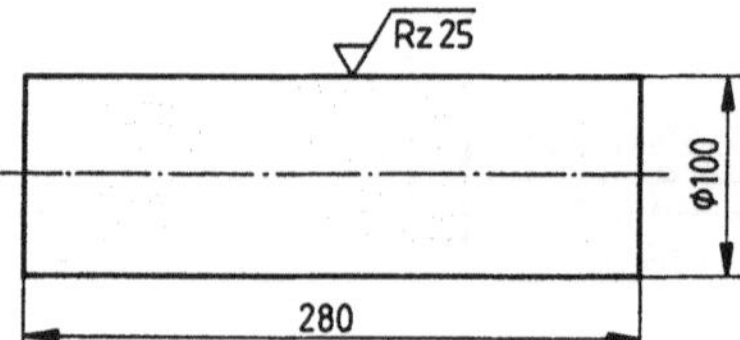

22.19

Lösung Bevor wir t_h berechnen, müssen wir erforderliche Werte aus den Tabellen ermitteln. Die Oberflächenbeschaffenheit wird mit R_z 25 angegeben, das heißt, sie ist geschruppt. Wir können einen relativ großen Vorschub wählen und entscheiden uns für $f = 0{,}8$ mm/U. Aus Tabelle **22.4** lesen wir die zulässige Schnittgeschwindigkeit $v_c = 118$ m/min, aus der Maschinentafel (Bild **22.18**) die zulässige Drehfrequenz $n = 456$ min^{-1} ab. Das Rohteil kann mit einem Span auf Maß gedreht werden. Wir können nun rechnen.

geg.: $l = 280$ mm, $l_{f\,pl} = 285$ mm

$l_a + l_{\ddot{u}} = 5$ mm, $l_{f\,lg} = 52{,}5$ mm

$f = 0{,}8$ mm/U, $n = 456$ U/min,

$i = 1$

ges.: $t_{h\,lg}$ $t_{h\,pl}$

$$\underline{t_{h\,lg}} = \frac{l_{f\,lg} \cdot i}{n \cdot f}$$

$$= \frac{\min \cdot 285\,mm\,U \cdot 1 \cdot 60\,s}{456\,U \cdot 0{,}8\,mm \cdot \min} = \underline{\underline{47\ s}}$$

$$\underline{t_{h\,pl}} = \frac{l_{f\,pl} \cdot i}{n \cdot f}$$

$$= \frac{\min \cdot 52{,}5\,mm\,U \cdot 1 \cdot 60\,s}{456\,U \cdot 0{,}8\,mm \cdot \min} = \underline{\underline{9\ s}}$$

Die Hauptnutzungszeit für die Dreharbeit beträgt 56 s.

Beispiel 2 In ein Werkstück aus St 50-2 von 80 mm Dicke wird a) ein Durchgangsloch $\varnothing 16^{H7}$ b) ein Sackloch 12 mm Durchmesser, 45 tief gebohrt (Bild **22.20**). Berechnen Sie die Hauptnutzungszeiten. Werkzeugwerkstoff HSS-Stahl.

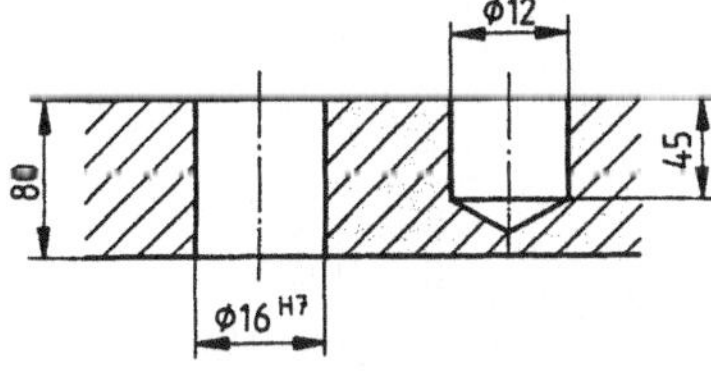

22.20

Lösung Die zur Berechnung erforderlichen Werte entnehmen wir wieder den Tabellen. Die Drehzahl wählen wir aus Bild **22.21**.

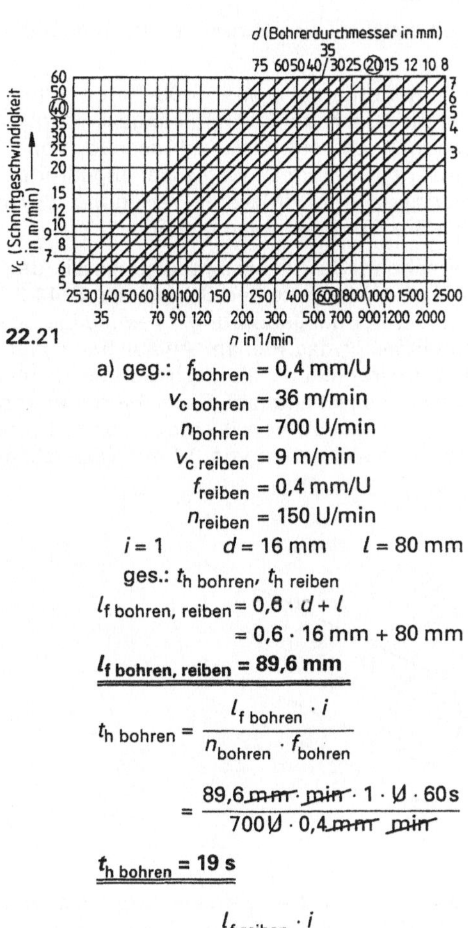

22.21

a) geg.: $f_{bohren} = 0{,}4$ mm/U

$v_{c\,bohren} = 36$ m/min

$n_{bohren} = 700$ U/min

$v_{c\,reiben} = 9$ m/min

$f_{reiben} = 0{,}4$ mm/U

$n_{reiben} = 150$ U/min

$i = 1$ $\qquad d = 16$ mm $\qquad l = 80$ mm

ges.: $t_{h\,bohren}$, $t_{h\,reiben}$

$l_{f\,bohren,\,reiben} = 0{,}6 \cdot d + l$

$\qquad\qquad = 0{,}6 \cdot 16$ mm $+ 80$ mm

$\boldsymbol{l_{f\,bohren,\,reiben} = 89{,}6}$ **mm**

$$t_{h\,bohren} = \frac{l_{f\,bohren} \cdot i}{n_{bohren} \cdot f_{bohren}}$$

$$= \frac{89{,}6\,mm \cdot \min \cdot 1 \cdot U \cdot 60\,s}{700\,U \cdot 0{,}4\,mm \cdot \min}$$

$$\underline{t_{h\,bohren} = 19\ s}$$

$$t_{h\,reiben} = \frac{l_{f\,reiben} \cdot i}{n_{reiben} \cdot f_{reiben}}$$

$$= \frac{89{,}6\,mm \cdot \min \cdot 1 \cdot U \cdot 60\,s}{150\,U \cdot 0{,}4\,mm \cdot \min}$$

$$\underline{t_{h\,reiben} = 90\ s}$$

Die Gesamthauptnutzungszeit 109 s

b) geg.: $f = 0{,}4$ mm/U $\qquad$ ges.: t_h

$v_c = 36$ m/min

$n = 1000$ U/min

$i = 1;\ d = 12$ mm; $l = 45$ mm

$l_f = 0{,}3 \cdot d + l = 0{,}3 \cdot 12$ mm $+ 45$ mm

$\underline{\underline{}} = \boldsymbol{48{,}6}$ **mm**

$$t_h = \frac{l_f \cdot i}{n \cdot f} = \frac{48{,}6\,mm \cdot \min \cdot 1 \cdot U \cdot 60\,s}{1000\,U \cdot 0{,}4 \times mm \cdot \min}$$

$$= \boldsymbol{7{,}3\ s}$$

Die Hauptnutzungszeit beträgt $\approx$ 8 s.

Aufgaben

Soweit möglich, sind Schnittgeschwindigkeiten und Vorschübe dem Tabellenanhang zu entnehmen.

1. Ein Rundmaterial aus St60-2 von 110 mm Durchmesser und 380 mm Länge wird in 2 Arbeitsgängen mit einem Vorschub von 0,8 mm/U auf 90 mm Durchmesser abgedreht. Als Werkzeug steht HMS2 zur Verfügung. Berechnen Sie die Hauptnutzungszeit.

2. Berechnen Sie die Hauptnutzungszeit der in Bild **22.22** dargestellten Buchse aus St44-2 für a) die Durchgangsbohrung, b) einmalige Spanabnahme c) das Planen. Anlauf beim Planen 3 mm. Drehmeißel als auch Bohrer bestehen aus Schnellschnittstahl. Beim Bohren wird mit einem Vorschub von 0,2 mm/U, beim Drehen mit einem Vorschub von 0,4 mm/U gearbeitet.

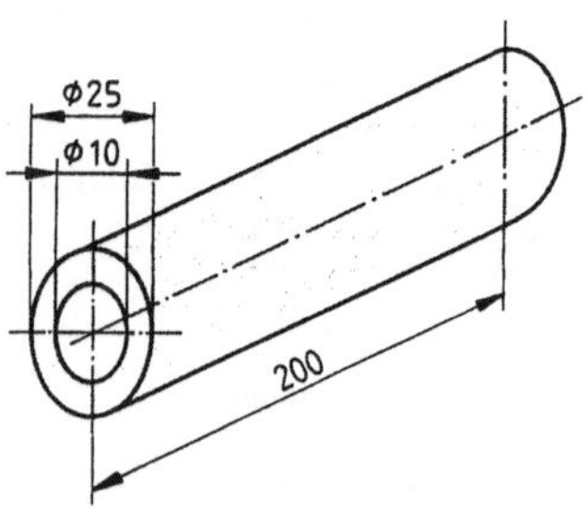

22.22

3. Der in Bild **22.23** skizzierte Flansch besteht aus St44-2. Berechnen Sie die Hauptnutzungszeit zum Herstellen der Bohrungen. Verwendet wird ein Bohrer aus HSS-Stahl. Gebohrt wird mit einem Vorschub von 0,4 mm/U.

4. In einen Getriebedeckel werden 4 Löcher gebohrt und anschließend mit dem Zapfensenker bearbeitet (Bild **22.24**). Berechnen Sie die Hauptnutzungszeit, wenn der Deckel aus GG-20, die Schneide des Bohrers aus HMH1 und der Senker aus Schnellschnittstahl besteht. Beim Bohren wird mit einem Vorschub von 0,2 mm/U gearbeitet.

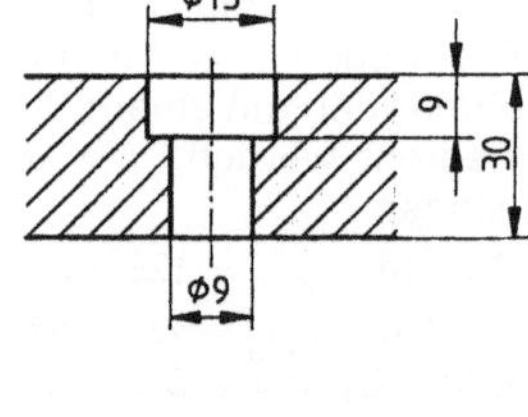

22.24

5. Mit einem 16 mm-Bohrer aus HSS-Stahl wird ein 80 mm tiefes Sackloch in ein Werkstück aus Aluminium gebohrt. Bei einem Vorschub von 0,4 mm/U dauert dies 7,8 s. Mit welcher Drehzahl wurde gearbeitet?

6. Mit einem HSS-Bohrer von 12 mm Durchmesser wird eine Stahlplatte aus St50-2 in 8,9 s mit einem Vorschub von 0,2 mm/U durchbohrt. Die Arbeitsspindel läuft mit 1590 min⁻¹. Wie dick ist die Platte?

7. Zur Montage einer Stahlkonstruktion werden 80 Durchgangslöcher von 10 mm Durchmesser in 8 mm dickes Material aus St50-2 gebohrt. Die Gesamthauptnutzungszeit beträgt 1,63 Minuten. Mit welchem Vorschub wurde bei einer Drehzahl von 860 min⁻¹ gearbeitet?

8. Von dem in Bild **22.25** skizzierten Verschlussdeckel werden 100 Stück hergestellt. Berechnen Sie die Gesamthauptnutzungszeit für das Bohren und Senken. Werkstoff des Werkzeuges HSS-Stahl. Bohrervorschub 0,4 mm/U.

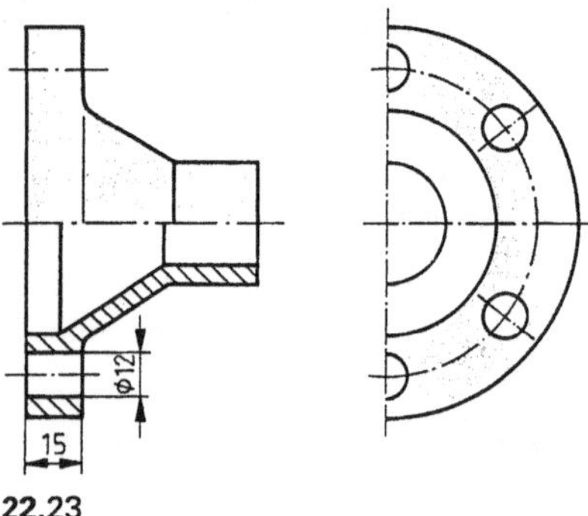

22.23

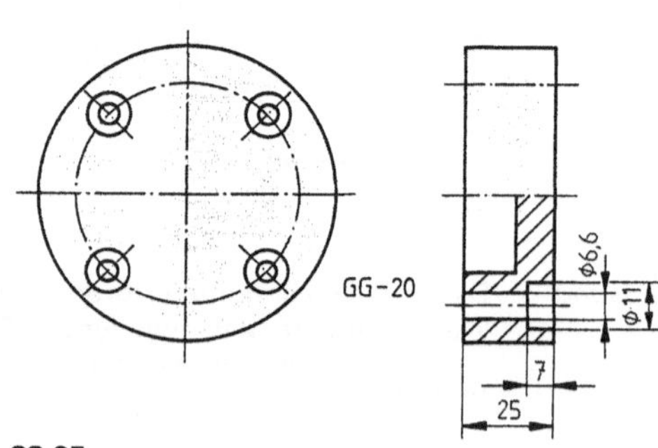

22.25

Fräsen. Auch beim Berechnen der Hauptzeit beim Fräsen gilt die Grundformel $v = s/t$. Wenn wir sie nach t umstellen, können wir sagen

$$t_\mathrm{h} = \frac{\text{Vorschubweg } (l_\mathrm{f})}{\text{Vorschubgeschwindigkeit } (v_\mathrm{f})}$$

Vorschubweg. In Bild **22.26** erkennen wir, dass aufgrund der Werkzeugform nicht sofort der volle Span abgehoben wird. Vom ersten Anschneiden (Fräserstellung I) bis zum Schneiden auf Frästiefe (a) legt das Werkstück einen Anlaufweg l_a zurück. Damit der letzte Span (Fräserstellung II) noch einwandfrei abgehoben wird, muss das Werkstück zusätzlich um den Überlauf $l_\mathrm{ü}$ unter dem Werkzeug durchlaufen. Daraus errechnet sich als Vorschubweg der Mindestweg des Frästisches l_f.

$$l_\mathrm{f} = l + l_\mathrm{a} + l_\mathrm{ü}$$

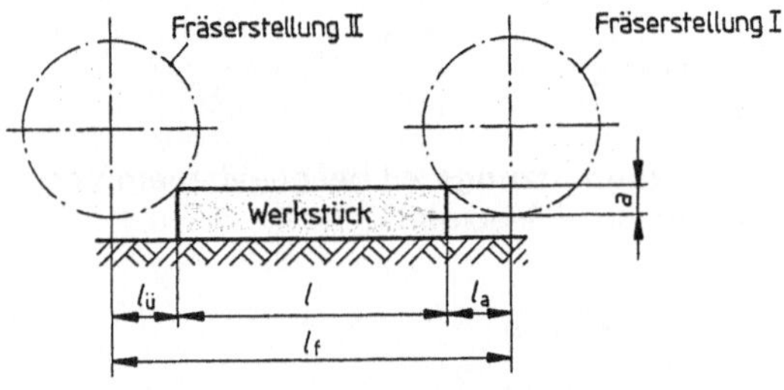

22.26

An- und Überlauf beim Umfangsplanfräsen.
Der Überlauf $l_\mathrm{ü}$ wird als konstanter Wert dem Anlauf zugerechnet. l_a bestimmen wir nach dem Pythagoras. In Bild **22.27** ist ABC ein

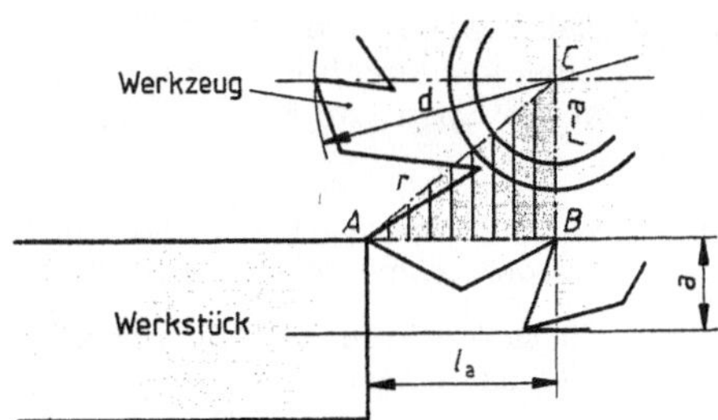

22.27

rechtwinkliges Dreieck mit den Seiten $AC = r$, $AB = l_\mathrm{a}$ und $BC = r - a$.

Wir erhalten $r^2 = l_\mathrm{a}^2 + (r - a)^2$ nach l_a^2 umgestellt
$$l_\mathrm{a}^2 = r^2 - (r - a)^2$$
$(r - a)^2$ nach der binomischen Formel aufgelöst, ergibt $l_\mathrm{a}^2 = r^2 - (r^2 - 2ra + a^2)$
Wir lösen die Klammer auf und erhalten
$$l_\mathrm{a}^2 = r^2 - r^2 + 2ra - a^2$$
$r^2 - r^2 = 0$ und $2r = d$; wir erhalten $l_\mathrm{a}^2 = d \cdot a - a^2$
Wenn wir auf beiden Seiten die Wurzel ziehen, können wir den Anlauf berechnen.

$$l_\mathrm{a} = \sqrt{a(d - a)}$$

Beispiel   Mit einem Walzenfräser von 50 mm Durchmesser wird ein 4 mm tiefer Span abgenommen. Wie groß ist der Anlaufweg l_a?

Lösung   geg.: $d = 50$ mm   ges.: l_a in mm
       $a = 4$ mm

$$l_\mathrm{a} = \sqrt{a(d - a)} = \sqrt{4(50 - 4)} = \sqrt{4 \cdot 46}$$

$\underline{l_\mathrm{a} = 13{,}56 \text{ mm}}$

Der Anlaufweg beträgt 13,6 mm.

Aufgabe

Berechnen Sie den Anlaufweg für folgende Fräserdurchmesser und Spantiefen:

a) $d = 75$ mm, $a = 5$ mm;

b) $d = 90$ mm, $a = 8$ mm

c) $d = 40$ mm, $a = 2$ mm;

d) $d = 150$ mm, $a = 10$ mm

Um ständiges Berechnen des An- und Überlaufes zu vermeiden, sind die Werte für $(l_\mathrm{a} + l_\mathrm{ü})$ in Tabellen zusammengefasst (s. Tabelle **25.5**).

Tabelle 22.5   Werte für $l_\mathrm{a} + l_\mathrm{ü}$ beim Umfangsplanfräsen (Auszug nach REFA)

Spantiefe in mm	1	2	3	4	5	6	8	10
40	10	12	13	15	16	17	18	19
50	11	13	15	16	18	19	21	22
60	12	14	16	18	19	21	23	25
75	13	16	18	20	21	23	26	28
90	14	17	20	22	24	**25**	28	31
110	16	19	22	24	26	28	31	34
130	17	21	24	26	29	31	34	37
150	18	22	25	28	31	33	37	40

(Zeilenbeschriftung: Fräser ∅)

Ablesebeispiel. Gesucht ist der Wert für $l_a + l_ü$ wenn mit einem Walzenfräser von 90 mm Durchmesser ein Span von 6 mm abgenommen wird.

Lösung 1. Wir suchen zunächst in der Spalte *Fräserdurchmesser* den Wert 90 auf.

2. Wir suchen in der Zeile *Spantiefe* den Wert 6 mm auf.

3. Wir bringen Zeile 90 und Spalte 6 zum Schnitt und lesen den Wert 25 ab (in Tabelle hervorgehoben).

Der Zuschlag beträgt 25 mm.

An- und Überlauf beim Stirnplanfräsen. Bild 22.28 zeigt im Prinzip den Weg des Werkzeuges. Daraus ist zu entnehmen, dass $l_a + l_ü$ gleich dem Werkzeugdurchmesser ist. Um einwandfreie Spanabnahme zu erzielen, wird die Summe um einen Zuschlag erhöht (Tabelle **22.6**).und

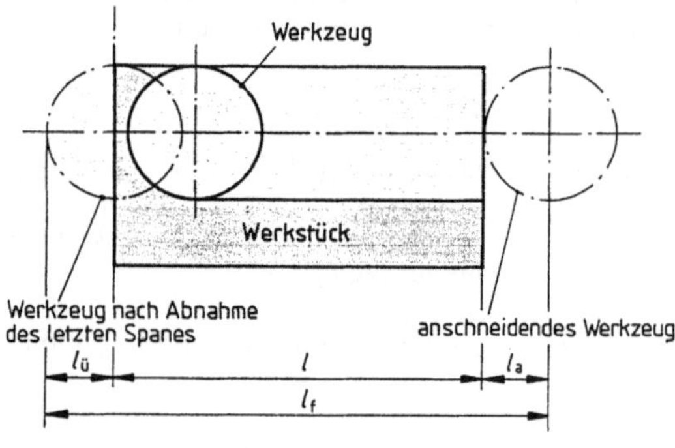

22.28

Tabelle 22.6 Ausgewählte Werte für $l_a + l_ü$ beim Stirnplanfräsen

Werkzeug-durchmesser	40	50	60	90	110	130	150	200
$l_a + l_ü$ + Zuschlag	43	53	63	93	113	133	153	203

Vorschubgeschwindigkeit v_f. Beim Fräsen erfolgt der Antrieb des Frästisches, also der Vorschub, unabhängig von der Drehzahl der Arbeitsspindel in mm/min. Weil die Qualität einer Arbeit vom Zustand der Werkzeugschneide abhängt, bestimmen wir die Vorschubgeschwindigkeit v_f über den Vorschub/Fräserzahn f_z, die Zähnezahl z und die Drehzahl des Fräsers n.

$$v_f = f_z \cdot z \cdot n \ [\text{mm/min}]$$

Den Vorschub pro Fräserzahn f_z entnehmen wir gängigen Tabellenbüchern.

Wir können nun die Hauptnutzungszeit für einmaliges Überfräsen berechnen. Werden mehrere Späne abgenommen, ist das Ergebnis mit dem Faktor i zu multiplizieren.

Vorschubweg

$$l_f = l + l_a + l_ü \qquad l_a = \sqrt{a\,(d-a)}$$

Vorschubgeschwindigkeit

$$v_f = f_z \cdot z \cdot n \qquad v_f = \frac{f_z \cdot z \cdot v_c \cdot 1000}{d \cdot \pi}$$

v_f in mm/min, v_c in m/min einsetzen

Hauptnutzungszeit bei gegebener Vorschubgeschwindigkeit

$$t_h = \frac{l_f \cdot i}{v_f}$$

$$v_f = \frac{l_f \cdot i}{t_h} \qquad l_f = \frac{v_f \cdot t_h}{i}$$

Hauptnutzungszeit bei gegebenem Vorschub/Fräserzahn

$$t_h = \frac{l_f \cdot i}{f_z \cdot z \cdot n}$$

$$l_f = \frac{t_h \cdot f_z \cdot z \cdot n}{i} \qquad f_z = \frac{l_f \cdot i}{t_h \cdot z \cdot n}$$

$$z = \frac{l_f \cdot i}{f_z \cdot t_h \cdot n} \qquad n = \frac{l_f \cdot i}{f_z \cdot z \cdot t_h}$$

$$i = \frac{t_h \cdot f_z \cdot z \cdot n}{l_f}$$

Beispiel 1 Mit einem Walzenfräser ($\varnothing$60 mm, 8 Zähne, $f_z = 0{,}22$ mm) werden von einem 250 mm langem Werkstück (St37-2) mit zwei Schnitten 10 mm abgefräst. Berechnen Sie die Hauptnutzungszeit t_h.

Lösung geg.: $l_a + l_ü = 19$ mm (s. Tabelle)

$l = 250$ mm, $l_f = 269$ mm

$z = 8, f_z = 0{,}22$ mm

$d = 60$ mm, $i = 2$

Lösung,   ges.: t_h in min
Forts.

$$t_h = \frac{l_f \cdot i}{f_z \cdot z \cdot n}$$

Weil n nicht gegeben ist, berechnen wir die Drehzahl über die Schnittgeschwindigkeit v_c.

$$v_c = \frac{d \cdot \pi \cdot n}{1000} \ [\text{m/min}]$$

$$n = \frac{1000 \cdot v_c}{d \cdot \pi} \ [\text{min}^{-1}]$$

Wir setzen n in unsere Formel ein und erhalten

$$t_h = \frac{l_f \cdot i \cdot d \cdot \pi}{f_z \cdot z \cdot 1000 \cdot v_c}$$

In die Formel setzen wir die gegebenen Werte ein. v_c wählen wir nach Tabellenbuch mit 33 m/min.

$$t_h = \frac{269\,\text{mm} \cdot 2 \cdot 60\,\text{mm} \cdot \pi \cdot m \cdot \text{min}}{0,22\,\text{mm} \cdot 8 \cdot 1000\,\text{mm} \cdot 33\,\text{m}}$$

Die Hauptzeit beträgt 1,7 min.

Beispiel 2 Ein 800 mm langes Werkstück wird mit einem Messerkopf ($\varnothing$110 mm, 9 Schneiden) mit drei Schnitten plangefräst. Der Vorschub f_z beträgt 0,2 mm, die zulässige Schnittgeschwindigkeit v_c 150 m/min. Berechnen Sie die Hauptzeit.

Lösung   geg.: $l = 800$ mm   ges.: Hauptzeit t_h

$$l_a + l_ü = 113 \text{ mm (lt.Tabelle)}$$
$$l_f = 913\,\text{mm}$$
$$v_c = 150\,\text{m/min}$$
$$i = 3,\ f_z = 0,2 \text{ mm},\ z = 9$$

$$v_f = \frac{f_z \cdot z \cdot v_c \cdot 1000}{d \cdot \pi}$$

$$= \frac{0,2\,\text{mm} \cdot 9 \cdot 150\,\text{m} \cdot 1000\,\text{mm}}{110\,\text{mm} \cdot \pi \cdot \text{min} \cdot \text{m}}$$

$$\underline{\mathbf{v_f = 781 \text{ mm/min}}}$$

$$\underline{\underline{t_h}} = \frac{l_f \cdot i}{v_f} = \frac{913\,\text{mm} \cdot 3 \cdot \text{min}}{781\,\text{mm}} = \underline{\underline{3,5\,\text{min}}}$$

Die Hauptzeit beträgt 3,5 min.

Aufgaben

Sofern zum Lösen der Aufgaben erforderliche Daten nicht angegeben sind, entnehmen Sie diese gängigen Tabellenbüchern.

1. Mit einem Walzenfräser von 50 mm Durchmesser werden von einem Werkstück aus St 37-2 von 180 mm Länge 30 mm in 5 Schnitten abgefräst. Berechnen Sie die Hauptzeit, wenn mit einer Vorschubgeschwindigkeit $v_f = 134$ mm/min gearbeitet wird.

2. Von einem Werkstück aus St 44-2 wird mit einem Fräser ein 10 mm tiefer Span abgenommen. Bei einer Vorschubgeschwindigkeit von 1,221 m/min beträgt die Hauptzeit 46 s. Wie lang ist das Werkstück? ($l_a + l_ü = 40$ mm)

3. Von einem 500 mm langen Werkstück (St 50-2) werden 30 mm mit zwei Spänen abgefräst. Verwendet wird ein Walzenfräser aus SS-Stahl von 100 mm Durchmesser mit 8 Zähnen. Die zulässige Schnittgeschwindigkeit beträgt 24 m/min. Berechnen Sie a) die zulässige Drehzahl des Fräsers; b) die Vorschubgeschwindigkeit; c) den Vorschubweg, wenn für den Überlauf 1 mm anzusetzen ist; d) die Hauptzeit.

4. Mit einem Walzenstirnfräser von 50 mm Durchmesser (4 Zähne) wird eine Platte aus GS-52 mit einem Span ($a = 1$ mm) auf 650 mm Länge plangefräst. Die zulässige Schnittgeschwindigkeit beträgt 14 m/min, f_z 0,12 mm.

Berechnen Sie a) die Drehzahl der Arbeitsspindel; b) die Hauptzeit.

5. Von einer gusseisernen Platte (GG-170 HB) von 500 mm Länge wird mit einem Hochleistungsstirnfräser ($d = 150$ mm, $z = 14$) in dreimaligem Durchgang ein 1 mm dicker Span abgenommen. Die zulässige Schnittgeschwindigkeit beträgt 90 m/min, der Vorschub pro Schneide 0,22 mm. Berechnen Sie die Hauptzeit.

6. Mit einem Schaftfräser ($d = 40$ mm, 6 Zähne) wird eine durchgängige 300 mm lange Nut bei dreimaliger Spanabnahme in Leichtmetall ($v_c = 250$ m/min, $f_z = 0,06$ mm) gefräst. Berechnen Sie a) die Drehzahl der Arbeitsspindel n; b) die Vorschubgeschwindigkeit v_f, c) die Hauptzeit t_h.

7. Eine Fräsarbeit wird in 31 min fertig gestellt. Mit welcher Drehzahl läuft der Fräser, wenn bei dreimaliger Spanabnahme der Vorschubweg 418 mm, der Vorschub pro Schneide 0,09 mm betragen und das Werkzeug mit 5 Zähnen versehen ist? Welchen Durchmesser hat der Fräser, wenn mit einer Schnittgeschwindigkeit von ≈ 14 m/min gearbeitet wird?

8. Bei einer Drehzahl der Arbeitsspindel von $716\,\text{min}^{-1}$ beträgt die Vorschubgeschwindigkeit eines Fräsers mit 8 Zähnen 1031 mm/min. Wie groß ist der Vorschub pro Schneide?

9. Berechnen Sie den Anlaufweg für einen Walzenfräser von 80 mm Durchmesser bei 8 mm Schnittiefe.

10. Wie groß ist die Vorschubgeschwindigkeit, wenn mit einem Walzenstirnfräser ($d = 100\,\text{mm}$, $z = 16$) bei einer Schnittgeschwindigkeit von 70 m/min mit einem Vorschub/pro Schneide von 0,18 mm/min gearbeitet wird?

Hobeln. Bild **22.29** veranschaulicht die Spanabnahme beim Hobeln. Der Arbeitshub wird mit einer Geschwindigkeit v_A ausgeführt, die der zulässigen Schnittgeschwindigkeit v_c entspricht. Weil kein Span während des Rücklaufes abgenommen wird, erhöht man dessen Geschwindigkeit v_R gegenüber dem Arbeitshub. Jedes Mal, wenn der Wechsel zwischen Arbeits- und Leerhub erfolgt, ist die Geschwindigkeit des Stößels „0". Wir müssen deshalb beim Berechnen der Hauptnutzungszeit unterschiedliche Geschwindigkeiten berücksichtigen. Die Zeit eines Hubes bestimmen wir mit der Grundformel.

$$\text{Zeit } t = \frac{\text{Weg } s}{\text{Geschwindigkeit } v}$$

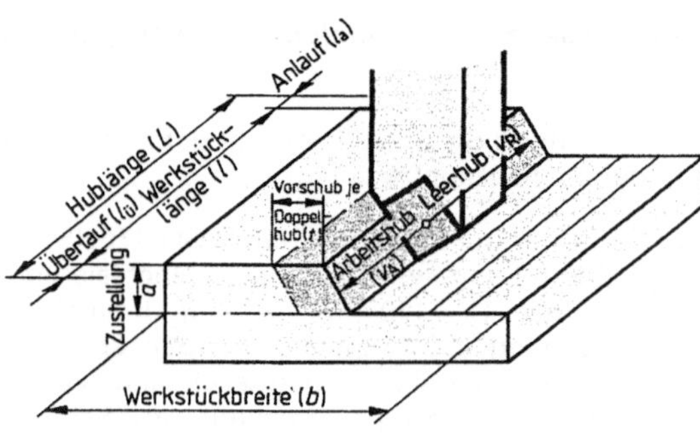

22.29

Der Weg des Meißels entspricht nach Bild **22.29** der Hublänge L. L erhalten wir durch Addition von $l_a + l + l_ü$. Die Zeit t_A, in der ein Arbeitshub ausgeführt wird, ist demnach

$$t_A = \frac{L}{v_A}$$

Weil v_A der Schnittgeschwindigkeit mit der Einheit m/min entspricht, dividieren wir diese Gleichung durch 1000 mm/m. Wir erhalten

$$t_A = \frac{L}{1000 \cdot v_A} \cdot \left[\frac{\text{m} \cdot \text{mm} \cdot \text{min}}{\text{mm} \cdot \text{m}}\right]$$

Genauso berechnen wir t_R für v_R.

$$t_R = \frac{L}{1000 \cdot v_R} \cdot \left[\frac{\text{m} \cdot \text{mm} \cdot \text{min}}{\text{mm} \cdot \text{m}}\right]$$

Um die Zeit t für einen Doppelhub zu erhalten, addieren wir t_A und t_R

$$t = t_A + t_R = \frac{L}{1000 \cdot v_A} + \frac{L}{1000 \cdot v_R}\,[\text{min}]$$

Wir klammern $\dfrac{L}{1000}$ aus. Dann ist

$$t = \frac{L}{1000}\left(\frac{1}{v_A} + \frac{1}{v_R}\right)$$

Wir addieren die Brüche in der Klammer. Der Hauptnenner ist $v_A \cdot v_R$, dann erweitern wir den ersten Bruch mit v_R, den zweiten mit v_A. Die erforderlich Zeit für den Doppelhub ist dann

$$t = \frac{L}{1000}\left(\frac{v_A + v_R}{v_A \cdot v_R}\right)$$

Um ein Werkstück von der Breite b überzuhobeln, ist eine bestimmte Zahl von Doppelhüben erforderlich. Wir errechnen sie, indem wir die Werkstückbreite b in mm durch den Vorschub f in mm/Doppelhub teilen. Für die Hauptnutzungszeit t_h erhalten wir dann

$$t_h = \frac{L \cdot b}{1000 \cdot f}\left(\frac{v_A + v_R}{v_A \cdot v_R}\right)$$

Wird die Fläche in mehreren Arbeitsgängen gehobelt, multiplizieren wir das Ergebnis mit der Zahl der Spanabnahmen i.

Bei kurzer Hublänge kann der Unterschied zwischen v_A und v_R vernachlässigt werden. Wir rechnen dann mit einer vereinfachten Formel unter Berücksichtigung der Anzahl n_{DH} Doppelhübe/Minute (s. Tab. **22.7**).

Tabelle **22.7**   Ausgewählte Werte für n_{DH} Doppelhübe/min beim Bearbeiten von St 37-2

mittlere Hublänge bis mm	100	180	210	425
Doppelhübe pro Minute	120	56	43	20

$$t_\mathrm{h} = \frac{L \cdot b \cdot i}{1000 \cdot f}\left(\frac{v_A + v_R}{v_A \cdot v_R}\right)$$

bei gegebenen Doppelhüben n_DH/min

$$t_\mathrm{h} = \frac{b \cdot i}{f \cdot n_\mathrm{DH}}$$

$$f = \frac{b \cdot i}{t_\mathrm{h} \cdot n_\mathrm{DH}}; \quad n_\mathrm{DH} = \frac{b \cdot i}{t_\mathrm{h} \cdot f}; \quad b = \frac{f \cdot n_\mathrm{DH} \cdot t_\mathrm{h}}{i}$$

Beispiel 1 Eine Anreißplatte (1500 × 800) wird in Längsrichtung mit einem Span übergehobelt. Die zulässige Schnittgeschwindigkeit beträgt 20 m/min, die Rücklaufgeschwindigkeit 44 m/min bei einem Vorschub von 1,5 mm pro Doppelhub. Berechnen Sie die Hauptnutzungszeit, wenn für An- und Überlauf 70 mm angesetzt sind.

Lösung geg.: $v_\mathrm{c} = v_A = v = 20$ m/min

$v_R = 44$ m/min

$f = 1,5$ mm

$l_\mathrm{a} + l_\mathrm{ü} = 70$ mm

$L = 1570$ mm

$b = 800$ mm

$i = 1$

ges.: $t_\mathrm{h} = $ min

$$t_\mathrm{h} = \frac{L \cdot b \cdot i}{1000 \cdot f}\left(\frac{v_A + v_R}{v_A \cdot v_R}\right)$$

$$t_\mathrm{h} = \frac{1570\ \mathrm{mm} \cdot \mathrm{m} \cdot 800\ \mathrm{mm} \cdot 1 \cdot \left(20\,\frac{\mathrm{m}}{\mathrm{min}} + 44\,\frac{\mathrm{m}}{\mathrm{min}}\right)}{1000\ \mathrm{mm} \cdot 1,5\ \mathrm{mm}\left(20\,\frac{\mathrm{m}}{\mathrm{min}} \cdot 44\,\frac{\mathrm{m}}{\mathrm{min}}\right)}$$

$$t_\mathrm{h} = \frac{1570\ \mathrm{mm} \cdot \mathrm{m} \cdot 800\ \mathrm{mm} \cdot 1 \cdot \mathrm{min}^2\ 64\ \mathrm{m}}{1000\ \mathrm{mm} \cdot 1,5\ \mathrm{mm} \cdot 880\ \mathrm{m}^2\ \mathrm{min}}$$

$$t_\mathrm{h} \approx 61\ \mathrm{min}$$

Die Hauptnutzungszeit beträgt ca. 61 min.

Beispiel 2 Ein Werkstück von 400 mm Länge und 250 mm Breite wird mit zwei Spänen übergehobelt. Der Vorschub beträgt 1,6 mm pro Doppelhub. Berechnen Sie die Hauptnutzungszeit.

Lösung geg.: $b = 250$ mm, $f = 1,6$ mm

$t_\mathrm{h} = 15,6$ min, $n_\mathrm{DH} = 20$ m/min

ges.: t_h in min

$$t_\mathrm{h} = \frac{b \cdot i}{n_\mathrm{DH} \cdot f} = \frac{\min 250\ \mathrm{mm} \cdot 2}{20 \cdot 1,6\ \mathrm{mm}}$$

$$= 15,6\ \mathrm{min}$$

Die Hauptnutzungszeit beträgt ca.

16 min.

Aufgaben

1. Ein 60 mm breites und 250 mm langes Werkstück aus St 33 wird mit zwei Spänen übergehobelt. Der Vorschub beträgt 1,6 mm bei 120 Doppelhüben/min, An- und Überlauf betragen 30 mm. Berechnen Sie die Hauptnutzungszeit.

2. Eine Anreißplatte 650 × 650 wird mit einem Span übergehobelt. Die zulässige Schnittgeschwindigkeit v_c beträgt 30 m/min, die Rücklaufgeschwindigkeit ist 1,6-fach beschleunigt. Der Vorschub f wird mit 1,6 mm/Doppelhub gewählt, für An- und Überlauf 25 mm. Berechnen Sie die Hauptnutzungszeit.

3. Eine 180 mm breite Grundplatte wird in 10:18 min übergehobelt. Der Vorschub beträgt 0,5 mm/Doppelhub. Berechnen Sie die Doppelhubzahl/min.

4. Mit einem Langhobler wird ein 3500 mm langes und 950 mm breites Teil mit einer Schnittgeschwindigkeit von 16 m/min bei einmaliger Spanabnahme übergehobelt. Für An- und Überlauf werden 125 mm angesetzt, der Vorschub beträgt 2 mm pro Doppelhub. Berechnen Sie die Hauptnutzungszeit, wenn der Rücklauf mit 1,8-facher Vorlaufgeschwindigkeit erfolgt.

5. Ein 380 mm breites Gussstück wird mit 3 Schnitten in 67 min an einer Hobelmaschine bearbeitet. Mit welchem Vorschub wurde gearbeitet, wenn an der Maschine 34 Doppelhübe/Minute geschaltet sind?

6. An einem Kurzhobel wird ein 270 mm langes und 150 mm breites Werkstück in 1 min mit einem Span übergehobelt. Der Vorschub beträgt 1,5 mm pro Doppelhub, für An- und Überlauf werden 15 mm zugeschlagen. Wie groß ist die mittlere Geschwindigkeit?

Schleifen

Wollen wir die Hauptnutzungszeit beim Schleifen berechnen, müssen wir zwischen Plan- und Rundschleifen unterscheiden.

Rundschleifen. Beim Rundschleifen (Bild 22.30 a) gilt entsprechend der Grundformel t_h = Weg/Geschwindigkeit

$$t_h = \frac{\text{Schleiflänge } L}{\text{Vorschubgeschwindigkeit } v_f}$$

Da mehrmals übergeschliffen wird, muss noch mit dem Faktor i malgenommen werden. i errechnet sich als Quotient aus der Schleifzugabe t und der Zustellung a. Es gilt

$$t_h = \frac{L \cdot i}{v_f}$$

Die Vorschubgeschwindigkeit v_f errechnet sich aus dem Vorschub f und der Drehzahl des Werkstückes n_W zu

$$v_f = f \cdot n_W$$

Wir setzen v_f in die Formel ein und erhalten

$$t_h = \frac{L \cdot i}{f \cdot n_W}$$

Die Drehzahl des Werkstückes führt zu einer Umfangsgeschwindigkeit v_w, die in einem festgelegten Verhältnis q zur Schnittgeschwindigkeit v_c, der Umfangsgeschwindigkeit der Schleifscheibe v_s steht (Tabelle **22.8**).

Bestimmen wir die Hauptnutzungszeit über die Umfangsgeschwindigkeit des Werkstückes, müssen wir n_W durch v_W ausdrücken. d_W ist der Durchmesser des Werkstückes.

Tabelle **22.8** Ausgewählte Richtwerte für v_c und v_w in m/s und Geschwindigkeitsverhältnis q

Werkstoff	Rundschleifen (außen)			Planschleifen		
	v_c	v_W	q	v_c	v_W	q
Stahl ungehärtet	30	0,22	130	30	0,16 bis 0,58	180 bis 50
Stahl gehärtet	35	0,27	130			
Hartmetall	8	0,08	100	8	0,07	115

$$v_W = \frac{d_W \cdot \pi \cdot n_W}{1000} \qquad n_W = \frac{1000 \cdot v_W}{d_W \cdot \pi}$$

Wir erhalten

$$t_h = \frac{L \cdot i \cdot d_W \cdot \pi}{f \cdot 1000 \cdot v_W}$$

Setzen wir L, f, d_W in mm, und v_W in m/s ein, erhalten wir die Hauptnutzungszeit in Sekunden!

Planschleifen

Beim Planschleifen muss wie beim Hobeln mit einer mittleren Tischgeschwindigkeit v_W für die Werkstückbewegung in m/min gerechnet werden, weil vor jedem Umschalten der Tischbewegung der Maschinentisch auf „0" abgebremst wird. Aus v_W und L (Bild **22.30** b) können wir die Zahl der Doppelhübe n_{DH}/min berechnen.

$$n_{DH} = \frac{1000 \cdot v_W}{2L}$$

Die zu schleifende Fläche hat eine Breite b. Die Schleifscheibe bewegt sich während des

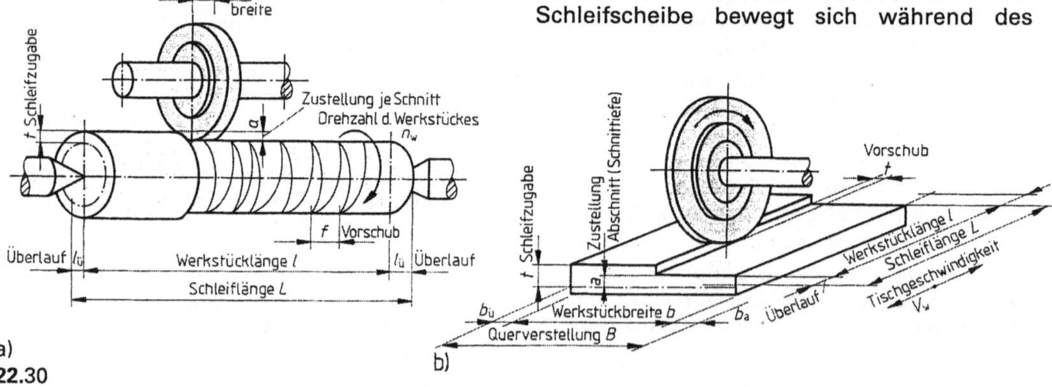

22.30

Schleifvorganges um die Querverstellung B über die Werkstückoberfläche. Wird das Werkstück bei jedem Doppelhub um den Quervorschub f bewegt, erhalten wir

$$t_h = \frac{B}{n_{DH} \cdot f} \quad \text{oder} \quad t_h = \frac{2L \cdot B}{1000 \cdot v_W \cdot f}$$

Wird mehrfach übergeschliffen, muss mit der Anzahl der Schnitte i multipliziert werden.

Anzahl der Schnitte

$$i = \frac{t}{a} = \frac{\text{Schleifzugabe}}{\text{Zustellung}}$$

Rundschleifen

$$t_h = \frac{L \cdot i \cdot d_W \cdot \pi}{f \cdot 1000 \cdot v_W}$$

$$L = \frac{1000 \cdot t_h \cdot f \cdot v_W}{i \cdot d_W \cdot \pi} \qquad f = \frac{L \cdot i \cdot d_W \cdot \pi}{t_h \cdot 1000 \cdot v_W}$$

$$t_h = \frac{L \cdot i}{n_W \cdot f}$$

$$L = \frac{t_h \cdot n_W \cdot f}{i} \qquad f = \frac{L \cdot i}{n_W \cdot t_h}$$

Planschleifen

$$t_h = \frac{2L \cdot B \cdot i}{1000 \cdot v_W \cdot f}$$

$$L = \frac{1000 \cdot t_h \cdot v_W \cdot f}{2 \cdot B \cdot i} \qquad f = \frac{2 \cdot L \cdot B \cdot i}{1000 \cdot v_W \cdot t_h}$$

$$t_h = \frac{B \cdot i}{n_{DH} \cdot f}$$

$$f = \frac{B \cdot i}{n_{DH} \cdot t_h} \qquad B = \frac{t_h \cdot n_{DH} \cdot f}{i} \qquad n_{DH} = \frac{B \cdot i}{t_h \cdot f}$$

Beispiel 1 Eine Welle von 30,6 mm Rohdurchmesser und 450 mm Länge soll auf 30 mm geschliffen werden. Die Zustellung pro Schnitt beträgt 0,02 mm. Wie groß ist die Hauptnutzungszeit, wenn mit einem Vorschub von 10 mm gerechnet wird und die Schnittgeschwindigkeit der Schleifscheibe mit 30 m/s angenommen wird? Für $l_{ü} + l_a = 15$ mm.

Lösung   geg.: $L = 465$ mm   ges.: t_h
$\qquad\qquad i = 0,3 : 0,02 = 15$
$\qquad\qquad d_W = 30,6$ mm
$\qquad\qquad f = 10$ mm
$\qquad\qquad v_c = 30$ m/s,
$\qquad\qquad v_W = 0,22$ m/s (lt. Tabelle **22.8**)

$$t_h = \frac{L \cdot i \cdot d_W \cdot \pi}{f \cdot 1000 \cdot v_W}$$

$$= \frac{465 \text{ mm} \cdot 15 \cdot m \cdot 30,6 \text{ mm} \cdot \pi \cdot s}{10 \text{ mm} \cdot 1000 \text{ mm} \cdot 0,22 \text{ m}}$$

$t_h = 304,8$ s $= 5$ min

Die Hauptnutzungszeit beträgt 5 min.

Beispiel 2 Eine Stahlplatte (150 × 200) wird übergeschliffen. Mit welcher Hubzahl wird gearbeitet, wenn für An- und Überlauf 20 mm anzusetzen sind und die mittlere Tischgeschwindigkeit v_W 16 m/min beträgt?

Lösung   geg.: $L = 220$ mm   ges.: n /min
$\qquad\qquad v_W = 16$ m/min

$$n = \frac{1000 \cdot v_W}{L} = \frac{1000 \text{ mm} \cdot 16 \text{ m}}{m \text{ min } 220 \text{ mm}}$$

$n = 73$/min

Es wird mit 73 Hüben pro Minute gearbeitet.

Aufgaben

1. Eine Platte (250 × 250) aus gehärtetem Stahl wird übergeschliffen. An- und Überlauf betragen 25 mm, die Schleifzugabe 1 mm, die Zustellung 0,1 mm. Gearbeitet wird mit 36 Doppelhüben pro Minute bei einem Vorschub von 16 mm. Berechnen Sie die Hauptnutzungszeit.

2. Auf einer Flächenschleifmaschine werden Rohlinge für Winkel dreimal übergeschliffen (Bild **22.31**). Berechnen Sie die Hauptnutzungszeit,

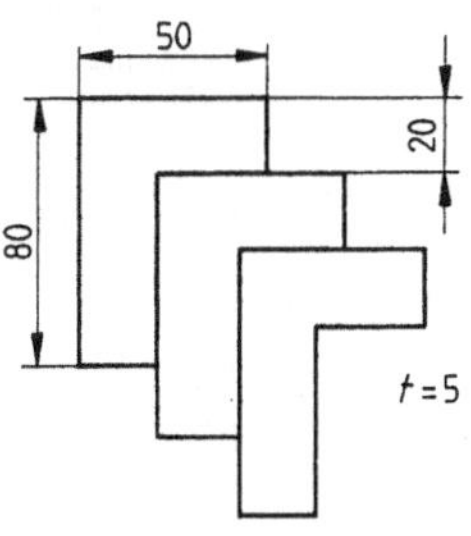

22.31

wenn die Tischgeschwindigkeit 0,4 m/s, der Vorschub/Doppelhub 5 mm betragen und mit einem An- und Überlauf von je 20 mm gerechnet wird.

3. Die Schleifzugabe einer Welle beträgt 0,5 mm. Die Spantiefe beim Schlichten wird mit 0,05 mm angenommen. Wievielmal wird die Welle übergeschliffen?

4. Eine 850 mm lange Welle aus ungehärtetem Stahl wird von 60,4 mm Durchmesser auf 60 mm geschliffen. Die zulässige Schnittgeschwindigkeit beträgt 30 m/s, die Zustellung für Schlichtarbeit 0,005 mm. Bei einer 20 mm breiten Schleifscheibe beträgt der Vorschub $^2/_3\,b$. Berechnen Sie die Hauptnutzungszeit, wenn unter Berücksichtigung der notwendigen Fertigungsqualität mit einem Zeitzuschlag von 30% gerechnet wird.

5. Eine 280 mm breite Stahlplatte wird mit 15 Schnitten in 22 Minuten übergeschliffen. Der Maschinentisch läuft mit 16 Doppelhüben/Minute. Mit welchem Vorschub wurde gearbeitet?

6. Eine Flächenschleifmaschine arbeitet mit 25 Doppelhüben/min. Die Maschinentischgeschwindigkeit beträgt 15 m/min. Wie lang ist das Werkstück, wenn für An- und Überlauf 20 mm angenommen werden?

7. Eine Welle wird in 5:24 min einmal mit einem Vorschub von 10 mm übergeschliffen. Wie lang ist die Welle, wenn n_W 13 min^{-1} trägt und $l_\mathrm{a} + l_\mathrm{ü}$ mit 2 mm angenommen wird?

8. Ein Flachstahl (1250 × 50 × 6) wird beidseitig mit einer Zustellung von 0,04 mm auf 5 mm geschliffen. Für den An- und Überlauf in der Breite werden 10 mm, in der Länge 40 mm vorgegeben. Die Schnittgeschwindigkeit beträgt 30 m/s, der Vorschub 10 mm. Berechnen Sie die Hauptnutzungszeit.

22.2.2 Spanungsgrößen

Eine Werkzeugmaschine zu entwickeln heißt, die Kräfte und die Leistung zu kennen, die beim Zerspanen von Werkstoffen auftreten bzw. erforderlich sind. Ausschlaggebend ist der jeweilige Spanungsquerschnitt und die spezifische Schnittkraft k_c unter Berücksichtigung von Korrekturfaktoren. In unseren Rechnungen gehen wir davon aus, dass die Korrekturfaktoren im k_c-Wert berücksichtigt worden sind.

Die Einheit der spezifischen Schnittkraft k_c ist N/mm^2.

Spanungsquerschnitte. Beim *Drehen* kann der Querschnitt eines Spanes als Parallelogrammfläche aus dem Vorschub f und der Schnitttiefe a_p berechnet werden (Bild **22.32**).

$$A_\mathrm{drehen} = f \cdot a_\mathrm{p}$$

Beim *Bohren* müssen wir berücksichtigen, dass der Spannungsquerschnitt durch 2 Schneiden gebildet wird (Bild **22.33**).

$$A_\mathrm{bohren} = \frac{d}{2} \cdot f$$

Beim *Hobeln* erhalten wir als Spanungsquerschnitt wieder ein Parallelogramm (Bild **22.34**).

$$A_\mathrm{hobeln} = f \cdot a_\mathrm{p}$$

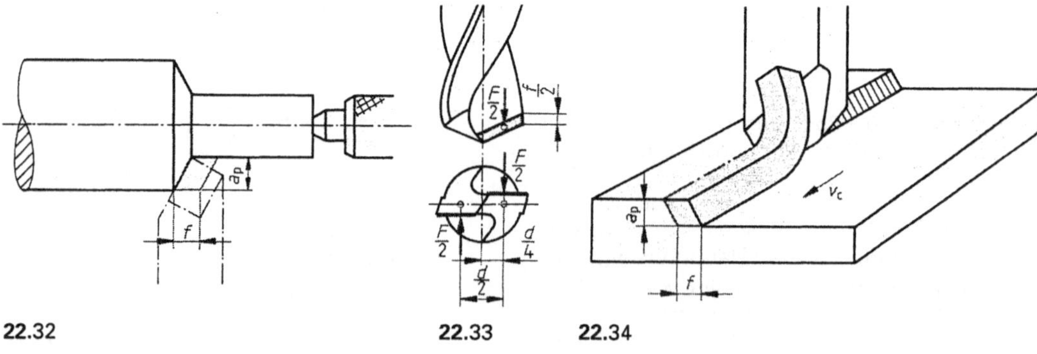

22.32 **22.33** **22.34**

Schnittkraft. Wir können die Schnittkraft F_c berechnen als Produkt aus Fläche A und spezifischer Schnittkraft k_c.

$$F_c = A \cdot k_c$$

Beispiel 1 An einer Drehmaschine wird mit einer Schnittiefe von 5 mm und einem Vorschub von 0,5 mm gearbeitet. Die spezifische Schnittkraft beträgt 1800 N/mm². Wie groß ist die Schnittkraft?

Lösung geg.: a_p= 5 mm ges.: F_c in N
$\quad\quad\quad f$ = 0,5 mm
$\quad\quad\quad k_c$ = 1800 N/mm²

$\underline{F_c} = a_p \cdot f \cdot k_c$
$\quad = 5 \text{ mm} \cdot 0,5 \text{ mm} \cdot 1800 \text{ N/mm}^2$
$\quad \underline{\underline{= 4500 \text{ N}}}$

Die Schnittkraft beträgt 4500 N.

Beispiel 2 Mit einem 8 mm-Bohrer wird ein Werkstück aus St37-2 durchbohrt. Der Vorschub wird mit 0,2 mm gewählt, der Wert für k_c beträgt 2340 N/mm². Berechnen Sie die Schnittkraft F_c.

Lösung geg.: d = 8 mm ges.: F_c in N
$\quad\quad\quad f$ = 0,2 mm
$\quad\quad\quad k_c$ = 2340 N/mm²

$$\underline{F_c} = \frac{d \cdot f}{2} \cdot k_c = \frac{8 \text{ mm} \cdot 0,2 \text{ mm} \cdot 2340 \text{ N}}{2 \quad \text{mm}^2}$$
$$\underline{\underline{= 1872 \text{ N}}}$$

Die Schnittkraft beträgt 1872 N

Schnittleistung. Wir wissen bereits, dass Leistung Arbeit in der Zeiteinheit ist. Weil Weg/Zeit eine Geschwindigkeit ist, konnten wir die Leistung als Produkt aus Kraft x Geschwindigkeit berechnen. Setzen wir in die Formel $P = F \cdot v$ für v die Schnittgeschwindigkeit v_c, für F die Schnittkraft F_c in N, erhalten wir die Schnittleistung P_c in Watt.

Die Schnittleistung errechnet sich als Produkt aus Schnittkraft x Schnittgeschwindigkeit.

$$P_c = \frac{F_c \cdot v_c}{60} \left[\frac{\text{N} \cdot \text{m} \cdot \text{min}}{\text{min} \cdot \text{s}} = \frac{\text{N m}}{\text{s}} = \text{W} \right]$$

Beispiel 1 An einem Kurzhobel wird bei einer Schnittgeschwindigkeit von 48 m/min und einem Vorschub von 1 mm ein 4 mm tiefer Span abgenommen. Wie groß ist die Leistung des Antriebsmotors bei einem Maschinenwirkungsgrad von $\eta = 0,7$? k_c = 1780 N/mm²

Lösung geg.: v_c = 48 m/min ges.: P_{ab}
$\quad\quad\quad f$ = 1 mm
$\quad\quad\quad a_p$ = 4 mm
$\quad\quad\quad \eta$ = 0,7 $\quad k_c$ = 1780 N/mm²

$$P_c = \frac{f \cdot a_p \cdot k_c \cdot v_c}{60}$$

$$\underline{P_c} = \frac{1 \text{ mm} \cdot 4 \text{ mm} \cdot 1780 \text{ N} \cdot 48 \text{ m} \cdot \text{min}}{\text{mm}^2 \cdot \text{min} \cdot 60 \text{ s}}$$
$$\underline{\underline{= 5696 \text{ W}}}$$

$$\underline{P_{ab}} = \frac{P_c}{\eta} = \frac{5696 \text{ W}}{0,7} = \underline{\underline{8137 \text{ W}}}$$

Die Leistung des Antriebsmotors beträgt 8137 W.

Beispiel 2 Mit einem 8-mm-Bohrer wird ein Durchgangsloch gebohrt. Die Schnittgeschwindigkeit wird mit 35 m/min, der Vorschub mit 0,16 mm gewählt. k_c = 2570 N/mm². Berechnen Sie a) die Schnittkraft F_c, b) die Schnittleistung P_c.

Lösung geg.: d = 8 mm ges.: F_c in N, P_c in W
$\quad\quad\quad f$ = 0,16 mm
$\quad\quad\quad v_c$ = 35 m/min
$\quad\quad\quad k_c$ = 2570 N/mm²

a) Wir berechnen F_c.

$$\underline{F_c} = \frac{d \cdot f \cdot k_c}{2}$$

$$= \frac{8 \text{ mm} \cdot 0,16 \text{ mm} \cdot 2570 \text{ N}}{2 \quad \text{mm}^2} = \underline{\underline{1645 \text{ N}}}$$

Die Schnittkraft beträgt 1645 N.

b) Wir berechnen P_c.

$$\underline{P_c} = F_c \cdot v_c = \frac{1645 \text{ N} \cdot 35 \text{ m} \cdot \text{min}}{\text{min} \cdot 60 \text{ s}}$$
$$\underline{\underline{= 960 \text{ W}}}$$

Die Schnittleistung beträgt 960 W.

Aufgaben

1. An einer Drehmaschine wird mit einem Vorschub von 2 mm und einer Schnitttiefe von 4 mm gearbeitet. Die Schnittkraft beträgt 19 440 N. Wie groß ist die spezifische Schnittkraft?

2. Beim Bohren mit einem 5-mm-Bohrer wird eine Schnittkraft von 1540 N gemessen. Der Wert für k_c beträgt 3400 N/mm^2. Mit welchem Vorschub wird gearbeitet?

3. Ein Bolzen von 80 mm Durchmesser wird mit einem Span auf 70 mm abgedreht. Der Vorschub beträgt 0,5 mm, die zulässige Schnittgeschwindigkeit 125 m/min. Wie groß ist die Schnittleistung bei einer spezifischen Schnittkraft von 1900 N/mm^2?

4. Mit einem 20-mm-Bohrer wird mit einem Vorschub von 0,16 mm gearbeitet. Wie groß ist der Spanquerschnitt? Welche Schnittkraft tritt auf, wenn der Wert für k_c mit 2400 N/mm^2 anzusetzen ist?

5. Eine Welle von 100 mm Durchmesser aus C 15 wird mit einem Span übergedreht. Die Schnitttiefe beträgt 5 mm, der Vorschub 0,5 mm, die zulässige Schnittgeschwindigkeit 225 m/min. Berechnen Sie a) die erforderliche Drehzahl;

b) die Leistung am Drehmeißel, wenn die spez. Schnittkraft 2100 N/mm^2 beträgt; c) die erforderliche Leistung des Antriebsmotors, wenn mit einem Gesamtwirkungsgrad von 0,85 gerechnet wird.

6. Bei einer Hobelarbeit beträgt der Vorschub 1,6 mm und der Spannungsquerschnitt 12,8 mm^2. Mit welcher Schnittiefe wurde gearbeitet?

7. An einer Drehmaschine wird GS 52 bearbeitet, die zulässige Schnittgeschwindigkeit beträgt 20 m/min. Welche Leistung muss der Antriebsmotor erbringen, wenn mit einem Wirkungsgrad von 0,8 gerechnet wird, der Vorschub bei einer Schnittiefe von 6 mm 1 mm beträgt und der Wert für k_c mit 1640 N/mm^2 aus der Tabelle abgelesen wird?

8. Mit einem Bohrer wird ein Durchgangsloch gebohrt. Der Antriebsmotor gibt dabei bei einem Wirkungsgrad von 0,8 eine Leistung von 1130 W ab. Bei einem Vorschub von 0,12 mm und einer Schnittgeschwindigkeit von 20 m/min beträgt die spezifische Schnittkraft 4520 N/mm^2. Welchen Durchmesser hat der Bohrer?

22.2.3 Dreharbeiten

Kegeldrehen. Kegelförmige Werkstücke können an der Drehmaschine durch Verstellen des Reitstockes, durch Ändern des Einstellwinkels am Obersupport oder mit Hilfe des Kegellineales hergestellt werden

Bild **22.35** lässt das Prinzip der *Reitstockverstellung* erkennen. Wird der Reitstock um das Maß *a* verschoben, entsteht durch die Vorschubbewegung des Drehmeißels zwangsläufig ein Kegelstumpf mit dem Durchmesser *D* und *d*. Unsere Überlegungen sollen zu einer Formel führen, mit der wir *a* berechnen können.

1. Dreieck *ABC* ist rechtwinklig. Die Strecke *CB* erechnet sich $(D - d)/2$.

2. Im Dreieck *EFD* ist *EF* die Reitstockverstellung *a*. Das Dreieck ist ebenfalls rechtwinklig.

3. Die Strecke *DE* entspricht bei Kegeln mit Zapfen der Werkstücklänge *L* (Bild **22.37**), die Strecke *DF* entspricht der Kegellänge *l*.

4. In beiden Dreiecken lässt sich der Tangens für $\alpha/2$ aufstellen.

$$\tan \alpha/2 = \frac{D-d}{2l} \qquad \tan \alpha/2 = \frac{a}{L}$$

5. Beide Gleichungen können gleichgesetzt werden. Um *a* zu errechnen, bringen wir *a* auf eine Seite.

$$\frac{D-d}{2l} = \frac{a}{L} \qquad a = \frac{L(D-d)}{2l}$$

$(D - d)/l$ bezeichnen wir als Kegeljüngung *C*. Setzen wir dies in die Formel ein, erhalten wir

$$a = \frac{L}{2} \cdot C$$

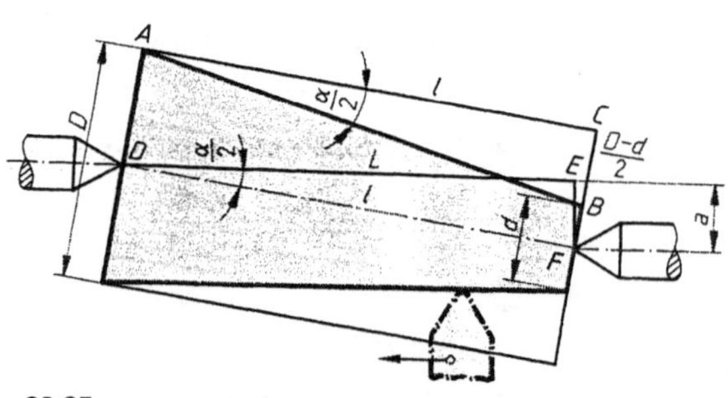

22.35

Die Kegelverjüngung C errechnet sich aus $\dfrac{D-d}{l}$. Teilen wir Zähler und Nenner durch $D-d$, erhalten wir $l/(D-d)$. Wir bezeichnen den Wert als x und schreiben $C = 1 : x$ als Kegelverjüngung. Das heißt, auf x mm Kegellänge ändert sich der Durchmesser um 1 mm.

Beispiel Bei einem Kegel mit $C = 1 : 50$ verändert sich der Durchmesser auf 50 mm Länge um einen Millimeter.

Kurze, genaue Kegel werden durch *Verstellen des Obersupports* gefertigt. Der Vorschub erfolgt dabei von Hand. Der Einstellwinkel $\alpha/2$ ist aus den Größen D, d und l (Bild **22.36**) nach der Tangensfunktion zu berechnen.

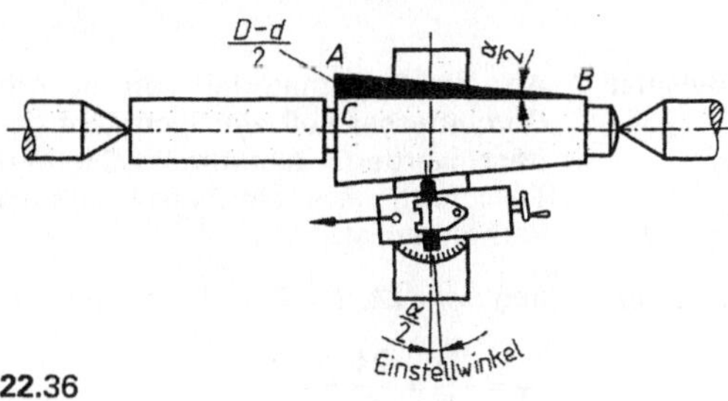

22.36

Wird ein Kegel mit Hilfe des *Kegellineales* gefertigt, errechnen wir den Einstellwinkel genau so wie bei der Verstellung des Obersupports.

Reitstockverstellung

$$a = \frac{L\,(D-d)}{2l}$$

$$D = \frac{2al}{L} + d \qquad d = D - \frac{2al}{L} \qquad a = \frac{L}{2} \cdot C$$

a darf $0,02 \cdot L$ nicht überschreiten!

Obersupportverstellung und Kegellineal

$$\tan \alpha/2 = \frac{D-d}{2l} \qquad \tan \alpha/2 = \frac{C}{2}$$

Beispiele Berechnen Sie a) die Reitstockverstellung nach Bild **22.37**, b) den Einstellwinkel für den Obersupport nach Bild **22.38**.

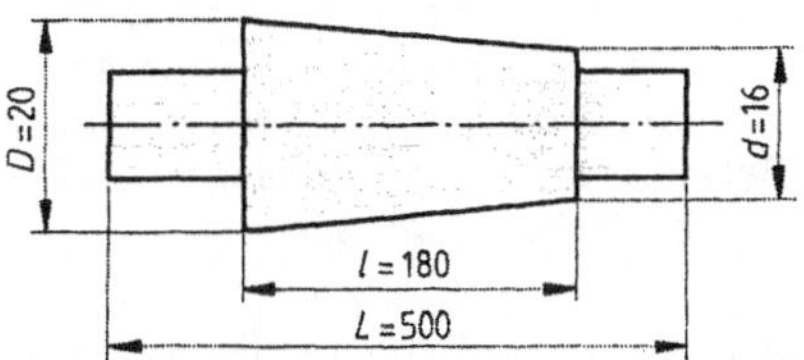

22.37

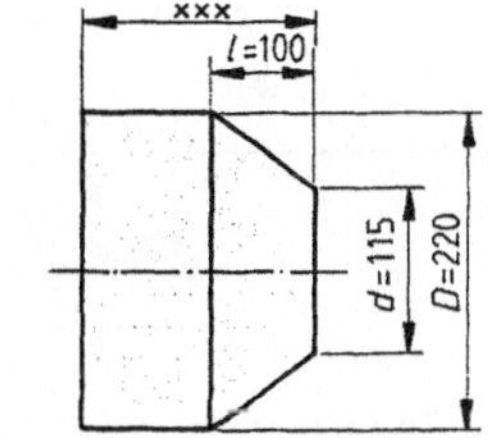

22.38

Lösung a) geg.: L 500 mm $l = 180$ mm
$\qquad\qquad D = 20$ mm $d = 16$ mm

ges.: a in mm

$$a = \frac{L\,(D-d)}{2l}$$

$$= \frac{500\ \text{mm}\,(20\ \text{mm} - 16\ \text{mm})}{2 \cdot 180\ \text{mm}}$$

$$a = 5{,}6\ \text{mm}$$

Die Reitstockverstellung beträgt 5,6 mm.

$$a_{\text{zul}} = 0{,}02 \cdot 500 \le 10$$

b) geg.: $l = 100$ mm $D = 220$ mm
$\qquad\qquad d = 115$ mm

ges.: Einstellwinkel $\alpha/2$

$$\tan \frac{\alpha}{2} = \frac{D-d}{2l} = \frac{220\ \text{mm} - 115\ \text{mm}}{2 \cdot 100\ \text{mm}}$$

$$= 0{,}525$$

Nach Taschenrechner ergibt das einen Einstellwinkel von 27°42′

Aufgaben

1. Ein Kegel von 150 mm Länge und einem Durchmesser $D = 80$ mm hat ein Kegelverhältnis von $1:20$. Wie groß ist d?

2. Berechnen Sie für die nachfolgend genannten Kegel die Durchmesserveränderung auf 90 mm. $1:5$; $1:10$; $1:15$; $1:20$; $1:50$

3. An ein 400 mm langes Werkstück wird ein Kegel von 250 mm Länge gedreht, dessen großer Durchmesser 100 mm beträgt. Das Kegelverhältnis ist 1:50. Berechnen Sie die Reitstockverstellung.

4. Bild **22**.39 zeigt ein Werkstück, das teilweise aus kegelstumpfen Körpern besteht. a) Welches Verfahren wählen Sie zur Herstellung des langen schlanken und des kurzen Kegels? b) Berechnen Sie die erforderlichen Einstellwerte an der Drehmaschine.

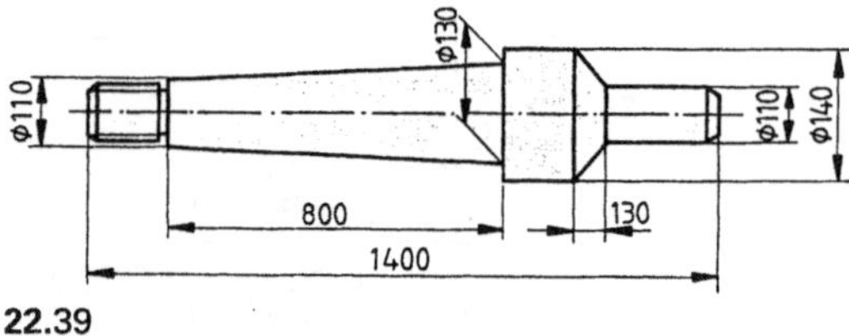

22.39

5. Es soll ein Kegel mit einem Kegelverhältnis 1:20 hergestellt werden. Berechnen Sie den Einstellwinkel am Quersupport.

6. An ein 600 mm langes Werkstück wird ein 300 mm langer Kegel gedreht. Dazu muss der Reitstock um 10 mm verstellt werden. Wie viel Millimeter misst der große Durchmesser des Kegels, wenn d mit 20 mm angegeben ist?

7. Berechnen Sie den Einstellwinkel des Quersupports, wenn ein Kegel von 80 mm Länge mit $D = 50$ mm und $d = 30$ mm hergestellt werden soll.

8. Darf ein Kegel ($L = 200$ mm, $l = 100$ mm, $D = 60$ mm, $d = 50$ mm) durch Reitstockverstellung zwischen Spitzen gedreht werden? Welche Einstellwerte sind zur Herstellung des Kegels zu ermitteln?

22.2.4 Teilarbeiten

Direktes Teilen. Bild **22**.40 zeigt das Prinzip eines einfachen Teilapparates für eine begrenzte Verwendung. Die Teilscheibe ist am Gehäuse befestigt. Die Teilkurbel treibt die Teilspindel *direkt* an. Der Indexstift rastet in Bohrungen ein, die gleichmäßig auf dem Umfang der Teilscheibe vorhanden sind. Aus Gründen der Ökonomie beschränkt man sich im allgemeinen auf einen Lochkreis mit 24 Bohrungen. Damit sind alle Teilungen möglich, die ohne Rest in 24 enthalten sind. Bezeichnen wir die Zahl der Bohrungen auf dem Lochkreis mit n_L, die vorgesehene Teilung mit T, dann können wir die Zahl der weiter zu schaltenden Bohrungen n_T leicht errechnen.

$$n_T = \frac{n_L}{T}$$

Beispiel An ein Rundmaterial von 80 mm Durchmesser soll ein Sechskant gefräst werden. Bestimmen Sie den Teilschritt, wenn ein 24-er Lochkreis vorhanden ist.

Lösung geg.: $n_L = 24$, $T = 6$ ges.: n_T

$$\underline{\underline{n_T}} = \frac{n_L}{T} = \frac{24}{6} = \underline{\underline{4}}$$

Die Kurbel muss um jeweils 4 Löcher weitergedreht werden.

Indirektes Teilen. Eine größere Anzahl von Teilungen können wir mit einem Teilkopf für *indirektes* Teilen herstellen (Bild **22**.41). Über die Teilkurbel wird die Schnecke, durch die Schnecke das Schneckenrad angetrieben. Weil das Schneckenrad fest auf der Teilspindel sitzt, überträgt sich die Drehung der Teilkurbel, untersetzt durch das Schneckengetriebe, auf die Teilspindel. Das Übersetzungsverhält-

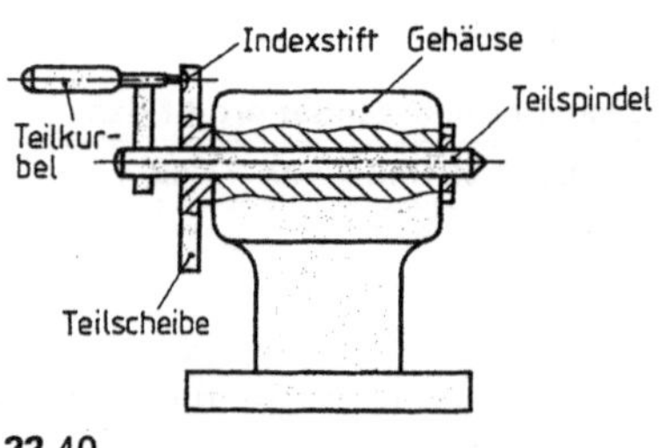

22.40

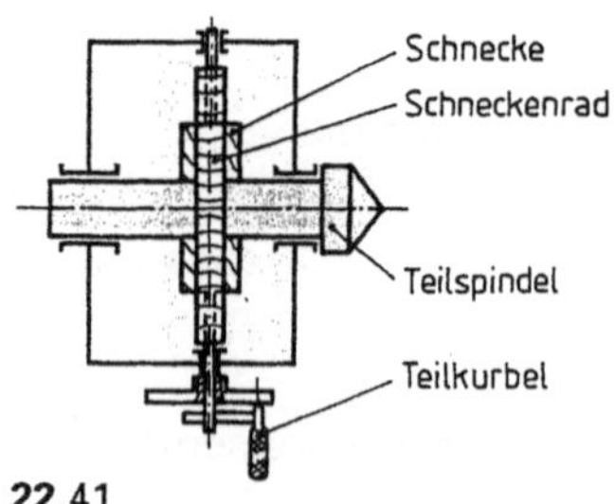

22.41

nis im Schneckengetriebe beträgt 40:1, selten 60:1. So dreht sich die Teilspindel z. B. einmal, wenn die Teilkurbel 40-mal gedreht wird. Um die Zahl der Kurbelumdrehungen n_k zu errechnen, mit denen die gesuchte Teilung T hergestellt werden kann, dividieren wir das Übersetzungsverhältnis i durch T.

Wollen wir Teilungen in Winkelgraden α herstellen, errechnen wir die Kurbelumdrehungen n_k als Quotient aus dem Vollwinkel $360°$, das entspricht einer Umdrehung der Teilspindel und dem Übersetzungsverhältnis. Bei einem Übersetzungsverhältnis von 1:40 ergibt eine Kurbelumdrehung $360/_{40} = 9°$ Teilspindeldrehung, bei 1:60 eine Kurbelumdrehung $360/_{60} = 6°$.

$$n_k = \frac{i}{T} \qquad n_k = \frac{\alpha}{9°} \qquad n_k = \frac{\alpha}{6°}$$

Wenden wir die Formeln an, werden wir bald feststellen, dass auch Teile von Kurbelumdrehungen vorkommen. Zu einem Teilkopf gehören deshalb drei auswechselbare Lochscheiben (Tabelle **22.9**).

Tabelle **22.9** Lochkreise an Teilscheiben

Lochscheibe I	15	16	*17*	18	*19*	20	Löcher
Lochscheibe II	21	*23*	27	*29*	*31*	33	Löcher
Lochscheibe III	*37*	39	*41*	*43*	*47*	49	Löcher

Bei den *kursiv* gedruckten Lochzahlen handelt es sich um Primzahlen, die für das Differentialteilen von Bedeutung sind (s. u.).

> Teile von Kurbelumdrehungen müssen immer so erweitert werden, dass ein vorhandener Lochkreis verwendet werden kann.

Beispiel 1 Es soll ein Zahnrad mit 86 Zähnen gefräst werden. Bestimmen Sie den Teilschritt. $i = 40:1$.

Lösung geg.: $T = 86$, $i = 40:1$
ges.: n_k

$$n_k = \frac{i}{T} = \frac{40}{86}$$

Ein Lochkreis mit 86 Bohrungen ist nicht vorhanden. Wir wandeln den

Bruch deshalb so um, dass wir im Nenner einen vorhandenen Lochkreis erhalten. Im vorliegenden Falle kürzen wir mit 2 und wählen den 43-ger Lochkreis. Wir erhalten

$$\frac{20}{43}$$

Das Ergebnis liest sich dann „20 Löcher auf dem 43-er Lochkreis."

Beispiel 2 Eine Vielkeilwelle soll mit 12 Keilnuten auf dem Umfang versehen werden. Berechnen Sie den Teilschritt. $i = 40:1$.

Lösung geg.: $T = 12$, $i = 40:1$
ges.: n_k

$$n_k = \frac{i}{T} = \frac{40}{12} = 3\frac{4}{12} = 3\frac{1}{3}$$

Zunächst führen wir 3 volle Kurbelumdrehungen aus. Den Bruch erweitern wir so, dass wir im Nenner eine vorhandene Lochscheibe erhalten. Wir haben verschiedene Möglichkeiten und können erweitern mit

5, 6, 7, 9, 11, 13

Zur Wahl stehen

5 Löcher auf dem 15-er Lochkreis

6 Löcher auf dem 18-er Lochkreis

7 Löcher auf dem 21-er Lochkreis

9 Löcher auf dem 27-er Lochkreis

11 Löcher auf dem 33-er Lochkreis

13 Löcher auf dem 39-er Lochkreis

Unser Ergebnis lautet: 3 Kurbelumdrehungen plus n Löcher auf dem gewählten Lochkreis.

Differentialteilen. Sollen Teilungen hergestellt werden, die durch Primzahlen gebildet werden, geht das mit einem Teilapparat für indirektes Teilen nur, wenn die Primzahl ≤ 47 ist. Größere Primzahlteilungen lassen sich mit

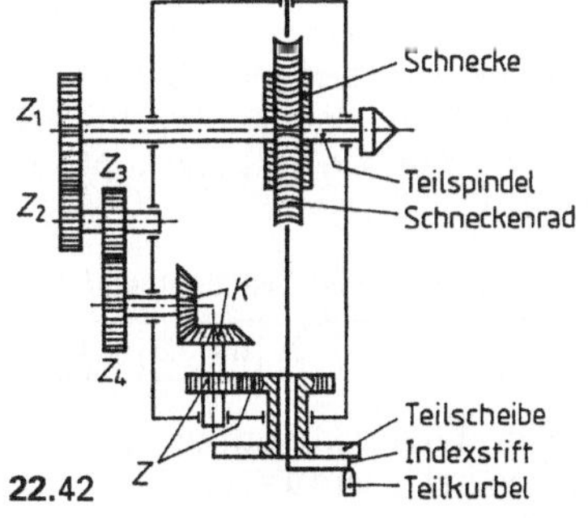

22.42

dem Universalteilkopf herstellen (Bild **22.42**). Wir sprechen von *Differentialteilen*.

Drehen wir an der Teilkurbel, treibt die Schnecke das Schneckenrad und damit die Teilspindel an. Über die Wechselräder z_1 bis z_4 und das Kegelradgetriebe K treibt die Teilspindel die Teilscheibe an, die somit abhängig von der Teilspindel Drehungen vollführt.

Berechnen des Teilschrittes. Wir wollen die Teilung für ein Zahnrad mit 97 Zähnen bei $i = 40:1$ berechnen. Nach unseren bisher bekannten Formeln ist

$$n_k = \frac{i}{T} = \frac{40}{97}$$

Weil der Bruch aufgrund der Primzahl 97 nicht mehr kürzbar ist, betrüge der Teilschritt 40 Löcher auf dem 97-er Teilkreis. Der ist aber nicht vorhanden. Wir wählen deshalb eine Hilfsteilzahl, hier 100, und nennen diese T'.

$$n_k = \frac{i}{T'} = \frac{40}{100} = \frac{2}{5}$$

Wir können den Bruch mit 4 erweitern, so dass wir mit 8 Löchern auf dem 20-er Teilkreis arbeiten können. Nach 97 Teilungen verbleiben jedoch noch drei fehlende Teilschritte auf dem Umfang (Bild **22.43**). Wir müssen diese mit Hilfe von Wechselrädern anteilmäßig den geforderten 97 Teilungen zuschlagen.

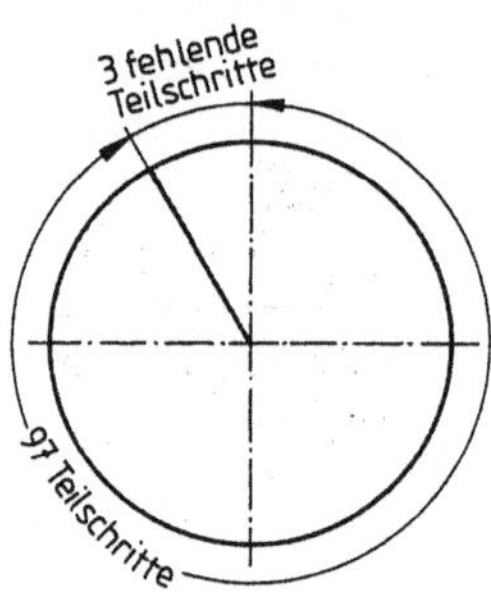

22.43

Korrektur des Teilschrittes. In Tabelle **22.10** sind die Zähnezahlen der gebräuchlichen Wechselräder für den Universalteilkopf zusammengestellt.

Tabelle **22.10** Gebräuchlicher Wechselradsatz

24	24	28	32	36	40	44	48	56	64	72	86	100

Wir müssen eine Räderpaarung ausrechnen, die die Teilscheibe bei jedem Teilschritt so wei-

terdreht, dass eine auf dem 20-er Teilkreis vorhandene Bohrung an die Stelle wandert, wo der Indexstift einrasten muss. Drei fehlende Teilschritte, wir bezeichnen sie als Teilschrittdifferenz T', auf dem 20-er Lochkreis bedeuten bei 8 Löchern pro Teilschritt T $8 \cdot 3 = 24$ Löcher. Während der gesamten Teilarbeit muss sich die Scheibe somit um 24 Löcher gedreht haben. Das sind $1^1/_5$ Umdrehungen, während sich das Werkstück einmal gedreht hat. Bezeichnen wir die Drehzahl der Lochscheibe mit n_L, die des Werkstückes mit n_W, erhalten wir

$$n_L : n_W = 1^1/_5 : 1$$

Aus den Zahnradberechnungen wissen wir, dass

$$\frac{z_{\text{treibend}}}{z_{\text{getrieben}}} = \frac{n_{\text{getrieben}}}{n_{\text{treibend}}}$$

Konstruktionsgemäß treibt die Teilspindel über die Wechselräder die Lochscheibe an. Dann ist

$$\frac{z_{\text{treibend}}}{z_{\text{getrieben}}} = \frac{\text{Lochscheibendrehzahl}}{\text{Werkstückdrehzahl}}$$

Weil die Werkstückdrehzahl immer „1" ist, erhalten wir

$$\frac{z_{\text{tr}}}{z_{\text{getr}}} = \text{Lochscheibendrehzahl}$$

Die Lochscheibendrehzahl setzen wir in Löchern pro Lochkreis ein. Für die oben ausgeführte Rechnung ergibt das

$$\frac{z_{\text{tr}}}{z_{\text{getr}}} = \frac{24}{20}$$

Wir erweitern den Bruch so, dass wir vorhandene Zähnezahlen erhalten. In unserem Falle erweitern wir mit „2" und erhalten für z_{tr} 48, für z_{getr} 40 Zähne. Wir können nun eine allgemein gültige Formel zur Berechnung der Wechselräder aufstellen.

$$\frac{z_{\text{tr}}}{z_{\text{getr}}} = \frac{i}{T'} \cdot (T' - T)$$

Wird eine Hilfsteilzahl gewählt, die kleiner als die gesuchte Teilung ist, ist der Drehsinn der Teilscheibe gegen den der Teilkurbel gerichtet.

Beispiel 1 Berechnen Sie den Teilschritt und die Wechselräder zum Fräsen eines Zahnrades mit 113 Zähnen. $i = 40:1$

Lösung *1. Schritt:* Wir wählen eine Hilfsteilzahl.

gewählt $T' = 120$

2. Schritt: Berechnen des Lochkreises.

$$n_k = \frac{i}{T'} = \frac{40}{120} = \frac{1}{3},$$

gewählt $\dfrac{7 \text{ Löcher}}{21 \text{ Lochkreis}}$

3. Schritt: Berechnen der Wechselräder.

$$\frac{z_{tr}}{z_{getr}} = \frac{i}{T'} \cdot (T' - T) = \frac{40 \cdot 7}{120} = \frac{1 \cdot 7}{3}$$

erweitert mit 8 erhalten wir für z_{tr} 56, für z_{getr} 24 Zähne.

gewählt:	Lochscheibe II
Teilschritt:	7 Löcher auf 21-er Lochkreis
Wechselräder:	einfache Übersetzung
treibendes Zahnrad:	56 Zähne
getriebenes Zahnrad:	24 Zähne

Beispiel 2 Gesucht sind Teilschritt, Lochscheibe und Wechselräder zur Herstellung eines Zahnrades mit 173 Zähnen. $i = 40:1$

Lösung 1. gewählte Hilfsteilzahl: 165
2. Berechnung der Teilung

$$n_k = \frac{i}{T'} = \frac{40}{165} = \frac{8}{33},$$

gewählt $\dfrac{8 \text{ Löcher}}{33 \text{ Lochkreis}}$

3. Berechnung der Wechselräder

$$\frac{z_{tr}}{z_{getr}} = \frac{i}{T'} \cdot (T' - T) = \frac{8 \cdot 8}{33}$$

Wir müssen den Nenner so zerlegen und dann erweitern, dass vorhandene Wechselräder gesteckt werden können.

$$\frac{z_{tr}}{z_{getr}} = \frac{8}{3} \cdot \frac{8}{11} = \frac{8 \cdot 8}{3 \cdot 8} \cdot \frac{8 \cdot 4}{11 \cdot 4} = \frac{64 \cdot 32}{24 \cdot 44}$$

gewählt:	Lochscheibe II (Drehsinn!)
Teilschritt:	8 Löcher auf 33-er Lochkreis
Wechselräder:	doppelte Übersetzung
treibende Räder:	64 und 32 Zähne
getriebene Räder:	24 und 44 Zähne

Aufgaben

Soweit nichts anderes vermerkt, werden die folgenden Aufgaben mit einem Teilapparat $i = 40:1$ gerechnet.

1. Welche Teilungen lassen sich mit der 24-er Lochscheibe eines einfachen Teilapparates herstellen?

2. Es sollen Zahnräder mit 20, 56, 64, 96 und 164 Zähnen Modul 4 hergestellt werden. Berechnen Sie a) den Teilkreisdurchmesser, b) den Kopfkreisdurchmesser, c) die erforderlichen Daten zur Herstellung der Teilungen.

3. Ein Zahnradrohling soll mit 25 Zähnen versehen werden. Bestimmen Sie Lochkreis und Teilkurbelumdrehungen.

4. Ein Skalenring soll mit einer 120-er Teilung versehen werden. Mit welchem Teilverfahren kann die Teilung ausgeführt werden? Welche Teilscheiben können verwendet werden? Welche Teilungen sind möglich?

5. An einem Teilapparat wird eine Vielkant gefräst. Die Teilung wird durch $4^8/_{18}$ Kurbelumdrehungen erzielt. Wie viel Flächen hat das Vielkant?

6. Für eine Zahnstangenwinde soll ein Sperrrad mit 11 Zähnen hergestellt werden. Berechnen Sie die Einstellungen am Teilapparat.

7. Berechnen Sie die zum Herstellen einer Kerbverzahnung mit 37 Zähnen erforderlichen Einstellungen am Teilapparat.

8. Berechnen Sie die Teilschritte für die Winkel $25°$, $30°$, $60°$, $75°$, $90°$.

9. Für ein Verschieberadgetriebe sollen folgende Zahnräder hergestellt werden: $z_1 = 50$, $z_2 = 40$, $z_3 = 44$, $z_4 = 28$, $z_5 = 80$, $z_6 = 75$ Zähne. Berechnen Sie die Einstellungen am Teilapparat.

10. Berechnen Sie die Wechselräder und den Lochkreis zur Herstellung folgender Zahnräder: 29, 53, 97, 127, 167 und 211 Zähne.

22.2.5 Wendelfräsen

Eine Wendel ist ein Gewinde mit großer Steigung. Um sie an der Universalfräsmaschine herstellen zu können, müssen der Steigungswinkel α der Wendel, der Einstellwinkel des Frästisches β und die Wechselräder des zu verwendenden Universalteilkopfes berechnet werden.

Bestimmen des Steigungswinkels α. Die Linie, an der der Fräser entlangschneiden muss, windet sich um das Werkstück. Der Höhenunterschied für eine „Umwindung" ist die Steigung der Wendel P_W. Wickeln wir die Schraubenlinie ab, erhalten wir ein rechtwinkliges Dreieck (Bild **22.44**).

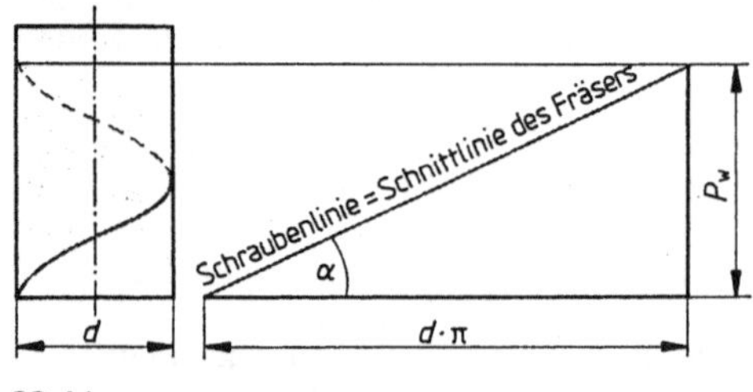

22.44

Der Steigungswinkel einer Wendel errechnet sich aus

$$\tan \alpha = \frac{P_W}{d \cdot \pi}$$

Bestimmen des Einstellwinkels β. Zum Fräsen der Wendel muss der Frästisch um den Einstellwinkel β geschwenkt werden. Er ist abhängig vom Steigungswinkel α. In Bild **22.45** ist der Winkel BAL 90°. β ist dann $90° - \alpha$. Der Winkel bei B ist ebenfalls gleich β.

Wir können den Einstellwinkel nach dem Tangens berechnen.

$$\tan \beta = \frac{d \cdot \pi}{P_W} \quad \text{oder} \quad \beta = 90° - \alpha$$

Bestimmen der Wechselräder. Damit die Wendel abhängig vom Vorschub des Frästisches gefräst werden kann, wird das Werkstück von der Tischspindel angetrieben. Dies geschieht über Wechselräder (Tabelle **22.11**). Bezeichnen wir die Steigung der Tischspindel als P_T und die der Wendel als P_W, erhalten wir als Räderverhältnis

$$\frac{z_{tr}}{z_{getr}} = \frac{\text{Tischspindelsteigung}}{\text{Wendelnutsteigung}} = \frac{P_T}{P_W}$$

Tabelle **22.11** Gebräuchlicher Rädersatz beim Wendelfräsen

24	28	30	32	36	37	40	48	48	49	56	60
64	66	68	72	76	78	80	84	86	90	96	100

Dieser Ansatz geht von einem Direktantrieb Tischspindel-Wechselräder-Werkstück aus. Weil aber der Teilkopf zwischengeschaltet ist, muss noch dessen Übersetzungsverhältnis i berücksichtigt werden. Die Anordnung zeigt Bild **22.46**.

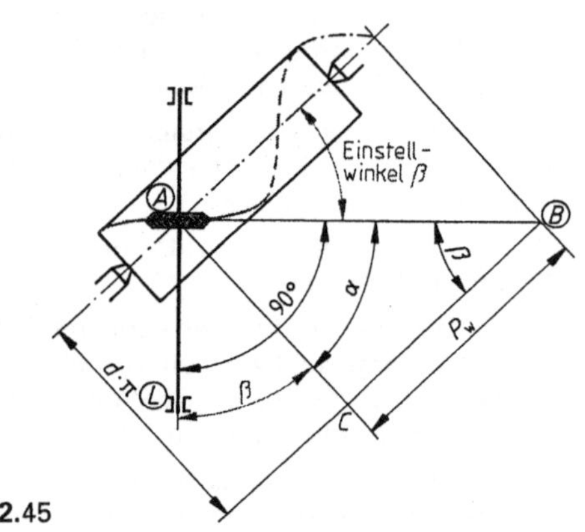

22.45

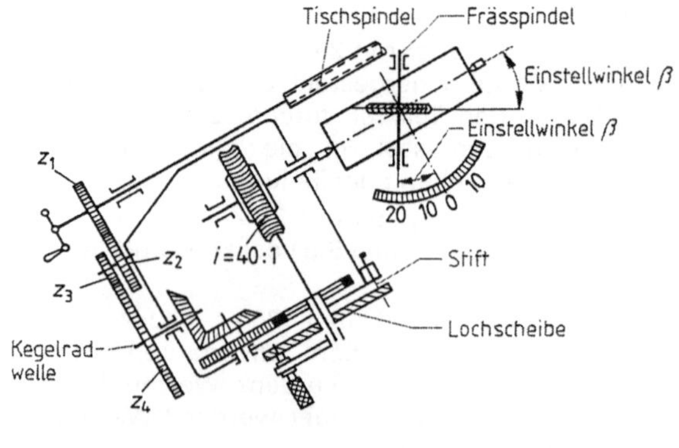

22.46

Berechnen des Einstellwinkels

$$\tan \beta = \frac{d \cdot \pi}{P_W} \qquad P_W = \frac{d \cdot \pi}{\tan \beta} \qquad d = \frac{P_W \cdot \tan \beta}{\pi}$$

$$\beta = 90° - \alpha$$

Berechnen der Wechselräder

$$\frac{z_{tr}}{z_{getr}} = \frac{P_T \cdot i}{P_W}$$

Beispiel An einer Universalfräsmaschine soll eine Schraubennut von 1500 mm Steigung in ein Werkstück von 120 mm Durchmesser gefräst werden. Die Gewindesteigung an der Frästischspindel beträgt 5 mm, das Übersetzungsverhältnis im Teilkopf 40 : 1. Berechnen Sie den Einstellwinkel und die Wechselräder.

Lösung geg.: P_W = 1500 mm

P_T = 5 mm

d = 120 mm

i = 40 : 1

ges.: Einstellwinkel β

Wechselräder

Berechnung des Einstellwinkels

$$\tan \beta = \frac{d \cdot \pi}{P_W} = \frac{120 \text{ mm} \cdot \pi}{1500 \text{ mm}} = 0{,}2513$$

$$\beta = 14°10'$$

Der Einstellwinkel beträgt 14°10'.

Berechnung der Wechselräder

$$\frac{z_{tr}}{z_{getr}} = \frac{P_T \cdot i}{P_W} = \frac{5 \text{ mm} \cdot 40}{1500 \text{ mm}} = \frac{4}{30} = \frac{2 \cdot 2}{5 \cdot 6}$$

Gewählt für treibende Räder 40 und 24 Zähne,

gewählt für getriebene Räder 100 und 72 Zähne.

Aufgaben

1. Für ein Schneckenradgetriebe soll eine Schnecke von 30 mm Durchmesser mit 210 mm Steigung gefräst werden. Berechnen Sie den Einstellwinkel und die Wechselräder am Teilkopf, wenn die Steigung der Tischspindel 6 mm und das Übersetzungsverhältnis des Teilapparates 40 : 1 beträgt.

2. Es soll ein schrägverzahnter Fräser von 60 mm Durchmesser hergestellt werden. Die Steigung der Spannuten beträgt 1400 mm. Berechnen Sie den Einstellwinkel und die erforderlichen Wechselräder, wenn die Steigung der Tischspindel 8 mm und das Übersetzungsverhältnis des Teilkopfes 40 : 1 beträgt.

22.3 Brennstoffverbrauch beim Umformen und Fügen

22.3.1 Kohle- und Gasverbrauch beim Schmieden

Im Abschn. 20 haben wir gelernt, dass beim Verbrennen eines Stoffes oder Gases eine bestimmte Wärmemenge frei wird. Die Heizwerte sind stoffspezifisch (s. Tabelle **20.4**). Sollen Werkstücke umgeformt werden, müssen sie auf Schmiedetemperatur erwärmt werden. Geschieht das im Schmiedefeuer, benötigen wir eine bestimmte Menge Schmiedekohle. Werden Werkstücke in Öfen auf Schmiedetemperatur erwärmt, geschieht das entweder mit Gas oder Elektrizität. Mit den bereits bekannten Formeln für feste Brennstoffe $Q = m \cdot H_u$ bzw. $Q = V \cdot H_u$ bei der Verwendung von Gasen können wir den Brennstoffbedarf berechnen, wenn wir außerdem über die spezifische Wärme des Werkstoffes die Wärmemenge bestimmen, die zum Erwärmen der Werkstückmasse erforderlich ist.

Weil die erzeugte Wärmemenge wegen der Abwärmeverluste nur zu einem Teil zur Verfügung steht, müssen wir mit einem Wirkungsgrad η rechnen.

$$\eta = \frac{\text{benötigte Wärmemenge}}{\text{erzeugte Wärmemnge}} = \frac{Q_b}{Q_e}$$

Die Heizwerte für die folgenden Rechnungen wollen wir der Tabelle **20.4** (S. 156), die für die die spezifische Wärmekapazität c Tabelle **20.3** (S. 153) entnehmen.

Beispiel In einem offenen Schmiedefeuer ($\eta=0,05$) soll ein Rundstahl mit einer Masse von 1,5 kg von Raumtemperatur (20 °C) auf Schmiedetemperatur (1300 °C) gebracht werden. Wie viel Kilogramm Steinkohle müssen vollständig verbrannt werden?

Lösung Wir berechnen zuerst die Wärmemenge, die zum Erwärmen auf Schmiedetemperatur erforderlich ist und dann unter Berücksichtigung des Wirkungsgrades die Steinkohlenmenge, die bei vollständiger Verbrennung diese Wärmemenge abgibt.

geg.: $\quad m_{\text{Stahl}}$ = 1,5 kg
$\qquad\quad c_{\text{Stahl}}$ = 0,48 kJ/(kg · K)
$\qquad\quad \Delta t$ = 1280 K
$\qquad\quad H_{u\,\text{Kohle}}$ = 31,5 MJ/kg
$\qquad\quad \eta$ = 0,05
ges.: $\quad m_{\text{Kohle}}$ in kg

Berechnung der benötigten Wärmemenge Q_b

$Q_b = m_{\text{Stahl}} \cdot c_{\text{Stahl}} \cdot \Delta t$
$Q_b = 1{,}5 \text{ kg} \cdot 0{,}48 \text{ kJ/(kg · K)} \cdot 1280 \text{ K}$
$\underline{Q_b = 921{,}6 \text{ kJ}}$

Berechnung der zu erzeugenden Wärmemenge Q_e

$$\eta = \frac{Q_b}{Q_e} \qquad Q_e = \frac{Q_b}{\eta} = \frac{921{,}6 \text{ kJ}}{0{,}05}$$

$\underline{Q_e = 18432 \text{ kJ}}$

Berechnung der Steinkohlenmenge m_{Kohle}
$Q = m \cdot H_u$

$$\underline{\underline{m}} = \frac{Q}{H_u} = \frac{18432 \text{ kJ} \cdot \text{kg}}{31500 \text{ kJ}} = \underline{0{,}585 \text{ kg}}$$

Um das Werkstück auf Schmiedetemperatur zu bringen, müssen 0,585 kg Steinkohle verbrannt werden.

Aufgaben

1. Ein Rohteil aus Stahl 80 × 80 × 400 soll bei einer Schmiedetemperatur von 1250 °C umgeformt werden. Wie viel kg Schmiedekohle müssen verbrannt werden, damit das Rohteil von 18 °C auf Schmiedetemperatur gebracht wird? $\eta = 5\%$

2. In einer Werkstatt wird zum Erwärmen der Werkstücke in der Schmiede ein gasbeheizter Ofen installiert. Wie viel Erdgas H muss verbrannt werden, wenn bei einem Wirkungsgrad des Ofens von 12% ein Steinkohleverbrauch von 50 kg ($\eta = 0,06$) kompensiert werden soll?

3. In einer Großschmiede soll ein Stahlblock mit einer Masse von 15 t durch Schmieden umgeformt werden. Die Schmiedetemperatur muss 1320 °C betragen. Welche Gasmenge Erdgas H muss zum Erwärmen des Blockes verbrannt werden, wenn bei einem Wirkungsgrad von 11% die Ausgangstemperatur 28 °C beträgt?

4. In einem offenen Schmiedefeuer werden 25 kg Steinkohle verbrannt. Wie schwer kann ein Schmiedeteil aus Stahl sein, um es von 20 °C auf 1280 °C zu erwärmen? (Wirkungsgrad 6%)

5. Zum Erwärmen eines Werkstückes auf Schmiedetemperatur werden 1,2 m³ Erdgas H verbrannt. a) Welche Wärmemenge wurde frei? b) Welche Wärmemenge diente dem Erwärmen des Werkstückes bei einem Wirkungsgrad des Gasofens von 11%?

6. Ein Schmiedestück mit einer Masse von 182 kg wird in einem gasbetriebenen Schmiedeofen von 18 °C auf 1290 °C erwärmt. Wie viel m³ Erdgas H wurden verbrannt, wenn der Wirkungsgrad des Ofens bei 10% liegt?

7. Kann ein Schmiedeteil aus Stahl mit einer Masse von 3 kg in einem offenen Schmiedefeuer von 20 °C auf 1320 °C mit 1,2 kg Steinkohle erwärmt werden, wenn der Wirkungsgrad 5% beträgt?

8. Wie viel m³ Erdgas H müssen in einem gasbeheizten Industrieofen verbrannt werden, wenn ein 28 t schwerer Stahlblock von 28 °C auf die Schmiedetemperatur von 1200 °C erhitzt werden soll? Der Wirkungsgrad des Ofens beträgt 12%.

22.3.2 Gasverbrauch beim Gasschmelz-schweißen

Inhalt von Gasflaschen

Sauerstoff (O_2). Im Gegensatz zu Flüssigkeiten lassen sich Gase verdichten, sie sind kompressibel. So hat eine Sauerstoffflasche ein Volumen von 40 Liter bei Normalluftdruck. Wird die Flasche mit Sauerstoff gefüllt, verändert sich die Füllmenge proportional zur Drucksteigerung. Bei 2 bar enthält sie $2 \cdot 40\,l$, bei 10 bar $10 \cdot 40\,l$ usw.

> Die Normalflasche enthält bei einem Fülldruck von 150 bar ein nutzbares Sauerstoffvolumen von 6000 Liter.

Für nicht lösbare Gase, das sind z. B. Sauerstoff und Schutzgase wie Argon, gilt das Gasgesetz von Boyle-Mariotte (*Boyle* = engl. Physiker, *Mariotte* = franz. Physiker). Das Boyle-Mariottesche Gesetz lautet:

Bei gleich bleibender Temperatur ist das Produkt aus Druck p und Volumen V eines eingeschlossenen Gases gleich.

> $$p \cdot V = \text{const.}$$

Bezeichnen wir das Gasvolumen bei Umgebungsluftdruck p_{amb} mit V_{amb}, den Flaschendruck lt. Manometeranzeige als p_e und die unter Druck in einer Flasche mit dem Volumen v_{Fl} zur Verfügung stehende Gasmenge als V_e, können wir über die Druckdifferenz Δp_e, die wir am Manometer ablesen, sowohl das nutzbare Gasvolumen als auch den Gasverbrauch ΔV berechnen.

> **nutzbares Gasvolumen**
>
> $$V_e = \frac{V_{Fl} \cdot p_e}{p_{amb}}$$
>
> **Gasverbrauch**
>
> $$\Delta V = \frac{V_{Fl} \cdot \Delta p_e}{p_{amb}}$$
>
> Für unsere Rechnungen setzen wir $p_{amb} = 1$ bar

Beispiel Auf dem Manometer einer Sauerstoff-Flasche mit einem Volumen von 40 Liter wird ein Druck von 65 bar abgelesen. a) Wie groß ist die nutzbare Gasmenge? b) Wie viel Gas wurde verbraucht, wenn nach einer Schweißarbeit noch ein Druck von 40 bar abgelesen wird?

Lösung geg.: V_{Fl} = 40 l   ges.: V_{Gas}
$\qquad\qquad p_e$ = 65 bar $\qquad\quad \Delta V_{Gas}$
$\qquad\qquad \Delta p_e$ = 25 bar

a) $\underline{V_{Gas}} = \dfrac{V_{Fl} \cdot p_e}{p_{amb}} = \dfrac{40\,l \cdot 65\,\text{bar}}{1\,\text{bar}}$

$\qquad = \underline{\underline{2600\ l}}$

b) $\underline{\Delta V_{Gas}} = \dfrac{V_{Fl} \cdot \Delta p_e}{p_{amb}} = \dfrac{40\,l \cdot 25\,\text{bar}}{1\,\text{bar}}$

$\qquad = \underline{\underline{1000\ l}}$

Zu Beginn der Schweißarbeit befanden sich 2600 l Sauerstoff in der Flasche, 1000 l wurden entnommen.

Acetylen (C_2H_2). Kann nicht ohne weiteres in Flaschen gepresst werden. Es besteht Explosionsgefahr. Um gefahrlos höhere Drücke zu erzielen, wird es in Aceton gelöst.

> 1 l Aceton löst bei 1 bar Druck 25 l Acetylen.

Eine Normalflasche Acetylen enthält $V_L = 13\,l$ Aceton. Bei einem Fülldruck von $p_F = 18$ bar, errechnet sich die verfügbare Gasmenge V zu

> $$V = 25 \left[\frac{l}{l \cdot \text{bar}}\right] \cdot V_L\,[l] \cdot p_F\,[\text{bar}]$$

Beispiel geg.: $V_L = 13\,l$ $\qquad$ ges.: V in l
$\qquad\qquad\quad p_F = 18$ bar

$\underline{V} = 25\,\dfrac{l}{l \cdot \text{bar}} \cdot 13\,l \cdot 18\,\text{bar} = \underline{\underline{5850\ l}}$

Die Flasche enthält 5850 l Acetylen.

Wir können nun aus dem Füllvolumen V, der am Manometer abgelesenen Druckdifferenz Δp_e und dem Fülldruck p_F den Acetylenverbrauch ΔV berechnen.

$$\Delta V = \frac{V \cdot \Delta p_e}{p_F}$$

$$\Delta V = \frac{5850\ l \cdot \Delta p_e}{18\ \text{bar}}$$

Beispiel Zu Beginn einer Schweißarbeit zeigt das Manometer einer Acetylenflasche einen Druck von 14 bar an. Nach Abschluss der Arbeit werden 5,6 bar abgelesen. Wie viel Liter Acetylen wurden verbraucht?

Lösung geg.: $\Delta p_e = 8,4$ bar   ges.: ΔV

$$\underline{\underline{\Delta V}} = \frac{5850\ l \cdot \Delta p_e}{18\ \text{bar}}$$

$$= \frac{5850\ l \cdot 8,4\ \text{bar}}{18\ \text{bar}} = \underline{\underline{2730\ l}}$$

Für die Schweißarbeit wurden 2730 l Acetylen verbraucht.

Aufgaben

1. Nach einer Schweißarbeit ist der Flaschendruck um 45 bar gesunken. Wie viel Liter Sauerstoff wurden verbraucht?

2. Für eine Stahlkonstruktion werden Stützenfüße geschweißt (Bild **22**.47). Verwendet werden quadratische Hohlprofile 200 × 200 × 8. Um wie viel Bar sinkt der Druck in der Sauerstoff-Flasche, wenn 20 Füße geschweißt werden und pro Meter Nahtlänge 280 l Sauerstoff verbraucht werden?

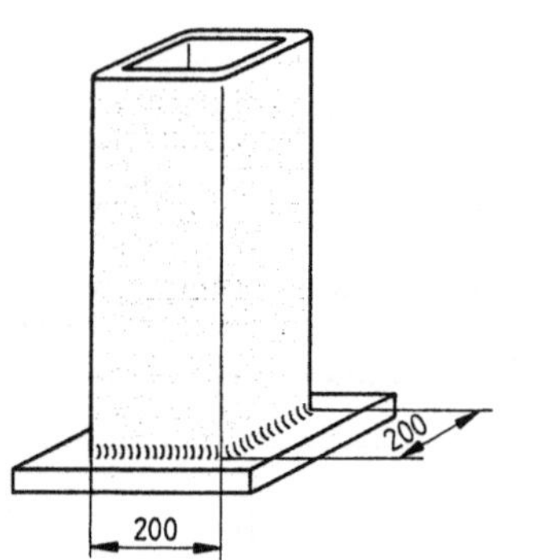

22.47

3. Die Füllung einer Sauerstoff-Flasche kostet 45,20 DM. Wie viel DM Sauerstoffkosten fallen an, wenn nach einer Schweißarbeit eine Druckdifferenz von 38 bar am Manometer abgelesen wird?

4. Mit einem Schweißeinsatz der Größe A-3 (Tabelle **22**.12) werden pro Stunde ca. 280 l Sauerstoff verbraucht. Um wie viel Bar sinkt der Druck in einer Sauerstoff-Flasche, wenn 1,5 Stunden geschweißt wird?

5. Beim Brennschneiden werden pro Stunde 2,14 m^3 Sauerstoff verbraucht. Die Schneidgeschwindigkeit beträgt 600 mm/min. Wie lang war die Gesamtschneidfuge, wenn der Flaschendruck von 78 bar auf 65 bar abgefallen ist?

6. Während einer Schweißarbeit werden 320 l Acetylen verbraucht. Um wie viel Bar sinkt der Flaschendruck?

7. Bei einer Schweißarbeit sinkt der Druck in der Sauerstoffflasche um 16 bar. Wie viel Liter Sauerstoff und Acetylen wurden verbraucht, wenn das Mischungsverhältnis $O_2 : C_2H_2$ 1 : 1,15 beträgt?

8. Nach einer Schweißarbeit zeigt das Manometer einer Acetylenflasche einen um 2,3 bar geringeren Druck an. Wie viel Liter Acetylen wurden entnommen?

9. Beim Brennschneiden wird Acetylen und Sauerstoff im Verhältnis 1 : 8 verbraucht. a) Wie viel Liter Sauerstoff wurden einer Normalflasche entnommen, wenn das Manometer der Acetylenflasche einen Druckabfall von 1,8 bar anzeigt? b) Um wie viel Bar ist die Anzeige des Sauerstoffmanometers gesunken?

10. Einer Sauerstoff-Flasche werden für das Schweißen von Kopfplatten 2800 l Sauerstoff entnommen. Geschweißt wird mit neutraler Flamme. Um wie viel Bar verändert sich die Anzeige auf dem Manometer der Sauerstoff- und Acetylenflasche?

22.4 Zeitbedarf beim Gasschmelzschweißen und Brennschneiden

$$t_s = \frac{L}{v_s}$$

Grundlage der Schweißzeitberechnung ist die Funktion $v = s/t$. Bezeichnen wir s als Schweißnahtlänge L, die Schweißzeit als t_s und die Schweißgeschwindigkeit als v_s, können wir die Gleichung nach t umstellen und erhalten als Formel

Die Schweißgeschwindigkeit hängt von der Brennergröße ab, die entsprechend der Werkstoffdicke zu wählen ist. Die Werte entnehmen wir Tabelle **22.12**.

Die Werte für die Zeitberechnung beim Brennschneiden entnehmen wir Tabelle **22.13**.

Tabelle **22.12**   Richtwerte beim Gasschmelzschweißen von Stahl

Brennergröße A–	Werkstoffdicke in mm	Gasverbrauch $O_2 = C_2H_2$ in l/h	in l/m	Zeitbedarf in min/m	Schweißgeschwindigkeit in mm/min
1	0,5 bis 1	90	15	10	100
2	1 bis 2	170	30	12	80
3	2 bis 4	280	70	15	65
4	4 bis 6	500	165	20	50
5	6 bis 9	700	280	25	40
6	9 bis 14	1100	550	30	35
7	14 bis 20	1600	1000	40	25

Tabelle **22.13**   Richtwerte beim Brennschneiden von Stahl

Schneiddüsengröße in mm	Schneiddicke in mm	Schneidfugenbreite in mm	Schneidgeschwindigkeit in mm/min Trennschnitt	konstr. Schnitt
3 bis 10	3	1,5	870	730
	5		840	690
	8		780	640
	10		740	600
10 bis 25	10	1,8	750	620
	15		690	520
	20		640	450
	25		600	410
25 bis 40	25	2,0	600	410
	30		570	380
	35		550	360
	40		530	340

Beispiel 1 Es werden 5 mm dicke Bleche zusammengeschweißt. Die Gesamtlänge der Schweißnaht beträgt 3,8 m. Bestimmen Sie die Schweißzeit.

Lösung   geg.: Blechdicke 5 mm
           Nahtlänge $L = 3{,}8$ m
           gew.: Brennergröße 4 lt. Tabelle , **22.12**
           Schweißgeschwindigkeit
           $v_s = 50$ mm/min $= 0{,}05$ m/min

           ges.: Schweißzeit

$$\underline{\underline{t_s}} = \frac{L}{v_s} = \frac{3{,}8\ \text{m}}{0{,}05\ \text{m}}\ \frac{\text{min}}{} = \underline{\underline{76\ \text{min}}}$$

Die Schweißzeit beträgt 76 min.

Beispiel 2 Es sollen 10 Verschlussdeckel (Bild **22.48**) ausgebrannt werden. Bestimmen Sie die Zeit für das Brennschneiden.

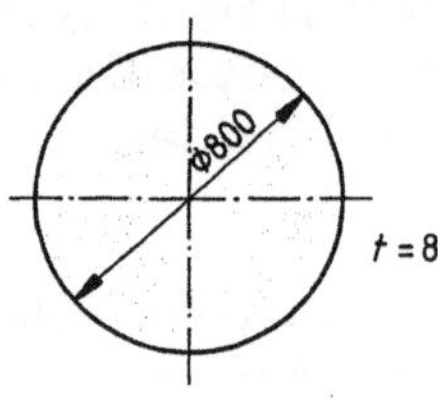

22.48

Lösung   geg.: $d = 800$ mm $= 0{,}8$ m, $i = 10$
           ges.: t_s
           gew.: lt.Tab. **22.13**
           für Konstruktionsschnitt
           $v_s = 640$ mm/min

Berechnung der Schneidfugenlänge:

$$\underline{L = d \cdot \pi \cdot i = 0{,}8\ \text{m} \cdot \pi \cdot 10 = \underline{\underline{25{,}13\ \text{m}}}}$$

Berechnung der Schneidzeit

$$\underline{\underline{t_s}} = \frac{L}{v_s} = \frac{25{,}13\ \text{m}}{0{,}64\ \text{m}}\ \frac{\text{min}}{} = \underline{\underline{39{,}3\ \text{min}}}$$

Die Zeit zum Ausbrennen beträgt

~ 40 min.

Aufgaben

1. Berechnen Sie die Schweißzeit für den in Bild **22.49** skizzierten Kastenträger aus 15 mm dickem Blech.

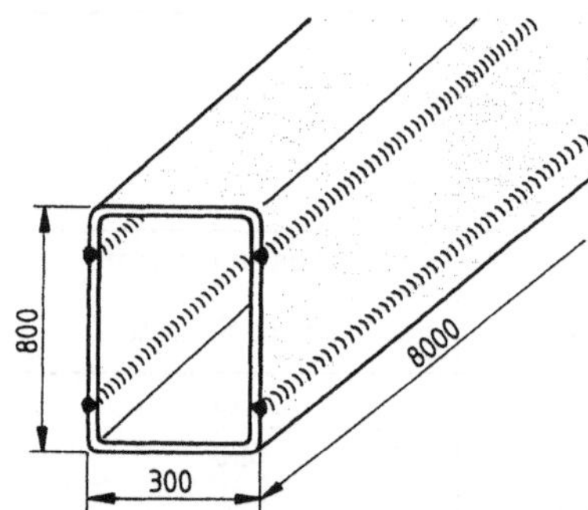

22.49

2. Es werden 4 Rundhohlprofile nach DIN 2458 ($D = 1016$ mm, $t = 10$ mm) zusammengeschweißt. Berechnen Sie die Schweißzeit.

3. Für eine Maschinentreppe sollen zwei Wangen (Bild **22.50**) aus 10 mm dickem Blech ausgebrannt werden. Berechnen Sie die Zeit zum Ausbrennen.

4. Bild **22.51** zeigt einen Stegblechträger. Berechnen Sie a) die Zeit zum Trennen des Trägers, b) die Zeit zum Einschweißen des Stegbleches.

5. Berechnen Sie die Schweißzeit zur Herstellung des in Bild **22.52** skizzierten Tanks. Blechdicke 5 mm.

22.50   **22.51**

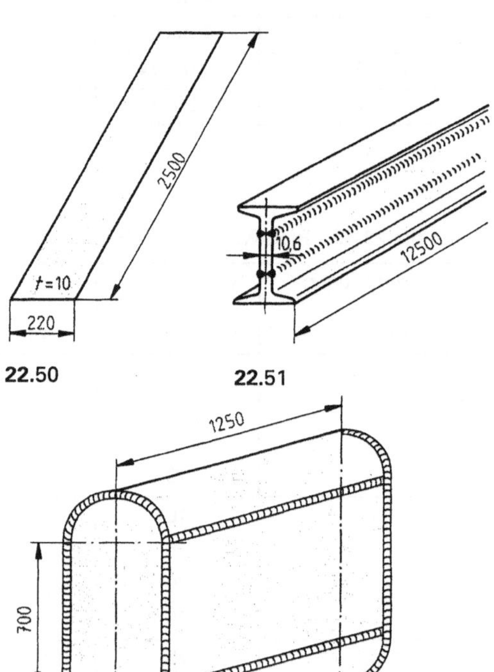

22.52

22.5 Elektrodenverbrauch beim Lichtbogenschmelzschweißen

Der Elektrodenverbrauch kann berechnet oder aus Tabellen entnommen werden. Um ihn zu berechnen, müssen wir das Volumen der Schweißnaht V_N und das Elektrodenvolumen V_E kennen. Beide müssen gleich sein. Wir berechnen sie aus dem Querschnitt A_N und der Länge l_N der Naht und dem Elektrodenquerschnitt A_E und der nutzbaren Elektrodenlänge l_E.

$$V_N = V_E \qquad A_N \cdot l_N = A_E \cdot l_E$$

Das nutzbare Volumen jeder Elektrode verringert sich durch das Einspannen in den Elektrodenhalter, den Stummelverlust, um einige Zentimeter.

Der Stummelverlust einer Schweißelektrode mindert deren Länge l auf die nutzbare Länge l_E um ca. 30 mm.

$$l_E = l - 30$$

22.5.1 Berechnen des Nahtvolumens V_N

Das Nahtvolumen V_N berechnen wir aus dem Nahtquerschnitt A_N und der Nahtlänge l_N. Nahtüberhöhungen werden durch Zuschläge berücksichtigt, die Tabellen zu entnehmen sind.

$$V_N = A_N \cdot l_N$$

Typische Nahtquerschnitte zeigt Bild **22.53** a-d. Grundlage der Berechnung sind die Kenntnisse, die wir bei der Flächenberechnung erworben haben.

I-Naht (Bild 22.53 a)

$$A_N = b \cdot s$$

Kehlnaht (Bild 22.53 b)

$$A_N = a^2$$

V-Naht (Bild 22.53 c). Der Nahtquerschnitt ist ein Trapez mit der Höhe s, den Seiten a und b. a berechnen wir mit den Winkelfunktionen.

$$\tan \alpha/2 = x/s \qquad x = s \cdot \tan \alpha/2$$

$$a = 2 \cdot s \cdot \tan \alpha/2 + b$$

$$A_N = \frac{a+b}{2} \cdot s$$

$$A_N = \frac{2 \cdot s \cdot \tan \alpha/2 + b + b}{2} \cdot s$$

$$= \frac{2 \cdot s \cdot \tan \alpha/2 + 2b}{2} \cdot s$$

$$A_N = s \cdot (s \cdot \tan \alpha/2 + b)$$

Doppel-V-Naht (Bild 22.53 d). Errechnet sich analog V-Naht zu

$$A_N = \frac{s\,(s \cdot \tan \alpha/2 + 2\,b)}{2}$$

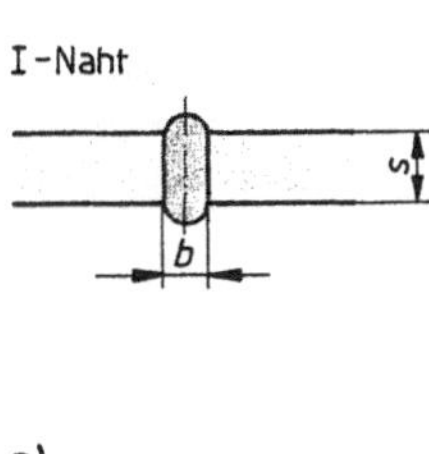

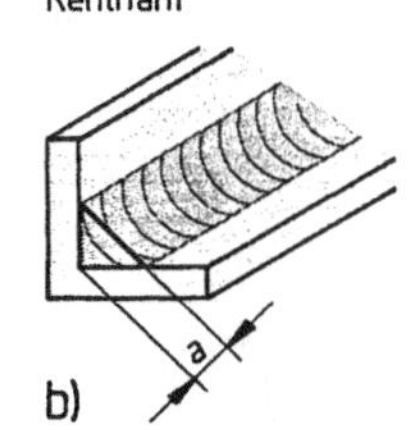

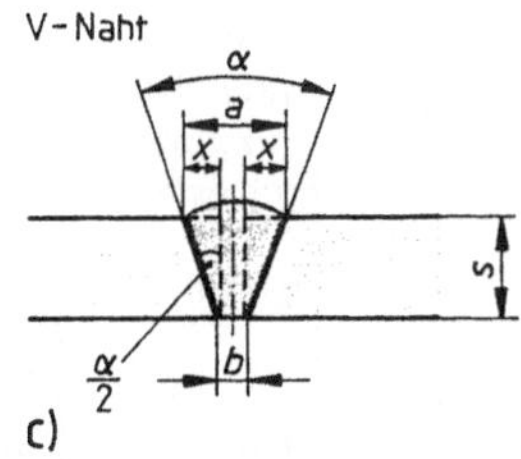

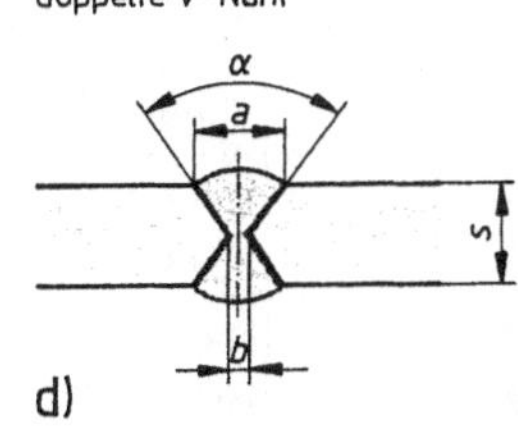

22.53

Beispiel Berechnen Sie das Nahtvolumen der in Bild **22.54** a+b skizzierten Nähte von je 10,5 m Länge.

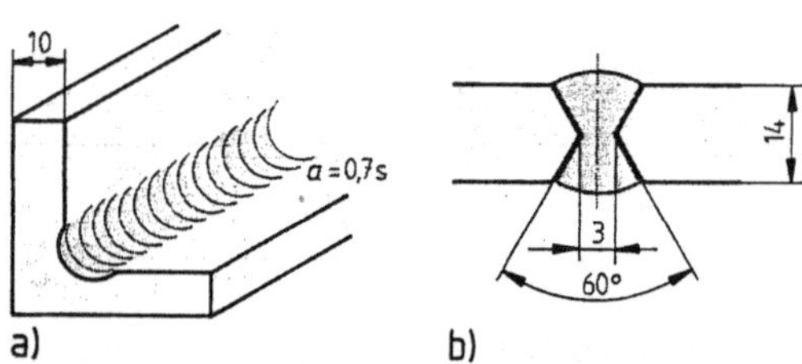

a)

b)

22.54

Lösungen a) geg.: $a = 7$ mm $= 0,7$ cm

$$l_N = 1050 \text{ cm}$$

ges.: V_N in cm^3

$$\underline{V_N} = A_N \cdot l_N = a^2 \cdot l_N$$
$$= (0,7 \text{ cm})^2 \cdot 1050 \text{ cm} = \mathbf{514,5 \text{ cm}^3}$$

b) geg.: $s = 14$ mm $= 1,4$ cm

$$b = 3 \text{ mm} = 0,3 \text{ cm}$$
$$l_N = 1050 \text{ cm}$$
$$\alpha = 60°$$

ges.: V_N in cm^3

$$A_N = \frac{s\,(s \cdot \tan \alpha/2 + 2b)}{2}$$
$$= \frac{1,4 \text{ cm}\,(1,4 \text{ cm} \cdot \tan 30° + 2 \cdot 0,3 \text{ cm})}{2}$$

$$\underline{A_N = \mathbf{0,986 \text{ cm}^2}}$$

$$\underline{V_N} = A_N \cdot l_N$$
$$= 0,986 \text{ cm}^2 \cdot 1050 \text{ cm} = \mathbf{1035 \text{ cm}^3}$$

Das Nahtvolumen beträgt

a) 514,5 cm^3, b) 1035 cm^3

Den Nahtquerschnitt und das Nahtgewicht können wir auch Tabellen entnehmen (Tabelle **22.14** bis **22.16**)

Tabelle **22.14** Nahtquerschnitt und -masse an Kehlnähten (waagerecht)

Kehlnaht waagerecht (Schweißposition h) W = Wurzellage; D = Füll- und Decklage							
Nahtdicke a in mm	Elektroden $\varnothing$ in mm	Naht-querschn. in mm^2	Naht-gewicht in kg/m	Nahtdicke a in mm	Elektroden $\varnothing$ in mm	Naht-querschn. in mm^2	Naht-gewicht in kg/m
2	2,5	4	0,038	8	W 4 D 5	64	0,18 0,41
3	3,2/4	9	0,082	9	W 4 D 5	81	0,18 0,56
4	3,2/4	16	0,15	10	W 4 D 5/6	100	0,18 0,73
6	3,2/4	36	0,28	12	W 4 D 5/6	144	0,18 1,14

Tabelle **22.15** Nahtquerschnitt und -masse an Kehlnähten (senkrecht)

Kehlnaht senkrecht (Schweißposition s) W = Wurzellage; D = Füll- und Decklage							
Nahtdicke a in mm	Elektroden $\varnothing$ in mm	Naht-querschn. in mm^2	Naht-gewicht in kg/m	Nahtdicke a in mm	Elektroden $\varnothing$ in mm	Naht-querschn. in mm^2	Naht-gewicht in kg/m
2	2/2,5	4	0,040	8	4	64	0,62
3	2,5/3,2	9	0,086	9	4	81	0,,78
4	3,2	15	0,16	10	4	100	0,96
6	W 3,2 D 4	36	0,10 0,25	12	4	144	1,39

Tabelle **22.16**   Nahtquerschnitt und -masse an V-Nähten (waagerecht)

V-Naht waagerecht (Schweißposition w)
W = Wurzellage; D = Füll- und Decklage

Blech-dicke in mm	Spalt-breite in mm	Elektro-den ∅ in mm	Naht-querschn. in mm^2	Naht-gewicht in kg/m	Blech-dicke in mm	Spalt-breite in mm	Elektro-den ∅ in mm	Naht-querschn. in mm^2	Naht-gewicht in kg/m
4	1	2,5/3,2	13,5	0,11	12	2	W 3,2 D 4/5	108	0,10 0,75
6	1	W 3,2 D 4	27	0,10 0,12	14	2	W 3,2 D 4/5	142	0,10 1,02
8	1,5	W 3,2 D 4/5	49	0,10 0,29	16	2	W 4 D 5/6	180	0,12 1,30
10	2	W 3,2 D 4/5	77,5	0,10 0,51	18	2	W 4 D 5/6	223	0,12 1,72

Für das Gegenschweißen waagerechter V-Nähte an der Wurzelseite wird bis 5 mm Blechdicke das halbe Nahtgewicht zugeschlagen, bei Nahtdicken über 5 mm mindestens das Nahtgewicht der Wurzellage.

Für *Doppel-V-Nähte* beträgt das Nahtgewicht das doppelte des V-Nahtgewichtes bei halber Blechdicke plus Nahtgewicht für das Gegenschweißen an der Wurzel.

Beispiel   Bestimmen Sie nach Tabelle **22.16** das Nahtgewicht für eine 6 m lange Doppel-V-Naht, mit der 16 mm dicke Bleche zusammengeschweißt werden. Spaltbreite 1,5 mm.

Lösung   geg.: l_N = 6 m, s = 16 mm = 0,016 m
ges.: m_N in kg

$$m_{N-V8} = 6\ m \cdot 0{,}29\ kg/m = 1{,}74\ kg$$

$$m_{N-Wurzel} = 6\ m \cdot 0{,}1\ kg/m = 0{,}6\ kg$$

$$\underline{m_N} = 2 \cdot m_{N-V8} + m_{N-Wurzel}$$
$$= 2 \cdot 1{,}74\ kg + 0{,}6\ kg = \mathbf{2{,}34\ kg}$$

Das Nahtgewicht beträgt 2,34 kg.

Tabelle **22.17**   I-Nähte an dünnen Blechen

Blech-dicke in mm	Spalt-breite in mm	Elektro-den ∅ in mm	Nahtgewicht in kg/m (leichte Nahtwölbung)
1,5	0,5	2	0,030
2	1	2	0,045
2,5	1,2	2,5	0,060
3	1,5	2,5 (3,2)	0,075
3,5	1,5	3,2	0,090

22.5.2 Berechnen des Elektrodenvolumens V_E

Das Elektrodenvolumen berechnen wir nach der Formel

$$V_E = d^2 \cdot (\pi/4) \cdot l_E$$

Wollen wir das Volumen mehrerer Elektroden berechnen, multiplizieren wir V_E mit der Anzahl i.

Beispiel   Berechnen Sie das nutzbare Volumen von 25 Stabelektroden 5 × 450.

Lösung   geg.: i = 25, d = 0,5 cm, l_E = 42 cm

ges.: V_E in cm^3

$$\underline{V_E} = d^2 \cdot (\pi/4) \cdot l_E \cdot i$$
$$= (0{,}5\ cm)^2 \cdot (\pi/4) \cdot 42\ cm \cdot 25$$

$$= \underline{\underline{206\ cm^3}}$$

Das nutzbare Volumen beträgt 206 cm^3

Wir können nun den Elektrodenverbrauch berechnen.

$$i = \frac{V_N}{V_E}$$

Die Rechnung wird vereinfacht, wenn wir den Elektrodenverbrauch nach Tabelle **22.18** ablesen und Zwischenwerte interpolieren.

Tabelle **22.18**   Elektrodenverbrauch

Nahtge-wicht in kg/m	Elektrodenmaße in mm				
	$\varnothing$2,5 l 250	$\varnothing$3,25 l 350	$\varnothing$3,25 l 450	$\varnothing$4 l 450	$\varnothing$5 l 450
0,01	1,3	0,5	0,4	0,3	0,2
0,02	2,6	1,1	0,8	0,5	0,3
0,03	3,9	1,6	1,2	0,8	0,5
0,04	5,3	2,1	1,6	1,1	0,7
0,05	6,5	2,7	2,0	1,3	0,9
0,06	7,9	3,2	2,4	1,6	1,0
0,07	9,2	3,7	2,9	1,9	1,2
0,08	10,5	4,3	3,3	2,2	1,4
0,09	11,8	4,8	3,7	2,4	1,5
0,10	13,1	5,3	4,1	2,7	1,7
0,20	26,2	10,7	8,1	5,4	3,4
0,30	39,4	16,0	12,2	8,1	5,2
0,40	52,2	21,4	16,3	10,8	6,9
0,50	65,6	26,7	20,3	13,4	8,6

Beispiele   Berechnen Sie den Elektrodenverbrauch für die in Bild **22.55** skizzierte V-Naht von 1,5 m Länge. Schweißposition w durch a) überwiegende Verwendung der Tabellen, b) Rechnung.

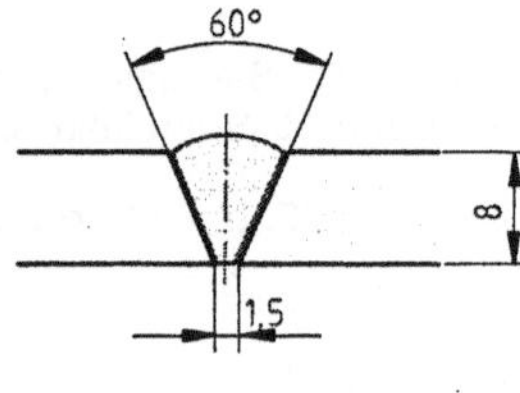

22.55

Lösungen   a) geg.: Blechdicke = 8 mm,

Nahtlänge 1,5 m

Elektrodendurchmesser

für Wurzellage 3,2 mm

für Decklage 4 mm

lt. Tabelle 22.16
Nahtgewicht für Wurzellage

$\underline{m_{NW}}$ = 1,5 m · 0,1 kg/m = **0,15 kg**

Nahtgewicht für Füll- und Decklage

$\underline{m_{ND}}$ = 1,5 , · 0,29 kg/m = **0,435 kg**

lt. Tabelle 22.18 ergeben dies:
Elektrodenzahl

für Wurzellage 8 Stück 3,25 × 350 mm
für Decklage 12 Stück 4 × 450 mm

b) **lt.Tabelle 22.16**
Nahtquerschnitt A_N = 49 mm^2

$\underline{V_N}$ = A_N · l_N

$\quad$ = 0,49 cm^2 · 150 cm = **73,5 cm^3**

gewählte Elektrode   4 × 450 mm
(Stummelverlust 30 mm)

$\underline{V_E}$ = d^2 · (π/4) · l_E

$\quad$ = (0,4 cm)^2 · π/4 · 42 cm = **5,28 cm^3**

$i = \dfrac{V_N}{V_E} = \dfrac{73,5\,\text{cm}}{5,28\,\text{cm}} = 13,9$

Es werden 14 Elektroden 4 × 450 mm
benötigt.

Aufgaben

Sofern nicht anders vermerkt, rechnen wir mit einem Öffnungswinkel von 60°. Lösen Sie die Aufgaben unter weitgehender Verwendung der Tabellen.

1. Bestimmen Sie durch Rechnung und mit Tabelle das Nahtvolumen für eine a) I-Naht (Spaltbreite 2 mm, Blechdicke 3,5 mm, Länge 420 mm); b) Kehlnaht (a = 6 mm, Länge 475 mm); c) V-Naht (Blechdicke 12 mm, Spaltbreite 2 mm, Länge 1250 mm, α = 60°); d) Doppel-V-Naht in cm^3. (Blechdicke 16 mm, Spaltbreite 1,5 mm, Länge 875 mm, α = 60°).

2. Berechnen Sie das nutzbare Volumen von 50 Stabelektroden 3,25 × 450 mm.

3. Bild **22.56** zeigt eine Auffangwanne aus 4 mm-Blech. Wie viel Elektroden 3,2 × 450 werden benötigt, um die Bleche innen mit einer Kehlnaht (a = 0,7 s) zu schweißen?

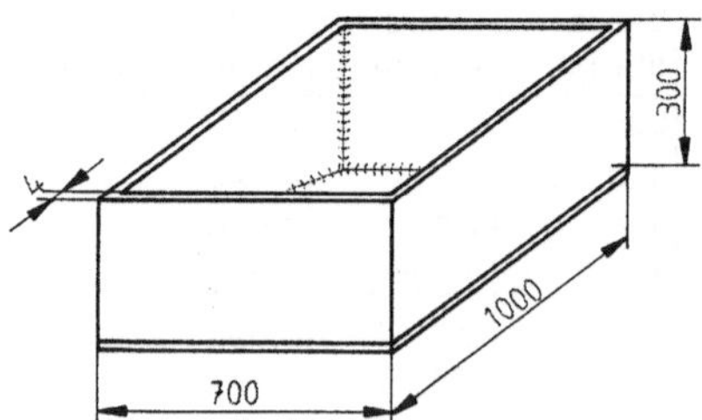

22.56

4. Zum Schweißen von Kopfplatten werden für die Wurzel- und Decklage der Kehlnähte ($a = 8$ mm) 67 Elektroden 4×450 mm verbraucht. Wie viel Meter Schweißnaht ergibt dies?

5. 20 mm dicke Bleche werden mit einer X-(Doppel-V-)Naht verschweißt. Spaltbreite 2 mm. Wie viel Stabelektroden 6×450 mm werden für eine 800 mm lange Raupe verbraucht?

6. Es werden 8 Rahmen aus Flachstahl 5×40 gefertigt (Bild **22.57**). Wie viel Stabelektroden $3,2 \times 450$ werden verbraucht, wenn die Ecken mit einer 2 mm breiten I-Naht verschweißt werden?

7. Für das Geländer einer Dachterrasse werden 8 Pfosten aus Vierkantrohr $60 \times 60 \times 4$ benötigt. An jeden Pfosten wird eine Fußplatte von 5 mm Dicke geschweißt (Bild **22.58**). Wie viel Elektroden $3,2 \times 450$ mm werden benötigt, wenn die Dicke der Kehlnaht 4 mm beträgt und mit einem Zuschlag von 5% für Abbrandverluste zu rechnen ist?

8. Wie viel Elektroden 5×450 werden zum Herstellen der Schweißverbindungen in Bild **22.59** benötigt? Abbrandverluste 12%.

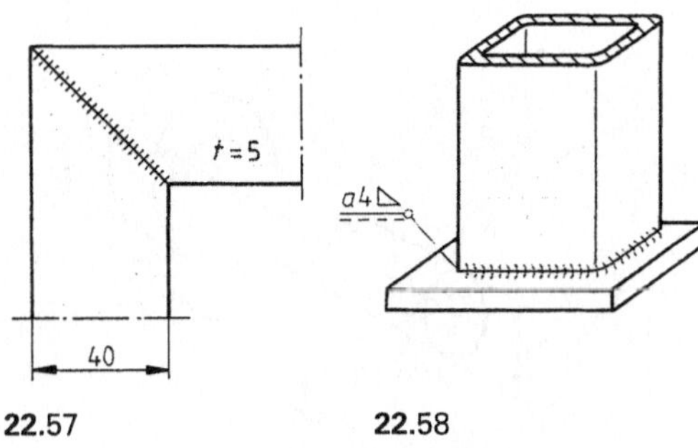

22.57

22.58

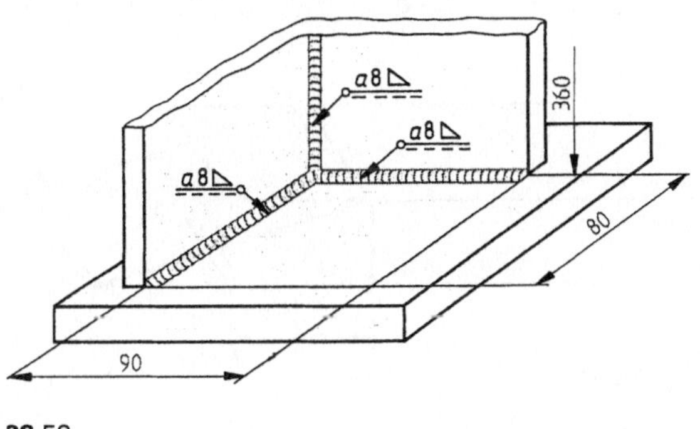

22.59

22.6 Rohlängen beim Schmieden und Pressen

Rohmaße für Teile, die freihand oder im Gesenk geschmiedet werden, müssen so bemessen sein, dass das Volumen V_R des Rohteiles dem Volumen V_F des Fertigteiles entspricht (Bild **22.60**). Abbrand- oder Gratverluste bei Schmiede- oder Gesenkteilen werden durch einen Zuschlag q zum Fertigvolumen V_F berücksichtigt. Er errechnet sich als Faktor aus dem prozentualen Anteil des Abbrandes.

$$q = 1 + \frac{\text{Prozentanteil}}{100}$$

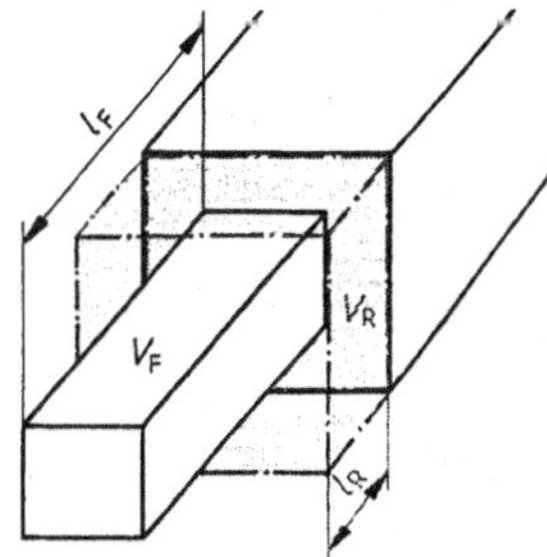

22.60

Allgemein gilt dann

$$V_R = V_F \cdot q$$

> Volumen des Rohteiles = Volumen des Fertigteiles · Faktor für Abbrand- bzw. Gradverluste.

Für das Anschmieden von gleichdicken Teilen, Keilen oder Spitzen können wir die Schmiedelänge l_R mit einfachen Formeln berechnen.

> Die Schmiedelänge l_R ist die Länge des Rohteiles, die ausgeschmiedet die Länge des geformten Teiles ergibt.

Wenn A_R die Grundfläche des Rohteiles ist, setzen wir bei *gleichdicken Teilen* $V_R = A_R \cdot l_R$ und können nun rechnen.

$$A_R \cdot l_R = V_F \cdot q \qquad l_R = \frac{V_F}{A_R} \cdot q$$

Zum Berechnen der Schmiedelänge gleichdicker Teile teilen wir das Volumen des ausgeschmiedeten Teiles durch die Querschnittsfläche des Rohteiles multipliziert mit den Faktor q.

Soll ein Keil angeschmiedet werden, ist das ausgeschmiedete Volumen V_F die Hälfte des Rohvolumens V_R (Bild **22.61**).

$$\cancel{A}_R \cdot l_R = \frac{\cancel{A}_R}{2} \cdot l_F \cdot q$$

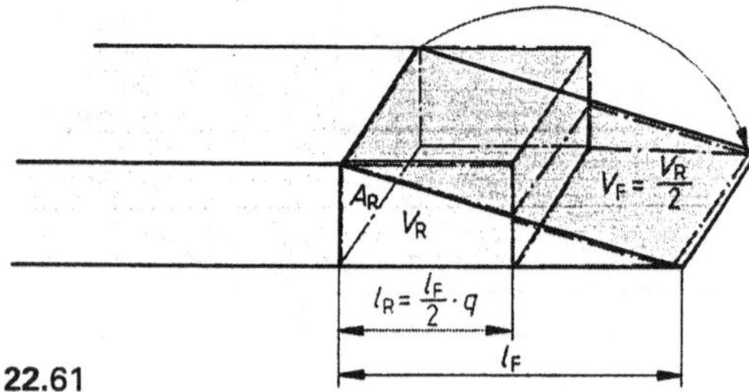

22.61

$$l_R = \frac{l_F}{2} \cdot q$$

Wird ein Keil angeschmiedet, ist die Schmiedelänge halb so groß wie die Keillänge multipliziert mit den Faktor q.

Analog berechnen wir die Schmiedelänge für eine Spitze gemäß Bild **22.62** zu

$$l_R = \frac{l_F}{3} \cdot q$$

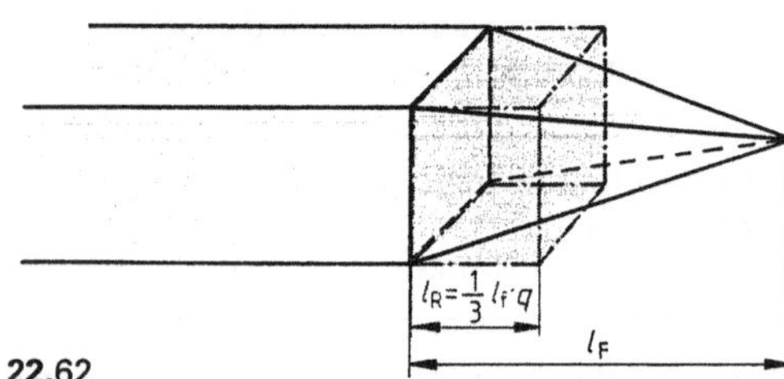

22.62

Wird eine Spitze angeschmiedet, beträgt die Schmiedelänge ein Drittel der Spitzenlänge multipliziert mit den Faktor q.

---

allgemein gültig

$$V_R = V_F \cdot q \qquad q = 1 + \frac{\%}{100}$$

gleichdicke Teile   Keile   Spitzen

$$l_R = \frac{V_F \cdot q}{A_R} \qquad l_R = \frac{l_F}{2} \cdot q \qquad l_R = \frac{l_F}{3} \cdot q$$

Beispiel 1 Das in Bild **22.63** skizzierte Teil soll aus einem Rohling ($\varnothing 85$ mm) gesenkgeschmiedet werden. Wie lang muss der Rohling sein, wenn mit 8 % Gratverlust zu rechnen ist?

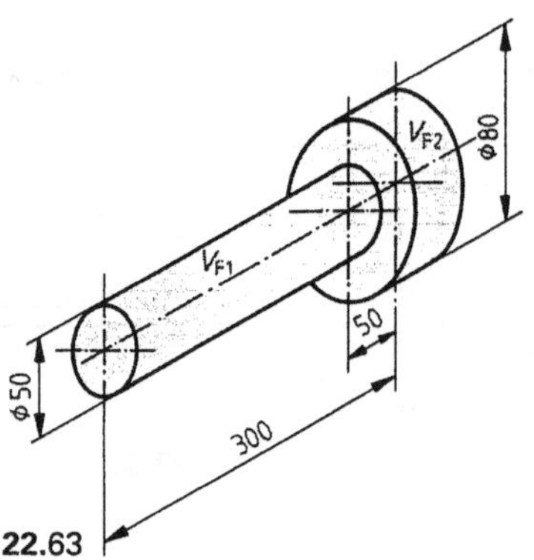

22.63

Lösung   geg.: $d_R = 85$ mm
$\quad\quad\quad d_{F1} = 50$ mm $l_{F1} = 250$ mm
$\quad\quad\quad d_{F2} = 80$ mm $l_{F2} = 50$ mm
$\quad\quad\quad q = 1{,}08$

ges.: l_R in mm

1. Schritt: Wir berechnen zunächst V_{F1} und V_{F2} in cm^3 unter Berücksichtigung des Gratverlustes, so dass wir als Ergebnis die Rohvolumina V_{R1} und V_{R2} erhalten.

$$\underline{V_{R1}} = \frac{d_{F1}^{\,2} \cdot \pi \cdot l_{F1} \cdot q}{4}$$

$$= \frac{(5\,\text{cm})^2 \cdot \pi \cdot 25\,\text{cm} \cdot 1{,}08}{4}$$

$$= \mathbf{530{,}14\ cm^3}$$

$$\underline{V_{R2}} = \frac{d_{F2}^{\,2} \cdot \pi \cdot l_{F2} \cdot q}{4}$$

$$= \frac{(8\,\text{cm})^2 \cdot \pi \cdot 5\,\text{cm} \cdot 1{,}08}{4}$$

$$= \mathbf{271{,}43\ cm^3}$$

$$\underline{V_R} = V_{R1} + V_{R2}$$
$$= 530{,}14\ \text{cm}^3 + 271{,}43\ \text{cm}^3$$
$$= \mathbf{801{,}58\ cm^3}$$

Lösung, Forts.

2. Schritt: Das Rohvolumen V_R entspricht dem Volumen des Rohlings in Form eines Zylinders. Die Formel stellen wir nach l_R um.

$$\frac{d_R^2 \cdot \pi \cdot l_R}{4} = V_R$$

$$l_R = \frac{4 \cdot V_R}{d_R^2 \cdot \pi} = \frac{4 \cdot 801{,}58\ \text{cm}^3}{(8{,}5\ \text{cm})^2 \cdot \pi} = 14{,}13\ \text{cm}$$

Das Rohteil muss 142 mm lang sein.

Beispiel 2   Berechnen Sie die Schmiedelänge für die in Bild **22.64** skizzierte Spitze. Abbrandverluste 8%.

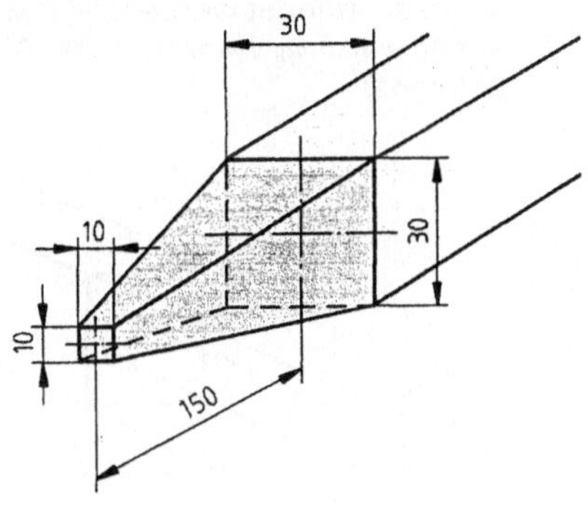

22.64

Lösung   Die Spitze hat die Form eines Pyramidenstumpfes, deren Volumen um 8% vergrößert dem Volumen des Vierkants mit der Länge l_R entpricht.

1. Schritt: Wir berechnen das Volumen des Pyramidenstumpfes unter Berücksichtigung des Abbrandes und erhalten das Rohvolumen V_R.

$$V_R = h/3\,(A_1 + A_2 + \sqrt{A_1 \cdot A_2}\,) \cdot q$$

geg.: h = 150 mm   ges.: l_R in mm

a_1 = 30 mm A_1 = 900 mm^2

a_2 = 10 mm A_2 = 100 mm^2

q = 1,08

$$V_R = 150\,\text{mm}/3(100\ \text{mm}^2 + 900\ \text{mm}^2 + \sqrt{100\,\text{mm}^2 \cdot 900\,\text{mm}^2}\,) \cdot 1{,}08$$

$$V_R = 50\ \text{mm}\,(1000\ \text{mm}^2 + 300\ \text{mm}^2) \cdot 1{,}08$$

$$V_R = 70200\ \text{mm}^3$$

2. Schritt: Wir setzen das errechnete Volumen gleich dem Volumen des Vierkants mit der Länge l_R und stellen die Gleichung nach l_R um.

$$V_R = (30\ \text{mm})^2 \cdot l_R$$

$$l_R = \frac{70200\,\text{mm}^3}{900\,\text{mm}^2} = 78\ \text{mm}$$

Die Schmiedelänge beträgt 78 mm.

Aufgaben

1. Es sollen 10 Teile gemäß Bild **22.65** hergestellt werden. Berechnen Sie a) die Zuschnittlänge eines Teiles bei einem Abbrandverlust von 8%; b) den Gesamtmaterialbedarf, wenn 15 Teile hergestellt werden sollen und der Sägeschnitt 2 mm beträgt.

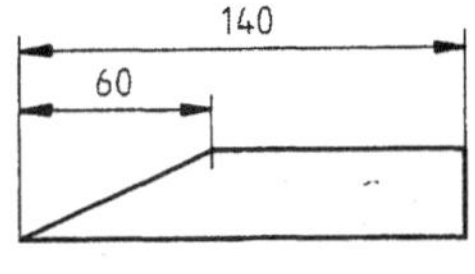

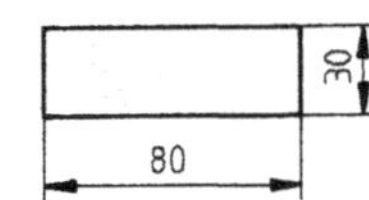

22.65

2. Das Teil Bild **22.66** soll ausgeschmiedet werden. Wie lang ist das Rohteil bei einem Abbrandverlust von 9% zuzuschneiden?

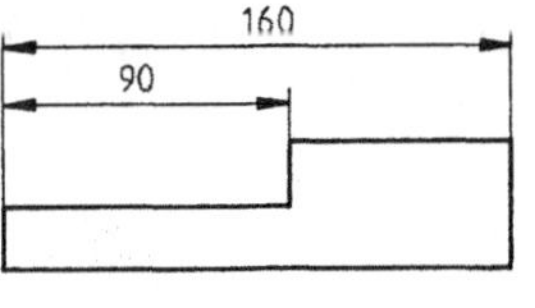

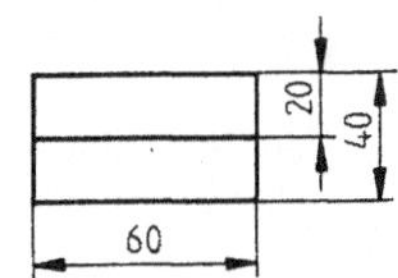

22.66

3. Berechnen Sie die Zuschnittlänge des in Bild **22.67** skizzierten Zapfens, wenn mit 6% Gratverlust zu rechnen ist. Der Zapfen wird gesenkgeschmiedet.

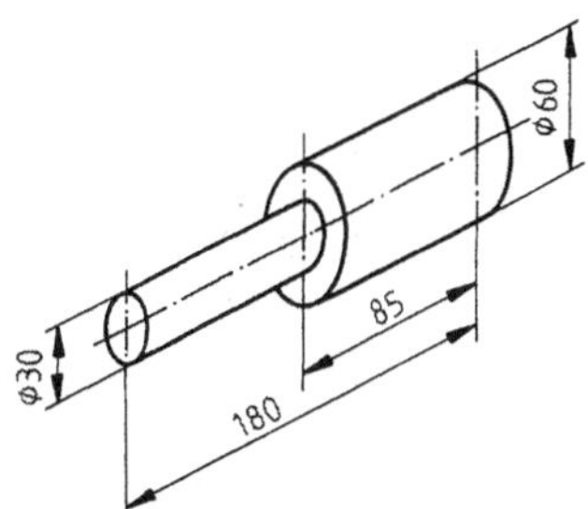

22.67

4. Wie groß ist die Zuschnittlänge eines Rundstahles von 40 mm Durchmesser zu wählen, wenn der in Bild **22.68** skizzierte Rohling im Gesenk gepresst werden soll und der Gratverlust 8 % beträgt?

7. In einem Gesenk werden Zahnradrohlinge aus Rundmaterial ⌀ 50 mm gepresst (Bild **22.71**). Wie lang muss das Rundmaterial abgesägt werden, wenn mit 12 % Gratverlust gerechnet wird?

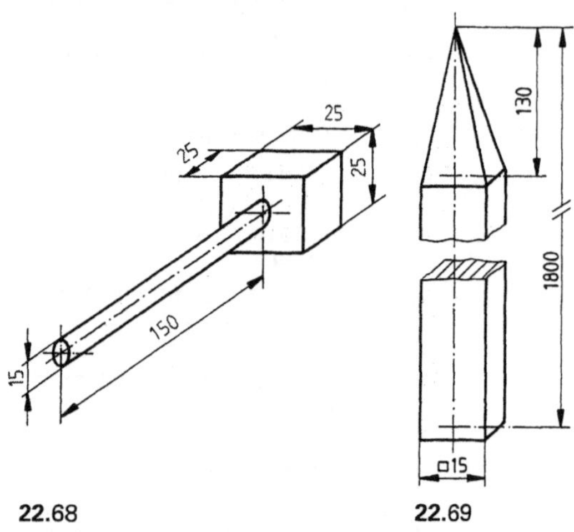

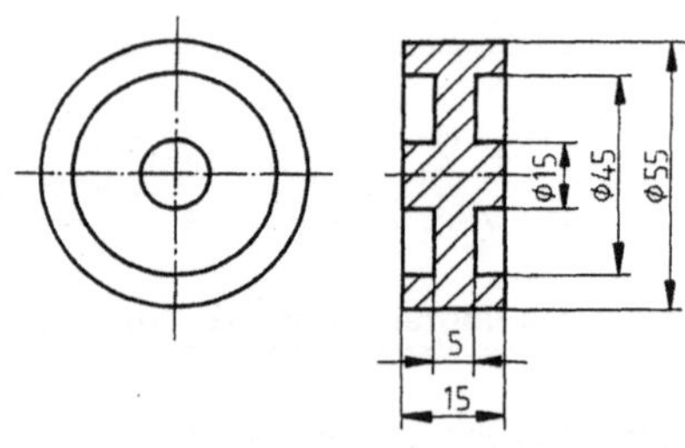

22.71

22.68   **22.69**

8. Der Rohling (Bild **22.72**) soll zu einem Vierkant ausgeschmiedet werden. Wie lang kann es maximal werden, wenn mit 9 % Abbrand gerechnet wird?

5. Für einen Zaun wird Vierkantstahl 15 × 15 zu Gitterstäben ausgeschmiedet (Bild **22.69**). Wie lang müssen die Stäbe bei 5 % Abbrand zugeschnitten werden?

6. Es sollen Nasenkeile aus Keilstahl 25 × 25 geschmiedet werden (Bild **22.70**). Wie groß sind die Rohlinge abzuschneiden, wenn mit 8 % Abbrand gerechnet wird?

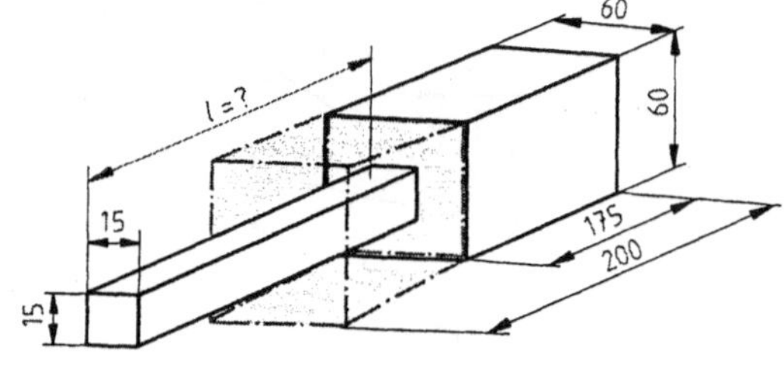

22.72

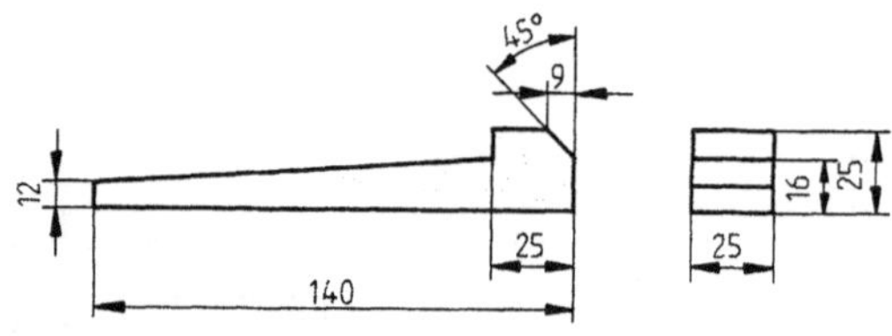

22.70

23 Elektrotechnik

In den Metallberufen lernen wir Elektrizität an ihren Wirkungen kennen. Mit Hilfe von Strom wird z. B. gebohrt, gesägt, geschweißt, werden Fahr- und Hebezeuge betrieben, wird der Arbeitsplatz beleuchtet, in geschlossenen Räumen belüftet und vieles andere mehr. Zum grundlegenden Verständnis sind deshalb Kenntnisse der Elektrizitätslehre erforderlich.

23.1 Grundbegriffe

Zum Lösen unserer Aufgaben müssen wir Grundbegriffe kennen. Wir unterscheiden *Stromstärke, Spannung und Widerstand.*

> **Stromstärke** (I) ist eine Elektrizitätsmenge, die in 1 s durch einen Leiterquerschnitt fließt. Sie wird in Ampere (A) gemessen.
>
> **Spannung** (U) ist eine Kraft, die in einem Leiter einen Strom erzeugt. Sie wird in Volt (V) gemessen.
>
> **Widerstand** (R) erfährt ein Strom, wenn er durch einen Leiter fließt. Der Widerstand wird in Ohm (Ω) gemessen.

23.2 Ohmsches Gesetz

Das Ohmsche Gesetz wurde aus einer Vielzahl von Versuchen hergeleitet und ist Grundlage vieler Berechnungen in der Elektrotechnik. In einem mit Gleichspannung gespeisten Stromkreis lässt sich mit ihm die Spannung U aus der Stromstärke I und dem Widerstand R vorausberechnen. Spannung und Stromstärke sind zueinander proportional.

$$U = R \cdot I$$
$$R = \frac{U}{I} \qquad I = \frac{U}{R}$$

Beispiel 1 Eine Heizwicklung hat einen Widerstand von 24 Ω und wird mit einer Spannung von 80 Volt betrieben. Wie groß ist die Stromstärke?

Lösung geg.: $R = 24\,\Omega$, $U = 80$ Volt

ges.: I in Ampere

$$I = \frac{U}{R} = \frac{80\ \mathrm{V}}{24\ \Omega} = \underline{3{,}33\ \mathrm{A}}$$

Die Stromstärke beträgt 3,33 A.

Beispiel 2 Die in einem Bordnetz installierte Glühlampe hat einen Widerstand von 2,6 Ω und „zieht" einen Strom von 4,85 A. Mit welcher Spannung wird das Netz betrieben?

Lösung geg.: $R = 2{,}6\,\Omega$, $I = 4{,}58$ A

ges.: U in Volt

$$U = R \cdot I = 2{,}6\,\Omega \cdot 4{,}58\ \mathrm{A} = \underline{11{,}91\ \mathrm{V}}$$

Die Netzspannung beträgt 12 V.

Aufgaben

1. Ein elektrischer Lötkolben wird am Netz mit einer Spannung von 230 V betrieben. Dabei wird eine Stromstärke von 10 A gemessen. Wie groß ist der Widerstand der Heizwicklung?
2. Ein Elektrogerät wird an 230 V angeschlossen. Wie groß muss der Widerstand sein, wenn die Stromstärke von 8 A nicht überschritten werden soll?
3. Beim Überprüfen eines unbekannten Widerstandes wird beim Anlegen einer Spannung von 60 V eine Stromstärke von 2,5 A gemessen. Wie viel Ohm hat der Widerstand?
4. Durch eine Metallfadenlampe fließt bei einer Netzspannung von 230 V ein Strom von 0,6 A. Wie groß ist der Widerstand?

5. Bei einem Elektrogerät wird bei einer Spannung von 230 V ein Widerstand von 81,5 Ω gemessen. Wie groß ist die Stromstärke?
6. An einem Schiebewiderstand liegen 24 V an. Wie groß ist die Stromstärke bei einer Einstellung des Schiebewiderstandes auf 10 Ω, 30 Ω, 50 Ω und 110 Ω? Welcher Strom fließt jeweils?
7. Eine Glühlampe hat bei einer Stromstärke von 0,272 A einen Widerstand von 810 Ω. Wie hoch ist die Netzspannung?
8. Für welche Spannung ist eine Wicklung ausgelegt, wenn bei einem Widerstand von 2500 Ω ein Strom von 15 mA fließt?

23.3 Leiterwiderstand

Die Größe des Widerstandes R ist vom Querschnitt des durchflossenen Leiters A, dessen Länge l und dem spezifischen Widerstand ρ abhängig, der sich auf eine Leitertemperatur von 20 °C bezieht.

> Als spezifischen Widerstand bezeichnet man den Widerstand, den ein Leiter von $1\,\text{mm}^2$ Querschnitt und einer Länge von 1 m (bei 20°) hat. Die Einheit ist $\Omega \cdot \text{mm}^2 / \text{m}$. (Tab. **23.1**).

Je hochwertiger (edler) der Werkstoff, desto kleiner ist der spezifische Widerstand und somit die in Wärme umgesetzte Verlustleistung.

$$R = \frac{\rho \cdot l}{A}$$

$$A = \frac{\rho \cdot l}{R} \qquad l = \frac{R \cdot A}{\rho}$$

Beispiel 1 Die Wicklung einer Spule besteht aus Kupferdraht von 0,5 mm Durchmesser und ist 1500 m lang. Berechnen Sie den Widerstand der Leitung.

Lösung geg.: $d = 0{,}5$ mm, $l = 1500$ m

$\rho = 0{,}0178\ \Omega \cdot \text{mm}^2 / \text{m}$

ges.: R in Ω

1. Schritt: Wir berechnen den Querschnitt der Leitung.

$$A = \frac{d^2 \cdot \pi}{4} = \frac{(0{,}5'\,\text{mm})^2 \cdot \pi}{4} = 0{,}196\ \text{mm}^2$$

2. Schritt: Wir setzen den Querschnitt in die Formel ein und rechnen.

$$R = \frac{\rho \cdot l}{A} = \frac{0{,}0178\,\Omega \cdot \text{mm}^2 \cdot 1500\,\text{m}}{\text{m} \cdot 0{,}196\,\text{mm}^2}$$

$$= 136\ \Omega$$

Der Widerstand beträgt 136 Ω

Beispiel 2 Eine Freileitung hat einen Querschnitt von $105\ \text{mm}^2$ und einen Widerstand von 8 Ω. Wie lang ist die Leitung?

Lösung geg.: $A = 105\ \text{mm}^2$ ges.: l in m

$R = 8\ \Omega$

$\rho = 0{,}028\ \Omega \cdot \text{mm}^2 / \text{m}$

$$l = \frac{R \cdot A}{\rho} = \frac{8\ \Omega \cdot 105\ \text{mm}^2 \cdot \text{m}}{0{,}028\ \Omega \cdot \text{mm}^2} = 30000\ \text{m}$$

Die Leitung ist 30 km lang.

Tabelle **23.1** Spezifische Widerstände

	Werkstoff					
	Silber	Kupfer	Aluminium	Konstantan	NiCr 80 20	CrAl 20 5
ρ in $\Omega \cdot \text{mm}^2/\text{mm}$ bei 20 °C	0,015	0,0178	0,028	0,49	1,12	1,37
verwendet für	hochwertige verlustarme Spulen	Leitungen aller Querschnitte	alternativ für Hochspannungsleitung	Widerstände	Lötkolben	Strahlheizkörper

Aufgaben

1. Der Kupferdraht einer Wicklung hat einen Durchmesser von 0,8 mm. Wie groß ist der Widerstand, wenn der Draht 2800 m lang ist?
2. Welchen Widerstand hat ein 75 m langes Kupferkabel von 1,75 mm² Querschnitt?
3. Ein Widerstand ist aus Konstantandraht von 1,4 mm Durchmesser gewickelt. Wie lang muss der Draht sein, wenn ein Widerstand von 28 Ω erforderlich ist?
4. Eine Freileitung aus Kupfer ist 30 km lang und hat einen Widerstand von 4,3 Ω. Welchen Gesamtquerschnitt hat die Leitung?
5. Welchen Querschnitt hat ein 120 m langes Kupferkabel bei einem Widerstand von 0,356 Ω?

23.4 Elektrische Leistung

Auf dem Typenschild eines Gleichstrommotors finden wir u. a. eine Angabe über die Leistung der Maschine, z. B. 90 kW (Bild **23.1**). Gemeint ist damit die abgegebene Leistung. Auf dem Typenschild eines Verbrauchers, z. B. eines elektrischen Härteofens, wird dagegen die zugeführte, d. h. die dem Netz entnommene Leistung angegeben.

> Die Einheit der elektrischen Leistung ist das Watt (W).
> $1\ \text{W} \triangleq 1\ \text{Nm/s}$

Bei Gleichstrom errechnet sich die Leistung P aus der gegebenen Spannung U und der Stromstärke I. Ist statt der Stromstärke I oder der Spannung U der Widerstand bekannt, drücken wir I durch U/R oder U durch $R \cdot I$ aus.

> **Gleichstrom**
>
> bei gegebenem U und I
> $P = U \cdot I$
> bei gegebenem R und I setzen wir $U = R \cdot I$
> $P = I^2 \cdot R$
> bei gegebenem R und U setzen wir $I = U/R$
> $P = U^2/R$

Beispiele Berechnen Sie die elektrische Leistung bei a) 230 V und 6 A; b) 4 A und 250 Ω; c) 110 V und 50 Ω.

Lösungen a) geg.: U = 230 V, I = 6 A
ges.: P in kW
$$P = U \cdot I = 230\ \text{V} \cdot 6\ \text{A} = 1380\ \text{W}$$
$$= 1{,}38\ \text{kW}$$

Die Leistung beträgt 1,38 kW.

b) geg.: I = 4 A, R = 250 Ω
ges.: P in kW
$$P = I^2 \cdot R = (4\ \text{A})^2 \cdot 250\ \Omega$$
$$= 4000\ \text{W} = \textbf{4 kW}$$

Die Leistung beträgt 4 kW.

c) geg.: U = 110 V; R = 50 Ω
ges.: P in W
$$P = U^2/R = (110\ \text{V})^2/50\ \Omega = \textbf{242 W}$$
$$= 4000\ \text{W} = 4\ \text{kW}$$

Die Leistung beträgt 242 W.

Um die elektrische Leistung bei Wechsel- oder Drehstrom zu berechnen, müssen wir einen Leistungsfaktor cos φ (sprich: Kosinus fi) und bei Drehstrom wegen der 3 Phasen $\sqrt{3}$ = 1,73 berücksichtigen. Wir finden cos φ auf dem Leistungsschild von z. B. Elektromotoren (Bild **23.1**).

cos φ für wärmeerzeugende Geräte ist stets 1.

> **Leistung bei Wechselstrom**
>
> $P = U \cdot I \cdot \cos \varphi$
>
> **Leistung bei Drehstrom**
>
> $P = \sqrt{3} \cdot U \cdot I \cdot \cos \varphi$

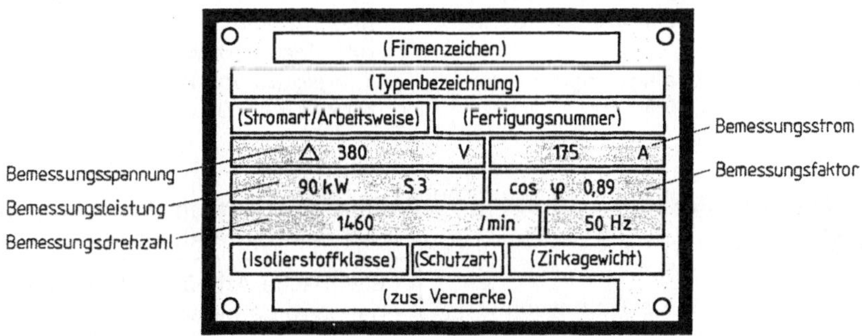

23.1

Beispiel 1 Ein Wechselstrommotor wird mit einer Netzspannung von 230 V und einer Stromstärke von 6 A betrieben. Der Leistungsfaktor auf dem Typenschild ist mit cos φ = 0,85 angegeben. Wie groß ist die dem Netz entnommene Leistung?

Lösung geg.: U = 230 V, I = 6 A, cos φ = 0,85
ges.: P in kW
$P = U \cdot I \cdot$ cos φ = 230 V · 6 A · 0,85
$= 1173$ W

Die Leistung beträgt 1,173 kW.

Beispiel 2 Wie groß ist die Leistungsaufnahme eines Drehstrommotors bei einer Spannung von 400 V, wenn auf dem Leistungsschild eine Stromstärke von 3,8 A und cos φ = 0,85 angegeben sind? Wie groß ist der Wirkungsgrad, wenn außerdem die Leistung mit 1,8 kW angegeben ist?

Lösungen **Wir berechnen die Leistung**
geg.: U = 400 V, I = 3,8 A, cos φ = 0,85
ges.: P in kW
$P = 1,73\ U \cdot I \cdot$ cos φ
$= 1,73 \cdot 400$ V · 3,8 A · 0,85 = **2235 W**

Die zugeführte Leistung beträgt 2,24 kW.

Wir berechnen den Wirkungsgrad
geg.: P_{ab} = 1,8 kW   ges.: η
P_{zu} = 2,24 kW (lt.Rechnung)

$$\eta = \frac{P_{ab}}{P_{zu}} = \frac{1,8\ \text{kW}}{2,24\ \text{kW}} = \underline{\textbf{0,80}}$$

Der Wirkungsgrad beträgt 80%.

Aufgaben

1. Die Leistung eines Heißwassergerätes beträgt 1250 Watt bei einer Netzspannung von 230 V. Wie viel Ampere werden gemessen?

2. Auf dem Typenschild eines Gleichstrommotors ist bei einer Netzspannung von 230 V und 60 A eine Leistung von 12 kW angegeben. Berechnen Sie a) die Leistungsaufnahme, b) den Wirkungsgrad.

3. Welche Leistung entnimmt ein Gleichstrommotor dem Netz, wenn die Spannung 230 V und die Stromstärke 45 A beträgt?

4. Eine 100 W Glühlampe wird am Netz mit 230 V Spannung betrieben. Berechnen Sie Stromstärke und Widerstand.

5. Ein Wechselstrommotor wird an einem 230 V Netz betrieben. a) Welche Leistung wird dem Netz bei 2,8 A entnommen (cos φ = 0,85)? b) Wie groß ist der Wirkungsgrad des Motors, wenn die Leistung auf dem Leistungsschild mit 0,48 kW angegeben ist?

6. Welche Leistung gibt ein Drehstromgenerator bei 500 V und 180 A (cos φ = 0,8) ab?

7. Der Wirkungsgrad eines Wechselstrommotors beträgt 90%. Er wird mit einer Netzspannung von 230 V betrieben, die Stromstärke beträgt 16 A, der Leistungsfaktor cos φ = 0,92. Berechnen Sie die zugeführte und abgeführte elektrische Leistung.

8. Ein Drehstrommotor wird an einem 400 V Netz betrieben. Auf dem Leistungsschild werden für die Stromstärke 28 A für cos φ = 0,85 angegeben. Welche Leistung wird aufgenommen?

9. Ein Heizlüfter wird an einem 230 V Wechselstromnetz betrieben. Welcher Widerstand wird bei einer Heizleistung von 1250 W gemessen?

10. Ein Schweißgenerator wird an einem 400 V Drehstromnetz betrieben. Berechnen Sie die abgegebene Leistung des Drehstrommotors bei einer Stromstärke von 40 A, einem Wirkungsgrad von 85% und einem Leistungsfaktor cos φ = 0,8.

23.5 Elektrische Arbeit und Energiekosten

Werden Elektrogeräte oder Elektromaschinen betrieben, entnehmen wir dazu dem Netz für die Betriebszeit eine Leistung, die das Versorgungsunternehmen zur Verfügung stellt. Das Produkt aus Leistung P und Zeit t bezeichnen wir als elektrische Arbeit W.

> Elektrische Arbeit wird in Kilowattstunden kWh gemessen.

Diese Arbeit muss bezahlt werden. Hierfür anfallende Kosten bezeichnen wir als Energiekosten k_E. Die Elektrizitätswerke berechnen sie nach unterschiedlichen Tarifen k_T.

Elektrische Arbeit wird in DM/kWh berechnet.

$$W = P \cdot t$$

$$P = \frac{W}{t} \qquad t = \frac{W}{P}$$

$$k_E = P \cdot t \cdot k_T$$

$$P = \frac{k_E}{t \cdot k_T} \qquad t = \frac{k_E}{P \cdot k_T} \qquad k_T = \frac{k_E}{P \cdot t}$$

Beispiel 1 Zum Belüften eines Arbeitsplatzes wird ein Lüfter täglich 7,5 Stunden betrieben. Die dem Netz entnommene Leistung beträgt 50 W. Wie groß ist die elektrische Arbeit in kWh?

Lösung geg.: $P = 0,05$ kW, $t = 7,5$ h

ges.: W in kWh

$W = P \cdot t = 0,05$ kW $\cdot$ 7,5 h $= \underline{\underline{\textbf{0,375 kWh}}}$

Die elektrische Arbeit beträgt 0,375 kWh.

Beispiel 2 Der Drehstrommotor einer Werkzeugmaschine (Netzspannung 400 V) gibt eine Leistung von 6 kW ab. Auf dem Leistungsschild ist die Stromstärke mit 11,5 A, cos φ mit 0,85 angegeben. Die Maschine läuft im Schnitt 6,5 h pro Tag. Wie hoch sind die Energiekosten bei einem Tarif von 0,21 DM/kWh?

Lösung 1 Wir berechnen die dem Netz entnommene Leistung

geg.: $U = 400$ V, $I = 11,5$ A, cos $\varphi = 0,85$

ges.: P_{zu} in kW

$P_{zu} = 1,73 \cdot U \cdot I \cdot \cos \varphi$

$= 1,73 \cdot 400$ V $\cdot$ 11,5 A $\cdot$ 0,85

$= \underline{\underline{\textbf{6,76 kW}}}$

Die dem Netz entnommene Leistung beträgt 6,76 kW.

Lösung 2 Wir berechnen die Energiekosten in DM

geg.: $P_{zu} = 6,76$ kW (lt.Rechnung)

$t = 6,5$ h

$k_T = 0,21$ DM/kWh

ges.: k_E in DM

$k_E = P_{zu} \cdot t \cdot k_T$

$$= \frac{6,76 \text{ kW} \cdot 6,5 \text{ h} \cdot 0,21 \text{ DM}}{\text{kWh}} = \textbf{9,23 DM}$$

Die Energiekosten betragen 9,23 DM.

Aufgaben

1. Ein Heizlüfter entnimmt dem Netz eine Leistung von 1250 W. Wie hoch sind die Energiekosten, wenn das Gerät 3,5 h betrieben wird und der Stromtarif 0,32 DM/kWh beträgt?

2. In einem Werkstattbüro werden sechs 100 W Glühlampen gegen 11 W Energiesparlampen ausgetauscht. a) Welche Energiekosten entstehen jeweils bei einem Tarif von 0,27 DM/kWh und 200 h Brenndauer? b) Um wie viel Prozent verringern sich die Energiekosten?

3. Ein Elektrowerkzeug hat eine Leistungsaufnahme von 3,5 kW. Nach 6,5 h Betriebszeit fallen Energiekosten in Höhe von 7,32 DM an. Wie viel DM berechnet das EVU für eine kWh?

4. Die Kosten für den Betrieb eines Elektrogerätes betragen bei einem Tarif von 0,25 DM/kWh und einer Betriebszeit von 4,5 h 0,56 DM. Welche Leistung wurde dem Netz entnommen?

5. Eine Ständerbohrmaschine wird von einem Wechselstrommotor angetrieben. Die Netzspannung beträgt 230 V. Die Stromstärke auf dem Leistungsschild ist mit 16 A angegeben, cos φ ist 0,8. Wie hoch sind die Energiekosten, wenn die monatliche Nutzungszeit mit 110 h angenommen und mit 0,21 DM/kWh gerechnet wird?

6. Eine Baustelle wird mit 10 Quecksilberdampf-Hochdrucklampen beleuchtet. Pro Lampe wird eine Leistung von 2070 W aufgenommen. Bei einem Tarif von 0,26 DM/kWh entstehen inklusive 15% Umsatzsteuer 495,14 DM Energiekosten. Wie lange haben die Lampen gebrannt?

24 Kostenrechnung

Kostenrechnung ist Bestandteil jeder Kalkulation, mit der ein Preis ermittelt wird, der für eine Dienstleistung oder eine Ware zu zahlen ist. Der Angebotspreis wird nach verschiedenen Positionen wie Lohnkosten, Materialkosten, allgemein anfallenden Kosten, Zuschlägen für Gewinn und Steuern berechnet. Die in Bild **24**.1 dargestellte Kostenrechnung wird als Zuschlagskalkulation bezeichnet. Wir wollen die Preisgestaltung an einem Beispiel nachvollziehen.

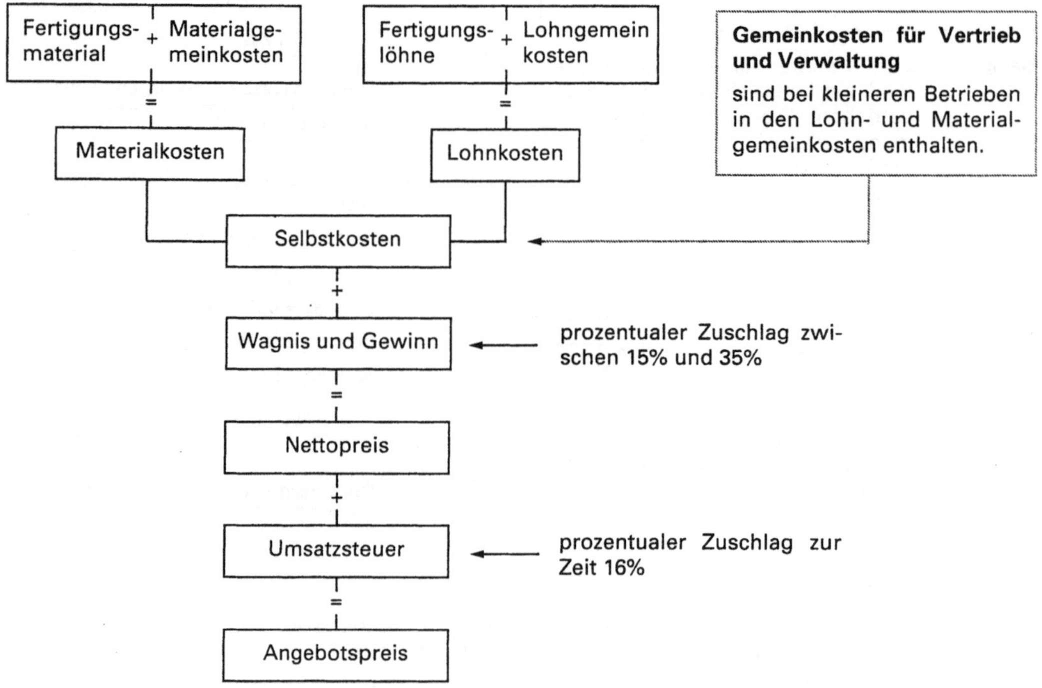

24.1

24.1 Fertigungsmaterial

Kosten für Fertigungsmaterial setzen sich aus dem Einkaufspreis zusätzlich Teuerungszuschläge und Frachtkosten abzüglich eventuell gewährter Preisnachlässe (Rabatte) zusammen.

Beispiel Ein Metallbaubetrieb erhält den Auftrag, einen Fahrgastunterstand für den Öffentlichen Nahverkehr zu fertigen. Dazu werden u. a. eingekauft 21,8 m Hohlprofil DIN 59 410 $80 \times 40 \times 4$ zu einem Kilopreis von 1,87 DM. Darauf wird ein Rabatt von 12% gewährt. Anteilige Frachtkosten betragen 45 DM. Welche Materialkosten entstehen?

Lösung a) Wir berechnen die Masse m.

geg.: $l = 21,8\,\text{m}$
$m' = 6,93\,\text{kg/m}$ (lt. Tabelle)
ges.: m in kg
$$m = l \cdot m' = 21,8\,\text{m} \cdot 6,93\,\text{kg/m}$$
$$= \underline{\underline{151,07\,\text{kg}}}$$

b) Wir berechnen die Kosten des Hohlprofils k_H.

geg.: $m = 151,07\,\text{kg}$, $k_{kg} = 1,87\,\text{DM/kg}$
ges.: k_H
$$k_H = m \cdot k_{kg} = 151,07\,\text{kg} \cdot 1,87\,\text{DM/kg}$$
$$= \underline{\underline{282,50\,\text{DM}}}$$

c) Wir berechnen die Kosten des Fertigungsmaterials k_M.

geg.: $k_H = 282,50\,\text{DM}$ (lt. Rechnung)
$p = 12\%$ Rabatt, Faktor 0,88
$k_{Fr} = 45\,\text{DM}$ Frachtkosten
ges.: k_M
$$k_M = k_H \cdot p + k_F$$
$$= 282,50\,\text{DM} \cdot 0,88 + 45\,\text{DM}$$
$$= \underline{\underline{293,60\,\text{DM}}}$$

Es sind anzusetzen für **Fertigungsmaterial 293,60 DM**

24.2 Materialgemeinkostenzuschlag

Materialgemeinkosten werden pauschal errechnet und in Form eines prozentualen Zuschlags berücksichtigt. Sie sind aus der Summe der Aufträge eines Betriebes entstanden und errechnen sich z.B. aus Energiekosten, Verbrauchsmaterialien wie Schmierstoffe, Putzlappen, Abfall- und Sondermüllentsorgung und Werkstattkosten.

Beispiel In der Buchhaltung einer Schlosserei werden für das laufende Jahr Materialkosten in Höhe von 227500 DM und Materialgemeinkosten von 19285 DM ermittelt. Wie hoch ist der Materialgemeinkostenzuschlag p_{Mg}?

Lösung geg.: $k_M = 227500\,\text{DM}$,
$k_{Mg} = 19285\,\text{DM}$
ges.: p_{Mg} in %

$$\underline{\underline{p_{Mg}}} = \frac{k_{Mg} \cdot 100\%}{k_M}$$

$$= \frac{19285\,\text{DM} \cdot 100\%}{227500\,\text{DM}} \approx \underline{\underline{8,5\%}}$$

Es sind anzusetzen **Materialgemeinkostenzuschlag 8,5%**.

24.3 Fertigungslohn

Fertigungslohn errechnet sich aus der Gesamtzahl der Lohnstunden multipliziert mit dem Stundensatz, der sich durch Überstundenzuschläge erhöhen kann. Zum Fertigungslohn werden z.B. auch Fahrgelderstattungen hinzugezählt.

Beispiel Um den Rohbau des Fahrgastunterstandes fertig zu stellen, arbeiten 2 Gesellen je 6,5 h bei einem Stundenlohn von 22,35 DM. Berechnen Sie den Fertigungslohn.

Lösung geg.: $k_h = 22,35\,\text{DM/h}$, $t = 6,5\,\text{h}$
$i = 2$ Gesellen
ges.: k_{Fl}
$$\underline{\underline{k_{Fl}}} = k_h \cdot t \cdot i = 22,35\,\text{DM/h} \cdot 6,5\,\text{h} \cdot 2$$
$$= \underline{\underline{290,55\,\text{DM}}}$$

Es sind anzusetzen für **Fertigungslohn 290,55 DM**

24.4 Lohngemeinkosten

Lohngemeinkosten entstehen z.B. durch Arbeitgeberbeiträge zu Sozialversicherungen, bezahlte Feiertage, Weihnachts- und Urlaubsgeld, vermögenswirksame Leistungen, Lohnfortzahlung im Krankheitsfalle, Löhne und Gehälter für nicht produzierende Firmenangehörige wie z.B. Büro- oder Reinigungspersonal. Sie werden ebenfalls prozentual den Fertigungslöhnen zugeschlagen.

Beispiel In einem Betrieb werden jährlich 397435 DM Fertigungslöhne gezahlt. Die Buchhaltung ermittelt für den gleichen Zeitraum Lohngemeinkosten von 786922 DM. Berechnen Sie den Lohngemeinkostenzuschlag.

Lösung geg.: $k_{Fl} = 397435\,\text{DM}$
$k_{Lg} = 786922\,\text{DM}$
ges.: p_{Lg} in %

$$\underline{\underline{p_{Lg}}} = \frac{k_{Lg} \cdot 100\%}{k_{Fl}}$$

$$= \frac{786922\,\text{DM} \cdot 100\%}{397435\,\text{DM}} = \underline{\underline{198\%}}$$

Die Lohngemeinkosten liegen 98% über den Fertigungslohnkosten.

Es ist einzusetzen für **Lohngemeinkostenzuschlag 98%**

Wir wollen die errechneten Werte in unser Schema Bild 24.1 einsetzen und den Angebotspreis errechnen.

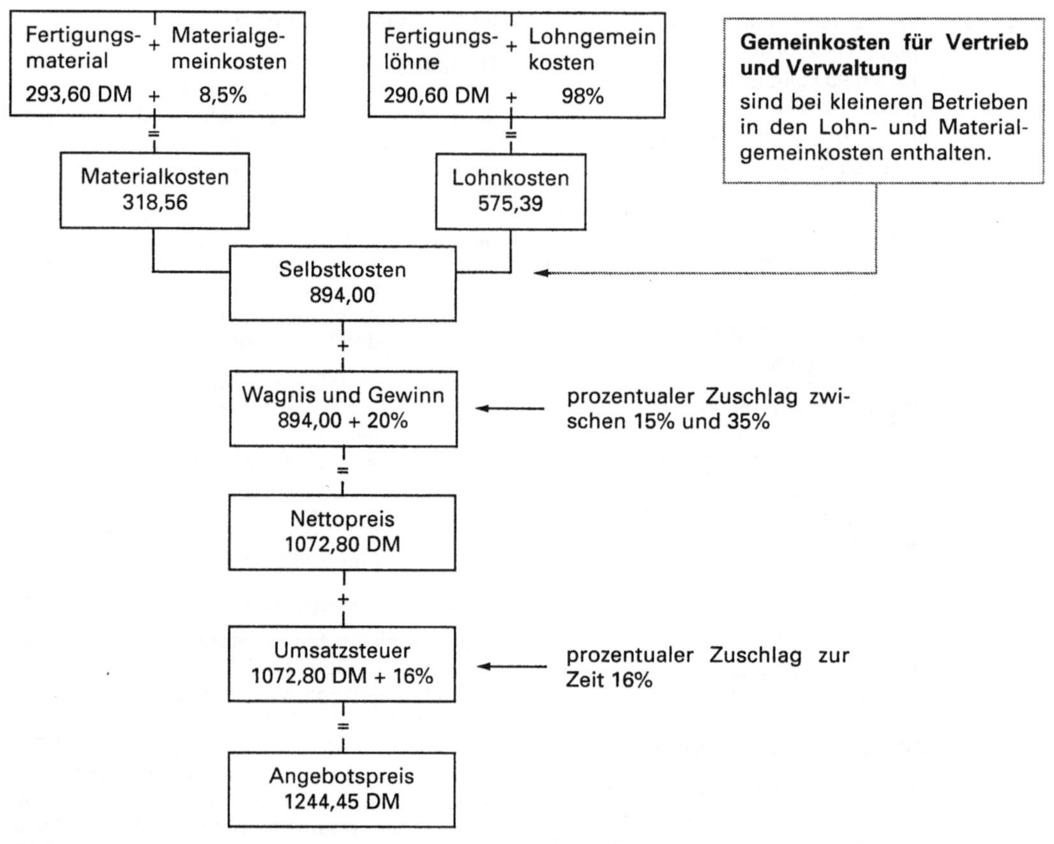

24.2

Die Kalkulation kann vereinfacht werden, indem man die Platzkosten für den Arbeitsplatz ermittelt, die dann einer Kostenstelle zugeordnet werden. Man errechnet einen Stundensatz aus den Fertigungslöhnen und den Fertigungsgemeinkosten. (In den nachfolgenden Beispielen bleibt die Umsatzsteuer unberücksichtigt.)

Beispiel An der Gehrungssäge eines Metallbaubetriebes entstehen bei jährlich 4862 Fertigungsstunden h_F, Lohnkosten k_L in Höhe von 103414,74 DM und Fertigungsgemeinkosten k_{Fg} von 219239,25 DM. Wie hoch sind die Platzkosten k_{Pl}?

Lösung   geg.: h_F = 4862 h
k_L = 103414,74 DM
k_{Fg} = 219239,25 DM

ges.: k_{Pl} in DM

$$\underline{\underline{k_{Pl}}} = \frac{k_{Fg} + k_L}{h_F}$$

$$= \frac{103414,74 \text{ DM} + 219239,25 \text{ DM}}{4862\,\text{h}}$$

$$\underline{= \mathbf{66,36\ DM}}$$

Mit diesen Betrag können nun einfach Angebote kalkuliert werden, indem der Zeitbedarf für eine Fertigung an der Säge mit den Platzkosten multipliziert wird.

24.5 Angebotskalkulation im Stahlbau

Eine weitere Vereinfachung der Angebotskalkulation finden wir in Betrieben, die überwiegend Stahlbauten erstellen. Dort wird das Angebot auf Grund der Masse des zu erstellenden Bauwerkes und der im Jahr entstandenen Kosten für alle gefertigten Stahlkonstruktionen abgegeben.

Beispiel   Ein Betrieb erhält den Auftrag, die Stahlkonstruktion für eine Fahrsteigüberdachung herzustellen. Dieser Betrieb kalkuliert auf der Basis von 432 t Stahlbaukonstruktionen pro Jahr bei 1,72 Mio DM Gesamtkosten. Für die Überdachung wird eine Masse von 0,96 t ermittelt. Berechnen Sie den Angebotspreis.

Lösung   geg.: Masse/Jahr = 432 t
Kosten/Jahr = 1,85 Mio DM
Angebotsmasse = 0,96 t

ges.: Angebotspreis

a) Wir berechnen die Kosten pro Tonne

Kosten/Tonne

$$= \frac{\text{Kosten/Jahr}}{\text{Masse/Jahr}}$$

$$= \frac{1850000 \text{ DM}}{432 \text{ t}}$$

= 4282,40 DM/t

b) Wir berechnen den Angebotspreis

Angebotspreis = Kosten/Tonne × Angebotsmasse

= 4282,40 DM/t · 0,96 t

Angebotspreis = 4111,10 DM

Aufgaben

1. Für eine Metallkonstruktion entstehen für das Fertigungsmaterial Kosten in Höhe von 1384,75 DM. Die Materialgemeinkosten werden mit 12% angesetzt. Wie hoch sind die Materialkosten?

2. In einem Betrieb entstehen im Jahr Materialkosten in Höhe von 0,65 Mio DM und Materialgemeinkosten von 63700 DM. Wie hoch ist der Materialgemeinkostenzuschlag?

3. Ein Stahlbaubetrieb hat im Jahr 2,35 Mio DM Kosten. Die Masse der ausgelieferten Konstruktionen wurde mit 535,8 t ermittelt. Zu welchem Preis kann eine Konstruktion angeboten werden, deren Masse mit 15,7 t ermittelt wurde?

4. Für Metallfenster kauft eine Schlosserei 30 Kantenverschlussgetriebe zum Stückpreis von 25,95 DM ein. Der Materialgemeinkostenzuschlag liegt bei 8,75%. Es wird ein Rabatt von 12% eingeräumt, Frachtkosten werden mit 45 DM in Rechnung gestellt. Berechnen Sie den Selbstkostenpreis pro Stück.

5. Für eine Schlosserarbeit wird für 580,75 DM Fertigungsmaterial benötigt. Der Zuschlag für Materialgemeinkosten beträgt 9,2%. Die Arbeit wird in 7,5 h von 2 Mann bei einem Stundenlohn von 20,84 DM ausgeführt. Der Zuschlag für die Lohngemeinkosten liegt zur Zeit bei 93%. Für Wagnis und Gewinn setzt der Betrieb 30% an. Die Umsatzsteuer beträgt zur Zeit 16%. Welche Kosten sind in Rechnung zu stellen?

6. Für ein Dachterrassengeländer werden benötigt: 7 St. Hohlprofil DIN 59411 60 × 60 × 4, 950 mm lang; 8,75 m Hohlprofil DIN 59411 80 × 40 × 4. Berechnen Sie die Materialkosten, wenn ein Kilonettopreis von 1,87 DM, Materialgemeinkosten von 10,2% und 16% Umsatzsteuer anzusetzen sind.

25 Projektaufgaben

Anmerkung: Die Skizzen zu diesem Kapitel sind teilweise nicht vollständig bemaßt, um sie übersichtlicher zu gestalten. Es sind nur die Maße angegeben, die zum Berechnen nötig sind.

25.1 Gitter

Bild **25**.1 zeigt ein Gitter für ein Kellerfenster. Davon sollen 5 Stück gefertigt und montiert werden. Das Material besteht aus Flach- und Rundstahl. Der Rahmen wird aus Flachstahl in einem Ober- und Unterteil gebogen. Nachdem die Bohrungen für die Gitterstäbe gebohrt und angesenkt wurden, werden die einzelnen Gitterstäbe in den Bohrungen verschweißt (Bild **25**.2). Die Maueranker werden aus Flachstahl geschnitten, im Schmiedefeuer erwärmt, mit dem Schlitzhammer gespalten und am Rahmen angeschweißt.

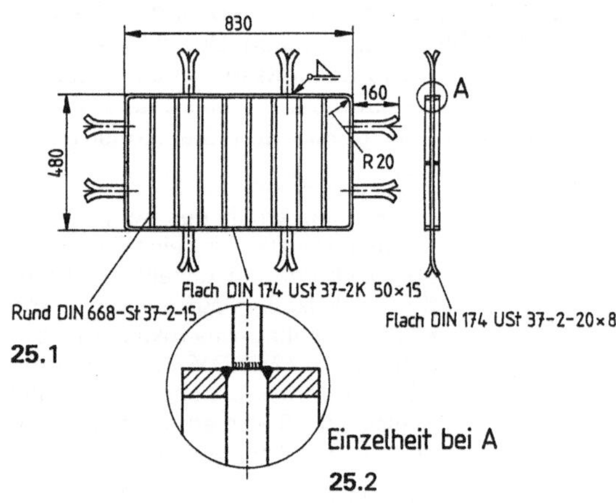

Aufgaben

1. Wie groß ist die Zuschnittlänge für eine Rahmenhälfte?
2. Wie viel Meter Flachstahl werden für die 5 Rahmen benötigt, wenn Längen von 6 m zur Verfügung stehen und eine Sägeschnittbreite von 3 mm vorliegt?
3. Wie viel Kilogramm Schmiedekohle müssen insgesamt verbrannt werden, damit alle Maueranker von 20 °C auf 1250 °C Schmiedetemperatur erwärmt werden können? ($H_{U\,Kohle}$ = 31,5 MJ/kg, Wirkungsgrad des Schmiedefeuers 0,06).

4. In welchem Abstand untereinander und von den Enden des Flachstahles entfernt müssen die Bohrungen angerissen werden?
5. Was wiegt ein Gitter?
6. Welche Materialkosten entstehen für alle Gitter, wenn der Stahlpreis 1,86 DM/kg ohne Umsatzsteuer beträgt und mit einem Materialgemeinkostenzuschlag von 9,8% gerechnet wird?

25.2 Geländer

Für eine Dachterrasse (Bild **25**.3) soll ein Geländer erneuert werden. Es werden u. a. 8 Pfosten (Bild **25**.4) benötigt. Damit die Dachdichtungsbahnen nicht beschädigt werden, werlden die Pfosten, mit einer Grundplatte (Bild **25**.5) versehen, aufgesetzt und die Ankerplatte (Bild **25**.6) an der Außenwand festgeschraubt. Die Pfosten und der Handlauf werden in der Werkstatt vorgefertigt und auf der Baustelle montiert.

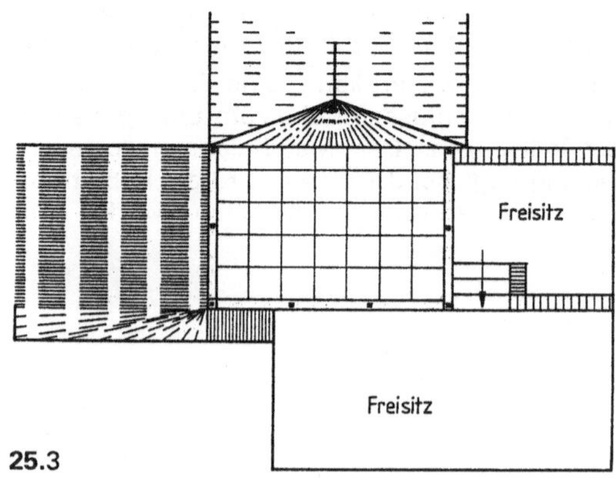

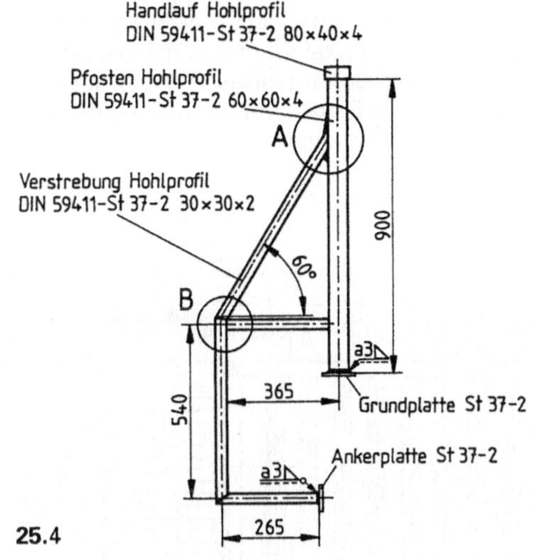

25.4

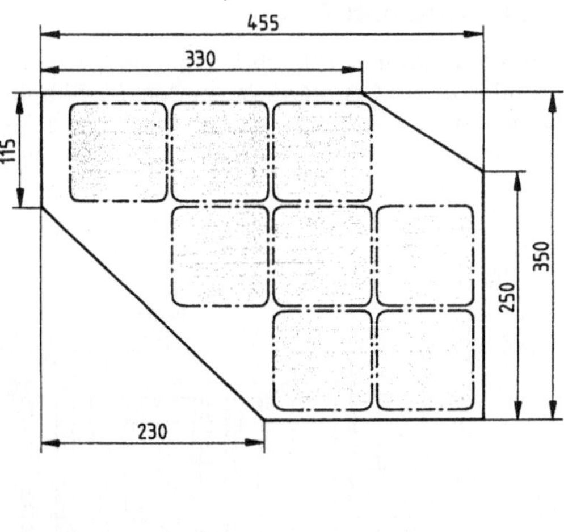

25.5a

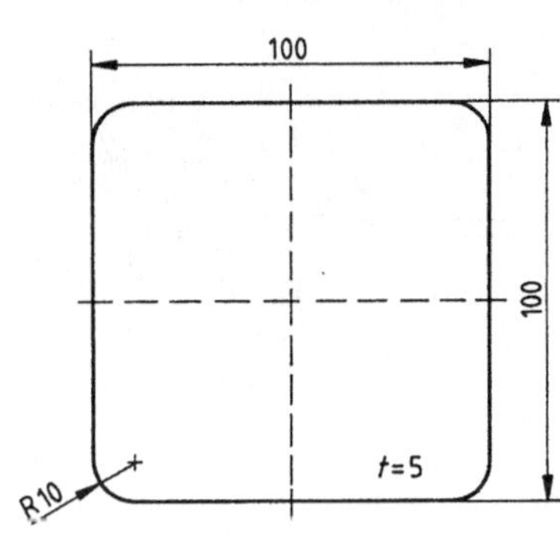

25.5

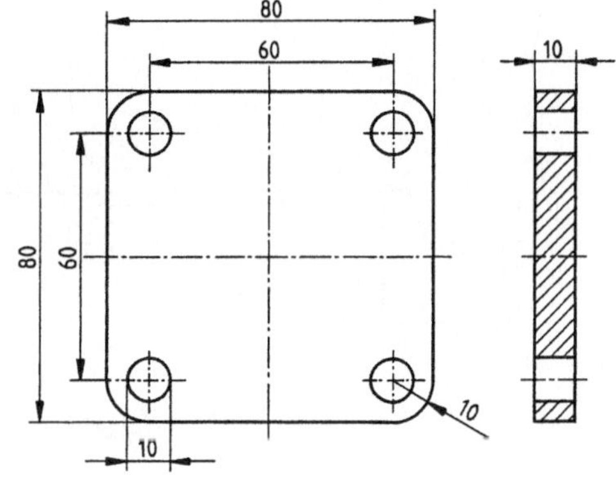

25.6

Aufgaben

1. Wie groß ist die Masse eines kompletten Pfostens?

2. Die Profile werden an einer Kreissäge zugeschnitten. Die zulässige Schnittgeschwindigkeit beträgt 60 m/min, das Sägeblatt hat einen Durchmesser von 350 mm. Welche Drehzahl des Sägeblattes darf nicht überschritten werden?

3. Unter welchem Winkel ist die Strebe bei A abzulängen, damit sie einwandfrei verschweißt werden kann? Wie groß ist der Winkel der Aussparung bei B?

4. Wie viel Elektroden werden zum Schweißen der Grundplatten der Pfosten verbraucht?

5. Die Bohrungen in der Ankerplatte werden gestanzt. Wie groß ist die Scherkraft?

6. Zum Stanzen der Bohrungen in der Ankerplatte wird eine Presse verwendet. Der Abstand des Stempels vom Drehpunkt des Hebels beträgt 100 mm. Welche Länge hat der wirksame Hebelarm der Stanze, wenn eine Scherkraft von 42,2 kN aufgewendet wird?

7. Die Grundplatten werden aus einem Blech (Bild **25.5**a) herausgeschnitten. Berechnen Sie den Verschnitt in Prozenten.

25.3 Tore und Türen

Tor einer Einfahrt. Bild **25**.7 zeigt das Tor einer Einfahrt in ein Grundstück. An den Torflügeln sind Bänder (Bild **25**.9) angeschweißt, mit denen sie in Zapfen (Bild **25**.10) eingehängt sind.

Die Torflügel schlagen an einem im Boden eingelassenen Winkel an und werden dort mit einer einfachen Schubstange verriegelt. Oben werden die Torflügel mit einem Überwurfriegel (Bild **25**.8) gesichert.

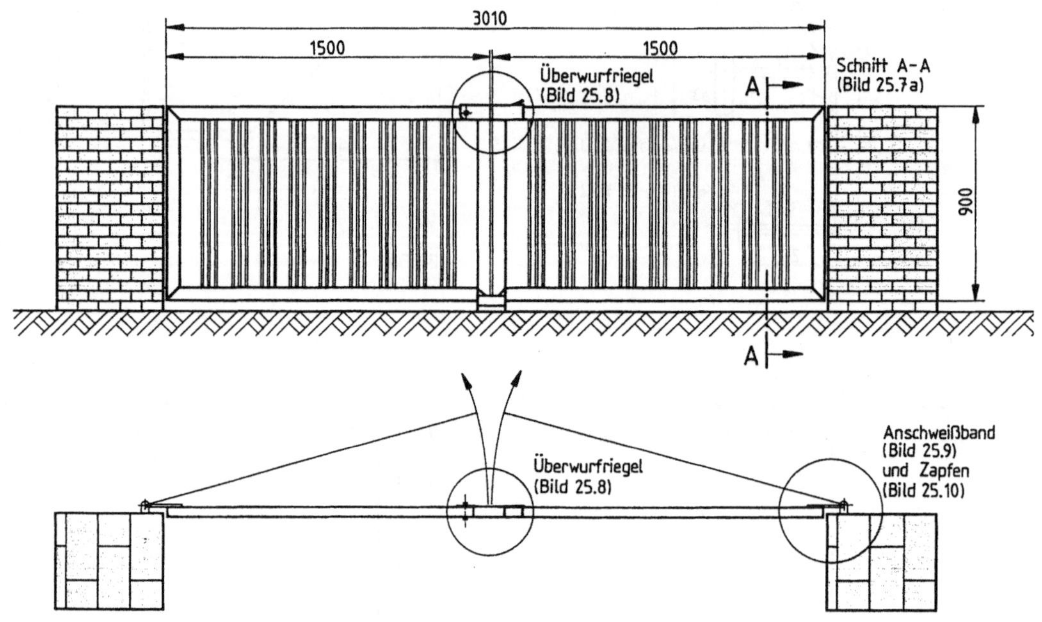

25.7

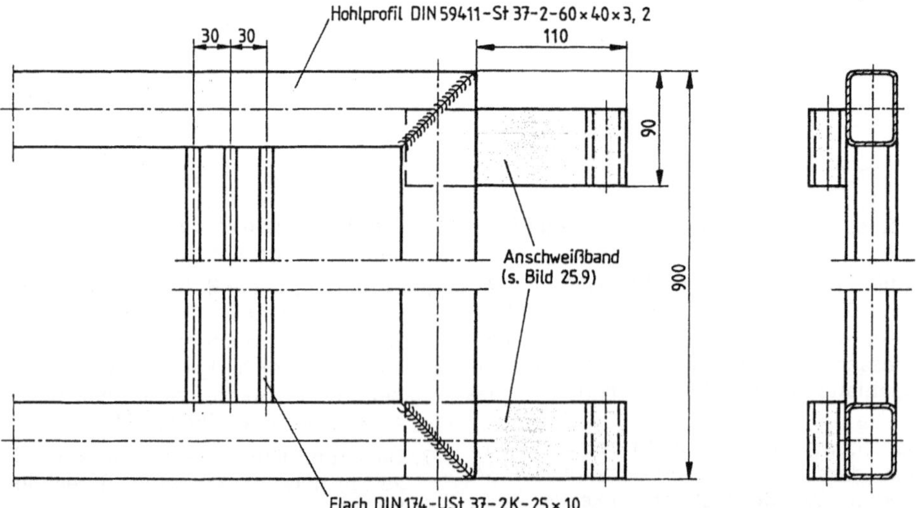

25.7a

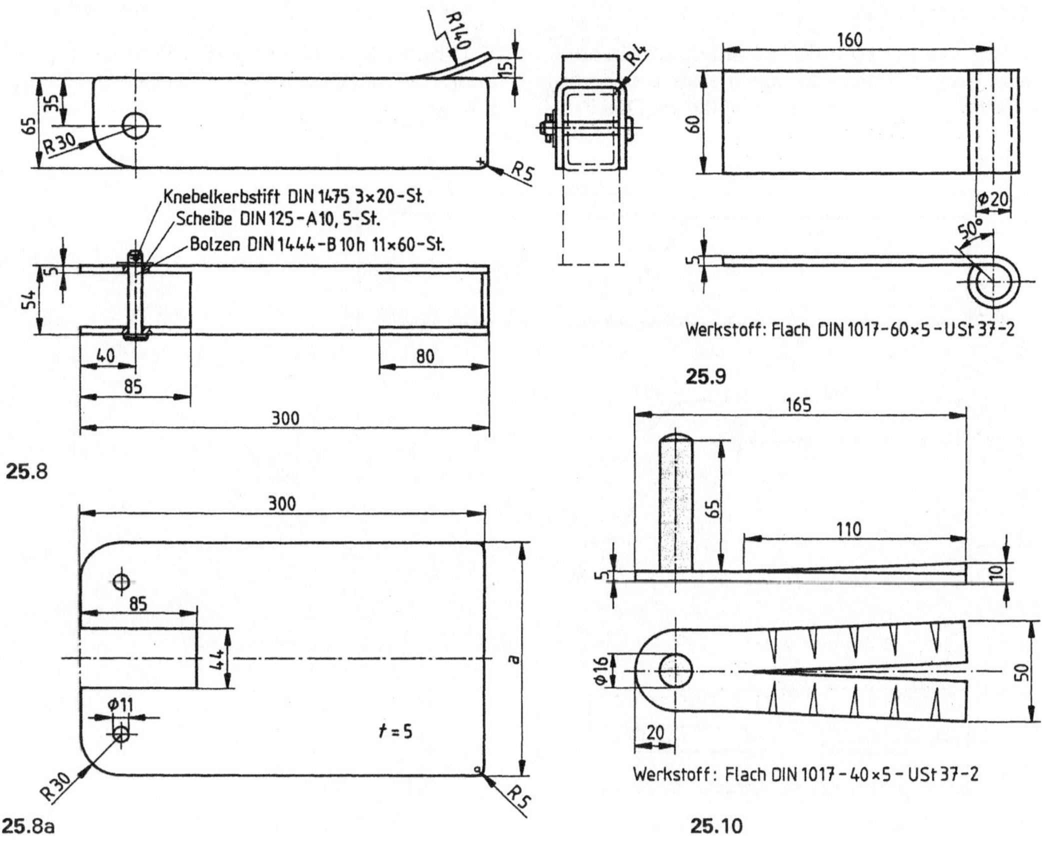

25.8

25.8a

25.10

Aufgaben

1. Welche Masse haben Profile und Flachstäbe eines Torflügels? Welche Kosten entstehen für das Verzinken beider Torflügel, wenn 1,98 DM/kg anzusetzen sind und die Mehrwertsteuer z. Zt. 16% beträgt?

2. Aus Bild **25.**7 a lässt sich der Abstand der Füllstäbe untereinander entnehmen. Berechnen Sie die Teilung zur Anordnung der Dreiergruppen.

3. Der Flachstahl steht in Längen von 6 m zur Verfügung. a) Wie viel Stäbe können aus einer Länge geschnitten werden, wenn der Sägeschnitt 2 mm breit ist? b) Wie groß ist die Restlänge?

4. Welches Drehmoment wirkt durch die Masse eines Torflügels auf die obere Aufhängung?

5. Das Tor wird bei einer Temperatur von 18°C gefertigt und montiert. Wie groß ist die Längenänderung eines Torflügels bei einer Außentemperatur von –20°C?

6. Das Profil für einen Torflügel wird angerissen, an den Ecken ausgeklinkt und zum Rahmen gebogen. Anschließend werden die Ecken verschweißt. a) Wie lang sind alle Schweißnähte? b) Wie groß ist der Elektrodenverbrauch zum Schweißen beider Rahmen? c) Wie lang ist die Schweißzeit? d) Wie viel Sauerstoff und Acetylen werden bei neutraler Flamme verbraucht?

7. Der Überwurfriegel (Bild **25.**8) wird aus einem Blech (Bild **25.**8 a) gebogen. a) Wie groß muss das Maß a in mm sein? b) Wie lang ist die Hauptzeit beim Bohren beider 11 mm-Löcher? c) Wie viel Prozent beträgt der Verschnitt, wenn das abgerundete Grundblech gebohrt und ausgeklinkt worden ist?

8. Die Bänder (Bild **25.**9) werden aus Flachstahl geschnitten, anschließend im Schmiedefeuer erwärmt und eingerollt. a) Wie hoch ist der Verbrauch an Schmiedekohle zum Bearbeiten der vier Bänder? b) Wie viel Elektroden werden zum Anschweißen der Bänder benötigt?

25.4 Stahltür

Bild **25**.11 a zeigt den Teilschnitt durch ein doppelwandiges, durch ein profiliertes Blech verstärktes Türblatt von 820 × 1900 mm. Das Profil wurde aus 1 mm-Blech gebogen (Bild **25**.11 b). Falle und Riegel des Schlosses greifen in die ausgestanzten Öffnungen der Zarge (Bild **25**.11 c).

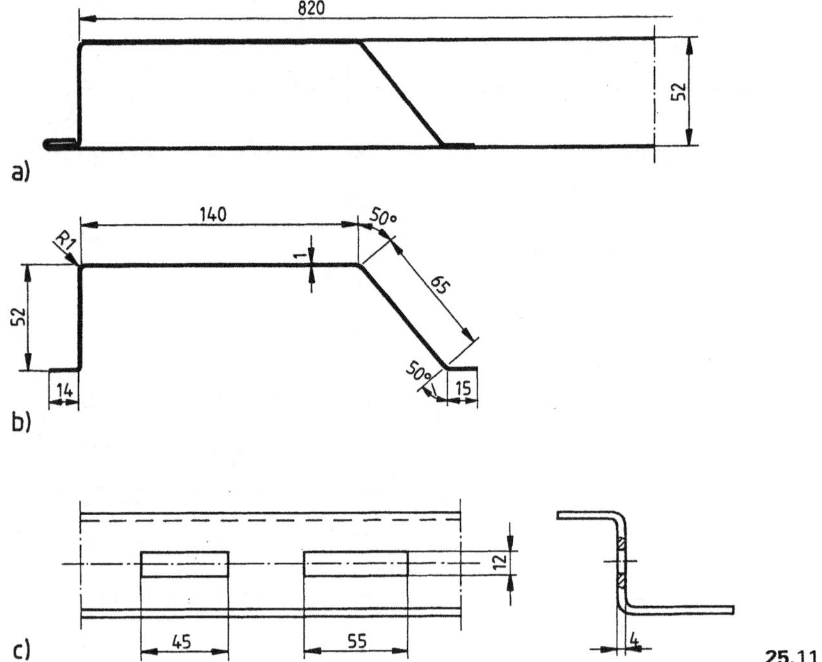

Bild **25**.11

Aufgaben

1. Wie breit ist der Blechstreifen zuzuschneiden, aus dem das Verstärkungsprofil (Bild **25**.11 b) gebogen wird? Biegeradius 1 mm.
2. Wie groß ist die Summe der Scherflächen der Aussparungen für Riegel und Falle?
3. Welche Scherkraft ist jeweils zum Stanzen der Aussparungen für den Riegel und die Falle erforderlich? (St 37-2)
4. Das Türblatt besteht beidseitig aus 1 mm dickem Stahlblech. Ermitteln Sie anhand der Tabelle **14**.3 die Masse der Bleche. Beachten Sie die Dreifachfälzung an einer Seite.
5. Für eine wärmedämmende Tür wird kein Verstärkungsprofil eingebaut. Das Türblatt wird mit Polyurethan ausgeschäumt. Wie groß ist der Wärmestrom durch das Türblatt, wenn bei einer Innentemperatur von 18 °C eine Außentemperatur von −14 °C gemessen wird?

25.5 Hebezeug

Für einen mittelständischen Betrieb wird zum Be- und Entladen von LKWs eine Stahlkonstruktion montiert, auf der eine leichte Laufkatze mit einem Eigengewicht von 80 kg betrieben wird (Bild **25**.12). Die Lasten werden mit einem Elektromotor über eine Flasche sechssträngig mit einer Traverse angehoben, die aus einem Rohr mit beidseitig angeschweißter Aufhängung besteht.

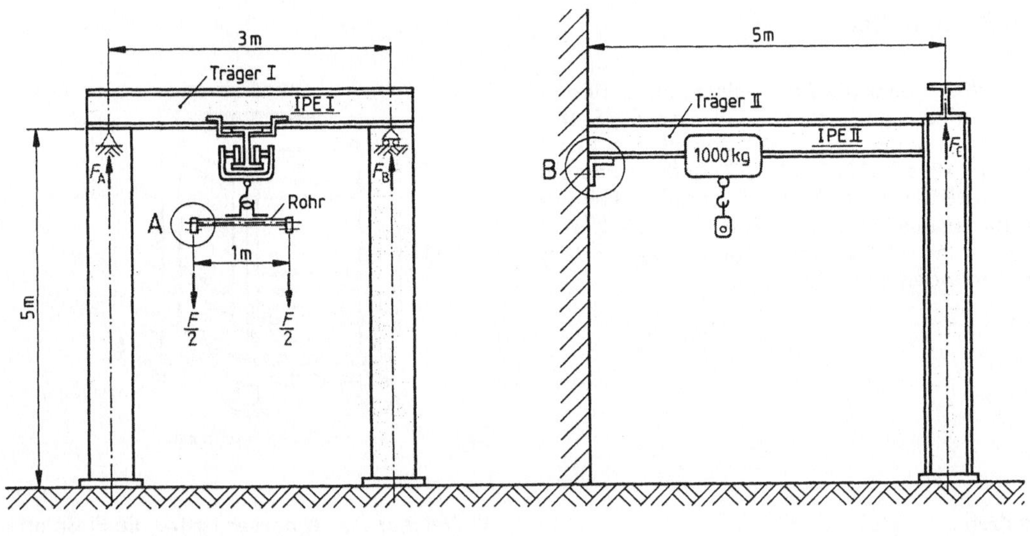

25.12

Aufgaben

1. Welches Profil IPE ist für den Träger II unter Berücksichtigung des Eigengewichtes zu wählen, wenn mit $\sigma_{bzul} = 85\ \text{N/mm}^2$ (dieser Wert gilt auch für 4. und 5.) gerechnet wird?

2. Welche Kraft F_C wirkt auf die Aufhängung, wenn die Höchstlast direkt unter der Aufhängung am Träger I angehoben wird? (Überhänge bleiben unberücksichtigt)

3. Das Auflager bei B ist mit zwei Schrauben DIN 933 M12 der Festigkeitsklasse 8.8 befestigt.
   a) Wie groß ist die Scherspannung bei höchstmöglicher Belastung? (*Annahme:* Belastung entspricht F_C). b) Wie groß ist die Sicherheit?

4. Welches Profil IPE ist für den Träger I zu wählen? Wie groß sind die Auflagerkräfte F_A und F_B? (Traverse bleibt unberücksichtigt).

5. Berechnen Sie das für die Traverse erforderlich Rohr. Die Aufhängung (Bild **25.13**) wird bündig mit dem Rohrdurchmesser verschweißt und mit einer Bohrung von 70 mm Durchmesser versehen. Wie groß ist die Spannung im Querschnitt A – A?

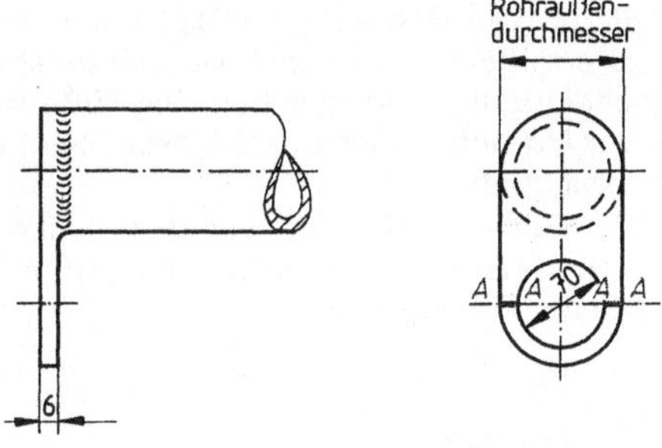

25.13

6. Welchen metallischen Querschnitt muss das Tragseil bei 8-facher Sicherheit haben, wenn die Nennfestigkeit des zur Herstellung des Seiles verwendeten Stahldrahtes 1570 N/mm² beträgt? Aus wie viel Drähten von 0,22 mm Durchmesser besteht das Seil?

7. Beim Entladen eines LKW wird eine Last von 785 kg mit 0,1 m/s angehoben. Wie groß ist die Leistung?

25.6 Behälter

Bild **25**.14 zeigt die Prinzipskizze eines Behälters für flüssige Stoffe aus 8 mm dickem Stahlblech, montiert in einem Gestell aus Profil L100 × 10 DIN 1028-USt37-2 und Flachstahl 100 × 10 DIN 1017. Der Behälter ruht auf einem Rahmen aus Profilen IPB 200 DIN 1025-St-37-2 und steht auf 100 mm hohen Füßen auf dem Betonboden einer Halle.

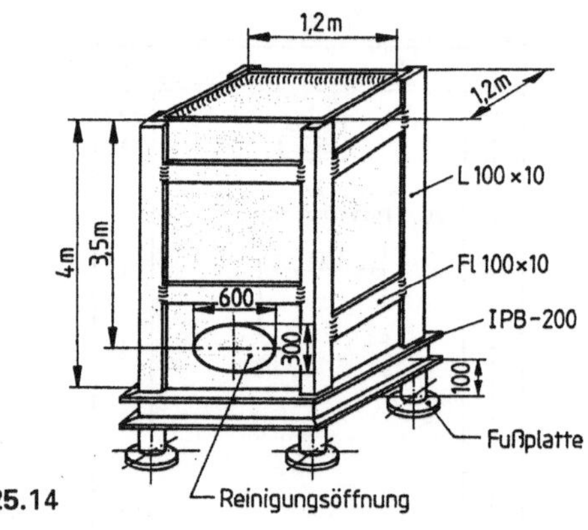

Aufgaben

1. Wie viel m^2 Blech werden zur Herstellung des Behälters benötigt?
2. Welche Gesamtmasse ermitteln Sie für den leeren Behälter? Für das Gestell werden verarbeitet: 16 m L-Profil, 8 m Flachstahl, 5,6 m Profil IPB-200. Die Masse der Profile ist aus Tabellen zu ermitteln. Für die Schweißnähte ist ein Aufschlag von 2% vorzusehen. Die Füße werden vor Ort untergesetzt, ihre Masse bleibt unberücksichtigt.
3. Welche Gesamtkraft wirkt auf den Hallenboden, wenn der Behälter vollständig gefüllt ist? (Dichte der Füllung 1,26 kg/dm^3).

4. Welcher Durchmesser ist für die Fußplatten zu wählen, wenn die Flächenpressung auf dem Boden 1,5 N/mm^2 nicht überschreiten darf?
5. Der Deckel der Reinigungsöffnung ist rundum 30 mm größer als die Öffnung. a) Mit welcher Kraft wird der Deckel von innen gegen die Behälterwand gepresst? ($\rho_{\text{Füllung}}$ 1,26 kg/dm^3) b) Wie groß ist die Flächenpressung zwischen Deckel und Wand?
6. Zu welchem Preis kann der Behälter angeboten werden, wenn der fertigende Betrieb im Jahr Stahlkonstruktionen mit einer Masse von 628 t ausgeliefert hat und dabei Kosten in Höhe von 2,765 Mio DM entstanden sind?

25.7 Treppe

(vgl. hierzu auch Ollesky, Metallfachkunde 3, Konstruktionsmechanik und Metallbau)

Bild **25**.15 zeigt eine Industrietreppe. Als Trittstufen werden Gitterroste DIN 24531 verwendet, die mit den Wangen aus St37-2 (Bild **25**.16) verschraubt sind (Bild **25**.17).

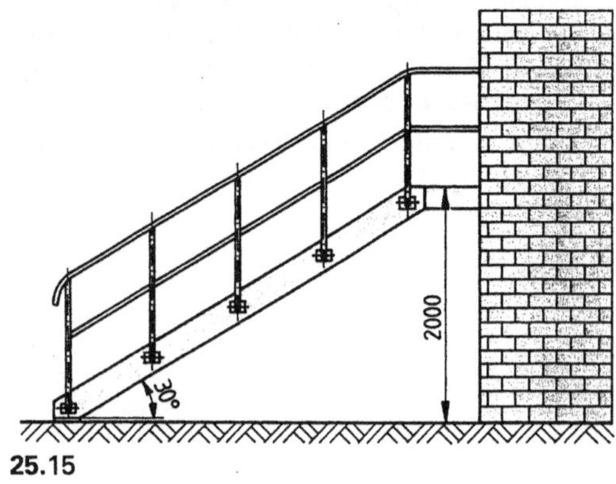

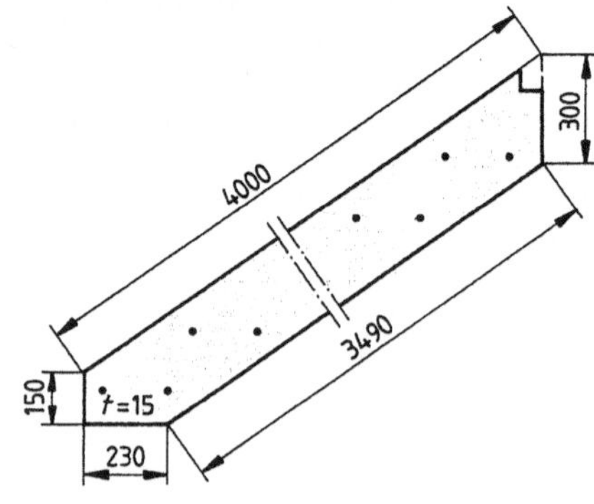

Aufgaben

1. Berechnen Sie die Lauflänge und die Zahl der Steigungen.

2. Wie viel Gitterroste DIN 24531 werden für die Treppe benötigt?

3. Die Grundform der Wangen (Bild **25**.17) wird ausgebrannt. Berechnen Sie den Zeitbedarf für beide Wangen, wenn Konstruktionsschnitt gefordert ist.

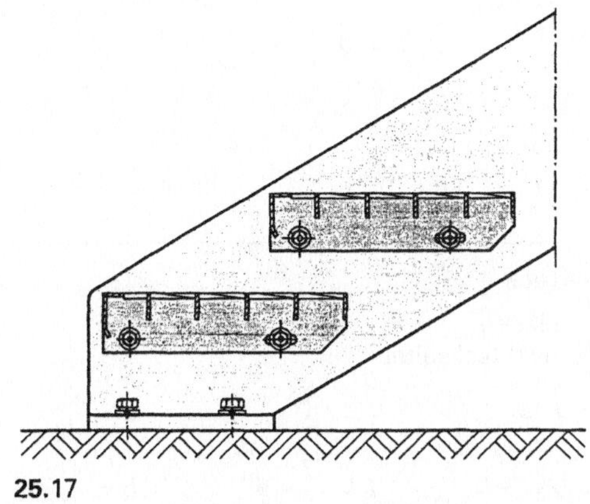

25.17

4. Die Durchgangslöcher zum Befestigen der Gitterroste werden mit einem 3 mm-HSS-Bohrer vorgebohrt und mit einem 13 mm-HSS-Bohrer fertiggebohrt. Berechnen Sie die Hauptzeit zum Bohren eines Loches.

5. Der Handlauf wird aus Rohr DIN 2448-St 35-42,4 × 4 hergestellt. Berechnen Sie die gestreckte Länge für das Teil des Handlaufes (Bild **25**.18).

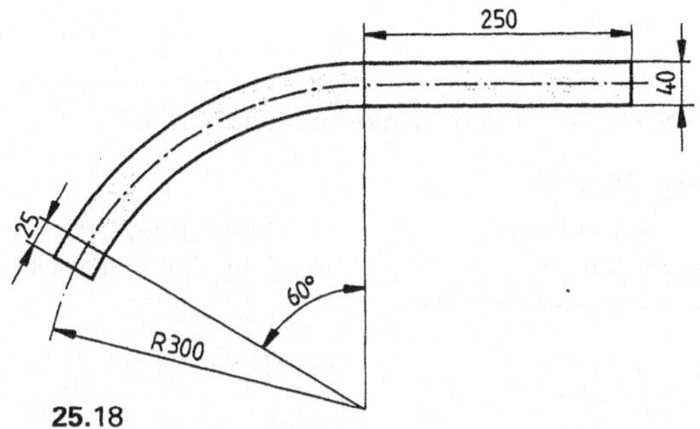

25.18

6. Das Rohrende wird mit einem Sägeblatt von 190 mm Durchmesser abgelängt. Welche Drehfrequenz ist zu wählen, damit die zulässige Schnittgeschwindigkeit von 63 m/min nicht überschritten wird?

25.8 Welle mit Zahnrad

Bild **25**.19 zeigt eine Welle mit einem Zahnrad mit 40 Zähnen, Modul 4.

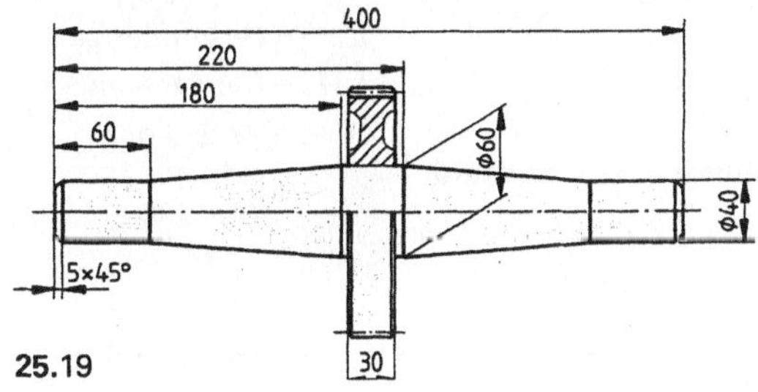

25.19

Aufgaben

1. Berechnen Sie Kopfkreis- und Teilkreisdurchmesser.

2. Mit welcher maximalen Drehfrequenz kann der Zahnradrohling bearbeitet werden? Werkstoff: Ck 15

3. Berechnen Sie die Hauptnutzungszeit für das beidseitige Planen des Zahnradrohlings.

4. Das Zahnrad wird mit einem Differentialteilkopf hergestellt. Berechnen Sie den Teilschritt.

5. Gepaart sind die Passungen H8 x8. Berechnen Sie a) die Toleranz für die Bohrung des Zahnrades; b) die Mindestpassung.

6. Um wie viel Kelvin muss das Zahnrad mindestens erwärmt werden, damit es saugend auf die Welle geschoben werden kann? Welche Wärmemenge ist zum Erwärmen des Zahnrades erforderlich (Spanvolumen für Hinterdrehung und Fräsen der Zähne 30%)? Wie viel Liter Erdgas H müssen verbrannt werden, um die geforderte Temperatur zu erreichen?

7. Mit welcher Drehfrequenz kann die Welle (Werkstoff Ck 15) maximal bearbeitet werden? Wie hoch ist die Schnittkraft, wenn mit einer Schnittiefe von 6 mm und einem Vorschub von 0,5 mm gearbeitet wird? (k_C = 2100 N/mm^2)

8. Berechnen Sie die Reitstockverstellung zum Herstellen des kegeligen Teiles der Welle.

Anhang

A. Formelzusammenstellung

Prozentrechnung

z Prozentwert k Grundwert
p Prozentsatz

$$z = \frac{p\% \cdot k}{100\%} \qquad p\% = \frac{100\% \cdot z}{k} \qquad k = \frac{100\% \cdot z}{p\%}$$

Längen, Teilungen, Winkelberechnungen

Trennlängen

L Gesamtlänge s Schnittfuge
l_R Restlänge z Zahl der Teilstücke
l Länge des Teilstückes

$$L = l_R + z\,(l + s) \qquad l_R = L - z\,(l + s)$$

$$z = \frac{L - l_R}{l + s} \qquad l = \frac{L - l_R}{z} - s$$

$$s = \frac{L - l_R}{z} - l$$

Teilungen

Teilung = Randabstand

$$P = \frac{L}{n + 1}$$

Teilung ≠ Randabstand

$$P = \frac{L - (l_1 + l_2)}{n - 1}$$

P = Teilung
L = Gesamtlänge
l_1, l_2 = Randabstand
n = Anzahl der Schnitte, Bohrungen

Lehrsatz des Pythagoras

Im rechtwinkligen Dreieck ist das Quadrat über der Hypotenuse so groß wie die Summe der Kathetenquadrate.

$$c^2 = a^2 + b^2$$

$$a = \sqrt{c^2 - b^2} \qquad b = \sqrt{c^2 - a^2} \qquad c = \sqrt{a^2 + b^2}$$

Winkelfunktionen

$$\sin \alpha = \frac{\text{Gegenkathete}}{\text{Hypothenuse}} \qquad \tan \alpha = \frac{\text{Gegenkathete}}{\text{Ankathete}}$$

$$\cos \alpha = \frac{\text{Ankathete}}{\text{Hypothenuse}} \qquad \cot \alpha = \frac{\text{Ankathete}}{\text{Gegenkathete}}$$

Inhalt und Umfang von Flächen

Quadrat

A Fläche l Seitenlänge
U Umfang d Diagonale

$$A = l^2 \qquad d = l \cdot \sqrt{2}$$

$$l = \sqrt{A} \qquad l = \frac{d}{2} \cdot \sqrt{2}$$

$$U = 4l \qquad l = \frac{U}{4}$$

Rechteck

A Fläche d Diagonale
l, b Rechteckseiten

$$A = l \cdot b \qquad l = \frac{A}{b} \qquad b = \frac{A}{l}$$

$$U = 2\,(l + b) \qquad l = \frac{U}{2} - b \qquad b = \frac{U}{2} - l$$

$$d = \sqrt{b^2 + l^2} \qquad l = \sqrt{d^2 - b^2} \qquad b = \sqrt{d^2 - l^2}$$

Rhombus (Raute)

A Fläche h Höhe
U Umfang a Seite

$$A = a \cdot h \qquad U = 4 \cdot a$$

$$a = \frac{A}{h} \qquad a = \frac{U}{4} \qquad h = \frac{A}{a}$$

Parallelogramm

A Fläche a, b Seiten
U Umfang h Höhe

$$A = a \cdot h \qquad U = 2\,(a + b)$$

$$a = \frac{A}{h} \qquad h = \frac{A}{a}$$

$$a = \frac{U}{2} - b \qquad b = \frac{U}{2} - a$$

Dreieck

A Fläche l, bzw. c; a; b Seiten
U Umfang h Höhe

$$A = \frac{l \cdot h}{2} \qquad l = \frac{2A}{h} \qquad h = \frac{2A}{l}$$

$$U = a + b + c$$

$$a = U - b - c \qquad b = U - a - c \qquad c = U - a - b$$

gleichseitiges Dreieck

$$h = \frac{l}{2}\sqrt{3} \qquad A = \frac{l^2}{4}\sqrt{3}$$

Trapez

A Fläche $\qquad\qquad m$ Mittellinie
l_1 große Seite $\qquad\quad b$ Breite
l_2 kleine Seite

$$A = m \cdot b \qquad\qquad A = \frac{l_1 + l_2}{2} \cdot b$$

$$m = \frac{l_1 + l_2}{2} \qquad\qquad b = \frac{2A}{l_1 + l_2}$$

$$l_1 = \frac{2A}{b} - l_2 \qquad\qquad l_2 = \frac{2A}{b} - l_1$$

Regelmäßiges Sechseck

A Fläche $\qquad\qquad U$ Umfang
r Radius des Umkreises $\quad e$ Eckenmaß
$\quad$ = Seitenlänge $\qquad\quad s$ Schlüsselweite

$$A = \frac{3 \cdot r^2 \cdot \sqrt{3}}{2} \qquad\qquad r = \frac{\sqrt{2 \cdot A \cdot \sqrt{3}}}{9}$$

$$e = 2r \qquad\qquad U = 6r = 3d$$

Kreis

A Fläche $\qquad\qquad d$ Durchmesser
U Umfang

$$U = d \cdot \pi \qquad\qquad d = \frac{U}{\pi}$$

$$A = \frac{d^2 \cdot \pi}{4} \qquad\qquad d = 2\sqrt{\frac{A}{\pi}}$$

Kreisring

A Fläche $\qquad\qquad d$ Innendurchmesser
D Außendurchmesser

$$A = \frac{\pi}{4}(D^2 - d^2)$$

$$D = \sqrt{\frac{4A}{\pi} + d^2} \qquad\qquad d = \sqrt{D^2 - \frac{4A}{\pi}}$$

Kreisbogen

d Kreisumfang $\qquad\qquad b$ Kreisbogen,
$\qquad\qquad\qquad\qquad\qquad\quad$ Bogenlänge
r Kreisradius $\qquad\qquad \alpha$ Zentrumswinkel

$$b = \frac{d \cdot \pi \cdot \alpha^\circ}{360^\circ} \qquad\qquad b = \frac{r \cdot \pi \cdot \alpha^\circ}{180^\circ}$$

$$r = \frac{180^\circ \cdot b}{\pi \cdot \alpha^\circ} \qquad\qquad \alpha^\circ = \frac{180^\circ \cdot b}{r \cdot \pi}$$

Kreissektor (Kreisausschnitt)

A Fläche $\qquad\qquad b$ Bogenlänge
r Radius $\qquad\qquad \alpha$ Zentrumswinkel

$$A = \frac{r^2 \cdot \pi \cdot \alpha^\circ}{360^\circ} \qquad\qquad A = \frac{b \cdot r}{2}$$

$$\alpha^\circ = \frac{360^\circ \cdot A}{r^2 \cdot \pi} \qquad\qquad r = \sqrt{\frac{360^\circ \cdot A}{\alpha^\circ \cdot \pi}}$$

$$b = \frac{2A}{r} \qquad\qquad r = \frac{2A}{b}$$

Kreisabschnitt

A Fläche $\qquad\qquad l$ Sehnenlänge
b Bogenlänge $\qquad\quad h$ Bogenhöhe
r Radius $\qquad\qquad \alpha$ Zentrumswinkel

$$A = \frac{b \cdot r - l \cdot (r - h)}{2}$$

$$A = \frac{r^2 \cdot \pi \cdot \alpha^\circ}{360^\circ} - \frac{l \cdot (r - h)}{2}$$

Näherungsformel: $A \approx \dfrac{2}{3} \cdot h$

Kreisringstück (Ringgeife)

A Fläche $\qquad\qquad r$ ½ Innendurchmesser
R ½ Außendurchmesser $\quad \alpha$ Zentrumswinkel

$$A = \frac{\pi \cdot \alpha^\circ}{360^\circ} \cdot (R^2 - r^2)$$

$$R = \sqrt{\frac{360^\circ \cdot A}{\pi \cdot \alpha^\circ} + r^2} \qquad\qquad r = \sqrt{R^2 - \frac{360^\circ \cdot A}{\pi \cdot \alpha^\circ}}$$

$$\alpha^\circ = \frac{360^\circ \cdot A}{\pi \cdot (R^2 - r^2)}$$

Ellipse

A Fläche $\qquad\qquad d$ kleine Achse
D große Achse $\qquad\quad U$ Umfang

$$A = \frac{D \cdot d \cdot \pi}{4} \qquad\qquad D = \frac{4A}{d \cdot \pi}$$

$$d = \frac{4A}{D \cdot \pi} \qquad\qquad U \approx \frac{D + d}{2} \cdot \pi$$

$$D = \frac{2U}{\pi} - d \qquad\qquad d = \frac{2U}{\pi} - D$$

Schwerpunkte von Flächen

(Bild **11.79**) $y_0 = \dfrac{h}{3}$ (**11.81**) $y_0 = 0{,}424 \cdot R$

(Bild **11.80**) $y_0 = \dfrac{b\,(l_1 + 2l_2)}{3\,(l_1 + l_2)}$ (**11.82**) $y_0 = \dfrac{s^3}{12 \cdot A}$

Verschnittberechnungen

A_V Verschnitt A_R Rohblech
A_Z Zuschnitt A_V% Verschnitt in Prozent

Normalfall A_Z = 100%

$$A_{\mathrm{V}\%} = \frac{100\% \cdot A_\mathrm{V}}{A_\mathrm{Z}} \qquad A_\mathrm{Z} = \frac{100\% \cdot A_\mathrm{V}}{A_{\mathrm{V}\%}}$$

$$A_\mathrm{V} = \frac{A_{\mathrm{V}\%} \cdot A_\mathrm{Z}}{100\%}$$

Sonderfall A_R = 100%

$$A_{\mathrm{V}\%} = \frac{100\% \cdot A_\mathrm{V}}{A_\mathrm{R}} \qquad A_\mathrm{R} = \frac{100\% \cdot A_\mathrm{V}}{A_{\mathrm{V}\%}}$$

$$A_\mathrm{V} = \frac{A_{\mathrm{V}\%} \cdot A_\mathrm{R}}{100\%}$$

Körperberechnung

V Volumen h Körperhöhe
A Grundfläche

gleichdicke Körper: *spitze Körper:*

$$V = A \cdot h \qquad\qquad V = \frac{A \cdot h}{3}$$

Stumpfe Körper

A_1 Grundfläche s Mantellinie
A_2 Deckfläche b_1 Umfang Grundfläche
A_M Mantelfläche
h Höhe b_2 Umfang Deckfläche
D $\varnothing$ Grundfläche
d $\varnothing$ Deckfläche

Pyramidenstumpf

$$V = \frac{h}{3} \cdot \left(A_1 + A_2 + \sqrt{A_1 \cdot A_2} \right)$$

Kegelstumpf

$$V = \frac{h \cdot \pi}{12} \cdot (D^2 + d^2 + D \cdot d)$$

Näherungsformeln

$$V \approx \frac{A_1 + A_2}{2} \cdot h \qquad A_\mathrm{M} \approx \frac{b_1 + b_2}{2} \cdot s$$

Kugel

V Volumen A_O Oberfläche
d Durchmesser

$$V = \frac{d^3 \cdot \pi}{6} \qquad d = \sqrt[3]{\frac{6\,V}{\pi}}$$

$$A_\mathrm{O} = d^2 \cdot \pi \qquad d = \sqrt{\frac{A_\mathrm{O}}{\pi}}$$

Kugelabschnitt (Kugelkappe)

V Volumen d $\varnothing$ Kugel
A_O Oberfläche s $\varnothing$ Kugelkappe
A_M Mantel h Höhe Kugelkappe

$$V = h^2 \cdot \pi \left(\frac{d}{2} - \frac{h}{3} \right)$$

$$A_\mathrm{M} = d \cdot \pi \cdot h \qquad A_\mathrm{O} = d \cdot \pi \cdot h + s^2 \cdot \frac{\pi}{4}$$

Drehkörper (Guldinsche Regel)

V Volumen L Umfang des drehenden Querschnitts
d_s doppelter Abstand des Flächenschwerpunkts zur Drehachse A_S drehende Querschnittsfläche
A_O Oberfläche

$$V = A_\mathrm{S} \cdot d_\mathrm{S} \cdot \pi \qquad A_\mathrm{O} = L \cdot d_\mathrm{S} \cdot \pi$$

$$A_\mathrm{S} = \frac{V}{d_\mathrm{S} \cdot \pi}$$

Masse/Dichte

V Volumen m' längenbezogene Masse
m Masse
A Fläche m'' flächenbezogene Masse
l Länge
ρ Dichte

$$V = \frac{m}{\rho} \qquad m = V \cdot \rho \qquad \rho = \frac{m}{V}$$

Profile und Drähte (nach Tabelle)

$$m = m' \cdot l \qquad l = \frac{m}{m'}$$

Bleche (nach Tabelle)

$$m = m'' \cdot A \qquad A = \frac{m}{m''}$$

Gewichtskraft

F_G Gewichtskraft g Erdbeschleunigung
m Masse

$$F_\mathrm{G} = m \cdot g \qquad m = \frac{F_\mathrm{G}}{g}$$

Kräfte

Hebel

F_1 Kraft am Kraftarm $\qquad l_1$ Länge Kraftarm
F_2 Kraft am Lastarm $\qquad l_2$ Länge Lastarm

Gleichgewichtsbedingung:

Kraft × Kraftarm = Last × Lastarm

$$F_1 \cdot l_1 = F_2 \cdot l_2$$

$$F_1 = \frac{F_2 \cdot l_2}{l_1} \qquad F_2 = \frac{F_1 \cdot l_1}{l_2}$$

$$l_1 = \frac{F_2 \cdot l_2}{F_1} \qquad l_2 = \frac{F_1 \cdot l_1}{F_2}$$

Drehmoment

M_l linksdrehendes Moment $\qquad F$ Kraft
M_r rechtsdrehendes Moment $\qquad l$ Hebelarm

Das Drehmoment ergibt sich als Produkt aus Kraft × Hebelarm. Der Hebelarm ist der senkrechte Abstand vom Angriffspunkt der Kraft zum Drehpunkt.

$$M = F \cdot l$$

Momentenregel:

Am Hebel herrscht Gleichgewicht, wenn die Summe der rechtsdrehenden Momente gleich der Summe der linksdrehenden ist.

$$\Sigma M = 0$$

Reibungskräfte

F_N Normalkraft $\qquad \mu$ Reibungszahl
F_R Reibungskraft

$$F_N = \frac{F_R}{\mu} \qquad F_R = F_N \cdot \mu \qquad \mu = \frac{F_R}{F_N}$$

Bewegungslehre (Kinematik)

gleichförmige Geschwindigkeit

v Geschwindigkeit $\qquad t$ Zeit $\qquad s$ Weg

$$v = \frac{s}{t} \qquad s = v \cdot t \qquad t = \frac{s}{v}$$

mittlere Geschwindigkeit

v_m mittlere Geschwindigkeit
v_a Anfangsgeschwindigkeit
v_e Endgeschwindigkeit

$$v_m = \frac{v_a + v_e}{2}$$

Umfangsgeschwindigkeit

v Umfangsgeschwindigkeit
d Durchmesser
n Drehzahl, Drehfrequenz

$$v = d \cdot \pi \cdot n \qquad d = \frac{v}{\pi \cdot n} \qquad n = \frac{v}{d \cdot \pi}$$

Schnittgeschwindigkeit

v_c Schnittgeschwindigkeit $\qquad n$ Drehfrequenz
d Durchmesser

$$v_c = \frac{d \cdot \pi \cdot n}{1000} \left[\frac{m}{min}\right] \qquad v_c = \frac{d \cdot \pi \cdot n}{1000 \cdot 60} \left[\frac{m}{s}\right]$$

d in mm einsetzen.

Hubgeschwindigkeit

v_m mittlere Geschwindigkeit
s Hublänge, Kolbenhub
n Drehzahl, Zahl der Doppelhübe

$$v_m = \frac{2 \cdot s \cdot n}{1000} \, [m/min] \qquad v_m = \frac{2 \cdot s \cdot n}{1000 \cdot 60} \, [m/s]$$

$$s = \frac{1000 \cdot v_m}{2 \cdot n} \qquad s = \frac{1000 \cdot 60 \cdot v_m}{2 \cdot n}$$

$$n = \frac{1000 \cdot v_m}{2 \cdot s} \qquad n = \frac{1000 \cdot 60 \cdot v_m}{2 \cdot s}$$

gleichförmig beschleunigte Bewegung

v Geschwindigkeitszuwachs
a Beschleunigung
t Zeit

$$v = a \cdot t \qquad a = \frac{v}{t} \qquad t = \frac{v}{a}$$

v_A Anfangsgeschwindigkeit
v_E Endgeschwindigkeit

$$v_E = v_A + a \cdot t$$

Beschleunigungsweg

s während der Beschleunigung zurückgelegte Weg $\qquad a$ Beschleunigung
t Zeit, in der beschleunigt wird

bei Anfangsgeschwindigkeit v_A

$$s = v_A \cdot t + \frac{1}{2} \cdot a \cdot t^2$$

bei Anfangsgeschwindigkeit $v_A = 0$

$$s = \frac{1}{2} \cdot a \cdot t^2$$

Arbeit

W mechanische Arbeit $\qquad F$ Kraft $\qquad s$ Weg

$$F = \frac{W}{s} \qquad W = F \cdot s \qquad s = \frac{W}{F}$$

---

feste Rolle

F_G Gewichtskraft $\qquad F$ Haltekraft

$$F_G = F$$

---

lose Rolle

s_F Kraftweg $\qquad F$ Haltekraft
s_G Lastweg $\qquad F_G$ Gewichtskraft

$$F = \frac{F_G}{2} \qquad s = 2 \cdot s_G \qquad h = \frac{s_F}{2}$$

Flaschenzug

s_F Kraftweg F Haltekraft
s_G Lastweg F_G Gewichtskraft
n Zahl der tragenden Seilquerschnitte

$$F = \frac{F_G}{n} \qquad n = \frac{F_G}{F} \qquad F_G = F \cdot n$$

$$s_F = n \cdot s_G \qquad n = \frac{s_F}{s_G} \qquad s_G = \frac{s_F}{n}$$

Differentialflaschenzug

F Haltekraft r Radius der kleinen
F_G Gewichtskraft   Rolle
R Radius der großen Rolle s_F Kraftweg
s_G Lastweg

$$F = \frac{F_G}{2R} \cdot (R - r)$$

$$R = \frac{F_G \cdot r}{(F_G - 2F)} \qquad r = \frac{R(F_G - 2F)}{F_G}$$

$$F_G = \frac{2 \cdot F \cdot R}{R - r}$$

$$s_F = \frac{2R \cdot s_G}{R - r} \qquad s_G = \frac{s_F(R - r)}{2R}$$

$$R = \frac{s_F \cdot r}{s_F - 2s_G} \qquad r = \frac{R(s_F - 2s_G)}{s_F}$$

Schiefe Ebene

F_G Gewichtskraft h Höhe der Schiefen
F_H Haltekraft   Ebene
F Zugkraft s Länge der Schiefen
F_N Normalkraft   Ebene
F_R Reibungskraft l Basis der Schiefen
μ Reibungszahl   Ebene
α Steigungswinkel der Schiefen Ebene

$$F = F_G \cdot (\sin\alpha + \cos\alpha \cdot \mu) \qquad F = \frac{F_G}{s} \cdot (h + l \cdot \mu)$$

$$F_G = \frac{F}{\sin\alpha + \cos\alpha \cdot \mu} \qquad F_G = \frac{F \cdot s}{h + l \cdot \mu}$$

$$F_G = \frac{F_H}{\sin\alpha - \cos\alpha} \qquad F_G = \frac{F_H \cdot s}{h - (l \cdot \mu)}$$

$$F_H = F_G \cdot (\sin\alpha - \cos\alpha \cdot \mu) \qquad F_H = \frac{F_G}{s} \cdot (h - l \cdot \mu)$$

ohne Reibung

$$F = F_H = F_G \cdot \sin\alpha \qquad F = F_H = F_G \cdot \frac{h}{s}$$

Reibungswinkel

μ Reibungszahl $\mu = \tan\rho$
$\rho = \alpha$ Steigungswinkel

Keil

F_1 Hubkraft l Eintreibweg
h Hubweg α Keilwinkel
F Eintreibkraft
$F_1 \cdot h = F \cdot l \qquad F_1 = F \cdot \cot\alpha \qquad F = F_1 \cdot \tan\alpha$

$$F_1 = F \cdot \frac{l}{h} \qquad F = F_1 \cdot \frac{h}{l}$$

Schraube

F_1 Handkraft P Gewindesteigung
F_2 Spannkraft R Hebellänge
$F_1 \cdot 2R \cdot \pi = F_2 \cdot P$

$$F_1 = \frac{F_2 \cdot P}{2R \cdot \pi} \qquad F_2 = \frac{F_1 \cdot 2R \cdot \pi}{P}$$

$$R = \frac{F_2 \cdot P}{2 \cdot \pi \cdot F_1} \qquad P = \frac{F_1 \cdot 2R \cdot \pi}{F_2}$$

Energie

W_p potentielle Energie h Höhe
E Bewegungsenergie m Masse
F_G Gewichtskraft v Geschwindigkeit

$$W_p = F_G \cdot h \qquad F_G = \frac{W_p}{h} \qquad h = \frac{W_p}{F_G}$$

$$m = \frac{2 \cdot E}{v^2} \qquad E = \frac{m \cdot v^2}{2} \qquad v = \sqrt{\frac{2E}{m}}$$

Leistung/Wirkungsgrad

P Leistung P_v Verlustleistung
F Kraft P_{ab} abgeführte Leistung
s Weg η, η_m Wirkungsgrad, me-
t Zeit   chanischer Wirkung
v Geschwindigkeit   grad
P_{zu} zugeführte Leistung

$$P = \frac{F \cdot s}{t} \qquad t = \frac{F \cdot s}{P} \qquad s = \frac{P \cdot t}{F} \qquad F = \frac{P \cdot t}{s}$$

$$P = F \cdot v \qquad F = \frac{P}{v} \qquad v = \frac{P}{F}$$

$$\eta_m = \frac{P_{ab}}{P_{zu}} \qquad \eta_m = \frac{P_{ab}}{P_{zu}} \cdot 100\%$$

$$P_{zu} = \frac{P_{ab}}{\eta_m} \qquad P_{ab} = P_{zu} \cdot \eta_m \qquad P_v = P_{zu} - P_{ab}$$

Gesamtwirkungsgrad

$$\eta = \eta_1 \cdot \eta_2 \cdot \eta_3 \cdot \eta_n$$

Druck

p	Druck	g	Erdbeschleunigung
F	Kraft	p_e	Überdruck
A	Fläche	p_{amb}	Umgebungsdruck
h	Höhe	p_{abs}	absoluter Druck
ρ	Dichte		

$$p = \frac{F}{A} \qquad F = p \cdot A \qquad A = \frac{F}{p}$$

Hydrostatischer Druck

$$p = h \cdot \rho \cdot g$$

$$h = \frac{p}{\rho \cdot g} \qquad \rho = \frac{p}{h \cdot g}$$

Überdruck

$$p_e = p_{abs} - p_{amb}$$

Hydraulik/Pneumatik

F	Kolbenkraft	A	Kolbenfläche
p	Druck	η	Wirkungsgrad

Kolbenkraft

$$F = p \cdot A \cdot \eta$$

$$p = \frac{F}{A \cdot \eta} \qquad \eta = \frac{F}{p \cdot A} \qquad A = \frac{F}{p \cdot \eta}$$

Hydraulische Presse

F_1	Druckkolbenkraft	d_2	Arbeitskolbendurch-messer
F_2	Arbeitskolbenkraft		
A_1	Druckkolbenfläche	s_1	Druckkolbenweg
A_2	Arbeitskolbenfläche	s_2	Arbeitskolbenweg
d_1	Druckkolbendurch-messer		

$$\frac{F_1}{F_2} = \frac{A_1}{A_2}$$

In der Hydraulischen Presse verhalten sich die Kolbenkräfte wie die zugehörigen Kolbenflächen.

$$\frac{F_1}{F_2} = \frac{d_1^2}{d_2^2}$$

In der Hydraulischen Presse verhalten sich die Kolbenkräfte wie die Quadrate der zugehörigen Kolbendurchmesser.

$$\frac{A_1}{A_2} = \frac{s_2}{s_1}$$

In der Hydraulischen Presse verhalten sich die Kolbenflächen umgekehrt wie die Kolbenhübe.

Volumenstrom/Kolbengeschwindigkeit

$\dot{V}$	Volumenstrom	t	Zeit
V	Volumen strömender Flüssigkeit	s	Weg
v	Kolbengeschwindigkeit	A	wirksame Kolbenfläche

$$\dot{V} = \frac{V}{t}$$

$$\dot{V} = A \cdot v \qquad v = \frac{\dot{V}}{A} \qquad \dot{V} = \frac{A \cdot s}{t} \qquad s = \frac{\dot{V} \cdot t}{A}$$

$$A = \frac{\dot{V}}{v} \qquad t = \frac{A \cdot s}{\dot{V}} \qquad A = \frac{\dot{V} \cdot t}{s}$$

Strömungsgeschwindigkeit (Kontinuitätsgesetz)

A_1, A_2	Rohrleitungsquerschnitt	v_1, v_2	Strömungsgeschwindigkeit

$$\frac{A_1}{A_2} = \frac{v_2}{v_1}$$

In einer Rohrleitung mit sich änderndem Querschnitt verhalten sich die Strömungsgeschwindigkeiten umgekehrt wie die Rohrquerschnitte (Kontinuitätsgesetz).

Hydraulische Leistung

$\dot{V}$	Volumenstrom	P	Leistung
p	Betriebsdruck		

$$P = \frac{\dot{V} \cdot p}{600} \, [\text{KW}]$$

$$p = \frac{600 \cdot P}{\dot{V}} \qquad \dot{V} = \frac{600 \cdot P}{p}$$

Luftverbrauch pneumatischer Zylinder

$\dot{V}$	Volumenstrom	q	spezifischer Luftbedarf
s	Kolbenhub		
n	Zahl der Kolbenhübe		

$$\dot{V} = q \cdot s \cdot n$$

$$q = \frac{\dot{V}}{s \cdot n} \qquad q = \frac{\dot{V}}{q \cdot n} \qquad q = \frac{\dot{V}}{q \cdot s}$$

Wärmelehre

Temperatur

T	Temperatur in K	t	Temperatur in °C

$$t = T - 273 \qquad T = t + 273$$

Längenänderung durch Wärmeeinwirkung

l	Endlänge	l_0	Ausgangslänge
Δl	Längenänderung	Δt	Temperaturdifferenz
α	Längenausdehnungskoeffizienz		

$$\Delta l = l_0 \cdot \alpha \cdot \Delta t$$

$$\alpha = \frac{\Delta l}{l_0 \cdot \Delta t} \qquad l_0 = \frac{\Delta l}{\alpha \cdot \Delta t}$$

$$\Delta t = \frac{\Delta l}{l_0 \cdot \alpha}$$

Endlänge bei Erwärmung

$$l = l_0 \cdot (1 + \alpha \cdot \Delta t)$$

$$l_0 = \frac{l}{1 + \alpha \cdot \Delta t} \qquad \Delta t = \frac{l - l_0}{l_0 \cdot \alpha}$$

$$\alpha = \frac{l - l_0}{l_0 \cdot \Delta t}$$

Endlänge bei Abkühlung

$$l = l_0 \cdot (1 - \alpha \cdot \Delta t)$$

$$l_0 = \frac{l}{1 - \alpha \cdot \Delta t} \qquad \Delta t = \frac{l_0 - l}{l_0 \cdot \alpha} \qquad \alpha = \frac{l_0 - l}{l_0 \cdot \Delta t}$$

Volumenänderung durch Wärmeeinwirkung

V_0 Ausgangsvolumen $\quad \Delta t$ Temperaturdifferenz
ΔV Volumenänderung $\quad V$ Endvolumen
γ Volumenausdehnungskoeffizient

$$\Delta V = V_0 \cdot \gamma \cdot \Delta t$$

$$V_0 = \frac{\Delta V}{\gamma \cdot \Delta t} \qquad \gamma = \frac{\Delta V}{V_0 \cdot \Delta t} \qquad \Delta t = \frac{\Delta V}{V_0 \cdot \gamma}$$

Endvolumen bei Erwärmung

$$V = V_0 (1 + \gamma \cdot \Delta t)$$

$$V_0 = \frac{V}{1 + \gamma \cdot \Delta t} \qquad \gamma = \frac{V - V_0}{V_0 \cdot \Delta t}$$

$$\Delta t = \frac{V - V_0}{V_0 \cdot \gamma}$$

Endvolumen bei Abkühlung

$$V = V_0 (1 - \gamma \cdot \Delta t)$$

$$V_0 = \frac{V}{1 - (\gamma \cdot \Delta t)} \qquad \gamma = \frac{V_0 - V}{V_0 \cdot \Delta t}$$

$$\Delta t = \frac{V_0 - V}{V_0 \cdot \gamma}$$

Schwindung

l_M Modelllänge $\qquad\qquad l_S$ Schwindung
l_W Werkstücklänge $\qquad\quad l_S\%$ Schwindmaß

$$l_W = l_M - l_S$$

$$l_S = \frac{l_M \cdot l_S\%}{100\%} \qquad l_W = l_M \left(1 - \frac{l_S\%}{100\%} \right)$$

Wärmemenge

Q Wärmemenge $\qquad\quad \Delta t$ Temperaturdifferenz
m Masse $\qquad\qquad\quad c$ spezifische Wärme-
$\qquad\qquad\qquad\qquad\qquad$ kapazität

$$Q = m \cdot c \cdot \Delta t$$

$$m = \frac{Q}{c \cdot \Delta t} \qquad c = \frac{Q}{m \cdot \Delta t} \qquad \Delta t = \frac{Q}{m \cdot c}$$

Brennwert/Heizwert

Q nutzbare Wärmemenge $\quad H_u$ Heizwert
m Masse $\qquad\qquad\qquad\quad H_o$ Brennwert
V Volumen

$$H_u \approx 0{,}9 \cdot H_o \qquad H_o \approx \frac{H_u}{0{,}9}$$

bei Verbrennung fester Stoffe

$$Q = m \cdot H_u$$

$$m = \frac{Q}{H_u} \qquad H_u = \frac{Q}{m}$$

bei Verbrennung von Gasen

$$Q = V \cdot H_u$$

$$V = \frac{Q}{H_u} \qquad H_u = \frac{Q}{V}$$

Wärmedämmung

R_λ Wärmeleitwiderstand $\qquad \lambda$ Wärmeleitfähigkeit
d Stoffdicke

$$R_\lambda = \frac{d}{\lambda} \qquad R_{\lambda\,ges} = \sum \frac{d}{\lambda} + \frac{d_1}{\lambda_1} + \frac{d_2}{\lambda_2} + \frac{d_3}{\lambda_3} + \ldots \frac{d_n}{\lambda_n}$$

Wärmedurchgangszahl/Wärmestrom

R_k Wärmedurchgangswiderstand
$\dot{Q}$ Wärmestrom $\qquad\qquad\quad \Delta t$ Temperaturdiffe-
A durchströmte Fläche $\qquad\quad$ renz
k Wärmedurchgangszahl

$$k = \frac{1}{R_k} \qquad \dot{Q} = A \cdot k \cdot \Delta t$$

$$A = \frac{\dot{Q}}{k \cdot \Delta t} \qquad k = \frac{\dot{Q}}{A \cdot \Delta t} \qquad \Delta t = \frac{\dot{Q}}{A \cdot k}$$

Festigkeitslehre

Zugbeanspruchung

σ_z Zugspannung $\qquad$ $\sigma_{z,\,zul}$ zul. Zugspannung
R_m Zugfestigkeit $\qquad$ R_e Streckgrenze
F Zugkraft $\qquad$ S Querschnitts-
v Sicherheitszahl $\qquad$ fläche

$$\sigma_z = \frac{F}{S} \qquad S = \frac{F}{\sigma_z} \qquad F = S \cdot \sigma_z$$

$$\sigma_{z,\,zul} = \frac{R_m}{v} \qquad \sigma_{z,\,zul} = \frac{R_e}{v}$$

Druckbeanspruchung

σ_d Druckspannung $\qquad$ S Querschnitts-
$\sigma_{d,zul}$ zulässige Druckspan- $\qquad$ fläche
$\quad$ nung $\qquad$ σ_{dF} Quetschgrenze
σ_{dB} Druckfestigkeit $\qquad$ v Sicherheitszahl
F Druckkraft

$$\sigma_d = \frac{F}{S} \qquad S = \frac{F}{\sigma_d} \qquad F = S \cdot \sigma_d$$

$$\sigma_{dzul} = \frac{\sigma_{dB}}{v} \qquad \sigma_{dzul} = \frac{\sigma_{dF}}{v}$$

Flächenpressung

p Flächenpressung $\qquad$ A Berührungsfläche
F Kraft

$$p = \frac{F}{A} \qquad F = p \cdot A \qquad A = \frac{F}{p}$$

Schubbeanspruchung, Scherfestigkeit

τ_a Scherspannung $\qquad$ F Schub-/Scherkraft
$\tau_{a,zul}$ zulässige Scherspan- $\qquad$ R_m Zugfestigkeit
$\quad$ nung $\qquad$ v Sicherheitszahl
τ_{aB} Scherfestigkeit

$$\tau_{aB} = 0,8 \cdot R_m$$

$$\tau_a = \frac{F}{S} \qquad F = \tau_a \cdot S \qquad S = \frac{F}{\tau_a}$$

$$\tau_{a,\,zul} = \frac{\tau_{aB}}{v} \qquad v = \frac{\tau_{a,\,zul}}{\tau_{aB}} \qquad \tau_{aB} = v \cdot \tau_{a,\,zul}$$

Scherkräfte

$$F = S \cdot \tau_{aB,\,max} \qquad S = \frac{F}{\tau_{aB,\,max}}$$

Biegebeanspruchung

Biegemoment

M_b Biegemoment $\qquad$ l freie Länge
F Kraft

Fall a): $\qquad$ *Fall b):* $\qquad$ *Fall c):*

$$M_b = F \cdot l \qquad M_b = \frac{F \cdot l}{4} \qquad M_b = \frac{F \cdot l}{8}$$

Biegespannung

$\sigma_{b,zul}$ zulässige Biegespan- $\qquad$ W Widerstandsmo-
$\quad$ nung $\qquad$ ment
σ_b Biegespannung $\qquad$ v Sicherheitszahl
M_b Biegemoment

$$\sigma_{b,\,zul} = \frac{\sigma_b}{v}$$

$$\sigma_{b,\,zul} = \frac{M_b}{W} \qquad W = \frac{M_b}{\sigma_{b,\,zul}} \qquad M_b = W \cdot \sigma_{b,\,zul}$$

Durchbiegung

f Durchbiegung $\qquad$ E Elastizitätsmodul
F Kraft $\qquad$ I Trägheitsmoment
l Länge des Trägers

Fall a) $\qquad$ *Fall b)* $\qquad$ *Fall c)*

$$f = \frac{F \cdot l^3}{3 \cdot E \cdot I} \qquad f = \frac{F \cdot l^3}{48 \cdot E \cdot I} \qquad f = \frac{F \cdot l^3}{192 \cdot E \cdot I}$$

Knickbeanspruchung

F_k Knickkraft $\qquad$ I Trägheitsmoment
s_k freie Knicklänge $\qquad$ v Sicherheitszahl
E Elastizitätsmodul $\qquad$ $F_{k,\,zul}$ zulässige Knick-
$\qquad$ kraft

$$F_k = \frac{E \cdot I \cdot \pi^2}{s_k^2} \qquad F_{k,\,zul} = \frac{E \cdot I \cdot \pi^2}{v \cdot s_k^2}$$

Nachweis der Tragfähigkeit von Bauteilen

σ_z Zugspannung $\qquad$ γ_F Teilsicherheits-
$\sigma_{z,\,zul}$ zulässige Zugspan- $\qquad$ beiwert
$\quad$ nung $\qquad$ f_{yk} charakteristischer
F Kraft $\qquad$ Wert für Streck-
F_z Zugkraft $\qquad$ grenze

Ein Bauteil gilt als verformungssicher, wenn das Verhältnis aus Zugspannung und zulässiger Zugspannung kleiner als 1 ist.

Bedingung: $\dfrac{\sigma_z}{\sigma_{z,\,zul}} < 1$

a) Bemessungswert für die Kraft F_d

$$F_d = F \cdot \gamma_F$$

b) Bemessungswert für die Zugkraft F_{dz}

$$F_{dz} = F_z \cdot \gamma_F$$

c) Berechnung der Zugspannung σ_z

$$\sigma_z = \frac{F_{dz}}{S}$$

d) Berechnung der zulässigen Zugspannung $\sigma_{z,zul}$
Für alleinige Zugbeanspruchung ist der Teilsicherheitswert γ_F immer 1,1.

$$\sigma_{z,zul} = \frac{f_{yk}}{1,1}$$

Omega-Verfahren

σ_{vorh} vorhandene Spannung
$\sigma_{d,zul}$ zulässige Druckspannung
λ Schlankheitsgrad
I_{erf} erforderliches Trägheitsmoment

F	Kraft	k	Profilbeiwert
s_k	Knicklänge	ω	Knickzahl
A	Querschnitt	i	Trägheitsradius

Im Omegaverfahren wird Knickberechnung auf einfache Druckberechnung zurückgeführt.

$$\sigma_{d,zul} \leq \frac{F \cdot \omega}{A} \qquad \lambda = \frac{s_k}{i}$$

$$\lambda > 100: \quad I_{erf} = 0,12 \cdot F \cdot s_k^{\,2} \, [\text{cm}^4]$$

$$\lambda < 100: \quad A_{erf} = \frac{F}{14} + 0,577 \, k \cdot s_k^{\,2} \, [\text{cm}^2]$$

Festigkeit von Schweißnähten

a	Nahtdicke bzw. Maß des Anfangs-/Endkraters	S	tragender Nahtquerschnitt
t	Dicke des zu verbindenden Werkstoffes	L	Schweißnahtgesamtlänge
σ	Zug-/Druckspannung	l	tragende Nahtlänge
τ_a	Scherspannung	v	Sicherheitszahl
F	einwirkende Kraft		

v_1, v_2 Beiwerte für Nahtform und -beanspruchung

$a \approx 0,7 \cdot t$

Spannung quer zur Naht (Zug-/Druckspannung)

$$\sigma = \frac{F}{S}$$

Spannung in Nahtrichtung (Scherspannung)

$$\tau_a = \frac{F}{S}$$

tragende Nahtlänge:

$$l = L - 2 \cdot a$$

tragender Nahtquerschnitt:

$$S = l \cdot a$$

zulässige Spannung:

$$\sigma_{z,zul} = v_1 \cdot v_2 \cdot \frac{R_e}{v}$$

zulässige Kraft:

$$F_{zul} = v_1 \cdot v_2 \cdot \frac{R_e}{v} \cdot S$$

Fertigungstechnik

Riementrieb

Einfacher Riementrieb

n_1 Drehzahl der treibenden Scheibe
n_2 Drehzahl der getriebenen Scheibe
d_1 Durchmesser der treibenden Scheibe
d_2 Durchmesser der getriebenen Scheibe

$$\frac{n_1}{n_2} = \frac{d_2}{d_1}$$

Doppelter Riementrieb

n_a Drehzahl der ersten treibenden Scheibe (Anfangsdrehzahl)
n_e Drehzahl der letzten getriebenen Scheibe (Enddrehzahl)
d_1, d_3, d_{nt} Durchmesser der treibenden Scheiben
d_2, d_2, d_{ng} Durchmesser der getriebenen Scheiben

$$\frac{n_a}{n_e} = \frac{d_2 \cdot d_4 \dots d_{ng}}{d_1 \cdot d_3 \dots d_{nt}}$$

Übersetzungsverhältnis

i Übersetzungsverhältnis
n_a Drehzahl treibenden Scheibe
n_e Drehzahl der getriebenen Scheibe
d_1, d_3, d_{nt} Durchmesser der treibenden Scheiben
d_2, d_2, d_{ng} Durchmesser der getriebenen Scheiben

$$i = \frac{n_a}{n_e} = \frac{d_{getr}}{d_{tr}} = \frac{d_2 \cdot d_4 \dots d_{ng}}{d_1 \cdot d_3 \dots d_{nt}}$$

Rädertrieb

Teilung/Teilkreis/Modul

d	Teilkreisdurchmesser	m	Modul
p	Teilung	z	Zähnezahl

$$d = m \cdot z \qquad p = m \cdot \pi \qquad z = \frac{d}{m}$$

Achsabstand in Rädertrieben

z_1, z_2	Zähnezahlen	m	Modul
a	Achsabstand		

$$a = \frac{m \cdot (z_1 + z_2)}{2}$$

$$z_1 = \frac{2 \cdot a}{m} - z_2 \qquad z_2 = \frac{2 \cdot a}{m} - z_1$$

$$m = \frac{2a}{z_1 + z_2}$$

Einfacher/mehrfacher Rädertrieb, Übersetzungsverhältnis

i Übersetzungsverhältnis
n_1 Drehzahl des treibenden Rades
n_2 Drehzahl des getriebenen Rades
z_1 Zähnezahl des treibenden Rades
z_2 Zähnezahl des getriebenen Rades
n_a Drehzahl des ersten treibenden Rades
n_e Drehzahl des letzten getriebenen Rades
z_1, z_3, z_{nt} Zähnezahlen der treibenden Räder
z_2, z_4, z_{ng} Zähnezahlen der getriebenen Räder

$$\frac{n_1}{n_2} = \frac{z_2}{z_1} \qquad \frac{n_a}{n_e} = \frac{z_2 \cdot z_4 \cdots z_{ng}}{z_1 \cdot z_3 \cdots z_{nt}}$$

$$n_1 = \frac{z_2 \cdot n_2}{z_1} \qquad z_1 = \frac{z_2 \cdot n_2}{n_1}$$

Drehmomente in Riemen- und Rädertrieben

M Drehmoment
P Leistung
n Drehzahl/-frequenz

F Kraft
r Radius des treibenden Rades

$$M = 9550 \cdot \frac{P}{n} \qquad P = M \cdot \frac{n}{9550}$$

$$P = F \cdot r \cdot \frac{n}{9950}$$

$$F = \frac{9550 \cdot P}{r \cdot n} \qquad r = \frac{9550 \cdot P}{F \cdot n}$$

P in kW $\qquad M$ in Nm $\qquad n$ in min^{-1}

Zahnstangentrieb

s Weg der Zahnstange
m Modul
z Zähnezahl
α Drehwinkel des Zahnrades
v Geschwindigkeit d. Zahnstange
n Drehzahl/-frequenz des Zahnrades

$$s = \frac{m \cdot z \cdot \pi \cdot \alpha}{360°}$$

$$z = \frac{360° \cdot s}{m \cdot \pi \cdot \alpha} \qquad \alpha = \frac{360° \cdot s}{m \cdot \pi \cdot z}$$

$$v = m \cdot z \cdot \pi \cdot n$$

$$z = \frac{v}{m \cdot \pi \cdot n} \qquad n = \frac{v}{m \cdot \pi \cdot z}$$

Schneckentrieb

n_1 Drehzahl der Schnecke
z_1 Gangzahl der Schnecke
n_2 Drehzahl des Schneckenrades
z_2 Zähnezahl des Schneckenrades
i Übersetzungsverhältnis

$$n_1 \cdot z_1 = n_2 \cdot z_2$$

$$n_1 = \frac{n_2 \cdot z_2}{z_1} \qquad n_2 = \frac{n_1 \cdot z_1}{z_2}$$

$$z_1 = \frac{n_2 \cdot z_2}{n_1} \qquad z_2 = \frac{n_1 \cdot z_1}{n_2}$$

$$i = \frac{n_1}{n_2} = \frac{z_2}{z_1}$$

Berechnungen an Werkzeugmaschinen

Bohren, Reiben, Senken, Drehen

t_h Hauptnutzungszeit
n Drehzahl/-frequenz
l_f Vorschubweg
f Vorschub
i Zahl der Arbeitsgänge

v_f Vorschubgeschwindigkeit
l_a Anlauflänge
$l_ü$ Überlauflänge

Vorschubwege

Langdrehen:

$$l_f = l + l_a + l_ü \qquad l_a + l_ü \approx 5 \text{ mm}$$

Plandrehen:

$$l_f = l_a + \left(\frac{d}{2}\right) \quad \text{(keine Bohrung)}$$

(d Werkstückdurchmesser)

$$l_f = \frac{1}{2} \cdot (D - d) + l_a \quad \text{(mit Bohrung)}$$

(D Werkstückdurchmesser, d Bohrungsdurchmesser)

Bohren: nach Tabelle **22.3**

Reiben/Senken:

$$l_a = l_ü = 0,3 \, d \quad (d \text{ Werkzeugdurchmesser})$$

Vorschubgeschwindigkeit

$$v_f = f \cdot n$$

Hauptnutzungszeit

$$t_h = \frac{l_f \cdot i}{n \cdot f}$$

$$n = \frac{l_f \cdot i}{t_h \cdot f} \qquad f = \frac{l_f \cdot i}{t_h \cdot n}$$

Fräsen

l Werkstücklänge n Fräserdrehfrequenz
a Schnitttiefe f_z Vorschub/Fräserzahn
d Fräserdurchmesser z Zähnezahl des Fräsers
l_a Anlaufweg v_f Vorschubgeschwin-
l_f Vorschubweg   digkeit
$l_\ddot{u}$ Überlauf v_c Schnittgeschwindigkeit
i Anzahl der Schnitte t_h Hauptnutzungszeit

Vorschubweg

$$l_f = l + l_a + l_u \qquad l_a = \sqrt{a(d-a)}$$

Vorschubgeschwindigkeit

$$v_f = f_z \cdot z \cdot n \qquad v_f = \frac{f_z \cdot z \cdot v_c \cdot 1000}{d \cdot \pi}$$

v_f in mm/min, v_c in m/min einsetzen!

Hauptnutzungszeit bei gegebener Vorschubge-schwindigkeit

$$t_h = \frac{l_f \cdot i}{v_f}$$

$$v_f = \frac{l_f \cdot i}{t_h} \qquad l_f = \frac{v_f \cdot t_h}{i} \qquad i = \frac{v_f \cdot t_h}{l_f}$$

Hauptnutzungszeit bei gegebenem Vorschub/Fräser-zahn

$$t_h = \frac{l_f \cdot i}{f_z \cdot z \cdot n}$$

$$l_f = \frac{t_h \cdot f_z \cdot z \cdot n}{i} \qquad f_z = \frac{l_f \cdot i}{t_h \cdot z \cdot n}$$

$$z = \frac{l_f \cdot i}{f_z \cdot t_h \cdot n} \qquad n = \frac{l_f \cdot i}{f_z \cdot z \cdot t_h}$$

$$i = \frac{t_h \cdot f_z \cdot z \cdot n}{l_f}$$

Hobeln

L Hublänge v_R Rücklaufgeschwindigkeit
b Werkstückbreite n_{DH} Zahl der Doppelhübe
f Vorschub/Doppelhub   pro Minute
i Anzahl der Schnitte t_h Hauptzeit
v_A Geschwindigkeit Arbeitshub

Hauptnutzungszeit

$$t_h = \frac{L \cdot b \cdot i}{1000 \cdot f} \left(\frac{v_a + v_r}{v_a \cdot v_r} \right)$$

Hauptnutzungszeit bei gegebenen Doppelhüben n_{DH}/min

$$t_h = \frac{b \cdot i}{f \cdot n_{DH}}$$

$$f = \frac{b \cdot i}{t_h \cdot n_{DH}} \qquad n_{DH} = \frac{b \cdot i}{t_h \cdot f} \qquad b = \frac{f \cdot n_{DH} \cdot t_h}{i}$$

Schleifen

i Zahl der Spanabnahmen v_W Umfangsgeschwin-
t Schleifzugabe   digkeit Werkstück
a Zustellung t_h Hauptnutzungszeit
L Schleiflänge B Werkstückbreite
f Vorschub n_{DH} Zahl der Doppel-
n_W Werkstückdrehfrequenz   hübe/min
d_W Werkstückdurchmesser

Anzahl der Schnitte

$$i = \frac{t}{a}$$

Rundschleifen

$$t_h = \frac{L \cdot i \cdot d_w \cdot \pi}{f \cdot 1000 \cdot v_w}$$

$$L = \frac{1000 \cdot t_h \cdot f \cdot v_w}{i \cdot d_w \cdot \pi} \qquad f = \frac{L \cdot i \cdot d_w \cdot \pi}{t_h \cdot 1000 \cdot v_w}$$

$$t_h = \frac{L \cdot i}{n_w \cdot f}$$

$$L = \frac{t_h \cdot n_w \cdot f}{i} \qquad f = \frac{L \cdot i}{n_w \cdot t_h}$$

Planschleifen

$$t_h = \frac{2 L \cdot B \cdot i}{1000 \cdot v_w \cdot f}$$

$$L = \frac{1000 \cdot t_h \cdot v_w \cdot f}{2 \cdot B \cdot i} \qquad f = \frac{2 \cdot L \cdot B \cdot i}{1000 \cdot v_w \cdot t_h}$$

$$t_h = \frac{B \cdot i}{n_{DH} \cdot f}$$

$$f = \frac{B \cdot i}{n_{DH} \cdot t_h} \qquad B = \frac{t_h \cdot n_{DH} \cdot f}{i} \qquad n_{DH} = \frac{B \cdot i}{t_h \cdot f}$$

Schnittkraft/Schnittleistung

k_c spezifische Schnittkraft f Vorschub
F_c Schnittkraft a_p Zustellung
v_c Schnittgeschwindigkeit
P_c Schnittleistung
A Spanquerschnitt

$$F_c = A \cdot k_c \qquad A_{drehen} = f \cdot a_p \qquad A_{bohren} = \frac{d}{2} \cdot f$$

$$P_c = \frac{F_c \cdot v_c}{60} \left[\frac{N \cdot m \cdot min}{min \cdot s} = \frac{Nm}{s} = W \right]$$

Kegeldrehen

a Reitstockverstellung l Kegellänge
L Abstand zwischen C Kegelverhältnis
   den Spitzen $\frac{\alpha}{2}$ Einstellwinkel
D großer Kegeldurchmesser
d kleiner Kegeldurchmesser

Reitstockverstellung

$$a = \frac{L(D-d)}{2l}$$

$$D = \frac{2al}{L} + d \qquad d = D - \frac{2al}{L}$$

$$a = \frac{L}{2} \cdot C$$

a darf $0{,}02 \cdot L$ nicht überschreiten!

Obersupportverstellung und Kegellineal

$$\tan\frac{\alpha}{2} = \frac{D-d}{2l} \qquad \tan\frac{\alpha}{2} = \frac{C}{2}$$

Teilarbeiten

n_L Anzahl der Bohrungen auf dem Lochkreis
n_T weiterzuschaltende Bohrungen auf der Lochscheibe
T Teilung
T' Hilfsteilzahl
i Übersetzungsverhältnis des Teilkopfes
n_k Zahl der Teilkurbeldrehungen
z_{tr}, z_{getr} Wechselräder am Teilkopf

direktes Teilen

$$n_T = \frac{n_L}{T}$$

indirektes Teilen

$$n_k = \frac{i}{T} \qquad n_k = \frac{\alpha}{9°} \qquad n_k = \frac{\alpha}{6°}$$

Differentialteilen

$$\frac{z_{tr}}{z_{getr}} = \frac{i}{T'}\,(T' - T)$$

Wendelfräsen

P_W Steigung der Wendel
P_T Steigung der Tischspindel
i Übersetzungsverhältnis des Teilkopfes
d Werkstückdurchmesser
β Einstellwinkel
z_{tr}, z_{getr} Wechselräder am Teilkopf

Berechnen des Einstellwinkels

$$\tan\beta = \frac{d \cdot \pi}{P_W} \qquad P_W = \frac{d \cdot \pi}{\tan\beta} \qquad d = \frac{P_W \cdot \tan\beta}{\pi}$$

Berechnen der Wechselräder

$$\frac{z_{tr}}{z_{getr}} = \frac{P_T \cdot i}{P_W}$$

Brennstoffverbrauch beim Umformen und Fügen

Q Wärmemenge (allgemein)
Q_b benötigte Wärmemenge
Q_e erzeugte Wärmemenge
H_u Heizwert
m Masse
V Volumen
η Wirkungsgrad

Kohle- und Gasverbrauch beim Schmieden

$$\eta = \frac{Q_b}{Q_e} \qquad Q = m \cdot H_u \qquad Q = V \cdot H_u$$

Gasverbrauch beim Gasschmelzschweißen

V_e verfügbarer Sauerstoff
V verfügbare Acetylenmenge
V_{Fl} Flaschenvolumen
p_e Flaschendruck
p_{amb} Umgebungsluftdruck (für die Rechnungen = 1 bar)
ΔV Gasverbrauch
Δp_e Druckdifferenz
p_F Fülldruck Acetylen (normal 18 bar)
V_L Füllmenge Aceton (normal 13 l)

Sauerstoff

nutzbares Gasvolumen

$$V_e = \frac{V_{Fl} \cdot p_e}{p_{amb}}$$

Gasverbrauch

$$\Delta V = \frac{V_{Fl} \cdot \Delta p_e}{p_{amb}}$$

Acetylen

1 Liter Aceton löst bei 1 bar Druck 25 Liter Acetylen.

$$V = 25 \cdot V_L \cdot p_F$$

$$\Delta V = \frac{V \cdot \Delta p_e}{p_F} \qquad \Delta V = \frac{5850\,l \cdot \Delta p_e}{18\ \text{bar}}$$

Zeitbedarf beim Gasschmelzschweißen und Brennschneiden

L Schweißnahtlänge
t_s Schweißzeit
v_s Schweißgeschwindigkeit

$$t_s = \frac{L}{v_s}$$

Elektrodenverbrauch beim Lichtbogenschmelzschweißen

V_N Schweißnahtvolumen
V_E Elektrodenvolumen
A_N Nahtquerschnitt
l_N Nahtlänge
A_E Elektrodenquerschnitt
l_E nutzbare Elektrodenlänge
l Elektrodenlänge
i Elektrodenverbrauch

$$l_E = l - 30\,mm \qquad V_N = A_N \cdot l_N \qquad V_E = d^2 \cdot \frac{\pi}{4} \cdot l_E$$

$$i = \frac{V_N}{V_E}$$

Nahtquerschnitte

I-Naht: \qquad\qquad Kehlnaht:

$$A_N = b \cdot s \qquad\qquad A_N = a^2$$

V-Naht: \qquad\qquad Doppel-V-Naht:

$$A_N = s \cdot \left(s \cdot \tan\frac{\alpha}{2} + b \right) \qquad A_N = \frac{s \cdot \left(s \cdot \tan\frac{\alpha}{2} + 2b \right)}{2}$$

Rohlängen beim Schmieden und Pressen

q Zuschlag für Abbrand- und Gratverluste
V_R Volumen des Rohteiles
V_F Volumen des Fertigteiles
A_R Fläche des Rohteiles
l_R Länge des Rohteiles
l_F Länge des Fertigteiles

$$q = 1 + \frac{\%}{100} \qquad V_R = V_F \cdot q$$

gleichdicke Teile \qquad **Keile** \qquad **Spitzen**

$$l_R = \frac{V_F \cdot q}{A_R} \qquad l_R = \frac{l_F}{2} \cdot q \qquad - l_R = \frac{l_F}{3} \cdot q$$

Elektrotechnik

Ohmsches Gesetz

U Spannung \quad I Stromstärke \quad R Widerstand

$$U = R \cdot I$$

$$R = \frac{U}{I} \qquad I = \frac{U}{R}$$

Leiterwiderstand

R Widerstand \qquad ρ spezifischer
A Leiterquerschnitt \qquad Widerstand
l Länge des Leiters

$$R = \frac{\rho \cdot l}{A} \qquad A = \frac{\rho \cdot l}{R} \qquad l = \frac{R \cdot A}{\rho}$$

Elektrische Leistung

P Leistung \qquad I Stromstärke
U Spannung \qquad R Widerstand
$\cos\varphi$ Leistungsfaktor (für wärmeerzeugende Geräte immer 1)

Gleichstrom
$$P = U \cdot I \qquad P = I^2 \cdot R \qquad P = \frac{U^2}{R}$$

Wechselstrom
$$P = U \cdot I \cdot \cos\varphi$$

Drehstrom
$$P = \sqrt{3} \cdot U \cdot I \cdot \cos\varphi$$

Elektrische Arbeit und Energiekosten

W elektrische Arbeit \qquad k_E Energiekosten
P Leistung \qquad k_T Tarif
t Zeit

$$W = P \cdot t$$

$$P = \frac{W}{t} \qquad t = \frac{W}{P}$$

$$k_E = P \cdot t \cdot k_T$$

$$P = \frac{k_E}{t \cdot k_T} \qquad t = \frac{k_E}{P \cdot k_T} \qquad k_T = \frac{k_E}{P \cdot t}$$

Kostenrechnung

Materialkosten (k_m) =

Einkauf × Rabattfaktor + Frachtkosten

Materialgemeinkostenzuschlag (p_{Mg}) =

$$\frac{\text{Materialgemeinkosten } (k_{Mg}) \times 100\%}{\text{Materialkosten } (k_M)}$$

Fertigungslohn (k_{Fl}) =

Stundenlohn (k_h) × Stunden (t) × Zahl der Beteiligten (i)

Lohngemeinkostenzuschlag (p_{Lg}) =

$$\frac{\text{Lohngemeinkosten } (k_{Lg}) \times 100\%}{\text{Fertigungslöhne } (k_{Fl})}$$

B. Zusammenstellung wichtiger Tabellen

Tabelle **2.1** SI-Basiseinheiten (Auswahl)

Basisgröße	Name	Zeichen
Länge	Meter	m
Masse	Kilogramm	kg
Zeit	Sekunde	s
elektrische Stromstärke	Ampere	A
Temperatur (thermodyn.)	Kelvin	K

Tabelle **2.2** Ausgewählte SI-Vorsätze

Bezeichnung	Faktor	Zeichen
Nano	10^{-9}	n
Mikro	10^{-6}	μ
Milli	10^{-3}	m
Zenti	10^{-2}	c
Dezi	10^{-1}	d
Deka	10^{1}	da
Hekto	10^{2}	h
Kilo	10^{3}	k
Mega	10^{6}	M

Tabelle **2.3** Abgeleitete Einheiten und Formelzeichen

Formelzeichen	Benennung	abgeleitete Einheit	Einheitenzeichen
$\alpha, \beta, \dots$ (alpha, beta)$\dots$	Winkel in der Ebene	Grad, Minute	°, ′
l, b, h	Länge, Breite, Höhe	Millimeter	mm
r, d	Radius, Durchmesser	Millimeter	mm
A, S	Fläche, Querschnitt/Oberfläche	Quadratmeter, Quadratmillimeter	m^2 mm^2
V	Volumen	Kubikzentimeter Kubikdezimeter Liter	cm^3 dm^3 l
t	Zeit	Stunde Minute Sekunde	h min s
n	Drehzahl oder Drehfrequenz	Umdrehung durch Minute	min^{-1}, 1/min
v	Geschwindigkeit	Meter durch Sekunde Meter durch Minute Kilometer durch Stunde	m/s m/min km/h
a	Beschleunigung	Meter durch Sekunde^2	m/s^2
g	Erd-, Fallbeschleunigung	Meter durch Sekunde^2	m/s^2
m	Masse	Kilogramm, Tonne	kg, t
ρ (rho)	Dichte	Gramm durch Zentimeter^3 Kilogramm durch Dezimeter^3 Tonne durch Meter^3	g/cm^3 kg/dm^3 t/m^3
F	Kraft	Newton	N
G, F_G	Gewichtskraft	Newton	N

Fortsetzung s. nächste Seite

Tabelle **2.3**, Fortsetzung

Formelzeichen	Benennung	abgeleitete Einheit	Einheitenzeichen
M	Kraft- oder Drehmoment	Newtonmeter	Nm
p	Druck (hydraul., pneumatisch)	Bar	bar (10 N/cm^2)
σ (sigma)	Zug-, Druckspannung	Newton durch Millimeter^2	N/mm^2
τ (tau)	Schubspannung	Newton durch Millimeter^2	N/mm^2
μ (mü)	Reibungszahl		*dimensionslos*
I	Trägheitsmoment		mm^4, cm^4
W	Widerstandsmoment		mm^4, cm^3
W work	Arbeit	Newtonmeter Wattsekunde Kilowattstunde	Nm Ws kWh
P power	Leistung	Watt Kilowatt	W kW
η (eta)	Wirkungsgrad		*dimensionslos*
R	elektrischer Widerstand	Ohm	Ω
I	elektrischer Stromstärke	Ampere	A
t, ϑ (theta)	Celsius-Temperatur	Grad Celsius	°C
$\Delta t, \Delta \vartheta, \Delta T$ (delta t, delta Theta)	Temperaturdifferenz	Kelvin	K
α, α_1	Längenausdehnungszahl	Länge durch (Länge · Kelvin)	1/K
α_v, γ	Volumenausdehnungszahl	Volumen durch (Volumen · Kelvin)	1/K
c	spezifische Wärmekapazität	Wattstunden durch (Kilogramm · Kelvin)	Wh/kg · K

Tabelle **14.**1   Ausgewählte Werte für die Dichte

Stoff	Dichte in kg/cm^3
feste Stoffe	
Al-Legierungen	2,8
Kupfer	8,9
Gußeisen	7,25
Hartmetall	11,9
Messing	8,7
PVC	1,35
Stahl	7,85
Kork	0,3
Erde	1,8
Glaswolle	0,3
Schaumstoff	0,03

Stoff	Dichte in kg/cm^3
flüssige Stoffe	
Dieselkraftstoff	0,85
Benzin	0,75
Heizöl EL	0,84
Wasser bei 4 °C	1,0
Gase in kg/m^3 bei 0 °C und 1013 mbar	
Acetylen	1,17
Kohlendioxyd	1,977
Luft	1,29
Sauerstoff	1,429

Tabelle **14.2** Masse ausgewählter Profile

Kurzzeichen IPE	m' in kg/m		Kurzzeichen IPB	m' in kg/m		Kurzzeichen L	m' in kg/m
80	6,00		100	20,4		20 × 3	0,88
160	15,8		160	42,6		30 × 3	1,36
240	30,7		220	71,5		40 × 4	2,42
360	57,1		240	83,2	gleichschenkliger rundkantiger Winkelstahl DIN 1028	60 × 6	5,42
500	90,7	breiter Träger DIN 1025	280	103		100 × 10	15,1
mittelbreiter Träger DIN 1025 — 600	122		300	117		180 × 18	48,6

Kurzzeichen U	m' in kg/m		Kurzzeichen T	m' in kg/m		Nennmaß/ Wanddicke	m' in kg/m
40 × 20	2,87		20	0,88		40/4,0	4,41
60	5,07		40	2,96		60/5,0	8,47
80	8,64		50	4,44		80/4,5	10,5
140	16,0		80	10,7	quadratische Stahlrohre DIN 59410	90/4,5	11,9
rundkantiger U-Stahl DIN 1026 — 200	25,3	rundkantiger hochstetiger T-Stahl DIN 1024	100	16,4		140/5,6	23,3
300	46,2		140	31,3		200/8,0	46,9

Tabelle **14.3** Masse blanker Rundstahl, blanker Quadratstahl, blanker Sechskantstahl

d, a, s	Masse m' in kg/m		
	DIN 668	DIN 178	DIN 176
2	0,0247	0,0314	0,0272
4	0,0986	0,126	0,109
8	0,395	0,502	0,435
10	0,617	0,785	0,680
16	1,58	2,01	1,74
20	2,47	3,14	–
36	7,99	10,2	8,81
50	15,4	19,6	17,0
80	39,5	50,2	43,5
100	61,7	78,5	68,0

Tabelle **14.4** Masse ausgewählter Blech- und Drahtmaße

Warmgewalztes Blech DIN 1016		Stahldraht kaltgezogen DIN 177	
Dicke	Masse m'' in kg/m^2	Durchmesser	Masse m' in kg/1000 m
1,00	7,85	0,25	0,385
2,00	15,70	0,4	0,989
3,00	23,55	0,8	3,95
5,00	39,25	1,0	6,16
8,00	62,80	2,0	24,6
10,00	78,50	2,5	38,5
12,50	98,13	4,0	98,9

Tabelle **15**.1   Ausgewählte Reibungszahlen

Werkstoff	Eigenschaft	μ	μ_0
Grauguss auf Grauguss	leicht fettig	0,15	0,16
Graugus auf Stahl	trocken	0,17 bis 0,18	0,19
Stahl auf Bronze	gut geschmiert	0,03 bis 0,05	0,10
Stahl auf Grauguss	Fettschmierung	0,01	0,10
Stahl auf Stahl	geschmiert	0,06	0,10
Stahl auf Stahl	trocken	0,15	0,16
Gummi auf Asphalt	nass / trocken	0,3 bis 0,45 / 0,8 bis 0,9	0,9

Tabelle **18**.1   Umrechnungsfaktoren für das bar

	Pa	N/m^2	mbar	N/cm^2
1 bar	100 000	100 000	1000	10

Tabelle **19**.1   Luftbedarf q einfach wirkender Zylinder

Kolben ⌀ in mm	Luftbedarf q in l/cm Kolbenhub bei Betriebsdruck p_e von			
	4 bar	6 bar	8 bar	10 bar
25	0,024	0,033	0,043	0,052
35	0,047	0,066	0,084	0,103
40	0,061	0,085	0,110	0,135
50	0,096	0,134	0,172	0,210
70	0,187	0,262	0,335	0,411
100	0,383	0,535	0,687	0,839
140	0,750	1,048	1,346	1,644
200	1,531	2,139	2,747	3,356

Tabelle **20**.1   Ausdehnungszahlen ausgewählter Stoffe

Werkstoff	Längenausdehnungszahl α	Volumenausdehnungszahl γ
Aluminium	0,000024	–
Blei	0,000028	–
Beton	0,000012	–
Cu-Zn-Legierung	0,000019	–
Glas	0,000005	–
Grauguß	0,000011	–

Tabelle **20**.1, Fortsetzung

Werkstoff	Längenausdehnungszahl α	Volumenausdehnungszahl γ
Hartmetall	0,00006	–
Kupfer	0,000017	–
Polysterol	0,00007	–
Stahl	0,000012	–
Benzin	–	0,001
Dieselkraftstoff	–	0,00095
Heizöl	–	0,00095
Maschinenöl	–	0,00093

Tabelle **20**.2   Schwindung von Werkstoffen in %

Werkstoff	Aluminium	CuZn-Guss leg.	Grauguss	Stahlguss	Temperguss
Schwindung in %	1,2	1,2	1	2	1,6

Tabelle **20**.3   Spezifische Wärmekapazität ausgewählter Stoffe

Stoff	c in kWs/(kg · K) oder kJ/(kg · K)	c in Wh/(kg · K)
AlCuMg (Duralumin)	0,96	0,267
Beton	0,88	0,244
Blei	0,13	0,036
Grauguss	0,54	0,150
Heizöl	1,89	0,520
Kupfer	0,39	0,107
Luft	1,00	0,278
Stahl	0,48	0,132
Wasser	4,20	1,160

Tabelle **20**.4   Ausgewählte Heizwerte H_u

Stoff	MJ/kg	kWh/kg
Koks	29,3	8,15
Steinkohle	31,5	8,76
Benzin	44,1	12,26
Heizöl EL	42,0	11,68
Schweröl	40,3	11,21
Gas	MJ/m^3	kWh/m^3
Acetylen	56,9	15,8
Butan	123,5	34,3
Erdgas H	37,6	11,0
Propan	93,6	26,0

Tabelle **20.5**   Wärmeleitfähigkeit λ ausgewählter Stoffe

Metalle	W/(m · K)
Aluminium	200
Grauguss	50
Kupfer	380
Messing	110
Stahl	40
Baustoffe	W/(m · K)
Beton, Stahl $\approx$	2,04
Bims $\approx \rho$ 400 kg/m^3	0,14
Kalksandlochsteine	0,56
Hochbauklinker	1,05
Wandbauplatten aus Leichtbeton	0,29
Kalkzementmörtel	0,87
Glas	0,81
Dachdichtungsbahnen	0,19
Dämmstoffe	W/(m · K)
PUR-, PS-Hartschaum	0,02–0,04
Faserdämmstoffe	0,035–0,05

Tabelle **20.6**   Ausgewählte   Wärmeleitwiderstände von Luftschichten

Lage der Luftschicht	Dicke in mm	Wärmeleit-widerstand in K · m^2/W
Luftschicht senkrecht	10	0,14
	20	0,16
	50	0,18
	100	0,17
	150	0,16
Luftschicht waagerecht, Wärmestrom von unten nach oben	10	0,14
	20	0,15
	$\geq$ 50	0,16
Luftschicht waagerecht, Wärmestrom von oben nach unten	10	0,15
	20	0,18
	$\geq$ 50	0,21

Tabelle **20.7**   Wärmeübergangswiderstand R

Eigenschaften der Wandfläche	$\dfrac{\text{K} \cdot \text{m}^2}{\text{W}}$
Innenwandfläche geschlossener Räume bei natürlicher Luftbewegung	0,130
Decken und Böden, Wärmestrom von unten nach oben	0,130
Decken und Böden, Wärmestrom von oben nach unten	0,170
Außenwandfläche bei mittlerer Windge-schwindigkeit	0,050

Tabelle **20.8**   Ausgewählte k-Zahlen

Wände	k in W/(m^2 · K)
Außenwand Lochziegeln (240 mm)	1,42
Außenwand Kalksandstein (300 mm)	1,53
Außenwand Porenbeton (300 mm)	1,06
Wandbauplatten (Sandwichbauweise)	0,194–0,555
Innenwand Porenbeton (60 mm)	1,84
Innenwand Porenbeton (175 mm)	1,41
Fenster und Türen	k in W/(m^2 · K)
Metallfenster (Metallrahmen mit thermischer Trennung) mit Isolier-glas	3,5
Metallfenster (Stahl-, Beton-, Al-Rah-men) mit Normalglas	5,2
Außentür, Stahl, ohne Wärmedäm-mung	5,5
Außentür, Stahl, wärmegedämmt	4,0
Decken	k in W/(m^2 · K)
Zementestrich, Dämmschicht 20 mm, Wärmestrom v. unten nach oben	1,19
Kellerdecken, Dämmschicht 20 mm, Wärmestrom v. oben nach unten	1,03

Tabelle **21.4**   Werte für E und Berechnung für I

Elastizitätsmodul E in N/mm^2		Trägheitsmoment I in cm^4	
Werkstoff	Wert	Querschnitt	Formel
Nadelholz	10000	(21.53a)	$\dfrac{a \cdot h^3}{12}$
Grauguß	100000	(21.53b)	$\dfrac{h^4}{12}$
St 37-2	210000	(21.53c)	$\dfrac{d^4}{20}$
St 52-3	210000	(21.53d)	$\dfrac{D^4 - d^4}{20}$

Tabelle **21.5** Zulässige Spannungen (charkteristische Werte) und Teilsicherheitsbeiwerte (Auswahl)

Zulässige Spannungen in Werkstoffen			
Werkstoff	Erzeugnis-dicke t mm	Steckgrenze f_{yk} in N/mm²	Zugfestig-keit f_{uk} in N/mm²
St 37-2	$t \leq 40$ → 240 $40 < t \leq 80$ → 215		360
St 52-3	$t \leq 40$ → 360 $40 < t \leq 80$ → 325		510
StE 355	$t \leq 40$ → 360 $40 < t \leq 80$ → 325		510

Zulässige Spannungen in Werkstoffen (Teilsicherheitsbeiwerte)			
	nur Zug	Zug + Druck gleich-bleibend	Zug + Druck wechselnd
γ_F	1,1	1,35	1,5

Tabelle **21.6** Knickzahlen ω für St 33 und St 37

λ	0	1	2	3	4	5	6	7	8	9	λ
20	1,04	1,04	1,04	1,05	1,05	1,06	1,06	1,07	1,07	1,08	20
30	1,08	1,09	1,09	1,10	1,10	1,11	1,11	1,12	1,13	1,13	30
40	1,14	1,14	1,15	1,16	1,16	1,17	1,18	1,19	1,19	1,20	40
50	1,21	1,22	1,23	1,23	1,24	1,25	1,26	1,27	1,28	1,29	50
60	1,30	1,31	1,32	1,33	1,34	1,35	1,36	1,37	1,39	1,40	60
70	1,41	1,42	1,44	1,45	1,46	1,48	1,49	1,50	1,52	1,53	70
80	1,55	1,56	1,58	1,59	1,61	1,62	1,64	1,66	1,68	1,69	80
90	1,71	1,73	1,74	1,76	1,78	1,80	1,82	1,84	1,86	1,88	90
100	1,90	1,92	1,94	1,96	1,98	2,00	2,02	2,05	2,07	2,09	100
110	2,11	2,14	2,16	2,18	2,21	2,23	2,27	2,31	2,35	2,39	110
120	2,43	2,47	2,51	2,55	2,60	2,64	2,68	2,72	2,77	2,81	120
130	2,85	2,90	2,94	2,99	3,03	3,08	3,12	3,17	3,22	3,26	130
140	3,31	3,36	3,41	3,45	3,50	3,55	3,60	3,65	3,70	3,75	140
150	3,80	3,85	3,90	3,95	4,00	4,06	4,11	4,16	4,22	4,27	150
160	4,32	4,38	4,43	4,49	4,54	4,60	4,65	4,71	4,77	4,82	160
170	4,88	4,94	5,00	5,05	5,11	5,17	5,23	5,29	5,35	5,41	170
180	5,47	5,53	5,59	5,66	5,72	5,78	5,84	5,91	5,97	6,03	180
190	6,10	6,16	6,23	6,29	6,36	6,42	6,49	6,55	6,62	6,69	190
200	6,75	6,82	6,89	6,96	7,03	7,10	7,17	7,24	7,31	7,38	200
210	7,45	7,52	7,59	7,66	7,73	7,81	7,88	7,95	8,03	8,10	210
220	8,17	8,25	8,32	8,40	8,47	8,55	8,63	8,70	8,78	8,86	220
230	8,93	9,01	9,09	9,17	9,25	9,33	9,41	9,49	9,57	9,65	230
240	9,73	9,81	9,89	9,97	10,05	10,14	10,22	10,30	10,39	10,47	240
250	10,55										250

Tabelle **21.7** Knickzahlen ω für einteilige Druckstäbe aus Rundrohren bzw. Hohlprofilen mit Rechteckquer-schnitt aus St 33 und St 37

λ	0	1	2	3	4	5	6	7	8	9	λ
20	1,00	1,00	1,00	1,00	1,01	1,01	1,01	1,02	1,02	1,02	20
30	1,03	1,03	1,04	1,04	1,04	1,05	1,05	1,05	1,06	1,06	30
40	1,07	1,07	1,08	1,08	1,09	1,09	1,10	1,10	1,11	1,11	40

Tabelle **21.7**, Fortsetzung

λ	0	1	2	3	4	5	6	7	8	9	λ
50	1,12	1,13	1,13	1,14	1,15	1,15	1,16	1,17	1,17	1,18	50
60	1,19	1,20	1,20	1,21	1,22	1,23	1,24	1,25	1,26	1,27	60
70	1,28	1,29	1,30	1,31	1,32	1,33	1,34	1,35	1,36	1,37	70
80	1,39	1,40	1,41	1,42	1,44	1,46	1,47	1,48	1,50	1,51	80
90	1,53	1,54	1,56	1,58	1,59	1,61	1,63	1,64	1,66	1,68	90
100	1,70	1,73	1,76	1,79	1,83	1,87	1,90	1,94	1,97	2,01	100
110	2,05	2,08	2,12	2,16	2,20	2,23	*weiter wie Tabelle 21.6*				110

Tabelle **21.8** Ausgewählte k-Werte

	⌀	▨	⊘	I	[	][	L	L	⊤	⊤	][	I	⊤
bei $k =$		12	4π	10	7	6	6	11	5	2,5	1,2	4	5,5
t/r													
0,2 $k =$	2,5												
0,1 $k =$	1,25												
0,05 $k =$	0,63												

Tabelle **21.9** Beiwerte für Nahtform und -beanspruchung

Nahtform und -beanspruchung v_1

Stumpfnaht	Zug	0,75	Kehlnaht	
	Druck	0,85	(allgemein)	0,65
	Biegung	0,8		
	Schub	0,65		

Schweißgüte v_2

N (normal) 0,5   F (fest) 1,0   S (sonder) > 1,0

Tabelle **22.1** Modulreihe nach DIN 780

Modul	0,2	0,25	0,3	0,4	0,5	0,6	0,7	0,8	0,9	1,0	1,25
Teilung	0,628	0,785	0,943	1,257	1,571	1,885	2,199	2,513	2,827	3,142	3,927
Modul	1,5	2,0	2,5	3,0	4,0	5,0	6,0	8,0	10,0	12,0	16,0
Teilung	4,712	6,283	7,854	9,425	12,566	15,708	18,850	25,132	31,416	37,699	50,265

Tabelle **22.2** Mindestanschnittlängen für Bohrwerkzeuge

Werkstoff	St, GG, Cu-Leg.	Kunststoffe	Leichtmetalle
Spitzenwinkel	118°	80°	130°
Anschnitt l_a	0,3 · d	0,6 · d	0,2 · d

Tabelle **22.3** Vorschubwege l_f

	St, GG, Cu-Leg.	Kunststoffe	Leichtmetalle
Bohren	0,6 · $d + l$	1,2 · $d + l$	0,4 · $d + l$
Durchgangsloch Sackloch	0,3 · $d + l$	0,6 · $d + l$	0,2 · $d + l$
Reiben	0,6 · $d + l$	1,2 · $d + l$	0,4 · $d + l$
Durchgangsloch Sacklock	0,3 · $d + l$	0,6 · $d + l$	0,2 · $d + l$
Senken	0,1 · $d + l$		

Tabelle **22.4**   Abhängigkeit von Schnittgeschwindigkeit, Werkstoff und Vorschub

Zulässige Schnittgeschwindigkeit im m/min in Abhängigkeit von Werkstoff, Werkzeug und Vorschub

Werkstoff	Werk-zeug	Vorschub f in mm/U					Werk-zeug	Vorschub f in mm/U					
		0,1	0,2	0,4	0,8	1,6		0,1	0,2	0,4	0,8	1,6	3,2
St 44-2	HM S1	300	265	212	170	–	HM S3	–	–	95	80	67	56
	HM S2	180	160	140	118	106	HSS-Stahl	70	60	48	34	25	19
St 50-2	HM S1	265	224	180	140	–	HM S3	–	–	80	67	56	48
	HM S2	160	140	118	100	85	HSS-Stahl	60	48	36	27	20	15
St 60-2	HM S1	236	200	170	140	–	HM S3	–	–	67	56	48	40
	HM S2	140	118	100	85	71	HSS-Stahl	48	40	30	22	16	12
GS-38	HM S1	150	125	106	90	–	HM S3	–	–	43	36	30	25
	HM S2	90	75	63	53	45	HSS-Stahl	60	50	38	28	21	16
GG-20	HM H1	100	85	71	60	50	HSS-Stahl	40	30	20	13	9,5	6,3
	HM G1	600	530	450	400	355							

Tafelwerte beim Abdrehen von Schmiede-, Walz- und Gusskruste um 30% bis 50% verringern.

$$v_{c\,drehen} = v_{c\,bohren} = v_{c\,senken}; \qquad v_{c\,reiben} = 0{,}25 \cdot v_{c\,bohren}$$

$$f_{drehen} = f_{bohren} = f_{reiben} \qquad f_{senken} = 1{,}18 \cdot f_{bohren}$$

Tabelle **22.5**   Werte für $l_a + l_{\ddot{u}}$ beim Umfangsplanfräsen (Auszug nach REFA)

Spantiefe in mm		1	2	3	4	5	6	8	10
Fräser ∅	40	10	12	13	15	16	17	18	19
	50	11	13	15	16	18	19	21	22
	60	12	14	16	18	19	21	23	25
	75	13	16	18	20	21	23	26	28
	90	14	17	20	22	24	25	28	31
	110	16	19	22	24	26	28	31	34
	130	17	21	24	26	29	31	34	37
	150	18	22	25	28	31	33	37	40

Tabelle **22.6**   Ausgewählte Werte für $l_a + l_{\ddot{u}}$ beim Stirnplanfräsen

Werkzeug-durchmesser	40	50	60	90	110	130	150	200
$l_a + l_{\ddot{u}}$ + Zuschlag	43	53	63	93	113	133	153	203

Tabelle **22.7**   Ausgewählte Werte für n_{DH} Doppelhübe/min beim Bearbeiten von St 37-2

mittlere Hublänge bis mm				
	100	180	210	425
Doppelhübe pro Minute	120	56	43	20

Tabelle **22.8** Ausgewählte Richtwerte für v_c und v_w in m/s und Geschwindigkeitsverhältnis q

Werkstoff	Rundschleifen (außen)			Planschleifen		
	v_c	v_W	q	v_c	v_W	q
Stahl ungehärtet	30	0,22	130	30	0,16 bis 0,58	180 bis 50
Stahl gehärtet	35	0,27	130			
Hartmetall	8	0,08	100	8	0,07	115

Tabelle **22.9** Lochkreise an Teilscheiben

Lochscheibe I	15	16	17	18	19	20	Löcher
Lochscheibe II	21	23	27	29	31	33	Löcher
Lochscheibe III	37	39	41	43	47	49	Löcher

Tabelle **22.10** Gebräuchlicher Wechselradsatz

24	24	28	32	36	40	44	48	56	64	72	86	100

Tabelle **22.11** Gebräuchlicher Rädersatz beim Wendelfräsen

24	28	30	32	36	37	40	48	48	49	56	60
64	66	68	72	76	78	80	84	86	90	96	100

Tabelle **22.12** Richtwerte beim Gasschmelzschweißen von Stahl

Brennergröße A–	Werkstoffdicke in mm	Gasverbrauch $O_2 = C_2H_2$		Zeitbedarf in min/m	Schweißgeschwindigkeit in mm/min
		l/h	l/m		
1	0,5 bis 1	90	15	10	100
2	1 bis 2	170	30	12	80
3	2 bis 4	280	70	15	65
4	4 bis 6	500	165	20	50
5	6 bis 9	700	280	25	40
6	9 bis 14	1100	550	30	35
7	14 bis 20	1600	1000	40	25

Tabelle **22.13** Richtwerte beim Brennschneiden von Stahl

Schneiddüsengröße in mm	Schneiddicke in mm	Schneidfugenbreite in mm	Schneidgeschwindigkeit in mm/min	
			Trennschn.	Konstr. Schnitt
3 bis 10	3	1,5	870	730
	5		840	690
	8		780	640
	10		740	600
10 bis 25	10	1,8	750	620
	15		690	520
	20		640	450
	25		600	410
25 bis 40	25	2,0	600	410
	30		570	380
	35		550	360
	40		530	340

Tabelle **22.**14 Nahtquerschnitt und -masse an Kehlnähten (waagerecht)

Kehlnaht waagerecht (Schweißposition h)
W = Wurzellage; D = Füll- und Decklage

Nahtdicke a in mm	Elektroden $\varnothing$ in mm	Nahtquer- schn. in mm^2	Nahtgewicht in kg/m
2	2,5	4	0,038
3	3,2/4	9	0,082
4	3,2/4	16	0,15
6	3,2/4	36	0,28
8	W 4 D 5	64	0,18 0,41
9	W 4 D 5	81	0,18 0,56
10	W 4 D 5/6	100	0,18 0,73
12	W 4 D 5/6	144	0,18 1,14

Tabelle **22.**16 Nahtquerschnitt und -masse an V-
Nähten (waagerecht)

V-Naht waagerecht (Schweißposition w)
W = Wurzellage; D = Füll- und Decklage

Blech- dicke in mm	Spalt- breite in mm	Elektro- den $\varnothing$ in mm	Naht- querschn. in mm^2	Naht- gewicht in kg/m
4	1	2,5/3,2	13,5	0,11
6	1	W 3,2 D 4	27	0,10 0,12
8	1,5	W 3,2 D 4/5	49	0,10 0,29
10	2	W 3,2 D 4/5	77,5	0,10 0,51
12	2	W 3,2 D 4/5	108	0,10 0,75
14	2	W 3,2 D 4/5	142	0,10 1,02
16	2	W 4 D 5/6	180	0,12 1,30
18	2	W 4 D 5/6	223	0,12 1,72

Tabelle **22.**17 I-Nähte an dünnen Blechen

Blechdicke in mm	Spalt- breite in mm	Elektro- den $\varnothing$ in mm	Nahtgewicht in kg/m (leichte Nahtwölbung)
1,5	0,5	2	0,030
2	1	2	0,045
2,5	1,2	2,5	0,060
3	1,5	2,5 (3,2)	0,075
3,5	1,5	3,2	0,090

Tabelle **22.**15 Nahtquerschnitt und -masse an Kehlnähten (senkrecht)

Kehlnaht senkrecht (Schweißposition s)
W = Wurzellage; D = Füll- und Decklage

Nahtdicke a in mm	Elektroden $\varnothing$ in mm	Nahtquer- schn. in mm^2	Nahtgewicht in kg/m
2	2/2,5	4	0,040
3	2,5/3,2	9	0,086
4	3,2	15	0,16
6	W 3,2 D 4	36	0,10 0,25
8	4	64	0,62
9	4	81	0,78
10	4	100	0,96
12	4	144	1,39

Tabelle **22.**18 Elektrodenverbrauch

Nahtge- wicht in kg/m	Elektrodenmaße in mm				
	$\varnothing$ 2,5 l 250	$\varnothing$ 3,25 l 350	$\varnothing$ 3,25 l 450	$\varnothing$ 4 l 450	$\varnothing$ 5 l 450
0,01	1,3	0,5	0,4	0,3	0,2
0,02	2,6	1,1	0,8	0,5	0,3
0,03	3,9	1,6	1,2	0,8	0,5
0,04	5,3	2,1	1,6	1,1	0,7
0,05	6,5	2,7	2,0	1,3	0,9
0,06	7,9	3,2	2,4	1,6	1,0
0,07	9,2	3,7	2,9	1,9	1,2
0,08	10,5	4,3	3,3	2,2	1,4
0,09	11,8	4,8	3,7	2,4	1,5
0,10	13,1	5,3	4,1	2,7	1,7
0,20	26,2	10,7	8,1	5,4	3,4
0,30	39,4	16,0	12,2	8,1	5,2
0,40	52,2	21,4	16,3	10,8	6,9
0,50	65,6	26,7	20,3	13,4	8,6

Tabelle **23**.1 Spezifische Widerstände

	Silber	Kupfer	Werkstoff Aluminium	Konstantan	NiCr 80 20	CrAl 20 5
ρ in mm^2/mm bei 20 °C	0,015	0,0178	0,028	0,49	1,12	1,37
verwendet für	hochwertige verlustbare Spulen	Leitungen aller Querschnitte	alternativ für Hochspannungsleitg.	Widerstände	Lötkolben	Strahlheizkörper